控制科学与工程研究生系列教材

决策理论与方法

岳超源 编著

科学出版社
北京

内 容 简 介

本书系统地介绍了基于定量分析的决策理论与方法。内容包括三部分。第一部分是随机性决策，以统计决策理论为主，兼及优势原则与行为决策理论；第二部分是多目标决策；第三部分是群决策或称多人决策，包括社会选择理论、专家咨询和冲突分析。

为了使读者掌握所介绍的理论和方法，本书各章给出了习题并给出参考答案与提示。

本书可作为高等院校经济、管理、系统工程、应用数学和相关专业研究生和高年级本科生教材，也可供各级行政干部、企业管理人员、工程技术人员参考。

图书在版编目(CIP)数据

决策理论与方法/岳超源编著. —北京：科学出版社，2003.2
(控制科学与工程研究生系列教材)
ISBN 978-7-03-010816-6

Ⅰ.决… Ⅱ岳… Ⅲ.决策论-研究生-教材 Ⅳ.O225

中国版本图书馆 CIP 数据核字(2002)第 079444 号

责任编辑：余 江/责任校对：朱光光
责任印制：赵 博/封面设计：王 浩

科 学 出 版 社 出版
北京东黄城根北街 16 号
邮政编码：100717
http://www.sciencep.com

北京市金木堂数码科技有限公司印刷
科学出版社发行 各地新华书店经销

*

2003 年 2 月第 一 版 开本：B5 (720×1000)
2025 年12月第十九次印刷 印张：29
字数：562 000

定价：158.00元

(如有印装质量问题，我社负责调换)

《控制科学与工程研究生系列教材》
编委会

序　　言

随着社会经济和科学技术的飞速发展,服务于人类社会进步的控制科学与工程学科面临着严峻的挑战。计算机技术与网络通信技术的迅速普及,为控制科学与工程的发展提供了理想的舞台。可以预见,本世纪初叶将会是控制科学与工程发展的黄金时代,各行各业都将渴望着那些掌握控制科学与工程技术的人才加盟。

面对现实的挑战,控制科学与工程发展的最大困难莫过于系统的复杂性不断提高。惯用的针对简单大系统的控制理论遇到了难于逾越的障碍。如何拓宽思路,运用处理复杂问题的手段来解决复杂系统的控制问题,是一个具有革命性的挑战。智能与复杂系统理论的出现,将控制科学、系统科学与系统工程紧密结合,是克服目前所遇困难的理想途径。为此,培养具有控制理论和系统科学与系统工程理论基础的专业人才成为当务之急。

华中科技大学(原华中理工大学)在 20 世纪 50 年代设立了控制科学与工程的相应专业,60 年代开始培养研究生,在 70 年代末 80 年代初,作为我国首批硕士学位和博士学位点,开始大量地培养研究生,在长期的科学研究与教学活动中积累了丰富的经验。在 90 年代完成了控制科学一级学科博士点和系统科学博士点的基本建设,为 21 世纪初建立控制科学与工程和系统科学与工程相结合的人才培养结构奠定了组织基础。

为了培养具有控制科学和系统科学与系统工程理论基础的专业人才,我们组织了部分有经验的教师编著了这套面向研究生培养的系列教材,拟为研究生培养的新模式探索一条新路。

费　奇　孙德宝

2001 年 12 月于武汉喻家山

前　言

20世纪中叶，决策理论就已经成为经济学和管理科学的重要分支，但由于种种原因，决策理论和方法直到“文革”之后才逐渐引入我国。陈珽先生编著的《决策分析》作为我国介绍决策理论的经典之作，自出版之后即受到广泛关注，被许多院校用作相关专业的研究生教材。作者自1985年接替陈先生讲授决策理论与方法这门课程以来，也一直使用该书作为主要参考书进行教学。

这些年来，除了研究生外，还为在职硕士生、工程硕士生和本科生开设本课程。在教学过程中，学生，尤其是本科生反映《决策分析》数学内容偏多，通读全书存在较大困难；加之决策理论本身不断有新的进展，因此，从20世纪90年代开始，作者开始编写提纲式的讲稿，稍后形成电子文档并不断修改补充，以期学生易于阅读，并在有限的教学时间内掌握更多的内容。

一方面，积十余年的增补，讲稿的内容有了较大的变动；另一方面，由于课题组所承接科研项目的需要，较多地涉及了群决策问题，作者在20世纪90年代初编写了一本《群决策》讲义，其中的主要内容也在决策理论和方法课程中讲授。现借华中科技大学控制科学与工程学科编写研究生教材之机，将上述两部分内容合并并加以充实，形成这本《决策理论与方法》。为了便于阅读和理解，本书尽可能在不影响论述严密性的前提下减少数学内容及证明（对数学证明感兴趣的读者可以参阅相关文献）；对所给出的数学公式也尽量用文字解释其实际意义。

本书的内容包括四部分。第一部分包括1～3章，是决策理论的基础；第二部分是随机性决策，以统计决策理论为主，兼及优势原则与行为决策理论；第三部分是多目标决策，包括多属性效用理论、多属性决策与评价、多目标决策。多目标决策问题的算法与运筹学中的数学规划有较多的重叠，在不影响本书完整性的情况下对这部分内容尽可能地简化；第四部分是群决策或称多人决策，包括社会选择理论、专家咨询和冲突分析。

广义的决策理论还应包括序贯决策、模糊决策和灰色决策等等。由于篇幅所限，本书均未涉及。即使如此，本书的内容也超出了40～60学时所能讲授的范围，教师在讲授时可以根据实际情况作适当取舍，本书目录中加有“*”号的各节可优先舍弃（在节中部分内容可舍弃时，*号加在小节前）。

自然科学研究的是客观世界，是客观世界中的事实元素，采用的方法以定量为主；而社会科学主要研究由人组成的社会、社会中的人以及人际关系，其核心是价值元素，使用的方法以定性为主。而决策理论的特点是要用定量化的方法处理决策人的价值判断,它是自然科学与社会科学的交叉;它所采取的研究方法既不同于纯自然科学,也有别于传统的社会科学。因此,读者,尤其是理工科专业的读者,要注意本课程区别于其他纯自然科学课程之处:决策结果的优劣与决策人的主观愿望即价值判断有关,是因人而异的。在随机性决策中后果对决策人的效用,多目标决策中指标体系的确定、各指标或属性权重的设定等等,都会因决策人价值判断而异。

决策理论和方法具有较强的理论性,同时又有很强的实用价值。为了使读者尽快建立正确的基本概念,掌握解决实际问题的思路,在编写本书的过程中,凡涉及新概念时均不厌其烦地通过实例加以阐述;介绍问题求解方法时则以算例说明;读者倘若能结合生活、工作、学习中的实际问题,勤于思考,效果一定会更好。

众所周知,在学习一门课程时,从掌握基础知识与方法到运用这些知识去解决实际问题之间有着很大的距离,而缩小这一距离的行之有效的方法是求解有实践背景的习题。为此,作者从讲授本课程之初即收集并精选和编写习题,要求学生全部独立完成。本书各章大都附有习题,供读者练习,并在附录中给出求解的提示或参考答案。

有些文献在本书中虽未具体引用,但是对决策理论的发展有较大影响,作者亦予收录,目的是为从事该领域专题研究的读者提供一些方便。

上述种种想法都是作者的主观愿望,至于客观效果,限于作者的学识和水平,未必能如人意。书中错误也在所难免,恳请赐教、指正。

作者的 e-mail 地址:cyyue@public.wh.hb.cn。

岳超源

2002 年 9 月

目　　录

第一章　随机性决策的基本概念 …… 1
1.1　引言 …… 1
1.1.1　决策与决策论的定义 …… 1
1.1.2　决策论的发展简史 …… 3
1.1.3　决策论与其他学科的关系 …… 4
1.2　随机性决策问题的基本特点与要素 …… 5
1.2.1　例 …… 5
1.2.2　决策问题的特点 …… 6
1.2.3　决策问题的要素 …… 7
1.3　决策问题的分类 …… 8
1.4　随机性决策问题的分析方法和步骤 …… 10
习题 …… 14
第二章　主观概率 …… 15
2.1　概率的基本概念 …… 15
2.2　先验分布及其设定 …… 18
2.3　设定主观概率的案例 …… 27
习题 …… 30
第三章　效用函数 …… 31
3.1　引言 …… 31
3.2　效用的定义和公理系统 …… 32
3.2.1　效用的定义 …… 33
3.2.2　效用存在性公理 …… 35
3.2.3　效用的公理化定义和效用的存在性 …… 38
3.2.4　基数效用与序数效用 …… 38
3.3　效用函数的构造 …… 40
3.4　风险与效用 …… 45
3.4.1　风险的含义 …… 45
3.4.2　效用函数包含的内容 …… 47
3.4.3　相对风险态度 …… 50
3.5　货币的效用 …… 51

习题 …… 53
第四章 随机性决策问题的决策准则 …… 56
4.1 引言 …… 56
4.2 严格不确定型决策问题的决策准则 …… 58
4.2.1 求解严格不确定型决策问题的四种主要决策准则 …… 58
4.2.2 理想的决策规则应当具备的几种性质 …… 62
4.2.3 对决策准则的分析 …… 66
4.3 风险型决策问题的决策准则 …… 72
4.4 贝叶斯定理 …… 77
4.5 贝叶斯分析 …… 79
4.5.1 贝叶斯风险与贝叶斯规则 …… 79
4.5.2 正规型贝叶斯分析 …… 81
4.5.3 贝叶斯分析的扩展型 …… 81
4.5.4 信息的价值 …… 83
4.5.5 贝叶斯分析的例 …… 84
*4.5.6 序贯分析 …… 88
*4.5.7 非正常先验与广义贝叶斯规则 …… 89
4.6 一种具有部分先验信息的贝叶斯分析法 …… 90
习题 …… 95
第五章 随机优势 …… 99
5.1 随机优势概述 …… 99
5.2 随机优势决策规则 …… 101
5.3 第一等随机优势 …… 103
5.3.1 第一等随机优势的定义 …… 103
5.3.2 第一等随机优势的决策规则 …… 103
5.3.3 第一等随机优势的图解法 …… 106
5.3.4 第一等随机优势的示例 …… 107
5.4 第二等随机优势 …… 109
5.4.1 第二类效用函数 U_2 …… 109
5.4.2 第二等随机优势的决策规则 …… 111
5.4.3 第二等随机优势的图解法 …… 113
*5.4.4 第二等随机优势的直观解释 …… 116
*5.5 第三等随机优势 …… 117
5.5.1 第三类效用函数 U_3 …… 117
5.5.2 第三等随机优势的决策规则 …… 120

5.5.3 第三等随机优势的图解法 …… 121
5.5.4 第三等随机优势的直观解释 …… 123
5.6 均值与方差在随机优势决策规则中的作用 …… 125
5.7 随机优势小结 …… 126
习题 …… 127
第六章 随机性决策的应用与行为决策理论 …… 129
6.1 随机性决策的若干基本问题 …… 129
6.2 决策分析的案例 …… 136
6.3 决策过程中人的行为 …… 139
习题 …… 149
第七章 多目标决策的基本概念 …… 151
7.1 多目标决策及其特点 …… 151
7.2 多目标决策与多目标评价 …… 153
7.3 多目标决策问题的要素 …… 157
7.4 多目标决策问题的符号表示 …… 162
7.5 非劣解与最佳调和解 …… 164
第八章 多属性效用理论 …… 170
8.1 优先序 …… 170
8.2 多属性价值函数 …… 173
8.2.1 基本概念 …… 173
8.2.2 两个属性的价值函数 …… 174
*8.2.3 属性数大于 2 时的价值函数 …… 178
8.2.4 时间的偏好 …… 181
*8.3 多属性效用函数 …… 183
8.3.1 两个属性的效用函数 …… 183
8.3.2 一般的多属性效用函数 …… 188
习题 …… 190
第九章 多属性决策 …… 192
9.1 求解多属性决策问题的准备工作 …… 192
9.1.1 决策矩阵 …… 192
9.1.2 数据预处理 …… 193
9.1.3 方案筛选 …… 198
9.2 确定权的常用方法 …… 199
9.2.1 最小二乘法 …… 200
9.2.2 本征向量法 …… 201

9.2.3 最低层目标权重的计算 …… 202
9.3 加权和法 …… 204
9.3.1 一般加权和法 …… 204
9.3.2 字典序法 …… 206
9.3.3 层次分析法(AHP) …… 206
*9.4 加权积法 …… 209
9.5 TOPSIS 法 …… 212
9.6 基于估计相对位置的方案排队法 …… 214
9.7 ELECTRE 法 …… 220
9.7.1 级别高于关系的定义与性质 …… 220
9.7.2 ELECTRE-Ⅰ法 …… 221
9.7.3 ELECTRE-Ⅱ法 …… 223
9.7.4 其他 ELECTRE 法 …… 226
9.7.5 讨论 …… 229
9.8 PROMETHEE 法 …… 230
9.8.1 优先函数 …… 230
9.8.2 几种典型的优先函数 …… 231
9.8.3 赋值的级别高于关系图 …… 234
9.8.4 PROMETHEE-Ⅰ法 …… 235
9.8.5 PROMETHEE-Ⅱ法 …… 235
9.8.6 示例:研究生院综合评估 …… 236
9.8.7 PROMETHEE 法的特点 …… 237
9.9 关于多属性决策方法的若干问题讨论 …… 239
*9.9.1 其他某些较常用的多属性决策方法存在的问题 …… 239
9.9.2 各种多属性决策问题求解方法的简单评述 …… 241
9.9.3 多属性决策的敏感性分析 …… 242
9.9.4 统一解题步骤 …… 244
习题 …… 245
第十章 多目标决策 …… 247
10.1 引言 …… 247
10.2 事先索取偏好的方法 …… 249
10.3 目的规划法 …… 253
10.3.1 目的规划问题的一般表示 …… 254
10.3.2 线性目的规划 …… 256
*10.3.3 字典序法 …… 261

*10.3.4 非线性目的规划 …… 261
10.4 逐步法 …… 262
10.5 调和解和移动理想点法 …… 266
*10.6 多目标问题的序贯解法 …… 271
*10.7 基于目标间权衡的多目标决策方法 …… 273
10.7.1 关于目标之间的权衡 …… 273
10.7.2 Zionts-Wallenius 法 …… 277
10.7.3 Geoffrion 法 …… 279
10.7.4 基于目标权衡的方法小结 …… 285
*10.8 代理价值置换法 …… 286
习题 …… 291
第十一章 群决策概论与社会选择理论 …… 294
11.1 群决策概论 …… 294
11.1.1 引言 …… 294
11.1.2 群决策的分类 …… 295
11.1.3 社会选择问题 …… 297
11.2 投票表决 …… 298
11.2.1 非排序式选举 …… 299
11.2.2 排序式选举与投票悖论 …… 304
11.2.3 其他投票表决规则 …… 308
11.2.4 策略性投票 …… 309
11.3 社会选择函数 …… 312
11.3.1 引言 …… 312
11.3.2 社会选择函数的几个性质 …… 312
11.3.3 Condorcet 函数 …… 314
11.3.4 Borda 函数 …… 315
11.3.5 Copeland 函数 …… 316
11.3.6 Nanson 函数 …… 318
11.3.7 Dodgson 函数 …… 319
*11.3.8 Kemeny 函数 …… 321
*11.3.9 Cook-Seiford 函数 …… 324
*11.3.10 本征向量函数 …… 328
*11.3.11 Bernardo 法 …… 330
11.4 社会福利函数 …… 335
11.4.1 社会福利函数的基本概念 …… 335

11.4.2 社会福利函数的 Arrow 条件 …… 337
11.4.3 Arrow 的定理 …… 339
11.4.4 Black-Arrow 单峰偏好 …… 343
11.4.5 Coombs 条件 …… 345
*11.4.6 Bowman-Colantoni 法 …… 348
*11.4.7 Goodman-Markowitz 法 …… 353
*11.4.8 基数效用函数 …… 356
11.4.9 社会福利函数小结 …… 359
11.5 社会福利函数与社会选择函数的比较 …… 360
11.5.1 Arrow 条件与评价社会选择函数的性质之间的关系 …… 360
11.5.2 各种社会选择函数的性质 …… 361
习题 …… 362
第十二章 专家咨询 …… 365
12.1 引言 …… 365
12.2 多目标群决策方法 …… 367
12.2.1 用于方案评价与选择的多目标群决策方法 …… 367
12.2.2 序数法 …… 369
12.2.3 基数法 …… 373
*12.3 集体参与分配网 …… 375
*12.4 反复迭代的公共规划方法 …… 378
*12.5 专家咨询问题的系统方法 …… 380
第十三章 冲突分析 …… 383
13.1 谈判与协商 …… 383
13.1.1 Nash 谈判模型 …… 383
13.1.2 其他谈判模型 …… 385
13.1.3 谈判问题与效用 …… 389
13.2 仲裁与调解 …… 391
13.3 多人合作对策 …… 393
*13.4 投资分摊 …… 399
13.4.1 投资分摊问题的表述 …… 399
13.4.2 基于合作对策的投资分摊 …… 400
13.4.3 评价投资分摊方法优劣的标准 …… 405
*13.5 协调规划法 …… 406
13.5.1 协调规划法的基本形式与性质 …… 407
13.5.2 协调规划法的改进 …… 409

13.5.3　示例 ………………………………………… 410
13.5.4　三峡工程的投资分摊 ………………………… 412
13.5.5　小结 ………………………………………… 416
习题 …………………………………………………… 417
参考答案与提示 ……………………………………… 419
参考文献 …………………………………………… 440

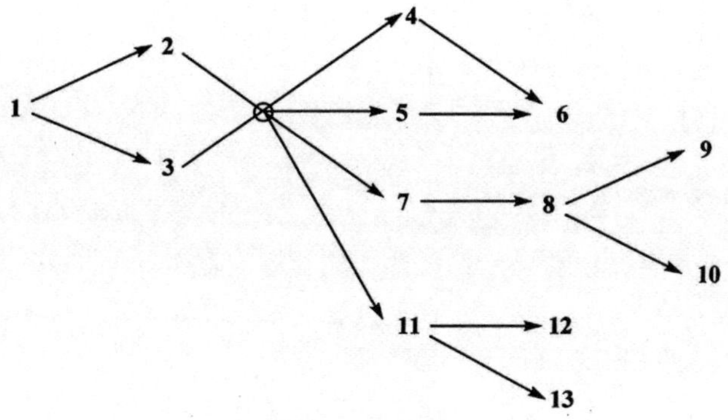

各章间的关系图

第一章　随机性决策的基本概念

1.1　引　　言

1.1.1　决策与决策论的定义

“决策”一词经常出现在各种出版物和人们的口语中，不同的人在使用这个词时对它的理解也不尽一致。决策理论作为一门课程，在对其进行讨论之前，先探究一下“决策”和“决策理论”的确切含义。首先讨论“决策”，下面选几个有代表性的决策的定义。

1)“决策”一词在英语中是 decision，它在《牛津词典》中有如下解释：

the act of deciding	（作决定的行动）
a conclusive judgment	（最终判决，结论性的判断）
the conclusion arrived at	（得出的结论）

2)《中国大百科全书·自动控制与系统工程卷》中：

“决策”为最优地达到目标，对若干个备选的行动方案进行的选择。

3)《苏联大百科全书》中：

“决策是自由意志行动的必要元素……和实现自由意志行动的手段。自由意志行动要求先有目的和行动的手段，在体力动作之前完成智力行动，要考虑完成或反对这次行动的理由等等，而这一智力行动以制订一项决策而告终。”

在这个解释中，有两点是前面的定义中没有强调的：① 决策是智力行动；② 决策是意志行动。因此，决策与人的意志、主观愿望和价值判断有关，即决策的结果因人而异，不惟一。

4)《大英百科全书》中：

“决策”是“社会科学中用来描述人类进行选择的过程的术语”。

这一定义强调了“决策”的社会科学属性。

5)《哈佛管理丛书》中：

“决策是指考虑策略（或办法）来解决目前或未来问题的智力活动。”

这一定义突出了决策的目的性和目标是为了解决问题，同时也说明决策是智力活动。

按照以上解释，决策是进行选择的行动或行动的结果，并有作**决策**(decision making)即制订决策的过程的含义。

关于**决策论**(decision theory)和**决策分析**(decision analysis)，有下列定义。

1)《中国大百科全书·自动控制与系统工程卷》中：

决策论：根据系统的状态信号和评价准则选择最优策略的数学理论。

决策分析：研究不确定性决策问题的一种系统分析方法，其目的是改进决策过程，从一系列备选方案中找出一个能满足一定目标的合适方案。

2)《美国大百科全书》的"Decision Theory"条：

"所谓作决策，就是在若干个可能的备选方案中进行选择。决策论则是为了对制订决策的过程进行描述并使之合理化而发展起来的范围很广的概念和方法。"

"广义的决策理论可以分为两种：

① Prescriptive decision theory（规定性决策理论），规定应当如何作决策；

② Descriptive decision theory（描述性决策理论），研究人们实际上是如何作决策的。"

"行为科学家、社会科学家和哲学家力图找到决策过程的更精细的描述性模型，以便为数学家、经济学家、战略分析家、商业管理人员和其他人员提供更高级的规定性决策过程。"

3)《大英百科全书》的"Decision theory"条：

决策论是"在统计学中探讨用公式表示并求解一般决策问题的理论和方法"。

4)《认知科学百科全书》"Decision making"条：

"决策是从一集备选方案中选择所偏爱的方案或行动路线的过程，它渗透到生活的各个方面，包括买什么，选举时投谁的票，找什么工作等等。决策通常涉及外部世界的不确定性（例如，天气会怎么样）以及与个人偏好的冲突（例如，应该获取更高的薪金还是更多的闲暇）；决策过程常常从信息的集聚开始，通过似然率（主观概率）的估计和审议直到选定最终行动……。"

"决策的分析方法有三种：规范性、描述性和规定性。规范性方法假设一个合乎理性的决策人，他具有定义明确的、满足理性行为公理要求的偏好；它被称为理性选择理论；它主要基于先验的考虑而非以实验为基础的观察。描述性的决策方法以实验为基础，对选择行为进行观察和研究；它主要考察在决策形势下指导决策人行为的心理因素。实验证据表明，人们常常与合乎理性的规范性决策所要求的不同。据此，规定性方法的目标是改进决策方法，使之符合规范性要求。"

我们还可以继续列举决策、决策论和决策分析的有关定义。但是从上面给出的各种定义已经不难看出，所谓决策，狭义上是要从若干可能的方案中，按某种标准（准则）选择一个，而这种标准可以是最优、满意、合理等等；广义上相当于决策分析，是人们为了达到某个目标，从一些可能的方案（途径）中进行选择的分析过程，是对影响决策的诸因素作逻辑判断与权衡。作为一门学科或学科分支，决策理论是研究在有风险或不确定性情况下制订决策的定量分析方法。

当然，决策一词还有其他含义，例如，决策的政治含义是指政策的制订过程

(Lindblom 1968),但这些已与本书要研究的内容无关了。

1.1.2　决策论的发展简史

古代的田忌与齐王赛马,严格地讲是对策(博弈)问题,但也是广义的决策问题。作为学科的决策论的产生则与赌博有关,16～17世纪法国宫廷设有赌博顾问,他们是研究概率论、对策论的先驱,而概率论、对策论则是决策论形成的先导。虽然早在1738年Bernoulli就提出了效用和期望效用的概念,但是到了20世纪20年代以后,决策论才从对策论中分离出来:对策论研究人与智能的对手(人)之间的对抗;而决策论则处理人与非智能对手即自然界之间的关系。Ramsay(1926)在效用和主观概率的基础上提出了制订决策的理论;De Finetti(1937)则对主观概率的构造做出了重大贡献;Von Neumann和Morgenstern(1944)建立了效用的公理体系,为形成和完善不确定性条件下制订决策的效用理论奠定了坚实的基础。20世纪50年代,Wald(1950)用对策论的定理解决统计决策中的一些基本问题;Blackwell和Girshick(1954)把主观概率和效用理论整合成一个求解统计决策问题的条理清晰的过程;Savage(1954)建立了具有理论体系并形成具有严格的哲学基础和公理框架的统计决策理论。一旦理论形成,许多人把它用于涉及不确定性和数学上结构良好的随机试验样本的决策问题,形成了以贝叶斯分析为基础的统计决策理论;到20世纪60年代,统计决策理论取得长足进展,出现了实用统计决策与最优化统计决策等面向实际应用的决策理论和方法(Raiffa et al. 1961,Pratt et al. 1965和DeGroot 1970)。尤其是Howard(1966)采用决策分析一词,并把系统分析方法引入统计决策理论,从理论和应用两个方面推进决策论的发展。

半个多世纪以来,决策论的大部分内容与规范性决策论有关。由于经济学家、数学家以及系统科学家的努力,决策分析日益广泛地用于商业、经济、实用统计、法律、医学、政治等各方面;而行为科学家对描述性决策和效用的测度等问题的研究,使排序、有界区间的度量技术等因此而获得发展。

二次大战开始后发展起来的运筹学在决策论的概念、方案的优化、统计决策理论、决策方法中有着坚实的基础,使决策理论成为运筹学中的一支。

从20世纪70年代开始,决策分析已经成了工业、商业、政府部门制订决策所使用的一种重要方法。一些规范性的决策方法,如成本效益分析、资源分配、计划评审技术(PERT)、关键路径法(CPM)等的应用得到普及;多目标决策问题的研究也逐步深入,方法层出不穷。

计算机的飞速发展与普及以及信息处理、数据存储与检索手段的进步,加上决策理论的进展(程序化决策方法能解决问题日益增加,非程序化决策方法研究的深入)导致统计数据、研究资料迅速更新(决策矩阵的迅速更新)和决策模型的日臻完善,以及人工智能的发展、知识库的形成,使得根据新信息及时乃至自动修改策略成为可能;决策支持系统的产生和发展不仅为决策人提供问题求解所需的相关信息和适当的模型,也使某些常规性问题有可能自动求解。

模糊决策、序贯决策、群决策和组织决策及其支持系统等领域的研究也在不断深入。决策理论和方法至今仍是生气勃勃、不断发展着的研究领域。

1.1.3 决策论与其他学科的关系

1) 决策论是运筹学的一支。本书的前六章介绍的是随机性决策问题,而随机性(probabilistic)一词在英文中是由 probability(概率)的前半部分和 statistic(统计)的后半部分组合成的,由此可见决策论与概率论和数理统计之间的关系。中国运筹学会设有决策理论和方法专业委员会;在国际运筹学会(IFORS)中设有对策与决策组,每次开学术会议决策论都是其主要内容之一。

2) 决策论也是经济学和管理科学的重要组成部分。从学科分类看,管理科学作为一级学科,管理理论是其中最主要的一部分,而决策理论则是管理理论中的重要内容。决策论的许多重要著作的作者是经济或管理科学方面的教授,如 Arrow 和 Hicks(1972)、Simon (1978)、Buchanan(1986)、Allais(1988)、Nash 和 Harsanyi (1994)、Mirrlees 和 Vickrey(1996)、Sen(1998)、Savage、Sage、Keeney……其中许多人是诺贝尔经济学奖的得主(括号内是获得诺贝尔经济学奖的年分)。图书目录的编排上,统计决策理论归入数学中的 O212,一般的决策理论和方法,归入 C 类,尤其是多目标决策,属管理科学类,归入 F 类。国际上著名的管理方面的杂志《Management Science》中有大量决策方面的文章,经常刊出有关决策的专集。

3) 决策论还是控制论的延伸。当控制变量为离散型时,控制问题实质上就是决策问题。决策与控制有着极其密切的联系,用控制论的方法研究决策,把反馈、敏感性分析、系统分析等方法引入决策过程,形成了决策分析方法,大大推进了决策理论的实际应用。在这方面,以 Howard 为首的斯坦佛大学的决策分析研究所功不可没。在哈佛大学应用科学系中设有控制与决策组。我国也有专门的《控制与决策》杂志。许多学者都是经由控制论到系统分析再到决策分析的发展过程。在学科分类上,信息学部设有控制科学与工程一级学科,其中二级学科有系统工程,而决策理论、MIS 与 DSS 是系统工程专业中重要的研究方向。

4) 决策论也是系统科学和系统工程中的重要部分。系统是单元的集合,这些单元以整体完成某种目的,对系统的研究包括规定概念、确定系统、获取并运行系统。而确定系统即系统分析(设计、评价)是核心,决策论为系统分析,尤其是存在不确定性的系统的分析提供了必要的方法。当然,系统分析和决策分析之间还是有所区别的,系统分析侧重对系统的整体性能进行客观的分析判断,决策分析则在进行客观分析的同时还注意决策人的价值判断与偏好分析。在系统工程领域的重要期刊《Systems, Men and Cybernetics》中,经常有决策方面的文章和专集。

5）决策理论是社会科学与自然科学的交叉，是典型的软科学。我们知道，自然科学研究的是客观世界，是客观世界中的事实元素，使用的研究方法以定量为主；由于事实元素是可以用仪器加以检测（或者通过变换后可以检测）的，自然科学的研究成果有可重现性和客观的衡量标准。而社会科学主要研究由人组成的社会，社会中的人以及人际关系，其核心是价值元素，关键在于价值判断，使用的研究方法以定性为主，研究成果难以用客观标准衡量。所谓软科学，是要用定量方法研究价值元素，即对社会科学采用定量化的研究方法；决策论正是要用定量化的方法处理决策人的价值判断。在对价值的研究方面，各类研究人员的研究内容各有侧重：哲学家研究人如何决定什么是有价值的；行政管理人员关心人们如何使一个组织为其目标服务；经济学家力图回答人如何在不同方案中抉择使自己尽量满足；心理学家则探索何为满足，人如何动脑筋解决问题；数学家尽力提供各种数学模型帮助解决这些问题。至于决策的程序化、民主化则是政治问题，要由政治家来解决。

1.2　随机性决策问题的基本特点与要素

无论是个人还是企业和政府部门，无论在日常生活中还是经营、管理过程中，都会遇到各种各样的需要人们作判断和选择的问题，这些问题都是决策问题。但是在有些决策问题中，所有与问题有关的事实和因素都是事先确切知道的，我们称之为确定条件下的决策，这时决策失误的原因除了考虑不周之外，就是问题的计算过于复杂。这类决策问题应该属于运筹学的研究范畴，不是决策理论研究的重点对象，尤其是在前六章，主要研究不确定条件下的决策。我们先来看几个随机性决策问题的例子。

1.2.1　例

1）火灾保险问题　　一个商店的负责人考虑是否购买火灾保险。在保险期内，商店可能遇上火灾，设商店在保险期内发生火灾的可能性为 p，也可能不发生火灾，可能性是 $1-p$；买火灾保险要花一笔保险费，通常保险费是资产总额 G 的一定比率 r，不买保险则一旦发生火灾损失就太大了。

2）出门带伞问题　　晴雨未卜，出门是否带伞。如果不下雨，带伞是个累赘；如果下雨，带伞可以避免挨淋，不带伞就要淋雨。

3）进货问题　　某个零售商准备进一批易腐农产品，进了货若不能在当天内售完，商品就会腐败变质，造成损失。零售商并不知道当天顾客对这种商品的需求量，进货多了卖不掉是损失；进货太少满足不了顾客需求，不但钱少赚了，还影响顾客的回头率。但是无论如何他必须事先确定进货的数量。卖报人从批发商处拿多少当天报纸也与此类似，报纸的销售量与天气、报纸内容有关，卖报人必须事先确定进货的数量。

4) 加工方法问题　机械零件制造商承接了一份加工新产品的订单，为此要安排加工工具。新产品的加工有两种方法：一种是用现成的通用设备，加工能力较差且劳务成本较高；一种是购置专用设备，加工能力较强且劳务成本低。若今后新产品的需求量大，购置专用设备比采用通用设备好，需求量小时采用通用设备比购置专用设备经济。问题是新产品在今后的加工量现在并不清楚，但是制造商需要在专用设备和通用设备中选择一种进行生产并按时交货。

5) 项目申请问题　课题组的负责人获悉，某个单位有一个科研项目准备招标，他感到课题组有能力承接该项目，因为研究方向相符，并已经有一定的研究基础；但是，其他几个单位也准备投标，而且不乏有竞争力者。若参加投标，要耗费相当数量的人力和费用，投标后有中标的可能性，只要能中标总会有效益；投标后不能中标的可能性也很大，不能中标则投入的人力和费用就没有回报。若不参加投标，没有耗费也没有收益。他必须决定是否参加投标。

上面所举的例子都是简化了的决策问题，实际的决策问题远比它们复杂。以项目申请问题为例，课题组的负责人在考虑这一问题时至少还会涉及下述因素：按期完成项目的可能性有多大；根据本课题组现有的研究力量与在研项目的情况以确定争取项目的紧迫性，若该课题组的任务不足，应该尽力争取、志在必得，若任务饱满则另当别论；了解其他投标者的情况，分析各投标方的实力，判断本单位中标的可能性；由于中标的可能性还与投标时的报价有关，因此在实际的决策问题中，如果参加投标，报价就成了关键；此外，作为科研项目，完成研究所需的人、财、物消耗与工程项目不同，也有较高的不确定性。决策人必须确定如何收集相关的信息，以及如何根据所收集到的信息做出适当决策。

1.2.2 决策问题的特点

从上面的例子可以看出，在随机性决策问题，也就是存在不确定性的决策问题中，决策人可以在各种可能的行动中进行选择；但是有些因素是决策人所无法控制的。我们把决策问题中决策人无法控制的所有因素，即凡是能够引起决策问题的不确定性的因素，统称作自然状态。这里的自然状态(简称状态)是广义的，在下雨带伞问题中的下不下雨是自然状态，在购买火灾保险中的保险期内是否发生火灾，加工方法的选择问题中今后新产品的加工数量多少，加工非标准件的过程中报废零件的数量都是自然状态。由于未来自然状态的不确定性，决策人无论采取什么行动，都会因为自然状态的不同而出现不同的后果(或者称为结果、结局)。这时的决策人实际上是被迫进行赌博，只要他采取行动，就已经处于参与赌博的位置上。他希望能赢，但也可能会输。

由此可知，随机性决策问题具有如下特点：

1) 决策人面临选择，可以采取的行动(即备选方案)不惟一；

2) 自然状态存在不确定性,由于自然状态的不确定性会导致后果不确定;

3) 后果的价值待定。

特点 2)将在第二章中进行分析,特点 3)则在第三章讨论。

1.2.3 决策问题的要素

从以上的讨论可知,要能全面表述一个决策问题,需要给出下列要素。

(1) 行动集

行动集亦称方案集,记作 $A=\{a_1,\cdots,a_m\}$,用来表示决策人可能采用的所有行动的集合,在有观测值时亦称策略集或策略空间,记作 Δ 或 D。在简化的火灾保险问题中,$A=\{a_1,a_2\}$,其中 a_1 表示购买火灾保险,a_2 表示不买火灾保险。

(2) 自然状态集

自然状态集或称状态空间、参数空间,用来表示所有可能的自然状态,记作 $\Theta=\{\theta_1,\theta_2,\cdots,\theta_n\}$(亦可记作 S 或 Ω)。在火灾保险问题中,$\Theta=\{\theta_1,\theta_2\}$,其中 θ_1 表示在保险有效期内发生火灾,θ_2 表示在保险有效期内不发生火灾。

(3) 后果集

后果集 $C=\{c_{ij}\}$,决策问题的各种可能的后果 $c_{ij}(i=1,\cdots,m;j=1,\cdots,n)$的集合,$c_{ij}$ 用来表示决策人采取行动 a_i、真实的自然状态为 θ_j 时的后果,即 $c_{ij}=c(a_i,\theta_j)$。在火灾保险问题中,c_{11}表示购买了火灾保险,在保险有效期内发生火灾时的后果。在第三章我们讨论了后果对决策人的实际价值后,就用效用(U)、价值(V)或损失(L)等表示后果集。

需要说明的是,在有些决策问题中的后果是数字量,即 c_{ij} 是具体的带有单位的数值。比如说,购买火灾保险问题中的后果。而有的决策问题中的后果就只能用语言或文字描述,像下雨带伞问题中的后果。有时既有数字又有语言或文字,如文献(Savage 1972)所举的例子(鸡蛋放久了总会有坏的):某人回到家时,他的妻子已经打了 5 个鸡蛋放在碗里;她由于某种原因要丈夫来做炒鸡蛋,还没有打破的第六个鸡蛋还放在碗旁;他要么把第六个蛋加进去,做成六个蛋的炒蛋,或者把第六个鸡蛋扔掉,这时他要决定怎么办。对此可以先作一点简化,他面临三种选择:把第六个蛋打破放进已经盛有 5 个蛋的碗里;把蛋打破放到碟子里观察一下;不管鸡蛋是好是坏,把它扔掉。这三个行动的相应后果与鸡蛋的状态有关,见表 1.1。

表 1.1

行　动	第六个鸡蛋是好的	第六个鸡蛋是臭蛋
直接打入碗内	炒 6 个鸡蛋	连同 5 个好鸡蛋全部扔掉
打破放入碟子	炒 6 个鸡蛋、洗碟子	炒 5 个蛋、洗碟子
扔掉	炒 5 个蛋	炒 5 个蛋

在这个例子中,后果既有数字,又有文字。

通常,方案、自然状态和后果三个要素是决策问题的基本元素。在有些决策问题中还有另一个重要因素,这就是信息。

(4) 信息集 X

信息集亦称样本空间(或观测空间、测度空间)。在决策时,为了获取与自然状态 Θ 有关的信息以减少其不确定性,往往需要进行调查研究,调查所得的结果是随机变量,记作 x;如果是随机向量,则用黑体 $\boldsymbol{x}$ 表示,信息集 $X=\{x_1, x_2, \cdots, x_s\}$。

1.3 决策问题的分类

笛卡儿(R Descartes 1596～1650)说过,分类是使事物(研究对象)条理化的方法,应该"将试图解决的问题,尽可能按你便于解决的需要划分为许多问题"。莱布尼兹(G W Leibniz 1646～1716)则认为笛卡儿的方法不切实际,因为划分的艺术无法说明。笛卡儿强调了分类的重要性,而莱布尼兹强调了分类的困难性和分类方法的多样性。为了讨论方便,我们还是根据笛卡儿的观点,对决策问题进行分类。

1. 按容易区分的因素划分

如果按决策问题涉及的决策人数量划分,可以把决策问题分成单人决策和多人决策(或称群决策)两类;若根据决策问题涉及的目标的数量,可以把决策问题分成单目标决策与多目标决策;还可以根据决策问题的求解步骤,把一次性求得问题的解的称作单步决策,而把需要多次求解,根据前一次求解的结果或执行的情况再作下一次决策的称作多步决策,或称序贯决策;根据决策时所掌握的信息的完备程度,可把决策问题分为确定性决策、风险型决策、严格不确定型决策、模糊决策等等。本课程主要讨论的是单目标的风险型决策和严格不确定型决策问题、确定性的多目标决策问题(决策变量包括离散型和连续型)和多人决策问题。由于确定性的单目标决策问题、多步决策问题是运筹学中的内容,本课程不予讨论。

2. 按涉及面的宽窄划分

按决策问题涉及面的宽窄,亦即决策所要解决的问题性质,可以分成战略决策(strategic decision)、管理决策(administrative decision)和业务决策(operating decision)三类。这三类决策问题的特点与差异见表 1.2。

表 1.2　三类决策的特点比较

	战略决策	管理(行政)决策	日常事务(业务)决策
决策权	集中	集中与分散结合	分散
所需信息	不全	较全	完全
问题结构	不良	一般	良好
涉及的风险	大	一般	小
决策的组织工作	复杂	一般	简单
决策程序	复杂	一般	简单
目标数量	多	中等	少
时限	长期	中期	短期

战略决策是具有一定规模的组织机构,为了自身与变化着的环境相适应或谋求发展的决策。战略决策具有总体性、重大性和目标长远的特点,通常由组织中的最高管理层负责。管理决策或称行政决策,是为了实现既定战略而进行的计划、实施、控制与管理的决策。业务决策则是具体业务部门为了提高工作质量与效益进行的决策。

对这种分类和其中各类决策问题感兴趣的是研究描述性决策理论为主的行为科学家。

3. 个人事务决策与公务决策

决策的另一个重要的分类方法是把决策问题分成个人事务决策与公务决策两大类。

对决策问题进行系统的理论性研究发端于西方国家,促使决策理论得以发展的直接动因则是商业管理人员和企业经理所面临的经济问题。西方国家资本的私人占有性导致了决策论从形成开始,就在解决经济问题时强调决策者个人的意志和价值观:在决策分析时要对决策者个人的价值判断、意见、感觉进行量化,由此进行合乎逻辑的分析、推理并作出决策。作为个人事务决策,这样做是必要而合理的。在我国,私有企业的决策也是个人事务决策;但是,我国的公职人员,包括行政部门的领导和国有及集体企业的负责人所做出的决策应该属于公务决策。只要是公务决策,他所代表的就绝不是个人,即使是实行首长负责制的部门的首长,实行厂长负责制的工厂的厂长,在决策时就不能也不允许他仅仅从个人的好恶出发来考虑问题,而是要从本部门和部门全体成员乃至整个国家的利益出发进行价值判断,即使以他个人的名义进行决策,实质上也是受国家和集体的委托行使职权,应该强调价值判断的客观性和理性化。高级行政部门的重大问题的决策尤其是这样,特别重大的问题要由决策问题所涉及的群众、集体进行价值判断,不能由部门或企业的领导人作为个人事务决策处理。

4. 决策人与决策分析人的角色分化

决策人所面临的实际的决策问题通常是在利益冲突、信息不全、资源有限和环境十分复杂的情况下进行的。建立复杂决策问题的适当的数学模型并用现代化的科学手段求解,需要专门的知识和技能。因此,微观经济学和决策论假定,制订决策的决策人是经济人。所谓经济人是指行为合乎理性的人,他有经济头脑,知道自己的目标和如何达到该目标;他会收集所有必要的信息,通晓自然科学,至少精通运筹学;他对决策环境十分了解,有很强的判断能力和稳定而一致的选择能力;能按照最经济、最有效的方式分配有限的资源去获得最大的经济利益。

在现实社会中,能满足经济人要求的决策人即使存在也十分罕见,由此出现了决策人和决策分析人的分工。由具有丰富实际经验和卓越的领导与管理才能的决策人对环境(形势)进行分析、对后果作价值判断;而由决策分析人建立复杂决策问题的适当的数学模型,并提供用现代化的科学手段求解决策问题所需的专门的知识和技巧,即由决策分析人运用决策论和系统、科学的方法进行分析、推理,为决策人制订正确决策提供逻辑判断,使决策人更好地达到预期目标。

在决策过程中,决策人和决策分析人以及计算机结合构成决策单元。决策单元的主要作用是收集并处理各种信息,使之成为系统的知识,产生或挑选决策规则,做出决定等等。

1.4　随机性决策问题的分析方法和步骤

1. 决策树

在前面列举的各种决策问题可以用一种称作决策树的树状图方便而又直观地表示出来。图 1.1 所示为决策人面临两种备选方案,有两种可能的自然状态的决策树。其中最左侧的小方框称为决策点,表示决策人面临一个决策问题。从决策点向右发出的枝叫决策枝,每一枝代表决策人可能采取的一种行动(或方案)并在该决策枝上作相应的标记 $a_i, i=1,\cdots,m$;决策人必须从这些决策枝中选择一枝继续向前。决策枝的终点是小圆点,称为机会点。从机会点向右发出的枝叫机会枝,每一机会枝代表一种自然状态,有几种可能的自然状态就有几条机会枝;在各机会枝上可以标注自然状态的记号 θ_j 或该状态出现的概率 $\pi(\theta_j), j=1,\cdots,n$;决策人在机会点处无法控制沿哪条机会枝继续向前。机会枝的终点是小三角形的点,称为后果点,可以用 c_{ij} 表示决策人采用某种行动 a_i、出现某种真实的自然状态 θ_j 时决策人面临的后果;为了表述简单,也可以用 $c_k(k=1,2,\cdots,r;r=mn)$ 表示后果。具体的后果,无论是数值还是文字型后果,标在后果点右侧或上、下方。

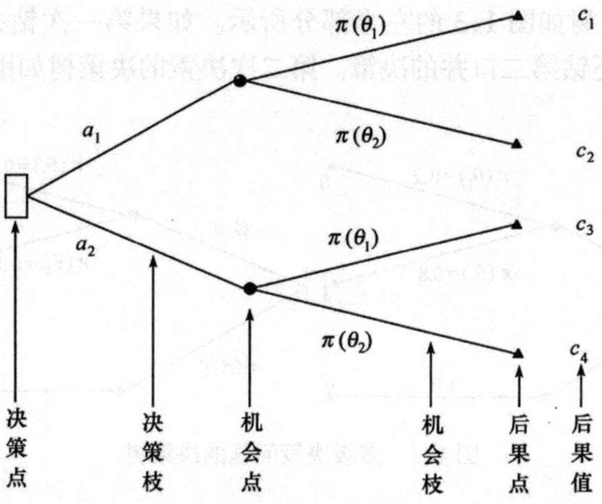

图 1.1　决策树

根据以上说明,可以做出有关问题的决策树。

例 1.1　火灾保险问题。图 1.2 中,a_1 为购买保险,a_2 为不买保险;θ_1 为保险期内发生火灾,发生火灾的可能性是 $\pi(\theta_1)=p$;θ_2 为无火灾,保险期内不发生火灾的可能性是 $\pi(\theta_2)=1-p$。

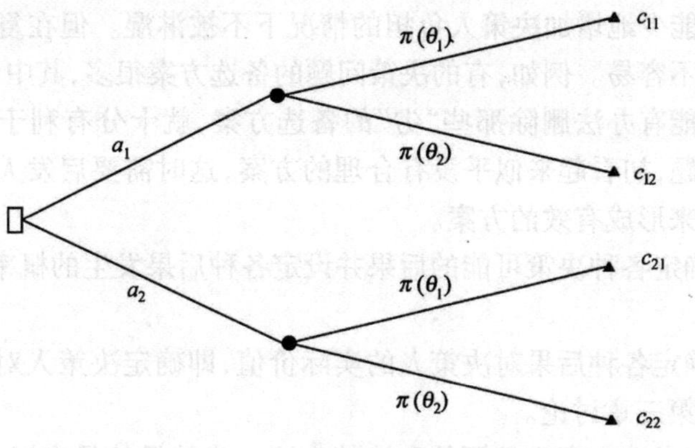

图 1.2　火灾保险问题的决策树

图中后果 c_{ij} 的值作为习题留给读者讨论。

例 1.2　出门带伞问题。只要令图 1.2 中的 a_1 为带伞,a_2 为不带伞;θ_1 为有雨,θ_2 为无雨;c_{ij} 表示相应的后果,其中 c_{11} 为带伞遇雨,c_{12} 为带伞无雨,c_{21} 为未带伞遇雨,c_{22} 为未带伞无雨,则图 1.2 也就是出门带伞问题的决策树。

决策树不仅可以表示单步决策问题,也可以用来表示复杂的序贯决策问题,例如油井钻探问题。某个公司拥有一块可能有油的土地,决策人可以在这块土地上钻井,也可以不钻井;如果钻井费用为 C,有油的可能性为 0.2,有油时的净收益为

B。该问题的决策树如图 1.3 的左半部分所示。如果第一次钻井后没有出油,决策人又面临是否还钻第二口井的决策。第二次决策的决策树如图 1.3 右半部分所示。

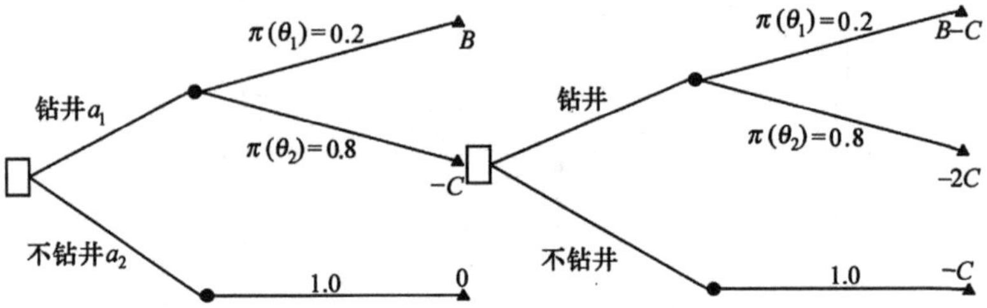

图 1.3　多级决策问题的决策树

2. 决策分析的基本步骤

求解一个实际的决策问题通常包括下列步骤:

第一步,构造决策问题。这一步要为决策问题提供可能的方案(或行动)并标定目标。对于一些简单的决策问题,可供采用的决策和要达到的目标都是非常清楚的,例如在带伞问题中,可采用的决策仅有两种(带伞和不带伞)。而希望达到的目标是在尽可能少地增加决策人负担的情况下不被淋湿。但在复杂的情况下,构造决策问题并不容易。例如,有的决策问题的备选方案很多,其中许多并不是好的决策。这时如能有办法删除那些"劣"的备选方案,就十分有利于下一步的分析。而有的决策问题,初看起来似乎没有合理的方案,这时需要启发人们的创造性,根据问题的目标来形成有效的方案。

第二步,确定各种决策可能的后果并设定各种后果发生的概率,具体方法在第二章讨论。

第三步,确定各种后果对决策人的实际价值,即确定决策人对后果的偏好,这一部分内容在第三章讨论。

第四步,对备选方案进行评价和比较。这一步的目的是在以上三步的基础上选择决策人最满意的决策。对一般的决策问题,评价方案优劣的依据是根据 Von Neumann-Morgernstern 的效用理论计算各种后果的效用进而计算各方案的期望效用,选择期望效用最大的方案;也可以根据问题的特点,选择其他评价准则。详细讨论在第四章进行。

决策问题的各求解步骤之间的关系见图 1.4。图 1.4 中包含有敏感性分析。一个复杂的决策问题往往有多个不确定因素影响决策的后果,所以它有多个状态变量。例如产品的销售额,不仅决定于顾客的爱好,还决定于该产品的质量、价格等。这些因素在开始研制产品时都是不确定的,要能够比较准确地估计所有状态的概率是很困难的。因此,如果能把状态用它的标称值作为一个确定的量处理,分析起来就容易得多。要判断能否把一个不确定量作为一个确定量处理,就需要进行敏感性分析。

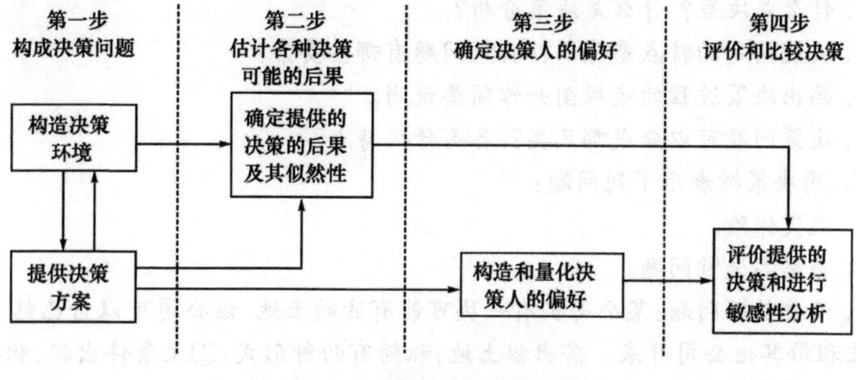

图 1.4　决策分析的基本步骤

敏感性分析有两种,一种称为确定的敏感性分析,另一种称为随机的敏感性分析。确定的敏感性分析是把所有的状态变量除一个以外都设定在它们的标称值上,然后让这个未设定的状态变量的值在一定范围内变化,观察它所产生的后果的相应变化,并计算其敏感性。如果通过敏感性分析发现某个状态变量的变化对其后果有严重的影响,则需要设定它的概率分布;否则,只需采用它的标称值就行了。由于我们只需要对状态变量能不能作为确定量处理作粗略估计,因此,一般可以采用确定的敏感性分析。但如果敏感性分析的精度要求比较高,就需要采用随机的敏感性分析。这种分析和确定的敏感性分析的不同之处在于它必须考虑状态变量是随机变量这一特点,在进行这种分析时,除了一个状态变量被规定在一定范围内取值外,其余的状态都作为随机变量,设定它们的条件分布密度。这种分析往往是在决策分析的第四步进行。对于十分灵敏的状态,有可能需要进一步收集新的信息,以改进其概率估计。

对决策变量作确定的敏感性分析也是很重要的。借助于这种分析可以找到其中关键的决策变量,这些决策变量对后果有重要的影响。

以上步骤并不是一成不变的,例如为了分析的方便,可把第三步放在第二步之前进行。如果决策人对于分析的结果感到不够满意,则需要收集新的信息,并把这种新信息运用到决策分析中去。这个问题我们将在第四章贝叶斯分析中介绍。

关于决策问题的分析步骤,在第六章我们还要作详细讨论。

习　题

一、回答下列问题：

1. 什么是决策？什么是决策分析？

2. 决策问题的特点是什么？决策问题有哪些要素？

3. 画出决策过程的流程图并作简要说明。

4. 决策问题可以分成哪几类？各有什么特点？

二、用决策树表示下列问题：

1. 火灾保险。

2. 易腐品进货问题。

3. 油井钻探问题：某公司拥有一块可能有油的土地，该公司可以自己钻井，也可以出租给其他公司开采。若出租土地，租约有两种形式：①无条件出租，租金45万元；②有条件出租，租金依产量而定：产量在20万桶或以上时，每桶提成5元；产量不足20万桶时不收租金。设钻井费用为75万元，有油时需另加采油设备费25万元，油价为15元/桶。油井产量简化为4种状态：无油、产油5万桶、产油20万桶、产油50万桶。

三、设油井钻探问题如下：每次钻井费用10万元，有油时售油收入为100万元，有油的概率为0.2。问无油时是否该继续钻井？若应该，钻几次仍无油时就要停止钻井？画出此决策问题的决策树。讨论结果的合理性，实际情况下你作何决策？

第二章 主观概率

第一章指出了决策问题的基本特点之一是自然状态的不确定性。由于自然状态的不确定性,决策人无论采取什么行动,所产生的后果都会因自然状态的不同而不同。为了能对决策进行定量化研究,有必要定量地表达自然状态的不确定性。如所周知,概率是定量表达不确定性的重要工具,这一章我们要对设定自然状态的概率分布所涉及的问题与相应的处理方法进行分析和讨论。

概率论中的大部分工作,是要设法从给定的简单事件的概率推导出某种复杂事件的概率;要研究根据新的信息,改变某种原先给定的概率;最终为进行有效决策提供基础和依据。如何决策的问题将留到后面几章讨论,这一章只处理基本事件发生的概率,即研究如何为基本的自然状态的概率赋值,使后续计算得以进行。

2.1 概率的基本概念

1. 概率

(1) 频率与概率

为了描述随机事件发生的可能性的大小,人们通常进行随机试验并观察试验结果。在相同条件下进行了 n 次试验,其中事件 A 发生的次数 n_A 称为事件 A 发生的频数,比值 n_A/n 称为事件 A 发生的频率,记作 $f_n(A)$,

$$f_n(A) \triangleq n_A/n \tag{2.1}$$

古典的概率(probability)的定义如下:

$$p(A) = \lim_{n\to\infty} f_n(A) \tag{2.2}$$

(2) Laplace 的概率定义

Laplace(1812)把事件 A 发生的概率 $p(A)$ 定义为

$$p(A) \triangleq k/n \tag{2.3}$$

式(2.3)中,k 为事件 A 所包含的基本事件数,n 为基本事件 e_i 的总数。显然,上述定义的适用条件是:

① 基本事件的数量有限,即试验的样本空间 $S=\{e_1,e_2,\cdots,e_n\}$;

② 每个基本事件都是等可能的,即 $p(e_1)=p(e_2)=\cdots=p(e_n)=1/n$。

(3) 概率的公理化定义

Kormogorov 在 1930 年的著作中给出的概率的公理化定义如下。

定义 2.1 E 是随机试验,S 是 E 的样本空间,对 E 的每一事件 A,对应有确定的实数 $p(A)$,若 $p(A)$满足:

① 非负性:$p(A) \geqslant 0$;

② 规范性:$p(S)=1$;

③ 可列可加性:对两两不相容事件 $A_k, k=1,2,\cdots$(两两不相容事件的定义是:$\forall\, i \neq j, A_i \cap A_j = \varnothing$),有

$$p(\bigcup_k A_k) = \sum_k p(A_k)$$

则称 $p(A)$为事件 A 发生的概率。

以上所述的几种概率的定义有一个共同的特点,这就是概率是在多次重复试验中,随机事件 A 发生的可能性的大小的度量。而在实际的决策问题中,自然状态的概率往往无法通过重复试验求得,通常也并不包含等可能的基本事件。例如,在出门是否带伞的决策问题中可能会遇到明天是否下雨;加工问题中新产品的加工数量;项目申请问题中的中标可能性以及在实际决策中经常遇到的明年国民经济增长率的分布;战争中对敌方下一步行动的估计等等广义的自然状态,这些状态或事件显然是无法重复试验的,其中也没有所谓的基本事件。而有些问题虽然不是完全不能重复试验,但由于种种原因,实际上不能施行。例如洲际导弹的命中率,虽然在原则上可以通过相同条件下的重复试验获得,但是每次试验费用过于昂贵、代价过大,实际上不可能多次重复试验。在以上各种情况下,前面提到的三种概率的定义均不适用。

由于上述原因,需要有一种能在频率观点不适用、实际上无法进行随机试验时设定概率的方法,这就是**主观概率**(subjective probability);与此同时,把上面三种定义所规定的概率称为**客观概率**(objective probability)。

2. 主观概率

根据 Savage(1954)的观点,主观概率是一种见解,是合理的信念的测度。它是某人对特定事件发生的可能性的信念(或意见、看法)的度量,即他相信或认为事件将会发生的可能性的大小。

这种相信的程度是一种信念,是主观的,但又是根据经验、各方面的知识以及对客观情况的了解,利用相关信息进行分析、推理、综合判断而**设定**(assignment)的,与主观臆测不同。

例如,一个即将毕业的硕士生考虑下一步去向的时候,面临着就业还是继续深造(考博士生)的选择问题。而是否考博士生在很大程度上取决于被录取的可能性

大小。他或她要根据自己的科研能力、有关学科的成绩、对导师生源状况的了解等等进行分析和判断，设定被录取的概率。如果这一概率还比较大，就会觉得值得一试；如果这一概率实在太小，还不如放弃继续深造的打算，直接就业。这种考博被录取概率的设定显然是主观的，但也不是随意的、毫无根据的，获得的相关信息越多、越准确，设定概率也越可信。如掷硬币，稍有常识的人都知道，只要硬币是均匀的，无需多次重复试验，也能判断正面朝上的概率是1/2。又如，抛一枚图钉，它落地并最终静止时可能针尖朝上，也可能针尖朝下。要求一群学生估计针尖朝上的概率，虽然这些学生事先都没有抛过图钉，但是大部分学生都认为针尖朝上的概率大于1/2，众数在0.55～0.7。许多人是凭直觉判断的，但抛掷10000次以上的试验结果是针尖朝上的概率略大于0.6。也就是说，即使凭直觉也可以做出相当不错的概率估计。

3. 概率的数学定义

在任何一本关于概率论的教材中，都有如下的概率定义。

定义 2.2 对非空集 Ω，元素 ω，即 $\Omega=\{\omega\}$，F 是 Ω 的子集 A 所构成的 σ 域（即 F 满足如下条件：① $\Omega\in F$；② 若 $A\in F$，则 $\overline{A}\in F$；③ 若 $A_i\subset F$，$i=1,2,\cdots$，则 $\bigcup A_i\in F$）。

若 $p(A)$ 是定义在 F 上的实值集函数，它满足：

① 非负性：$p(A)\geqslant 0$；

② 规范性：$p(\Omega)=1$；

③ 可列可加性：若 $A_1,\cdots,A_n,\cdots$ 为两两不相容事件，$p(\bigcup_{i=1}^{\infty}A_i)=\sum_{i=1}^{\infty}p(A_i)$，则称 $p(A)$ 为事件 A 的（主观或客观）概率测度，简称概率。

上述定义中，ω 为基本事件，A 为事件，三元总体 (Ω,F,P) 称为概率空间。

需要注意的是，定义 2.2 既适用于客观概率，也完全可用于主观概率，即两者有着完全相同的数学定义。因此，由客观概率论者发展起来的概率论的整套推理和计算方法，也都完全适用于主观概率。

4. 主客观概率的比较

(1) 基本属性

客观概率论者（以下简记为O）认为：概率是系统的固有的客观性质，是在相同条件下重复试验时频率的极限。

主观概率论者（以下简记为S）认为：概率是观察者而非系统的性质，是观察者对系统处于某状态的信任程度。

(2) 抛硬币：正面向上概率为1/2

O：只要硬币均匀，抛法类似，次数足够多，正面向上的概率就会是1/2，这是简单的定义。

S：这的确是定义，决策人认为硬币是均匀的，正、反面出现的可能性（似然率）相同，1/2 是个主观的量。

(3) 下次抛硬币出现正面的概率是 1/2

O：这种说法不对，不重复试验就谈不上概率。

S：对决策人来说，下次出现正、反是等可能的。但这不是说硬币本身是公正的，它可能会有偏差，只是就他现有知识而言，没有理由预言一面出现的可能会大于另一面，但多次抛掷的观察结果可以改变他的信念。

O、S：下次抛硬币出现正面还是反面不能确定，但知道，要么是正面，要么是反面。

由于历史原因，客观概率论者习惯使用**概率**(probability)一词，采用记号 $p(\theta)$ 表示自然状态 θ 的概率；而主观概率论者习惯用**似然率**(likelihood)，采用记号 $\pi(\theta)$ 表示自然状态的 θ 的似然率。在本书中对概率和似然率的用法不加严格区分，但尽可能用记号 $\pi(\theta)$ 表示似然率。

2.2 先验分布及其设定

在决策分析中，尚未通过试验收集状态信息时所具有的信息叫先验信息，由先验信息所确定的概率分布叫**先验分布**(prior distribution)。

设定先验分布是**贝叶斯分析**(Bayes analysis)的需要。

1. 设定先验分布时的几点假设

对许多领域的实际问题，设定在相关的域上事件的概率分布对于这些领域的专业人员是常规性和标准化的工作。这种赋值通常是模型与经验相结合，而且许多典型的问题有相应的概率模型，如二项分布、正态分布、泊松分布等可以使用。在概率论教材中，对于一定类型问题应该采用哪种特定的概率分布有着一致意见，因此有许多问题可以迅速而客观地赋予适当概率。而对那些不具备典型特征的事件，要让两个人就同一个特定的概率分布的适用性取得一致意见通常十分困难，这时概率的设定就有高度的主观性。由于在实际的决策问题中所遇到的概率的设定大部分属于后者，本章主要讨论在这种情况下如何设定概率（即似然率），并在设定似然率时充分反映决策人拥有的信息和信念。

为了讨论方便，我们先引入几个记号：$>_l$、$\sim_l$ 和 $\geqslant_l$。$A >_l B$ 读作"事件 A 发生的似然率大于事件 B 发生的似然率"；$A \sim_l B$ 读作"事件 A 发生的似然率与 B 发生的似然率相当"；$A \geqslant_l B$ 读作"事件 A 发生的似然率不小于事件 B 发生的似然率"。如果对"似然率"一词感到不习惯，不妨用"可能性"代替它。

假设 2.1 **连通性**(connectivity):连通性又称**可比性**(comparability),是指事件 A 和 B 发生的似然率是可以比较的,即 $A>_l B$ 或 $A\sim_l B$ 或 $B>_l A$ 必有一种也仅有一种成立。

假设 2.2 **传递性**(transitivity):若对事件 A、B、C,$A>_l B$,$B>_l C$,则 $A>_l C$。例如在设定明年国民经济增长率时,设事件 A 为增长率在 6%~7%之间,事件 B 为 7%~8%,事件 C 为 8%~10%;若决策人认为 $A>_l B$ 且 $B>_l C$,则有 $A>_l C$。

任何二元关系,只有满足连通性和传递性才能构成完全序。

假设 2.3 部分小于全体:若事件 A 是事件 B 的一部分,即 B 包含 A,记作 $A\subset B$,则事件 B 发生的可能性不会小于事件 A,即 $B\geqslant_l A$。

仍以设定明年国民经济增长率为例,设事件 A 的增长率为 6%~7%,事件 D 的增长率为 6%~8%,则必有 $D\geqslant_l A$。

假设 2.3 也可以表达为:若 A 为任何事件,则 $A\geqslant_l \varnothing$ 且 $S>_l \varnothing$。

这一条件可以导出上述基本性质,且对任何事件 A,有 $S\geqslant_l A\geqslant\varnothing$。

假设 2.4 若 $A_1\supset A_2\supset A_3\cdots$是离散的事件序列,$B$ 是某个固定事件,且对任意 $i=1,2,\cdots$有 $A_i\geqslant_l B$,则$\bigcap_{i=1}^{\infty}A_i\geqslant_l B$。

假设 2.5 在[0,1]区间存在均匀分布的随机变量。

Savage(1954)指出,满足假设 2.1~2.5 就可以保证概率分布的惟一存在性。在实际设定先验分布的时候,注意满足前三条假设就可以了,分析人员的注意力应该放在量化决策人的"信念"的准确性上。

2. 离散型随机变量先验分布的设定

(1) 对各事件加以比较确定相对似然率

示例 1 某人考博士生被录取的概率。

该生考取记作事件 E,事件 E 的补集(即考不取)记作$\overline{E}$。若该生根据收集到的有关信息,估计被录取的可能性是考不取的可能性的 2 倍,则有

$$\pi(E) = 2\pi(\overline{E})$$

由于 $\pi(E)=1-\pi(\overline{E})$,所以 $\pi(E)=2/3$,$\pi(\overline{E})=1/3$。

示例 2 某个农民为了确定当年种植作物的适宜品种,需要判断当年的气候状况。根据以往的统计资料和对当前的各种气象迹象的观察,他认为当年气候正常与受灾的可能性之比大致为 3:2,如果受灾,水、旱灾之比约为 1:1。记正常年景为 θ_1,发生旱灾为 θ_2,涝灾为 θ_3。

由题设,$\pi(\theta_1)+\pi(\theta_2)+\pi(\theta_3)=1$,$\pi(\theta_1)/(\pi(\theta_2)+\pi(\theta_3))=3/2$,$\pi(\theta_2)=\pi(\theta_3)$,解得 $\pi(\theta_1)=0.6$,$\pi(\theta_2)=\pi(\theta_3)=0.2$。

(2) 打赌法

设事件 E 发生时收入 $p(0<p<1)$,其中的 1 代表某个适当的数值的钱,例如 1000 元或 100 元,不同的决策人可以取不同的值,这一数值与决策人的财产相比是一个小数目,以保证在此范围内对决策人的实际价值接近于线性,其理由将在第三章中说明;且设 E 不发生即 $\bar{E}$ 发生时收入为 $1-p$。调整 p 值,使决策人感到两者无差异为止,则 $\pi(E)=1-p$。

显然,以上两种方法均只适用于状态数较少的场合。在状态数较多时,可以采用下面介绍的相对似然率法。

由于决策人通常并不具备很多统计学知识,因此在量化其主观概率(亦即信念)时要特别小心,以保证所设定的主观概率的合理性。研究表明,对那些初次涉及主观概率的决策人,以及对确实特别大和特别小的概率,在估值时会遇到很大困难,决策分析人需要慎之又慎。

为了帮助决策人量化随机事件的主观概率,可以借助于概率盘,其形状如图 2.1。概率盘正面分为红、蓝两个扇形区,扇形区的面积可任意调整;反面有刻度指示红色扇形区占整个圆盘面积的百分比。使用时,调整红色扇形区域的大小,直到决策人认为它与图 2.2 抽奖中后果 E 发生的概率 π 相等为止,这时概率盘反面的刻度值就是决策人心目中后果 E 发生的概率 π。

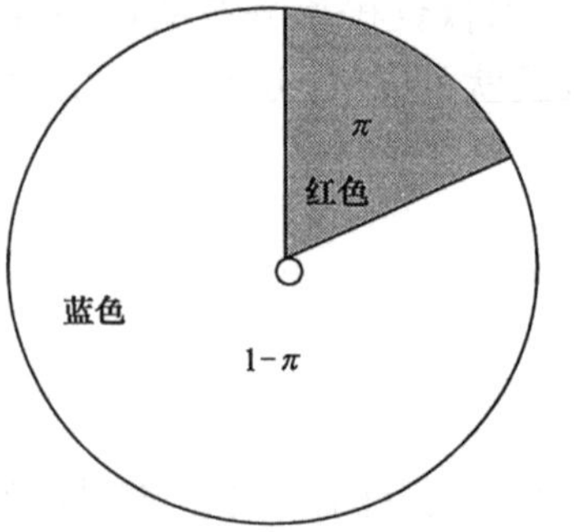

图 2.1　概率盘正面

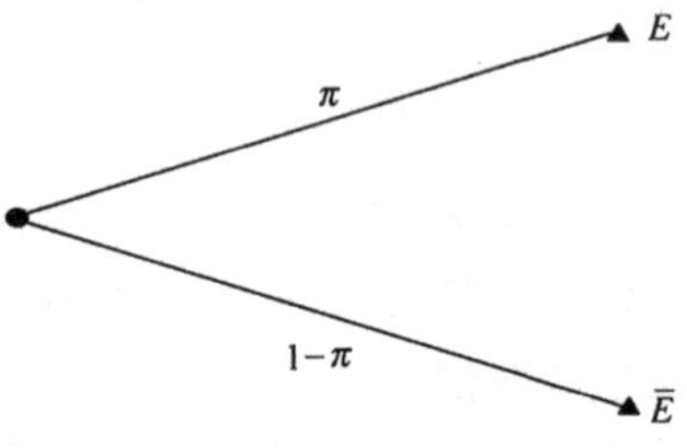

图 2.2　主观概率待定的抽奖

概率盘作为设定主观概率的辅助工具,对具有“概率思维”的决策人是有效的,而对“非概率思维”的决策人并无多少帮助,关于这方面的较详细的讨论,请参见 6.3 节之 5 小节。

3. 连续型随机变量的先验分布的设定

当自然状态 θ 为连续型随机变量时,主观概率密度函数 $f(\theta)$ 的构造明显比离散型随机变量的主观概率的设定复杂得多。因此,只要有可能,应该尽量将连续型随机变量离散化。下面首先介绍两种将连续型随机变量离散化的先验分布设定方法。

(1) 直方图法

这种方法适用于自然状态 θ 的取值是实轴的某个区间的情况。具体步骤是:

① 将区间离散化　把 θ 的取值范围划分为若干个子区间 $\theta_1,\theta_2,\cdots,\theta_n$;

② 赋值　设定每个子区间的似然率 $\pi(\theta_i), i=1,\cdots,n$,并根据 $\pi(\theta_i), i=1,\cdots,n$ 做出直方图;

③ 变换　把直方图变换成概率密度函数曲线。

示例 3　明年国民经济的增长率的设定。

假设决策人精通统计学的有关知识,并且确认明年国民经济的增长率介于1%～12%之间,则不妨把子区间划小些,以1%为单位。由决策人给出处于每一百分值的似然率,并作直方图(图2.3)。图中用 x%表示上限为 x%的子区间,例如5%表示子区间4%～5%。

利用图2.3,就可以拟合出相应的概率密度函数曲线。

这种方法的主要缺点是:

① 子区间的划分没有标准,可以只分成两三个子区间,也可以分成十多个子区间;子区间划分的数量不同,最后拟合所得到的概率密度函数曲线往往会有比较大的差异;

② 确定每个子区间的似然率 $\pi(\theta_i), i=1,\cdots,n$ 很不容易,在子区间数量较多时尤其困难;

③ 拟合所得的概率密度函数通常尾部误差很大。

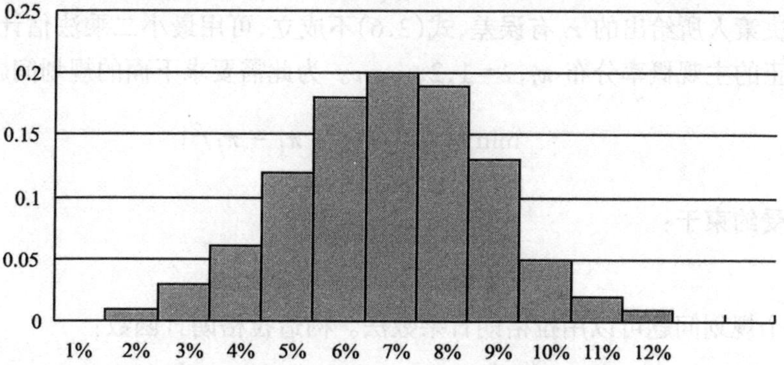

图2.3　明年国民经济的增长率的概率分布直方图

(2) 相对似然率法

这种方法是为了克服直方图法的缺点之②而提出的,它的适用范围与直方图法相同。具体步骤为

① 离散化　与直方图法的第一步相同,仍然把 θ 的取值范围划分为若干个子区间 $\theta_1,\theta_2,\cdots,\theta_n$,但是由于下面的赋值比直方图法容易,子区间可以多些。

② 赋值　　为各子区间赋值的方法有两种：

a) 选定一个似然率最大的子区间 θ_k 作为基准，设基准区间的相对似然率为 $R_k=10$（或者取 1、100 等，视决策人的习惯而定），然后给出其他各区间似然率与基准区间似然率的相对比值 R_i，即 $R_i:R_k=\pi(\theta_i):\pi(\theta_k)$。

b) 由决策者给出每两个子区间似然率的比例关系：

$$r_{ij}=\pi(\theta_i)/\pi(\theta_j),\quad i,j=1,2,\cdots,n$$

③ 规范化

对赋值法 a)，有

$$\pi(\theta_i)=R_i\Big/\sum_{i=1}^{n}R_i,\quad i=1,2,\cdots,n \tag{2.4}$$

对赋值法 b)，将 $\pi(\theta_i)$ 记作 π_i，则

$$r_{ij}=\pi_i/\pi_j,\quad i,j=1,2,\cdots,n$$

若决策人所给出的 r_{ij} 准确无误，则 $\forall\, i,j\in\{1,2,\cdots,n\}$，应有

$$r_{ij}=1/r_{ji} \tag{2.5}$$

$$r_{ij}=r_{ik}\cdot r_{kj} \tag{2.6}$$

在上述条件满足时，令 $a_i=\sqrt[n]{\prod_{j=1}^{n}r_{ij}}$，$i=1,2,\cdots,n$，则

$$\pi(\theta_i)=a_i\Big/\sum_{i=1}^{n}a_i,\quad i=1,2,\cdots,n \tag{2.7}$$

如果决策人所给出的 r_{ij} 有误差，式(2.6)不成立，可用最小二乘法估计决策人心目中真正的主观概率分布 π_i，$i=1,2,\cdots,n$。为此需要求下面的规划问题的解：

$$\min\{\sum_{j=1}^{n}\sum_{i=1}^{n}(r_{ij}\cdot\pi_j-\pi_i)^2\} \tag{2.8}$$

受约束于：

$$\sum_{i=1}^{n}\pi_i=1$$

$$\pi_i\geqslant 0,\quad i=1,\cdots,n$$

解这个规划问题可以用拉格朗日乘数法。构造拉格朗日函数：

$$L=\sum_{i=1}^{n}\sum_{j=1}^{n}(r_{ij}\cdot\pi_j-\pi_i)^2+2\lambda(\sum_{i=1}^{n}\pi_i-1) \tag{2.9}$$

上式对 π_l，$l=1,2,\cdots,n$ 求偏导数，并令其等于 0，得

$$\sum_{i=1}^{n}(r_{il}\pi_l-\pi_i)r_{il}-\sum_{j=1}^{n}r_{lj}\pi_j+n\pi_l+\lambda=0,\quad l=1,2,\cdots,n \tag{2.10}$$

上述 n 个方程与 $\sum_{i=1}^{n}\pi_i=1$ 联列，构成 $n+1$ 阶齐次方程组，即可求得 π_i，$i=1,2,\cdots,n$。

示例 4 问题同示例 3,用解法 a)求解。

仍以每 1% 为子区间,并把以 x% 为上限的子区间记作 x,列于表 2.1。

首先由决策人判断似然率最大的子区间是哪一个,比如是 7%,即明年国民经济增长率最大可能性在 6%~7% 之间。然后告诉他,把明年国民经济增长率在 6%~7% 之间的可能性记作 10;并要求他判断明年国民经济增长率在 7%~8% 之间的可能性有多大,设经过交谈后定为 9.5,由分析人员记入表 2.1;然后再开始判断下一个子区间的相对似然率,直到所有子区间的相对似然率都设定为止。对于所设定的各个子区间的相对似然率,应该交给决策人仔细审核,必要时作适当调整,最终确认无误后利用式(2.4)求出各子区间的似然率 $\pi(\theta_i)$(如表 2.1 最下面一行所示)并做出相应的直方图,拟合出概率密度函数曲线。

表 2.1 明年国民经济增长率各子区间及似然率设定

子区间	2	3	4	5	6	7	8	9	10	11	12
R_i	0.5	1.5	3	6	9	10	9.5	6.5	2.5	1	0.5
$\pi(\theta_i)$	0.01	0.03	0.06	0.12	0.18	0.20	0.19	0.13	0.05	0.02	0.01

采用 a)法虽然比直接用直方图法容易,但是仍要求决策人具有较高的数值判别能力;采用 b)法的工作量明显加大,但可以获得准确性更高的概率分布。关于 b)法的应用,由读者求解习题中的第四题。

(3) 区间对分法

区间对分法的适用范围比前面介绍的两种方法要广,它可以用于随机变量 θ 的取值范围是开区间的情况。具体步骤是:

① 求中位数;

② 确定上、下**四分位点**(quartile fractile);

③ 由于误差积累,最多确定**八分位点**(eighth fractile)。

这种方法的优点是简单易行,对决策人的要求不高;主要缺点是精度差。在本章 2.3 节给出了设定某地区人口出生率的似然率分布的案例,其中所采用的就是区间对分法。

(4) 与给定形式的分布函数相匹配

利用常见的分布函数来设定先验分布是最常用且常常被滥用的方法。通常的作法是选择一个与先验信息匹配得最好的分布函数,如均匀分布、二项分布、正态分布、泊松分布、β 分布、指数分布、柯西分布等等。例如:

① 在单位时间以恒常的平均比率 λ 出现,则在时间长度 T 单位内该事件出现的次数服从泊松分布;

② 若影响某一随机变量的因素很多且每一因素的作用均不显著,则该变量服从正态分布。例如,测量误差、弹着点、人的生理特征的度量、农作物产量等均服从

正态分布；

③ 每次随机试验中事件 A 出现的概率为 p，n 次独立试验中事件 A 出现 r 次的概率服从二项分布，即 $B(p,r,n)=C_n^r p^r(1-p)^{n-r}$；

④ 如果随机变量落在某个区间 (a,b) 中任意等长度的子区间内的可能性相同，则它服从均匀分布；

……

在根据随机变量的特征选定适当的分布函数后，重要的工作是估计参数。例如对正态分布，只要估计先验均值(一阶矩)和先验方差(二阶矩)。但是估计这些参数是一项不确定性很大的任务，关键在于概率密度函数的尾部估计不易准确，而尾部的很小的误差会对矩产生很大影响。其他典型的分布函数也有类似的问题，在处理无界的或很大的参数区间时，这一问题尤其严重。

对概率密度函数的尾部即小概率事件的似然率的估计，一般不宜让决策人直接赋值，而是要采用适当的措施。比如，选择某个概率已知的小概率事件作为基准。抛掷硬币连续 10 次出现正面的概率约为千分之一，以此作为基准，让决策人比较待设定的事件的似然率与这一基准事件的概率，再根据决策人的判断计算出待设定的事件的似然率。用这种方法所得的结果比直接赋值要准确得多。有时小概率事件是在其他一系列事件发生的条件下才会发生，如果这一系列中间事件并不是小概率事件，则可以由决策人估计这一系列中间事件发生的似然率，再通过计算获得小概率事件发生的似然率。

确定先验概率密度函数的参数的比较好的方法是分位点法，由决策人主观地估计先验分布的几个分位点，再选择适当的分布函数形式使所得到的概率密度函数与这些分位点尽可能匹配。由于只要主观地估计若干个不同区间的概率，并有许多现成的概率密度函数分位数表可供利用，因此这种方法比矩法容易使用。

*4. 无信息先验分布①

将在第四章介绍的贝叶斯分析法是决策理论中最重要的方法，届时大家会发现贝叶斯分析法最为引人的特点是它的简明性，只要有效用(损失)函数和先验分布，贝叶斯分析就可以直接计算了。由于贝叶斯分析法的简明性，使得人们在没有先验信息时也想用它，因此希望在完全没有或只有极少自然状态 Θ 的先验信息时，也能设定 Θ 的先验概率分布。

例如，最简单的情况是 Θ 中只有 n 个元素，即只有 n 种自然状态，设每种状态出现的概率为 $1/n$，这就是无信息先验分布。稍为复杂一点的例子是：参数是正态分布的均值 θ，因此参数空间 $\Theta=(-\infty,\infty)$。在设定无信息先验时，一种合理的

---

① * 的含义见前言，后同。

作法是对 θ 的任何可能值加相等的权，即 $\pi(\theta)=c$；但对任何 $c>0$，都有 $\int_{-\infty}^{\infty}\pi(\theta)\mathrm{d}\theta=\infty$，这时的 π 不是正常的概率密度函数。不过这种 π 仍然可以使用，至于 c 取什么值已经无关紧要，典型的作法是取 $\pi(\theta)=1$。这种无信息先验称做 R^1 上的均匀分布，是由 Laplace 首先提出并使用的。

确定无信息先验分布最有用的方法是考察问题的结构。最好是当问题进行变换或重新表述后，直观上并不改变无信息先验。常见的结构有下面几种。

(1) 位置参数

随机变量 x 的概率密度函数形如 $f(x-\theta)$ 时称为位置密度，$\theta\in\Theta$ 称为位置参数。方差给定的正态分布就是位置密度；共同分布为位置密度的独立同分布随机变量的样本，也是位置密度。

位置参数的无信息先验 $\pi(\theta)$ 必为一常数(Berger 1980，陈珽 1987)，通常可以取 $\pi(\theta)=1$，这是非正常先验分布。当参数空间只是 R^1 的子集时，例如 $\theta>0$，仍可采用 $\pi(\theta)=1, 0<\theta<\infty$ 作为无信息先验。

(2) 标度参数

随机变量 x 的概率密度函数为 $\frac{1}{\sigma}f(\frac{x}{\sigma})$，$\sigma>0$ 时称为标度密度，σ 称为标度参数。正态分布的均方差是标度参数。

标度参数 σ 的无信息先验为 $\pi(\sigma)=\frac{1}{\sigma}$，它也是非正常的，因为 $\int_0^{\infty}\frac{1}{\sigma}\mathrm{d}\sigma=\infty$。

与以上两种结构相关的是位置-标度参数。概率密度函数形如 $\frac{1}{\sigma}f(\frac{x-\theta}{\sigma})$ 时称为位置-标度密度，其中 $\sigma>0, \theta\in R^1$ 为未知参数。正态分布 $N(\theta,\sigma^2)$ 的概率密度函数是最重要的位置-标度密度的例子。

在 θ 和 σ 相互独立时，通常可以用 $\pi(\theta,\sigma)=\frac{1}{\sigma}$ 作为位置-标度参数的无信息先验。

*5. 使平均信息量极大化的先验分布设定

上面第 2、3 两小节讨论了凭决策人的信念主观设定先验分布的方法，第 4 小节又简单介绍了无信息先验分布的设定方法；而在实际的决策问题中所遇到的往往是介乎两者之间的情况，这就是只有部分先验信息可资利用。例如只知道先验分布的均值，就需要在具有同样均值的那些无信息先验分布中寻找适当的概率分布。

Jaynes(1968)利用**平均信息量**(entropy①)这一概念，提出了处理这类问题的方

---

① entropy 一词在热力学中称为熵，在信息论中的含义是平均信息量；许多中文文献把“极大化平均信息量”称作“极大熵”。

法。由于离散型概率分布的平均信息量容易理解,这里只讨论离散型随机变量的平均信息量。

定义 2.3 $\Theta=(\theta_1,\cdots,\theta_n)$是离散型随机变量(在信息论中 θ_i 是信息通道中传送的第 i 个信号),若 $\pi(\theta_i)$是 θ_i 出现的概率,则 θ_i 的信息量 I_i 为

$$I_i = -\ln\pi(\theta_i)$$

概率分布为 π 的 n 个信号的平均信息量$E_n(\pi)$为

$$E_n(\pi) \triangleq -\sum_{i=1}^{n}\pi(\theta_i)\ln\pi(\theta_i) \tag{2.11}$$

若式中 $\pi(\theta_i)=0$,则规定 $\pi(\theta_i)\cdot\ln\pi(\theta_i)=0$。

根据以上定义,平均信息量在信息论中的含义很清楚;而它在先验分布中则描述了概率分布中固有的不确定性的大小。从下面的例子中可以看出这一点:对 $\Theta=(\theta_1,\cdots,\theta_n)$,如果 $\pi(\theta_k)=1$,则 $\forall\, i\neq k$ 有 $\pi(\theta_i)=0$,这是一个确定性事件,而 $E_n(\pi)=-\sum\limits_{i=1}^{n}\pi(\theta_i)\ln\pi(\theta_i)=0$,即这一概率分布固有的不确定性为 0。不确定性越小,所提供的有效信息越少。

与上面的例子相反的是具有最大不确定性的概率分布,即具有最大的平均信息量的概率分布:$\forall\, i$ 令 $\pi(\theta_i)=1/n$,这时

$$E_n(\pi) = -\sum_{i=1}^{n}\pi(\theta_i)\ln\pi(\theta_i) = -\sum_{i=1}^{n}\frac{1}{n}\ln\left(\frac{1}{n}\right) = \ln n \tag{2.12}$$

可以证明,对所有正常的分布 π 都有$E_n(\pi)\leqslant\ln n$。因此上一分节提到的离散型 Θ 的无信息先验分布 $\pi(\theta_i)=1/n$,就是使平均信息量极大化的概率分布。

在有 θ_i 的一部分先验信息时,为了方便起见,不妨把这些信息看做是关于 $\pi(\theta_i)$的约束,亦即假设

$$E^{\pi}[g_k(\theta)] = \sum_{i=1}^{n}\pi(\theta_i)g_k(\theta_i) = \mu_k,\quad k = 1,\cdots,m \tag{2.13}$$

例如,假设 $\Theta\in R^1$,如果 $g_1(\theta)=\theta$,$2\leqslant k\leqslant m$ 时 $g_k(\theta)=(\theta-\mu_1)^k$,式(2.13)相当于规定了先验分布 π 的前 m 阶中心矩;如果 $g_k(\theta)=F_{(-\infty,z_k)}(\theta)$,则

$$E^{\pi}[g_k(\theta)] = P^{\pi}(\theta\leqslant z_k)$$

由式(2.13)可知,z_k 是分布 π 累计概率为 μ_k 的分位点。

因此,求有部分先验信息时使平均信息量极大化的先验分布,应求解:

$$\max\left\{E_n(\pi) = -\sum_{i=1}^{n}\pi(\theta_i)\ln\pi(\theta_i)\right\} \tag{2.14}$$

受约束于:
$$\sum_{i=1}^{n}\pi(\theta_i)g_k(\theta_i) = \mu_k,\quad k=1,\cdots,m$$

$$\sum_{i=1}^{n}\pi(\theta_i) = 1$$

式(2.14)的解为

$$\overline{\pi}(\theta_i) = \frac{\exp[\sum_{k=1}^{m}\lambda_k g_k(\theta_i)]}{\sum_{i=1}^{n}\exp[\sum_{k=1}^{m}\lambda_k g_k(\theta_i)]} \tag{2.15}$$

式中的 λ_k 是由式(2.13)所确定的常数。需要说明的是:① $\overline{\pi}(\theta_i)$有可能不存在,即问题(2.14)无解;② 选用矩作为约束条件便于分析,但求得的先验分布不如用分位点约束可靠。

6. 利用过去的数据设定先验分布

当 θ 确为客观概率论意义上的随机变量时,有时会有 θ 的统计数据可用于设定先验分布 π。

在能够获得过去类似情况下 θ 的值 $\theta_i, i=1,\cdots,n$,就可用下面几种方法构造先验分布 π:

① 通过直方图勾划出先验分布;

② 选取可能的函数形式作为先验分布,再定参数;

③ 对离散型随机变量,在样本数量足够大时,用频率去近似。

但是,在大部分实际问题中,自然状态 θ 往往不能直接观察,所能够直接观察到的只是与 θ 有关的 x_i(通常都是如此),而要从 x_i 中获取 θ 的先验信息很困难,因为

$$m(x) = \int_{\Theta} f(x|\theta)\pi(\theta)\mathrm{d}\theta$$

或者

$$m(x) = \sum_{\Theta} p(x|\theta)\pi(\theta)$$

x 和 θ 的联合密度是 $h(x,\theta) = f(x|\theta)\pi(\theta)$,从 x_i 估计 $m(x)$ 并不难,但即使 $f(x|\theta)$已知,由此估计 $\pi(\theta)$也难得多,只有当 $f(x|\theta)$是某些特殊形式时才有可能估计 $\pi(\theta)$,具体内容可参阅有关的统计学专著。

在结束本节之前需要提请注意的是,自然状态的概率或概率分布不是也不应当由决策分析人员来设定,而应当由决策人和有关问题专家提供基本信息,由决策分析人员协助设定。对此,第六章还要进行详细讨论。

2.3 设定主观概率的案例

某地区教委制订 1985～2000 年的地区教育发展规划,具体负责规划制订的教

委领导人就是这个决策问题的决策人。为了订好规划,他请决策分析人员协助工作。规划中的很重要的一环是要确定中小学教育的总规模,而要能够确定规模,先要知道规划期内社会对教育的需求,即该地区学龄儿童人数。如果只是近期规划,学龄儿童可从有关部门的统计资料中获得。对于长期规划,就需要从该地区今后若干年的出生率推算。因此,决策分析人请决策人或有关人口问题的专家提供相关信息。对此,决策人请来三位人口问题专家(包括计划生育部门的专家),以提供今后几年出生率的概率分布的信息。决策分析人与三位专家分别交谈,得出了今后几年的出生率的概率分布,如图 2.4。

以下是决策分析人(简称“分”)与某一位专家(简称“A”)的对话摘录。

分:你认为本地区今后几年的出生率的范围是多少?

A:不同的资料和文件对这个问题有不同的估计。你是否要我提供这些资料的最大值和最小值?

分:不是。我希望你提供的是根据你自己对这一问题的认识,包括这些资料对你的影响和你自己的研究结果,即你认为未来几年出生率的可能范围。我们先看上限吧。历史上本地区最高的出生率是多少?

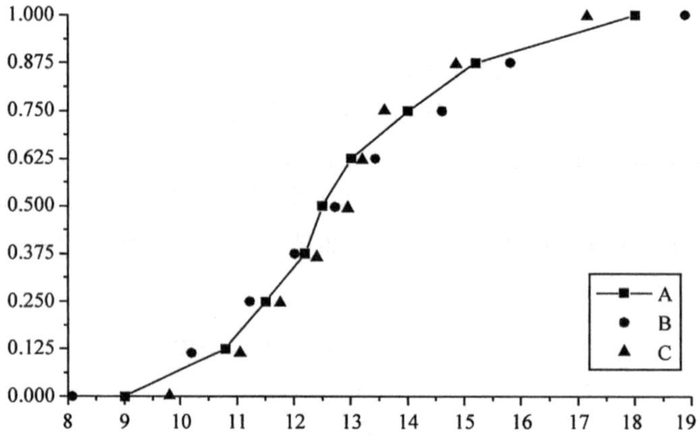

图 2.4 三位专家给出的概率分布曲线

A:34‰。

分:你认为今后几年有可能达到这么高的出生率吗?

A:不,绝不可能。自从实行计划生育以来,本地区最高的一年只有 17‰。由于计划生育是一项长期国策,今后也不大可能超过这一数字。

分:那你是否觉得完全不可能达到 20‰?

A:依我看,几乎完全不可能达到 18‰。

分:好吧,我们就先用 18‰作为上限。下面我们再看下限。你能否给出这样的点,在你看来未来几年的出生率小于这个点的可能性不到 1%。

A: 我觉得 9‰是一个十分乐观的估计,出生率低于这个数字的可能性绝不会大于 1%。

分: 现在我们回顾一下刚才的估计:未来几年的出生率非常可能是在 9‰到 18‰这个范围,是吗?

A: 我想是这样的。

分: 我们把这个范围记录下来,划根线段表示。出生率在这个范围以外的结果不大可能发生,我们先忽略不计。现在再来研究这个范围的子区段。你看出生率取什么值可以把这范围分成可能性相等的两部分?

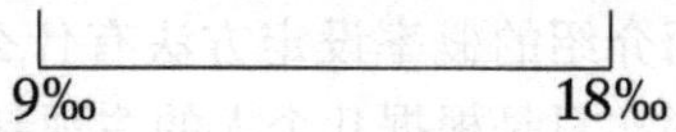

A: 我不太明白你的意思。

分: 是这样的,如果我在这范围中指定一点,10‰,你会觉得未来几年的出生率介于 10‰到 18‰的可能性一定会比出生率介于 9‰到 10‰的可能性大,是吧?

A: 是的。

分: 我把这点移到 16‰呢?

A: 出生率低于 16‰的可能性大得多。

分: 我希望你给出这样的点,你觉得出生率低于这点的可能性和高于这点的可能性恰好相等。

A: 我明白你的意思了。我觉得应当是 12‰到 13‰之间的某个数,但确切的值我说不准。

分: 没关系,你可以先设个数,以后什么时候你觉得不合适,我们可以随时修改,重新开始。只要你愿意,我们可以多次重复这样做。

A: 好吧,我先取 12.5‰为中点。

分: 我们先在 12.5‰的地方划根竖线。下面我们把注意力集中到 9‰到 12.5‰这一段。假定未来几年的出生率是在 9‰到 12.5‰这个范围内,请你再找个中点。

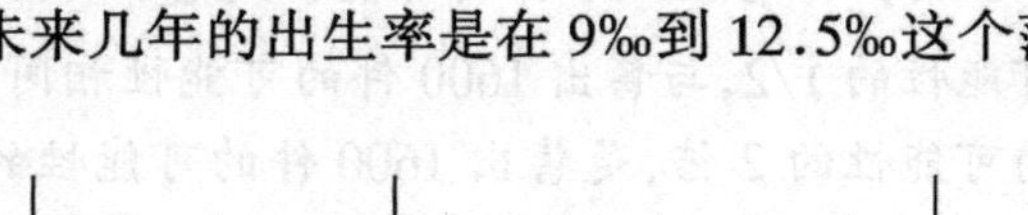

A: 我看 11.5‰比较合适。

分: 从 12.5‰到 18‰这个区段呢?

A: 我觉得可以用 14‰。

分: 加上你刚才的判断,我们可以做出如下新图:

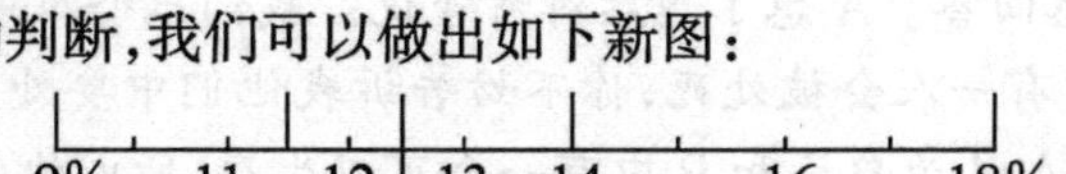

……

对话到此远未结束,但从上面的对话,我们已经可以看出设定概率的大致过程。显然这个过程并不复杂。

三位专家的意见并不一致,但他们之间的意见分歧也不大。为了得到比较一致的意见,可以请他们交换意见,并重新估计,最后他们会得到一致意见,描出一条曲线,提交决策人作决策分析的依据。

在与专家会谈的过程中,分析人员还可能遇到他所未预料到的问题,要他在建模时加以考虑。例如,专家C指出图2.4中的概率分布曲线只适用于1992年之前。1992年开始,由于生育人口的较大幅度增加,出生率的概率分布应另行设定。

有人会提出疑问:上面介绍的概率设定方法有什么根据?是不是太主观?是的,这种方法设定概率时确实只是根据几个人的主观判断。但是,由于未来若干年的出生率的概率分布无法由试验获得,我们也不能因为缺乏这一数据而停止教育发展长期计划的制订。因此,依靠相关专家的带有主观性的判断仍然是合理作法。这种主观判断至少比单纯由决策分析人拍脑袋和由决策人凭直觉办事更合理、更有说服力。

习　　题

一、1. 为什么要引入主观概率?

2. 比较主、客观概率的异同。

3. 如何设定先验分布?

二、两人一组,一人充当决策人,一人充当决策分析人,就来年国民经济增长率的先验分布进行对话,并画出对话所得的图形曲线,然后互换角色,就来年通货膨胀率的先验分布进行对话。

三、分别用直方图和相对似然率法设定你的卧室明天的最高气温(不开空调)。

四、某个决策人认为产品售出400件的可能性是售出800件的可能性的1/3,是售出1200件的可能性的1/2,与售出1600件的可能性相同,售出800件的可能性是售出1200件的可能性的2倍,是售出1600件的可能性的3倍;售出1200件的可能性是售出1600件的可能性的2倍。求该决策人关于产品销售量的主观概率分布。

五、有A、B、C三个单独监禁的罪犯。A知道他们中有两人要被处死,但不知是谁,于是他判断自己有1/3的生存机会。急于知道自己命运的A向看守询问自己的生死,看守不愿回答。A想了想后对看守说:“我们三个人中有两人会被处死,那么B和C中至少有一人会被处死,你不妨告诉我他们中要处死谁。”看守告诉他C将被处死。现在A认为自己和B中有一个可以生存,所以他的生存机会是1/2。A的推断是否正确,为什么?

第三章 效用函数

3.1 引 言

第一章指出决策的特点之一是后果的价值待定。为了用定量化的方法研究决策问题,除了上一章讨论的用主观概率量化自然状态的不确定性以外,还需要量化后果的价值。而在定量评价可能的行动的各种后果时,会遇到两个主要问题。一是后果本身是用语言表述的,可能没有任何合适的直接测量标度。例如,第一章中提到的出门带伞问题和炒鸡蛋问题的后果。又如企业及其产品的信誉和声望、在顾客心目中的地位对许多企业来说是很重要的,在决策过程中也是必须加以考虑的,但往往不知道以什么样的具体方式来评价。一家生产比较高档的产品的企业是否在打折的商店中销售其名牌产品时,就会产生这类问题,即由增加销售而增加的收入相对说是容易计算的,而由此造成的产品信誉降低的长期影响就难处理得多。二是即使有一个明确的标度(通常是钱)可以测量后果,按这个标度测得的量也可能并不反映后果对决策人的真正价值。因为后果的价值因人而异:同是100元钱,对穷人和百万富翁的实际价值绝然不同;就是对同一个人,也会因时而异。让我们来看两个例子。

例 3.1 考虑钱对同一个人的价值。假设一个学生手头紧张,正好有机会挣100元钱,但是所要做的是他相当讨厌的工作。根据他当时的经济状况和收入水平,他会认为100元钱的实际价值足够大,所要做的工作即使是相当讨厌的,他仍会去干;如果他先有了10000元,再要他为100元钱去干这份工作,他就很可能不干了。因为当他有了10000元以后,再增加100元的实际价值比身无分文时增加100元的实际价值小得多。换句话说,10100元的价值并不等于10000元的价值加上身无分文时的100元的价值。这就是经济学中的边际价值的递减性。这个例子说明,即使是数值量表示的后果,它对决策人的实际价值仍有待确定。

例 3.2 决策人面临图3.1中决策树所示的选择:①收入礼品1000元,或是②参与一次抽奖:有50%的机会得0元,50%的机会得2500元。显然,抽奖的期望值有1250元,大于礼品的确定性收入1000元,但是我们中一定有一部分人会选这确定性的1000元的收入。因为对宁可选择礼品即确定性的1000元的人而言,抽奖的期望值虽大,风险也大,实际价值还不如保险的1000元。而有的人则相反,认为礼品不如抽奖,因为抽奖提供了获得2500元的机会。

图3.1作为商业、经营中实际问题的数学模型有着普遍意义。经营者经常遇

到类似的情况，要在期望收益较低但是保险（相当于上例中的礼品）与期望收益较高风险也较大（相当于上例中的抽奖）这两种行动中进行选择。有人认为抽奖不如礼品，即如图 3.2 所示；而有些人则认为礼品不如抽奖。

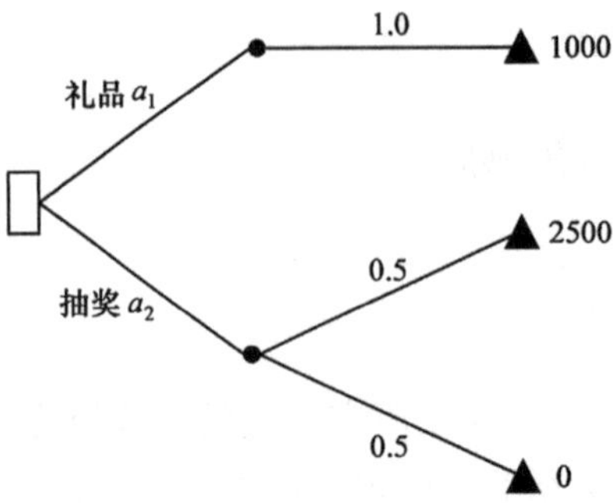

图 3.1　例 3.2 的决策树

由上面两个例子可知：在进行决策分析时，存在如何描述或表达后果对决策人的实际价值，以便反映决策人心目中对各种后果的**偏好次序**（preference order）的问题。

偏好次序是决策人的个性与价值观的反映，与决策人所处的社会地位、经济地位、文化素养、心理和生理（身体）状态有关。例如有两份工作供你选择，一是每周工作 40 小时，月薪 3800 元；一是每周工作 50 小时，月薪 5000 元。对年轻人，尤其是经济紧张、健康状况良好的年轻人，通常选择后者；而经济条件较好、有家室之累、健康状况不是很好的中年人，很可能选择前者。又如下雨带伞问题，对身体健康而又怕麻烦的年轻人，即使淋点雨也无所谓，一般状况下尽可能不带伞；而对年老体弱者，即使下雨的可能性不大，也会带上伞，以免淋雨后得病。

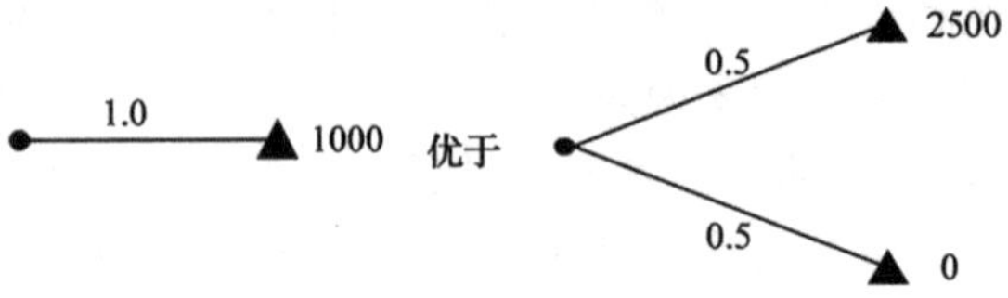

图 3.2

除风险偏好之外，还有时间偏好。时间的偏好在第五章和第八章讨论。

3.2　效用的定义和公理系统

在 3.1 节我们讨论了量化决策的后果，以反映后果对决策人的实际价值的必要性。在决策理论中，后果对决策人的实际价值，即决策人对后果的偏好次序是用**效用**（utility）来描述的。效用就是偏好的量化，是数（实值函数）。早在 1738 年，Daniel Bernoulli 就指出：若一个人面临从给定行动集（风险性展望集）中作选择的决策问题，如果他知道与给定行动有关的将来的自然状态，且这些状态出现的概率已知或可以估计，则他应选择对各种可能后果的偏好的期望值最高的行动。在这里，他不仅给出了效用的概念（虽然用的是**偏好**一词），还给出了使期望效用极大化的决策准则。这一节我们要给出效用和效用函数的定义，讨论效用函数的存在性公理。

3.2.1 效用的定义

1. 基本概念与符号

(1) 严格序“$\succ$”

$a \succ b$(或者记作 aPb)的含义是“a 优于 b”(a is preferred to b);也就是说,若非外界因素的强迫,决策人只会选择 a 而不会选择 b。这里的 a 和 b 泛指决策人能够表达自己偏好的任何对象,例如行动、方案、后果等。决策问题所涉及的对象的集合记作 A。

严格序$\succ$满足传递性和非对称性,即

① 传递性:若 $a,b,c \in A$,$a \succ b$ 且 $b \succ c$,则必有 $a \succ c$。

② 非对称性:若 $a,b \in A$ 且 $a \succ b$,则不可能有 $b \succ a$。

(2) 无差异“$\sim$”

$a \sim b$(或记作 aIb)的含义是“a 无差异于 b”(a is indifference to b);也就是说,决策人对选择 a 或 b 同样满意。

无差异$\sim$满足传递性、对称性和自反性,即

① 传递性:若 $a,b,c \in A$,且 $a \sim b$,$b \sim c$,则 $a \sim c$。

② 对称性:若 $a,b \in A$ 且 $a \sim b$,则有 $b \sim a$。

③ 自反性:$\forall a \in A$,$a \sim a$。

(3) 弱序“$\succcurlyeq$”

$a \succcurlyeq b$(或记作 aRb)的含义是“a 不劣于 b”,亦即 a 优于或者无差异于 b。

弱序$\succcurlyeq$满足连通性、传递性,与严格优于$\succ$和无差异$\sim$的一致性。

① 连通性,亦称可比性:对 $\forall a,b \in A$,$a \succcurlyeq b$ 或 $b \succcurlyeq a$ 或两者同时成立。

② 传递性:$a,b,c \in A$,若 $a \succcurlyeq b$ 且 $b \succcurlyeq c$,则 $a \succcurlyeq c$。

③ 与无差异$\sim$的一致性:$a \sim b$ 当且仅当 $a \succcurlyeq b$ 且 $b \succcurlyeq a$。

④ 与严格优于$\succ$的一致性:$a \succ b$ 当且仅当 $a \succcurlyeq b$ 且非 $b \succcurlyeq a$。

因此,$\succcurlyeq$是最基本的次序关系。

(4) 展望

展望(prospect)或称预期,指决策的可能的前景,即各种后果及后果出现的概率的组合,记作 P:

$$P \triangleq \langle p_1, c_1; p_2, c_2; \cdots; p_r, c_r \rangle$$

在例 3.2 的决策问题中,后果集 $C = \{1000, 2500, 0\}$,采取行动 a_1 和 a_2 时的展望分别是 $P_1 = \langle 1.0, 1000; 0, 2500; 0, 0 \rangle$和 $P_2 = \langle 0, 1000; 0.5, 2500; 0.5, 0 \rangle$。

展望既考虑各种后果 c_i,又考虑了各种后果出现的概率(客观概率 p_i 或主观

概率 π_i),全面地描述了在决策问题中采取某种行动的可能前景。

以上所述的展望是简单展望,有时会遇到复合展望。例如,在例 3.2 中,某个决策人认为采取行动 a_1 或 a_2 的结果无差异,拿不定主意选 a_1 好还是选 a_2 好,此人可能会通过抛硬币来决定:出现正面选 a_1,出现反面选 a_2。这时的展望 P_3 就是复合展望:

$$P_3 = \langle 0.5, P_1; 0.5, P_2 \rangle$$

复合展望的一般形式为

$$P = \langle \lambda_1, P_1; \cdots; \lambda_s, P_s \rangle, \quad \sum_{i=1}^{s} \lambda_i = 1$$

其中 $P_j = \langle p_{j1}, c_1; p_{j2}, c_2; \cdots; p_{jr}, c_r \rangle, j = 1, \cdots, s$ 为简单展望。

复合展望可以简化成简单展望 $P = \langle p_1, c_1; p_2, c_2; \cdots; p_r, c_r \rangle$,其中

$$p_i = \sum_{k=1}^{s} \lambda_k p_{ki}, \quad i = 1, \cdots, r$$

所有展望 P,包括所有可能的简单展望和复合展望的集合记作 $\mathbb{P}$。

确定性后果是展望的特殊情况,因此在不至于引起误解时,出于语言习惯,我们对后果与展望不作严格区分。

(5) 抽奖与确定当量

由机会点和该机会点发出的 n 个机会枝的概率及相应后果构成的图形称为**抽奖**(lottery),抽奖又称彩票,记作 $L = \langle p_1, c_1; p_2, c_2; \cdots; p_n, c_n \rangle$。图 3.3 中的右半部分就是最简单的只有两个机会枝的抽奖。在一般情况下,有 n 种自然状态,就有 n 个机会枝和同样数量的后果。抽奖与展望的区别在于,展望 P 中包含决策问题所有可能的后果,其中有些后果发生的概率为 0;而抽奖中只包含采取某种行动时所出现的那些后果。

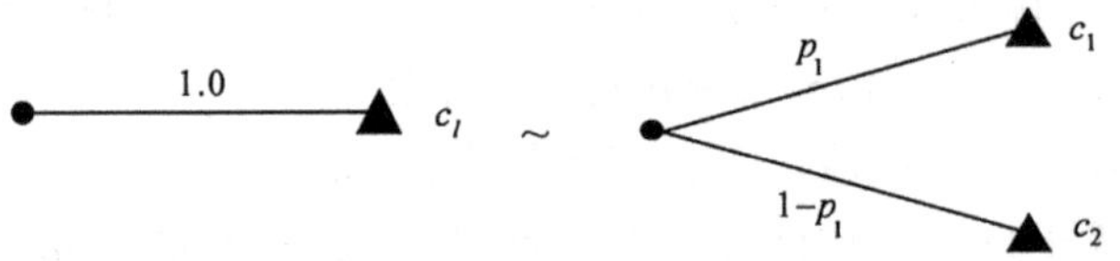

图 3.3　抽奖与确定当量

若决策人认为某个确定性后果 c_l 与抽奖 $L = \langle p_1, c_1; p_2, c_2; \cdots; p_n, c_n \rangle$ 无差异,即

$$c_l \sim \langle p_1, c_1; p_2, c_2; \cdots; p_n, c_n \rangle \tag{3.1}$$

则称确定性后果 c_l 为抽奖 $\langle p_1, c_1; p_2, c_2; \cdots; p_n, c_n \rangle$ 的**确定当量**(certainty equivalent)。

图 3.3 所示为抽奖 $L = \langle p_1, c_1; (1 - p_1), c_2 \rangle$ 与确定当量 c_l。

2. 效用的定义(A)

根据上述讨论和记号,我们可以初步给出效用函数的定义如下。

定义 3.1 在集合$\mathbb{P}$上的实值函数 u,若它和$\mathbb{P}$上的优先关系$\geqslant$一致,即

$$\text{若 } P_1,P_2\in\mathbb{P},P_1\geqslant P_2 \text{ 当且仅当 } u(P_1)\geqslant u(P_2) \tag{3.2}$$

则称 u 为效用函数。

把效用函数定义在展望集$\mathbb{P}$上而不是定义在后果集 C 上,是为了使效用函数能够反映决策人对风险的态度。

3.2.2 效用存在性公理

定义 3.1 给出了效用函数 u 的最基本性质,这就是可以根据它的大小来判断展望 P 的优劣。但是这样的效用函数是否一定存在呢? 回答是不一定。至于决策人的价值判断在满足什么条件时存在与之一致的效用函数,Von Neumann-Morgenstern(1944)给出了如下的效用存在性公理,又称理性行为公理。

公理 3.1 连通性,又称可比性:

在$\mathbb{P}$上的优先关系是连通的,即如果 $P_1,P_2\in\mathbb{P}$,则 $P_1\succ P_2$,或者 $P_1\sim P_2$,或者 $P_1\prec P_2$。

公理 3.2 传递性:

在$\mathbb{P}$上的优先关系是传递的,即如果 $P_1,P_2,P_3\in\mathbb{P}$, $P_1\succ P_2$ 且 $P_2\succ P_3$,则 $P_1\succ P_3$。

公理 3.3 替代性:

若 $P_1,P_2,P_3\in\mathbb{P}$,$P_1\succ P_2$ 且 $0<\alpha<1$,则必有

$$\alpha P_1+(1-\alpha)P_3\succ\alpha P_2+(1-\alpha)P_3 \tag{3.3}$$

或者表达成:若 $P_1,P_2\in\mathbb{P}$,$P_1\succ P_2$,$1>\alpha>\beta>0$,则

$$\alpha P_1+(1-\alpha)P_2\succ\beta P_1+(1-\beta)P_2 \tag{3.4}$$

公理 3.4 连续性(偏好的有界性):

若 $P_1,P_2,P_3\in\mathbb{P}$,$P_1\succ P_2\succ P_3$,则存在 $1>\alpha>\beta>0$,使

$$\alpha P_1+(1-\alpha)P_3\succ P_2\succ\beta P_1+(1-\beta)P_3 \tag{3.5}$$

公理 3.1 要求集合$\mathbb{P}$中的元素具有成对可比性,即决策人能够判定$\mathbb{P}$中任何两个元素之间的优劣。公理 3.1 和公理 3.2 合称次序性公理,满足次序性公理的集合$\mathbb{P}$是全序集;集合$\mathbb{P}$中的元素可以根据决策人的偏好排列优先次序。公理 3.3 表明两个有序的展望各有相同的比例$(1-\alpha)$被相等的量$(1-\alpha)P_3$替代后,优先关系不变。公理 3.3 的另一种表达方式(式(3.4))是说,两种后果中,决策人所偏好的后果出现可能性较大的情况是决策人所喜爱的。公理 3.4 是说,没有无穷好

的和无穷差的酬报。因为由式(3.5)的左半部分：

$$\alpha P_1+(1-\alpha)P_3 \succ P_2 \tag{3.5'}$$

可知，P_3 不是无穷劣，即 $u(P_3)>-\infty$，否则将有 $u[(1-\alpha)P_3]=(1-\alpha)u(P_3)=-\infty$，式(3.5′)不可能成立。同样的，由式(3.5)的右半部分可知，P_1 不是无穷优，即 $u(P_1)<\infty$。

或许有人会争辩说，如果决策问题的某个后果是决策人死亡，难道这种后果的效用还不是无穷劣吗？我们说，P_3 即使是死亡，亦不至于是无穷劣。让我们看下面的例子。

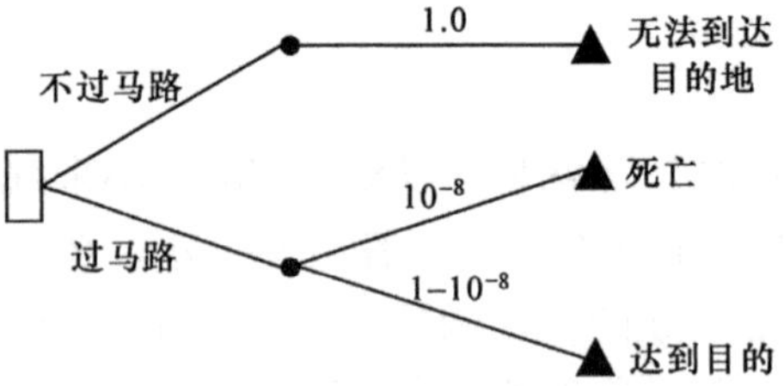

图 3.4 过马路问题的决策树

例 3.3 一个人在街道的一侧，为了到另一侧办事或到另一侧的商店购物，当地及附近没有过街天桥和地下通道，就必须过马路。以往的统计资料显示，因过马路发生交通事故，造成死亡的概率约在 10^{-8} 数量级。据此可以作过马路问题的决策树，如图 3.4 所示。

若后果死亡的效用为无穷劣（$-\infty$），则无论死亡的概率多小，只要不为 0，过马路的期望效用都将是 $-\infty$，小于不过马路的期望效用，也就是说不能过马路；实际上很少有人因为过马路存在死亡的威胁而放弃过马路。所以即使是死亡，亦不至于是无穷劣。

例 3.4 为了防止被狗咬伤后得狂犬病，可以注射狂犬病疫苗。设注射狂犬病疫苗的费用是 20 元，某地区因得狂犬病而死亡的概率是百万分之一，则可作注射狂犬病疫苗问题的决策树如图 3.5。

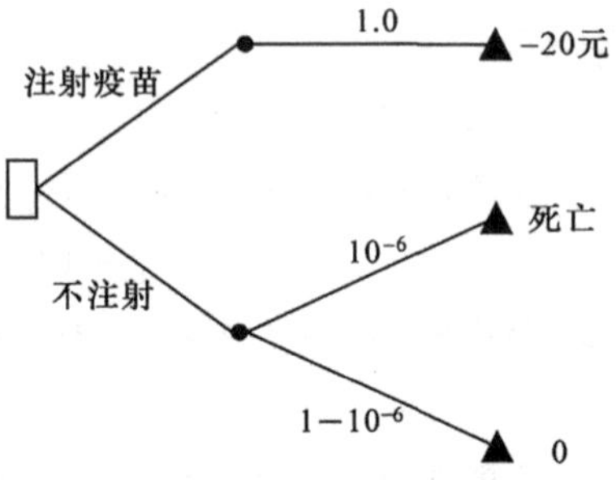

图 3.5 注射狂犬病疫苗的决策树

如果后果死亡是无穷劣，效用是 $-\infty$，则任何人都应该去接种狂犬病疫苗。然而大部分人都没有去接种。对不去接种狂犬病疫苗的人，即使货币的价值是线性的，死亡的价值小于 2000 万元；若考虑货币的边际价值的递减性，死亡的价值更小，远非有些人所设想的负无穷。

上述四条公理被称为理性行为公理，因为公理的提出者和拥护者认为，合乎理性的决策人在进行价值判断时，一定能满足这些公理。但是，事实上并不尽然。

例 3.5 Allais 悖论(Allais paradox)：

Allais(1953)提出如图 3.6 情况 A 所示的问题，请效用理论的权威人士回答。

由于 a_1 的后果不存在任何风险，可以稳稳当当得到 $ 500 000；而选择 a_2 有

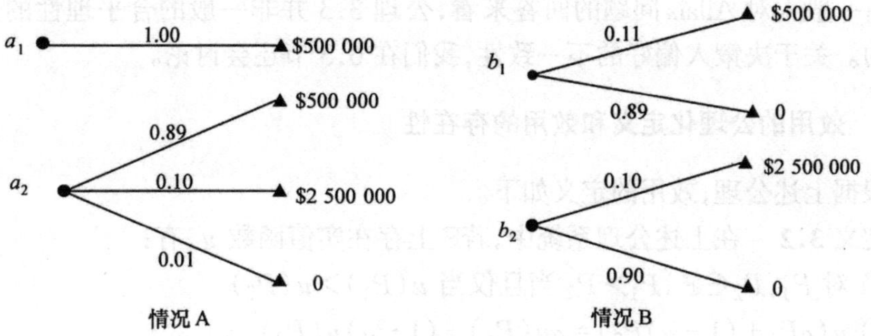

图 3.6　Allais 的问题

1%的概率得 0,Allais 得到的回答是选择 a_1。Allais 接着又提出如图 3.6 情况 B 所示的问题。由于这时无论选择哪一种,都有很大的可能性得 0;而 10%的机会得 \$2 500 000,显然优于 11%的机会得 \$500 000,得到的回答是在情况 B 下宁择 b_2。Allais 指出,上述选择存在偏好的不一致性。因为情况 A 中,以 0.89 的概率获得 \$0 取代的 a_1 和 a_2 中 0.89 的概率获得 \$500 000,就成了情况 B 中的 b_1 和 b_2,照公理 3.3,A、B 两种情况下的 a_1 和 a_2 的优先关系分别与 b_1 和 b_2 的优先关系相对应,在情况 A 中偏好 a_1,则在情况 B 中应该偏好 b_1。

关于这个问题,有人给出了更容易理解的说明:Allais 的问题相当于把编号为 1～100 的 100 张彩票充分和匀后放入口袋,你可以从中抽取一张,每张彩票被抽到的机会都是 1%。情况 A 的 a_1 相当于无论抽到哪一张彩票都能得到 \$500 000 的奖金;a_2 则相当于有 1%的机会抽到 1 号彩票,这时的奖金为 \$0,抽到 2～11 号彩票的机会是 10%,这时奖金为 \$2 500 000,抽到 12～100 号彩票有 89%的机会,和 a_1 一样能得到 \$500 000的奖金。情况 B 中,抽到 1～11 号彩票时,b_1 和 b_2 提供的奖金分别与 a_1 和 a_2 相同,只是抽到 12～100 号彩票时的奖金都改为 0。这一问题可列成表 3.1。

表 3.1　Allais 问题的另一种表示方法

		彩票编号		
		1	2～11	12～100
情况 A	a_1	\$500 000	\$500 000	\$500 000
	a_2	\$0	\$2 500 000	\$500 000
情况 B	b_1	\$500 000	\$500 000	\$0
	b_2	\$0	\$2 500 000	\$0

根据公理 3.3,如果决策人的偏好有一致性,只要选 a_1 就应选 b_1;如果认为 b_2 比 b_1 好,也该认为 a_2 比 a_1 好。

由一般人对 Allais 问题的回答来看,公理 3.3 并非一般的合乎理性的人都能满足的。关于决策人偏好的不一致性,我们在 6.3 节还会讨论。

3.2.3 效用的公理化定义和效用的存在性

根据上述公理,效用的定义如下。

定义 3.2 在上述公理系统中,若$\mathbb{P}$上存在实值函数 u,有:

① 对 $P_1, P_2 \in \mathbb{P}$, $P_1 \succ P_2$ 当且仅当 $u(P_1) > u(P_2)$

② $u(\alpha P_1 + (1-\alpha)P_2) = \alpha u(P_1) + (1-\alpha)u(P_2)$ (3.6)

则 $u(P)$称为(基数)效用函数。

③ 对满足上述条件的 u_1, u_2 必有 $u_1(P_i) = bu_2(P_i) + c$

其中 $b, c \in R^1$, $b > 0$。

在上述定义中,性质②被称为效用函数的线性性。关于线性性,可将式(3.6)推广到一般:

若 $P_i \in \mathbb{P}$, $\lambda_i \geqslant 0, i = 1, \cdots, m$, $\sum_{i=1}^{m} \lambda_i = 1$, 则

$$u\left(\sum_{i=1}^{m} \lambda_i P_i\right) = \sum_{i=1}^{m} \lambda_i u(P_i) \tag{3.6'}$$

由于任何展望 $P = \langle p_1, c_1; p_2, c_2; \cdots; p_r, c_r \rangle$都可以分解为 $\sum_{i=1}^{r} p_i P_i$,其中 $P_i = \langle 0, c_1; 0, c_2; \cdots; 1, c_i; \cdots; 0, c_r \rangle = \langle 1, c_i \rangle, i = 1, \cdots, r$。所以由式(3.6′),得

$$u(P) = u\left(\sum_{i=1}^{r} p_i P_i\right) = \sum_{i=1}^{r} p_i u(P_i) = \sum_{i=1}^{r} p_i u(c_i) \tag{3.7}$$

式(3.7)的含义是,决策人采取某个行动的展望的效用等于采取该行动出现的各种后果的效用的期望值。

关于效用函数的存在性,有如下定理。

定理 3.1 如果$\mathbb{P}$上的优先关系$\succ$满足公理 3.1 到公理 3.4,则必存在与优先关系$\succ$一致的效用函数 u,且效用函数 u 在正线性变换下惟一(Berger 1980,陈珽 1987)。

3.2.4 基数效用与序数效用

需要说明的是,以上定义的效用函数是基数效用函数。基数效用函数不仅能反映决策人对后果的偏好次序,还能反映决策人的偏好强度。比如三个实数 2、2.01 和 100 就是基数。基数的数值大小有着确切的含义:2.01 只比 2 大 0.01,或者说大 0.005 倍;100 则比 2 大 98,即 100 是 2 的 50 倍。而序数效用函数只反映决策人对后果的偏好次序,并不反映偏好强度。例如体育比赛的名次第一、第

二……这种名次是序数。序数只反映优先关系,而不包含偏好强度的信息。仍以体育比赛为例,比如说具体项目是女子3000米,首先到达终点的三个人甲、乙和丙分获第一、第二和第三名。有可能乙与甲的实力非常接近,比赛成绩的差距在1秒以内,而丙与甲、乙的实力悬殊,成绩要差一分钟以上;也可能乙与丙的实力非常接近,比赛成绩的差距在1秒以内,而甲与乙、丙的实力悬殊,成绩要差一分钟以上。无论是哪种情况,甲、乙和丙都将分获第一、第二和第三名。

200多年前,Bernoulli通过对圣彼得堡悖论(St.Petersburg Paradox,见本章习题七)的研究,提出了用期望偏好(即期望效用)取代期望收益评价决策问题中各种行动的优劣。Von Neumann-Morgenstern(1944)则对此进行公理化解释:在给定的公理体系下,存在一个在正线性变换下惟一的效用函数,使决策问题的求解准则为:选择某个行动,使期望效用极大化。这一准则称为Bernoulli规则。按照Von Neumann-Morgenstern的公理体系所设定的效用函数是基数性的。20世纪50年代初,Arrow(1951)在讨论社会选择问题时指出,进行效用的人际比较时,效用的基数性毫无意义,因此Arrow只讨论序数效用函数(详见第十一章)。

基数性效用函数与序数效用函数区别在于:

① 基数效用定义在展望集$\mathbb{P}$上(考虑后果及其概率分布),是实数;序数效用可以定义在后果集C上,不涉及概率,可以是正整数。

② 基数效用反映偏好强度,在正线性变换下惟一;若2,2.01和100是某三个行动的展望的基数效用函数,则变换为$2b+c$,$2.01b+c$,$100b+c$(其中b、$c\in R^1$, $b>0$)之后仍是这三个行动的展望的效用函数;而序数效用不反映偏好强度,它在保序变换下惟一;原第一、第二和第三作为序数信息,若变换成数值越大越优的序数效用函数,则可变换为9,4,1或6,4,2或4,2,1等等。

与Arrow分享1972年诺贝尔经济奖的Hicks对效用函数的基数性和序数性作过一个十分形象的比喻:如果知道两个人的身高,那么我们可以把高个儿排在第一位,但是不知道身高也没关系,让他们两个人比一下不也能把高个儿找出来吗?

传统的选择理论认为,每个人从商品的消费中获得的满足可以用数值来衡量。Hicks认为这一点并不必要,人们并不是非得知道自己能够获得多大的满足才能进行选择。作为对新古典经济理论的发展,Hicks用序数效用理论重新表述了价值理论,这对于经济学的选择理论而言意义重大。但由于随机性决策问题的求解主要还是要用基数性效用函数,而且在第八章还会讨论序数性价值函数,所以我们在这里对序数效用函数不作深入讨论,只简单介绍序数效用的存在性公理。

公理3.1′ 连通性 在后果C上的优先关系$\succ$是连通的,即如果c_1,$c_2\in C$,则$c_1\succ c_2$或者$c_1\sim c_2$或者$c_1\prec c_2$。

公理3.2′ 传递性 在后果C上的优先关系$\succ$是传递的,即如果c_1,c_2,$c_3\in C$,$c_1\succ c_2$且$c_2\succ c_3$,则$c_1\succ c_3$。

公理 3.3′ 连续性 对任何确定性后果 c，它的劣势集 $I(c)$和优势集$S(c)$都是闭集。

定理 3.2 如果在后果 C 上的优先关系$\succ$满足上述公理 3.1′到公理 3.3′，则在 C 上存在(序数)效用函数 $u(c)$，使

① $c_i \succ c_j \Leftrightarrow u(c_i) \geqslant u(c_j)$；

② $u(c)$在保序变换下惟一，即 f 为严格递增函数时，$u'(c)=f(u(c))$仍为序数效用函数。

该定理的证明可以参见文献(Harsanyi 1955)。

3.3 效用函数的构造

为了能将效用值用于定量的决策，必须求得所有可能的后果的效用值，即构造效用函数。这一节介绍构造效用函数的方法。

1. 估计效用函数值的方法

(1) 概率当量法

概率当量法的具体思路如下：

根据公理 3.4，若 $P_1, P_2, P_3 \in \mathbb{P}$，且 $P_1 \succ P_2 \succ P_3$，则存在 $1>\alpha>\beta>0$，使

$$\alpha P_1 + (1-\alpha)P_3 \succ P_2 \succ \beta P_1 + (1-\beta)P_3 \tag{3.8}$$

也就是说存在 $\alpha>\pi>\beta$，使

$$P_2 \sim \pi P_1 + (1-\pi)P_3 \tag{3.9}$$

由于确定性的后果 $x_i = \langle 1, x_i \rangle = P_i$，所以对确定性后果 x_i，式(3.9)亦即

$$x_2 \sim \pi x_1 + (1-\pi)x_3 \tag{3.10}$$

式(3.10)的含义是确定性后果 x_2 与一个随机性后果即抽奖无差异，这个抽奖以概率 π 获得$x_1(x_1 \succ x_2)$，以概率 $1-\pi$ 获得$x_3(x_3 \prec x_2)$。利用式(3.10)，通过确定 π 值(即概率当量)去设定三个后果(或抽奖、展望)之间的偏好关系，并因此设定效用值的做法称为概率当量法。因为它直接从 Von Neumann-Morgenstern 的公理导出，所以又称 NM 法。

(2) 确定当量法

若对于给定的 x_1 和 x_3，取 $\pi=0.5$(或取介于 0－1 之间的其他给定值)，则式(3.10)即为

$$x_2 \sim 0.5x_1 + 0.5x_3 \tag{3.11}$$

由式(3.11)确定 $0.5x_1+0.5x_3$ 的确定当量 x_2；再令 $u(x_1)=1, u(x_3)=0$，则后果 x_2 的效用等于 0.5。这种方法称做确定当量法，又称修正的 NM 法。

以上两种是最常用的估计效用函数的方法，因为决策人比较容易设定有关的数值。

(3) 增益当量法

对 $x_1 \succ x_2 \succ x_3$，通常可以把最优的后果 x_1 称为增益，把最差的后果 x_3 称为损失。如果已知式(3.11)中 x_2 和 x_3，由决策人估计增益 x_1 的值使式(3.11)成立，这种方法称做增益当量法。

(4) 损失当量法

已知式(3.11)中 x_2 和 x_1，由决策人估计损失 x_3 的值使式(3.11)成立，这种方法称做损失当量法。

从纯理论角度看，这四种方法并没有实质性的区别；但是实验结果表明，使用确定当量法时决策人对最优后果(增益)的保守性和对损失的冒险性都比概率当量法严重(Hershey 1982)；采用增益当量法与损失当量法时产生的误差也比用概率当量法大，因此只要有可能，应该尽可能使用概率当量法。

2. *离散型后果的效用设定*

后果为离散型随机变量时，后果集 C 中元素为有限个，即 $C=\{c_1,c_2,\cdots,c_r\}$。构造后果集上的效用函数有两方面的内容，一是确定各后果之间的优先序，一是确定后果之间的优先程度。

离散型后果效用值的设定可以采用概率当量法，即 NM 法。其关键在于由公理 3.4，对 $P_1,P_2,P_3\in\mathbb{P}$，若 $P_1 \succ P_2 \succ P_3$，则可找到 $0<\alpha<1$，使 $P_2 \sim \alpha P_1+(1-\alpha)P_3$。在设定 $u(P_1)$ 和 $u(P_3)$ 为任意给定值后，反复应用上式就可设定$\mathbb{P}$ 中各元素的效用值。该方法的具体步骤如下：

第一步：选定 $c_1,c_2\in C$，使 $c_2 \succ c_1$，令 $u(c_1)=0$，$u(c_2)=1$，所选择的 c_1、c_2 应使后果优劣的比较易于进行。

第二步：对 $c_2 \succ c_3 \succ c_1$ 求 $\alpha(0<\alpha<1)$，使 $c_3 \sim \alpha c_2+(1-\alpha)c_1$，则 $u(c_3)=u(\alpha c_2+(1-\alpha)c_1)=\alpha u(c_2)+(1-\alpha)u(c_1)=\alpha$。

第三步：若 $c_4 \prec c_1$，求 $\alpha(0<\alpha<1)$，使 $c_1 \sim \alpha c_2+(1-\alpha)c_4$，则 $u(c_1)=u(\alpha c_2+(1-\alpha)c_4)=\alpha u(c_2)+(1-\alpha)u(c_4)$，所以 $u(c_4)=\alpha/(\alpha-1)$。

第四步：若 $c_5 \succ c_2$，求 $\alpha(0<\alpha<1)$，使 $c_2 \sim \alpha c_5+(1-\alpha)c_1$，则 $u(c_2)=u(\alpha c_5+(1-\alpha)c_1)=\alpha u(c_5)$，所以 $u(c_5)=1/\alpha$。

第五步：一致性校验。

设 $c_5 \succ c_4 \succ c_3$ 且 c_3、c_4、c_5 的效用值已知，由 $c_4 \sim \alpha c_5+(1-\alpha)c_3$，可求得 $u'(c_4)$。

若 $u'(c_4)$与已知的 $u(c_4)$不符，则反复进行第二至四步，直到一致性校验通过。

例 3.6 天气预报说球赛时可能有雨，一个足球爱好者要决定是否去球场看球。对此人而言，不下雨去球场看球是最理想的，如果肯定下雨则留在家中看电视转播为好；不下雨在家看电视虽然不如下雨看电视，但比下雨去球场看球挨淋要强。试设定各种后果的效用值。

首先做该问题的决策树，如图 3.7 所示。由题意可知决策人对四种后果优劣的排序是：$c_2 \succ c_3 \succ c_4 \succ c_1$。

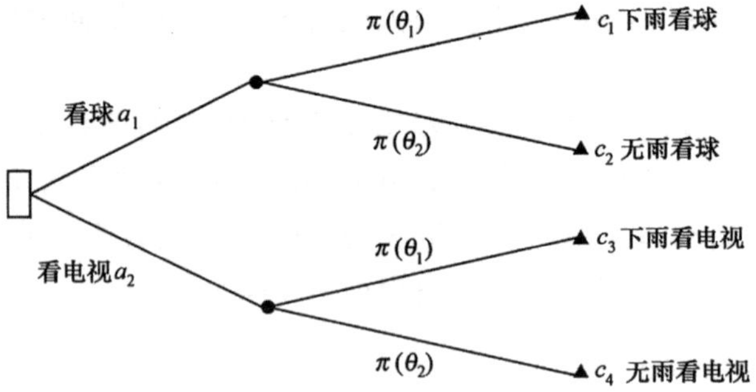

图 3.7

第一步：令 $u(c_1)=0$，$u(c_2)=1$。

第二步：询问决策人，下雨在家看电视这种后果与去球场看球有多大概率下雨被淋相当，若决策人的回答是 0.3，则 $c_3 \sim 0.7c_2+0.3c_1$，$u(c_3)=0.7u(c_2)=0.7$。

第三步：询问决策人，无雨看电视 c_4 这种后果与去球场看球有多大概率下雨被淋相当，若决策人的回答是 0.6，则 $c_4 \sim 0.4c_2+0.6c_1$，得 $u(c_4)=0.4u(c_2)=0.4$。

第四步：进行一致性校验。

以上 c_3 和 c_4 的效用值都是通过与 c_2 和 c_1 的比较设定的。在进行一致性校验时 c_3 和 c_4 加上另一个后果，比如 c_2，则由 $c_2 \succ c_3 \succ c_4$，要求决策人判断，c_3 是 c_2 和 c_4 的何种组合的确定当量。设决策人认为 $c_3 \sim 0.4c_2+0.6c_4$，由此求得 $u'(c_3)=0.66$，与第二步所设定的 0.7 并不一致。于是重复第二、三步，若决策人设定的 $u(c_3)$ 不变，将 $u(c_4)$ 调整为 0.5，决策人仍认为 $c_3 \sim 0.4c_2+0.6c_4$，则可通过一致性校验。

3. 连续型后果的效用函数的构造

当后果 c 为连续变量时，上述方法就不再适用。但是如果能通过分析找到 $u(c)$ 的若干特征值，求特征点的效用后，再连成光滑曲线；或者 $u(c)$ 是连续、光滑的，则可以分段构造 $u(c)$。

例 3.7 试做出与每天用于学习的时间相应的效用曲线。

首先进行基本分析。任何人不花时间去学习,都不会有成效,亦即 $t=0$ 处的效用值为 0。随着学习时间的增加,效用值也会有所增加。但是由于进入状态需要一定的时间,所以在 t 较小时,效用的增加较慢;过了一小段时间后,效用与所花时间基本上是线性关系;随着学习时间的不断增加,人会疲劳,效率会下降;时间太长,影响休息、头昏脑胀,这时的效果不如学习时间适度,即存在效用值最大的点 t_m;再增加学习时间又会从效用最大值处下降,因为极端情况是如果每天 24 小时都用于学习,连生命都无法维持,肯定不会有什么效果,在这样的极端情况下效用必定是负值。由上面的简单分析可以勾画出每天用于学习的时间与相应效用的曲线大致如图 3.8 所示。其中与效用最大值对应的 t_m 是因人而异的,有人可能高达 14 小时/天,有人只有 9～10 小时/天。

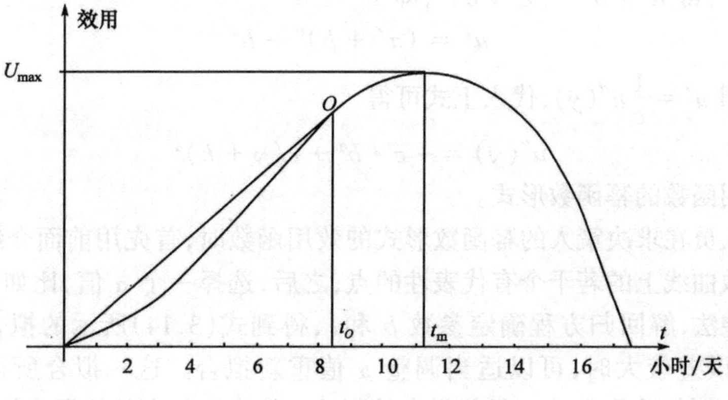

图 3.8 每天学习时间与效用

在图中值得注意的点还有 t_O,这是过坐标原点作效用函数曲线切线的切点 O 的横坐标值。每天的学习时间为 t_O 小时,效率最高。t_O 的值也是因人而异的。每个人,尤其是学生,应该通过各种途径,测算出自己的 t_O,以便更好地安排学习时间。

应该注意的是,由于效用函数的惟一性(即在正线性变换下惟一,见效用的公理化定义),效用的值域可以是整个实轴,而不必限于[0,1]区间。

*4. 用解析函数近似效用曲线

为了分析和运算方便,分析人员通常希望能够用某种解析函数式 $u(x)$ 来近似地表达连续型后果 x 的效用。

为了使讨论简化,我们只讨论下凹的、规范化的效用曲线。所谓规范化的效用函数是指 $0\leqslant x\leqslant 1$,且 $u(0)=0$, $u(1)=1$,的效用函数。由于①效用函数在正线性变换下的惟一性,规范化后的效用函数和变换前的效用函数一样能反映决策人的偏好;②对规范化的效用曲线,任何下凸的曲线都有一条对称于直线 $u(x)=x$ 的下凹曲线 $u'(x)$,且这两条相互对称的曲线存在如下关系:$u'(x)=1-u(1-x)$;因此只讨论下凹的、规范化的效用曲线并不失一般性。

常用的下凹函数有幂函数和对数函数,下面我们分别讨论。

(1) 幂函数

幂函数 $u=x^{\alpha}$,$0<\alpha<1$ 的曲线的曲率随 α 的增加而变小;在 α 不变时,曲线在不同的区间有不同的曲率。因此可以通过坐标平移用幂函数曲线的某个区间来近似下凹的效用曲线。

如图 3.9 所示,坐标 u-x 平移后分别记作 u'-x',它们之间的关系为

$$\begin{cases} x = x' + b \\ u = u' + b^{\alpha} \end{cases} \tag{3.12}$$

代入 $u=x^{\alpha}$,得 $u'+b^{\alpha}=(x'+b)^{\alpha}$,即

$$u' = (x'+b)^{\alpha} - b^{\alpha} \tag{3.13}$$

令 $x'=y$ 且 $u'=\frac{1}{c}u''(y)$,代入上式可得

$$u''(y) = -c \cdot b^{\alpha} + c(y+b)^{\alpha} \tag{3.14}$$

这就是效用函数的幂函数形式。

分析人员在求决策人的幂函数形式的效用函数时,首先用前面介绍的方法获得效用函数曲线上的若干个有代表性的点;之后,选择一个 α 值,比如说 $\alpha=0.5$,用最小二乘法,解回归方程确定参数 b 和 c,得到式(3.14)所示的拟合的效用函数;在拟合误差较大时,可以适当调整 α 值重新拟合。这一拟合所得效用函数 $u''(y)$ 的准确性,主要取决于最初设定的那些有代表性的点的效用值的精度。

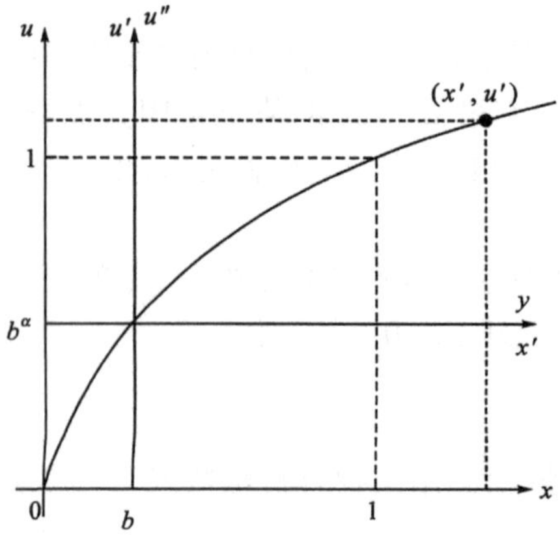

图 3.9　幂函数的坐标变换

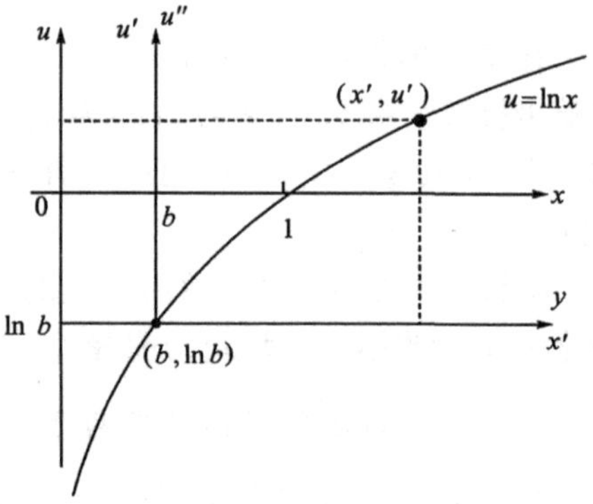

图 3.10　对数函数的坐标变换

(2) 对数函数

用对数函数 $u=\ln x$ 拟合决策人的效用函数时,与幂函数类似,也要进行坐标变换,见图 3.10。

变换后的坐标 u'、x' 与原坐标 u、x 之间的关系为

$$\begin{cases} x = x' + b \\ u = u' + \ln b \end{cases} \tag{3.15}$$

代入 $u=\ln x$,得

$$u' = \ln(x' + b) - \ln b \tag{3.16}$$

令 $x'=y$ 且 $u'=\frac{1}{c}u''(y)$,代入上式可得

$$u''(y) = -c \cdot \ln b + c \cdot \ln(y + b) \tag{3.17}$$

若令 $d=-c\cdot\ln b$,上式即

$$u''(y) = d + c \cdot \ln(y + b) \tag{3.17'}$$

这就是效用函数的对数函数形式。

求对数函数形式效用函数的步骤是:

① 获得决策人效用函数曲线上的若干个有代表性的点,利用这些点画出效用函数曲线,并规范化;在规范化的效用函数曲线上求得 $u(x_0)=0.5$ 的 x_0 的值。

② 将 $u''(1)=1$ 和 $u''(x_0)=0.5$ 代入式(3.17),可得方程组

$$\begin{cases} -c \cdot \ln b + c \cdot \ln(1 + b) = 1 \\ -c \cdot \ln b + c \cdot \ln(x_0 + b) = 0.5 \end{cases} \tag{3.18}$$

解得

$$b = \frac{x_0^2}{1 - 2x_0} \tag{3.19}$$

由于我们只讨论下凹的效用函数,所以上式中的 $0<x_0<0.5$。将式(3.19)代入式(3.17′),得

$$u''(y) = d + c \cdot \ln\left(y + \frac{x_0^2}{1 - 2x_0}\right) \tag{3.20}$$

③ 用函数曲线上的若干个有代表性的点的值,解回归方程确定参数 d 和 c,得到式(3.20)所示的拟合的效用函数。与幂函数一样,拟合所得效用函数 $u''(y)$ 的准确性同样取决于最初设定的那些有代表性的点的效用值的精度。

3.4 风险与效用

3.4.1 风险的含义

在讨论风险态度之前,首先需要对风险的含义作一点分析,因为在不同的场合"风险"一词有着不同的含义。在日常生活中,常常把有可能出现遭受重大损失后

果的方案看做重大的风险。其中包含有两个方面的内容，一是后果的损失严重程度，一是出现损失的可能性的大小。作为制订决策重要内容之一的风险分析，通常就是考虑这两个方面，但是不同的领域有各自的侧重点。以后果的损失严重程度为重点的例子，是政府部门通常把可能导致重大社会动荡、大量人员伤亡的事件视作重大风险；以出现损失的可能性的大小来衡量风险大小的典型例子则是在投资等财政金融领域，一般用损失或收益的方差表示风险；同时兼顾两者的则是保险公司，对任何业务，保险公司总是同时考虑各种不确定性后果发生的可能性和损失的严重程度。因此，可以把各种后果分为利(即收益、福利)和弊(损失、危害)两类，计算弊的期望值并以此作为风险的度量，本章和下一章讨论的风险大都以此为基础。一般的，可以用以下几种指标来度量风险。

(1) 方差

设方案 a_i 的后果为收益 y_i，y_i 的概率密度函数为 $f_i(y_i)$，期望值为 $\overline{y_i}$，则方差 σ_i^2 为

$$\sigma_i^2 = \int_{-\infty}^{\infty} (y_i - \overline{y_i})^2 f_i(y_i) \mathrm{d}y_i \tag{3.21}$$

在用方差度量风险时，方差越大则风险也越大。在式(3.21)中没有考虑 y_i 的概率分布的欹斜值——三阶中心矩(详见第五章)。

(2) 自方差

当注意力集中在可能的损失时，可以用自方差 s_i^2 度量风险。

$$s_i^2 = \int_{-\infty}^{c} (y_i - c)^2 f_i(y_i) \mathrm{d}y_i \tag{3.22}$$

式中，c 为决策人设定的临界值，即决策人把收益小于 c 的部分看作风险。用自方差具有集中研究风险的优点，但是并不可靠。

(3) 临界概率

临界概率的定义为

$$P(y_i \leqslant c) = \int_{-\infty}^{c} f_i(y_i) \mathrm{d}y_i = F_i(c) \tag{3.23}$$

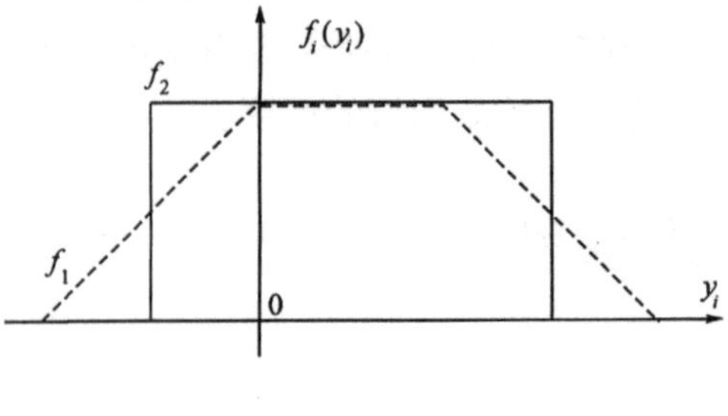

图 3.11　具有相同临界概率的两个方案

它是临界值 c 以下的概率密度函数的面积，所描述的是企业破产、倒闭等状态的概率，可以直接解释风险的含义，这种定义容易被企业负责人理解并接受。但是这种描述仍然比较粗略，例如图 3.11 中的两个方案，在以 0 为临界值时，方案 a_1 和 a_2 的临界概率分别是 $F_1(c)$ 和 $F_2(c)$，且两者相等，即 $F_1(c) = F_2(c)$，

但是一般人都认为方案 a_1 比 a_2 的风险更大。

(4) Fishburn 的风险定义

Fishburn(1977)提出把风险的自方差定义和临界概率定义结合起来,用下式作为风险的定义:

$$R(a_i) = \int_{-\infty}^{c} (c - y_i)^{\alpha} f_i(y_i) \mathrm{d}y_i \tag{3.24}$$

当 $\alpha = 2$ 时上式就是自方差;$\alpha = 0$ 时上式为临界概率。

3.4.2　效用函数包含的内容

1. 对风险的态度

在本章的例 3.2 中指出,由于决策人的价值观不同,对待不确定性后果(简称风险)的态度也不同,因此需要研究效用函数与决策人的风险态度之间的关系。那么效用函数是怎样反映决策人的风险态度的呢。

图 3.12 所示为几种典型的效用函数曲线。曲线 A 是下凹的,曲线 N 是线性的,曲线 P 是凸函数。Pratt 和 Arrow(1965)指出,这三种形状的曲线分别反映了决策人的三种风险态度:**风险厌恶**(risk aversion)、**风险中立**(risk neutralness)和**风险追求**(risk proneness)。

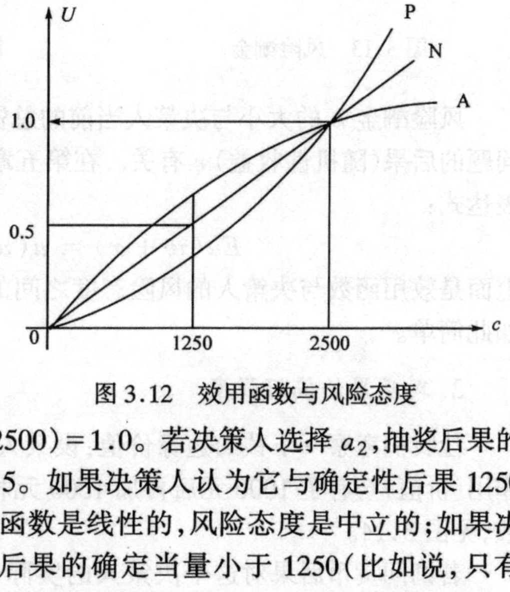

图 3.12　效用函数与风险态度

以图 3.12 所示决策问题为例加以说明。设后果为 0 时效用值为 0,确定性后果 2500 的效用值为 1,即 $u(2500) = 1.0$。若决策人选择 a_2,抽奖后果的期望值是 1250,期望效用 $Eu(a_2) = 0.5$。如果决策人认为它与确定性后果 1250 相当,那么这个决策人在该区间的效用函数是线性的,风险态度是中立的;如果决策人态度是风险厌恶的,会认为抽奖后果的确定当量小于 1250(比如说,只有 900),效用函数曲线上效用值等于 0.5 的点必定要从 1250 向左移动(到 900 处),即这个决策人在该区间的效用函数是下凹的;如果决策人认为 a_2 后果的确定当量大于 1250(比如说,相当于 1400),那么这个决策人的效用函数曲线上效用值等于 0.5 的点必定要从 1250 向右移动到 1400 处,决策人在该区间的效用是凸函数,决策人有追求风险的倾向。

决策人的风险态度也可以用风险酬金描述。在厌恶风险的情况下有风险的后果的确定当量 s 小于后果的期望值 $E(x)$,如图 3.13 所示,即有

$$s = E(x) - k \tag{3.25}$$

上式中的 k 可以看作是决策人为了避免风险而愿意损失的金额，称为**风险酬金**(risk premium)。风险厌恶时 $k>0$；风险中立时 $k=0$；风险追求时 $k<0$。

式(3.25)中的确定当量 s 与 3.3 节求解对数函数形式的效用函数过程中的 x_0 的意义相同，两者的差别在于 s 是未规范化的后果值，x_0 则是规范化了的后果值。s 与 x_0 的值越小，决策人的风险厌恶程度就越高。

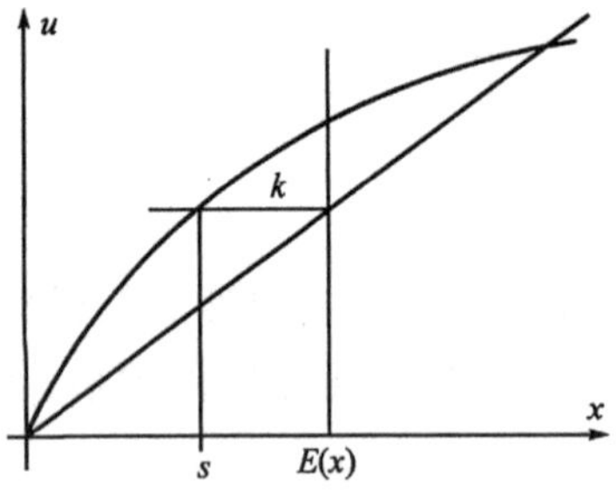

图 3.13　风险酬金

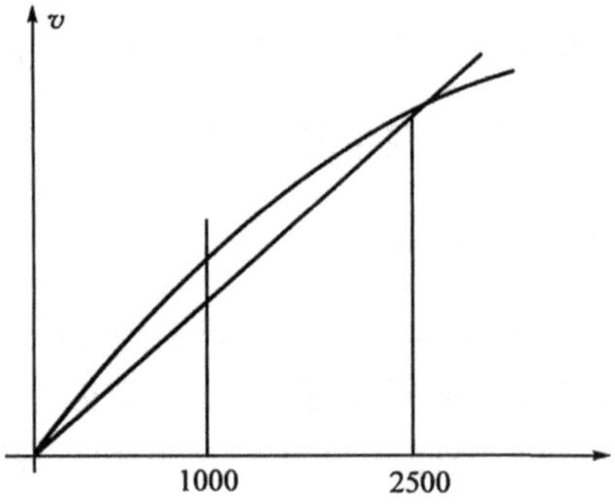

图 3.14　某决策人的钱的边际价值

风险酬金 k 的大小与决策人当前的总资产(即财富)w 有关，也与所面临决策问题的后果(随机性收益)x 有关。在第五章我们会得到如下的与风险酬金有关的表达式：

$$Eu(w+x)=u(w+E(x)-k) \tag{3.26}$$

上面是效用函数与决策人的风险态度之间的关系的初期解释，后来发现事情远非如此简单。

2. 对后果的偏好强度

让我们考察一下钱的边缘价值：设某人现有积蓄为 0，增加 1000 元对此人的作用(价值)与有了 1000 元后再加 1500 元相等，则此人的财富的价值函数是凹函数，见图 3.14。

若询问货币后果对这个决策人的实际价值即效用时，决策人认为 1000 元～(0.5,0; 0.5,2500)，则与其说此人是风险厌恶不如说他是相对风险中立。为此，有必要对确定性后果的偏好强度加以量化，这就是可测价值函数。

3. 可测价值函数

在第八章我们还要讨论多属性价值函数，这一小节只对序数价值函数和可测价值函数作简单介绍。

定义 3.3　与弱序≽一致的序数价值函数：

设方案集 $A=\{a_1,a_2,\cdots,a_m\}$，≽是定义在 A 上的决策人的弱序，若 A 上的

实值函数 v 满足:

$$v(a) \geqslant v(b) \Leftrightarrow a \succcurlyeq b \tag{3.27}$$

则称 v 为与弱序$\succcurlyeq$一致的**序数价值函数**(ordinal value function)。

定理 3.3 对有限方案集 $A = \{a_1, a_2, \cdots, a_m\}$ 和弱序$\succcurlyeq$,总可以构造一个与该弱序一致的序数价值函数 v。(该定理的证明从略。)

为了描述确定性后果对决策人的实际价值,即量化决策人对确定性后果的偏好强度,只有序数价值函数还不够,需要引入**可测价值函数**(measurable value function)这一概念。

定义 3.4 可测价值函数:

在后果空间 X 上的实值函数 v,对 $w, x, y, z \in X$,有

① $(w \to x) \succ (y \to z) \Leftrightarrow v(w) - v(x) \geqslant v(y) - v(z)$; (3.28)

② v 对正线性变换是惟一确定的。

则称 v 为可测价值函数。

可测价值函数的示意图见图 3.15。

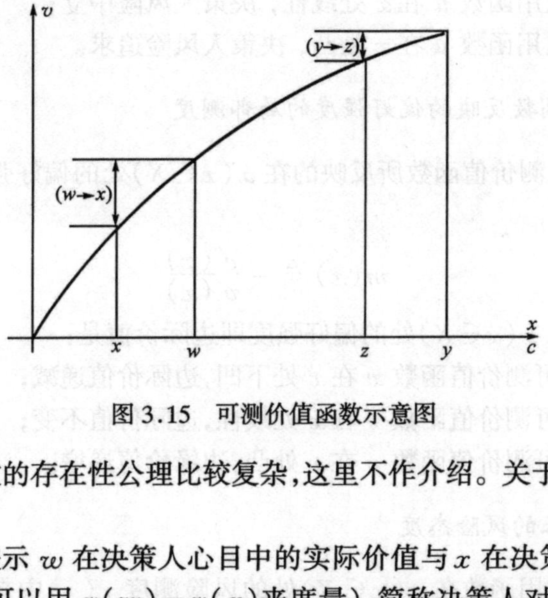

图 3.15 可测价值函数示意图

可测价值函数的存在性公理比较复杂,这里不作介绍。关于可测价值函数,需要说明的是:

① $(w \to x)$表示 w 在决策人心目中的实际价值与 x 在决策人心目中的实际价值之间的差异(可以用 $v(w) - v(x)$来度量),简称决策人对 w 与 x 的偏好强度之差;$(w \to x) \succ (y \to z)$表示决策人对 w 与 x 的偏好强度之差超过 y 与 z 之间偏好强度之差。

② 由定义中的性质②,可测价值函数具有基数性,它与基数效用不同,因为价值函数并不反映决策人的风险态度。

③ 可测价值函数定在后果空间上,能起序数效用的作用,但它又与序数效用函数不同:因为序数效用函数不能反映决策人对后果的偏好强度而价值函数能反

映后果的偏好强度。

3.4.3 相对风险态度

有了可测价值函数的定义,我们可以对决策人的真实的风险态度作较为深入的探讨。由于历史原因,决策人的真实的风险态度被称做**相对风险态度**(relative risk attitude)。在以下讨论中,设效用函数 u 和可测价值函数 v 在 X 上单调递增,且连续二次可微。

1. 效用函数反映的风险的局部测度

决策人的效用函数所反映的在 $x(x\in X)$处的风险测度记作 $r(x)$,即

$$r(x) \triangleq -\frac{u''(x)}{u'(x)} \tag{3.29}$$

则由 3.4.1 节的讨论可知,决策人的风险态度与效用函数关系的初期解释是:

$r(x)>0$ 时效用函数 u 在 x 处下凹,决策人风险厌恶;

$r(x)=0$ 时效用函数 u 在 x 处线性,决策人风险中立;

$r(x)<0$ 时效用函数 u 在 x 处凸,决策人风险追求。

2. 可测价值函数反映的偏好强度的局部测度

把决策人的可测价值函数所反映的在 $x(x\in X)$处的偏好强度即边际价值记作 $m(x)$,即

$$m(x) \triangleq -\frac{v''(x)}{v'(x)} \tag{3.30}$$

则决策人对后果在 $x(x\in X)$处的偏好强度即边际价值是:

$m(x)>0$ 时可测价值函数 v 在 x 处下凹,边际价值递减;

$m(x)=0$ 时可测价值函数 v 在 x 处线性,边际价值不变;

$m(x)<0$ 时可测价值函数 v 在 x 处凸,边缘价值递增。

3. 决策人真正的风险态度

从决策人的效用函数在 $x(x\in X)$处的风险测度 $r(x)$中扣除可测价值函数在 $x(x\in X)$处的边际价值 $m(x)$,就可以得到决策人在 x 处的真实的风险态度(称为相对风险态度),记作 $r_r(x)$,即

$$r_r(x) \triangleq r(x) - m(x) \tag{3.31}$$

若 $r_r(x)>0$,即 $r(x)>m(x)$,则决策人在 x 处相对风险厌恶;若 $r_r(x)=0$,即 $r(x)=m(x)$,则决策人在 x 处相对风险中立;若 $r_r(x)<0$,即 $r(x)<m(x)$,则决策人在 x 处相对风险追求。

关于决策人的风险态度,尤其是风险厌恶的问题,在第五章还会作更详细的探讨。

3.5 货币的效用

1. 货币的效用的基本性质

在构造货币型后果 x 即钱的效用函数之前,先来看看钱的效用函数具有的一些基本性质。

① 单调递增且有界。钱的效用函数单调递增容易理解,因为对正常人而言,钱愈多愈好;很多人对钱的效用函数的有界性心存疑虑。其实,钱多到一定程度后,对决策人的实际价值就不再增加了。比如说,全世界财富总量不足 $\$10^{17}$,因此 $\$10^{100}$ 与 $\$10^{90}$ 对任何人都将是无差异的。

② 钱数较小(这里的大小是相对于决策人所拥有的资产而言的)时,$u(x)$ 近乎线性。一般人对各有 50% 机会输赢几角钱的游戏(赌博)并不在意;有数十亿资产的公司对盈亏各数十万甚至数百万的项目,只要期望收益适当高,也未必厌恶。

③ $x>0$ 时 $u(x)$ 通常是凹的,造成效用是凹函数的原因有两个,一是钱有递减的边际价值,一是决策人通常是风险厌恶的。

④ $x>0$ 处与 $x<0$ 处的形状不同,这是因为当决策人负债较多时有追求风险的倾向。

⑤ 钱对决策人的效用函数通常是随诸多因素的改变而变化的,除了个人的资产以外,还有经济环境、收入预期、心理状况等等。

2. 钱的效用曲线的构造

根据以上讨论,在构造某个人的效用函数时应结合他的总的财产值。为了使效用函数的构造更容易,可根据决策人现有资产值 w 及变量 x 来考虑。如果 $u(w)$ 是整个财产的效用函数,则附加的货币 x 的效用函数应为 $u^*(x)=u(w+x)-u(w)$。而且在一般情况下,一个人的效用函数是随时间变化的,因此,如果可能,最好在每次决策时研究决策人在当时总的财产上附加一定数量的钱的效用函数。设某人现有 1000 元存款(某商店有资产 10 万,企业有 1000 万等等),则最容易构造效用函数的作法是分为 $(-1000,-500)$、$(-500,0)$、$(0,1000)$ 三段,分段设定。

(1) $(0,1000)$ 区间的效用函数值的设定

设定 $(0,1000)$ 区间的效用函数可以用确定当量法。

取 $x_3=0, x_1=1000$,并令 $u(0)=0, u(1000)=1$,就可以用式(3.11)确定效用值等于 0.5 的 x_2:

$$x_2 \sim \langle 0.5,0;0.5,1000\rangle$$

上式的含义是求 0 与 1000 各以 0.5 的概率发生的抽奖的确定当量。由决策人决定确定性酬报 x_2 为某个值,比如说,$x_2=300$,它与 0,1000 机会各半相当,因此 $u(300)=0.5$。

根据同样的思路,可以设定(0,1000)区间内与其他效用值对应的后果值。假设他接着决定:

$$100 \sim 0.5\langle 0\rangle + 0.5\langle 300\rangle,\text{即 } 100 \sim \langle 0.5,0;0.5,300\rangle$$

则 $u(100)=0.5u(0)+0.5u(300)=0.5\times0.5=0.25$。

$$500 \sim 0.5\langle 300\rangle + 0.5\langle 1000\rangle,\text{即 } 500 \sim \langle 0.5,300;0.5,1000\rangle$$

则 $u(500)=0.5u(300)+0.5u(1000)=0.5\times0.5+0.5\times1.0=0.75$。

为了检验一致性,他确定 x' 使 $x'\sim0.5\langle 100\rangle+0.5\langle 500\rangle$。若他认为 $x'=250$,则与上面的设定有矛盾,因为他的回答应当是 300;由于不能通过一致性检验,需要仔细考虑后重新设定某些值。经过反复检查,决策人最终得出一致的选择是:$u(125)=0.25$,$u(300)=0.5$,$u(550)=0.75$。据此可以画出(0,1000)区间的效用函数曲线,即图 3.16 所示的效用函数曲线的右半部分。

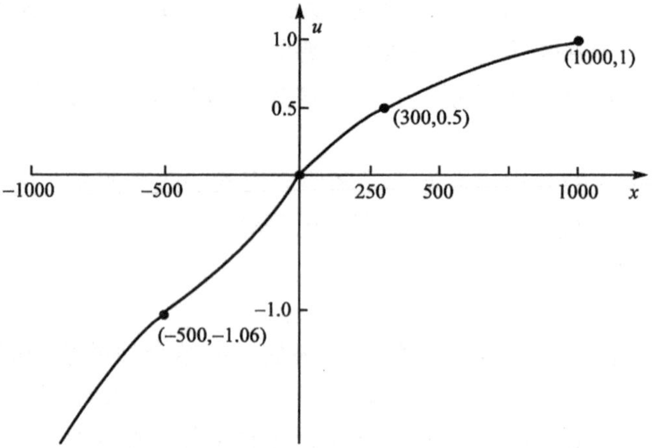

图 3.16 钱的效用

(2) (−500,0)区间

在(−500,0)区间可以先用 NM 法即式(3.11):$x_2\sim\lambda x_1+(1-\lambda)x_3$,求 −500 的效用值。令 $x_1=500$,$x_2=0$,$x_3=-500$;由决策人确定当 λ 取什么值时上式成立。假设决策人认为:$0\sim\langle 0.4,-500;0.6,500\rangle$,则 $u(0)=0.4u(-500)+0.6u(500)$,因为 $u(0)=0$,从图 3.16 可知 $u(500)\approx0.71$,所以 $u(-500)\approx-1.06$。

再用修正的 NM 法:$x_2\sim\langle 0.5,-500;0.5,0\rangle$,确定 $x_2=-200$,则 $u(-200)\approx-0.53$。

(3) (−1000,−500)区间

用NM法，令 $x_2 \sim \lambda x_1 + (1-\lambda)x_3$ 中 $x_2 = -500, x_1 = 0, x_3 = -1000$；由决策人确定 λ 值。假设决策人认为

$$-500 \sim \langle 0.35, -1000; 0.65, 0 \rangle$$

则 $u(-1000) \approx -3.03$。

如果有必要还可以设定(－1000，－500)区间中其他后果的效用值。根据(2)和(3)的结果可以画出效用函数曲线的左半部分。

图3.16所示钱的效用曲线只是一种较常见的情况。不同的决策人有不同形状的效用曲线。例如Friedmann-Savage(1948)给出的效用曲线如图3.17所示。效用函数之所以出现多次凹、凸的原因在于：

① 一般的决策人的价值函数在$(-w, w)$是S型的，且在此范围内相对风险态度不变，为风险厌恶型；在0附近的$(-\alpha w, \alpha w)$区间(通常 $\alpha < 0.1$)，一般人是风险中立的。

② 在大于决策人资产总额 w 一定数量时，由于利益驱动，容易产生冒险倾向。

③ $(-\infty, -w)$区间下凸是由于负债到一定程度以上有冒险倾向，即俗话所说债多不愁。

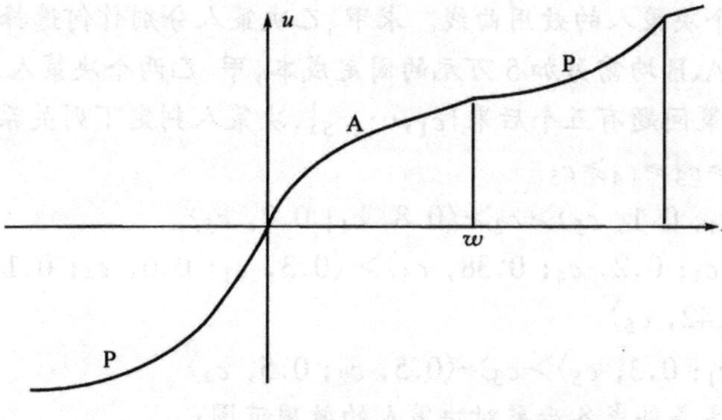

图3.17　Friedmann-Savage效用曲线

关于决策人的风险态度，尤其是对彩票和保险的态度与钱的效用曲线并不一致的原因，我们在第五章还要作进一步讨论。

习　题

一、问答题：

1. 什么是效用？基数效用与序数效用有何区别？

2. 采用效用进行决策分析有何利弊？

3. 什么是风险？风险与效用函数有何关系？

4. 两人一组，其中一个人作为决策人，另一个作为决策分析人员，设定钱对决策人的效用，并简单地记录对话过程；完成后互换角色。

状态 θ_i	θ_1	θ_2	θ_3	θ_4
来客数	0	1	2	3
$\pi(\theta_i)$	1/8	1/4	1/4	3/8

二、某人请 3 个朋友吃饭,他不知道究竟能来几人。设各种状态的主观概率如右表所示。设此人的效用函数 $u=x-2y-z^2$,其中 x 是为朋友预订的客饭有人吃的份数,y 是来了吃不到饭的客人数,z 是预订了客饭没有人吃的份数。画出该决策问题的决策树,并求他应该为朋友订几份客饭?(设每人吃一份,不得分而食之。)

三、某人有资产 1000 用于购买股票,A 种股票有 70% 的机会增值一倍,30% 的可能连本丢掉;B 种股票有 60% 的机会增值一倍,40% 的可能连本丢掉。设此人的效用 u 与收益 x 的函数关系是 $u(x)=\ln(x+3000)$。决策人用 m 购 A 种股票,$1000-m$ 购 B 种股票。画出该决策问题的决策树,并求 m。

四、某厂考虑两种生产方案:产品 A 可以 0.3 的概率获利 5 万元,以 0.2 的概率获利 8 万元,以 0.5 的概率获利 9 万元;产品 B 肯定可以获利 8 万元。决策人甲的效用函数为线性,即 $u_1(x)=x$;决策人乙的效用函数:

$$u_2(x)=\begin{cases}0.2x^2 & \text{当 } 0\leqslant x\leqslant 5\\ -10+4x-0.2x^2 & \text{当 } 5\leqslant x\leqslant 10\end{cases}$$

1. 画出两个决策人的效用曲线。求甲、乙决策人分别作何选择?

2. 若生产 A、B 均需另加 5 万元的固定成本,甲、乙两个决策人又该作何选择?

五、某个决策问题有五个后果$\{c_1,\cdots,c_5\}$,决策人判定下列关系成立:

① $c_1\succcurlyeq c_2\succcurlyeq c_3\succcurlyeq c_4\succcurlyeq c_5$

② $\langle 0.9,\ c_1;\ 0.1,\ c_5\rangle\succ c_2\succ\langle 0.8,\ c_1;\ 0.2,\ c_5\rangle$

③ $\langle 0.42,\ c_1;\ 0.2,\ c_4;\ 0.38,\ c_5\rangle\succ\langle 0.3,\ c_1;\ 0.6,\ c_4;\ 0.1,\ c_5\rangle\succ\langle 0.38,\ c_1;\ 0.2,\ c_4;\ 0.42,\ c_5\rangle$

④ $\langle 0.7,\ c_1;\ 0.3,\ c_5\rangle\succ c_3\succ\langle 0.5,\ c_2;\ 0.5,\ c_4\rangle$

1. 根据上述条件求各后果对决策人的效用范围;

2. 判断决策人对下列抽奖的偏好,并简述理由。

① $\langle 0.1,\ c_2;\ 0.6,\ c_3;\ 0.3,\ c_4\rangle$与$\langle 0.1,\ c_2;\ 0.7,\ c_3;\ 0.2,\ c_4\rangle$;

② $\langle 0.3,\ c_1;\ 0.1,\ c_2;\ 0.5,\ c_3;\ 0.1,\ c_4\rangle$与 c_3;

③ $\langle 0.5,\ c_1;\ 0.5,\ c_4\rangle$与$\langle 0.2,\ c_1;\ 0.6,\ c_3;\ 0.2,\ c_5\rangle$

④ $\langle 0.5,\ c_1;\ 0.5,\ c_4\rangle$与$\langle 0.32,\ c_1;\ 0.6,\ c_3;\ 0.08,\ c_5\rangle$。

六、把一副扑克牌的 4 张 A 取出,牌面向下洗匀后排在桌面上。你可以从下列两种玩法中任选一种:

1. 先任意翻开一张再决定:(a)付出 35 元,叫停;或者(b)继续翻第二张,若第二张为红,你可收入 100 元,第二张为黑则付出 100 元。

2. 任意翻开一张,若此牌为红你可收入 100 元,为黑则付出 100 元。

① 画出此问题的决策树。

② 设某决策人的效用函数 $u=\ln(1+0.005x)$,他应该选择哪种玩法?

七、(Peterberg Paradox)一个人付出 C 元即可参加如下的赌博:抛一枚硬币,若第 N 次开始出现正面,则由庄家付给 2^N 元。在这种赌博中,参加者的期望收益为

$$\sum_{1}^{\infty}(2^N\cdot p_N)=\sum_{1}^{\infty}\left(2^N\cdot\frac{1}{2^N}\right)=\infty$$

但是,很少有人愿意出较大的 C。试用效用理论对此加以证明。

八、令 $r(x)$ 为效用函数 $u(x)$ 的局部风险厌恶函数。

1. 证明:$r(x)=-\dfrac{\mathrm{d}}{\mathrm{d}x}\left(\ln\dfrac{\mathrm{d}u}{\mathrm{d}x}\right)$

2. 证明对于某对积分常数 c,d,有 $\int \mathrm{e}^{-\int r(x)\mathrm{d}x}\mathrm{d}x=\mathrm{e}^{c}\cdot u(x)+d$,且 $r(x)$ 能确定在正线性变化下惟一的 $u(x)$。

九、用抛图钉进行赌博,设出现针尖向上的概率为 0.6,且每次抛掷相互独立。每次出现针尖向上可赢得 1000 元,每次针尖向下输 1000 元。设某人的效用函数是:

$$u(c)=\begin{cases}c^{1/3} & c\geqslant 0\\ 2c^{1/3} & c<0\end{cases}$$

1. 求抛 n 次时此人的期望效用;

2. 求此人愿意参加赌博时 n 的范围,并给予证明。

十、A、B 两个决策人关于变量 x 有相同的效用函数 $u(x)=x^{1/3}$,因而有相同的风险态度。A 免费得到一张彩票,它能以概率 p 赢得 R。试证明存在价格 c 使 A 愿意以价格 c 出售这张彩票,而 B 也愿意以价格 c 购买这张彩票。讨论出现这种情况的合理性。

第四章　随机性决策问题的决策准则

4.1 引　　言

1. 决策问题的表格表示——决策表

决策问题除了可以用决策树来描述以外，还可以用表格表示，这种表格叫做决策表，也叫决策矩阵。如果决策问题的后果是用损失表示的，亦可称做损失矩阵。

如前所述，在随机性决策问题中，决策人采取任何行动的结果不仅仅由行动本身而且由大量外部不确定因素决定，这些外部因素是决策人无法控制的，我们用自然状态（或者简称状态）作为所有外部因素的全面描述。我们假设，若决策人知道实际上出现的是哪一种自然状态，即知道外部因素的真实值，他就可以确定采取任何一种行动的后果；同时假设，虽然决策人并不知道自然界的真实状态，但他知道哪些状态可能出现。为了简单起见，假设只有有限种互不相容的可能的状态，并记为 $\Theta=\{\theta_1,\theta_2,\cdots,\theta_n\}$；同时假设只有有限种可行的行动，即行动集 $A=\{a_1,a_2,\cdots,a_m\}$，决策人必须在这些行动中选一种也只能选一种；把采用行动 a_i、真实的状态为 θ_j 时的后果记为 x_{ij}，就可以得到决策表 4.1。

表 4.1　决策表的一般形式

状态 / 行动	θ_1	θ_2	$\cdots$	θ_j	$\cdots$	θ_n
a_1	x_{11}	x_{12}	$\cdots$	x_{1j}	$\cdots$	x_{1n}
a_2	x_{21}	x_{22}	$\cdots$	x_{2j}	$\cdots$	x_{2n}
$\vdots$	$\vdots$	$\vdots$	$\cdots$	$\vdots$	$\cdots$	$\vdots$
a_i	x_{i1}	x_{i2}	$\cdots$	x_{ij}	$\cdots$	x_{in}
$\vdots$	$\vdots$	$\vdots$	$\cdots$	$\vdots$	$\cdots$	$\vdots$
a_m	x_{m1}	x_{m2}	$\cdots$	x_{mj}	$\cdots$	x_{mn}

表 4.1 中的符号 x_{ij} 是可能后果的完全而整体性的描述。若决策问题涉及货币型后果，x_{ij} 可以是个数字；但通常并非如此，例如第一章介绍的下雨带伞及 Savage(1972)的炒鸡蛋等例子的后果。无论决策问题的后果 x_{ij} 是什么形式，我们都假设决策人能够用上一章介绍的实值效用函数 u（或价值函数 ν）来评价 x_{ij}。这时决策规则将如表 4.2 所示（在使用价值函数时用 v_{ij} 取代 u_{ij}）。

如上一章所述，由于历史原因，决策问题的后果常常用损失描述，用损失描述后果的决策表称为损失矩阵。决策矩阵也可以转置,例如转置的损失矩阵如表4.3所示。

表 4.2 以效用表示后果价值的决策表

行动\状态	θ_1	θ_2	…	θ_j	…	θ_n
a_1	u_{11}	u_{12}	…	u_{1j}	…	u_{1n}
a_2	u_{21}	u_{22}	…	u_{2j}	…	u_{2n}
⋮	⋮	⋮	…	⋮	…	⋮
a_i	u_{i1}	u_{i2}	…	u_{ij}	…	u_{in}
⋮	⋮	⋮	…	⋮	…	⋮
a_m	u_{m1}	u_{m2}	…	u_{mj}	…	u_{mn}

表 4.3 转置的损失矩阵

状态\行动	a_1	a_2	…	a_i	…	a_m
θ_1	l_{11}	l_{12}	…	l_{1i}	…	l_{1m}
θ_2	l_{21}	l_{22}	…	l_{2i}	…	l_{2m}
⋮	⋮	⋮	…	⋮	…	⋮
θ_j	l_{j1}	l_{j2}	…	l_{ji}	…	l_{jm}
⋮	⋮	⋮	…	⋮	…	⋮
θ_n	l_{n1}	l_{n2}	…	l_{ni}	…	l_{nm}

在统计决策理论中,决策表通常采用表4.3所示的形式,其中的损失 l_{ji} 是表4.2中效用 u_{ij} 的负值,即 $l_{ji}=-u_{ij}$。

在以下讨论中,我们主要采用表4.3所示的决策表。需要说明的是,决策表只适用于表示没有观察值 X 的决策问题——无数据问题。有观察值的决策问题还是用决策树为宜。

2. 决策问题的分类

(1) 确定型决策问题

确定型决策问题的特点是决策人在进行选择之前了解真实的自然状态,即他可以确切地知道各种行动的后果。事实上,这就相当于假设 $n=1$,这时决策表形如表4.4。

表 4.4 确定型决策问题的决策表

状态\行动	a_1	a_2	…	a_i	…	a_m
θ_1	v_{11}	v_{12}	…	v_{1i}	…	v_{1m}

这一类问题在形式化描述时涉及后果 $x_i(i=1,\cdots,m)$ 对决策人实际价值 $v_{1i}(i=1,\cdots,m)$ 的测度,但是这类问题的求解纯属运筹学中的纯量优化问题,因此本书对此不作讨论。

(2) 严格不确定型问题

所谓严格不确定型问题是指决策人只能知道有哪些自然状态可能出现,他无法以任何方式量化这种不确定性,即他只能给出各种可能状态 $\theta_1,\theta_2,\cdots,\theta_n$ 的列表,而对各种状态出现的可能性的大小一无所知,也就是说各种自然状态出现的概率无法估计。这一类决策问题的决策表形如表 4.1 到 4.3 所示,其求解将在 4.2 节讨论。

(3) 风险型决策

这一类决策问题中,决策人虽然无法确知将来的真实自然状态,但他不仅能给出各种可能出现的自然状态 $\theta_1,\theta_2,\cdots,\theta_n$,还可以给出各种状态出现的概率,通过设定概率分布 $\pi(\theta_1),\cdots,\pi(\theta_n)$来量化不确定性。这一类决策问题的决策表需要在表 4.1 到表 4.2 中增加一行 $\pi(\theta_1),\cdots,\pi(\theta_n)$值(在表 4.3 中则增加一列)。风险型决策问题的求解方法是本章研究的重点,4.3 节之后所有内容都与此有关。

3. 决策准则与决策规则

无论是不确定型问题还是风险型问题,都需要根据某种准则来选择决策规则 δ,使结果最优(或满意),这种准则就叫决策准则,或称决策原则。例如贝叶斯分析的决策准则是使期望效用极大。本章重点是介绍贝叶斯分析方法,在介绍贝叶斯分析以前先在 4.2 节介绍用于严格不确定性决策问题的若干决策准则。在 4.3 节介绍用于风险型决策问题的其他决策准则。

4.2 严格不确定型决策问题的决策准则

本节要讨论在严格的不确定性情况下作决策的几种规则。严格不确定性的含义在前面作了介绍,是指决策问题可能出现的状态已知,但对各种自然状态发生的概率(可能性)的大小一无所知。下面所介绍的这些准则并不能产生特别令人满意的决策,只是舍此别无良策。

4.2.1 节中将介绍 4 种可以用来求解严格不确定型问题的决策准则,虽然单独地看,这些准则都合理而实用,但是,有些问题用不同的准则求解会导致不同的选择,因此这 4 种准则不可能都是指导作决策(选择)的完美准则,需要深入讨论这些准则以便确定何者最好。在 4.2.2 节讨论我们所希望的理想的准则应具备哪些一致性性质。在 4.2.3 节会发现,这 4 种准则中没有哪一种同时具备所有这些性质;进而发现,不可能设计出一种同时具备这些性质的决策准则。这时我们面临两种选择,一是重新考虑 4.2.2 节提出的一致性性质的合理性;二是我们判定严格不确定型决策问题本身无定解。我们的结论是后者。

4.2.1 求解严格不确定型决策问题的四种主要决策准则

在严格不确定的情况下,决策人将如何选择?我们主要讨论 4 种决策准则,其他的作为本章末的习题留给读者自己思考。在本节讨论中采用表 4.3 所示的决策表(损失矩阵)。

1. 悲观准则

悲观准则亦称极小化极大准则,是 Wald(1950)提出的。它的思路是考察采取行动 $a_i, i=1,2,\cdots,m$ 时可能出现的最坏后果,即最大的损失 s_i,亦即

$$s_i = \max_{j=1}^{n} l(\theta_j, a_i)$$

决策人应选择行动 a_k 使最大的损失 s_i 尽可能小,即选择 a_k 使

$$s_k = \min_{i=1}^{m}\{s_i\} = \min_{i=1}^{m}\max_{j=1}^{n}\{l_{ji}\} \tag{4.1}$$

根据式(4.1),这一准则称做极小化极大的理由是显而易见的。

当决策表中的元素是效用值 u_{ij} 或价值函数 v_{ij} 时,Wald 的准则是使各行动的最小效用(价值)最大化,即极大化极小效用。即选择 a_k 使

$$s'_k = \max_{i=1}^{m}\{s'_i\} = \max_{i=1}^{m}\min_{j=1}^{n}\{u_{ij}\} \tag{4.1'}$$

采用该原则者极端保守,是悲观主义者,认为老天总跟自己作对,总是假设会发生最糟的情况并且被自己遇上。

2. 乐观系数法

与 Wald 的悲观主义方法相对立,可以形成一种乐观主义的准则:只考虑行动 a_i 各种可能的后果中最好的(即损失最小的)后果,定义行动 a_i 的乐观主义水平 o_i 为

$$o_i = \min_{j=1}^{n}\{l_{ji}\}$$

o_i 是采用行动 a_i 时可能导致的最佳后果,于是乐观主义的准则是使损失极小化极小,即选择 a_k 使

$$o_k = \min_{i=1}^{m}\{o_i\} = \min_{i=1}^{m}\min_{j=1}^{n}\{l_{ji}\} \tag{4.2}$$

由式(4.2),乐观主义准则亦称(使损失)极小化极小准则。这种准则的实质是在损失矩阵中找出损失最小的元素 l_{hk},决策人选择 l_{hk} 所对应的行动 a_k。

当决策表中的元素是效用值 u_{ij} 或价值函数 v_{ij} 时,乐观主义的准则是使各行动的最大效用(价值)最大化,称为(使效用值)极大化极大准则,即选择 a_k 使

$$o'_k = \max_{i=1}^{m}\{o'_i\} = \max_{i=1}^{m}\max_{j=1}^{n}\{u_{ij}\} \tag{4.2'}$$

Hurwicz(1951)提出,在现实生活中很少有人像极小化极大准则所显示的那么悲观,也很少有人像极小化极小准则那么乐观。因此他提出一种折衷:决策人应根据这两种准则的加权平均值来排列行动的优劣次序,其中的权 λ 称为乐观系数。λ 由决策者个人给定,并适用于他所面临的所有决策问题。Hurwicz 介绍的决策

准则是:选择a_k使

$$(1-\lambda)s_k+\lambda o_k=\min_{i=1}^{m}\{(1-\lambda)s_i+\lambda o_i\}=\min_{i=1}^{m}\{(1-\lambda)\max_{j=1}^{n}l_{ji}+\lambda\min_{j=1}^{n}l_{ji}\} \tag{4.3}$$

使用这种方法首先要确定 λ。为此可让决策人对表 4.5 所示的简单的 2×2 决策矩阵进行判断。调整表中的损失值 $l(0\leqslant l\leqslant 1)$,直到决策人认为 a_1 与 a_2 两者无差别时,即可确定 $\lambda=1-l$。一旦确定 λ,可用它求解决策人所面临的其他决策问题。当决策表中的元素是效用值 u_{ij}或价值函数 v_{ij}时,乐观系数准则是选择 a_k 使

$$(1-\lambda)s_k'+\lambda o_k'=\max_{i=1}^{m}\{(1-\lambda)\min_{j=1}^{n}u_{ij}+\lambda\max_{j=1}^{n}u_{ij}\} \tag{4.3'}$$

表 4.5　确定乐观系数 λ 的决策表

	a_1	a_2
θ_1	0	l
θ_2	1	l
s_i	1	l
o_i	0	l
$(1-\lambda)s_k+\lambda o_k$	$(1-\lambda)$	l

3. 后悔值极小化极大

Savage(1951)认为,真实的自然状态是决策人所无法控制的,在用损失矩阵$(l_{ji})_{n\times m}$来作决策时,决策人会把采用一种行动 a_i 在某一自然状态 θ_j 下的结果与同样的自然状态下采用不同的行动的结果 l_{ji}, $i=1,\cdots,m$ 加以比较。因此 Savage 定义了一个后果的后悔值 r_{ji},它是采取行动 a_i 状态 θ_j 时的损失 l_{ji}与状态为 θ_j 采用不同的行动的最佳结果(最小损失)$\min_{i=1}^{m}\{l_{ji}\}$之差,即

$$r_{ji}=l_{ji}-\min_{i=1}^{m}\{l_{ji}\} \tag{4.4}$$

Savage 认为,应该用由 r_{ji}构成的后悔值表$(r_{ji})_{n\times m}$取代由 l_{ji}构成的决策表,再用 Wald 的悲观主义方法求解。他提出每种行动的优劣用最大后悔值 p_i 作为指标来衡量。

$$p_i=\max_{j=1}^{n}\{r_{ji}\}$$

p_i 即采取行动a_i 时的最大后悔值,然后再选择使 p_i 极小化的行动。也就是说,选择 a_k 使

$$p_k=\min_{i=1}^{m}\{p_i\}=\min_{i=1}^{m}\{\max_{j=1}^{n}\{r_{ji}\}\} \tag{4.5}$$

4. 等概率准则

Laplace 于 1825 年在“无充分理由原则”一文中指出：对真实的自然状态一无所知“等价于”所有自然状态具有相同的概率。因此不妨认为选择一种行动使损失的平均值极小化是有正当理由的。于是决策人面临不确定结果的期望值 $\sum_{j=1}^{n}\frac{1}{n}l_{ji}$，他应选择 a_k 使

$$\sum_{j=1}^{n}\frac{1}{n}\cdot l_{jk}=\min_{i=1}^{m}\left\{\sum_{j=1}^{n}\frac{1}{n}\cdot l_{ji}\right\} \tag{4.6}$$

5. 上述 4 种决策准则的比较

在比较这 4 种决策准则时，首先会觉得它们解决问题的思路完全不同，但是孤立地看，每种准则都有一定的道理。为了对这几种准则进行比较，Milnor(1954)给出了一个有 4 种状态 4 种行动的决策问题的例子。

示例　决策问题的损失矩阵如表 4.6(a)所示。

表 4.6

(a) l_{ji}

	a_1	a_2	a_3	a_4	$\min_i l_{ji}$
θ_1	2	3	4	3	2
θ_2	2	3	0	1	0
θ_3	4	3	4	4	3
θ_4	3	3	4	4	3
s_i	4	3	4	4	
o_i	2	3	0	1	
$(1-\lambda)s_i+\lambda o_i$	$4-2\lambda$	3	$4-4\lambda$	$4-3\lambda$	
$\sum_j(1/n)l_{ji}$	2.75	3	3	3	

(b) r_{ji}

	a_1	a_2	a_3	a_4
θ_1	0	1	2	1
θ_2	2	3	0	1
θ_3	1	0	1	1
θ_4	0	0	1	1
p_i	2	3	2	1

用悲观准则求解时，各行动最大损失 s_i 分别是各列中的最大值 4、3、4 和 4，把它们列入上表中。其中最小的损失对应于行动 a_2，即决策人应该选择行动 a_2。

用乐观系数法求解时，首先将 o_i 的值列入相应的行；计算 $(1-\lambda)s_i+\lambda o_i$ 并列入上表。当 $\lambda\leqslant 0.25$ 时 a_2 最优；$\lambda\geqslant 0.25$ 时 a_3 最优。

用 Laplace 的等概率准则求解时，计算 $\sum_j(l_{ji}/n)$ 的值如上表最后一行，显然，a_1 的损失最小，决策人应该选择行动 a_1。

用 Savage 的后悔值极小化极大准则求解时，首先在原始的损失矩阵最右侧添

加一列$\min_i l_{ji}$，按式(4.4)，得后悔值矩阵如表4.6(b)。

各行动的最大后悔值 p_i 列入表4.6(b)最下面一行，其中行动 a_4 的最大后悔值最小，所以根据 Savage 的后悔值极小化极大准则，决策人应选择 a_4。

同样一个问题，采用 Laplace 准则时应选择行动 a_1；根据 Wald 的悲观准则，应选 a_2；由 Hurwicz 准则，$\lambda \leqslant 0.25$ 时应选 a_2，$\lambda \geqslant 0.25$ 时应选 a_3；用 Savage 的后悔值极小化极大准则应选择 a_4。因此，采用不同的准则有可能选择不同的行动。

前面介绍的4种决策准则，只要不把它们放在一起，选用每一种准则的理由都相当有说服力。然而这些有说服力的方法又会导致完全不同的选择，因此它们之间一定存在某种矛盾；至少这4种准则看来并不是一样好的决策规则，因此有必要通过深入讨论来揭示哪个准则更好些。当然也可能它们都存在某种缺陷，一个也不理想。

4.2.2 理想的决策规则应当具备的几种性质

由于除了上节介绍的4种准则之外，本章的习题中还有另一些合乎情理的准则，并且还可以举出许多其他的准则，其理由也同样地合情合理。如果只讨论 Wald、Hurwicz、Savage 和 Laplace 提出的这4种准则，局限性太大。为此，以下的讨论将扩展到所有可能的决策准则，即在更一般的情况下进行讨论。

理想的决策规则应当具备如下的性质。

1. 完全序

首先，我们希望决策准则能够明确地辨识出整个行动集中的最优行动，而且在去掉最优行动后，在所剩余的行动集中所辨识出的最优行动在整个行动集中是次优行动，这样就可以将所有行动排成完全序。这一要求可以用公理形式表述如下。

公理 4.1 完全的优劣次序

一种决策规则应能提供所有可能行动的完全的优劣次序。

公理4.1中的“优劣次序”是弱序。

由于我们假设只有有限个备选行动，这一公理隐含着决策准则应当以某种方式(无论是显式还是隐式)为每一行动或方案 a_i 赋一个数值指标 v_i，并根据 v_i 的值增加(或减少)来排列行动的优劣次序。

在前面所讨论的4种准则都给出了相应数值指标：

Wald 的悲观准则的指标是 $v_i = s_i$；

Hurwicz 的乐观系数准则的数值指标是 $v_i = (1-\lambda)s_i + \lambda o_i$；

Savage 的后悔值极小化极大准则的指标是 $v_i = p_i$；

Laplace 的等概率准则的指标是 $v_i = \sum_j (l_{ji}/n)$。

在用损失矩阵作为决策依据时，上述指标 v_i 值越小的行动越优；在用收益性后果时，除 Savage 准则外，各指标 v_i 值越大的行动越优。

2. 标号无关性

对决策准则的另一个很自然的要求是：一种准则所给出的选择不受决策问题表述方式的影响。换言之，行动间的优劣次序与行动和自然状态在决策表中的标号无关，也与度量后果值的标度(即标尺、计量单位)无关。我们先讨论标号无关性。

设有一个 2×2 的决策表(损失矩阵)，其中决策人偏好行动 a_2，即按照某种决策准则有 $v_2 < v_1$，那么在改变行动标号后的下述决策表中，采用同一决策规则应有 $v_1' < v_2'$，决策人偏好(宁选)a_1'；类似地，当改变状态 θ_j 标号时，得最右侧的决策表，采用同一决策规则应有 $v_2'' < v_1''$，决策人偏好 a_2''。

	a_1	a_2
θ_1	0	2
θ_2	10	7

	a_1'	a_2'
θ_1'	2	0
θ_2'	7	10

	a_1''	a_2''
θ_1''	10	7
θ_2''	0	2

一般说来，当决策表中行动的标号进行置换时，v_i 的值也应作相应的置换；而无论自然状态的标号是否变换，v_i 的值应该保持不变，我们把这种要求表述为公理 4.2。

公理 4.2　标号无关性

当自然状态为 $\theta_j(j=1,2,\cdots,n)$、行动为 $a_i(i=1,2,\cdots,m)$、后果为 l_{ji}时，给定一个 $n\times m$ 决策表；第二个 $n\times m$ 的决策表的自然状态为 θ_j'，$j=1,2,\cdots,n$，行动为 a_i'，$i=1,2,\cdots,m$，后果为 l_{ji}'，是由第一个决策表交换行或列所构成的，原表中第 j 行在第二个决策表中为 $\tau(j)$行，原表中第 i 列在第二个表中为 $\rho(i)$列，即 $l'_{\tau(j)\rho(i)}=l_{ji}$，则决策规则应当为这两个决策表分别赋以指标值 v_i 和 v_i'，使得对任何 $1\leqslant i,k\leqslant m$，有

$$v_i < v_k \text{ 当且仅当 } v'_{\rho(i)} < v'_{\rho(k)}$$

3. 标度无关性

决策表中的后果 c 或后果对决策人的实际价值 u_{ij}(或者 v_{ij}、l_{ji})的数值取决于测量单位和零点，就像对温度的测量可以用摄氏(℃)也可以用华氏(℉)，还可以用绝对温度(K)，水的冰点是 0℃、32℉或 273K，可以选用我们认为方便(或者习惯)的标度。一般地，我们可以进行标度变换，l_{ji}变换后会变成 $\alpha l_{ji}+\beta$，其中 α 是变换系数，β 是所选零点。例如 v' 为华氏，v 为摄氏，则有

$$v'(℉) = (1.8v(℃) + 32)$$

显然我们希望一种决策准则所给出的选择应当与测量所用的标度无关,这就是公理4.3。

公理 4.3 决策结果的标度无关性

给定一个 $n\times m$ 决策表,状态为 $\theta_j(j=1,2,\cdots,n)$、行动为 $a_i(i=1,2,\cdots,m)$、后果为 l_{ji};第二个决策表的 θ_j、a_i 与第一个决策表相同,其后果 l'_{ji}的数值因度量标尺改变而不同,即 $l'_{ji}=\alpha l_{ji}+\beta$(式中 $\alpha>0$),则决策规则应当为这两个决策表分别赋以指标值 v_i 和v'_i,使得对任何 $1\leqslant i,k\leqslant m$,有 $v_i<v_k$ 当且仅当$v'_i<v'_k$。

4. 强优势原则

定义 4.1 按状态优于

如果每种自然状态下行动 a_i 的后果不劣于另一种行动a_k,即 $l_{ji}\leqslant l_{jk}$,且至少有一种状态 θ_j 使$l_{ji}<l_{jk}$,则称行动 a_i 按状态优于a_k,或称 a_i 对a_k 有优势。若对任何状态都有 $l_{ji}<l_{jk}$,则称 a_i 对a_k 有强优势。

对决策准则的很自然的要求是,如果 a_i 对a_k 有强优势,则这种准则应该使 a_i 的排序优于a_k。这就是下面的公理。

公理 4.4 强优势原则

若$\forall j$ 有$l_{ji}<l_{jk}$,则决策规则应给行动 a_i 和a_k 赋予指标值,使 $v_i<v_k$。

5. 无关方案独立性

无关方案独立性要求在行动集中两个行动的优劣次序不会由于其他方案的加入或取消而改变。举一个众所周知的、在许多地方提到过的例子:设某人走进一家餐馆,若服务员告诉他只有糖醋排骨和炸鸡腿供应,他选了炸鸡腿;稍后服务员又来告诉他,还有特价菜松鼠鳜鱼,此人决定改变主意,点糖醋排骨。

显然,此人的选择前后不一致,原先他点炸鸡腿而不要糖醋排骨;而在听说有松鼠鳜鱼后又宁要糖醋排骨不要炸鸡腿。凭直觉,这种改变显然不合理。我们要求决策准则在对行动的优劣排序时,不会因其他方案的加入而改变优先次序。

公理 4.5 无关方案独立性

给定一个 $n\times m$ 决策表,状态为 $\theta_j(j=1,2,\cdots,n)$、行动为 $a_i(i=1,2,\cdots,m)$、后果为 l_{ji};在该决策表中增加一个行动构成新的 $n\times(m+1)$的决策表,新决策表中 $l'_{ji}=l_{ji}$,当 $i=1,\cdots,m,j=1,\cdots,n$;$l'_{j(m+1)},j=1,\cdots,n$ 可以取任何数值,则一个决策准则应当为两个决策表中的行动分别赋以指标值 v_i 和v'_i,使得对任何 $1\leqslant i,k\leqslant m$,有 $v_i<v_k$ 当且仅当$v'_i<v'_k$。

即可以把第 $m+1$ 个行动作为与前 m 个行动无关的行动(方案),一个理想的决策准则应当对两个决策表中的前 m 个行动排出相同的优先次序。

6. 同一状态下各后果值加常数的无关性

注意下面的两个决策表：

	a_1	a_2
θ_1	0	2
θ_2	10	7

	a_1	a_2
θ_1	6	8
θ_2	10	7

第二个决策表与第一个决策表的不同之处只是第一个决策表的第一行中各元素加了常数 6 构成第二个决策表。在现实中，第一个决策表所代表的决策问题恰恰与第二个决策表相同：在第一种状态下，第一种行动的后果比第二种行动好 2；在第二种状态下，第二种行动的后果比第一种行动好 3。出现这种情况往往是因为对某种自然状态下的固定开销考虑不周(无论采取什么行动，这一开销总可能会存在，如第三章第四题所示的问题)。我们希望一个理想的决策准则对两个决策表给出相同的排序，因此我们需要下面的公理。

公理 4.6　某行中各元素加常数的无关性

给定一个 $n\times m$ 决策表，状态为 $\theta_j(j=1,2,\cdots,n)$、行动为 $a_i(i=1,2,\cdots,m)$、后果为 l_{ji}；第二个 $n\times m$ 决策表的 θ_j、a_i 与第一个决策表相同，只是第 t 行中的各元素 l'_{ti}是由上表中的 l_{ti}加上常数 c，即 $l'_{ti}=l_{ti}+c, i=1,\cdots,m$；当 $j\neq t$ 时，$l'_{ji}=l_{ji}$，$i=1,\cdots,m$，则决策准则应能为两个决策表中的行动分别赋以指标值 v_i 和 v'_i，使得对任何 $1\leqslant i,k\leqslant m$，有 $v_i<v_k$ 当且仅当 $v'_i<v'_k$。

公理 4.1 到公理 4.6 对于任何一种决策准则，无论是用于严格不确定型决策问题的决策准则还是用于风险型决策问题的决策准则，都是必要的。4.3 节介绍的期望效用决策准则也能满足公理 4.1～4.6 。下面介绍的两条公理则反映了严格不确定型决策问题的特征。

7. 某一行动的各种后果排列次序的无关性

若决策人对真实自然状态发生的可能性的大小确实一无所知，则可以假设下表所示的两个行动是无差异的。

	a_1	a_2
θ_1	2	4
θ_2	0	2
θ_3	4	0

a_1 的可能的后果与 a_2 后果的值相同，两个行动有同样不确定的前景，两者区别只是后果相等的值不在同一种自然状态下。若决策人对真实自然状态发生可能性毫无所知，则他对其中一个行动的偏好没有理由超过另一个行动。因此有如下公理。

公理 4.7　某一行动的各种后果排列次序的无关性

给定一个 $n\times m$ 决策表,状态为 $\theta_j(j=1,2,\cdots,n)$、行动集中有两个行动 a_i 和 a_k。如果后果的状态标号集 $\{1,2,\cdots,n\}$ 存在一个置换 τ,使 $l_{ji}=l_{\tau(j)k}$,则一个决策准则应能为行动 a_i 和 a_k 分别赋以指标值 v_i 和 v_k,使 $v_i=v_k$。

公理 4.7 亦称列中元素位置变换的不变性。

8. 某种状态下各种后果所在行复制的无关性

有人认为公理 4.7 还不足以描述严格不确定型决策问题的特点。考察表 4.7 中的两个决策问题。

表 4.7 用于解释公理 4.8 的决策表

(a)

	a_1	a_2
θ_1	2	5
θ_2	2	0

(b)

<table>
<tr><th colspan="2"></th><th>a_1</th><th>a_2</th></tr>
<tr><td colspan="2">θ'_1</td><td>2</td><td>5</td></tr>
<tr><td rowspan="2">θ''_2</td><td>θ'_2</td><td>2</td><td>0</td></tr>
<tr><td>θ'_3</td><td>2</td><td>0</td></tr>
</table>

如果真实的自然状态是严格不确定的,这两个决策表就不存在实质性的差别。如果把状态 θ'_2和 θ'_3合在一起形成一个 θ''_2,则决策表(b)与(a)完全一样,因为有可能决策人在设定状态集中的状态时原来只考虑 θ_1 和 θ_2 两种,后来觉得 θ_2 还可以细分为 θ'_2和 θ'_3,θ'_2和 θ'_3的后果与 θ_2 相同。虽然 θ''_2发生可能性比其分状态 θ'_2和 θ'_3要大,但由严格不确定性的定义,自然状态集是$\{\theta'_1,\theta''_2\}$还是$\{\theta'_1,\theta'_2,\theta'_3\}$并不影响各种状态相对概率的大小。因此,表 4.7(a)与(b)是同一个问题的不同表述,在表(a)中排序占优的行动也应是表(b)中排序占优的行动。这一性质可以表述为公理 4.8。

公理 4.8 某种状态下各种后果所在行复制的无关性

给定一个 $n\times m$ 决策表,状态为 $\theta_j(j=1,2,\cdots,n)$、行动为 $a_i(i=1,2,\cdots,m)$、后果为 l_{ji};第二个$(n+1)\times m$ 决策表的前 n 行与第一个决策表完全相同,即 $1\leqslant j\leqslant n$ 时,$l'_{ji}=l_{ji}$,$i=1,\cdots,m$;第 $n+1$ 行由第 n 行复制而成,即 $l'_{(n+1)i}=l_{ni}$,$i=1,\cdots,m$,则决策准则应能为两个决策表中的行动分别赋以指标值 v_i 和 v'_i,使得对任何 $1\leqslant i,k\leqslant m$,有 $v_i<v_k$ 当且仅当 $v'_i<v'_k$。

注意:在这一公理的表述中,虽然只对最后一行复制一次,但只要重复使用本公理,就可复制多次;而且由公理 4.2 可以将任意需要复制的行移到最后一行。因此,根据公理 4.2 和公理 4.8,可以对表中任意行复制任意次。

4.2.3 对决策准则的分析

上节对严格不确定性情况下的决策准则应该具备的性质(即一致性选择的 8

条原则)作为公理进行了阐述。现在的问题是,Wald 、Hurwicz、Savage 和 Laplace 准则是否满足这些公理。

定理 4.1　Wald、Hurwicz、Savage 和 Laplace 决策准则与公理 4.1～4.8 的一致性如表 4.8 所示。

表 4.8　Wald、Hurwicz、Savage 和 Laplace 决策准则与公理的一致性

	Wald	Hurwicz	Savage	Laplace
公理 4.1　完全序	√	√	√	√
公理 4.2　标号无关性	√	√	√	√
公理 4.3　标度无关性	√	√	√	√
公理 4.4　强优势原则	√	√	√	√
公理 4.5　无关方案独立性	√	√	×	√
公理 4.6　同一状态下各后果值加常数的无关性	×	×	√	√
公理 4.7　某一行动的各种后果排列次序的无关性	√	√	×	√
公理 4.8　某种状态下各种后果所在行复制的无关性	√	√	√	×

注:表中√表示满足,×表示不满足。

证明:大部分的证明留给读者作为习题。下面只对有代表性的打“√”项加以证明;对全部打“×”项均给出反例。

(1) 决策准则满足公理的证明

①由 4.2.2 节中关于公理 4.1 的讨论,所有准则都能满足公理 4.1。

②Wald 准则满足公理 4.2。因为一个行动 a_i 在各种状态下的损失作为数字集合,其中的最大值 s_i 与集合中各数字的排列顺序无关,所以交换自然状态的位置即交换行并不影响行动 a_i 的排序指标值 s_i;交换列的同时相应的 s_i 值也随之交换,故对最终选择无实质性影响。

③Laplace 准则满足公理 4.3。令 $l'_{ji}=\alpha\cdot l_{ji}+\beta,\alpha>0$,则

$$
\begin{aligned}
v_i = \sum_{j=1}^{n}\frac{1}{n}l_{ji} < \sum_{j=1}^{n}\frac{1}{n}l_{jk} = v_k \\
\Leftrightarrow \alpha\left(\sum_{j=1}^{n}\frac{1}{n}l_{ji}\right)+\beta < \alpha\left(\sum_{j=1}^{n}\frac{1}{n}l_{jk}\right)+\beta \quad (\text{因为 } \alpha>0) \\
\Leftrightarrow \sum_{j=1}^{n}\frac{1}{n}(\alpha\cdot l_{ji}+\beta) < \sum_{j=1}^{n}\frac{1}{n}(\alpha\cdot l_{jk}+\beta) \\
\Leftrightarrow v'_i = \sum_{j=1}^{n}\frac{1}{n}l'_{ji} < \sum_{j=1}^{n}\frac{1}{n}l'_{jk} = v'_k
\end{aligned}
$$

④Wald 的损失极小化极大准则满足公理 4.4。

由假设 $\forall j, l_{ji}<l_{jk}$,并设行动 a_k 在 $j=t$ 时损失取极大值,则 $v_i=s_i=$

$\max_{j=1}^{n}\{l_{ji}\}=l_{ti}$,由假设的$\forall j, l_{ji}<l_{jk}$,必有$l_{ti}<l_{tk}$,上式即$v_i<l_{tk}\leqslant\max_{j=1}^{n}\{l_{jk}\}=s_k=\nu_k$

⑤Hurwicz 的乐观系数准则满足公理 4.5。

对任何行动a_i,排序的指标$v_i=(1-\lambda)s_i+\lambda o_i=(1-\lambda)\max_{j=1}^{n}\{l_{ji}\}+\lambda\min_{j=1}^{n}\{l_{ji}\}$,与任何其他行动无关,因此决策表中再增加任何行动不会影响$a_1,\cdots,a_m$的次序关系。

⑥Laplace 准则满足公理 4.6。

设当$j=t$时$l'_{ti}=l_{ti}+c, i=1,\cdots,m$,当$j\neq t$时$l'_{ji}=l_{ji}, i=1,\cdots,m$,则

$$v_i=\sum_{j=1}^{n}\frac{1}{n}l_{ji}<\sum_{j=1}^{n}\frac{1}{n}l_{jk}=v_k \quad\Leftrightarrow\quad c+\sum_{j=1}^{n}\frac{1}{n}l_{ji}<c+\sum_{j=1}^{n}\frac{1}{n}l_{jk}$$

$$\Leftrightarrow\quad \sum_{j=1}^{n}\frac{1}{n}(l_{ji}+c)<\sum_{j=1}^{n}\frac{1}{n}(l_{jk}+c)$$

$$\Leftrightarrow\quad v'_i=\sum_{j=1}^{n}\frac{1}{n}l'_{ji}<\sum_{j=1}^{n}\frac{1}{n}l'_{jk}=v'_k$$

⑦Wald 准则满足公理 4.7。

显然,第i列中的损失最大的后果s_i与该后果交换到什么位置(哪一行)毫无关系。

⑧Savage 准则满足公理 4.8。设第n行被复制,则对$i=1,\cdots,m$,有

$$r'_{(n+1)i}=l'_{(n+1)i}-\min_{k=1}^{m}\{l'_{(n+1)k}\}=l'_{ni}-\min_{k=1}^{m}\{l'_{nk}\}=l_{ni}-\min_{k=1}^{m}\{l_{nk}\}=r_{ni}$$

而对$i=1,\cdots,m, j=1,\cdots,n$,有$r'_{ji}=r_{ji}$,所以对任何行动$a_i$,$p'_i=p_i$,各行动的优先次序不会改变。

(2) 决策准则不满足公理的反例

①Savage 准则不满足公理 4.5 和 4.7。

表 4.9

(a)l_{ij}

	a_1	a_2	a_3
θ_1	1	5	4
θ_2	5	3	0
θ_3	3	1	2

(b)r_{ji}

	a_1	a_2
θ_1	0	4
θ_2	2	0
θ_3	2	0

(c)r'_{ji}

	a_1	a_2	a_3
θ_1	0	4	3
θ_2	5	3	0
θ_3	2	0	1

考察表 4.9 所示决策问题在a_3加入前后的情况。在a_3加入之前,由表 4.9(b)所示后悔值矩阵r_{ji}可知,$p_1=2, p_2=4$,因此$a_1\succ a_2$。

加入a_3之后,由表 4.9(c)所示后悔值矩阵r'_{ji}可知,$p_1=5, p_2=4$,因此$a_2\succ a_1$。a_1与a_2的优劣因a_3的加入而发生变化,Savage 准则不满足公理 4.5。

表 4.9(a)中 a_1 与 a_2 有相同的后果值,即第二列是第一列的一个置换。按公理 4.7,a_1 与 a_2 应有相同的排序指标值 $\nu_1=\nu_2$,但是根据 Savage 准则,无论加 a_3 与否,均有 $p_1\neq p_2$,显然 Savage 准则不满足公理 4.7。

② Wald 准则和 Hurwicz 准则不满足公理 4.6,反例见表 4.10。

设决策人的乐观系数 $\lambda=0.75$。表 4.10(a)中第一列各元素加 -6 可得表 4.10 之(b)。

表 4.10

(a)

	a_1	a_2
θ_1	6	9
θ_2	8	4
s_i	8	9
o_i	6	4
$0.25s_i+0.75o_i$	6.5	5.25

(b)

	a_1	a_2
θ_1	0	3
θ_2	8	4
s_i	8	4
o_i	0	3
$0.25s_i+0.75o_i$	2	3.25

根据 Wald 准则,由决策表 4.10(a)可知 $s_1=8, s_2=9$,所以 $a_1\succ a_2$;而在决策表 4.10(b)中 $s_1=8, s_2=4$,所以 $a_2\succ a_1$,因此 Wald 准则不满足公理 4.6。

由 Hurwicz 准则,当 $\lambda=0.75$ 时,由表 4.10(a),$a_2\succ a_1$;而由表 4.10(b),$a_1\succ a_2$,因此 Hurwicz 准则也不满足公理 4.6。

③ Laplace 准则不满足公理 4.8。

比较表 4.7 之(a)与(b),显见 Laplace 准则不满足公理 4.8。

至此,前面介绍的 4 种决策准则没有一个同时满足 8 条公理。事实上没有任何准则可以满足所有公理,而能同时满足 4.4～4.7 的也只有 Laplace 的等概率准则。

定理 4.2　设一种决策准则满足公理 4.1 和公理 4.4～4.7,则该准则为每个行动 a_i 赋予数字指标 ν_i,使得 $\nu_i\leqslant\nu_k\Leftrightarrow\sum_{j=1}^{n}\frac{1}{n}l_{ji}\leqslant\sum_{j=1}^{n}\frac{1}{n}l_{jk}$。

换句话说,能够满足完全序、强优势原则、无关方案独立性、同一状态下各后果值加常数的无关性和某一行动的各种后果排列次序的无关性公理的决策准则必定是 Laplace 的平均损失极小化准则。该定理的证明从略(French,1986:49～52)。

定理 4.2 推论　没有哪种决策准则能满足公理 4.1～4.8。

由定理 4.2 推论,不可能找到一种能够同时满足公理 4.1～4.8 的决策准则。究其原因,要么是公理中有些要求太过分,也就是说,由公理所表达的一致性性质并不像最初看起来那么合理;要么是要求虽然合理,但是满足要求的决策准则并不存在。后一种可能性已经由定理 4.2 推论阐明,我们只需要讨论前一种可能性。

公理 4.1 要求决策规则对所有行动提供完全的次序关系。Chernoff(1954)和

Luce 和 Raiffa(1957)提出,只要能够把最优解与非最优解区分开就行。事实上,只要逐次把最优解从可行集中去掉,则这一看来较弱的假设蕴含有较强的完全序的假设(严格地说这只在接受无关方案独立性时才成立);而且即使采用较弱的假设,同样可以得出定理 4.2 推论的不可能性结果。因此,公理 4.1 应该继续保留。

公理 4.2 要求最后选择应当与行动及自然状态标号无关,至今没有人对此提出异议,所以仍然采用。

公理 4.3 要求由决策规则所给定的次序关系与测度偏好的标度无关。这是一个很弱的假设,如果说有什么限止的话,则是它只允许正线性变换,即 $v' = \alpha v + \beta$ 且 $\alpha > 0$,这一条件可以放宽为严格单调变换。

公理 4.4 的强优势原则是一个好的决策准则所必需的,这已无需赘言。

在所有假设中,最引起争议的是公理 4.5 的无关方案独立性,本书其余部分还会多次遇到它。就以上节提到的顾客在餐馆的选择问题为例,可以假设该顾客对于糖醋排骨和炸鸡腿的偏好是:不同餐馆的炸鸡腿质量差异很小,而糖醋排骨的质量差别很大,对他来说做得好的糖醋排骨比炸鸡腿好吃,而做不好还不如炸鸡腿。当服务员只提供这两种菜供他选择时,由于他对这家餐馆菜的质量并无信心,感觉这家餐馆的糖醋排骨未必做得好,于是他宁可点炸鸡腿;但当他听说这家餐馆还能供应松鼠鳜鱼时,他认为能做松鼠鳜鱼的厨师做的糖醋排骨也不会差,因此他改变主意,要一份糖醋排骨。这种改变对他而言是有道理的。这种观点虽然可以令人信服,但它蕴含了决策人获得的有效信息发生了变化,而且这种信息的变化不同时适用于所有后果。显然这种解释与严格不确定性这一概念相抵触,这时出现糖醋排骨质量高这种状态的可能性大大提高了。

"无关方案独立性"要求,一旦决策人已经清楚自己的偏好,引进新的或减少某个备选方案不会改变他的偏好。决策人的偏好应该在考虑决策问题时就形成,而且应该通过 l_{ji} 的值来反映,当决策表中的 l_{ji} 已经给定时,则无论是否存在其他备选方案,决策准则对两个备选方案的排序应当是一致的,所以还是应该接受公理 4.5。

公理 4.6 要求在某种状态下各后果值加一常数后行动优先秩序不变,其实它可以用完全不用的方式提出来,考察表 4.11 中的三个决策表所示的问题。

表 4.11

(a)

	a_1	a_2
θ_1	0	10
θ_2	8	0

(b)

	a_1'	a_2'
θ_1	0	0
θ_2	-20	-20

(c)

	a_1''	a_2''
θ_1	0	5
θ_2	-6	-10

设在每个表中的 θ_1 和 θ_2 表示的是同样的基本的自然状态。显然决策人会认为决策表(b)中的 a_1'与 a_2'无差异,对决策表(a)和决策表(c)中的 a_1、a_2 和 a_1''、a_2'' 的选择就不那么明显了。

分别记这三个表的后果(损失)为 l_{ji}、l_{ji}'和 l_{ji}'',则有

$$l_{ji}'' = 0.5c_{ij} + 0.5l_{ji}' \tag{4.7}$$

假如要一个人抛硬币,出现“字”时,该人必须从表(a)中选一行动;出现“花”则从表(b)中选。而且要在抛出硬币之前确定选什么行动。由式(4.7),他在表(a)中选 a_i 时的期望损失等于表(c)中的 a_i'',因为在表(b)中选 a_1'或 a_2'的收益都一样,因此决策人在表(c)中选择 a_1''当且仅当他在第一张表中选 a_1。现在把表(c)中的每个后果值加倍(根据公理 4.3 这是允许的),则这时的决策表(c)相当于表(a)的第二行各元素加 −20。简言之,上面讨论的一致性正是公理 4.6 的要求,这一要求是合理的。关于公理 4.6 的合理性还可以这样理解:由于某种原因,在出现某种自然状态时,无论采取何种行动都有可能会引起固定成本的相同变化,这种变化反映到决策矩阵上就是公理 4.6 所要求的“某种状态下各后果值加一常数”;由于当前无法判断这种变化是否一定发生,我们希望无论出现这种变化与否,“好”的决策准则能够提供相同的选择。

有一种反对公理 4.6 的论点是基于递减的边际价值,如果在某行上增加一个很大的正常数,则该行上各元素的价值差别就会变小,所以对行动优劣的排序发生改变就十分合理了。虽然这种论点很有说服力,但是,当决策表中的后果以损失函数、可测价值函数或是效用函数表达时,都将以相等的“对决策人的实际价值”之差为单位,这种论点就站不住脚了,因此可以接受公理 4.6。

关于公理 4.7,许多人的论点是接受某一行动的各后果值排列次序的无关性意味着要求在严格不确定性情况下应当假设所有状态是等可能的。Blackwell 和 Girshick(1954)已经证明,任何决策准则符合公理 4.1～4.6 或是实质上类似的公理集,其形式必然为

$$\text{选 } a_k \text{ 使} \sum_{j=1}^{n} p_j l_{jk} = \min_{i=1}^{m}\left\{\sum_{j=1}^{n} p_j l_{ji}\right\}$$

其中,p_j 是非负系数,并有 $\sum_{j=1}^{n} p_j = 1$ 。

若该决策准则也满足公理 4.7,则可以简化为 $p_j = 1/n, j = 1, \cdots, n$。由此可以很自然地把 p_j 解释为 θ_j 的概率,因此公理 4.7 蕴含了所有状态都有相等的似然率。严格不确定性是指决策人对各种状态的出现概率一无所知,等似然性虽然也是一种可能,但是公理 4.7 隐含所有状态等似然性并不是严格不确定性的必然的特征。用公理 4.7 来刻画严格不确定性的特征并不充分。

正是为了能充分刻画严格不确定性的特征,提出了公理 4.8。要是接受严格

的不确定性概念是合理的,那么“某种状态下各后果所在行复制的无关性”的理由就很有说服力:如果状态对决策人是严格不确定的,那么表 4.7(a)与(b)所表示的决策问题就没有什么区别。

对公理 4.7 和 4.8 争论的核心都在真实自然状态严格不确定性这一概念。采用这些公理时,这一概念是否依然有效?决策表不是凭空产生的,它的构建是为决策人面临的选择建模,表中所有的量,包括状态 θ_j,对决策人都是有切实意义的。一旦 θ_j 被作为将来可能发生的特定情况而不仅仅是一个符号,那它就不可能再是严格不确定的。如果再回头看一下 1.2 节中 Savage 关于臭鸡蛋的例子,其中 θ_1 表示鸡蛋是好的这种可能性,θ_2 则是臭鸡蛋。给定了这种解释,几乎每个人都会认为 θ_1 的可能性比 θ_2 大些。显然,人们在量化或表达其信念时会(也该)感到伤脑筋,但问题在于严格不确定性这一概念本身都未必恰当,一旦 θ_j 有一个含义,人们就会了解某种情况、知道某些事情;虽然真实自然状态是不确定的,但这种不确定与严格不确定性概念所说的不确定有本质的区别。因此现实中的决策问题都不可能是真正的严格不确定性的,于是我们要连同严格不确定性的概念一起抛弃公理 4.7 和 4.8,后面的研究将集中于风险型决策。本节之所以要用很多篇幅讨论严格不确定性,在于给出一种研究问题的思路,即为了判断某些方法的优劣,需要有一套衡量标准。这套标准以公理的形式表述,在用这些标准判断方法的优劣时还需要对标准的合理性加以权衡,甚至在必要时可以从根本上否定最初提出的基本概念的合理性。

4.3 风险型决策问题的决策准则

4.1 节指出了风险型决策问题的特点:决策人虽然无法确知将来的真实自然状态,但他不仅能给出各种可能出现的自然状态 $\theta_1,\theta_2,\cdots,\theta_n$,还可以给出各种状态出现的可能性,即通过设定各种状态的(主观)概率 $\pi(\theta_1),\pi(\theta_2),\cdots,\pi(\theta_n)$来量化不确性。以损失表述后果时,这一类决策问题的决策表形如表 4.12。

表 4.12 典型的风险型决策问题的决策表

		a_1	a_2	$\cdots$	a_i	$\cdots$	a_m
θ_1	$\pi(\theta_1)$	l_{11}	l_{12}	$\cdots$	l_{1i}	$\cdots$	l_{1m}
θ_2	$\pi(\theta_2)$	l_{21}	l_{22}	$\cdots$	l_{2i}	$\cdots$	l_{2m}
$\vdots$	$\vdots$	$\vdots$	$\vdots$	$\cdots$	$\vdots$	$\cdots$	$\vdots$
θ_j	$\pi(\theta_j)$	l_{j1}	l_{j2}	$\cdots$	l_{ji}	$\cdots$	l_{jm}
$\vdots$	$\vdots$	$\vdots$	$\vdots$	$\cdots$	$\vdots$	$\cdots$	$\vdots$
θ_n	$\pi(\theta_n)$	l_{n1}	l_{n2}	$\cdots$	l_{ni}	$\cdots$	l_{nm}

风险型决策问题是所有决策问题中最重要的一类，它的求解方法也是决策理论中最核心的内容。可以说决策理论，尤其是早期的统计决策理论，是围绕风险型决策问题的求解而发展起来的。本书的第一篇也是围绕风险型决策问题的求解展开的，第二、三两章是求解风险型决策问题所需要的基础理论，本章后面各节以及整个第五章，都是用来讨论基于期望效用理论的风险型决策问题求解方法的。这一节则将对风险型决策问题的有关方法作简单介绍。

1. 最大可能值准则

有人认为，在求解一次性决策问题时应该采用众数原则，即最大可能值准则，以行动 a_i 的后果变量的众数，即 a_i 的各种可能的后果中出现的可能性最大的后果，作为评价 a_i 优劣的数值指标 v_i。对后果为效用的决策表，最大可能值准则是：令 $\pi(\theta_t)=\max\limits_{j=1}^{n}\pi(\theta_j)$，则 $v_i=u_{ti}=u(\theta_t,a_i)$，应该选 a_k 使

$$v_k=\max_{i=1}^{m}v_i=\max_{i=1}^{m}u_{ti} \tag{4.8}$$

对后果为损失的决策表，则有 $\pi(\theta_t)=\max\limits_{j=1}^{n}\pi(\theta_j)$，$v_i=l_{ti}=l(\theta_t,a_i)$，应该选 a_k 使

$$v_k=\min_{i=1}^{m}v_i=\min_{i=1}^{m}l_{ti} \tag{4.8$'$}$$

例 4.1　决策问题的损失矩阵如表 4.13 所示。

表 4.13　决策问题的损失矩阵

θ_j	$\pi(\theta_j)$	a_1	a_2	a_3
θ_1	0.2	7	6.5	6
θ_2	0.5	3	4	5
θ_3	0.3	4	1	0

根据最大可能值准则，$\pi(\theta_2)=\max\limits_{j=1}^{n}\pi(\theta_j)$，即 $\pi(\theta_2)$ 概率最大，各行动 a_i，$i=1,2,3$ 的排序数值指标 v_i 分别为 3,4,5，其中 v_1 的值最小，所以决策人应该选行动 a_1。

由于这种准则只考察出现概率最大的状态 θ_t 时各行动的损失，许多人对此持有异议，认为该准则太片面。这种观点是有道理的：在例 4.1 中，采取行动 a_i，$i=1,2,3$ 的损失的均值分别是 4.1,3.6 和 3.7，以 a_1 为最差；在除了 θ_2 以外的状态下 a_1 的损失都大于 a_2 和 a_3。所以从总体上考察，选择 a_1 并不明智。在自然状态数较多、各种状态出现的可能性 $\pi(\theta_j)$ 相差不大时，这种方法尤其不合理。

2. 贝叶斯准则

按照贝叶斯(Bayes)准则，在以效用表示后果时应该用期望效用 $E_i(u)$ 作为评

价 a_i 优劣的数值指标,

$$v_i = E_i(u_{ji}) = E^{\pi}[u(\theta_j, a_i)] = \sum_{j=1}^{n} u_{ji}\pi(\theta_j)$$

决策人应该选择行动 a_k 使期望效用极大,即

$$E_k = \max_{i=1}^{m}\{v_i\} = \max_{i=1}^{m}\{E_i(u_{ji})\} = \max_{i=1}^{m}\{\sum_{j=1}^{n} u_{ji}\pi(\theta_j)\} \tag{4.9}$$

如果以损失表示后果时,则用期望损失 $E_i(l_{ji})$评价 a_i 的优劣,即

$$v_i = E_i(l_{ji}) = E^{\pi}[l(\theta_j, a_i)] = \sum_{j=1}^{n} l_{ji}\pi(\theta_j)$$

决策人应该选择行动 a_k 使期望损失极小,即

$$E_k = \min_{i=1}^{m}\{v_i\} = \min_{i=1}^{m}\{E_i(l_{ji})\} = \min_{i=1}^{m}\{\sum_{j=1}^{n} l_{ji}\pi(\theta_j)\} \tag{4.9'}$$

在例 4.1 中,各行动的期望损失分别为 4.1,3.6,3.7,对应于 a_2 的期望损失 3.6 是最小的,所以决策人应该选择行动 a_2。

3. 伯努利准则

按照伯努利(Bernoulli)准则,应该首先确定后果对决策人的实际价值即效用函数,若采用损失,也应该是效用函数的负值;然后再用贝叶斯原则求最优行动。

在本章随后的各节及第五章所介绍的各种方法,包括 4.5 节贝叶斯分析,所用的决策准则实际上都是伯努利准则:使期望效用极大化,或者使期望损失极小化。

4. E-V 准则

贝叶斯准则用后果的均值即期望损失 $E_i(l)$作为评价行动 a_i 优劣的数值指标。只根据后果均值的大小作决策,显然忽略了风险因素;为了兼顾风险,可以采用 E-V 准则,即均值-方差准则:

设自然状态 θ_j 概率分布为$\pi(\theta_j)$,行动 $a_i, i=1,\cdots,m$ 的期望损失为

$$E_i(l_{ji}) = E^{\pi}[l(\theta_j, a_i)] = \sum_{j=1}^{n} l_{ji}\pi(\theta_j)$$

方差为 $\sigma_i^2 = \sum_{j=1}^{n}(l_{ji} - E_i(l_{ji}))^2\pi(\theta_j)$ 。

若行动 a_k 的损失的均值和方差均不大于a_i:$E_k(l_{jk}) \leqslant E_i(l_{ji})$且 $\sigma_k^2 \leqslant \sigma_i^2$,且至少有一个严格不等式成立,则 a_k 优于a_i。

	a_1	a_2	a_3
E_i	4.1	3.6	3.7
σ_i^2	2.29	3.79	5.967

通常不一定存在这样的 a_k。在例 4.1 中各种行动的 E-V 值如右表,其中不存在符合 E-V 准则的优势行动。遇到这种情况,可以用评价函数 $f(E, V)$的值来判断。常见的评价函数有

$$f_i(E,V) = E_i + \alpha\sigma \tag{4.10}$$

或
$$f_i(E,V) = E_i + \alpha\sigma^2 \tag{4.10'}$$

或
$$f_i(E,V) = E_i + \alpha(E_i^2 + \sigma^2) \tag{4.10''}$$

$f_i(E,V)$的值越小,行动 a_i 越优。

在上述三个评价函数中,α 反映了决策人的风险态度。$\alpha>0$ 时决策人是风险厌恶的;$\alpha=0$ 时决策人是风险中立的;$\alpha<0$ 时决策人是风险追求的。

关于 E-V 准则与优势行动之间的关系,第五章还要进一步讨论。

5. 不完全信息情况下的决策准则

Hodges 提出,在状态概率分布的估计不可靠时,可采用下式作为评价行动 a_i 优劣的数值指标:

$$v_i = \lambda \cdot E_i + (1-\lambda) \cdot s_i = \lambda \cdot \sum_{j=1}^{n} l_{ji}\pi(\theta_j) + (1-\lambda) \max_{j=1}^{n}\{l_{ji}\}$$

其中 $\lambda(0\leqslant\lambda\leqslant1)$是所估计的状态概率分布的可靠系数。$\nu_i$ 越小,行动 a_i 越优。

该准则实际上是贝叶斯准则($\nu_i=E_i$)与求解严格不确定型问题的 Wald 的悲观准则($v_i=s_i$)的线性组合,对自然状态 θ_j 估计可靠的部分作为风险型问题采用贝叶斯准则($\lambda \cdot E_i$)估计,不可靠的部分作为严格不确定型问题用 Wald 的悲观准则($v_i=(1-\lambda)s_i$)求解。

6. 优势原则与随机性决策准则

(1) 优势原则

本节前面介绍的五种求解风险型决策问题的决策准则(亦即决策方法、策略)都是以自然状态的主观概率 $\pi(\theta_j)$为基础的,这也正是风险型决策问题与不确定型问题区别之所在。但是在实际上求解决策问题时,决策人会发现自然状态的概率虽然不像不确定型问题那样一无所知,却也很难准确设定主观概率。这时优势原则就有用武之地。

设某个决策问题的损失矩阵如表 4.14。注意该表与典型的风险型决策问题的损失矩阵的区别:由于决策人给不出准确的主观概率,表中没有 $\pi(\theta_j)$那一列。其中任何两个行动之间都不存在按状态优于关系。

表 4.14

	a_1	a_2	a_3
θ_1	1	4	5
θ_2	7	5	1

显然,根据贝叶斯原则,当且仅当

$$1 \cdot \pi(\theta_1) + 7 \cdot \pi(\theta_2) \leqslant 4 \cdot \pi(\theta_1) + 5 \cdot \pi(\theta_2)$$

且

$$1 \cdot \pi(\theta_1) + 7 \cdot \pi(\theta_2) \leqslant 5 \cdot \pi(\theta_1) + 1 \cdot \pi(\theta_2)$$

同时成立时,表中的 a_1 是决策人的最优选择。

由于只有两种自然状态,所以 $\pi(\theta_2) = 1 - \pi(\theta_1)$,代入上两式中,可以解得 $\pi(\theta_1) \geqslant 0.6$;也就是说,即使决策人无法准确设定状态的概率,只要能够判定第一种自然状态发生的可能性 $\pi(\theta_1)$不小于 0.6,则 a_1 就是最优选择。

类似地,a_3 是决策人的最优选择,当且仅当

$$5 \cdot \pi(\theta_1) + 1 \cdot \pi(\theta_2) \leqslant 1 \cdot \pi(\theta_1) + 7 \cdot \pi(\theta_2)$$

且

$$5 \cdot \pi(\theta_1) + 1 \cdot \pi(\theta_2) \leqslant 4 \cdot \pi(\theta_1) + 5 \cdot \pi(\theta_2)$$

同时成立。求得 $\pi(\theta_1) \leqslant 0.6$,即决策人若能判定第一种自然状态发生的可能性小于等于 0.6,则 a_3 就是最优选择。

要使 a_2 是决策人的最优选择,当且仅当

$$4 \cdot \pi(\theta_1) + 5 \cdot \pi(\theta_2) \leqslant 1 \cdot \pi(\theta_1) + 7 \cdot \pi(\theta_2)$$

且

$$4 \cdot \pi(\theta_1) + 5 \cdot \pi(\theta_2) \leqslant 5 \cdot \pi(\theta_1) + 1 \cdot \pi(\theta_2)$$

同时成立。由于不存在同时满足上两个不等式的 $\pi(\theta_1)$,所以无论决策人关于自然状态的主观判断如何,a_2 都不可能是最优选择。像 a_2 这种对任何主观概率分布都不可能是最优选择的行动称作**强劣的**(strongly dominated),或称为被强优超。

以上介绍的优势原则与定义 4.1 中的按状态优于都是用于后果的损失(效用)确知而主观概率无法设定的情况。有些决策问题概率分布已知,但是效用函数难以设定,这种情况下的决策规则将在第五章作详细讨论。

(2) 随机策略

判断表 4.14 所示决策矩阵中的行动 a_2 是劣解的另一种方法是采用**随机策略**(randomized strategy)。所谓随机策略,就是方案集 A 上的一个概率分布 ρ,以概率 p_i 采取行动 a_i, $i = 1, 2, \cdots, m$。如果决策人以 0.5 的概率选 a_1,0.5 的概率选 a_3,这样的随机策略记作 $\rho = \{0.5, a_1; 0, a_2; 0.5, a_3\}$。在真实的自然状态为 θ_1 时,采用随机策略 ρ 的期望损失为 $0.5 \times 1 + 0.5 \times 5 = 3$,小于行动 a_2 的损失;真实的自然状态为 θ_2 时,采用随机策略 ρ 的期望损失为 $0.5 \times 7 + 0.5 \times 1 = 4$,也小于行动 a_2 的损失。因此无论自然状态是什么,随机策略 $\rho = \{0.5, a_1; 0, a_2; 0.5, a_3\}$ 的期望损失均严格小于 a_2,因此选择 a_2 是不可取的。

一般地,状态为 θ_j 采取随机策略 ρ 的期望损失为 $\sum_{i=1}^{m} p_i l(\theta_j, a_i)$。

我们称行动 $a_k \in A$ 为因随机策略 ρ 而强劣,当且仅当 $\forall j$ 有

$$\sum_{i=1}^{m} p_i l(\theta_j, a_i) < l(\theta_j, a_k)$$

若上式为 $\sum_{i=1}^{m} p_i l(\theta_j, a_i) \leqslant l(\theta_j, a_k)$，且至少存在某个状态使严格不等式成立，则称 a_k 因随机策略 ρ 而弱劣。

只要 a_k 因随机策略 ρ 而弱(强)劣，a_k 就是劣的选择，可以从行动集中删除 a_k。

4.4 贝叶斯定理

求解随机性决策问题的基础是设定自然状态的概率分布和后果的损失函数(或效用函数)。第二章讨论了设定自然状态的(主观)概率分布的方法，由于种种原因，设定比较准确的状态的概率分布是很困难的事。一般情况下，决策分析的结果往往对状态的概率分布比较敏感，即自然状态概率分布的小的变化会显著地改变分析结果，因此要提高决策分析的精度就必须设法提高状态概率分布的估计精度。显然，仅仅依靠决策人的经验作主观的估计，所设定的自然状态的先验分布的精度不可能有很大的改进，因此需要通过随机试验去收集有关自然状态的信息，以便改进所设定的自然状态概率分布的准确性，从而改善决策分析的质量。上面所说的随机试验是广义的，它包括了获取有关信息的一切可能的手段，只要这些信息有助于提高状态概率分布的准确性。例如出门是否带伞问题在事先听天气预报；医生看病时做各种检查、化验；生产厂家或经销商对商品的市场调查等等，都是随机试验。在决策分析中，如何设计随机试验去获取有效信息，如何利用新的信息改进状态概率分布，是非常实际而又重要的环节。利用新的信息，或者说通过信息处理修正原有的观点，是人类最重要的智力活动之一。

贝叶斯分析是决策分析的最重要的方法。这一节作为贝叶斯分析的预备知识，简单介绍贝叶斯定理。因为由贝叶斯定理，就可以利用随机试验中获得的新信息去修正自然状态的先验分布，得到更接近实际状态、更准确的后验概率分布，这对于提高贝叶斯分析的精度具有重要的实际价值。

1. 条件概率

设 A、B 为随机试验 E 中的两个事件，在事件 B 发生条件下事件 A 发生的概率称为条件概率，记作 $\pi(A|B)$，且

$$\pi(A|B) = \pi(AB)/\pi(B) \tag{4.11}$$

由全概率公式，若 $A_j, j=1,\cdots,n$ 是 n 个互不相容事件，且 $\pi(A_j)>0, j=1,\cdots,n$。$\bigcup_{j=1}^{n} A_j = S$，则 $A_j, j=1,\cdots,n$ 是样本空间 S 的一个划分，对任一事件 B，有

$$\pi(B) = \sum_{j=1}^{n} \pi(B|A_j)\pi(A_j) \tag{4.12}$$

2. 贝叶斯定理

将式(4.12)代入式(4.11),得贝叶斯公式,亦即贝叶斯定理:

$$\pi(A_k|B)=\frac{\pi(A_kB)}{\pi(B)}=\frac{\pi(B|A_k)\cdot\pi(A_k)}{\sum_{j=1}^{n}\pi(B|A_j)\pi(A_j)} \tag{4.13}$$

其中 B 是随机试验的结果或称观察值,$\pi(A_1),\cdots,\pi(A_n)$称为先验概率(亦称验前概率),$\pi(A_1|B),\cdots,\pi(A_n|B)$称为后验概率(或验后概率)。

在实际的决策分析过程中,需要准确估计的随机变量是未来的自然状态 Θ,通过随机试验所观察到的往往是与之相关的另一个随机变量 X 的值。对连续型随机变量 Θ,X,条件概率密度函数为

$$\pi(\theta|x)=\frac{f(x|\theta)\cdot\pi(\theta)}{m(x)} \tag{4.13'}$$

其中,$\pi(\theta)$是 θ 的先验概率密度函数;$f(x|\theta)$是 θ 出现时,x 的条件概率密度,又称似然函数;$m(x)$是 x 的边缘密度,或称预测密度,

$$m(x)=\int_{\theta\in\Theta}f(x|\theta)\pi(\theta)\mathrm{d}\theta \tag{4.12'}$$

对离散型随机变量:$m(x_k)=\sum_i p(x_k|\theta_i)\pi(\theta_i)$　　(4.12″)

$\pi(\theta|x)$是观察值为 x 时的后验概率密度函数。

贝叶斯定理在贝叶斯本人的著作中的原始形式与式(4.13)及(4.13′)并不相同,但是可以由他所给出的原始形式推导得出。

下面我们通过例子来说明观察值如何修正先验概率。

例 4.2　设有 A 和 B 两个外形相同、装有足够数量黑白小球的不透明坛子,A 坛中装有白球 30%,黑球 70%;B 坛中白球 70%,黑球 30%。从中任取一坛,作放回摸球[①] 12 次,观察的记录是摸出白球 4 次,黑球 8 次,求所取为 A 坛的概率。

解: 把放回摸球摸出 4 白 8 黑这一事件记为 x;所取为 A 坛记作θ_1,所取为 B 坛记作 θ_2。在未作观察时,两坛外形相同,不能判定取到 A 坛的概率$\pi(\theta_1)$会小于或大于取到 B 坛的概率$\pi(\theta_2)$,所以设定先验概率 $\pi(\theta_1)=\pi(\theta_2)=0.5$ 是合理的。

在作随机试验获得观察值 x 后,所取的坛子为 A 坛的后验概率

$$\pi(\theta_1|x)=\frac{\pi(x|\theta_1)\cdot\pi(\theta_1)}{\pi(x|\theta_1)\cdot\pi(\theta_1)+\pi(x|\theta_2)\cdot\pi(\theta_2)}$$

由于 A 坛中装有白球 30%、黑球 70%,每次摸到白球的概率为 0.3,摸到黑球的概

① 放回摸球是指每次从坛中摸出一球,观察并记录后将球放回坛中,搅匀后再摸下一球。

率为0.7,所以取到 A 坛时观察值为 x 的概率 $\pi(x|\theta_1)=0.3^4\times0.7^8$;同理,$\pi(x|\theta_2)=0.3^8\cdot0.7^4$。因此

$$\pi(\theta_1|x)=\frac{0.3^4\cdot0.7^8\cdot0.5}{0.3^4\cdot0.7^8\cdot0.5+0.3^8\cdot0.7^4\cdot0.5}=0.967$$

$$\pi(\theta_2|x)=0.033$$

在进行随机试验之前,由于不能判定取到 A 坛的概率 $\pi(\theta_1)$ 会小于或大于取到 B 坛的概率 $\pi(\theta_2)$,只能设定取到 A 坛的可能性是50%(先验概率 $\pi(\theta_1)=0.5$);在通过随机试验获得观察值 x 后,所取为 A 坛的可能性(验后概率)增加到96.7%。

从这一例子可以看出,通过试验和观察,可以修正先验分布,获得关于自然状态的更准确的判断,由此可以理解贝叶斯定理在决策分析过程中的重要作用。

4.5　贝叶斯分析

4.5.1　贝叶斯风险与贝叶斯规则

前面曾提到,由于历史原因,统计决策理论的著作中习惯于用损失函数 $l(\theta,a)$ 来描述决策的后果。为了使损失函数能够确切地反映后果对决策人的实际价值,可以令效用函数的负值为损失函数,即

$$l(\theta,a)=-u(\theta,a)\tag{4.14}$$

由于效用函数能够反映在风险情况下决策人的偏好,只要能设定足够精确的效用函数,期望效用就是求解风险型决策问题的合理的测度,因此,按式(4.14)设定的损失函数同样能反映决策人的偏好,期望损失也可以作为求解风险型决策问题的合理测度——评价行动优劣的数值指标。

基数效用在正线性变换下的惟一性使得损失函数在正线性变换下也是惟一的。为了运算的方便,可以采用下式使损失函数值非负:

$$l(\theta,a)=[\max_{a\in A}\max_{\theta\in\Theta}u(\theta,a)]-u(\theta,a)\tag{4.15}$$

无论用式(4.14)还是式(4.15)定义损失函数,对分析的结果不会有任何影响。

上一节介绍贝叶斯定理时提到,在实际的决策分析过程中,为了准确地估计自然状态 Θ,需要通过随机试验进行观察获取新的信息;而观察所得到的是与 Θ 相关的另一个随机变量 X 的值 x。当决策人通过随机试验得到观察值 x 后,需要根据观察值 x 和某种决策规则 δ(或称决策准则,简称策略)去选择适当的行动 a,使 $a=\delta(x)$。其中的决策规则 δ 是从样本空间到决策空间的映射,所有可能的决策规则的集合称为策略空间,记作 Δ。当决策人根据观察值 x 和决策规则 δ 采取行动 a,真实的自然状态为 θ 时,相应的损失为 $l(\theta,a)=l(\theta,\delta(x))$。

定义 4.2　风险函数

给定自然状态 θ,采取决策规则 δ 时损失函数 $l(\theta,\delta(x))$ 对随机试验后果 x

的期望值称为**风险函数**(risk function),记作 $R(\theta,\delta)$,即

$$R(\theta,\delta)=E_\theta^X[l(\theta,\delta(x))] \tag{4.16}$$

由上述定义可知,风险函数 $R(\theta,\delta)$是真实的自然状态为 θ、采取策略 δ 时的期望损失,如果随机试验后果 x 为连续型随机变量,则有

$$R(\theta,\delta)=\int_{x\in X}l(\theta,\delta(x))f(x|\theta)\mathrm{d}x \tag{4.17}$$

如果随机试验后果 x 为离散型随机变量,则有

$$R(\theta,\delta)=\sum_{x\in X}l(\theta,\delta(x))p(x|\theta) \tag{4.17'}$$

由于在进行决策分析的时候并不知道真实的自然状态 θ,只能对自然状态设定先验概率 $\pi(\theta)$,因此要用风险函数关于自然状态 θ 的期望值来描述实际的损失。

定义 4.3 贝叶斯风险

当自然状态的先验概率为 $\pi(\theta)$,决策人采用策略 δ 时,风险函数 $R(\theta,\delta)$关于自然状态 θ 的期望值称为贝叶斯风险,记作 $r(\pi,\delta)$,即

$$r(\pi,\delta)=E^\pi[R(\theta,\delta)]=E^\pi[E_\theta^X l(\theta,\delta(x))] \tag{4.18}$$

在上述定义中,如果 θ、x 为连续型随机变量,$\pi(\theta)$为先验概率密度函数,则

$$\begin{aligned}r(\pi,\delta)&=\int_{\theta\in\Theta}R(\theta,\delta)\pi(\theta)\mathrm{d}\theta\\&=\int_{\theta\in\Theta}\int_{x\in X}l(\theta,\delta(x))f(x|\theta)\mathrm{d}x\cdot\pi(\theta)\mathrm{d}\theta\end{aligned} \tag{4.19}$$

如果 θ、x 为离散型随机变量,$\pi(\theta)$为先验概率,则有

$$\begin{aligned}r(\pi,\delta)&=\sum_{\theta\in\Theta}R(\theta,\delta)\pi(\theta)\\&=\sum_{\theta\in\Theta}\sum_{x\in X}l(\theta,\delta(x))p(x|\theta)\pi(\theta)\end{aligned} \tag{4.19'}$$

如果 $r(\pi,\delta_1)<r(\pi,\delta_2)$,则称策略 δ_1 优于 δ_2,记作 $\delta_1\succ\delta_2$。

定义 4.4 贝叶斯决策规则

先验分布为 $\pi(\theta)$时,若策略空间存在某个策略 δ^π,能够使

$$\forall\delta\in\Delta,\quad 有\ r(\pi,\delta^\pi)\leqslant r(\pi,\delta) \tag{4.20}$$

则称 δ^π 是贝叶斯规则,亦称贝叶斯策略。

也就是说,最优的决策规则是贝叶斯规则 δ^π,它能使贝叶斯风险 $r(\pi,\delta)$极小化,即进行贝叶斯分析时应该选择 δ^π,使

$$r(\pi,\delta^\pi)=\min_{\delta\in\Delta}\{r(\pi,\delta)\} \tag{4.21}$$

贝叶斯分析是在进行随机试验获得观察值 x 的情况下的决策方法,式(4.18)、(4.19)和(4.19′)全面反映自然状态和观察值两个随机变量的作用。在4.3节中,式(4.8′)所表述的贝叶斯准则(亦即贝叶斯决策规则)是使期望损失 v_i

极小化，但是没有涉及随机试验所获得的观察值 x。

不存在观察值的决策问题称为**无(观察)数据问题**(no data problem)。在无观察数据的决策问题中，

$$\delta = a$$

$$R(\theta,\delta) = l(\theta,a) \tag{4.22}$$

式(4.18)退化为式(4.8′)，即

$$r(\pi,\delta) = r(\pi,a_i) = v_i$$

以上讨论的是用损失函数描述决策后果的情况。若用效用函数取代损失函数，则与 $R(\theta,\delta)$相应的是真实的自然状态为 θ、采取决策规则 δ 时收益性后果的期望效用；与 $r(\pi,\delta)$相应的则是先验概率为 $\pi(\theta)$、决策人采用决策规则 δ 时收益性后果的期望效用。

4.5.2　正规型贝叶斯分析

根据贝叶斯决策规则，当观察值为 x，先验分布为 $\pi(\theta)$时，最优的决策规则是贝叶斯规则 δ^π(式(4.21))：

$$r(\pi,\delta^\pi) = \min_{\delta\in\Delta}\{r(\pi,\delta)\}$$

其中

$$r(\pi,\delta) = \begin{cases} \int_{\theta\in\Theta}\int_{x\in X} l(\theta,\delta(x))f(x|\theta)\mathrm{d}x\cdot\pi(\theta)\mathrm{d}\theta & \text{对连续型随机变量} \\ \sum_{\theta\in\Theta}\sum_{x\in X} l(\theta,\delta(x))p(x|\theta)\pi(\theta) & \text{对离散型随机变量} \end{cases} \tag{4.19″}$$

据式(4.21)，选 δ^π 使 $r(\pi,\delta)$达到极小，这就是贝叶斯分析的正规型。

在用贝叶斯分析的正规型解实际问题时，需要求出使式(4.19″)极小的 $\delta(x)$，而这往往十分困难。尤其在行动集、状态集和观察值集中的元素较多时，Δ 集的策略数目很大，穷举所有的 $\delta(x)$困难较大；即使能够穷举所有的 $\delta(x)$，计算与所有 $\delta(x)$相应的 $r(\pi,\delta)$的工作量也太大。因此贝叶斯分析正规型的实际应用有很大的局限。

4.5.3　贝叶斯分析的扩展型

直接用式(4.21)和(4.19″)求 δ^π 虽然困难，但是可以另想办法。因为自然状态的概率分布 $\pi(\theta)$、似然函数 $f(x|\theta)$和损失函数 $l(\theta,\delta(x))$均为有限值，由 Fubini 定理，式(4.19)中的积分次序可换，即

$$\begin{aligned} r(\pi,\delta) &= \int_{\theta\in\Theta}\int_{x\in X} l(\theta,\delta(x))f(x|\theta)\mathrm{d}x\cdot\pi(\theta)\mathrm{d}\theta \\ &= \int_{x\in X}\left[\int_{\theta\in\Theta} l(\theta,\delta(x))f(x|\theta)\pi(\theta)\mathrm{d}\theta\right]\mathrm{d}x \end{aligned} \tag{4.23}$$

显然,要使式(4.23)达到极小,应当对每个 $x\in X$,选择一 δ,使式(4.23)中[ ]内的积分(记作 r')

$$r' = \int_{\theta\in\Theta} l(\theta,\delta(x))f(x|\theta)\cdot\pi(\theta)\mathrm{d}\theta \tag{4.24}$$

为极小。

因为观察值 x 的边缘分布 $m(x)>0$,使式(4.24)为极小,必然会使

$$\begin{aligned} r'' &= (m(x))^{-1}\cdot\int_{\theta\in\Theta} l(\theta,\delta(x))f(x|\theta)\cdot\pi(\theta)\mathrm{d}\theta \\ &= \int_{\theta\in\Theta} l(\theta,\delta(x))\left[\frac{f(x|\theta)\cdot\pi(\theta)}{m(x)}\right]\mathrm{d}\theta \\ &= \int_{\theta\in\Theta} l(\theta,\delta(x))\pi(\theta|x)\mathrm{d}\theta \end{aligned} \tag{4.25}$$

达极小。当 x、θ 为离散型随机变量时,式(4.25)即

$$r'' = \sum l(\theta,\delta(x))\pi(\theta|x) \tag{4.25$'$}$$

由于 $\delta(x)=a$,若对每个给定的 x,选一个 a,使式(4.25)或式(4.25′)达到极小,等价于使式(4.24)为极小,也能使式(4.23)为极小。由此可以找到最优的决策规则——贝叶斯规则 δ^π。

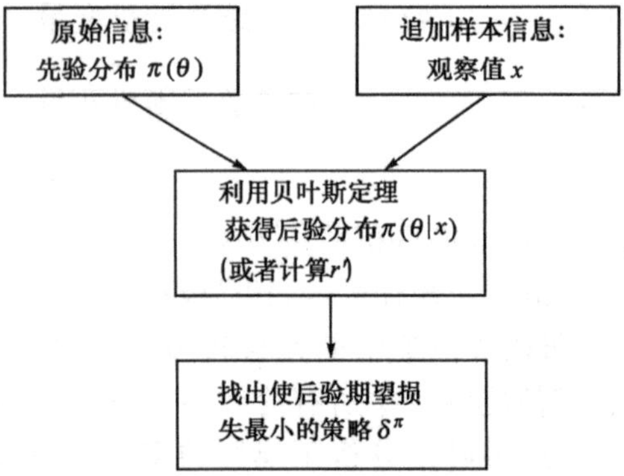

图 4.1　扩展型贝叶斯分析的简单流程

应该注意的是,式(4.25)中的 $\pi(\theta|x)$ 是观察值为 x 时的后验概率密度函数,因此使式(4.25)或式(4.25′)达到极小的实际意义是使后验期望损失极小化。

根据以上讨论,我们可以总结出如下结论。

结论: 对每个观察值 x,选择行动 a,使之对给定 x 时自然状态 θ 的后验分布 $\pi(\theta|x)$ 的期望损失为极小,或者使式(4.24)极小化,即可求得贝叶斯规则 δ^π。

这种分析方法叫贝叶斯分析的扩展型,它是由 Schlaifer(1961)提出的。

扩展型贝叶斯分析的简单流程如图 4.1 所示。

关于贝叶斯分析的扩展型,还需要作一些说明。

① 使式(4.25)或式(4.25′)达极小的行动可能不只一个,这时可能有多个贝叶斯规则 δ^π。

② 贝叶斯分析的扩展型比正规型更直观,尤其是用式(4.24)计算 r' 时,不必算出 $m(x)$ 的值,因此比较容易计算,所以更常使用。

③ 许多分析人员只承认扩展型,他们的理由是:首先,$\pi(\theta|x)$描述了在获得观察值 x 后关于自然状态θ 的分布,比 $\pi(\theta)$更客观,因此,只要损失函数是由效用导出的,即考虑了决策人的价值判断、风险偏好,则在评价行动 a 的优劣时就应当用后验期望损失;其次,$r(\pi,\delta)$是根据 $\pi(\theta)$求出的,仅用先验分布 $\pi(\theta)$来确定行动 a 并不一定适当。从根本上讲,这种观点是正确的。

④ 有时策略集 Δ 中所有策略 δ 的贝叶斯风险 $r(\pi,\delta)$都是无穷大,这时无法进行正规型贝叶斯分析;只要这类问题在后验期望损失为有限值时,就可以用扩展型贝叶斯分析方法求解,由此确定的贝叶斯规则叫形式贝叶斯规则。

事实上,从上面的推导可知,无论从何种观点来进行贝叶斯分析,在理论上和实际效果上结果都是一样的,所以采用何种方法可视具体问题,据计算方便而定。

上面已经证明,扩展型贝叶斯分析对非随机性决策规则是成立的;也可以证明它对随机性决策规则同样成立;而且,总可以找到使后验期望损失极小的非随机性规则。

4.5.4　信息的价值

如图 4.1 所示,贝叶斯分析可以通过随机试验获得观察值 x,去改进决策人设定的自然状态 θ 的先验概率$\pi(\theta)$,从而减少期望损失。但是进行随机试验是需要费用的,所以进行试验还应该考虑经济上的合理性。如果通过试验收集到的新信息所降低的损失还不足以支付试验费用,则试验不值得进行。因此需要计算这些信息究竟能使期望损失降低多少,即计算试验所获得信息的实际价值。

1. 完全信息的期望价值

首先考察理想的状况。假设通过试验能够获得自然状态 θ 的完全信息。如果能够获得自然状态的完全信息,即决策人事先知道状态 θ 的确切值,则决策人可以根据这种状态选择使损失最小的行动进而使期望损失极小化。这时的期望损失是

$$E^{\pi}[\min_{a\in A} l(\theta,a)] \tag{4.26}$$

当决策人不知道自然状态 θ 的确切情况时,只能在行动集中选择一个行动使期望损失极小化,这时的期望损失是

$$\min_{a\in A} E^{\pi}[l(\theta,a)] \tag{4.27}$$

上两式之差称为**完全信息的期望价值**(expected value of perfect information),简记为 EVPI,即

$$\text{EVPI} = \min_{a\in A} E^{\pi}[l(\theta,a)] - E^{\pi}[\min_{a\in A} l(\theta,a)] \tag{4.28}$$

可以这样理解式(4.26)中方括号[ ]内$\min\limits_{a\in A} l(\theta,a)$的含义:假设存在某种超自然的力量,比如说“超人”,能够告诉决策人确切的自然状态 θ,那么决策人一定会根据这种 θ 选择一个行动 a 使损失 $l(\theta,a)$ 极小化。在例 4.1(参见表 4.13)中,决策人确知 θ_1 会出现时一定会选择行动 a_3,因为 $l(\theta_1,a_3)=6$,小于 $l(\theta_1,a_1)=7$ 和 $l(\theta_1,a_2)=6.5$;决策人确知 θ_2 会出现时可选择行动 a_1,这时 $l(\theta_2,a_1)=3$;确知状态为 θ_3 时采取行动 a_3,$l(\theta_3,a_3)=0$。因此

$$E^{\pi}[\min_{a\in A} l(\theta,a)] = 6\times 0.2 + 3\times 0.5 = 2.7$$

由 4.3 节之 2 小节知

$$\min_{a\in A} E^{\pi}[l(\theta,a)] = E^{\pi}[l(\theta,a_2)] = 3.6$$

所以完全信息的期望价值 EVPI$=3.6-2.7=0.9$。

这就是说,在例 4.1 的决策问题中,即使能够获得自然状态的完全信息,它的价值只是 0.9;如果为了获得这种信息的试验费用等于或大于 0.9,试验就不值得进行;事实上任何随机试验都不可能获得完全信息,所以用于试验的费用应该低于完全信息的期望价值 EVPI。之所以研究 EVPI 是因为它的计算比较简单,可以首先用它与试验费用进行比较,如果它较小,甚至比试验费用小,则不宜进行试验。

2. 采样信息的期望价值

由于任何随机试验(采样)都不可能获得完全信息,所以有必要研究采样所获得信息的价值。

不进行试验时的期望损失如式(4.27)所示;采样获得新信息后的期望损失是贝叶斯风险的极小值,即

$$r(\pi,\delta^{\pi}) = \min_{\delta\in\Delta}\{r(\pi,\delta)\} = \min_{\delta\in\Delta}\{E^{\pi}[E_{\theta}^{X} l(\theta,\delta(x))]\} \tag{4.29}$$

两者之差称为**采样信息的期望价值**(expected value of sampling information),简记为 EVSI,

$$\text{EVSI} = \min_{a\in A}\{E^{\pi}[l(\theta,a)]\} - \min_{\delta\in\Delta}\{E^{\pi}[E_{\theta}^{X} l(\theta,\delta(x))]\} \tag{4.30}$$

采样信息的期望价值 EVSI 的计算比较复杂,具体的算例放在下一节。

4.5.5 贝叶斯分析的例

1. 无观察问题

例 4.3 油井钻探问题。某公司拥有一块可能有油的土地,该公司可以自己钻井,也可以出租给其他公司开采;若出租土地,租约有两种形式:①无条件出租,租金 45 万元。②有条件出租,租金依产量而定:产量在 20 万桶或以上时,每桶提成 5 元;产量不足 20 万桶时不收租金。

设钻井费用为 75 万元，有油时需另加采油设备费 25 万元，油价为 15 元/桶。为了简化，可以将油井产量离散化，分为 4 种状态：无油、产油 5 万桶、产油 20 万桶、产油 50 万桶。

产油量	50 万桶	20 万桶	5 万桶	无油
θ_j	θ_1	θ_2	θ_3	θ_4
$\pi(\theta_j)$	0.1	0.15	0.25	0.5

设各种状态的主观概率分布如右表，且决策人风险中立，决策人该选择什么行动？

解：将决策人自己钻井记作 a_1，无条件出租记作 a_2，有条件出租为 a_3。又因为决策人风险中立，所以可以设 $u_{ij}=c_{ij}$/万元，令 $l(y)=-u(y)$。作决策树如图 4.2。

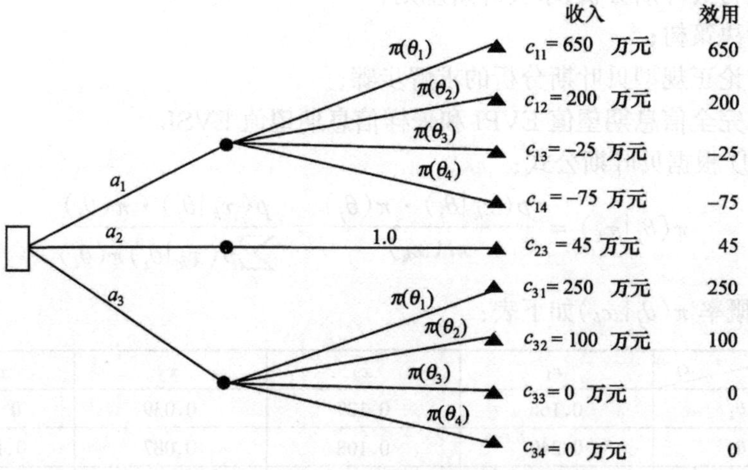

图 4.2　例 4.3 中决策问题的决策树

在无观察时，$R=l$，$r(\pi,a_i)=\sum_{l=1}^{n} l(\theta_l,a_i)\pi(\theta_l)$

$$r(\pi,a_1)=\sum_{l=1}^{n} l(\theta_l,a_1)\pi(\theta_l)$$

$$=-650\times0.1-200\times0.15+25\times0.25+75\times0.5=-51.25$$

$$r(\pi,a_2)=\sum_{l=1}^{n} l(\theta_l,a_2)\pi(\theta_l)=-45\times1=-45$$

$$r(\pi,a_3)=\sum_{l=1}^{n} l(\theta_l,a_3)\pi(\theta_l)=-250\times0.1-100\times0.15-0=-40$$

风险 r 小者优，$r(\pi,a_1)$最小，所以 $\delta^{\pi}=a_1$ 是贝叶斯规则，即贝叶斯行动，即决策人应该选择自己钻井。

2. 进行随机试验获取观察值 x

例 4.4（续例 4.3）　若可以通过地震勘探（试验费 12 万元）获得该地区的地

质构造类型 $x_k(k=1,2,3,4)$的信息。设已知似然函数 $p(x_k|\theta_j)$如下表:

θ_j \ x_k	x_1	x_2	x_3	x_4
θ_1	7/12	1/3	1/12	0
θ_2	9/16	3/16	1/8	1/8
θ_3	11/24	1/6	1/4	1/8
θ_4	3/16	11/48	13/48	5/16

① 求后验概率;

② 进行贝叶斯分析,求贝叶斯规则;

③ 画决策树;

④ 讨论正规型贝叶斯分析的求解步骤;

⑤ 求完全信息期望值 EVPI 和采样信息期望值 EVSI。

解: ① 根据贝叶斯公式:

$$\pi(\theta_j|x_k)=\frac{p(x_k|\theta_j)\cdot\pi(\theta_j)}{m(x_k)}=\frac{p(x_k|\theta_j)\cdot\pi(\theta_j)}{\sum_i p(x_k|\theta_i)\pi(\theta_i)}$$

求得后验概率 $\pi(\theta_j|x_k)$如下表:

θ_j \ x_k	x_1	x_2	x_3	x_4
θ_1	0.166	0.129	0.039	0
θ_2	0.240	0.108	0.087	0.107
θ_3	0.327	0.241	0.146	0.238
θ_4	0.267	0.522	0.728	0.655

② 作扩展型分析。将采取行动 a_i 时的后验期望损失 r''记作 q_i,则:

(i) 给定 x_1: $q_1=-115.7, q_2=-33, q_3=-53.5$,故选 a_1;

(ii) 给定 x_2: $q_1=-48.275, q_2=-33, q_3=-31.05$,故选 a_1;

(iii) 给定 x_3: $q_1=-27.5, q_2=-33, q_3=-6.45$,故选 a_2;

(iv) 给定 x_4: $q_1=45.675, q_2=-33, q_3=1.3$,故选 a_2。

由此可得下表:

x_k	贝叶斯行动 a_k	期望损失 q_k	边缘分布 $m(x_k)$
x_1	a_1	−115.7	0.351
x_2	a_1	−48.275	0.259
x_3	a_2	−33	0.215
x_4	a_2	−33	0.175

所以进行地震勘探试验的期望损失为

$$\sum_k q_k m(x_k) = -65.91$$

③ 由以上计算可得图 4.3 所示的决策树。

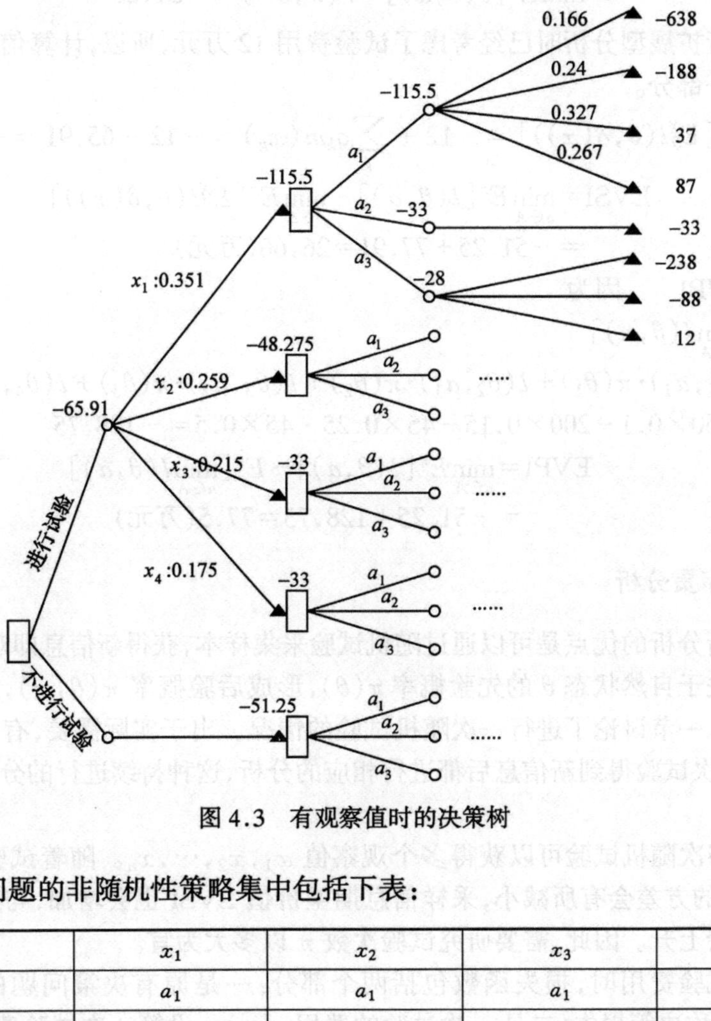

图 4.3　有观察值时的决策树

④ 该问题的非随机性策略集中包括下表：

	x_1	x_2	x_3	x_4
δ_1	a_1	a_1	a_1	a_1
δ_2	a_1	a_1	a_1	a_2
δ_3	a_1	a_1	a_1	a_3
…	…	…	…	…
δ_{81}	a_3	a_3	a_3	a_3

正规型分析需对策略集中的 $\delta_i, i=1,2,\cdots,81$ 按下式计算：

$$r(\pi,\delta_i) = \sum_j \sum_k l(\theta_j, \delta_i(x_k)) p(x_k \mid \theta_j) \pi(\theta_j)$$

使得 $r(\pi,\delta_i)$最小的 δ 即贝叶斯规则 δ^{π}。

⑤ 计算完全信息的期望价值 EVPI 与采样信息的期望价值 EVSI。

(i)EVSI　因为

$$\min_{a\in A}E^{\pi}[l(\theta,a)]=r(\pi,\delta^{*})=-51.25$$

在②中进行扩展型分析时已经考虑了试验费用 12 万元，所以，计算信息的价值时要计入这一部分。

$$\min_{\delta\in\Delta}E^{\pi}[E_{\theta}^{X}l(\theta,\delta(x))]=-12+\sum_{k}q_{k}m(x_{k})=-12-65.91=-77.91$$

所以

$$\begin{aligned}\text{EVSI}&=\min_{a\in A}E^{\pi}[l(\theta,a)]-\min_{\delta\in\Delta}E^{\pi}[E_{\theta}^{X}l(\theta,\delta(x))]\\&=-51.25+77.91=26.66(\text{万元})\end{aligned}$$

(ii)EVPI　因为

$$\begin{aligned}&E^{\pi}[\min_{a\in A}l(\theta,a)]\\&=l(\theta_1,a_1)\cdot\pi(\theta_1)+l(\theta_2,a_1)\cdot\pi(\theta_2)+l(\theta_3,a_2)\cdot\pi(\theta_3)+l(\theta_4,a_2)\cdot\pi(\theta_4)\\&=-650\times0.1-200\times0.15-45\times0.25-45\times0.5=-128.75\end{aligned}$$

所以

$$\begin{aligned}\text{EVPI}&=\min_{a\in A}E^{\pi}[l(\theta,a)]-E^{\pi}[\min_{a\in A}l(\theta,a)]\\&=-51.25+128.75=77.5(\text{万元})\end{aligned}$$

*4.5.6 序贯分析

贝叶斯分析的优点是可以通过随机试验采集样本，获得新信息即观察值 x，并由此改进关于自然状态 θ 的先验概率 $\pi(\theta)$，形成后验概率 $\pi(\theta|x)$，进而降低期望损失。上一节讨论了进行一次随机试验的情况。出于实际需要，有时要进行多次试验，每次试验得到新信息后都进行相应的分析，这种持续进行的分析称为序贯分析。

进行多次随机试验可以获得多个观察值 $x_1,x_2,\cdots,x_n$。随着试验次数 n 的增加，样本的方差会有所减小，采样信息期望价值 EVSI 也会增加，与此同时采样的费用也会上升。因此，需要研究试验次数 n 以多大为宜。

考虑试验费用时，损失函数包括两个部分：一是原有决策问题的损失函数 $l(\theta,a)$，简称决策损失；二是 n 次试验的费用 $c(n)$。设第 i 次试验费用为 $c(i)$，总损失记为 $l(\theta,a,n)$，则

$$l(\theta,a,n)=l(\theta,a)+c(n)=l(\theta,a)+\sum_{i=1}^{n}c(i)\tag{4.31}$$

通过随机试验获取样本信息进行决策的方式有两种。一种是固定样本容量法，一次性获取容量为 n 的样本信息 $x^{(n)}=(x_1,x_2,\cdots,x_n)$，据此进行分析确定采取何种行动；一种是序贯分析法，每次随机试验只采集一个样本，根据这一个样本信息进行分析，确定是继续采样，还是停止采样并采取行动。

固定样本容量法的思路如下：

设容量为 n 的样本信息 $x^{(n)}=(x_1,x_2,\cdots,x_n)$ 中各样本 $x_1,x_2,\cdots,x_n$ 是独立同分布随机变量，样本 x_i 的概率密度函数为 $f(x_i|\theta)$，则 $x^{(n)}$ 的概率密度函数是

$$f(x^{(n)}\mid\theta)=\prod_{i=1}^{n}f(x_i|\theta) \tag{4.32}$$

当自然状态 θ 的先验概率密度函数为 $\pi(\theta)$ 时，贝叶斯风险为

$$r^{(n)}(\pi,\delta_{(n)}^{\pi})=E^{\pi}[E_{\theta}^{x^{(n)}}[l(\theta,\delta_{(n)}^{\pi}(x^{(n)}),n)]] \tag{4.33}$$

式中的 $\delta_{(n)}^{\pi}$ 是样本容量为 n，先验概率密度函数为 $\pi(\theta)$ 时的贝叶斯规则。$n=0$ 时退化为无观察数据问题；$n=1$ 即上一节介绍的一般的贝叶斯分析方法。

为了求得最优的固定样本容量 n，可以把 n 当作连续变量，并令

$$\mathrm{d}[r^{(n)}(\pi,\delta_{(n)}^{\pi})]/\mathrm{d}n=0 \tag{4.34}$$

式(4.33)的解 n^* 是最优的固定样本容量 n 的近似值，接近 n^* 的正整数 n 将使 $r^{(n)}(\pi,\delta_{(n)}^{\pi})$ 达到极小；如果 $n^*\leqslant 0$，则不应该进行随机试验（采样）。

显然，这种方法只适用于 $r^{(n)}(\pi,\delta_{(n)}^{\pi})$ 为解析函数的情况，而一般的实际问题很难满足这一条件。

序贯分析方法的思路很直观：在第 n 次采样后的贝叶斯风险小于继续采样的贝叶斯风险时，停止采样，立即采取行动；n 次采样后的贝叶斯风险大于继续采样的贝叶斯风险时，继续采样。具体的计算（Berger 1980，陈珽 1987）则复杂得多，而且实用范围比固定样本容量法还小。

*4.5.7　非正常先验与广义贝叶斯规则

1. 非正常先验

正常的概率测度应该满足三个条件：

① 非负性：$0\leqslant p(A)$；

② 规范性：$p(\Omega)=1$；

③ 可列可加性：对两两不相容事件 $A_k,k=1,2,\cdots$（$\forall i\neq j,A_i\cap A_j=\varnothing$），

$$p(\bigcup_k A_k)=\sum_k p(A_k)$$

若所设定的先验分布不满足规范性，则称它为**非正常先验**（improper prior）概率分布。由于贝叶斯分析的重要实用性，使得分析人员在得不到自然状态的正常的先验分布时，也想采用非正常先验概率分布进行贝叶斯分析。

2. 广义贝叶斯规则

决策问题的损失函数为 $l(\theta,a)$，$\pi(\theta)$ 为非正常先验分布，对给定的 θ_j，使

① $\int_{\theta} l(\theta, \delta(x)) f(x|\theta)\pi(\theta)\mathrm{d}\theta$ 为极小，或者

② $0 < m(x) < \infty$ 时，使后验期望损失 $\int_{\theta} l(\theta, a)\pi(\theta|x)\mathrm{d}\theta$ 为极小的行动 a（或策略 δ），构成**广义贝叶斯规则**(general Bayesean rule)。

有时虽然先验分布为非正常分布，但是后验分布仍然可能是正常的。Berger (1980)举了如下的例子：

例 4.5 观察值 x 服从方差 σ^2 已知、θ 未知的正态分布，即 $x \sim N(\theta, \sigma^2)$；无信息先验采用 $\pi(\theta) = 1$。

显然，对任何 $\theta > -\infty$，$F(\theta) = \infty$，因而 $\pi(\theta) = 1$ 是非正常先验，而

$$m(x) = \int_{-\infty}^{\infty} f(x|\theta)\mathrm{d}\theta = \int_{-\infty}^{\infty} \frac{1}{\sqrt{2\pi}\sigma} \cdot \mathrm{e}^{-\frac{(x-\theta)^2}{2\sigma^2}} \mathrm{d}\theta = 1$$

后验分布为

$$\pi(\theta \mid x) = \frac{f(x|\theta) \cdot \pi(\theta)}{m(x)} = f(x \mid \theta) = \frac{1}{\sqrt{2\pi}\sigma} \cdot \mathrm{e}^{-\frac{(\theta-x)^2}{2\sigma^2}}$$

这是方差为 σ^2、均值为 θ 的正态分布，是正常的。遇到这种情况，贝叶斯分析的正规型无法使用，但是形式贝叶斯规则仍然有效。

需要注意的是：

① 在许多重要场合，所有允许的决策规则都是广义贝叶斯规则；

② 在无法得到正常先验时，除此别无良策；

③ 广义贝叶斯规则不一定是最好的决策规则。

4.6 一种具有部分先验信息的贝叶斯分析法

此前已多次强调先验信息对贝叶斯分析的重要性，只有正确地处理先验信息，才有可能进行切合实际的分析。而在实际的决策分析过程中，往往只能获得自然状态的部分先验信息，这些先验信息不足以设定惟一的先验概率分布。这时就不能用常规的贝叶斯分析方法求解，而需要另辟蹊径：这就是在部分先验信息难以惟一地确定 $\pi(\theta)$ 时，抛开惟一性要求，转而确定与已知先验信息相符的可能的先验分布的集。

1. 求解思路

设 Θ 和 A 为有限集，$\Theta = \{\theta_1, \theta_2, \cdots, \theta_n\}$，$A = \{a_1, a_2, \cdots, a_m\}$；损失矩阵 $L = \{l_{ji}\}_{n \times m}$，其中 $l_{ji} = l(\theta_j, a_i)$。根据贝叶斯分析的扩展型，给定观察值 x，应从集合 A 中选一行动 a_k，使

$$q(a_i) = \sum_{j=1}^{n} l(\theta_j, a_i) p(x|\theta_j) \pi(\theta_j) \tag{4.35}$$

为极小。也就是选行动 a_k，使 $a_k = \arg\min\limits_{a \in A} q(a_i)$，即

$$\forall i, 有\ q(a_k) \leqslant q(a_i) \tag{4.36}$$

则 a_k 为贝叶斯行动。

为了表述简洁，把 $p(x|\theta_j)$ 记为 $p_j(x)$，$\pi(\theta_j)$ 记为 π_j，记

$$\boldsymbol{l}_k = (l_{1k}, l_{2k}, \cdots, l_{nk})^{\mathrm{T}}, \quad \boldsymbol{\pi} = (\pi_1, \pi_2, \cdots, \pi_n)^{\mathrm{T}}$$

则

$$\sum_{j=1}^{n} l(\theta_j, a_i) p(x|\theta_j) \pi(\theta_j) = \boldsymbol{l}_i^{\mathrm{T}} [\mathrm{diag}\{p_j(x)\} \boldsymbol{\pi}] \tag{4.37}$$

式中，$\mathrm{diag}\{p_j(x)\}$ 是元素为 $p_1(x), p_2(x), \cdots, p_n(x)$ 的对角矩阵。

由式(4.37)，式(4.36)可表示为

$$\boldsymbol{l}_k^{\mathrm{T}} [\mathrm{diag}\{p_j(x)\} \boldsymbol{\pi}] \leqslant \boldsymbol{l}_i^{\mathrm{T}} [\mathrm{diag}\{p_j(x)\} \boldsymbol{\pi}] \tag{4.38}$$

$$j = 1, \cdots, n; \quad i = 1, \cdots, m$$

式(4.38)即

$$(L^{\mathrm{T}} - \mathbf{1}_{m\times 1} \cdot \boldsymbol{l}_k^{\mathrm{T}}) [\mathrm{diag}\{p_j(x)\} \cdot \boldsymbol{\pi}] \geqslant \mathbf{0}_{n\times 1}, \quad j = 1, \cdots, n \tag{4.38$'$}$$

其中，$\mathbf{1}_{m\times 1}$ 和 $\mathbf{0}_{n\times 1}$ 是元素分别为 1 和 0 的向量。

记 $(L^{\mathrm{T}} - \mathbf{1}_{m\times 1} \cdot \boldsymbol{l}_k^{\mathrm{T}}) \mathrm{diag}\{p_j(x)\}$ 为 $\mathbf{D}_k(x)$，式(4.38′)可表示为

$$\mathbf{D}_k(x) \cdot \boldsymbol{\pi} \geqslant \mathbf{0}_{n\times 1} \tag{4.38$''$}$$

式(4.38″)的含义如下：

① 如果用后验期望损失判断各行动的优劣，则在给定观察值 x，先验分布为 $\pi(\theta)$ 时，应选 a_k 使它满足式(4.38)，亦即满足式(4.38′)及式(4.38″)，这时 a_k 是贝叶斯行动。

② 对给定的 x，要使 a_k 成为贝叶斯行动，先验分布 $\boldsymbol{\pi}$ 应满足式(4.38)，亦即式(4.38′)及式(4.38″)。

由上述第二点，可以定义使 a_k 成为贝叶斯行动的先验分布 $\boldsymbol{\pi}$ 的集合：

$$\prod\nolimits_k(x) = \{\boldsymbol{\pi} \in \prod | \mathbf{D}_k(x) \cdot \boldsymbol{\pi} \geqslant \mathbf{0}_{n\times 1}, \mathbf{1}_{1\times n} \cdot \boldsymbol{\pi} = 1, \boldsymbol{\pi} \geqslant \mathbf{0}_{n\times 1}\} \tag{4.39}$$

式中，$\mathbf{1}_{1\times n}$ 为行向量，$\mathbf{0}_{n\times 1}$ 为 n 维列向量，$\prod$ 是所有可能的是先验分布的集合；$\prod_k(x)$ 是 $\prod$ 的一个子集，凡是属于它的先验分布 $\pi(\theta)$，都能使行动 a_k 对给定 x 为贝叶斯行动，并满足规范性和非负性。

2. 分析步骤

根据以上讨论，可以把具有部分先验信息的贝叶斯分析方法总结如下：

第一步，确定先验信息对先验分布 $\pi(\theta)$ 的约束集 Q。

由于只能获得自然状态的部分先验信息,这些先验信息不足以设定惟一的先验概率分布。设先验信息对先验分布 $\pi(\theta)$的约束可以用 $A\boldsymbol{\pi}\geqslant\mathbf{0}$ 表示,则

$$Q = \{\boldsymbol{\pi}\in\prod \mid A\boldsymbol{\pi}\geqslant\mathbf{0},\ \mathbf{1}_{1\times n}\cdot\boldsymbol{\pi}=1,\boldsymbol{\pi}\geqslant\mathbf{0}_{n\times 1}\} \tag{4.40}$$

式中,$\mathbf{0}$ 是由先验信息确定的维数适宜的列向量。Q 是 $\prod$ 的一个子集,是满足部分先验信息约束的所有概率分布的集合。

第二步,根据式(4.39)确定 $\prod_k(x)$,

$$\prod_k(x) = \{\boldsymbol{\pi}\in\prod \mid \mathbf{D}_k(x)\cdot\boldsymbol{\pi}\geqslant\mathbf{0}_{n\times 1},\ \mathbf{1}_{1\times n}\cdot\boldsymbol{\pi}=1,\boldsymbol{\pi}\geqslant\mathbf{0}_{n\times 1}\}$$

即求得能使行动 a_k 对给定 x 为贝叶斯行动的先验分布。

第三步,比较 $\prod_k(x)$ 与 Q。令

$$Q_k = \prod_k(x)\cap Q$$

则 $Q_k=\varnothing$ 时 a_k 不可能是贝叶斯行动;当 Q_k 非空即 $\prod_k(x)$ 与 Q 有非空交集时,对 $\pi(\theta)\in Q_k$ 的先验分布,a_k 为贝叶斯行动。

下面通过实际例子说明这种方法的具体求解过程和应用。

3. 示例

医生根据某个患者的症状认为患者得第一种疾病的可能性超过一半,但是另外两种不很常见的疾病也会有同样的症状。根据医生的经验,患者得第三种疾病的可能性至少是万分之一,得第二种疾病的可能性比得第三种病大。为了确诊,医生让患者验血,检查白血球数 x。设医生知道这三种疾病的白血球计数的概率分布均服从正态分布、均值和方差分别是 $\mu_1=3000,\mu_2=7500,\mu_3=16000;\sigma_1=1000,\sigma_2=2000,\sigma_3=4000$。患者验血的结果是 $x=5000$。试协助医生判断患者得的什么疾病。

解: 患者得第一种疾病记作 θ_1,得第二种疾病记作 θ_2,得第三种疾病记作 θ_3。由题意可知:第一种病白血球计数的概率分布为 $f(x\mid\theta_1)=N(3000,1000^2)$,第二种病为 $f(x\mid\theta_2)=N(7500,2000^2)$,第三种病为 $f(x\mid\theta_3)=N(16000,4000^2)$;观察值 $x=5000$。

第一步,确定先验信息对先验分布 $\pi(\theta)$的约束集 Q。

医生的经验,即对先验分布的约束条件可以表达为 $\pi_1>0.5,\pi_2>\pi_3,\pi_3>10^{-4}$;满足上述约束条件的先验分布的集合 Q 为

$$Q = \{\boldsymbol{\pi}\in\prod \mid \pi_1>0.5,\pi_2>\pi_3,\pi_3>10^{-4},\pi_1+\pi_2+\pi_3=1\}$$

$\prod$ 为满足 $\pi_1+\pi_2+\pi_3=1$ 和 $\pi_1>0,\pi_2>0,\pi_3>0$ 的所有可能的先验分布的集合。$\prod$ 的图形如图 4.4 所示。Q 的图形则为图 4.5 中带阴影的直角三角形。

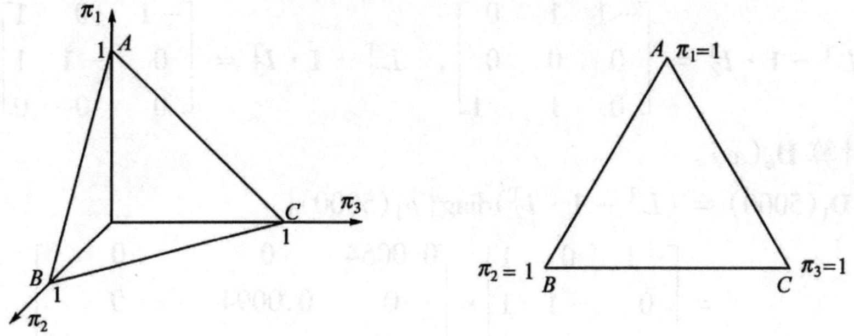

图 4.4　集合 ∏ 的图形

第二步,根据式(4.27)确定 $\prod_k(x)$。

① 为了计算 $\prod_k(x)$,首先计算 $p_j(x), j=1,2,3$。

由于白血球计数的精度为 $x\pm 50$,因此,

$$p_1(5000)=p(5000\mid\theta_1)=\int_{4950}^{5050}\frac{1}{\sqrt{2\pi}\sigma_1}\mathrm{e}^{-\frac{(x-\mu_1)^2}{2\sigma_1^2}}\mathrm{d}x$$

令 $x^*=\dfrac{x-\mu_1}{\sigma_1}$,则上式为 $\displaystyle\int_{1.95}^{2.05}\frac{\mathrm{e}^{-\frac{x^{*2}}{2}}}{\sqrt{2\pi}}\mathrm{d}x^*$,查表可得

$$p_1(5000)=0.9798-0.9744=0.0054$$

同理

$$p_2(5000)=0.0094$$

$$p_3(5000)=0.00024$$

因此

$$\mathrm{diag}\{p_j(x)\}=\begin{bmatrix}0.0054 & 0 & 0\\ 0 & 0.0094 & 0\\ 0 & 0 & 2.4\times10^{-4}\end{bmatrix}$$

② 确定损失矩阵。将医生对患者采取第一、二、三种疾病的治疗措施分别记作行动 a_1、a_2、a_3,考虑到正确的治疗措施损失为 0,并设判断失误时的损失为 1,则损失矩阵

$$L=\begin{bmatrix}0&1&1\\1&0&1\\1&1&0\end{bmatrix},\quad \mathbf{1}\cdot\boldsymbol{l}_1^{\mathrm{T}}=\begin{bmatrix}1\\1\\1\end{bmatrix}\cdot[0\quad1\quad1]=\begin{bmatrix}0&1&1\\0&1&1\\0&1&1\end{bmatrix}$$

所以

$$L^{\mathrm{T}}-\mathbf{1}\cdot\boldsymbol{l}_1^{\mathrm{T}}=\begin{bmatrix}0&0&0\\1&-1&0\\1&0&-1\end{bmatrix}$$

同理

$$L^{\mathrm{T}}-\mathbf{1}\cdot \boldsymbol{l}_2^{\mathrm{T}}=\begin{bmatrix}-1 & 1 & 0\\ 0 & 0 & 0\\ 0 & 1 & -1\end{bmatrix},\quad L^{\mathrm{T}}-\mathbf{1}\cdot \boldsymbol{l}_3^{\mathrm{T}}=\begin{bmatrix}-1 & 0 & 1\\ 0 & -1 & 1\\ 0 & 0 & 0\end{bmatrix}$$

③ 计算 $\mathbf{D}_k(x)$。

$$\begin{aligned}\mathbf{D}_1(5000) &= (L^{\mathrm{T}}-\mathbf{1}\cdot \boldsymbol{l}_2^{\mathrm{T}})\mathrm{diag}\{p_1(5000)\}\\ &=\begin{bmatrix}-1 & 0 & 1\\ 0 & -1 & 1\\ 0 & 0 & 0\end{bmatrix}\cdot\begin{bmatrix}0.0054 & 0 & 0\\ 0 & 0.0094 & 0\\ 0 & 0 & 2.4\times10^{-4}\end{bmatrix}\\ &=\begin{bmatrix}0 & 0 & 0\\ 0.0054 & -0.0094 & 0\\ 0.0054 & 0 & -2.4\times10^{-4}\end{bmatrix}\end{aligned}$$

$$\mathbf{D}_2(5000)=\begin{bmatrix}-0.0054 & 0.0094 & 0\\ 0 & 0 & 0\\ 0 & 0.0094 & -2.4\times10^{-4}\end{bmatrix}$$

$$\mathbf{D}_3(5000)=\begin{bmatrix}-0.0054 & 0 & 2.4\times10^{-4}\\ 0 & -0.0094 & 2.4\times10^{-4}\\ 0 & 0 & 0\end{bmatrix}$$

④ 计算 $\mathbf{D}_k(5000)\cdot\boldsymbol{\pi}\geqslant0$,并确定 $\prod_k(x)$。

$\mathbf{D}_1(5000)\cdot\boldsymbol{\pi}\geqslant0$ 即 $\begin{bmatrix}0 & 0 & 0\\ 0.0054 & -0.0094 & 0\\ 0.0054 & 0 & -2.4\times10^{-4}\end{bmatrix}\cdot\begin{bmatrix}\pi_1\\ \pi_2\\ \pi_3\end{bmatrix}\geqslant\begin{bmatrix}0\\0\\0\end{bmatrix}$,亦即

$$\begin{bmatrix}0\\ 5.4\pi_1-9.4\pi_2\\ 5.4\pi-0.24\pi_3\end{bmatrix}\geqslant\begin{bmatrix}0\\0\\0\end{bmatrix}$$

所以

$\prod_1(x)=\{\boldsymbol{\pi}\in\prod \mid \pi_1-1.74\pi_2\geqslant0,\pi_1-0.0444\pi_3\geqslant0,\pi_1+\pi_2+\pi_3=1\}$

由 $\mathbf{D}_2(5000)\cdot\boldsymbol{\pi}\geqslant0$,得

$$\begin{bmatrix}-5.4\pi_1+9.4\pi_2\\ 0\\ 9.4\pi_2-0.24\pi_3\end{bmatrix}\geqslant0$$

$\prod_2(x)=\{\boldsymbol{\pi}\in\prod \mid -\pi_1+1.74\pi_2\geqslant0,\ \pi_2-0.0255\pi_3\geqslant0,\pi_1+\pi_2+\pi_3=1\}$

由 $\mathbf{D}_3(5000)\cdot\boldsymbol{\pi}\geqslant0$,得

$$\begin{bmatrix}-5.4\pi_1+0.24\pi_3\\-9.4\pi_2+0.24\pi_3\\0\end{bmatrix}\geqslant 0$$

$\prod_3(x)=\{\boldsymbol{\pi}\in\prod \mid -\pi_1+0.0444\pi_3\geqslant 0,\pi_2-0.0255\pi_3\geqslant 0,\pi_1+\pi_2+\pi_3=1\}$

$\prod_k(x),k=1,2,3$ 的图形如图 4.6 所示。

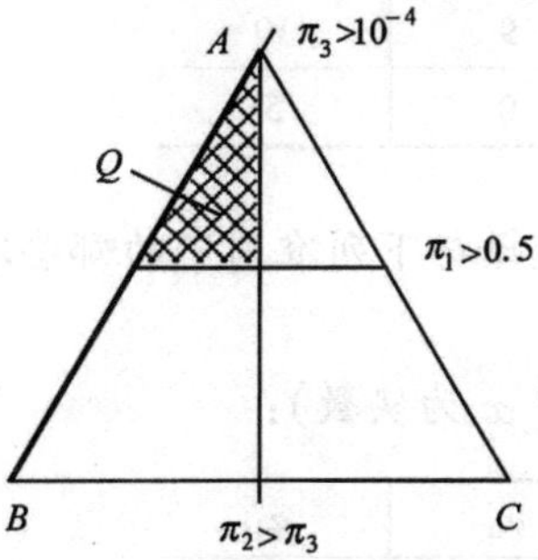

图 4.5　先验信息约束集 Q

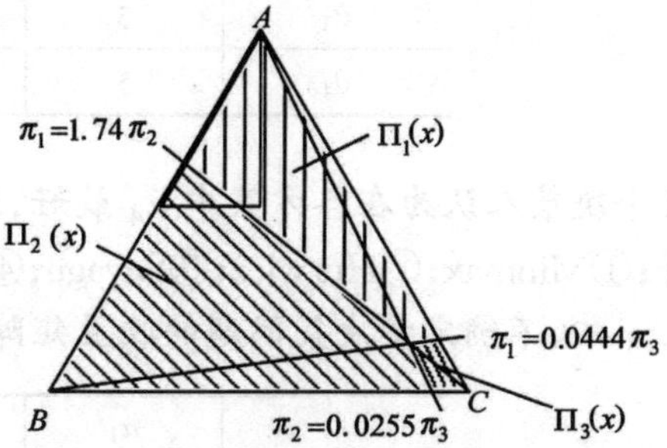

图 4.6　由观测值确定的集合 $\prod_i(x)$

第三步,比较 $\prod_k(x)$ 与 Q。

比较图 4.5 与图 4.6,可以看出,$\prod_3(x)$ 与 Q 没有公共的交集,也就是说,通过验血获得观察值白血球计数 $x=5000$ 后,医生可以排除患者得第三种疾病的可能性。而 $\prod_1(x)$ 及 $\prod_2(x)$ 与 Q 均有公共的交集,即医生仍不能排除患者得第二种疾病的可能性。为了能够确诊,医生还需要采用其他手段做进一步检查,才能对症下药。

习　题

一、问答题

1. 风险型和不确定型决策问题的区别何在?各有哪些求解方法?

2. 什么是贝叶斯分析?贝叶斯分析的正规型与扩展型有何区别?

二、不确定型决策问题的损失矩阵如下表:

	a_1	a_2	a_3	a_4
θ_1	-4	-10	-12	-8
θ_2	-18	-24	-6	-13
θ_3	-6	0	-6	-10
θ_4	-14	-8	-10	-4

用下列原则分别求解:①Minmax;②Minmin;③Laplace;④Savage;⑤Hurwicz

(讨论 λ 的取值对结果的影响)。

三、不确定型决策问题的损失矩阵如下表:

	a_1	a_2	a_3	a_4
θ_1	10	1	7	5
θ_2	0	10	9	8
θ_3	5	9	9	10
θ_4	5	8	0	5

某个决策人认为在各方案中 a_4 最好,试判断他的选择与下列准则中的哪些准则相符:①Minmax;②Hurwicz;③Savage;④Laplace。

四、不确定型决策问题的收益矩阵如下表(表中 x 为实数):

	a_1	a_2	a_3	a_4
θ_1	x	2	3	6
θ_2	3	2	2	6
θ_3	4	2	1	1
θ_4	6	4	9	3

1. 讨论用上题所列 4 种准则分别求解时,所作决策与 x 的取值的关系(Hurwicz-准则中乐观系数 $\lambda=0.5$)。

2. x 取什么值时,上述 4 种准则的求解结果相同?

五、某个决策人对上述 4 种决策准则都不感兴趣,而是采用**序号和**准则:用 ρ_{ij} 取代损失向量 $\{l_{1j}, l_{2j}, \cdots, l_{mj}\}$ 中的 l_{ij},ρ_{ij} 的定义是:

$\rho_{ij}=1$ 若 l_{ij} 是损失向量中的最小值;

$=2$ 若 l_{ij} 是损失向量中的第二小值;

……

$=m$ 若 l_{ij} 是损失向量中的最大值。

序号和准则:$a_k \succ a_i \Leftrightarrow \sum_{j=1}^{n} \rho_{kj} < \sum_{j=1}^{n} \rho_{ij}$

且
$$a_k \sim a_i \Leftrightarrow \sum_{j=1}^{n} \rho_{kj} = \sum_{j=1}^{n} \rho_{ij}。$$

试证明序号和准则不满足公理 4.5 和公理 4.8。

六、对表 4.8 内在文中尚未证明的部分加以证明。

七、某决策问题的收益矩阵如下表:

θ_i	θ_1	θ_2	θ_3	θ_4	θ_5	θ_6	θ_7
$\pi(\theta_i)$	0.1	0.2	0.3	0.1	0.1	0.1	0.1
a_1	2	3	7	6	1	2	1.5
a_2	4	8	6	9	3	4	2
a_3	6	4	3	10	12	6	5

试用以下原则分别求解：①最大可能值原则；②Bayes 原则；③E-V 原则；④伯努利原则(设 $u=0.1c^2$)。

八、某农民拟在两种作物中选择一种。若旱年 θ_1 占 60%，正常年景 θ_2 占 40%；种植耐旱作物 a_1 以及种植不耐旱作物 a_2 的后果矩阵如下表(单位：万元)：

a_k / θ_j	a_1	a_2
θ_1	20	0
θ_2	60	100

1. 设该农民的效用函数为 $u(y)=1.156(1-\mathrm{e}^{-0.02y})$(单位：万元)，问该农民应该采取什么行动？画出该决策问题的决策树。

2. 设气象预报的准确性是 0.8，即

$$p(x_1 \mid \theta_1)=0.8, p(x_2 \mid \theta_2)=0.8$$

其中，x_1 表示预报干旱，x_2 表示预报正常年景。

(1) 画决策树；

(2) 求后验概率；

(3) 进行正规型贝叶斯分析，求贝叶斯规则；

(4) 讨论两种扩展型贝叶斯分析；

(5) 分析气象预报费用与是否花钱获取气象预报的关系。

九、1. 医生根据某病人的症状初步诊断病人可能患 A、B、C 三种病之一，得这三种病的概率分别是 0.4、0.3、0.3。为了取得进一步的信息，要求病人验血，结果血相偏高。得 A、B、C 三种病血相偏高的可能性分别是 0.8、0.6、0.2。验血后医生判断患者得 A、B、C 三种病的概率各是多少？

2. 若得 A、B、C 三种病的白血球计数的先验分布分别是在[8000,1000]、[7000,9000]、[6000,8500]区间上的均匀分布，化验结果是 8350～8450。求此时病人患三种病的可能性各是多少？

十、某公司拟改变产品的包装，改变包装后产品的销路不能确定，公司经理的估计是：

	销路差 θ_1	销路一般 θ_2	销路好 θ_3
$\pi(\theta)$	0.2	0.3	0.5

销路与收益的关系如下表：

	θ_1	θ_2	θ_3
改变包装	−40	0	600
包装不变	0	0	0

为了对销路的估计更有把握，公司先在某个地区试销改变了包装的产品。根据以往的经验，试销的结果与产品在将来的实际销路中有如下关系：

θ_j \ x_k	x_1	x_2	x_3
θ_1	0.8	0.2	0
θ_2	0.2	0.4	0.4
θ_3	0	0.1	0.9

设决策人风险中立。

1. 画出该决策问题的决策树；
2. 确定与各种试销结果相应的贝叶斯行动；
3. 分析试销费用与是否试销的关系。

十一、决策人面临的决策问题如下表所示：

	a_1	a_2	a_3	a_4	a_5	a_6
θ_1	x	x	z	z	y	z
θ_2	x	z	y	y	z	z
θ_3	y	y	x	y	z	z

决策人认为各行动的优劣次序为：$a_1 \succ a_2 \sim a_3 \succ a_4 \sim a_5 \succ a_6$

1. 提出一种合理的假设使决策人对后果的偏好是 $x \succ y \succ z$；
2. 证明决策人的优先序符合 Hurwicz 乐观系数法($0<\lambda<1$)；
3. 证明不存在任何概率 $p(\theta_i), i=1,2,3$，也不存在关于后果的效用函数使决策人的偏好符合期望效用理论。

第五章 随 机 优 势

5.1 随机优势概述

投资决策是决策问题中极其重要的内容。本章讨论的决策方法是为了解决投资决策问题而发展起来的,这就是基于**随机优势**(stochastic dominance)的决策方法。这一方法的提出及广泛应用与财政、金融领域的问题有关。Markowitz 的有价证券选择(portfolio selection)模型则开创了随机优势研究的先河。

在这之前我们已经接触了有关优势的概念,它们是按状态优于和 E－V 排序。这一节除了回顾这两种优势原则外,主要介绍引起人们对随机优势决策规则进行深入研究的 Markowitz 模型。

1. 按状态优于

在 4.2.2 节给出的使用损失函数时的按状态优于的定义如下:

如果 $\forall \theta_j \in \Theta, l(\theta_j, a_i) \leqslant l(\theta_j, a_k)$,且 $\exists \theta_j \in \Theta$ 使 $l(\theta_j, a_i) < l(\theta_j, a_k)$,则称 a_i 按状态优于 a_k。

若用收益型后果 c 或效用函数 u 取代损失 l,上式中不等式应反向。用文字表述,按状态优于的定义是:在任何状态下 a_i 的损失都不大于 a_k,而且至少在某一种状态下 a_i 的损失严格小于 a_k,则称 a_i 按状态优于 a_k。例如,某决策问题的损失矩阵如表 5.1,则 a_1 按状态优于 a_2。

表 5.1

	a_1	a_2	a_3
θ_1	4	7	2
θ_2	6	6	8
θ_3	3	4	7

a_1 按状态优于 a_2 还可以称为 a_1 较之 a_2 处于优势;或者说,与 a_2 相比 a_1 具有随机优势;也可以称为 a_2 被优超,或称 a_2 处于被支配地位。按状态优于是一种很强的随机优势,通常很难满足。

2. E－V 排序

在 4.3 节中介绍的风险型决策问题的决策准则之一是 E－V 准则,具体定义如下:

设随机事件的收益 R 的两种概率分布 F 和 G,F 的均值不小于 G,F 的方差 V(或均方差 σ)不大于 G,即 $ER_F \geqslant ER_G, \sigma(R_F) \leqslant \sigma(R_G)$,且至少有一严格不等式成立,则称 F 按 E－V 准则较 G 有优势。

这一原则虽然合理,但条件太强,很难满足。

3. Markowitz 模型

由于 E－V 准则条件太强，很难满足，应用范围很窄，Markowitz(1952)提出的有价证券选择模型大大扩大了 E－V 准则的应用范围。

Markowitz 模型可简单表述如下：设决策人用于投资的资产总量为 1，准备投资于 n 种股票(或产业、项目、基金、国债，等等)。记 x_i 为投资于 i 种股票的资产份额，R_i 为在投资期内投资于 i 种股票的收益率，若 $\sum_{i=1}^{n} x_i = 1$，则 $(x_1, x_2, \cdots, x_n)$ 称为**有价证券混合**。

显然，总收益 Y 为

$$Y = \sum_{i=1}^{n} R_i \cdot x_i \tag{5.1}$$

由于 R_i 是随机变量，故 Y 也是随机变量。设 Y 的分布为 $F(y)$，概率密度函数为 $f(y)$，则 $E(y) = \int_{-\infty}^{\infty} y\mathrm{d}F(y) = \int_{-\infty}^{\infty} yf(y)\mathrm{d}y$，有价证券的 Markowitz 模型为

$$\max\{E(y) = \sum_{i=1}^{n} E(R_i)x_i\} \tag{5.2}$$

受约束于：

$$\sum_{i=1}^{n}\sum_{j=1}^{n} \sigma_{ij}x_ix_j = V \tag{5.3}$$

$$\sum_{i=1}^{n} x_i = 1 \tag{5.4}$$

上述模型的含义是，对给定的风险水平 V(即式(5.3)所示的协方差)，应该选择有价证券混合，使之有最大的期望收益。

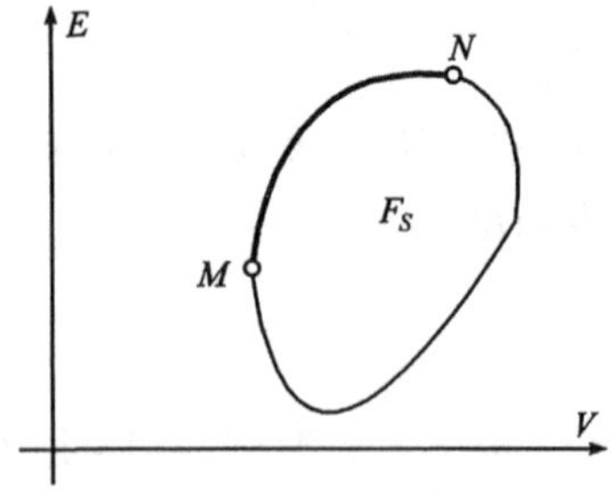

图 5.1　E－V 有效前沿

使用 Markowitz 模型的理由是，对投资者而言，有价证券收益的效用是收益的均值 $E(y)$和方差 $V(y)$的函数。一般人是风险厌恶的，收益的均值 E 越大越好，风险水平 V 则是越小越好。在方差给定时，收益的均值大者为优；给定收益的均值时，方差小者优。Markowitz 模型的解称为给定的风险水平 V 时的有效 E－V 有价证券。所有有效 E－V 有价证券的集合称为 E－V 有效前沿。设某个投资决策问题如图 5.1 所示，图中 F_S 是可行域，其中左上方的弧线 MN 就是 E－V 有效前沿。

5.2 随机优势决策规则

1. 为什么要研究随机优势决策规则

在上一章我们证明了使期望效用最大化的决策准则是最优的决策规则。采用期望效用最大化的决策过程可以用图5.2作形象化的说明。决策人面临的可行方案集是 A；自然状态是 S；由此产生的后果集为 C。为了衡量各方案的优劣，可以用抽奖 L 表示每个方案的各种可能后果及其发生概率。当决策人的价值判断足够明确并满足一组公理时，各种后果对决策人的实际价值就能够映射到实轴 R^1 上，即可以确定在正线性变换下惟一的实值效用函数 $u(c)$。根据各抽奖后果 c_{ij} 的效用 $u(c_{ij})$ 和状态发生的概率 $\pi(\theta_j)$，计算抽奖的期望效用，并由此判定各方案的优劣次序。

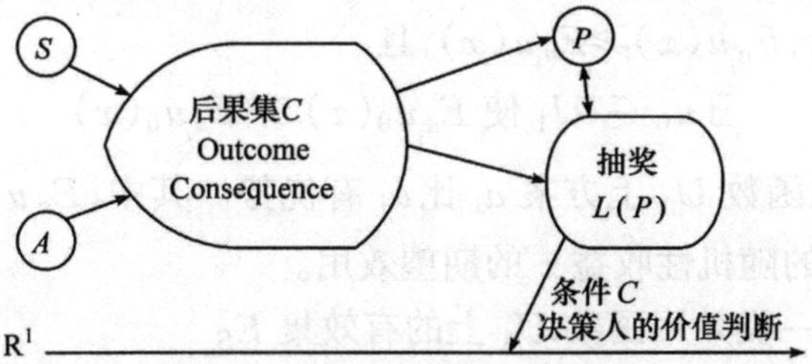

图5.2 基于期望效用理论的决策过程与随机优势

显然采用期望效用所得到的是各方案的完全序，其中一定存在某个方案，其期望效用值大于(或等于)其他所有方案。采用期望效用准则求解投资决策问题的前提是具有决策人偏好的完全信息，即关于后果的效用函数。但是在实际的决策过程中，由于决策人的认识偏差及量化误差，确定惟一的足够准确的效用函数存在较大困难。也就是说，决策分析人员经常得不到决策人偏好的完全信息，只能获得关于偏好的部分信息；而由部分信息，只能将各可行方案排成偏序。随机优势决策规则就是利用获得的部分信息形成偏序的一种决策规则。它的基本思路是，仅仅判断决策人的效用函数是否属于某个特定的类，如果对这种 U_C 类(符合条件 C)的效用函数均有 $a_i \succ a_j$，则可以把一部分非优势(被支配)方案或行动 a_j 删除，就可以缩减有效行动集，以便作进一步的选择。

2. 随机优势决策规则的有关概念和定义

为了说明随机优势决策规则，先从最普遍的效用函数入手。以投资的收益为例，任何正常的决策人都会认为收益越多越好，这时决策人的效用函数 u 是非减函数，效用函数的一阶导数 $u' \geqslant 0$。设关于决策人的全部偏好信息仅仅是其效用函数的非减性，我们所能使用的决策规则将是第一等随机优势。关于第一等随机优势的正式定义和应用留到下一节讨论，本节将利用它来介绍随机优势决策规则中常用的概念和定义。

所有的备选方案称为可行集，记作 $F_S=\{a_1,a_2,\cdots,a_n\}$。这 n 个方案可以分成两类，一类是有效方案，有效方案的集合称为有效集，记作 E_S；一类是无效方案，无效方案的集合称为无效集，记作 I_S。显然，有效集与无效集是互补且互斥的，即 $E_S\cup I_S=F_S$，且 $E_S\cap I_S=\varnothing$。

定义 5.1 第一类效用函数 U_1(非减有界)

记效用函数 u 的定义域 I 为 $[a,b]$，将 (a,b) 记作 I_0，则第一类效用函数可定义如下：

$$U_1=\{u \mid u \text{ 和 } u' \text{ 在 } I \text{ 上连续有界，在 } I_0 \text{ 上 } u'\geqslant 0\} \tag{5.5}$$

定义 5.2 第一类效用函数 U_1 上的优势

如果 $\forall u\in U_1, E_{a_i}u(x)\geqslant E_{a_j}u(x)$，且

$$\exists u_0\in U_1 \text{ 使 } E_{a_i}u_0(x)>E_{a_j}u_0(x) \tag{5.6}$$

则称在第一类效用函数 U_1 上方案 a_i 比 a_j 有优势。其中，$E_{a_i}u(x)$ 和 $E_{a_j}u(x)$ 分别是方案 a_i 和 a_j 的随机性收益 x 的期望效用。

定义 5.3 第一类效用函数 U_1 上的有效集 E_S

若在第一类效用函数 U_1 上没有其他方案比 a_i 有优势，则方案 a_i 属于第一类效用函数 U_1 上的有效方案；所有有效方案的集合称为有效集，记作 E_S。

例如，设 $F_S=\{a_1,a_2,a_3,a_4,a_5\}$，$E_S=\{a_1,a_2\}$，$I_S=\{a_3,a_4,a_5\}$，则 a_1 与 a_2 之间互相没有优势，即 $\exists u_1\in U_1$ 使 $E_{a_1}u_1(x)>E_{a_2}u_1(x)$，$\exists u_2\in U_1$，使 $E_{a_2}u_2(x)>E_{a_1}u_2(x)$。因此，$a_1$ 与 a_2 都不是“最优的”方案，有些决策人偏爱 a_1，有些决策人偏爱 a_2，a_1 与 a_2 之间互相没有优势。

定义 5.4 第一类效用函数 U_1 上的无效方案与无效集 I_S

若有效集中至少有一个方案在第一类效用函数 U_1 上比 a_j 有优势，则 a_j 属于第一类效用函数 U_1 上的无效方案；所有无效方案的集合称为无效集记作 I_S。

在上例中，$I_S=\{a_3,a_4,a_5\}$，有可能存在如下关系：

$$\forall u\in U_1, E_{a_2}u(x)>E_{a_3}u(x), E_{a_2}u(x)>E_{a_4}u(x), E_{a_2}u(x)>E_{a_5}u(x)$$

也可能在第一类效用函数 U_1 上 a_1 比 a_3,a_4 有优势，a_2 比 a_5 有优势。总之，要在有效集中有一个(或一个以上)方案比无效集中的方案有优势。

把可行集划分成有效集 E_S 和无效集 I_S 的方式及划分的结果与所获得的偏好信息有关。定义 5.1 至定义 5.4 及例子所要求的信息是 $u\in U_1$(即 $u'\geqslant 0$)；如果在 $u'\geqslant 0$ 之外再加上其他信息，比如说，$u''\leqslant 0$，有效集 E_S 和无效集 I_S 就可能是另一种划分法。但是在原则上，E_S 和 I_S 以及随机优势的定义仍如上述，只是用 U_i，

$i=2,3,\cdots$取代 U_1，而 U_i 与一定的偏好信息相对应。

一般说来，由给定的偏好信息从可行集 F_S 中得到的有效集 E_S 越小，对决策人越有利；最好能使有效集中只有一个有效方案。

通常投资决策问题的求解包括两个步骤。第一步是决策分析人员根据决策人提供的偏好信息，把可行集 F_S 中的所有方案先扫描（审核）一遍，筛分成有效集 E_S 和无效集 I_S。一般的有效集 E_S 中包含一个以上的投资方案，第二步要由决策人从有效集 E_S 的诸方案中选择一个最适宜的投资方案。本章所讨论的方法是供决策分析人员用来审核、筛分可行集 F_S 中方案的。

5.3　第一等随机优势

5.3.1　第一等随机优势的定义

第一类效用函数 U_1 是单调非减函数，它的定义见定义 5.1。设方案 a_i 和 a_j 关于收益 x 的概率分布分别为 $F_i(x)$ 和 $F_j(x)$，则**第一等随机优势**(first-degree stochastic dominance)的定义如下：

定义 5.5　当 $u\in U_1$，$\forall x\in I_0$，$F_i(x)\leqslant F_j(x)$，且 $\exists x_0$，使 $F_i(x_0)<F_j(x_0)$，则称行动 a_i 比 a_j 具有第一等随机优势，记作 $a_i\succ_1 a_j$。

记号 $\succ_1$ 的下标“1”表示“第一等”。根据定理 5.1，第一等随机优势简记为 FSD，它与定义 5.2 中的第一类效用函数 U_1 上的优势等价。

5.3.2　第一等随机优势的决策规则

定理 5.1　$a_i\succ_1 a_j$ 当且仅当 $\forall u\in U_1$，$E_{a_i}u(x)\geqslant E_{a_j}u(x)$，且 $\exists u_0\in U_1$ 使

$$E_{a_i}u_0(x)>E_{a_j}u_0(x)$$

证明：不失一般性，设 $x\in[a,b]$，即当 $x\leqslant a$ 时 $F_i(x)=F_j(x)=0$，当 $x\geqslant b$ 时 $F_i(x)=F_j(x)=1$。所证明的结论同样适用于 $-\infty<x<\infty$。

由定义 5.5，$a_i\succ_1 a_j$ 与 $\forall x\in I_0$，$F_i(x)\leqslant F_j(x)$，且 $\exists x_0$ 使 $F_i(x_0)<F_j(x_0)$ 等价，所以，要证明定理 5.1 需要证明：

$$\forall x\in I_0, F_i(x)\leqslant F_j(x),\text{且 }\exists x_0,\text{使 }F_i(x_0)<F_j(x_0) \tag{5.7}$$

与式(5.6)：

$$\forall u\in U_1, E_{a_i}u(x)\geqslant E_{a_j}u(x),\text{且 }\exists u_0\in U_1\text{ 使 }E_{a_i}u_0(x)>E_{a_j}u_0(x)$$

互为充要条件。

先证充分性：

记 $F_j(x)-F_i(x)=D_1(x)$，则式(5.7)即

$$D_1(x)\geqslant 0, \forall x\in[a,b]\text{ 且 }\exists x_0\text{ 使 }D_1(x_0)>0 \tag{5.8}$$

由期望效用的定义，期望效用之差 Δ 为

$$\Delta \triangleq E_{a_i}u(x) - E_{a_j}u(x) = \int_a^b f_i(x)u(x)\mathrm{d}x - \int_a^b f_j(x)u(x)\mathrm{d}x \tag{5.9}$$

其中 $f_i(x)$和 $f_j(x)$分别是投资方案 a_i 和a_j 的随机性收益 x 的概率密度函数。期望效用之差 Δ 可以写为

$$\Delta = \int_a^b [f_i(x) - f_j(x)]u(x)\mathrm{d}x \tag{5.10}$$

由分部积分法：

$$\int_a^b f_i(x)u(x)\mathrm{d}x = \int_a^b u(x)\mathrm{d}F_i(x)$$

$$= F_i(x)\Big|_a^b - \int_a^b F_i(x)\mathrm{d}u(x) = F_i(x)\Big|_a^b - \int_a^b F_i(x)u'(x)\mathrm{d}x$$

因此，式(5.10)即

$$\Delta = [F_i(x) - F_j(x)]\Big|_a^b - \int_a^b [F_i(x) - F_j(x)]u'(x)\mathrm{d}x \tag{5.11}$$

上式中右边第一项为 0，所以式(5.11)即

$$\Delta = E_{a_i}u(x) - E_{a_j}u(x) = \int_a^b [F_j(x) - F_i(x)]u'(x)\mathrm{d}x = \int_a^b D_1(x)u'(x)\mathrm{d}x \tag{5.12}$$

由于 $D_1(x) = F_j(x) - F_i(x) \geqslant 0$，且由 $u \in U_1$，有 $u'(x) \geqslant 0$，所以式(5.12)非负，即由式(5.12)可得

$$\forall u \in U_1, \quad E_{a_i}u(x) \geqslant E_{a_j}u(x) \tag{5.13}$$

为了保证严格不等式成立，还需要找到一个 $u_0 \in U_1$ 使

$$E_{a_i}u_0(x) > E_{a_j}u_0(x)$$

而要找到这样的 u_0，可以从第一等随机优势的条件入手。在第一等随机优势的条件中包含有“$\exists x_0$，使 $F_i(x_0) < F_j(x_0)$”，又因为概率分布函数是右连续的，所以 $\exists \varepsilon > 0$，使在区间 $x_0 < x \leqslant x_0 + \varepsilon$ 上 $F_j(x) > F_i(x)$。取 $u_0(x) = x$，则 $u_0'(x) = 1$，显然 $u_0 \in U_1$，于是有

$$E_{a_i}u_0(x) - E_{a_j}u_0(x) = \int_a^b D_1(x)u_0'(x)\mathrm{d}x \geqslant \int_{x_0}^{x_0+\varepsilon} D_1(x)\mathrm{d}x > 0$$

式中最右一个不等式成立是因为在区间 $x_0 < x \leqslant x_0 + \varepsilon$ 上，$D_1(x) > 0$ 为严格不等式且 $u_0'(x) = 1$。

需要注意的是，如果 $E_{a_i}u(x) = E_{a_j}u(x)$，$\forall u \in U_1$，则行动 a_i 比起a_j 没有优势。而在上面证明了条件 $F_i(x_0) < F_j(x_0)$可以保证 $\exists u_0 \in U_1$，使

$$E_{a_i}u_0(x) > E_{a_j}u_0(x)$$

亦就是使 $a_i \succ_1 a_j$。

再证明必要性。可以用反证法证明：

由 $E_{a_i}u(x) \geqslant E_{a_j}u(x), \forall u \in U_1 \Rightarrow F_i(x) \leqslant F_j(x), \forall x \in I_0$。假设对某个 x_1 有 $F_i(x_1) > F_j(x_1)$，则由概率分布函数的右连续性，必存在区间 $x_1 < x \leqslant x_1 + \varepsilon$ 使 $F_i(x_1) > F_j(x_1)$，我们将证明存在效用函数 $u_0 \in U_1$，使 $E_{a_i}u_0(x) < E_{a_j}u_0(x)$ 与条件 $\forall u \in U_1, E_{a_i}u(x) \geqslant E_{a_j}u(x)$ 相矛盾，并由此得出结论：

由 $\forall u \in U_1, E_{a_i}u(x) \geqslant E_{a_j}u(x)$ 不可能出现 $F_i(x_1) > F_j(x_1)$，即在 x 的全部值域上必有 $F_i(x) \leqslant F_j(x)$。

假设确有某个 x_1 使 $F_i(x_1) > F_j(x_1)$，则该式在区间 $x_1 < x \leqslant x_1 + \varepsilon$ 上也成立。选下述效用函数 u_0：

$$u_0(x) = \begin{cases} x_1 & x_1 > x \\ x & x_1 \leqslant x \leqslant x_1 + \varepsilon \\ x_1 + \varepsilon & x > x_1 + \varepsilon \end{cases} \tag{5.14}$$

该效用函数形如图 5.3 所示。这一效用函数是单调非减的，所以 $u_0 \in U_1$，且是几乎处处可微的。由于 $x < x_1$ 和 $x > x_1 + \varepsilon$ 处 $u_0'(x) = 0$，在区间 $x_1 < x \leqslant x_1 + \varepsilon$ 上 $u_0'(x) = 1$，由式(5.12)可得

$$E_{a_i}u(x) - E_{a_j}u(x) = \int_a^b [F_j(x) - F_i(x)]u'(x)\mathrm{d}x$$

$$= \int_a^{x_1} [F_j(x) - F_i(x)] \cdot 0 \cdot \mathrm{d}x + \int_{x_1}^{x_1+\varepsilon} [F_j(x) - F_i(x)]\mathrm{d}x$$

$$+ \int_{x_1+\varepsilon}^{b_1} [F_j(x) - F_i(x)] \cdot 0 \cdot \mathrm{d}x = \int_{x_1}^{x_1+\varepsilon} [F_j(x) - F_i(x)]\mathrm{d}x < 0 \tag{5.15}$$

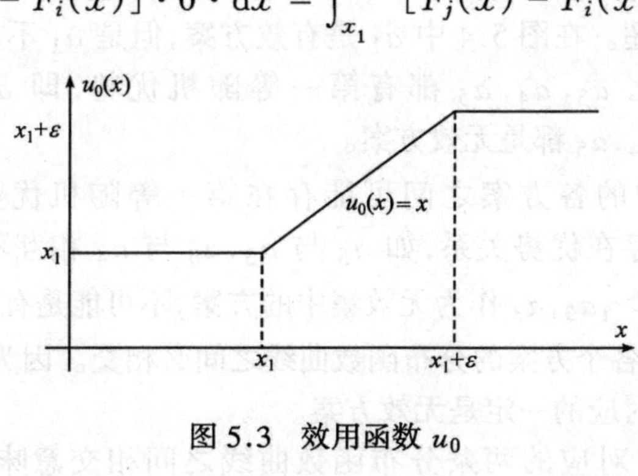

图 5.3 效用函数 u_0

上式即 $E_{a_i}u(x) < E_{a_j}u(x)$，与前提条件 $E_{a_i}u(x) \geqslant E_{a_j}u(x), \forall u \in U_1$ 相矛盾。因此必定有：

$$E_{a_i}u(x) \geqslant E_{a_j}u(x), \forall u \in U_1 \Rightarrow F_i(x) \leqslant F_j(x), \forall x \in I_0$$

用证明充分性同样的方法可以证明 $\exists x_0$，使 $F_i(x_0) < F_j(x_0)$。

由定理 5.1,第一等随机优势的决策规则是,若 $a_i \succ_1 a_j$,则 a_j 属于无效集 I_S。

5.3.3 第一等随机优势的图解法

在图 5.4 中有 5 条概率分布函数曲线,按起点从右向左分别记作 $F_1,\cdots,F_5$,分别表示 5 个可行投资方案 $a_1,\cdots,a_5$ 随机性收益 x 的概率分布。容易证明,根据第一等随机优势决策规则,有效集 $E_S=\{a_1,a_2\}$,无效集 $I_S=\{a_3,a_4,a_5\}$。

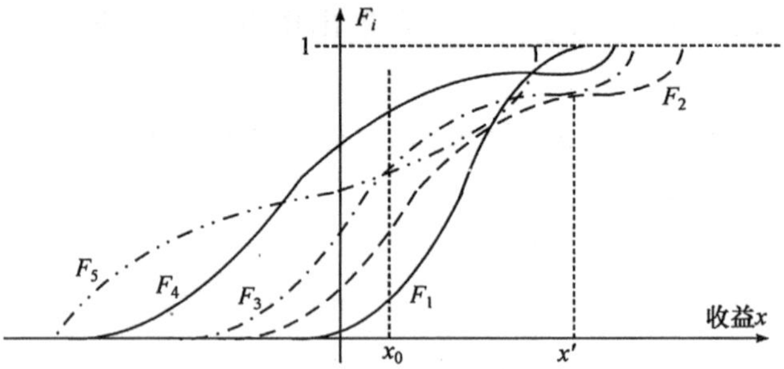

图 5.4 第一等随机优势的有效集与无效集

从图 5.4 可得如下结论:

① 第一等随机优势要求两个方案的收益的概率分布曲线不发生交叉但是可以相切或在某个区间重合,处于上方的曲线所对应的投资方案是无效方案。例如 F_2 与 F_3 在 x'处相切,但由于 F_3 在 F_2 上方,$\forall x, F_2(x) \leqslant F_3(x)$,且在 x_0 处有 $F_2(x) < F_3(x)$,所以 $a_2 \succ_1 a_3$。

② 只要有一个有效方案比方案 a_j 有第一等随机优势,a_j 就是无效方案;无需被所有有效方案优超。在图 5.4 中 a_1 是有效方案,但是 a_1 不比任何其他方案占优势;而由于 a_2 比 a_3, a_4, a_5 都有第一等随机优势,即 $a_2 \succ_1 a_3$, $a_2 \succ_1 a_4$, $a_2 \succ_1 a_5$,所以 a_3,a_4,a_5 都是无效方案。

③ 在无效集中的各方案之间可能存在第一等随机优势,如图 5.4 中的 $a_3 \succ_1 a_4$;也可能不存在优势关系,如 a_5 与 a_3、a_5 与 a_4 相互不占优势。即使有 $a_3 \succ_1 a_4$,因为有 $a_2 \succ_1 a_3$,a_3 作为无效集中的方案,不可能是有效方案。

④ 有效集中的各个方案的分布函数曲线之间必相交。因为如果没有交点,则处于上方的曲线所对应的一定是无效方案。

⑤ 与 a_1 和 a_2 对应的两条分布函数曲线之间相交意味着:$\exists u_1 \in U_1$,使 $E_{a_1}u_1(x) > E_{a_2}u_1(x)$;同时也 $\exists u_2 \in U_1$,使 $E_{a_2}u_2(x) > E_{a_1}u_2(x)$。

效用函数 $u \in U_1$ 的所有决策人都会对有效集与无效集的划分取得一致意见,没有人会选择无效集中的投资方案。但是,当有效集中的方案数超过一个时,如何从中选择最合意的方案将因人而异,有人会选 a_1,有人会选 a_2。

5.3.4 第一等随机优势的示例

例 5.1 已知两个方案的投资问题的后果如表 5.2 所示；决策人的效用函数属于 U_1。

表 5.2

	1/6	1/6	1/6	1/6	1/6	1/6
a_1	1	4	1	4	4	4
a_2	3	4	3	1	1	4

解：本题用 E－V 排序求解时，$E_{a_1}(x)=3, E_{a_2}(x)=8/3$；$V_{a_1}(x)=2$，而 $V_{a_2}(x)=14/9$；无法判定优劣。

由表 5.2 可作 a_1 和 a_2 的概率分布函数曲线如图 5.5 所示。显然，除重合部分以外，$F_1(x)$ 在 $F_2(x)$ 的下方，即 $\forall x, F_1(x)\leqslant F_2(x)$，且在 $3<x<4$ 处有 $F_1(x)<F_2(x)$，所以 a_1 比 a_2 具有第一等随机优势，即 $a_1 \succ_1 a_2$。

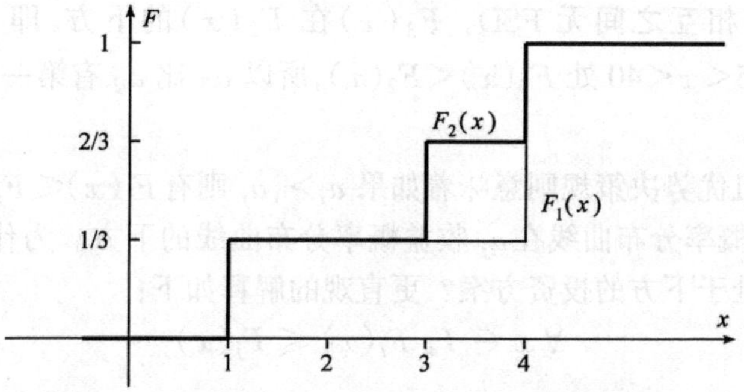

图 5.5 例 5.1 中两个方案的概率分布曲线

例 5.2 三个方案的投资决策问题的收益率 x(%)及其概率 $p(x)$ 如表 5.3 所示。为了简单起见，只考虑这三个方案不考虑方案的组合。设决策人的效用函数属于 U_1，根据 FSD 确定哪个方案有优势。

表 5.3

	a_1		a_2		a_3	
	x	$p(x)$	x	$p(x)$	x	$p(x)$
	−10	0.5	−5	0.25	−5	0.2
	30	0.5	0	0.25	2	0.2
			10	0.25	15	0.2
			40	0.25	40	0.4
x 的期望值	10.00		11.25		18.40	

解：根据题意可作 a_1、a_2 和 a_3 的概率分布函数曲线如图 5.6 所示。

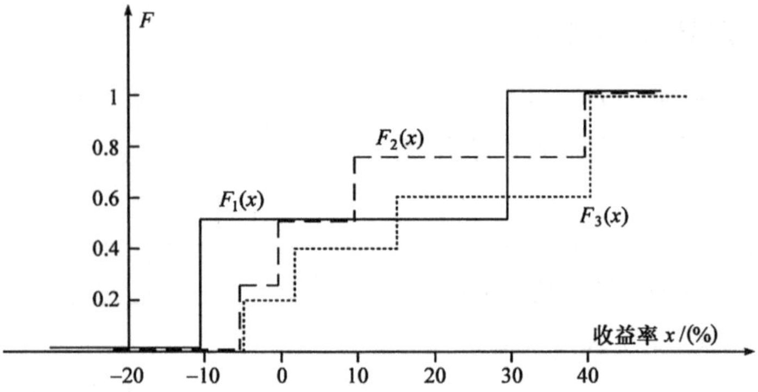

图 5.6　例 5.2 中三个方案的概率分布曲线

由图 5.6 可知，在 $x=30$ 处，$F_1(x)$ 与 $F_2(x)$、$F_3(x)$ 均相交，所以 $F_1(x)$ 与 $F_2(x)$、$F_3(x)$ 相互之间无 FSD。$F_3(x)$ 在 $F_2(x)$ 的下方，即 $\forall x, F_3(x) \leqslant F_2(x)$，且在 $-5<x<40$ 处 $F_3(x)<F_2(x)$，所以 a_3 比 a_2 有第一等随机优势，即 $a_3 \succ_1 a_2$。

第一等随机优势决策规则意味着如果 $a_i \succ_1 a_j$ 则有 $F_i(x) \leqslant F_j(x)$，也就是说方案 a_i 的收益概率分布曲线在 a_j 收益概率分布曲线的下方。为什么决策人偏爱概率分布曲线处于下方的投资方案？更直观的解释如下：

$$\forall x \in I,\ F_i(x) \leqslant F_j(x) \tag{5.16}$$

可以改写为

$$\forall x \in I,\ 1 - F_i(x) \geqslant 1 - F_j(x) \tag{5.17}$$

而 $F_i(x) = p(X \leqslant x)$，所以 $1 - F_i(x) = p(X > x)$。如果 $a_i \succ_1 a_j$，则对所有 x，收益大于 x 的概率 a_i 高于 a_j。任何一个决策人都希望收益大的可能性越大越好。这就是对 FSD 由 $\forall x \in I, F_i(x) \leqslant F_j(x) \Rightarrow a_i \succ_1 a_j$ 的直观解释。

由以上讨论可以对 FSD 的作图法作如下总结：

① 在实际使用 FSD 比较 a_i 与 a_j 之间的优劣时，只要描出 a_i 与 a_j 收益的概率分布曲线 $F_i(x)$ 与 $F_j(x)$，若 $F_i(x)$ 在 $F_j(x)$ 的下方（或右侧），则 $a_i \succ_1 a_j$，a_j 为无效方案，可删掉 a_j。

② 若两条概率分布曲线有交叉点，第一等随机优势无法判定优劣；凡是起始点在左侧的曲线所对应的方案不可能占优势。

③ $F_i(x)$ 对 $F_j(x)$ 没有优势时无法判定 $F_j(x)$ 对 $F_i(x)$ 有优势，只有 $F_i(x)$ 对 $F_j(x)$ 无第一等随机优势，且 $F_j(x)$ 对 $F_i(x)$ 也无第一等随机优势时，才能说第一等随机优势原则无法判别 a_j 与 a_i 的优劣。

5.4 第二等随机优势

5.4.1 第二类效用函数 U_2

上一节所讨论的第一等随机优势假设决策人的效用函数 $u \in U_1$,是单调非减函数。许多证据表明,即使不是全部也是绝大多数决策人是厌恶风险的。因此本节将讨论适用于风险厌恶的决策人的投资决策规则。风险厌恶型效用函数依然是非减函数,即 $u \in U_1$,只是再增加风险厌恶的假设条件。

风险厌恶可以从多个不同的角度定义。例如:

① 效用函数在定义域上有非负的一阶导数($u' \geqslant 0$),二阶导数非正($u'' \leqslant 0$),而且至少有一个点处 $u' > 0$,也至少有一个点处 $u'' < 0$。

把风险厌恶型效用函数称为第二类效用函数,记作 U_2,则有

$$U_2 = \{u \mid u \in U_1, \forall x \in (a,b), u''(x) \leqslant 0, 且 \exists x_0 \in (a,b), 使 u''(x_0) < 0\}$$

这是第二类效用函数,即风险厌恶型效用函数的正式定义;此外,还可以从风险厌恶型效用函数的其他特征加以描述。

② 如果在效用函数曲线上任意两点的连线都在效用函数曲线的下方或者在曲线上,但是至少有一条连线严格处于效用函数曲线的下方,则该效用函数是风险厌恶型的。图 5.7 所示为风险厌恶型效用函数曲线,其中连线 cd 和 ef 在效用函数曲线上,连线 de 则在效用函数曲线下方。

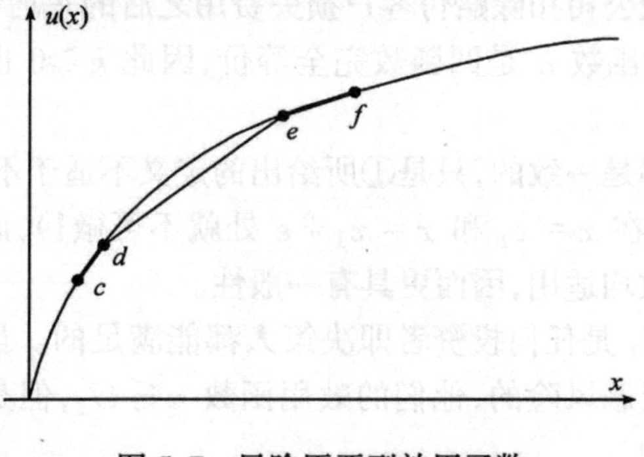

图 5.7 风险厌恶型效用函数

③ 期望效用小于或等于期望收益的效用。更具体地说,假设某个投资项目产出 x_1 的概率为 p,产出 x_2 的概率为 $1-p$,则

$$u(E(x)) = u(px_1 + (1-p)x_2) \geqslant pu(x_1) + (1-p)u(x_2) = Eu(x) \tag{5.18}$$

且假设中的投资项目至少存在某个产出使严格的不等式成立。凹函数的这种性质(即 $u' \geqslant 0$ 且 $u'' \leqslant 0$)使下式成立:

$$u(E(x)) \geqslant Eu(x) \tag{5.19}$$

上面②中的定义通常只能用于随机变量取两个值的情况;式(5.19)则适用于更一般的、随机变量取多个值的情况。

④ 厌恶风险的决策人不会参加**公平的赌博**(fair game)。所谓公平的赌博是指参与赌博的代价与期望收益相等的赌博。例如掷骰子,面上是 $x(x=1,2,\cdots,6)$点就收入 x 元,期望收益是 $E(x)=\sum_{x=1}^{6} x/6=3.5$ 元,若参与赌博的费用也是 3.5 元,这种赌博就是"公平的"。而厌恶风险的决策人绝不会参加这种赌博。

⑤ 厌恶风险的决策人为了使其财产获得保障,随时准备支付**风险酬金**(risk premium)。例如,为房产购买火灾保险。设决策人的房产价值 x,其他财产为 w。房产面临发生火灾的风险。若决策人不购买火灾保险,房产的价值 x 就是随机变量。此人的总资产的期望效用是 $Eu(w+x)$,根据式(5.19),有

$$Eu(w+x) \leqslant u(w+E(x)) \tag{5.20}$$

因此,$\exists\, k \geqslant 0$,使

$$Eu(w+x) = u(w+E(x)-k) \tag{5.21}$$

由式(5.21)求得的 k 称做风险酬金。这是决策人为了规避风险而愿意支付的代价,也就是使总的财产在平均值意义上减少的数量。例如在火灾保险问题上,决策人参加保险,如果不发生火灾,他要支付保险金;若发生火灾,保险公司要赔付房主的火灾损失。k 代表了在给定火灾发生概率条件下向保险公司支付的期望值。这一风险酬金也是保险公司扣除赔付客户损失费用之后的平均毛收益率。对风险投资而言,$k \geqslant 0$ 与效用函数 u 是凹函数完全等价,因此 $k \geqslant 0$ 也可以作为风险厌恶的定义。

上述所有定义都是一致的,只是①所给出的定义不适于不可微的效用函数(图 5.3 所示的效用函数在 $x=x_1$ 和 $x=x_1+\varepsilon$ 处就不可微!),而其他定义则对可微与不可微的效用函数均适用,因而更具有一般性。

效用函数 $u \in U_1$ 是任何投资者即决策人都能满足的。虽然有许多证据表明绝大部分决策人是厌恶风险的,他们的效用函数 $u \in U_2$,但是毕竟不是所有的决策人都是风险厌恶的。

除了上述火灾保险中愿意支付风险酬金来规避风险外,绝大部分决策人是厌恶风险的重要证据是,所有公司的融资成本都高于无风险利率,因为持股人是风险厌恶的,他们要求获得风险酬金。1926～1997 年美国的股票的平均年收益率为 12%,而同期国库券的平均年收益率约为 3%。这 9%的差额代表了风险酬金,反映了大部分持股人是风险厌恶的。因此,虽然不能假设所有的投资者都是风险厌恶的,但是绝大部分人通常能接受 $u \in U_2$,因此有必要研究在 $u \in U_2$ 条件下的决策规则。

5.4.2　第二等随机优势的决策规则

定义 5.6　设方案 a_i 和 a_j 关于的收益 x 的概率分布分别为 $F_i(x)$ 和 $F_j(x)$，x 的取值范围 $[a,b]$ 记作 I。当 $u \in U_2$ 时，有

$$\forall x \in I, D_2(x) \triangleq \int_a^x [F_j(t) - F_i(t)] \mathrm{d}t \geqslant 0$$

且 $\exists x_0 \in I$，使 $D_2(x_0) > 0$，则称行动 a_i 比起 a_j 具有**第二等随机优势**(second-degree stochastic dominance，简记为 SSD)，记作 $a_i \succ_2 a_j$。

定理 5.2　$a_i \succ_2 a_j$ 当且仅当

$\forall u \in U_2, E_{a_i} u(x) \geqslant E_{a_j} u(x)$，且 $\exists u_0 \in U_2$ 使 $E_{a_i} u_0(x) > E_{a_j} u_0(x)$

证明：与定理 5.1 的证明相仿，证明定理 5.2 需要证明：

$$\forall x \in I, D_2(x) = \int_a^x [F_j(t) - F_i(t)] \mathrm{d}t \geqslant 0, \text{且 } \exists x_0 \in I \text{ 使} D_2(x_0) > 0$$

与 $\forall u \in U_2, E_{a_i} u(x) \geqslant E_{a_j} u(x)$，且 $\exists u_0 \in U_2$ 使 $E_{a_i} u_0(x) > E_{a_j} u_0(x)$ 互为充要条件。

充分性：需要证明

$$\forall x \in I, D_2(x) = \int_a^x [F_j(t) - F_i(t)] \mathrm{d}t \geqslant 0 \quad \Rightarrow$$

$$\forall u \in U_2, E_{a_i} u(x) \geqslant E_{a_j} u(x)$$

由式(5.12)，有

$$E_{a_i} u(x) - E_{a_j} u(x) = \int_a^b [F_j(x) - F_i(x)] u'(x) \mathrm{d}x$$

对上式右边分部积分，得

$$E_{a_i} u(x) - E_{a_j} u(x)$$
$$= u'(x) \int_a^x [F_j(t) - F_i(t)] \mathrm{d}t \Big|_a^b - \int_a^b u''(x) \cdot \left(\int_a^x [F_j(t) - F_i(t)] \mathrm{d}t \right) \mathrm{d}x \tag{5.22}$$

由于 $F_i(a) = F_j(a) = 0$，式(5.22)可化简为

$$E_{a_i} u(x) - E_{a_j} u(x)$$
$$= u'(b) \int_a^b [F_j(t) - F_i(t)] \mathrm{d}t - \int_a^b u''(x) \cdot \left(\int_a^x [F_j(t) - F_i(t)] \mathrm{d}t \right) \mathrm{d}x \tag{5.23}$$

充分性的前提条件是 $\forall x \in I, \int_a^x [F_j(t) - F_i(t)] \mathrm{d}t \geqslant 0$，当 $x = b$ 时这个条件也必定成立；又因为 $u'(b) > 0$，所以式(5.23)右边第一项非负。由于 $u \in U_2, u''(x)$

$\leqslant 0$,且$\int_a^x[F_j(t)-F_i(t)]\mathrm{d}t\geqslant 0$,所以第二项也非负。因此,只要 $D_2(x)\geqslant 0$ 这一条件成立,则必有 $\forall\, u\in U_2, E_{a_i}u(x)\geqslant E_{a_j}u(x)$。

我们还需要证明 $\exists\, u_0\in U_2$ 使 $E_{a_i}u_0(x)>E_{a_j}u_0(x)$。在前提条件中有"且 $\exists\, x_0\in I$,使 $D_2(x_0)>0$",又因为$\int_a^x[F_j(t)-F_i(t)]\mathrm{d}t$ 是连续的,所以 $\exists\,\varepsilon>0$,使在区间 $x_0-\varepsilon<x\leqslant x_0+\varepsilon$ 上$\int_a^x[F_j(t)-F_i(t)]\mathrm{d}t>0$ 。取 $u_0(x)=-\mathrm{e}^{-x}$,则在区间 $x_0-\varepsilon<x\leqslant x_0+\varepsilon$ 上$u_0'(x)>0$, $u_0''(x)<0$,显然 $u_0\in U_2$,于是有

$$
\begin{aligned}
&E_{a_i}u_0(x)-E_{a_j}u_0(x)\\
&\quad=u_0'(b)\int_a^b[F_j(t)-F_i(t)]\mathrm{d}t+\int_a^b-u_0''(x)\left(\int_a^x[F_j(t)-F_i(t)]\mathrm{d}t\right)\mathrm{d}x\\
&\geqslant\int_a^{x_0-\varepsilon}-u''_0(x)\int_a^x[F_j(t)-F_i(t)]\mathrm{d}t\mathrm{d}x+\int_{x_0-\varepsilon}^{x_0+\varepsilon}-u''_0(x)\int_a^x[F_j(t)-F_i(t)]\mathrm{d}t\mathrm{d}x\\
&\quad+\int_{x_0+\varepsilon}^{b}-u''_0(x)\int_a^x[F_j(t)-F_i(t)]\mathrm{d}t\mathrm{d}x\\
&\geqslant\int_{x_0-\varepsilon}^{x_0+\varepsilon}-u''_0(x)\int_a^x[F_j(t)-F_i(t)]\mathrm{d}t\mathrm{d}x=\int_{x_0-\varepsilon}^{x_0+\varepsilon}-u''_0(x)D_2(x)\mathrm{d}t\mathrm{d}x>0
\end{aligned}
$$

式中最后一个不等式成立是因为在区间 $x_0<x\leqslant x_0+\varepsilon$ 上,$D_2(x_0)>0$ 且 $u''_0(x)<0$,均为严格不等式。这就证明了条件 $F_i(x_0)<F_j(x_0)$可以保证 $\exists\, u_0=-\mathrm{e}^{-x}\in U_2$,使 $E_{a_i}u_0(x)>E_{a_j}u_0(x)$,亦即避免了 $E_{a_i}u_0(x)\equiv E_{a_j}u_0(x)$,使 $a_i\succ_2 a_j$。

必要性:需要证明

$$
\forall\, u\in U_2, E_{a_i}u(x)\geqslant E_{a_j}u(x)\quad\Rightarrow
$$

$$
\forall\, x\in I,\ \int_a^x[F_j(t)-F_i(t)]\mathrm{d}t\geqslant 0
$$

仍用反证法,思路是假设对某个 x_0,有 $D_2(x_0)<0$,我们将证明这会导致 $\exists\, u_0\in U_2$,使 $E_{a_i}u_0(x)<E_{a_j}u_0(x)$,这与定理的前提条件:

$$
\forall\, u\in U_2,\ E_{a_i}u(x)\geqslant E_{a_j}u(x)
$$

相矛盾。因此要使包括 u_0 的所有风险厌恶型效用函数 $u\in U_2$,上式都能成立,就不可能有

$$
D_2(x_0)=\int_a^{x_0}[F_j(t)-F_i(t)]\mathrm{d}t<0
$$

为此,我们假设 $D_2(x_0)<0$,选择

$$
u_0(x)=\begin{cases}x & x\leqslant x_0\\ x_0 & x>x_0\end{cases}\tag{5.24}
$$

根据风险厌恶类效用函数 U_2 的定义②到⑤,显然有 $u_0 \in U_2$。由式(5.12),有

$$\begin{aligned} E_{a_i}u(x) - E_{a_j}u(x) &= \int_a^b [F_j(x) - F_i(x)]u'(x)\mathrm{d}x \\ &= \int_a^{x_0}[F_j(x) - F_i(x)] \cdot 1 \cdot \mathrm{d}x + \int_{x_0}^b [F_j(x) - F_i(x)] \cdot 0 \cdot \mathrm{d}x \\ &= \int_a^{x_0}[F_j(x) - F_i(x)]\mathrm{d}x = D_2(x_0) \end{aligned}$$

上式表明对式(5.24)所示的 $u_0, E_{a_i}u(x) \geqslant E_{a_j}u(x)$ 与 $\int_a^{x_0}[F_j(x) - F_i(x)]\mathrm{d}x < 0$ 相矛盾,所以由 $\forall u \in U_2, E_{a_i}u(x) \geqslant E_{a_j}u(x)$ 不可能有 $D_2(x_0) < 0$。

需要说明的是,式(5.24)所示的 u_0 不能适于 U_2 类效用函数的定义①,因为 u_0 在 x_0 处不可微。Levy(1998)给出了在 x_0 处可微而又与 u_0 任意接近的表达式,并作了证明。

5.4.3　第二等随机优势的图解法

我们通过实际的例子来讨论第二等随机优势的图解法。

例 5.3　设投资决策问题有两个方案 a_1、a_2,收益及相应的概率见表 5.4;决策人的效用函数为风险厌恶型。试用随机优势规则求解。

表 5.4

	1/6	1/6	1/6	1/6	1/6	1/6	E	V
a_1	1	1	4	4	4	4	3	2
a_2	0	2	3	3	4	4	8/3	14/9

解: $E_1 > E_2$ 且 $V_1 > V_2$,因此用 E－V 判据无法判定哪个方案有优势。

首先作 a_1、a_2 两个投资方案的收益 x 的概率分布曲线 $F_1(x)$ 和 $F_2(x)$,如图 5.8 之(a)所示。由于曲线 $F_1(x)$ 和 $F_2(x)$ 在 $x=1$ 处交叉,FSD 无法判别 a_1 与 a_2 的优劣。

根据第二等随机优势,由于在 $0<x<1$ 处 $F_2>F_1$,所以 a_2 不可能有优势。

根据积分条件 $D_2(x) = \int_a^x [F_2(t) - F_1(t)]\mathrm{d}t$,可作图如 5.8 之(b)。

从图中可知,$D_2(x)$ 恒非负且有大于 0 处,所以 a_1 比 a_2 有 SSD,即 $a_1 \succ_2 a_2$。

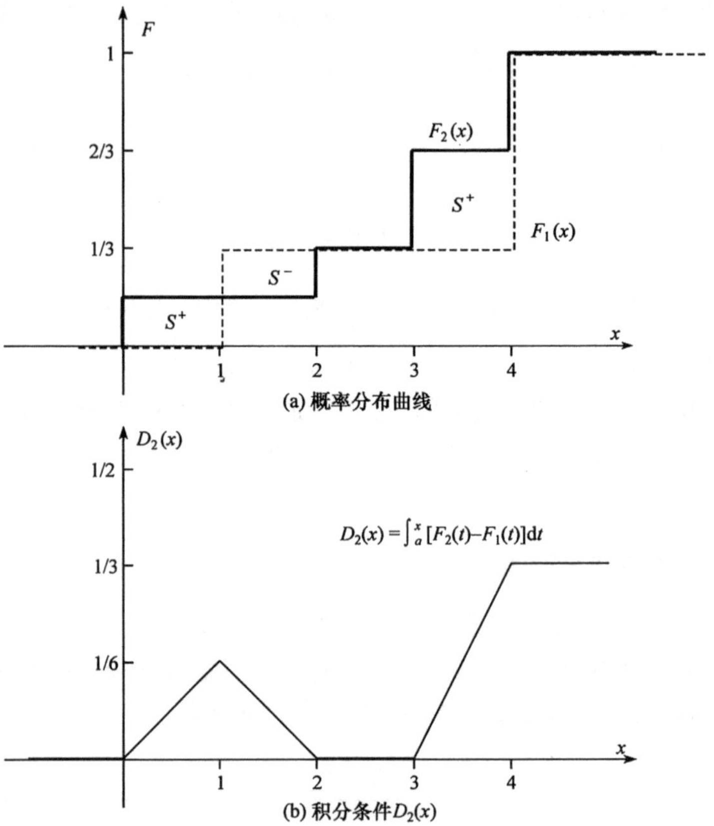

图 5.8　例 5.3 的图形解

例 5.4　投资决策问题。两个方案 a_1、a_2 的收益及相应的概率如表 5.5 所示;决策人的效用函数为风险厌恶型,试用随机优势规则求解。

表 5.5

	1/4	1/4	1/4	1/4	E	V
a_1	1	1	1	3	1.5	0.75
a_2	0	2	2	2	1.5	0.75

解: 该问题若用 E－V 判据求解 $E_1=E_2$ 且 $V_1=V_2$,因此用 E－V 判据无法判定哪个方案有优势。

由于决策人的效用函数属于风险厌恶型,即 $u\in U_2$,可以用 SSD 求解。曲线 $F_1(x)$和 $F_2(x)$在 $x=1$ 处交叉,FSD 无法判别 a_1 与 a_2 的优劣。

由于在 $0<x<1$ 处 $F_2>F_1$,所以 a_2 不可能有第二等随机优势。

根据积分条件:$D_2(x)=\int_a^x[F_2(t)-F_1(t)]\mathrm{d}t$ 可作图 5.9(b)。

当 $1.5<x<3$ 时,$D_2(x)<0$,所以 a_1 比 a_2 也不可能有第二等随机优势,所以本题用 SSD 也无法求解。

由例 5.3、例 5.4 和图 5.8、图 5.9,可以把 SSD 决策规则的图解法总结如下:

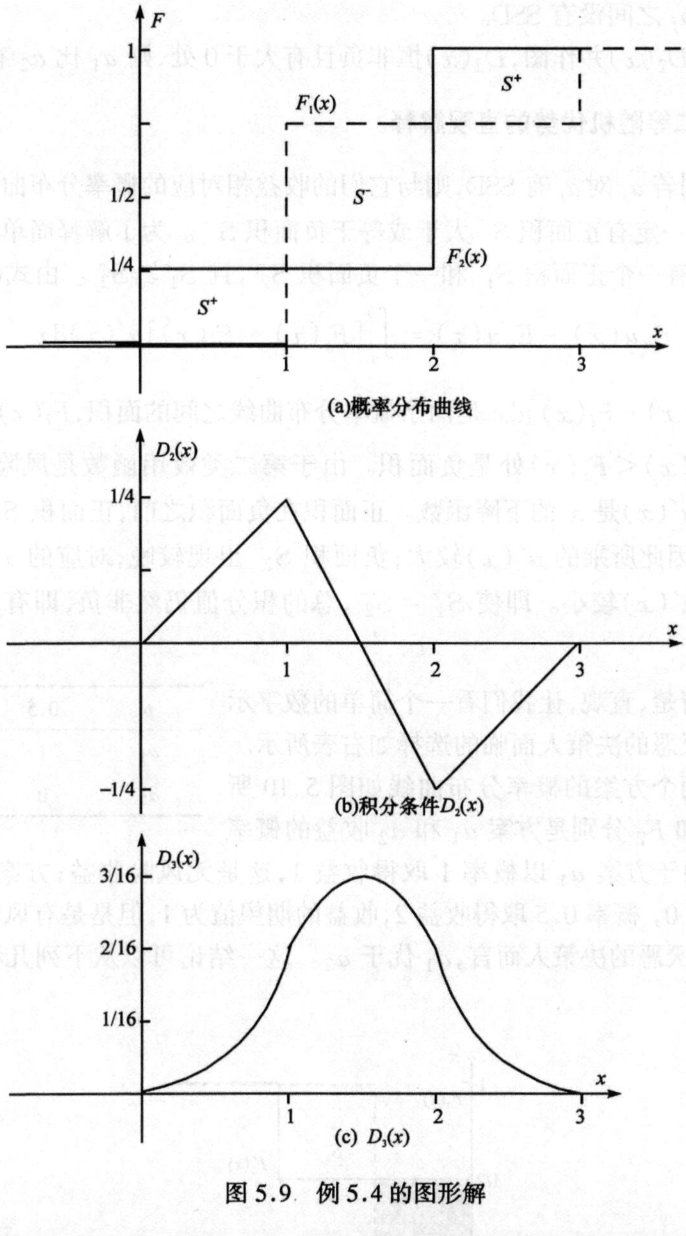

图 5.9　例 5.4 的图形解

① 上升较早或较快的概率分布曲线所对应的方案不可能有第二等随机优势。

② 概率分布曲线有交点时，设后上升概率分布曲线所对应的方案为 a_i，另一个方案为 a_j，把 F_i 在 F_j 以下部分的面积称为正面积，记为 S^+；把交点以后 F_j 在 F_i 以下部分的面积称为负面积，记为 S^-；若任何负面积 S^- 左侧存在正面积且正面积 S^+ 大于或等于负面积 S^-，则 a_i 比 a_j 有 SSD；若负面积 S^- 左侧的 S^+ 小于

S^-,则 a_i 与 a_j 之间没有 SSD。

③ 计算 $D_2(x)$并作图,$D_2(x)$恒非负且有大于 0 处,则 a_1 比 a_2 有 SSD。

*5.4.4 第二等随机优势的直观解释

前面提到若 a_i 对 a_j 有 SSD,则与它们的收益相对应的概率分布曲线之间的负面积 S^-之前一定有正面积 S^+大于或等于负面积 S^-。为了解释简单而又不失一般性,假设只有一个正面积 S_1^+ 和一个负面积 S_2^-,且 $S_1^+ \geqslant S_2^-$。由式(5.12),有

$$E_{a_i}u(x) - E_{a_j}u(x) = \int_a^b [F_j(x) - F_i(x)]u'(x)\mathrm{d}x$$

其中,$\int_a^b [F_j(x) - F_i(x)]\mathrm{d}x$ 是两条概率分布曲线之间的面积,$F_j(x) > F_i(x)$处是正面积,$F_j(x) < F_i(x)$处是负面积。由于第二类效用函数是风险厌恶型的,$u'' \leqslant 0$,所以 $u'(x)$是 x 的下降函数。正面积在负面积之前,正面积 S_1^+ 处对应的 x 的值较小,因此所乘的 $u'(x)$较大;负面积 S_2^- 出现较晚,对应的 x 的值较大,因此所乘的 $u'(x)$较小。即使 $S_1^+ = S_2^-$,总的积分值仍然非负,即有 $E_{a_i}u(x) > E_{a_j}u(x)$。

为了更清楚、直观,让我们看一个简单的数字示例。设风险厌恶的决策人面临的选择如右表所示。

p	0.5	0.5
a_1	1	1
a_2	0	2

本例的两个方案的概率分布曲线如图 5.10 所示,图中 F_1 和 F_2 分别是方案 a_1 和 a_2 收益的概率分布曲线。由于方案 a_1 以概率 1 取得收益 1,这是无风险收益;方案 a_2 以概率 0.5 取得收益 0, 概率 0.5 取得收益 2,收益的期望值为 1,但是是有风险的。不难看出,对风险厌恶的决策人而言,a_1 优于 a_2。这一结论可以从下列几种不同的角度得出:

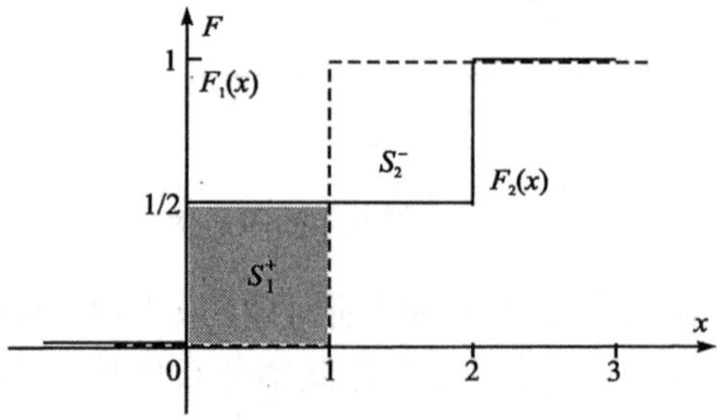

图 5.10 数字示例中概率分布曲线

一是可以直接由定义,通过计算得到 $\forall x \in (-\infty, \infty)$,

$$D_2(x) = \int_a^x [F_j(t) - F_i(t)]\mathrm{d}t \geqslant 0;\text{且在 } 0 < x < 2 \text{ 时,有 } D_2(x_0) > 0$$

由此得出 a_1 比 a_2 有 SSD。

二是从图 5.10 看出 $S_1^+ = S_2^-$,S_1^+ 处对应的 x 的值较小,因此所乘的 $u'(x)$ 较大;S_2^- 所乘的 $u'(x)$ 较小,使总的积分值仍然非负,即 $E_{a_1}u(x) \geqslant E_{a_2}u(x)$,得出 a_1 比 a_2 有 SSD。

三是可以把 a_1 的后果看做是决策人拥有的用于投资的总资产,记作 1 个单位;a_2 是决策人将这 1 个单位的资产用于收益为 $1+y$ 的投资项目,其中

$$y = \begin{cases} -1 & \text{概率为 } 0.5 \\ 1 & \text{概率为 } 0.5 \end{cases}$$

因此 a_2 的收益 F_2 是 a_1 的收益 F_1 与 y 之和,即 $F_2 = F_1 + y$。数字示例中的问题等价于:一个风险厌恶型的决策人是否愿意免费投资于收益为 y 的项目,亦即是否愿意参加公平的赌博。若愿意,则 $a_2 \succ_2 a_1$;若不愿意,则 $a_1 \succ_2 a_2$。由第三章及本章所给的风险厌恶的定义,厌恶风险的决策人绝不可能进行这种投资,所以 $a_1 \succ_2 a_2$。

*5.5 第三等随机优势

5.5.1 第三类效用函数 U_3

前两节中,通过假设 $u \in U_1(u' \geqslant 0)$ 定义了第一等随机优势 FSD 的决策规则;通过假设 $u \in U_2(u' \geqslant 0$ 且 $u'' \leqslant 0)$ 导出了第二等随机优势 SSD 下的决策规则。这一节要推导**第三等随机优势**(third-degree stochastic dominance,简记为 TSD)的决策规则,与 TSD 相应的效用函数的类是 U_3,这一类效用函数的特征是在第二类效用函数的特征中加上三阶导数非负,即 $u' \geqslant 0, u'' \leqslant 0$ 且 $u''' \geqslant 0$。

1. 三阶导数 u''' 与歁斜

在讨论 TSD 决策规则之前,先讨论三阶导数非负即 $u''' \geqslant 0$ 的经济含义。$u' \geqslant 0$ 及 $u'' \leqslant 0$ 的经济意义很直观,容易理解:$u' \geqslant 0$ 表明钱多比钱少好,可以从货币型后果的单调性公理导出;$u'' \leqslant 0$ 的含义是风险厌恶型决策人不愿意冒风险。而正三阶导数的经济含义则复杂得多,它与后果概率分布的**歁斜**(skewness)有关。

定义 5.7 歁斜

投资收益率的歁斜即分布的三阶中心矩,记作 μ_3。对离散型随机变量 x,

$$\mu_3 = \sum_{i=1}^{n} p_i(x_i - E(x))^3$$

对连续型随机变量 x,

$$\mu_3 = \int_{-\infty}^{\infty} f(x)(x - E(x))^3 \mathrm{d}x$$

日常的经济活动中,抽奖即彩票的奖金分布通常是以小概率获得大奖,是正歙斜的;房产不投保,以小概率发生火灾时将承受造成巨大损失,这是负歙斜的。若分布具有对称性,歙斜性为0。下面用三个数字例子加以说明。

例 5.5 彩票的奖金。设某个彩票的奖金与发生的概率 $p(x)$如下表所示:

x(元)	$p(x)$
0	0.999
10 000	0.001

这一彩票的期望值是 $E(x)=0.999\times0+0.001\times10000=10$(元)。歙斜值为

$$\begin{aligned}\mu_3 &= 0.999\times(0-10)^3+0.001\times(10000-10)^3\\ &= -0.999\times1000+0.001\times9990^3 = 9.97002\times10^8\end{aligned}$$

这是一个很大的正歙斜。

例 5.6 不投保的房产的价值。设房产价值 1000 000 元,未投保。发生火灾则全部损失,房产的价值为0。房产值与相应的概率见下表:

x(元)	$p(x)$
0	0.001
1 000 000	0.999

房产的期望价值 $E(x)=0.001\times0+0.999\times1000000=999000$。歙斜值为

$$\begin{aligned}\mu_3 &= 0.001\times(0-999000)^3+0.999\times(1000000-999000)^3\\ &= -9.97\times10^{14}\end{aligned}$$

这是一个更大的负歙斜。

例 5.7 对称的分布。设抛一个均匀的硬币,正面向上可收入 10 元,反面向上付出 8 元。

收入 x 的期望值为

$$E(x) = 0.5\times10+0.5\times(-8) = 1(\text{元})$$

歙斜值为

$$\mu_3 = 0.5\times(10-1)^3+0.5\times(-8-1)^3 = 0$$

2. 正歉斜偏好与效用函数

早在 1948 年,Friedman 和 Savage 就提出,为了理解投资决策者的偏好,可以通过观察大量投资者的行为获得有关的结论。Friedman 和 Savage 认为一般的投资者都会购买彩票和房产保险。通过房产投保既可以降低房产在未来价值的方差,也可以把未投保房产的负歉斜降低到 0。因此,对购买房产保险这一行为可以作两种解释:一是投保者不喜欢方差,是厌恶风险;一是投保者不喜欢负歉斜。为房产购买保险保证了投资者的确定性收入;保险公司则在收购方差和负歉斜。

购买彩票与购买房产保险有所不同。在购买彩票时,投资者实际上是在买入方差和正歉斜;通常人们厌恶方差(因为它反映了风险),但是喜欢正歉斜。任何正常的投资者不会单独购入方差,而是彩票的方差较小、正歉斜特别大,吸引人们去购买。为了更准确地说明正三阶导数与歉斜的关系,可以将决策人的效用函数 $u(w+x)$ 在点 $w+\bar{x}$ 处展开成 Taylor 级数($\bar{x}$ 是期望收益 $E(x)$ 的记号):

$$u(w+x)=u(w+\bar{x})+u'(w+\bar{x})(x-\bar{x})+\frac{u''(w+\bar{x})(x-\bar{x})^2}{2!}+\frac{u'''(w+\bar{x})(x-\bar{x})^3}{3!}+\cdots$$

等号两端取期望,并由 $E(x-\bar{x})=0$,得

$$Eu(w+x)=u(w+\bar{x})+\frac{1}{2!}u''(w+\bar{x})\sigma_x^2+\frac{1}{3!}u'''(w+\bar{x})\mu_3+\cdots \quad (5.25)$$

根据式(5.25),在其他因素都保持不变时,σ_x^2 越大,风险厌恶型效用函数的期望值越小(因为 $u''<0$);只要 $u'''>0$,正歉斜 μ_3 越大,效用函数的期望值也越大。因此,如果 $u''<0$,决策人不喜欢方差;$u'''>0$ 时,决策人不喜欢负歉斜而喜欢正歉斜。

购买房产保险时,σ^2 和 μ_3 分别由正值和负值降为 0。由投保人的 $u''<0$ 和方差 σ^2 的减小,期望效用将增加;由 $u'''>0$ 和负歉斜降为 0,投保人的期望效用也将增加。在此过程中,房产保险公司则收取风险酬金,这会使投保人的财产期望值有所下降,因而使他的期望效用下降,但是从总体上考察,投保人参加保险比不参加的期望效用将有显著增加。

在购买彩票问题中,如果不买彩票,方差和歉斜均为 0。现实生活中的彩票都不可能"公平",即彩票的期望收益必小于彩票的价格;投资者在购买彩票时,期望收益会减小,σ^2 和 μ_3 都增大。由于有证据表明,几乎所有投资者都是风险厌恶即 $u''<0$ 的,所以只有当式(5.25)中第三项增加的值大于第一项及第二项减小的值时,他才会购买彩票。

从人们购买房产保险和购买彩票来看,这些行为与投资者的 $u'''>0$ 的假设是一致的。这些行为虽然无法证明投资者的 $u'''>0$ 这一假设,但是可以为这一假设

提供支持。

5.5.2 第三等随机优势的决策规则

1. 绝对风险厌恶递减的效用函数类

与 $u'''>0$ 这一假设有关的观察结果是，投资者的财富越多，厌恶风险的程度越低，即愿意支付的风险酬金越小。Arrow 和 Pratt(1964)所确定的风险酬金表达式为

$$k(w) = -\frac{\sigma^2}{2}\cdot\frac{u''(w)}{u'(w)} \tag{5.26}$$

观察到的事实用公式来表述就是：w 越大，$k(w)$的值越小，即$\frac{\partial k}{\partial w}<0$。用式(5.26)所定义的 $k(w)$对 w 求偏导数，有

$$\frac{\partial k(w)}{\partial w} = -\frac{\sigma^2}{2}\cdot\frac{u'(w)u'''(w)-[u''(w)]^2}{[u'(w)]^2}<0 \tag{5.27}$$

由上式可知，由于 $u'\geqslant 0$，所以只有当 $u'''>0$ 时，式(5.27)才可能成立，即

$$\partial k/\partial w < 0 \Rightarrow u'''(w) > 0$$

但是由 $u'''(w)>0$ 不一定有$\partial k/\partial w<0$。

定义 5.8 风险厌恶递减的效用函数类 U_{d}

对效用函数 $u\in U_2$，定义风险酬金 $k(w)=-c\cdot\frac{u''(w)}{u'(w)}$，其中 c 为常数，w 为决策人拥有的财富。若$\forall w$，有$\partial k/\partial w<0$，则称该效用函数为风险厌恶递减。将风险厌恶递减的效用函数类记作 U_{d}，则

$$U_{\mathrm{d}} = \{u \mid u\in U_2, 且\ \forall w, \frac{\partial k}{\partial w}\leqslant 0\} \tag{5.28}$$

2. 第三等随机优势下的决策规则

定义 5.9 第三类效用函数 U_3

$$U_3 = \{u \mid u\in U_2, u''' 在[a,b]上连续, 在(a,b)上\ u'''(w)>0\} \tag{5.29}$$

定理 5.3 第三等随机优势 TSD 的决策规则

设方案 a_i 和a_j 关于收益x 的概率分布分别为$F_i(x)$和 $F_j(x)$，概率密度函数分别为 $f_i(x)$和 $f_j(x)$，x 的取值范围为$[a,b]$，决策人的效用函数 $u\in U_3$，则当

① $\forall x\in[a,b], D_3(x)\overset{\Delta}{=}\int_a^x\int_a^z[F_j(t)-F_i(t)]\mathrm{d}t\mathrm{d}z\geqslant 0$

② $E_{a_i}(x)\geqslant E_{a_j}(x)$(或 $D_2(b)\geqslant 0$)

且其中有一个严格不等式成立，则称行动 a_i 比a_j 具有**第三等随机优势**(third-degree stochastic dominance，简记为 TSD)，记作$a_i\succ_3 a_j$。也就是说，

$$D_3(x)\geqslant 0 \text{ 且 } D_2(b)\geqslant 0 \quad \Leftrightarrow \quad \forall u\in U_3, E_{a_i}u(x)\geqslant E_{a_j}u(x)$$

证明:略。

由于 U_3 类效用函数中的 $u'''(x)\geqslant 0$ 不易判别,而 U_3 类效用函数的子类 U_d 是递减的厌恶风险的效用函数,U_d 较易判别,因此如果能判定决策人的效用函数属于 U_d,则也一定属于 U_3,同样可以利用 TSD 决策规则求解投资决策问题。

5.5.3 第三等随机优势的图解法

一个投资方案比另一个具有第三等随机优势 TSD,可以是它的期望值较高、方差较低或者是正歆斜较大。

在 5.4.3 节的例 5.4 中,两个方案的均值和方差都相等,因此对效用函数 $u\in U_2$ 的决策人来说,这两个方案之间既没有 FSD,也没有 SSD,无法判断它们之间的优劣。根据图 5.9(b),可以计算并画出如图 5.9(c)所示的 $D_3(x)$。由于对任何 x 都有 $D_3(x)\geqslant 0$,且在 $0<x<3$ 时 $D_3(x)>0$,所以只要决策人的偏好是正歆斜的(即 $u'''(x)>0$),或者决策人的效用函数是风险厌恶递减的($u\in U_d$),就可以判定 a_1 比 a_2 有 TSD。

例 5.8 投资问题两个方案 a_1、a_2 的收益及相应的概率见表 5.6;决策人的效用函数 $u\in U_3$。试用随机优势规则求解。

表 5.6

	1/4	1/4	1/4	1/4	E	V	μ_3
a_1	1.49	1.49	3.51	3.51	2.5	1.02	0
a_2	1	2	3	4	2.5	1.25	0

解:首先计算 a_1、a_2 收益的 E、V 和 u_3,并列入表 5.6。

由于本题的数字较前几题复杂,结果不直观,我们把 $D_1(x)$、$D_2(x)$和 $D_3(x)$ 的值计算后分别列于以下各表。

① $D_1(x)=F_2-F_1$ 的各点数值如下表:

x	<1	1	1.49	2	3	3.51	4
F_1	0	0	0.50	0.50	0.50	1.00	1.00
F_2	0	0.25	0.25	0.50	0.75	0.75	1.00
$D_1(x)$	0	0.25	−0:25	0	0.25	−0.25	0

根据表中数值可以作图 5.11(a),显然 a_1 与 a_2 相互之间无 FSD。

② $D_2(x)=\int_{-\infty}^{x}[F_2(t)-F_1(t)]\mathrm{d}t$ 如下表,表中 $\Delta S=\int_{x_{i-1}}^{x_i}[F_2(t)-$

$F_1(t)]dt$,即由表中左侧一列 x 的值到本列 x 值这一区间的积分值。

x	<1	1	1.49	2	3	3.51	4
$D_1(x)$	0	0.25	−0.25	0	0.25	−0.25	0
ΔS	0	0	0.1225	−0.1275	0	0.1275	−0.1225
$D_2(x)$	0	0	0.1225	−0.005	−0.005	0.1225	0

根据表中数值可以作图 5.11(b)。由于 F_2 左侧首先上翘,a_2 不可能有 SSD,而表

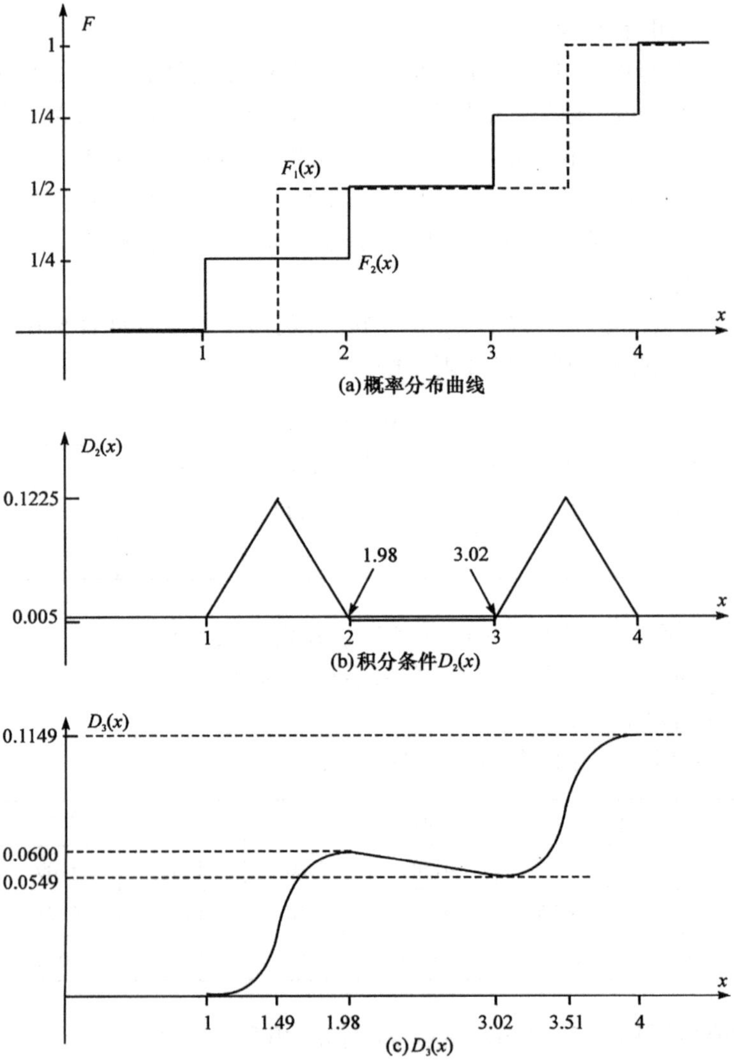

图 5.11　例 5.8 的图形解

中 $D_2(x)$ 有小于 0 处,所以 a_1 也不可能有 SSD。

③ $D_3(x)=\int_a^x\int_a^z[F_2(t)-F_1(t)]\,\mathrm{d}t\mathrm{d}z\geqslant 0$:

x	<1	1	1.49	1.98	3.02	3.51	4
$D_2(x)$	0	0	0.1225	0	0	0.1225	0
ΔS_2	0	0	0.0300	0.0300	−0.0051	0.0300	0.0300
$D_3(x)$	0	0	0.0300	0.0600	0.0549	0.0849	0.1149

上表中,$\Delta S_2=\int_{x_{i-1}}^x\int_a^z[F_2(t)-F_1(t)]\,\mathrm{d}t\mathrm{d}z$。根据表中数值可以作图 5.11(c)。

由于 $\forall x, D_3(x)\geqslant 0, 1<x<\infty$ 时 $D_3(x)>0$,且 $E_1(x)=E_2(x)=2.5$,所以可以判定 a_1 比 a_2 有第三等随机优势 TSD,即 $a_1\succ_3 a_2$。

在本例中,$E_1(x)=E_2(x)=2.5$,a_1 与 a_2 收益 x 的概率分布函数的歆斜 μ_3 也都等于 0;但是两者的方差不同,仍可判定 TSD。

第三等随机优势的图解法可总结如下:

设被比较方案 a_i 和 a_j 的概率分布函数分别是 $F_i(x)$ 和 $F_j(x)$,$F_j(x)$ 的左侧尾部首先上翘。

① 左侧尾部首先上翘的概率分布曲线所对应的方案 a_j 不可能有 TSD。

② 根据积分条件做出 $D_2(x)=\int_{-\infty}^{\pi}[F_j(t)-F_i(t)]\,\mathrm{d}t$ 的图形,把 $D_2(x)$ 曲线中大于 0 部分与 x 轴之间的面积称为正面积,记为 S^{2+};$D_2(x)$ 曲线小于 0 部分与 x 轴之间的面积称为负面积,记为 S^{2-};若每个负面积 S^{2-} 之前存在正面积且正面积 S^{2+} 大于或等于负面积 S^{2-},且 $E_i(x)\geqslant E_j(x)$,则 a_i 比 a_j 有 TSD;若 S^{2+} 小于 S^{2-},则 a_i 与 a_j 之间没有 TSD。

③ 通过计算 $D_3(x)$ 的值并画出 $D_3(x)$ 曲线的图形,若 $D_3(x)$ 恒非负,且 $E_i(x)\geqslant E_j(x)$,并存在 x 使某个严格不等式成立,则 a_i 比 a_j 有 TSD。

5.5.4 第三等随机优势的直观解释

从上面两个例子中可以看到,在判定第三等随机优势 TSD 时,歆斜的作用虽然重要,但毕竟不是惟一的因素。这就给 TSD 的直观解释带来很大困难。

让我们以例 5.4 及图 5.9 所示问题作为实例对第三等随机优势进行简单而粗略(但并不严密)的解释。

对图 5.4(a) 中两条概率分布曲线之间的面积标注"+"、"−"号,如图 5.12(a)。图中 S_2^- 的面积等于 S_1^+ 与 S_3^+ 之和,可将 S_2^- 分成两部分 S_{21}^- 与 S_{23}^-,使它们的面积分别与 S_1^+ 与 S_3^+ 相等。将 S_1^+、S_{21}^-、S_{23}^- 和 S_3^+ 关于 x 的均值分别记作

c、d、e 和 f。由式(5.12),有:

$$E_{a_1}u(x) - E_{a_2}u(x) = \int_a^b [F_2(x) - F_1(x)]u'(x)\mathrm{d}x \tag{5.30}$$

其中 $\int_a^b [F_2(x) - F_1(x)]\mathrm{d}x$ 是两条概率分布曲线之间的面积,$F_2(x) > F_1(x)$处是正面积;$F_2(x) < F_1(x)$处是负面积。所以有

$$\begin{aligned} & E_{a_1}u(x) - E_{a_2}u(x) \\ & = S_1^+ \cdot u'(c) - S_{21}^- \cdot u'(d) - S_{23}^- \cdot u'(e) + S_3^+ \cdot u'(f) \\ & = S_1^+ \cdot [u'(c) - u'(d)] - S_3^+ \cdot [u'(e) - u'(f)] \end{aligned} \tag{5.31}$$

令 $u'(c) - u'(d) = h_1, u'(e) - u'(f) = h_2$,则当 $S_1^+ \cdot h_1 \geqslant S_3^+ \cdot h_2$ 时,有

$$E_{a_1}u(x) - E_{a_2}u(x) \geqslant 0 \tag{5.32}$$

即 a_1 比 a_2 有 TSD。

由于 $u''(x) \leqslant 0$,所以 $u'(x)$是减函数;由于 $u'''(x) \geqslant 0$,所以 $u'(x)$是凸函数。因此,当 $u \in U_3$ 时 $u'(x)$是凸的减函数,形如图 5.12(b)所示。$u'(x)$是凸的减函数时,必有 $h_1 > h_2$;只要 $S_1^+ \geqslant S_3^+$,式(5.28)就成立,a_1 比 a_2 有 TSD。

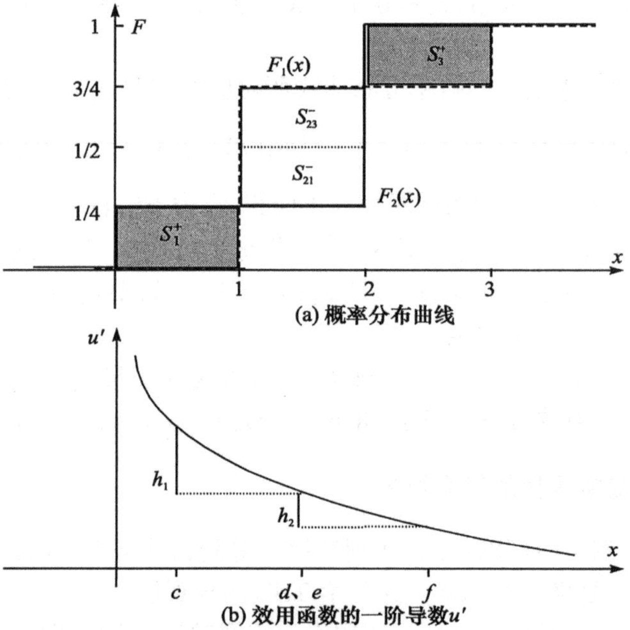

图 5.12 解释 TSD 的示意图

类似地还可以定义更高等随机优势。但是,由于很难说清楚三阶以上导数的经济意义,在实际上也无法判断决策人的效用函数三阶以上的导数是否符合相关条件,所以第三等以上的随机优势并无实用价值。

5.6 均值与方差在随机优势决策规则中的作用

在本章前面所讨论的各等级随机优势决策规则之中，方案 a_i 的均值大于或等于 a_j 的均值，即 $E_i(x) \geqslant E_j(x)$，是 a_i 比 a_j 占优势的必要条件。一个很自然的问题是：方差的大小是否也是随机优势决策规则的必要条件？回答是否定的。

例如，决策人的效用函数 $u \in U_2$，方案 a_1、a_2 的收益及相应的概率见下表：

	1/2	1/2	E	V
a_1	1	2	1.5	0.25
a_2	1	1	1	0

计算 a_1、a_2 收益的 E、V，并列入上表。

由于 a_1 按状态优于 a_2，有 $a_1 \succ a_2$；根据随机优势决策规则，a_1 有 FSD 即 $a_1 \succ_1 a_2$，所以也有 $a_1 \succ_2 a_2$ 和 $a_1 \succ_3 a_2$。由这个例子可以说明，根据随机优势决策规则所确定的优势方案不必是方差较小的方案，即在 $E_1(x) > E_2(x)$ 时，$\sigma_1^2 \leqslant \sigma_2^2$ 并不是 a_1 比 a_2 有第二等（或第三等）随机优势的必要条件。但是当两个投资方案的收益的均值相等，即 $E_1(x) = E_2(x)$ 时，$\sigma_1^2 \leqslant \sigma_2^2$ 就是 a_1 比 a_2 有第二等随机优势的必要条件。因为根据定义，$a_1 \succ_2 a_2$ 就是 $\forall u \in U_2$ 有 $E_1 u(x) \geqslant E_2 u(x)$，若取效用函数 $u_0(x) = x + cx^2$，则 $u_0' = 1 + 2cx$，$u_0'' = 2c$，将 u 定义在 $x \geqslant -1/2c$ 处，且令 $c < 0$，则 $u_0 \in U_2$。因为 $\sigma^2 = E(x^2) - (E(x))^2$，所以有

$$Eu_0(x) = E(x) + E(cx^2) = E(x) + c(E(x))^2 + c\sigma^2$$

为了表述清晰，设 a_1 和 a_2 的收益分别为 x 和 y，则

$$\begin{aligned}\Delta &\triangleq E_1 u_0(x) - E_2 u_0(y) \\ &= [E(x) - E(y)] + c((E(x))^2 - (E(y))^2) + c(\sigma_x^2 - \sigma_y^2)\end{aligned} \tag{5.33}$$

因为 $u_0 \in U_2$，$a_1 \succ_2 a_2$，所以 $\Delta \geqslant 0$；由于 $E(x) = E(y)$，所以有

$$c(\sigma_x^2 - \sigma_y^2) \geqslant 0$$

由 $c < 0$，必有 $\sigma_x^2 - \sigma_y^2 \leqslant 0$，即 $\sigma_x^2 \leqslant \sigma_y^2$。因此，当两个方案的均值相等时，$\sigma_1^2 \leqslant \sigma_2^2$ 是 $a_1 \succ_2 a_2$ 的必要条件。

由于二次型函数 $u_0(x)$ 的 $u''' = 0$，不属于第三类效用函数，所以不能用来证明 $\sigma_1^2 \leqslant \sigma_2^2$ 是 $a_1 \succ_3 a_2$ 的必要条件。但是可以选

$$u_s(x) = -(x - b)^2 + 1 - e^{-sx} \tag{5.34}$$

其中，$s, b > 0$ 且 x 的上界为 b，容易验证 $u_s \in U_3$。仍设 a_1 和 a_2 的收益分别为 x 和 y，则当 $s \to 0$，$1 - e^{-sx} \to 0$，$a_1 \succ_3 a_2$ 意味着对 u_s，应有 $Eu_s(x) \geqslant Eu_s(y)$，即

$$-E(x-b)^2 \geqslant -E(y-b)^2 \tag{5.35}$$

亦即应有

$$E(x^2)-2E(x)b+b^2 \leqslant E(y^2)-2E(y)b+b^2 \tag{5.36}$$

由于 $E(x)=E(y)$,所以式(5.32)即

$$E(x^2) \leqslant E(y^2)$$

因 $\sigma^2=E(x^2)-(E(x))^2$,所以上式即 $\sigma_x^2 \leqslant \sigma_y^2$。即当两个方案的均值相等时,$\sigma_1^2 \leqslant \sigma_2^2$也是 $a_1 \succ_3 a_2$ 的必要条件。

Hanoch(1969)用如下实例说明 $\sigma_1^2 \leqslant \sigma_2^2$ 和 $E_1(x)>E_2(x)$不是有第二等(或第三等)随机优势的充分条件。

行 动	a_1		a_2	
	x	$p(x)$	x	$p(x)$
收益及其概率	1	0.80	10	0.99
	100	0.20	1000	0.01
收益率均值	20.8		19.9	
方差	1468		9703	

在本例中,$\sigma_1^2 \leqslant \sigma_2^2$ 且 $E_1(x)>E_2(x)$。但是,如果设 $u_0(x)=\lg(x)$,显然 $u_0 \in U_3$,而 $E_{a_1}u_0(x)=0.4$ 小于 $E_{a_2}u_0(x)=1.02$,因此根据使期望效用最大化的决策原则 a_2 优于 a_1,但是用随机优势规则无法判断 a_1 与 a_2 的优劣。

由以上讨论可知,在 $E_1(x)>E_2(x)$时,$\sigma_1^2 \leqslant \sigma_2^2$ 既非 a_1 比 a_2 有第二等(或第三等)随机优势的必要条件,亦非充分条件。只有当收益的概率分布函数属于特定的类(例如正态分布)时,E-V 准则才与 SSD 等价。

5.7 随机优势小结

到目前为止,我们讨论了第一等随机优势 FSD、第二等随机优势 SSD 和第三等随机优势 TSD。FSD 假设决策人的效用函数 $u \in U_1$,SSD 假设 $u \in U_2$,TSD 假设 $u \in U_3$。

FSD、SSD 和 TSD 是逐次对 $f_j(x)$与 $f_i(x)$之差进行积分,积分值在 I 上非负则方案 a_i 比 a_j 占优势。

判别 FSD 的依据是 $\forall x \in [a,b]$,有

$$D_1(x)=F_j(x)-F_i(x)=\int_a^x [f_j(t)-f_i(t)]\mathrm{d}t \geqslant 0$$

且 $\exists x_0$,使 $D_1(x)>0$。

判别 SSD 的依据是 $\forall x \in [a,b]$，有

$$D_2(x) \triangleq \int_a^x D_1(t)\mathrm{d}t \geqslant 0$$

且 $\exists x_0 \in I$，使 $D_2(x_0) > 0$。

判别 TSD 的依据是 $\forall x \in [a,b]$，有

$$D_3(x) = \int_a^x D_2(z)\mathrm{d}z = \int_a^x \int_a^z [F_j(t) - F_i(t)]\mathrm{d}t\mathrm{d}z \geqslant 0$$

且 $E_{a_i}(x) \geqslant E_{a_j}(x)$ 或 $D_2(b) \geqslant 0$，且至少有一个严格不等式成立。

各等随机优势具有如下性质：

① 非对称性，即如果 $a_i \succ_i a_j$，则不会有 $a_j \succ_i a_i$。

② 传递性，即如果 $a_i \succ_i a_j$ 且 $a_j \succ_i a_k$，则 $a_i \succ_i a_k$。

③ FSD⇒SSD⇒TSD

各类效用函数之间的关系是：$U_d \subset U_3 \subset U_2 \subset U_1$。

各类效用函数及各等随机优势之间的关系可以用图 5.13 表示。

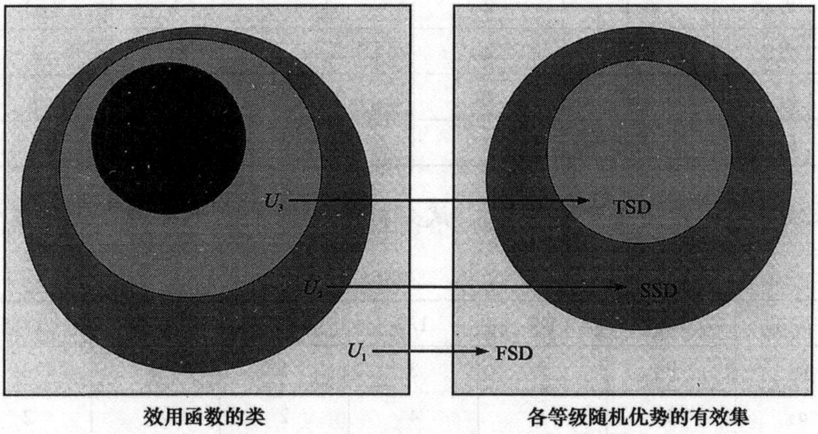

图 5.13　效用类与随机优势的有效集

习　题

一、问答题：

1. 什么是随机优势？为什么要研究随机优势？

2. 第一、第二、第三类效用函数各有什么直观含义？如何判定某个决策人的效用函数属于哪一类？

3. 用随机优势决策求解决策问题有何利弊？

二、决策人面临的相互独立、收益都是正态分布的 8 种投资方案见下页表。

方案序号	1	2	3	4	5	6	7	8
均值	0	5	15	5	12	10	9	17
方差	0	2	5	3	5	4	3	6

1. 用 E-V 优势确定有效方案集；

2. 哪个方案小于 0 的机会最小？哪个方案小于 3 的机会最小？

3. 假设决策人只有各买半份 4、5 的选择，把这种选择作为第 9 种投资方案，是否会改变 1、2 两问的答案？

三、决策人面临两种选择：① 在$[-1,1]$上均匀分布；② 在$[-A,B]$上均匀分布，其中(1)$A=B=2$；(2)$A=0.5, B=1.5$；(3)$A=2, B=3$。试用 FSD 和 SSD 判别在上述三种情况下①与②何者占优势(设决策人的效用函数 $u\in U_2$)。

四、已知收益如下表，用优势原则筛选方案(设决策人的效用函数 $u\in U_2$)。

θ_j	$\pi(\theta_j)$	a_1	a_2	a_3	a_4
θ_1	0.1	2	-1	-1	-1
θ_2	0.2	1	2	1	2
θ_3	0.3	0	1	1	0
θ_4	0.4	4	0	1	0

五、决策人的效用函数 $u\in U_d$。试分析他对下表所示的决策问题应作的选择。

	1/6	1/6	1/6	1/6	1/6	1/6
a_1	0	3	3	1	3	3
a_2	2	1	4	2	2	2

六、决策人所面临的决策问题收益如下表所示：

θ_i	$\pi(\theta_i)$	a_1	a_2	a_3
θ_1	0.25	0	4	2
θ_2	0.5	2	2	4
θ_3	0.25	6	2	0

设决策人认为：$2\sim\langle 0.5, 6; 0.5, 0\rangle$；$4\sim\langle 0.8, 6; 0.2, 0\rangle$。

1. 画出此问题的决策树。

2. 试用效用函数法和随机优势法两种方法分别求解决策人应选择何种行动。

第六章　随机性决策的应用与行为决策理论

墨菲定律：

- 事物比其表面所显示的要复杂得多；
- 做任何事情都要比预计的花更长时间和更大代价；
- 无论干什么么事，只要可能出错就一定会出错。

卡拉汉的推论：

墨菲是个乐观主义者。

在前面几章，我们介绍了随机性决策的理论基础——主观概率和效用，讨论了不确定型和风险型两类问题的各种求解准则，并在第五章讨论了用随机优势求解决策问题的思路与方法。本章作为随机性决策理论的总结，6.1 节要讨论常用的决策模型、实际决策问题的求解步骤和若干注意事项；6.2 节介绍决策分析的典型案例；6.3 节对行为决策理论的基本研究内容和若干有趣的结论作简单介绍。

6.1　随机性决策的若干基本问题

1. 决策模型

通常决策人会按照一定的模式进行决策，这种模式就是决策模型。Krone(1980)列举的常见的决策模型有以下几种。

(1) 理性模型

这种模型假定决策人的行为是合乎理性的。采用理性模型的决策人按照下列步骤进行决策：首先提出并阐明问题；然后收集与决策问题有关的信息和数据资料；再尽可能列举各种备选方案，并对所有的备选方案进行评价；根据评价结果选择一个最好的方案付诸实施。

(2) 经济合理模型

采用经济合理模型的决策人尽可能在经济方面使用理性模型，例如使用运筹学中的有关方法，以及成本-效益分析、关键路径法等等定量的系统分析方法。经济合理模型是企业和经济、国防等部门最常采用的决策模型。

(3) 逐步改变模型

现实世界中大部分决策者，包括组织和个人，大都采用逐步改变模型，他们认为政策的制订与贯彻应当慢慢来、循序渐进；最优化只不过是空想，能够达到比较满意就不错了。采用这种模型的人比较保守,他们怀疑人类大幅度改变现状的能力。

(4) 序贯决策模型

这种模型就是通常所说的“摸着石头过河”,它用于情况不明,意见不一致的场合。采用这种模型的决策人首先同时选用几种方法试试,等收集了更多的信息、了解了新情况或意见比较一致后再作进一步的决策。在处理不确定型决策问题时可以采用这种模型。

(5) 超理性模型

所谓超理性是指直觉、灵感、智慧、宗教、信仰、各种感情、感知能力、领袖的号召力、忠诚、意志、预见性等等。超理性模型又称直觉模型,或称非理性模型,是根据超理性(即直觉等)去制订决策,而不管合理与否。

(6) 剧烈改变模型

剧烈改变模型主要用于新旧系统的更替,即“破旧立新”,用新系统取代旧系统,尤其是政权的更迭。

(7) 无为模型

无为模型指不做任何决策,有意识地决定什么事也不做。

采用无为模型的动机主要有两种,一种是认为顺其自然比强行“有为”更好,与我国古代老庄哲学的无为无不为、无为而治有相似之处。老庄的“无为”表面上与儒家的“修身、齐家、治国、平天下”反其道而行之,实质上是另一种平天下的政治智慧。还有一种则是当组织内部对管理人员的评价制度存在“多干多出错,不干没有错”的弊端时,所采取的自我保护措施。

虽然并非所有的决策人都能明确表达自己在决策时所采用的决策模型, 但是在每次实际决策时有意无意地采用着这些模型中的某一种。

决策分析方法并非对所有的决策人有效,而是只对一部分决策人有效。对采用理性模型、经济合理模型和序贯决策模型的决策人是有效的,但是对采用其他决策模型的决策人谈论决策分析方法显然是对牛弹琴,毫无用处的。这里说对牛弹琴,绝对没有讽刺采用其他决策模型的决策人的意思,只是提醒决策分析人,没有必要去做“对牛弹琴”这样劳而无功的事。

2. 决策过程的结构模型

关于决策过程的本质及其表述,是智者见智仁者见仁,随着视角与侧重点的差异而呈现多样性。下面举几种比较有代表性的例子。

(1) 何毓琦对决策过程的描述

对决策过程的描述大概要算何毓琦(1982～1983)所给出的最简单,如图 6.1 所示。即决策过程是利用决策问题的有关知识和适当的数学工具,求解存在不确定性的决策问题，给出问题的解答。

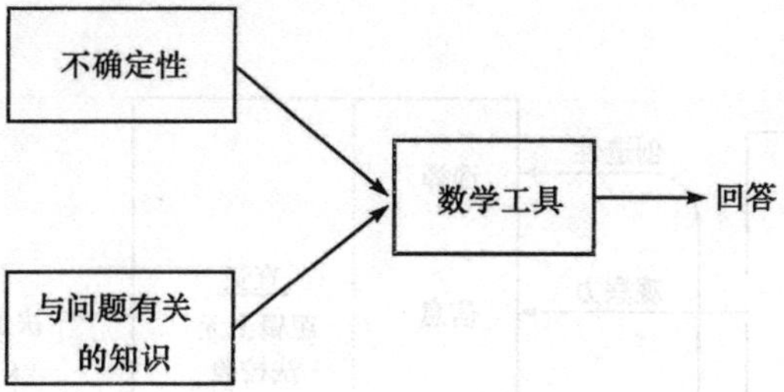

图 6.1

(2)《思考、计算、决策》一书所给出的决策过程

在原苏联国防部出版的著作《思考、计算、决策》中，给出了如图 6.2 所示的决策过程。

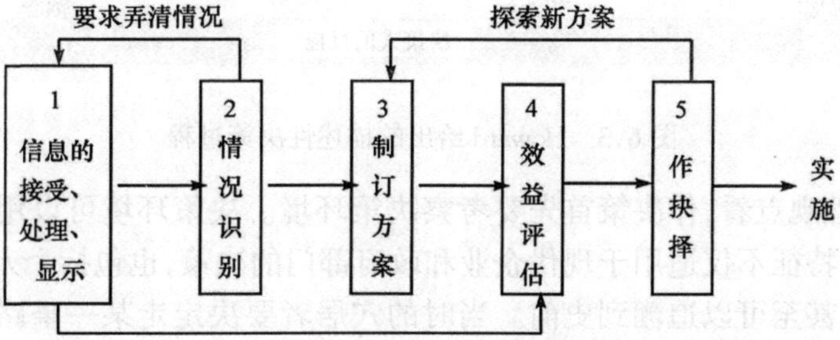

图 6.2　决策过程

从图中可以看出，决策过程主要包括五个步骤：

① 接收、处理、选择、储存并显示信息。要从输入的信息中选择、储存与决策有直接关系的信息，减少冗余并变换成需要的形式用于情况识别和效益评价。这些信息需要及时更新。

② 分类识别。把当前的情况与以往经历过的模式对照，看其是否与以往经历过的某个模式相符或相似；如果是全新的情况，需要弄清楚它的基本属性。这一步骤也是消除错误信息、鉴别虚假信息、校正信息的关键环节。

③ 制订方案。这是方法的积累环节。有成功的案例可循时采用典型、标准方案；面临新情况时要设计新方案。

④ 进行方案的效益评价。对所有方案用一定的评价准则和适当的方法进行效益评价和风险分析。

⑤ 对评估结果作判断。在有最优的或满意的方案时，选择一个付诸实施；否则需要返回第③步重新制订方案。

(3) Howard 的描述性决策过程

首先提出决策分析这一术语的 Howard 于 1978 年所给出的描述性决策过程如图 6.3 所示。

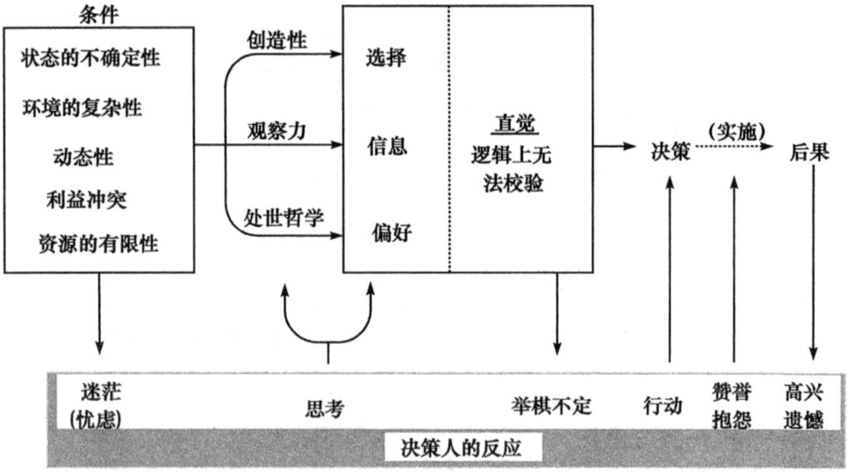

图 6.3　Howard 给出的描述性决策过程

从描述性观点看,作决策首先要考察决策环境。决策环境可以用若干特征加以说明,这些特征不仅适用于现代企业和政府部门的决策,也包括个人的或历史上的任何决策,甚至可以追溯到史前。当时的穴居者要决定走某一条路还是走另一条以躲避猛兽,他所面临的环境和我们现在的决策环境一样,存在着**不确定性**。环境的各种特征中给决策造成最大困难的因素就是不确定性。与此同时,环境还是**复杂的**,有许多因素以我们无法理解的方式相互作用。环境也是**动态的**,它会随着时间的流逝而演变,今天还是有效的方法和措施,过几年就不是了;现在对决策没有多大影响的因素,过不多久就成了决策成败的关键。无论是商业、军事还是民族问题,所处的环境通常具有**竞争性**,明智的决策人企图在使对手遭受损失的情况下获得更大利益;而最令人遗憾的是**资源的有限性**,人们发现自己是处处受限制的可怜虫,只能分配拥有的资源而无法扩充。对于环境的这些特征,人的典型反应是慌乱和担心。但是人有与环境争斗的武器,争斗的结果是做一个决策。人与环境斗争的武器有三件,一是人有创造性,足智多谋,可以构想和制订出若干不同的行动路线,即他有选择的可能;其次他有感知能力,可以从所见所闻中学习,形成对世界的判断,也就是他能收集有关环境的信息;第三,在某种意义上这是最重要的,人有自己的处世哲学,有生活的指导原则,能够对由决策产生的各种可能的后果给出偏好。以上所述虽然针对个人,但是,企业、学校、政府部门也具有相应的性能。这三件武器的组合通称"思考",这是一种推理过程,是对决策问题进行处理的过程。

(4) 决策分析过程

Howard 指出,决策是一种不能反悔、不可逆的资源配置过程,它不仅是想要改变世界状态或执行某种行动路线的智力活动,而且是某种实实在在的具体的变化。人生中大多数决策凭的是直觉,是逻辑上无法校验的。决策分析则是规范性的决策过程,它是描述“作决策”的另一种方式,是对影响决策的各种因素的权衡,更准确地说是对影响决策的各种因素的逻辑上的权衡。这里所说的因素典型的有技术的、经济的、环境的、竞争的,或者还可能有法律以及其他能够影响决策好坏的任何因素。

决策分析的基础是决策理论和系统建模方法论。决策理论讨论的问题虽然简单,但是提供了足够的工具去判断什么是好的决策;而系统建模方法论则以先前所没有预料到的方式提供了处理环境的动态性和复杂性的手段,当然计算机的发展也起了很大作用。决策分析不仅是讨论作决策的手段,还是实实在在的作决策的方法。决策分析是建立决策模型的方法,它使人们能够像生产汽车、飞机的工程那样利用模型进行校验、测试,排除缺陷,解决困难;它还是决策过程的具体操作方法。

Howard 给出的决策分析过程即规定性决策过程如图 6.4 所示。它并不是在所有方面都与凭直觉的决策不同,而只是某些方面有所差异。

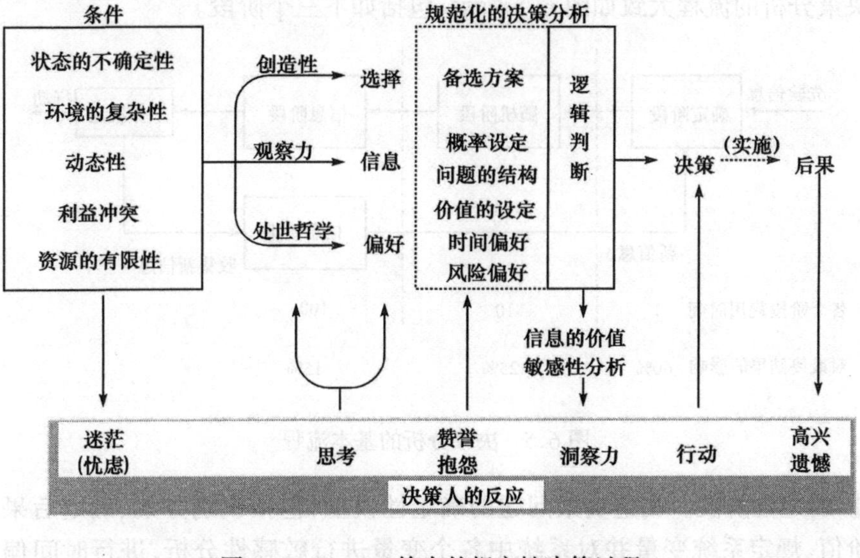

图 6.4　Howard 给出的规定性决策过程

在决策人面临的环境方面,与凭直觉决策一样,具有不确定性、复杂性、动态性、竞争性和资源的有限性。决策分析并不是预卜未来的“水晶球”,所以决策人开始着手处理决策问题时,仍将迷茫、慌乱和担心;对于那些不喜欢思考的人,问题无法解决,因为要进行决策分析仍需要依靠决策人的创造性、智谋、感知能力以及处世哲学。

从选择这一步开始,可以通过决策分析而有所助益。选择是通过列举决策问题所有可能的备选方案进行的,方案可能是有限个,也可能用连续型变量描述,关键在于这些方案是定量化的。在生成新方案时,与凭直觉作决策一样需要决策人的创造性和智谋;不同之处在于决策分析可以利用模型。在工程设计中,模型有助于深入理解现行的设计方案,进而提出新方案,决策分析过程中的模型起着同样的作用。

决策分析与凭直觉作决策的重要区别在于信息的利用与量化(或称编码)。信息编码有两部分,一是通过概率的设定——用主观概率表征不确定性;一是构建决策问题的模型——数学关系式。在确定偏好方面,决策分析人要把不确定性与决策人的偏好加以区分,要分别设定确定性后果的价值、时间偏好和风险偏好。进行了上述工作之后,只需进行逻辑判断就能作决策了。这时,一个好的决策是由备选方案集、信息编码的结果和决策人的偏好所蕴含的必然选择。在凭直觉作决策时,赞誉或责难是针对决策的最终后果的;但对决策分析的规范性决策过程,它有很多进行修改的机会以寻找并克服弱点,赞誉或责难的是决策的程序,无论最终的结果是好是坏,通过决策分析所作的一定是高质量的决策。

决策分析的流程大致如图 6.5 所示,包括如下三个阶段。

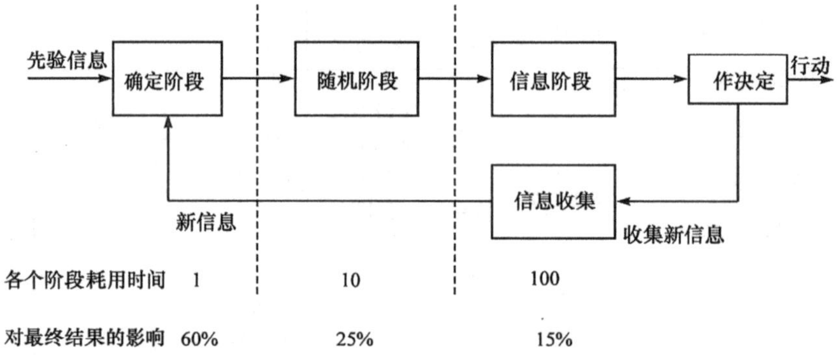

图 6.5　决策分析的基本流程

① 确定性阶段。构造决策问题的确定性模型,包括识别方案、确定后果与后果的价值、规定系统变量并对系统中各个变量进行敏感性分析,进行时间偏好分析,找出重要的不确定性因素。

② 随机阶段。估计不确定性因素的概率,确定决策人的风险偏好并对风险偏好进行敏感性分析,通过随机优势分析和随机敏感性分析求最佳的决策。

③ 信息阶段。这一阶段分为两部分,一是计算获取有关不确定性因素的信息的价值,包括用完全信息期望值和采样信息期望值分析进一步收集信息的必要性

与可能性；二是在需要进一步收集信息时研究获取新信息的具体方法，获得新信息后设定自然状态的新的概率分布（后验概率），并在必要时返回①，修改决策问题的模型结构。

无论问题有多复杂，变量有多少，建模和分析要花多长时间，但是基本的逻辑相同，都有这三个阶段，而且只要经济上可行，这些阶段可以多次反复迭代。

图 6.5 给出了各阶段大致所需的时间比例为 1:10:100，虽然这一数字有点夸张，但与实际情况也相去不远；而这些阶段对最终结果的影响分别为 60%，25% 和 15%。也就是说，确定性阶段的建模和分析工作虽然“简单”，但是对决策问题最终结果所起的作用很大；信息阶段的分析工作量最大，对最终结果的作用却最小，但这绝不说明信息阶段的工作无关紧要，可有可无，只是说其相对效果比前两个阶段要小得多。

(5) Simon 对决策过程的表述

Simon 认为决策的具体实施步骤可以划分为如下几个阶段：① 情报阶段；② 设计行动（方案）阶段；③ 抉择阶段。

对照 Simon 与 Howard 对决策过程的描述，可以看出 Simon 对 Howard 所述的决策分析过程并不以为然。更具体的内容将在 6.3 节讨论。

3. 关于决策的几个基本问题和说明

(1) 好的决策≠好的结果

在决策人看起来，这一点很没有道理，也很难立即接受。但是对分析人员而言，没有什么比向决策人说明这一点更重要的了。必须让决策人明白，决策（即所选择的行动或方案）的好坏所根据的是分析的逻辑上的结果，而结果的好坏是决策人的愿望，在有不确定性存在时，两者并无必然的对应关系。为了说明这一点，可以用如下例子。在这个例子中，决策人面临图 6.6 所示的两种抽奖：a_1 和 a_2，后果为收益。由于 a_1 获得好的后果的概率大于 a_2，显然任何人都会同意，选择 a_1 比选择 a_2 好，即 a_1 是好的决策。但是，由于自然状态存在不确定性，即使是好的决策（选择 a_1）仍然有 80% 的机会后果为 0。对决策人而言，出现收益为 0 显然是坏的后果。所以说，好的决策也会产生坏的后果。

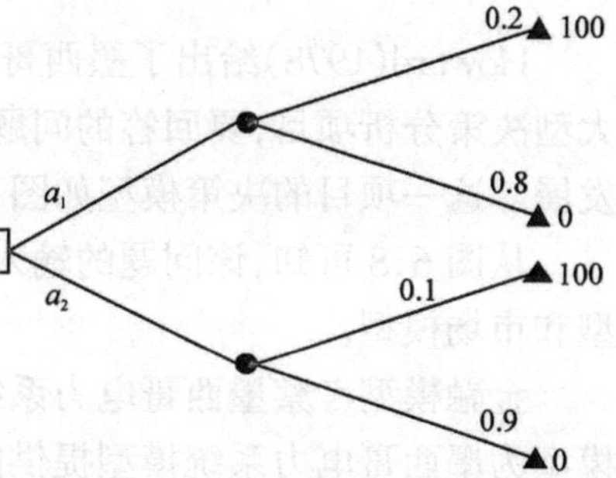

图 6.6 说明决策的好坏与结果好坏的例

(2) 决策分析人在决策过程中的作用

图 6.7 中的矩形框内所列举的内容是作决策的基础，它包括各种备选方案、有关信息和决策人的偏好。决策分析人是决策基础的诱导者和启发者，但是给出决策的基础，即提供决策基础所需的信息，则是决策人的责任；决策分析人也是决策

问题的逻辑后果的评估者和建立决策模型的专家,在图 6.7 中箭头形部分的工作是由分析人员进行的。但是需要强调的是,决策分析人并非作决策的专家。决策理论和方法这门课程主要是用来培养决策分析人的,而优秀的决策人只能在从事与决策问题有关的事务的人员中通过实践产生。

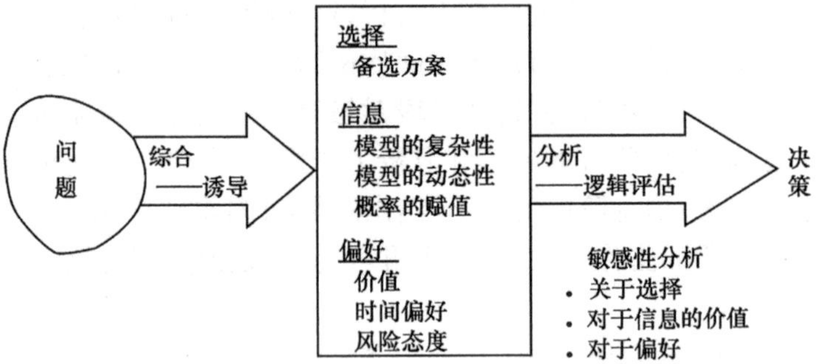

图 6.7 决策的基础

6.2 决策分析的案例

Howard(1978)给出了墨西哥国家电力系统规划的系统分析实例。这是一个大型决策分析项目,要回答的问题是墨西哥电力系统在未来 20 多年中如何运作和发展。这一项目的决策模型如图 6.8 所示。

从图 6.8 可知,该问题的输入部分有四组子模型:金融模型、能源模型、技术模型和市场模型。

金融模型考察墨西哥电力系统在世界及墨西哥金融市场中的财政环境。这组模型为墨西哥电力系统模型提供的输入是在整个规划期内的贷款额和利率,并在必要时考虑不确定性。金融模型的一个输入取自右下方,称为 x,是这个系统的账面收益。系统在整个规划期中的收益和用于未来发展的贷款金额之间存在一种反馈,现行负债和投资总额也是反馈量。

第二组输入是世界市场和墨西哥市场中的能源成本。墨西哥关心的是各种可利用的能源:煤、石油、铀和地热。国际上的铀和石油市场在整个规划期内的价格变动会影响墨西哥电力系统的经济状况。

第三组输入是技术。模型要说明发电设备和输变电设备的种类、费用、效率、可靠性等内容。其中还包括将来可能出现更好的反应堆和改进输变电系统的机会,以及可以使某些偏僻地区的水电站变得更加实用的技术的可能性。

需求模型或称市场模型是在给定价格政策和一定的服务质量的情况下,各地区消费的电量和种类。墨西哥电力系统模型有了这些输入,就可以描述墨西哥电

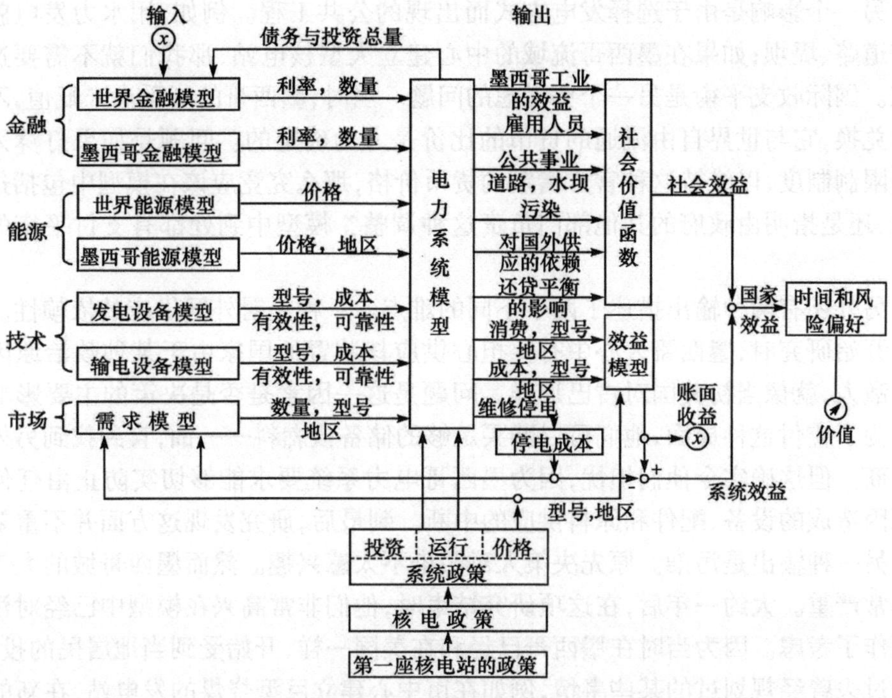

图 6.8　墨西哥电力系统扩建的决策分析模型

力系统的运行和发展并进行运算了。

Howard(1978)对这一复杂模型未作深入讨论，只直接讨论由模型得到的输出。合乎逻辑的输出有电力消费量和给定收益范围下的电力系统的生产成本。这种收益即系统的账面收益。对这种收益要进行修正，考虑由系统发生停电而造成的经济上的赔偿。将系统提供的服务程度也加到账面收益上，得到系统效益。这是投资者看不到的，但系统的设计人员却确切地知道。虽然只考虑账面收益时系统每次停电几小时可能会更有利，但由此引起的经济赔偿会使他们不愿意这么做。

在系统的输出中有许多因素在公司的资金平衡表上得不到反映，这些因素称为社会产出，并把它们纳入社会价值函数。

该决策问题中的决策人是墨西哥电力系统的领导人，由于所处地位的原因，他会感到有很大压力。这种压力不仅是一个电力系统运行的财务压力，还有社会压力，因为他的公司是国有企业。例如，他要考虑其他墨西哥工业的利益：可安装的系统中哪些部件是墨西哥制造的？另一个是就业问题，如果采用某一条技术路线，那么将在什么程度上有多少墨西哥人能就业？可以看得出，所设计的系统对这类输出将产生严重的影响。假如建一个核电站，只要对少数几个高级技术人员进行训练，但绝大部分部件则要由国外制造；如果在偏远地区建水电站，则没有所需要的墨西哥人的劳动大军。

另一个影响是由于选择发电方式而出现的公共工程。例如,用水力发电就需要有道路、堤坝;如果在墨西哥流域的中心建立大型核电站,那我们就不需要这类设施。国际收支平衡是另一个要考虑的问题。当时,墨西哥的货币尚未贬值,不可自由兑换,它与世界自由流通的货币的比价是人为确定的。问题是如果打算采用进口限制制度,以维持这种官方指定的货币价格,那么究竟应该在模型中包括这种机制,还是指明由政府的其他部门负责这种调整?模型中到处都有支付平衡的影响。

另外还有两种输出描述了两个不同的难点。一种是对外国供应的依赖性。在项目开始研究时,墨西哥人心中有些担心供应核装置的国家由于某种政治原因而变成敌人,就像当初美国对古巴那样。问题是这一因素是否是决策的主要影响因素。为了应付这种局面,他们可以购买足够的储备核燃料——铀,直到找到另外的供应商。但这确实令他们担忧,因为墨西哥电力系统要求能够切实防止由任何政治原因造成的设备、配件和原料供应的中断。到最后,研究发现这方面并不重要。

另一种输出是污染。原先决策人对污染不太感兴趣。然而墨西哥城的大气污染非常严重。大约一年后,在这项研究结束时,他们非常高兴在模型中已经对污染问题作了考虑。因为当时在墨西哥已经和在美国一样,开始受到当地居民的投诉。他们过去曾经规划过的某些事情,例如在市中心建立巨型烧煤的发电站,在新的模型中就不再可能被接受了。

由社会模型得到的社会产出,纳入社会价值函数就产生"社会效益",它表示在电力系统资金平衡表上没有出现的各种社会影响。社会效益与系统收益结合起来形成国家效益。表现在国家效益上的时间和风险偏好给出了这个系统的整体评价,最后要找一条总体评价最高的发展墨西哥电力系统的途径。为了在规划期内实现这一目标,运用了各种不同的优化过程,提出了各种不同类型的整套装置(燃气轮机电站、核电站、普通火电站和水电站)。

最后简要考察扩建这一系统的策略的含义。过去常用的策略是制订所谓工厂一览表,即各种类型的工厂要在何时建立的表格。这有点像询问一个刚当爸爸的人:"你的儿子什么时候穿 10 号大小的裤子?"他可能看看预定成长图说:"我想是他 9 岁时。"另一种回答方式是:"当他的身材达到某种高度时,我将为他买 10 号大小的裤子。"我们称这种回答方式为闭环策略。因为模型虽然不能预先说明将在什么时候做某件事,但其中建立了一套规则,根据这套规则,模型可以输出做这件事的恰当时间。

因此在询问系统如何由现状扩建和发展时,没有人能够给出回答,但是模型能够说明做各种不同事情的方式和预期时间,而且也只有程序才能确定系统环境在未来的演变和发展的结果是怎么样的。系统模型具有一种"自行修复"的性能,如果在系统中人为地强加一个它不能立即吸收的大型电厂而把系统搞糟,那么它将推迟并调整未来的电厂规模和类型，直到系统回到最佳的发展进程上。由于电力系统是随着时间的推移而不断发展的，所以对任何极端愚蠢的行为，它都能找到规避的途径；由于它的自行修复能力很强，所以无论加多大的扰动，系统都不会被搞得太糟。曾经把系统的优化结果与在相同信息的条件下按常规技术所作的设计进行对比，每次都是系统模型的结果更优。

该项研究工作的规模大致为8个人年的工作量。斯坦福研究所决策分析组的决策分析人员，加上墨西哥电力委员会的精通核工程和电力系统设计的四位代表，在一年内完成此项研究。研究的成果在规划期实际用于墨西哥电力系统的发展规划。

6.3　决策过程中人的行为

到目前为止，我们所讨论的大部分都是规范性及规定性决策的有关问题。而事实上任何决策人都不可能是理想的“经济人”，决策分析人也不可能是规范性决策理论所要求的决策问题的理想的建模者和分析者。因此研究实际决策过程中决策人的行为对于制订“好”的决策有着极其重要的理论意义和实际价值。

1. 行为决策理论

20世纪中叶以来，西方的行为主义变革形成的新方法论对社会科学产生了巨大影响和冲击，使许多社会科学研究人员开始自觉地采用自然科学的研究方法来研究社会问题。在规范性决策理论形成和不断发展的同时，行为科学的方法和观点开始对决策理论产生重要而深刻的影响。一部分学者的兴趣已不再满足于“应当如何作决策”之类的研究，开始重视经验性的实证研究，将研究的兴趣转向决策者的实际行为，试图对决策者“实际如何作决策”进行深入的探讨。Simon(1947)在《管理行为》一书中提出的“满意标准”和“有限理性原则”，首开行为决策理论的先河，指出了古典经济理论“经济人”假说的偏颇。随后，一批心理学家开始对决策过程中决策者的实际行为从心理学角度进行探讨，使行为决策理论得到了长足的发展。

所谓行为决策理论，就是用行为科学的观点和方法，对人类的决策活动进行描述、解释和预测的一种理论。它将人类的决策行为作为基本因素，用自然科学的实证方法对决策过程中的人类行为加以研究，归纳出了一系列建立在实验证据基础上的观点和理论，从而拓展了决策理论的研究范围，促进了规范性决策理论研究工作的深化，并使决策的描述性理论与规范性理论归一化，提高了决策理论的实用性。

行为决策理论的研究内容包括：

① 问题识别和分析过程中的行为因素，知觉、记忆等心理因素对问题发现和

界定的影响；

② 决策目标确立过程中的行为因素，抱负水平对决策目标的影响；

③ 决策方案形成过程中的行为因素，谋略心理和创造力的引发方法；

④ 在决策结构十分复杂的情形下，对决策进行评价和抉择的行为过程，人的认知能力的有限性，判断与抉择的认知模式；

⑤ 在不确定决策情形下，概率判断、效用估计、修正判断意见的思维方法和认知偏差，决策者对待风险的态度；

⑥ 群体和组织决策过程中的心理、政治和社会因素，组织内存在多元目标时行为和偏好的冲突，决策执行过程中的群体行为。

行为决策理论最重要的研究领域是对个体决策行为的心理分析。这种分析以统计决策理论作为基本的框架，通过实验研究，描述了在概率判断，效用估计、修正判断意见和方案抉择过程中可能出现的偏离理性原则的行为，并根据决策任务的特征和决策者的心理因素对这种非理性行为做系统的解释。还有一些研究将人类的决策活动看做一种文化心理现象，研究决策行为中的跨文化因素。

2. 有限理性

(1) 提出有限理性的理由

Simon 首次提出的有限理性原则，是对基于古典经济学的规范性决策理论关于“经济人”假说的批判。古典经济学关于“经济人”假说的基本观点我们已经在 1.3.4 节中作了介绍，而 Simon 通过对人们的决策行为进行实际考察后认为，“经济人”的假说是不正确的。这是因为：

① 人的知识并不完备。经典的决策理论要求决策人具备关于每种行动的后果的了解和预见。而事实上决策人往往对那些从当前状态推知未来的规律和法则所知甚少，对决策的后果的了解总是零碎的，不可能对复杂多变的现实情况和未来的发展有完全的了解；既不可能掌握全部信息，也无法全面认识决策的规律。

② 预测的困难。由于后果产生于未来，在为后果赋值时，必须凭想像来弥补当前所没有的体验；而且人们也无法在瞬间抓住所有后果的整体，注意力会随着时间和偏好的变化从一种价值要素转移到另一种价值要素，因此对后果价值的预见不可能是完整的，评价的精确性和一致性都受到个人能力的限制。

③ 可能的行动方案不完全。决策理论要求决策人在所有可能的备选行动(或方案)中加以选择，但是在实际上决策人所能想到的永远只是其中比较典型的一小部分。由于每种行动都有其相应的后果，因此有许多后果根本没有作为可行的备选方案的后果，无法进入评价阶段。

④ 现实决策环境是高度不确定和极为复杂的，人的时间、注意力和计算能力有限。人们不可能及时处理诸多复杂的情况，精确地描述决策问题所涉及的所有

因素;即使能够给出求得问题最优解的所有的变量和方程组,但其数量也过于庞大,计算的速度不足以对动态的情况进行最优处理和跟踪,甚至连速度最快的计算机也无能为力。

⑤ 人的价值取向和多元化目标并不总是始终一致的,往往互相矛盾和没有统一的度量标准。

由于上述种种原因,现实生活中的决策人不可能是完全理性的"经济人",任何决策人只具备有限理性。

(2) 有限理性的具体表现

鉴于以上事实,Simon 指出,人的理性是介于完全理性和非理性之间的一种有限理性。这种有限理性在决策过程中的表现是:

① 在情报活动阶段,人的决策行为受知觉选择性的支配,不同经验和背景的决策者,对决策环境的认识会有不同的解释。

② 在设计活动阶段,人们并不试图找出所有的备选方案,而是试图通过广度搜索、深度搜索、预先择优搜索等问题求解活动,寻找满意的决策方案。

③ 在抉择活动阶段,决策者遇到满意方案时便会终止其搜索行为。有限理性原则对人们的实际决策行为作了比较真实的解释,为决策的描述性理论的发展开辟了新的方向。

(3) 人的行为只具有有限理性的实验例证

关于决策人行为的不完全理性,在 Simon 进行定性分析之后,有许多人通过心理学实验进行定量化研究,从多个方面说明现实生活中的决策人的确往往不满足经典决策理论所作假设。下面给出几个比较典型的例子。

实验例证一　关于替代性公理

在第三章介绍的 Allais 悖论表明,决策人的偏好不满足替代性公理,即不能用任何效用函数去表述决策人的偏好。

实验例证二　概率悖论

Ellsberg(1961)最早提出有关主观概率的悖论(参见本章习题三)。Raiffa(1968)给出了一个简单的例子:一场棒球决赛的两个参赛队 A 和 B 实力相当。现提供两种打赌方式,一种是由决策人赌 A 队获胜,比赛结果为 A 队获胜(记作 θ_1)时决策人赢 $ 100,若 B 队获胜(记作 θ_2)时决策人输掉 $ 100。由于棒球赛没有平局,所以这一打赌可以记作 L_A:$\langle\pi(\theta_1),100;\pi(\theta_2),-100\rangle$。另一种是由决策人赌 B 队获胜,这时可以记作 L_B:$\langle\pi(\theta_2),100;\pi(\theta_1),-100\rangle$。许多对棒球赛几乎一无所知的人认为,$\langle 0.5,100;0.5,-100\rangle$严格优于赌 A 队获胜,即

$$\langle 0.5,100;0.5,-100\rangle \succ L_A$$

$\langle 0.5,100;0.5,-100\rangle$也严格优于赌 B 队获胜,即

$$\langle 0.5,100;0.5,-100\rangle \succ L_B$$

也就是说，他们宁可赌抛硬币正面朝上赢 \$ 100，反面朝上输掉 \$ 100，不赌 A 队获胜也不赌 B 队获胜。由于棒球赛没有平局，所以 $\pi(\theta_1)+\pi(\theta_2)=1$，$\pi(\theta_1)$与 $\pi(\theta_2)$中至少有一个大于或等于 0.5，因此赌相应的队获胜至少与赌抛硬币的期望效用一样大。第二章曾经指出，没有任何先验信息时应该有 $\pi(\theta_1)=\pi(\theta_2)=0.5$，这时赌 A 队获胜和赌 B 队获胜都与赌抛硬币无差异。因此，决策人的上述偏好无法用任何主观概率分布加以解释。这一现象称为**不确定性厌恶**(uncertainty aversion)。

实验例证三 对相同后果选择的不一致性

Kahneman(1982)给出了一个有趣的例子。有两种情况，一种是你买了一张 \$ 40 的戏票，带着票去剧院看戏。到了剧院门口发现票丢了，这时你要决定：是再花 \$ 40 重新买票看戏(还有类似座位的余票)，还是干脆回家。第二种情况是，你在外衣口袋里装了 \$ 40 的零钱准备买票看戏，到剧院门口发现 \$ 40 丢了，但是你的内衣口袋里还有足够多的钱，这时你要决定：是再花 \$ 40 重新买票看戏，还是干脆回家。Kahneman 指出，大多数人都说在第一种情况下会干脆回家，但是在第二种情况下会买票看戏。无论哪种情况，决策人的选择都是：总共花 \$ 80 看戏，或者是损失 \$ 40 而没有看戏。只要决策人在这一问题中所关心的因素仅仅是货币财富水平和戏剧欣赏意愿，所作的选择应当有一致性。而实际上实验结果表明，大部分人在这一问题上并无一致性，似乎任何决策模型都无法对此做出解释。

对这一问题，笔者认为问题的关键在于无论实验设计者怎样强调、要求参加实验的人员只考虑货币支出和欣赏意愿，参加实验的人员的潜意识中依然会有这样的判断：事先购票所挑选的座位是满意的，丢了票临时再补，即使票价相同、座位类似，也不如原来的座位；这时他的思想已经锚定在“坐在给定的**座位**上看戏”上，所以在找不到票时，即使掏钱买票，座位将发生变化，因此选择“干脆回家”。在第二种情况下，参加实验的人员所考虑的只是“买票、看戏”，侧重点在**看戏**上，因此丢了钱之后重新掏钱买票看戏就是合乎逻辑的选择。另一种看法是：在第二种情况下，参加实验的人可以把丢钱看作是与买票看戏无关的事件，无需改变原先做出的“买票看戏”的决定；而第一种情况丢的是票，是否买票看戏则需再作一次决定。“总共花 \$ 80 看戏，或者是损失 \$ 40 而没有看戏”这种表述过于简单化，没有考虑这一心理学实验中受参加试验者的真实心理感受，其实并不能作为上述两种决策情况的共同后果。这个例子也说明了，把握一个决策问题的关键因素，**准确地**构建实际决策问题的模型并不像一般人(包括研究决策问题的专家们!)想像的那么简单。

实验例证四 关于决策模型构建的影响

Tversky(1986)报道了关于决策问题模型构建对决策人的影响的试验结果。第一个问题是，首先要求参加试验的人员假设自己拥有 \$ 300，然后要他们在①确定性的收入 \$ 100，和②50%的机会收入 \$ 200，50%的机会收入为 0，这两个行动中进行选择。第二个问题是，要求参加试验的人员假设自己拥有＄500，再要他们在①确定性地损失＄100，和②50％的机会损失＄200，另50％的机会没有损失中进行选择。大部分参加试验的人在回答第一个问题时选择①确定性的收入＄100，表现出风险厌恶的风险态度；在回答第二个问题时表现为风险追求，选择风险型展望②，而不是确定性后果①。事实上，这两个问题是等价的，即本质上是相同的，因为只要加上初始财产，两个问题的行动①的后果都是使最终财产为确定性的＄400，行动②的后果则是使最终财产为＄300和＄500的机会各半。试验表明，本质相同的决策问题，由于问题表述方式的差异会引起(可以预料的)不同的选择，这一现象被称做决策问题的**构建效应**(framing effect)。

问题描述方式的变化(用收益还是用损失表示后果)能引起相反的风险态度。与此类似，用来诱导决策人偏好的方式的变化——是对后果进行选择还是对后果进行独立评价——会导致对后果的各确定性因素重要性判断的差异。经典的规范化决策理论要求决策问题的表述和求解应该满足"问题表述的不变性"和"求解程序的不变性"。有了这两个不变性，才能够使决策问题的逻辑上的等价表述，以及诱导决策基础的逻辑上等价的方法产生相同的偏好。试验的结果说明这两个不变性条件并不是所有决策人都能满足的。

3．认识上的偏差

认识上的偏差是指：由于心理方面和组织行为方面的原因所产生的妨害决策者对决策事件的现有状态与期望状态之间的差距进行正确分析的认知倾向和心理偏差。这种偏差不包括有意识的，例如一个企业的经理在制订下年度计划时有意低估产量，以期实际产量超过计划显示其业绩。下面我们只讨论无意识的认识上的偏差。

一般地说，人的认知过程，尤其是认识的表述大致如图6.9所示。在这一过程中的任何环节都会由于各种各样的原因出现偏差。所出现偏差的主要类型如下：

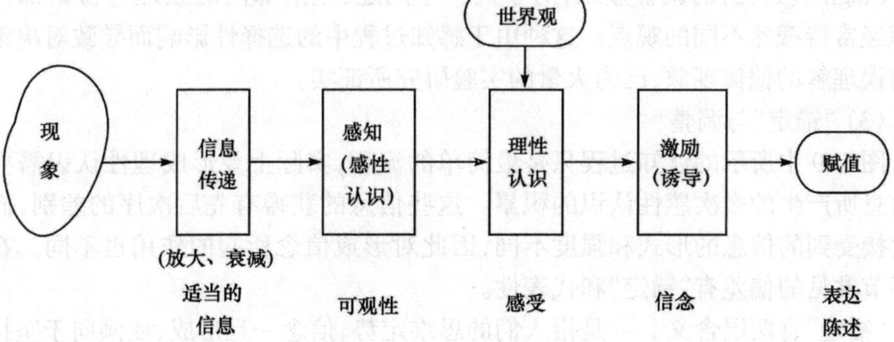

图6.9　认知过程

(1) 信息偏差

有多个管理层次的组织机构中,下级向上级汇报时对包含消极内容的信息(比如坏消息)通常不像包含积极内容的信息那样能得到正确和及时的传递和处理;此外,信息在平行的决策单位之间的传递,由于“不确定性吸附”现象的存在,也常常导致信息的扭曲。

人们在对待来自具体经验的信息和抽象(或统计)信息的重视程度不同,往往看重具体的经验而忽视抽象的或统计的信息。经过整理和总结的信息比起内容相同但是零散、未经整理的信息对决策的影响大得多。

由于这些因素的存在,就使高层决策者用于识别决策问题的信息可能包含某种偏差。

(2) 感知偏差

感知是决策者对环境信息进行接收和释义的过程。由于决策者没有能力对环境提供的信息做出全面反应。决策人容易接受与其原有信念一致以及与期望后果相符的信息,并认为这种信息具有较高的真实性;而对那些与其信念不一致的信息则持怀疑态度。当他拥有大量信息时,往往会有选择地接受那些能够印证自己观点的信息,得出他所希望得到的结论;同时忽略与信念和愿望不符的信息。实际上决策人是混淆了事实与价值,只把自己认为有价值的信息当作事实,而舍弃那些自己觉得无价值、其实与事实相符的信息。所以,在对决策问题进行辨识时,他们对问题所包含的信息,总是先经感知的选择,而后才把部分信息作为感知的对象,因此往往导致以偏概全的结论和认识的片面化。造成这种感知偏倚的原因,一般与决策者个人的背景、兴趣、动机和知识水准,尤其是决策者的职业经验有关。Cyert 和 Simon 等人(1956)对 23 名参加专业培训的企业管理人员作过一次调查。先让他们阅读一家公司的案例,而后问他们,公司目前面临的主要问题是什么。从事营销工作的管理人员有 83% 回答说是营销问题,而非营销部门的管理人员仅有 29% 认为是营销问题。所作的答复大多与各自所从事的工作有关,并不反映问题的实质。Stagner(1965)的调查显示,对于同一个问题,生产部门的经理与营销部门的经理经常持截然不同的观点。这种由于感知过程中的选择性影响而导致对决策问题错误理解的偏倚现象,已为大量的实验研究所证实。

(3) “锚定”与调整

图 6.9 中所示的认知过程只是最简单的流程,实际上要形成理性认识需要大量信息所产生的多次感性认识的积累。这些信息的获得有先后次序的差别,而且每次接受到的信息的形式和强度不同,因此对形成信念所起的作用也不同。在这一环节常见的偏差有“锚定”和代表性。

“锚定”有两层含义。一是指人们的思维定势,信念一旦形成,便倾向于坚持下去,即使有新信息证明其错误,也很难使决策者据之进行更改和调整。一是指决策者常常把最容易获得的信息作为反应的基准,从这一基准出发进行调整时,调整的幅度太小,过于接近基准值,即“锚定”在基准值。后者的典型例子是公司经理根据去年的营业额作为依据制订今年的计划,用今年的计划作为今后计划的出发点。即使有经济形势、市场需求发生重大变化的信息,所作的调整也是很不充分的。如果分析人员向决策人索取有关信息时,决策人非常容易给出,则很可能是决策人的判断发生了“锚定”现象。决策者在概率判断、先验概率修正过程中若存在比较严重的“锚定”,就很可能使决策失去正确的信息依据。

(4) 代表性

一系列的心理实验已经证明,决策者在对决策过程中设定概率(或其他随机变量)时,往往通过选择一个有代表性的事例,并据之进行推论,也就是说用大样本中的一小部分去代替整个大样本,用一个事件代表一批事件。这种现象称为代表性。代表性之所以产生偏差是因为有效的信息未能充分利用。例如,一个公司经理要决定是否开发某种具有很大潜在市场的新产品,为此作了一次试验。试验的结果比预期的差,经理立即修改了原先的估计,认为这种产品销路不佳。经理也知道,以往的经验表明一次试验并不能反映真实的市场需求,但是他仍然做出这种修改,这就是认识上的代表性偏差。又比如,有这样一段文字材料:某人有很高的智力,尽管有时候缺乏创意;他在工作中有着一种求条理、求清晰、求整洁、求规律的习惯;事事都安排得妥贴周到、井井有条;他写的字相当笨拙和呆板;他偶尔说出一些粗俗的双关语,性格外向,表现活跃;能讲述带有幻想色彩的故事,并常常语出惊人;他颇有竞争意识,但对人却缺乏同情心,而且对人际交往不感兴趣;尽管他现出孤傲的倾向,但却不乏道德感。主持试验的人强调说明,关于此人的情况,是从 30 名工程师和 70 名社会科学家的材料中任意取出来的,请参加试验者判断此人的身分是一位工程师,还是一位社会科学家。尽管基本信息已经说明,此人很可能是一位社会科学家,但大多数被试验者还是坚持认为此人是一位工程师。决策者如果采用这种认知策略对未来的不确定事件进行判断,他便不会按照逻辑要求进行推理和思考。因为和干巴巴的统计数字相比,客体的直接信息资料的刺激强度也许更大,因此能引起更多的注意。从而,在空洞的统计事实无能为力的情况下,单个的有感染力的例证便成为一种形象化的东西,对决策者的判断产生支配作用。一系列的事实证明,代表性使人们忽略非一致性信息,是一种非理性的信息偏向,由于过分倚重于特别的、具体的和生动的经验,并把这种经验赋予过高的普遍意义,结果就难免导致判断失误。

(5) 习惯与保守

所谓习惯是指由于决策人熟悉求解问题的特定的规则,导致他在遇到类似的问题和信息时重复使用同样的解决流程、同样的备选方案并做出同样的选择。他选择某个方案是因为过去出于类似的目的曾经采用过,或者是由于迷信。

由于习惯,常常产生成见与保守性。有保守性的决策人对新事物不敏感,对新信息不能充分利用。例如 4.4 节中的例 4.2,在告诉参加测试的人员,12 次放回摸球的结果是 4 白 8 黑之后,要他们估计所取为 A 坛的概率,参加测试的人员的回答介于 0.55～0.93,绝大多数人的回答介于 0.60～0.90,出现频率最高的值介于 0.70～0.80。研究的结果表明,信息处理中的保守性主要是由于错误地集结证据,即他们能很好地对单个数据做出判断,但是不能适当地对待大量数据;所使用的集结规则也是错误的。Edwards 的试验表明,人们在面对有效信息时,典型的情况是要浪费掉 50%～80%。

在决策过程中,人的认识上的偏差除了上述几种之外还有许多种,例如欺骗性的暗示、未说明的假设、连贯性等等(Sage 1981)。

4. 认识上的偏差的纠正

以上列举了决策人在认识上经常产生的各种偏差,为了尽可能避免这些偏差的产生并加以纠正,可以采用下列办法。

① 从比较大的数据源中获取样本信息;样本信息不能过于简单,除了均值之外还应该有样本大小、置信区间和其他能够反映信息真实性的测度;尤其是那些不符合决策人主观愿望的信息,也要储存到数据库中去。

② 尽可能采用模型和定量的方法,如贝叶斯定理,去提高信息的利用效率。

③ 事先向决策人解释清楚决策的好坏与后果的好坏之间的区别,用简单而又明了的例子说明,在随机情况下,好的决策可能出现坏的后果,坏的决策也可能产生好的后果,以免决策人引起误解,以为采用好的决策规则,通过决策分析选择了"最好的"备选方案,必然会导致好的后果。

④ 引导决策人用逻辑推理的方法分析问题;提醒决策人不要混淆事实因素和价值因素,不能根据他对某个后果的特殊偏好去选择方案。

⑤ 由于人们通常对最先和最后获得的信息印象最深刻,所以要注意提供信息的顺序。

5. 行为决策论者对决策过程的描述

决策的规范性理论假定,人们在方案之间进行选择时有着不受限制的认识能力和充裕的时间。决策者能够考虑到所有的备择方案。清楚地认识到这些方案的后果,并存在一种前后一致的价值体系。而行为决策理论认为,人们从一种前提出发,逻辑地进行理性思考和推理的能力是有限的。为避免认知力的紧张,人们并非完全理性地按主观期望效用理论或多属性效用理论所规定的选择准则行事。对决策者在决策方案之间进行选择时的行为的描述,最有代表性的观点是 Simon 的满意标准。

Simon从决策人只具有“有限理性”这一视角，重新考察社会科学的理论基础，提出在组织理论中，要用“行政人”的概念取代“经济人”。“行政人”与“经济人”两者的根本的区别在于，“行政人”在决策时并非像“经济人”那样追求决策的最优化解，而是根据“满意标准”搜索满意解或近似最优解。比如，人们在出售一幢住房或购买一部汽车时的行为，便是循“满意标准”行事的选择行为。当决策者宣布他意欲出售一幢住房时，他会收到许多求购者提出的报价；由于考虑接受何种报价的余裕时间非常短暂，若在既定的时间内不能向求购者作答复，则求购者便会转而去寻找并购买其他住房。所以，出售者不能等待收到所有的报价作仔细权衡后再作答复。在解决此类决策问题时，决策者应构筑一满意模型，当某一报价一旦超出本人的愿望水平时，就应当终止对新的报价(方案)的搜索。同理，在选购汽车的决策中，由于汽车分散在城里许多个陈列室中，决策者不可能将城中待售的所有品牌、型号的汽车统统做比较后再作选择。按“经济人”标准对所有可能的方案进行选择是力所不能及的，因为若追求效用的最大化，就要求决策者能够在决策情形中对新方案搜索的边际成本和边际收益做出估计。这样做将使整个选择过程变得异常复杂，因为它需要一种总体最优化的评价。此外，某个决策问题从理论上讲也许有最优解，但是，事物在不断地变化，客观的最优解也在变化，而人们追踪这种变化的能力却常常显得不够。即使像线性规划这种高度抽象的运算模型，它对决策变量之间关系所作的线性表述，也只是在一组约束条件下对客观世界的近似和简化。所以，它的解也只能是相对最优的满意解。西蒙关于“满意标准”的提出，说明了决策者如何依据实际情况，在几个合理的方案之间进行选择，且这种选择所使用的信息通常是不完全的。因此，在“满意标准”指导下的选择，就不必运用实际上无法实现的优化程序。

除了 Simon 的满意标准之外，还有 Tversky 提出的方面排除理论和 Kahneman 的展望理论(或称预期理论)。

方面排除理论是由一种类似字典序的决策方案选择方法。比如，对选购汽车的决策来说，可以根据其价格、座位数、速度等属性来进行描述。根据方面排除理论的要求，在选择过程的每一阶段，要挑选出某一属性或某一方面，根据其重要程度，对之做出评价，对不符合决策要求的属性便应予以排除，即不再在以下的比较选择中继续加以考虑。假定购车者为最重要的方面是汽车的售价，最多只能付得起 8000 英磅，则所有售价超过 8000 英磅的汽车均从选择方案中排除掉；然后考虑座位数这一属性，如果只想要座位在三个以上的汽车，那么仅有三个和三个以下座位的汽车也将被排除。直到还剩下某种未排除的方面即属性时，再做出最后的选择。显然，这种方法“效率”高，对决策者认知能力的要求也较低，但是效果未必佳。Tversky 本人也承认，不分场合地采用这种方法，会导致不良的决策。

2002 年诺贝尔经济学奖获得者 Kahneman 和 Tversky(1979)提出的展望理论

对决策者偏离期望效用理论的行为做了描述和说明。实验表明,参加试验的人员往往对确定性后的结果赋予较大的权重,而对不确定性后结果的赋值通常偏低,即存在“确定性效应”,使参加试验的人员表现出一种“风险厌恶”的倾向。此外还会出现另一种被称之为“问题构建效应”的情况,如前面的实验例证四所示,当同一问题用不同的方式描述时,参加试验人员的偏好常常会出现不一致。因此,Kahneman 和 Tversky 建议用决策权替代期望效用理论中的主观概率,且这种权值在样本空间的划分上的总和不必等于 1;并用价值函数取代效用。展望理论虽有一定的可取之处,但是它显然无法取代主观期望效用在规范性决策理论中的地位。

6. 决策的文化差异

决策既是一种组织现象,同时也是一种文化现象。William 曾对日本企业与美国企业决策风格的不同进行过比较,探讨了东西方文化的差异所带来的决策方式的多方面的不同,但这种宏观的描述并未说明东西方文化的影响对决策者在不确定性的认知思维和判断结果上有何不同。从心理学角度对决策的文化差异进行比较研究的首推英国学者 Wright,他对在不确定情形下,东西方文化差异所导致的个人在决策思维与判断方面的不同做了系统的实验研究。他在实验中要求参加试验者对《概率评估调查表》和《不确定性展望调查表》的调查项目做出回答,然后对结果进行分析。他发现,东南亚地区的学生概率思维能力较差,多数参加试验者都倾向于用 50%或 100%这样的评价值来回答《概率评估调查表》中的提问,他们的赋值与调整能力较差,在对问题所做的答复的置信度做评价时,他们往往表现出过分自信的倾向。相反,英国的学生一般都具有比较好的赋值与调整能力。他们一般较少使用 100%这样的肯定评估来判断自己对问题答复的正确程度。在《不确定性展望调查表》中,英国学生倾向于使用多种不同的概率词汇来回答问题,说明他们有较好的概率思维习惯。为了区别认知方式截然不同的参加试验人员,怀特提出了一个新的概念,即“概率思维者”与“非概率思维者”。两者的差异主要表现在:非概率思维者一般都倾向于用“是”、“否”或“不知道”这样的词汇回答问题,他们对于问题的认知方式,并不包括概率处理这样一种机制;这就使他们比较倾向于用要么确定、要么完全不确定的观点来看待世界。概率思维者则根据事物的可能程度,而对世界持一种较具选择性的观点。这种认知方式的差异,对于决策分析的有效性有着至关重要的影响。因为“概率思维”品质是根据期望效用进行分析所必需的基本条件;若决策者缺乏这种概率思维的能力和习惯,则决策分析人与其对话将会十分困难,而且,得到的结果也会不尽理想。Wright 在对东南亚与英国学生进行对比调查的基础上,又从东南亚和英国的一些经理人员中选择样本,对决策的文化差异做了进一步的研究。实验的结果再次证明,文化差异对在不确定条件下的决策行为有着相当大的影响。具体地说,代表东南亚文化的那些经理人员,概率思维的能力较差，他们倾向于用“不知道”这样的陈述方式来表达自己对不确定性的看法；而英国的经理人员则更多地采用概率评估的方法来描述自己对不确定事件的认识。这也是概率盘之类的辅助主观概率设定的工具，在欧美各国使用效果较好，而在我国却不太适用的主要原因。

虽然概率思维者与非概率思维者在对待不确定性的处理方式往往有很大的不同，但这并不说明东西方文化之间有什么优劣差异；当决策者置身于一个急剧变化且对变化无法预测的环境中，非概率思维者可能会较概率思维者更具优势。然而，决策分析这样的工具，是基于西方重秩序、求理性这种文化土壤上发展起来的，它要求决策者具备客观的理性和概率思维能力，对概率判断有比较好的赋值与调整能力。而东方经理人员在赋值与调整能力方面所表现出来的非概率思维倾向，通常会使决策分析的效果受到一定程度的损害。

情况在发生变化，20 世纪 80 年代以前我国的大学本科的绝大部分专业不开设概率论和数理统计方面的课程，所以大部分人没有概率思维的习惯。自从 20 世纪 80 年代开始，不但大学本科(至少是理工类专业)开设概率论与数理统计等课程，而且在中学也开始介绍概率的基础知识；北京等地的天气预报开始给出预报时段下雨的概率。在环境的影响下，我国新的一代人正在逐渐形成概率思维的习惯。

本节介绍了行为决策理论之后，或许有人会问，前面几章所介绍的规范性及规定性决策理论还有什么用处？我们说，应该这样看问题：传统的决策理论关于经济人的假设确实不是一般人和企业的决策者所能够完全满足的，人们在日常生活和经营活动中所作的绝大部分决策都与决策理论的要求有着或大或小的差异，甚至完全不相符合。就回答“人们实际上是怎样作决策的”这一问题而言，行为决策理论，尤其是 Simon 的有限理性说以及“寻求满意方案”的模型是正确的，它比“追求最优”的效用理论更接近实际情况，用 Simon 自己的话来说，是“在有关经济行为的经验研究中获得了更多的支持”。但这不能说明基于主观概率和期望效用的决策理论毫无用处。正如 Howard 指出的，决策理论提供了足以判断所作决策优劣的手段；而且决策理论与建模、仿真、敏感性分析等系统工程方法相结合，所形成的决策分析方法成为求解重大而又复杂决策问题的有效工具。按照规范性和规定性的决策方法求解决策问题，并注意克服行为决策理论所揭示的、在以往一般人的决策过程中确实存在的各种弊端，有助于进一步提高决策的质量。也正是在这一方面，行为决策理论对传统的基于期望效用极大化的决策理论起着重要促进作用。

习　　题

一、问答题

1. 常用的决策模型有哪几种？各有什么特点？

2. 比较决策过程的描述性模型与规定性模型之间的同异。

3. 讨论决策人与决策分析人分工的必要性,说明在决策过程中各承担什么责任。

4. 什么是行为决策理论? 其主要研究内容有哪些,意义何在?

5. Simom 为什么要提出“有限理性说”? 其主要内容是什么?

二、Kahneman 和 Tversky 做了许多凭直觉作决策的实验。其中之一是让两组背景相同的学生分别参加下述实验。实验中要求参加试验的学生设想,在一次传染病暴发时,美国有 600 人感染,面临死亡。要求参加试验的第一组学生从下面的两种治疗方案中进行选择:

治疗方案 A:可以救活 200 人。

治疗方案 B:有 1/3 的可能性是 600 人全部救活,2/3 的可能性是 600 人没有一个能够存活。

要求参加试验的第二组学生从下面的两种治疗方案中进行选择:

治疗方案 C:有 400 人死亡。

治疗方案 D:有 1/3 的可能性是没有一个人死亡,2/3 的可能性是 600 人全部死亡。

1. 如果你是参加第一组试验的学生,你将作何选择?

2. 如果你是参加第二组试验的学生,你将作何选择?

3. Kahneman 和 Tversky 的试验结果是:参加试验的第一组学生 152 人,其中有 72%选择治疗方案 A;参加试验的第二组学生 155 人中,有 78%选择治疗方案 D。分析这两组学生选择的一致性并解释原因何在。

三、(Ellsberg 1961)坛中装有 90 个球,其中有 30 个红色球,其余为黄色球和蓝色球,且不知道这两种球的比例。现从坛中随机取出一个球进行投注相同的打赌。

1. 有以下两种打赌方法:a) 抽中红色球可收入 100 元,抽到其他球收入为 0;b) 抽中黄色球可收入 100 元,抽到其他球收入为 0。你选哪一种? 为什么?

2. 另有两种打赌方法:c) 抽到黄色球收入为 0,抽到其他球可收入 100 元;d) 抽到红色球收入为 0,抽到其他球可收入 100 元。你选哪一种? 为什么?

3. 分析你在两次选择中的一致性。

第七章　多目标决策的基本概念

7.1　多目标决策及其特点

1. 概述

在前面六章中所讨论的决策问题只涉及单个目标。但是在现实生活和实际工作中遇到的更普遍的问题常常会有多个目标。例如，①综合利用水利工程的建设，通常要在适当地点修建一个水坝，并具有下述效益：形成高水头以便发电、拦蓄洪水以防下游洪涝灾害、水库蓄水位提高后有利上游段的航运等，同时，工程建设也要大量投资、会有淹没损失、需要安置移民；在选择水库库容(即确定坝高)的时候，就应综合考察发电、防洪、淹没(移民)、投资等多个目标。②某地区现有的若干所学校已无法完全容纳该地区的适龄儿童，需要扩建其中的一所，在扩建时，既要满足学生上质量较高的学校且就近入学的要求，又要使扩建费用尽可能小。③在若干候选人中选择一位担任某个职务时，年龄和健康状况、工作作风、品德、才能等都是重要的评价因素。④学生毕业后的择业，通常要考虑收入、工作强度、发展潜力、学术性、社会地位、地理位置等因素，因此评价一个可能的就业职位优劣的问题也是典型的多目标决策问题。⑤即使是购物，比如买衣服，总希望价廉、物美(尺寸合适、款式新颖、颜色中意、面料结实、加工质量高等)。

综上所述，多目标决策问题具有如下特点：

① 决策问题的目标多于一个。上面的几个例子清楚地说明了这一点。

② 多目标决策问题的目标间**不可公度**(non-commensurable)，即各目标没有统一的衡量标准或计量单位，因而难以进行比较。例如，水利工程建设问题中的发电这一目标可以用年发电量(亿度/年)或装机容量(万千瓦)来描述，而防洪效益只能用下游免遭洪涝灾害的面积(亩)来表征，淹没损失用水库建成后淹没的耕地和山林面积和淹没地区需要移民的数量(人)来说明，投资则应该用货币(万元)表示。又如选拔干部时，候选人的健康状况、工作作风、品德、才能等等不但没有统一的计量单位，甚至连应该如何衡量各目标的达到程度都难以确定。

③ 各目标间的矛盾性。如果多目标决策问题中存在某个备选方案它能使所有目标都达到最优，即存在最优解，那么目标间的不可公度性倒也不成问题了，只是这种情况很少出现，绝大部分多目标决策问题的各个备选方案在各目标之间存在某种矛盾，即如果采用一种方案去改进某一目标的值，很可能会使另一目标的值变坏。例如，水利工程建设问题，想要提高发电和防洪效益，就要提高水头，增加大

坝高度,但是同时也需要增加投资,加大淹没损失和移民数量。又如选拔干部时,往往金无赤足,人无完人,各候选人的健康状况、工作作风、品德、才能等很可能出现矛盾。

由于多目标决策问题多个目标之间的矛盾性和不可公度性,不能把多个目标简单地归并为单个目标,因此不能用求解单目标决策问题的方法求解多目标决策问题。从本章开始的以后各章将探讨求解多目标决策问题的基本理论和方法。

2. 多目标决策问题的分类

最常用的多目标决策问题的分类法是按决策问题中备选方案的数量来划分。一类是**多属性决策问题**(multi-attribute decision making problem),这一类决策问题中的决策变量是离散型的,其中的备选方案数量为有限个,因此,有些文献也称之为**有限方案多目标决策问题**(multi-objective decision making problems with finite alternative)。这一类问题求解的核心是对各备选方案进行评价后排定各方案的优劣次序,再从中择优。另一类是**多目标决策问题**(multi-objective decision making problem),这一类决策问题中的决策变量是连续型的,即备选方案数有无限多个,因此,有些文献也称之为**无限方案多目标决策问题**(multi-objective decision making problems with infinite alternative)。求解这类问题的关键是向量优化,即数学规划问题。

按照一些国外文献的分类法,无论是多属性决策问题还是多目标决策问题,都可通称**多准则决策问题**(multi-criterion decision making problems)。群决策问题也可以归入多准则决策问题之中。关于目标、属性、准则的含义,稍后再专门讨论。

多准则决策问题也可以像单目标决策问题那样按广义的自然状态分类,一类是确定型多准则决策问题 ,另一类是非确定型多准则决策问题,由于求解手段的限制,现有的求解方法最多只涉及风险型多准则决策问题。

多准则决策问题还可以按所涉及的决策者人数来划分,只涉及单个决策人的是一般的多准则决策问题,或称多目标决策问题,若涉及多个决策人,则称为群决策问题。

3. 几个术语的含义

下面比较属性、目标和准则等术语的含义。

(1) **属性**(attribute)

在英语中,attribute 一词意为 characteristic 和 essential quality,是备选方案的特征、品质或性能参数。

(2) **目标**(objective)

在英语中,objective 一词意为 final aim,它是决策人所感觉到的比现状更佳的客观存在,用来表示决策人的愿望或决策人所希望达到的、努力的方向。例如:制订发展规划时,经济增长、生活改善、社会安定、对外援的依赖小、失业率低等决策人的愿望或决策人努力的方向都是目标。在多目标决策问题中,目标是求极值(极大或者极小)的对象,即需要优化的函数式。

(3)**目的**(goal)

目的是在特定时间、空间状态下,决策人所期望的事情。目标给出预期方向,目的给出希望达到的水平或具体数值。

但目标与目的两个词的区别已经模糊,在许多文章尤其在中文的文章中,常常并不严格区分,甚至互换使用。

(4)**准则**(criterion)

在英语中,criterion 一词意为 standard of judgment 或 principle by which sth. is measured for value。准则是判断的标准或度量事物价值的原则及检验事物合意性的规则,它兼指属性及目标。

由于历史原因和语言习惯,我国在这些术语的用法上有些混乱。有人把目的规划(goal programming)译成目标规划,也有人把多目标决策译成多目的决策,但是大部分作者还是把 goal programming 译成目的规划,用多目标决策而不用多目的决策;只是许多人不使用多准则决策,统称多目标决策,本书中凡不是特别需要,也尽可能使用"多目标",少用"多准则"。

7.2　多目标决策与多目标评价

1. 多目标决策的求解过程

用规范化的方法求解一个多目标决策问题的全过程包括图 7.1 所示的五个步骤(Chankong 1983)。第一步是提出问题。这时对面临问题的认识是主观而含糊的,所提出的目标也是高度概括的。第二步是阐明问题。这时要使目标具体化,要确定衡量各目标达到程度的标准即属性以及属性值的可获得性,并且要清楚地说明问题的边界与环境。第三步是构造模型。要选择决策模型的形式,确定关键变量以及这些变量之间的逻辑关系,估计各种参数,并在上述工作的基础上产生各种备选方案。第四步是分析评价。要利用模型并根据主观判断,采集或标定各备选方案的各属性值,并根据决策规则进行排序或优化。第五步是根据上述评价结果,择优付诸实施。以上各步骤的顺序进行只是一种理想的多目标决策流程,从第三步开始,就有可能需要返回前面的某一步进行必要的调整,甚至从头开始。决策问题愈复杂,反复的可能性就愈大,重复的次数也愈多。

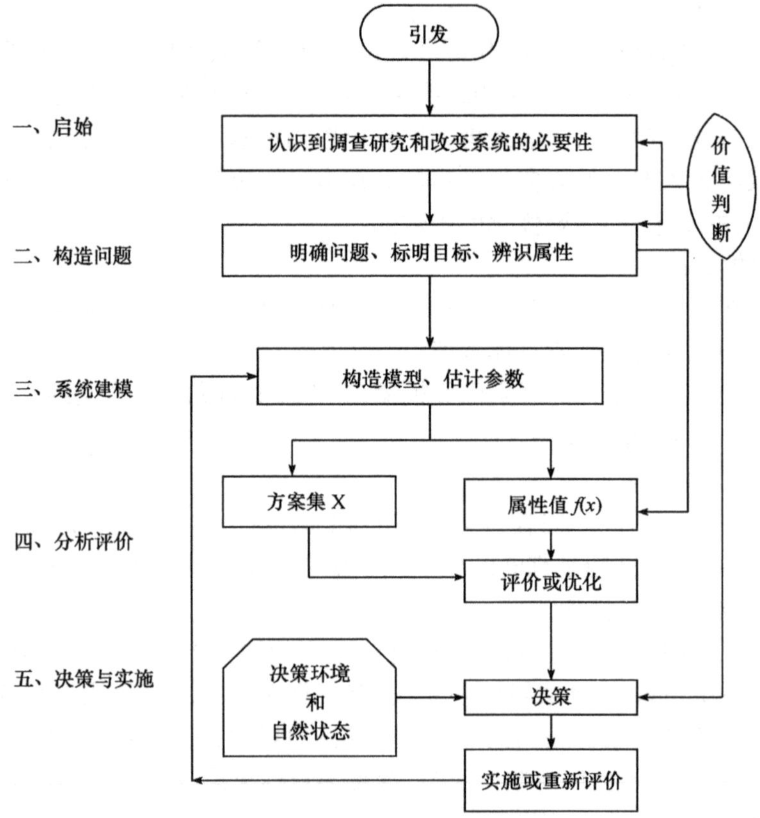

图 7.1　典型的多目标决策的求解步骤

2. 多目标评价

从上面的讨论以及从图 7.1 可知,评价是多目标决策过程中的重要步骤,或者说是关键性环节,评价的结果用作最终决策的依据。有时候,评价可以作为独立的活动存在,与决策不发生直接的关联。

评价或称评估,大致可以分为两类。一类是对现存的已有系统或被评对象进行的,是根据一定的标准去测量和判定被评对象的性能和质量。这种评价的出发点是:①存在有效的标准,可以根据这一标准,收集系统的有关资料,确定系统实际存在的性能和质量状况;②可以将系统实际的性能和质量与某个规定的标准相比较,判断系统性能是否合格或优劣。另一类评价是针对待建系统的评价,通常是对某个工程项目或拟开发系统的若干个不同的设计方案进行的分析和评价,图 7.1 所示典型的多目标决策的求解步骤更切合这一类评价问题。第一类评价问题以获取评价结果作为目的,虽然评价结果可以作为决策的依据,但是不必与决策发生直接的联系。第二类评价问题以获取系统为目的、评价只是获取系统的决策的依据，例如20世纪80年代末，引起广泛关注的三峡工程综合效益评价问题，是要对兴建三峡工程的各种设计方案与不兴建三峡工程的利弊得失进行比较，以确定工程是否上马；若上马又应选择哪种方案。从广义上看，无论对哪一类问题，要进行有效的评价必定会包括图7.1中的第一步到第四步。评价的基本过程包括：确定评价标准，收集相关资料，对所收集的信息进行分析，用适当的方法形成评价结果。因此评价的目的是对系统（无论已有还是拟建系统）的性能、状态有一客观的了解，为主管部门或决策人制订决策提供依据。可以这样说，没有正确的评估就不可能有正确的决策。例如，对教育系统中有关部门和某些环节进行评价是为了确保教育质量，指导和推动教育事业的发展；新建舰艇的全武器系统的评价为了武器配置的优化，提高舰艇战斗力；进行区域性环境评价是为了了解环境的实际状况，采取相应对策，控制环境恶化、改善区域的环境质量；对拟建工程项目进行环境评价则是为了防止项目对环境造成灾难性后果，等等。

（1）评价的原则

一般来说，评价是为了更好地决策，评价的结果直接影响决策的正确性，因此组织和实施评价时应该遵循如下基本原则：

① 科学性。评价的标准（或称指标体系）应能真实而科学地反映系统的全面的性能特点，并注意评价标准的规范化；同时所采集的信息要可靠、准确，评价所用的方法要科学化、程序化；信息的管理要集中化、系统化。

② 客观性。应当尽量避免由于评价实施者的个人倾向或偏见造成评价结果的主观随意性。因此，一方面系统性能的测定和判断应有比较客观的标准，注意评价标准的可测性，尽量采用定量化的标准；另一方面，评价过程的组织工作要公正、公开，注意评价实施者的客观性与代表性，对那些难以量化的指标作价值判断时最好有公众参与，并保证参与者在符合一定的社会原则下有充分发表各种意见的自由（参见第十二章）。

③ 可比性。在确定评价对象和评价标准时，还应注意只有在相类似的条件或基础上才能进行相互间的比较。（以研究生教育质量的评价为例，即使是同类学校，由于办学历史、基础和条件不同，会造成性能和质量的差异，所以在评价时必须考虑这些因素，才具有可比性并符合公平性原则。）

④ 有效性。评价，尤其是对复杂系统如大型工程或社会经济系统的评价，十分费时费力，因此在评价时要力争用最少费用取得尽可能好的结果。

⑤ 动态性。动态性有多个方面的含义。一是被评价的对象，尤其是被评价对象的属性往往是动态的，不能用静止的观点来考察它，既要评价它的现状，也要评价其发展潜力和趋势。二是评价的指标是动态的，例如在评价某个武器系统的有效性时，往往要考虑敌对方武器的性能特点，随着敌对方武器性能的改进，我方武

器系统的有效性指标必须作相应的变动。

随着被评价对象的变化，上述原则应作适当增删。

(2) 评价的实施

从理论上讲，评价应该分两个阶段进行。首先要搞清已有系统的实际性能和质量状况或待建系统可达到的性能和质量状况，其次是把这些性能和质量状况与规定的标准相对照（比较），对系统的性能和质量做出判断。对一个具体的系统进行评价，虽然从概念上看很简单，但实施起来却常常十分复杂。这种复杂性表现在以下几个方面。

首先遇到的问题是如何规定评价的标准。人们常常习惯于把系统的输出作为衡量系统性能的主要标准。这样做对非单纯的经济系统就未必合适，例如对教育系统，什么是教育系统（比如说一所中学）的输出呢？如果说输出是这所学校培养的学生人数和这些学生的成绩，包括该校毕业生的升学率，那么这所学校的学生是否会全面发展，学生的身体素质和思想品德状况等反映学校质量的重要因素还要不要考虑？答案显然是肯定的，但是具体的标准又该怎样确定呢？而且在一些基本的问题上，例如，教育的目的是传授知识还是传授技能，或是为了提高学生的智力水平？进行教育，尤其是高等教育，是为了促进科技进步还是为了获得经济利益，或是出于社会的需要？教育的根本目的是出于国家的考虑还是包括个人的需要，是为了使下一代适应社会环境和保存传统文化，还是为了社会的变革而改造受教育的下一代？各方面的意见并不一致。大部分人会认为教育的目标是多重的，应当是上述各意见或倾向的综合体。但是，在这综合体中，各种意见或倾向分别占多大比重呢？要在这个问题上获得比较一致的意见，做出比较统一的回答实在太困难了。而且教育作为迟效的社会系统，它的成效要在很长时间之后才能表现出来，这种表现相当间接，所以，教育系统的输出很难表达，尤其是难以用数量全面描述。其次，不同的系统虽然有同样的输出，但它们可能有着很不相同的输入。例如，两所学校，培养了同样数量的合格学生，但它们的办学条件，耗用的资源有很大的差别，显然，耗用资源少的学校应给予更高的评价。因此，评价时不仅要考虑系统达到的目标的程度，考虑系统的输出，还要考虑达到输出所耗用的输入。即使是工程项目，所涉及的经济、技术指标与社会系统相比虽然简单些，也会有多个指标，也会涉及环境问题和社会就业等伦理道德因素，需要仔细斟酌，全面考虑。

实施评价的过程中会遇到所采集信息的可靠性、非量化信息的处理、评价结果因选用方法而异等一系列问题。由于这些问题将在随后各章节中分别论及，这里不再集中讨论。

3. 关于价值判断

在本书的第一章我们提到作为研究对象的元素可以分为两类，一类是事实元素(factual factor),它可以用科学手段、方法借助仪器仪表检测,或者通过变换成为可以检测的元素;另一类是价值元素(value factor),这种元素无法用任何科学手段或仪器来检测或处理。决策科学区别于自然科学的根本因素在于自然科学只研究事实元素而决策科学要考虑价值元素;决策科学与社会科学的区别则在于社会科学通常用定性的方法研究价值元素而决策科学要量化价值判断。

在多目标决策过程中,所涉及的价值元素和需要进行的价值判断主要有:

① 在构造问题的时候,决策人的需要、企图等主观因素对所辨识问题的界限和决策问题环境、对确定决策问题的目标及相应属性有着重要影响。

② 在系统建模这一步,选择决策模型的形式、确定模型的关键变量也不可避免地涉及决策人的价值判断。

③ 在进行分析评价时,要选择适当的决策规则,并由决策分析人员根据决策人的偏好结构即价值观来进行分析和评价。

在整个多目标评价和多目标决策问题的求解过程中,决策人的价值判断始终在起作用,而决策人的偏好结构对最终结果的影响最为关键。

许多学科的研究人员对决策过程中的价值判断有着浓厚兴趣,但是他们的侧重点各不相同。例如,实验心理学家与行为科学家关心进行价值判断时决策人的心理状态,而管理科学与运筹学家关心决策人作判断的指导原则。

7.3　多目标决策问题的要素

任何一个多目标决策问题都包含决策单元(decision-making unit)、目标集(set of objectives)或称指标体系、属性集(set of attributes)、决策形势(decision situation)和决策规则(decision rule)五个要素。

1. 决策单元和决策人

Churchman(1968)指出,决策人是有能力改变系统的人,这里的能力指进行这种变化的责任与权力。Chankong(1983)认为,决策人是某个人或由一些个人组成的群体,他们直接或间接地提供最终的价值判断,据此可以排定各备选方案的优劣。决策单元则是由决策人、分析人员和作为信息处理器的人机系统构成。决策单元的功能是:接受输入信息,产生内部信息,形成系统知识,提供价值判断,作决定。

2. 目标集及其递阶结构

如前所述,目标是决策人希望到达的状态。为了清楚地阐明目标,可以将目标表示成层次结构:最高层目标是促使人们研究该问题的原动力,但是它过于笼统,不便运算，需分解为具体而便于运算的下层目标。例如，某流域水资源项目的目标的层次结构如图 7.2 所示。

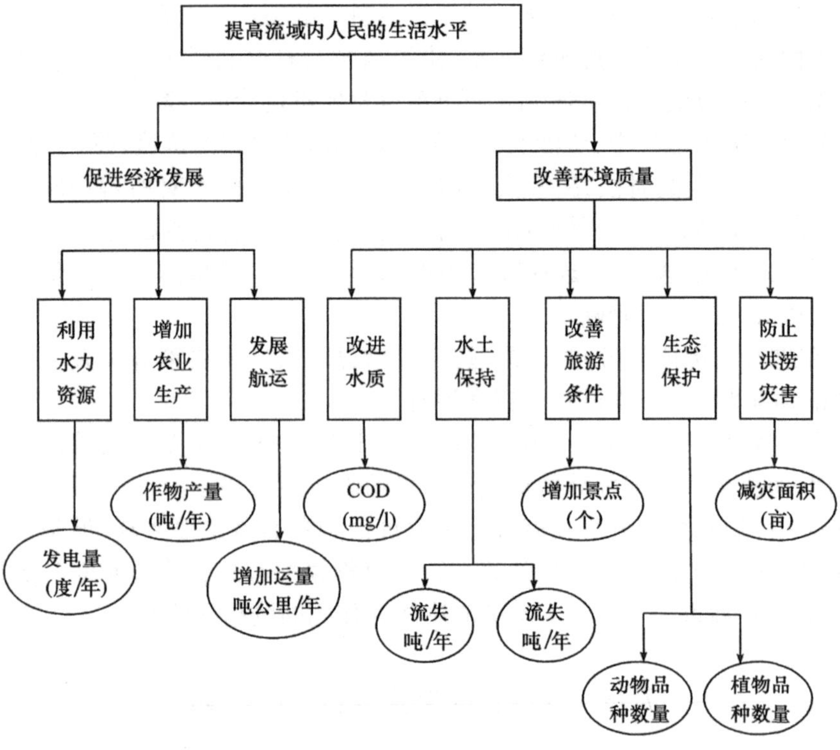

图 7.2　流域水资源项目目标的层次结构

开发这一项目的总目标是提高流域中人民的生活水平，而这一总目标是通过促进地区经济发展和改善流域的环境质量这两个分目标来实现的。这两个分目标依然不够具体，需要进一步细化，细化的结果就是图 7.2 中的第三层目标：充分利用水力资源、增加农业产品、发展航运，改进水质、增加旅游景点、生态保护、防止洪涝灾害。

又如某舰艇的全武器系统，图 7.3 所示的总目标是要提高该舰艇的综合作战性能，这一总目标太笼统，经过分析可以分解为四个第二层目标，即舰艇的攻击能力、自卫能力、C^4ISR 能力和平台能力；由于第二层目标仍然不够具体，所以还要细分。其中的自卫能力可以分成防御空中来袭目标的能力和防御水下来袭目标的能力，并可以进一步细分为电子战防御能力、舰载对空武器性能、声纳探测能力、拦截和干扰鱼雷能力等。即使这样还不够具体，无法运算，还要再细化直到可以运算为止。

3. 属性集和代用属性

上面所说的目标可以运算是指有办法衡量这一目标被达到的程度，而属性就是对基本目标达到程度的直接度量，也就是说对每个最下层目标要用一个或几个属性来描述目标的达到程度。

在图 7.2 中第三层的矩形框表示最底层目标，下面的椭圆形中所标的是属性。例如充分利用水力资源这一目标的达到程度可以用发电量(千瓦时/年)来度量，发电量就是属性。虽然我们希望每个最下层目标都能用一个或几个属性直接度量该目标的达到程度，但是有些最底层目标，如 7.1 节中所举例③，在若干候选人中选择一位担任某个职务时，评价候选人优劣的年龄和健康状况、工作作风、品德、才能这些目标除年龄本身就是属性外，其他目标都很难甚至无法找到属性来度量其达到程度；又如图 7.2 中的生态保护和改善旅游条件，也难以用某个或某些属性直接描述这些目标的达到程度。当目标无法用属性值直接度量时，用以衡量目标达到程度的间接量称为**代用属性**(proxy attribute)。例如生态保护，可以用野生动、植物品种数量、鱼类的品种数量的增减，洄游鱼类的通过量的变化等属性间接衡量生态保护的效果，这些属性就是代用属性；又如合格的教师队伍，可以用教师的学历结构、职称结构、专业结构、科研能力(论文、成果数量)等代用属性来衡量。

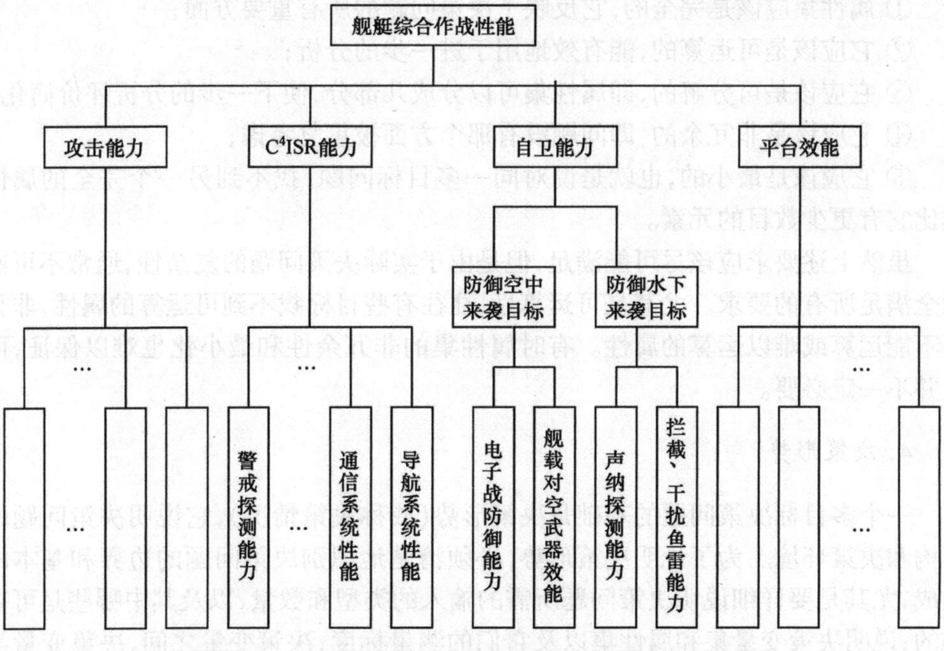

图 7.3　舰艇全武器系统评价指标体系的层次结构

在为目标指定一个或几个属性时，这些属性应满足如下要求：

① 可理解性，即属性要能充分说明目标满足的程度；

② 可测性，指给定方案的属性在实际上可以用加有一定单位的数值来表示。

有些属性本身就有计量单位,是用所谓的比例标度来测量的,在我们对这一类属性值进行数学运算或其他处理时有充分的自由,无需担心因处理不当而破坏或扭曲这些属性值所包含的信息。尤其是在工程和自然科学领域,我们非常熟悉这种标度的数字和测度。因此往往有一种倾向,即使是心理、伦理道德型目标,也从建模阶段就人为地设立一些使用比例标度的属性,并建立一套人为的规则来测量,其目的是希望能在随后的分析中利用现存的复杂的分析工具。这种做法的初衷是想使代理属性能够准确反映总体目标所达到的水平,但是很可能同时卷入强烈的主观性,由此造成的不准确性和不确定性会使人们对最终结论产生更大的怀疑。其实属性并不是非用比例标度不可,虽然用其他标度度量的属性在使用某些现有的复杂分析方法时会受到限制,但是仍然有些方法可以使用,而且由于没有人为的强制性条件,这种属性常常具有某种实际意义,决策人可以与经验和直觉联系,更容易进行主观判断。

对衡量目标达到程度的单个属性的要求是可测性与可理解性;而对描述整个多目标决策问题的属性集的要求是:

① 属性集应该是完全的,它反映了决策问题的所有重要方面;

② 它应该是可运算的,能有效地用于进一步的分析;

③ 它应该是可分解的,即属性集可以分成几部分,使下一步的分析评价简化;

④ 它应该是非冗余的,即问题没有那个方面被重复考虑;

⑤ 它应该是最小的,也就是说对同一多目标问题,找不到另一个完全的属性集比它有更少数目的元素。

虽然上述要求应该尽可能满足,但是由于实际决策问题的复杂性,通常不可能完全满足所有的要求。尤其是可运算性,往往有些目标找不到可运算的属性,非得用不能运算或难以运算的属性。有时属性集的非冗余性和最小化也难以保证,而且并不一定必要。

4. 决策形势

一个多目标决策问题的基础是决策形势(或称决策情况),它说明决策问题的结构和决策环境。为了说明决策形势,必须清楚地识别决策问题的边界和基本的组成,尤其是要详细说明决策问题所需的输入的类型和数量,以及其中哪些是可获得的;说明决策变量集和属性集以及它们的测量标度,决策变量之间、决策变量与属性之间的因果关系;详细说明方案集和决策环境的状态。

决策过程和决策形势在结构上都可以看做黑箱,需要有输入信息并生成一个决策作为输出。决策过程的范围和所需的输入是固定的,包括图 7.1 中的全部五个步骤;而决策形势的范围和所需的输入取决于问题的性质。决策形势的最小范围只包括图 7.1 中的分析评价那一步,它有一集可明确列表的备选方案、一集用作决策变量的属性、关于自然状态的说明。这时所需的输入是能够用于计算的每个备选方案在给定的自然状态下各种属性值，决策单元中只有决策人。新婚夫妇购房，刚毕业的学生选择职业都是这类决策形势的典型例子。另一个极端是决策形势包含图 7.1 所示的决策问题的整个求解过程，这类决策问题通常有下列特点：①有大量决策变量，这些决策变量之间有复杂的因果关系；②在决策变量与属性或目标之间有复杂的手段－结果关系；③备选方案集中的方案有无限多个，无法明确列成表格，必须用因果或手段－结果关系以隐式给出。通常还需要大量的原始输入数据以标定整个系统，决策单元包括决策人和涉及整个决策过程的人－机系统。这类决策问题的例子有：大型工程系统的评价、流域规划、国家或区域的社会经济发展规划等等。

以这种方式描述决策形势的好处是容易与不同的多目标决策方法进行对照。各种方法都是为特定的决策形势所设计的，因此，要为一定的多目标决策问题寻找适当的求解方法，首先要找出与决策问题最适配的决策形势。以新婚夫妇购房问题为例，备选方案即房子是明确的，属性（包括费用、到工作地点的距离、房子的结构、所在小区的环境等等）也都知道，这时集中于测度决策人的偏好的多目标决策方法，像多属性效用函数法就有优势。另一方面，若是为大规模的工程项目设计各种参数或制订社会经济发展规划，这种由大量复杂的决策变量和相互关系表征的决策问题，则充分利用人-机交互的方法就更合适。尽管决策形势的性质决定了可选用的适当的多目标决策方法，但是并没有有效的指导原则可以用来为特定的决策问题选择适配的决策形势。决策形势的确定与决策问题的性质和所有相关人员，包括决策人和决策分析人的经验、创造力、判断力有关。

5. 决策规则

在作决策时决策人力图选择“最好的”可行方案，这就需要对方案根据其所有属性值排列优劣次序（或分档定级）。而对方案排序或分档定级的依据称做决策规则。有时目标的阐述包含了决策规则，如工商企业的经典理论只有单个目标——获得最大利润，而衡量一个备选方案优劣的属性是用货币计量的纯利润；这时隐含的决策规则就是：选择一个能产生最大纯利润的备选方案。有时需在目标之外另加说明，例如流域规划中的一个目标是改善水质，水质这一属性是用化学需氧量 COD(mg/l)来说明的；若希望某河流的水质达到Ⅱ类，根据国标 GB8875，Ⅱ类水中 COD 应小于 10mg/l，因此，决策规则应该是：选择使该河流 COD 低于 10mg/l 的备选方案。在确定决策规则时，目的这一概念很重要，因为在多目标决策问题中，“目的给出希望达到的水平或具体数值”，给定目的也就基本上给定了决策规则。

决策规则可分为两大类。一类是**最优化**(optimizing)规则，它能把方案集中，所有备选方案排成完全序；而根据决策规则所蕴涵的某种准则，在完全序中总存在一个最好的方案。另一类是**满意**(satisfying)规则，它为了使分析简化、节省时间、降低费用而牺牲最优性，把方案集划分成容易处理的几个有序子集，比如可接受与不可接受两个子集或者好、可接受、不可接受三个子集；根据这种规则，不同子集里的两个方案的优劣是显而易见的，同一子集中的方案无法或难以分辨优劣。

7.4 多目标决策问题的符号表示

1. 多目标决策问题的一般性表述

如前所述，完整地表达多目标决策问题(MODP)需要清楚地说明下列五个要素：

① 决策单元(DMU)，包括决策人(DM)；

② 目标集及其层次结构，或称指标体系；

③ 属性集，如果目标与属性之间的关系不是显而易见的，则应说明目标与属性间的关系；

④ 决策形势(DS)；

⑤ 决策规则(DR)。

多目标决策问题的输入包括启动信号，它告诉决策人需要制订决策，还包括完整地描述决策形势所需的数据。图 7.4 为典型多目标决策问题的简要框图。

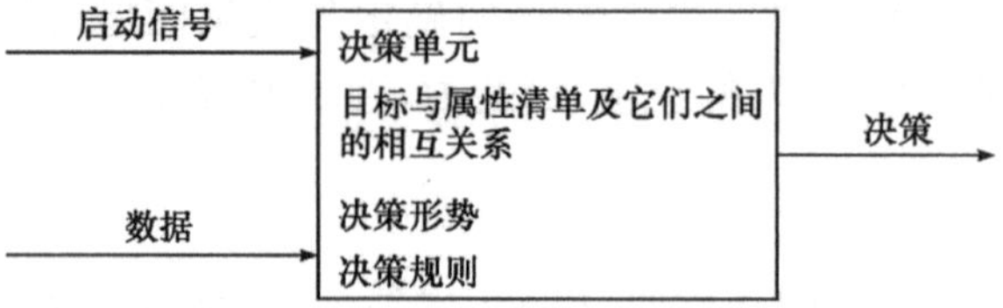

图 7.4 典型的多目标决策问题

从根本上说，要说明决策形势需要详细说明下列内容：

① 方案集 X，它是 N 维决策变量 x 的集合，说明了决策变量 x 的值也就完整地说明了方案。

② 目标函数集 $f_1(x), f_2(x), \cdots, f_n(x)$，用来计算给定方案 x 的属性值 f_1, $f_2, \cdots, f_n$。

③ 对决策环境的说明，即说明决策问题是确定型的还是风险型的。

当方案集 X 中的方案数有限时，X 的表述是显式的，这时的决策形势只包括图 7.1 中的分析评价步；当方案集 X 中的方案数无限时，X 的表述是隐式的(例如用因果关系或可用资源的约束条件等)，这时的决策形势包括系统建模和图 7.1 中的分析评价步，问题的求解通常要用诸如运筹学和系统工程中较为复杂的数学模型和正规的定量分析程序进行综合分析。这两种是最普通的决策形势的处理法(Sage 1977)。

2. 几种典型多目标决策问题的符号表示

下面列举几种典型的多目标决策问题，并作形式化表述。

(1)风险型多属性决策问题

多属性决策问题即决策变量为离散型的多目标决策问题，其备选方案数有限。

① 决策单元仅包含决策人；

② 属性集 $F=\{f_1,f_2,\cdots,f_n\}$，或者用符号 $Y=\{y_1,y_2,\cdots,y_n\}$，没有代理属性；

③ 决策形势仅包括图 7.1 中的分析评价步，方案集 $X=\{x_1,x_2,\cdots,x_m\}$，也可以简记为 $X=\{1,2,\cdots,m\}$ 或 $x=i, i=1,2,\cdots,m$；决策的自然状态不确定但是各种状态的概率分布已知，对于每一种给定的自然状态，可以列出各方案的属性值如表 7.1。

表 7.1　多属性决策问题的属性值表

x	$f_1(x)$	$f_2(x)$	…	$f_n(x)$
1	$f_1(1)$	$f_2(1)$	…	$f_n(1)$
2	$f_1(2)$	$f_2(2)$	…	$f_n(2)$
…	…	…	…	…
m	$f_1(m)$	$f_2(m)$	…	$f_n(m)$

④ 决策规则可以是：若存在多属性效用函数，则选择期望效用最大的方案；若难以或无法获得决策人的多属性效用函数，应选用其他适当的方法求解。

(2) 在确定性情况下采用满意决策规则求解多属性决策问题

这一类决策问题的决策单元、决策形势和属性集与第一类问题相同，只是自然状态是确定性的。

求解这一类决策问题的决策规则可以是：选择方案 x 使属性 $f_1(x),\cdots,f_n(x)$ 分别大于或等于给定值 $f_1^0,\cdots,f_n^0$；也可以是选择方案 x 使属性 f_1 为最大，其他属性 $f_2(x),\cdots,f_n(x)$ 分别大于或等于给定值 $f_2^0,\cdots,f_n^0$。这等价于求解

$$\max_{x\in X} f_1(x) \tag{7.1}$$

受约束于：　$f_j(x)\geqslant f_j^0,\quad j=1,2,\cdots,n$

第九章进一步讨论求解这一类决策问题的其他决策规则。

(3) 具有最优化决策规则的连续型多目标决策问题

连续型决策问题的可行方案集中备选方案有无限个。

① 决策单元包括决策人,若问题较为复杂,还包括分析人员和计算机;

② 属性集 $F=\{f_1,f_2,\cdots,f_n\}$,没有代理属性;

③ 决策形势包括建模和分析评价,可行方案集为

$$X = \{\boldsymbol{x} \mid g_i(\boldsymbol{x}) \leqslant 0, i = 1,2,\cdots,m, x \in R^N\} \tag{7.2}$$

其中,$\boldsymbol{x}$ 为 N 维欧几里德空间中的向量,$g_i(\boldsymbol{x}), i=1,2,\cdots,m$ 是实值函数;对给定的 $\boldsymbol{x}$,可以用实值函数 $f_j(\boldsymbol{x})$,计算属性值 $f_j, j=1,2,\cdots,n$;在建模阶段应确定 f_j、g_i 的形式;这一类问题中的自然状态是确定性的。

④ 决策规则可以是使每个属性值 $f_j, j=1,2,\cdots,n$ 极小化(或极大化),即求解

$$\underset{\boldsymbol{x}\in X}{\mathrm{opt}}\{f_1(\boldsymbol{x}),\cdots,f_n(\boldsymbol{x})\} \tag{7.3}$$

由于多目标优化问题通常不存在最优解,因此需要在非劣解集中根据决策人的偏好结构选择最佳调和解。关于非劣解和最佳调和解的概念我们在下一节讨论。

这一类多目标决策问题的求解方法在第十章讨论。

3. 两类多目标决策问题的比较

上面讨论的决策变量分别为离散型和连续型的两类多目标决策问题主要特点与区别可简单地归纳如表 7.2。

表 7.2　两类多目标决策问题的对照表

	多属性决策问题	多目标决策问题
决策变量	离散型	连续型,$\boldsymbol{x}=(x_1,x_2,\cdots,x_N)$
方案集	$X=\{x_1,x_2,\cdots,x_m\}$	$X=\{\boldsymbol{x} \mid g_i(x)\leqslant 0, i=1,2,\cdots,m, \boldsymbol{x}\in R^N\}$
属性集	$Y=\{y_1,y_2,\cdots,y_n\}$或 $F=\{f_1,f_2,\cdots,f_n\}$	用目标函数 $f_j(\boldsymbol{x}), j=1,2,\cdots,n$ 表示
决策形势	只包括分析评价 根据属性矩阵进行分析评价的主要目的是对方案排序	包括系统建模、由模型生成方案集;分析评价主要是求解多目标规划问题,要从非劣解集中获取偏好解

7.5　非劣解与最佳调和解

1. 非劣解

求解多目标决策问题经常要求解式(7.3)所示多目标规划即向量优化问题:$\underset{\boldsymbol{x}\in X}{\mathrm{opt}}\{f_1(\boldsymbol{x}),\cdots,f_n(\boldsymbol{x})\}$,其中 opt 可能是极小化也可能是极大化。如果求极大值且在方案集 X 中存在某个方案 $\boldsymbol{x}$ 使各目标 $f_j(\boldsymbol{x}), j=1,2,\cdots,n$ 均达到极大,这个方

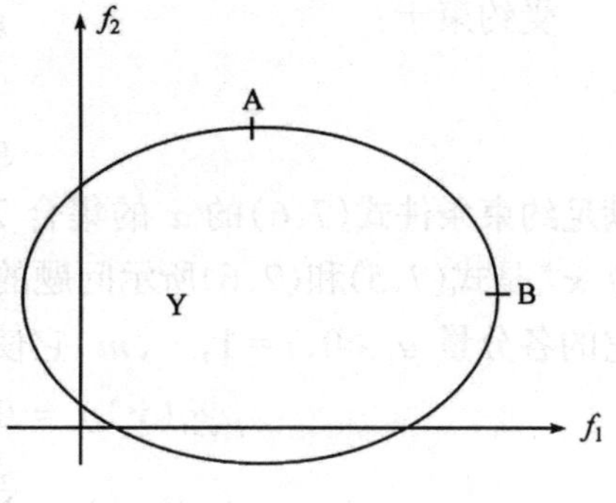

图 7.5　非劣解示意图

案就是最优解。但是向量优化问题通常不存在最优解。设一个两目标的决策问题，目标函数 f_1 和 f_2 都是越大越优，可行解集 X 所对应的目标空间的象 Y，如图 7.5 所示。图中 Y 的最高点为 A，最右侧的点是 B，则此问题没有最优解，因为虽然 A 点的 f_2 值最大，但 f_1 的值小于 Y 中在过 A 且与纵坐标平行的直线右侧的所有点，同样 B 点的 f_1 值虽然最大但是 f_2 的值并不大。在这个问题中显然不存在最优解，而是有一集**非劣解**(non-inferior solution)。Y 的一部分边界即曲线 AB 就是非劣前沿，可行域 X 中与之对应的部分是非劣解集。

非劣解又称**非控解**(non-dominance solution)、**有效解**(efficient solution)、**帕列托最优解**(Pareto-optimal solution)、**锥最优解**(cone-optimal solution)。

定义 7.1　非劣解

$\boldsymbol{f}(\boldsymbol{x})$为多目标决策问题向量目标函数，其分量 $f_j(\boldsymbol{x}), j=1,2,\cdots,n$ 均越大越优，对 $\boldsymbol{x}^* \in X$，若在 X 中不存在 $\boldsymbol{x}$ 使$f_j(\boldsymbol{x}) \geqslant f_j(\boldsymbol{x}^*)$，对 $j=1,2,\cdots,n$，且至少对一个 j 严格不等式成立，则称 $\boldsymbol{x}^*$ 为向量优化问题的非劣解。

或者用文字表述：如果方案 A 是非劣解，则在可行解集中我们再也找不到另一方案 B，它的各目标函数值(或属性值)都不劣于方案 A 的相应目标函数值，而且至少有一个目标比方案 A 优。

定义 7.2　锥最优解

设多目标决策问题的可行解集 X 在目标空间的象为 Y，$\boldsymbol{y}=\boldsymbol{f}(\boldsymbol{x}), \boldsymbol{x}=h(\boldsymbol{y})$，若

$$Y \cap (\boldsymbol{y}^* \cup D(\boldsymbol{y}^*)) = \boldsymbol{y}^* \tag{7.4}$$

其中 $D(\boldsymbol{y}^*)=\{d \mid d \in R^N, d_i = y_i - y_i^* \geqslant 0\}$ 是以 $\boldsymbol{y}^*$ 为顶点的非负锥，则 $\boldsymbol{x}^* = h(\boldsymbol{y}^*)$是锥最优解。

由非劣解的定义可知，图 7.5 中不在边界上的点都是劣点，因为以这一点为顶点的非负锥与 Y 的交集中的点除顶点本身外都优于该点。

多目标决策问题如果没有最优解，就一定有一个以上非劣解。

2. Kuhn-Tucker 条件

(1) 纯量优化问题的 Kuhn-Tucker 条件

对纯量优化问题

$$\max f(x) \tag{7.5}$$

受约束于：

$$g_1(x) \leqslant 0$$
$$\cdots \qquad (7.6)$$
$$g_m(x) \leqslant 0$$

满足约束条件式(7.6)的 $\boldsymbol{x}$ 的集合 X 称为可行域，即式(7.6)可以表示为 $\boldsymbol{x} \in X$。令 $\boldsymbol{x}^*$ 是式(7.5)和(7.6)所示问题的局部极大解，且 $\boldsymbol{x}^*$ 为正则点，则存在向量 $\boldsymbol{\mu}$，它的各分量 $\mu_i \geqslant 0, i=1,\cdots,m$，它使

$$\mu_i g_i(\boldsymbol{x}^*) = 0, i = 1,\cdots,m \qquad (7.7)$$

$$\nabla f(\boldsymbol{x}^*) - \sum_{i=1}^{m} \mu_i \nabla g_i(\boldsymbol{x}^*) = 0 \qquad (7.8)$$

$$\boldsymbol{x}^* \in X \qquad (7.9)$$

式(7.7)～(7.9)统称为 Kuhn-Tucker 条件，式(7.9)、(7.7)和(7.8)分别称为 Kuhn-Tucker 第一、第二和第三条件，它们是纯量优化问题最优解 $\boldsymbol{x}^*$ 的必要条件。若 $f(\boldsymbol{x})$是凹函数，X 是凸集，则 Kuhn-Tucker 条件也是纯量优化问题最优解 $\boldsymbol{x}^*$ 的充分条件。

(2) 向量优化问题的 Kuhn-Tucker 条件

对向量优化问题

$$\max\{f_1(x),\cdots,f_n(x)\} \qquad (7.10)$$

受约束于：

$$g_1(x) \leqslant 0$$
$$\cdots \qquad (7.11)$$
$$g_m(x) \leqslant 0$$

若满足约束条件的非劣解 $\boldsymbol{x}^*$ 是正则点，则存在向量 $\boldsymbol{\mu}$，它的各分量 $\mu_i \geqslant 0, i = 1,\cdots,m$。和向量 λ，它的各分量 $\lambda_j \geqslant 0, j=1,\cdots,n$，它使

$$x^* \in X \qquad (7.12)$$

$$\mu_i g_i(x^*) = 0,\ i = 1,\cdots,m \qquad (7.13)$$

$$\sum_{j=1}^{n} \lambda_j \nabla f_j(x^*) - \sum_{i=1}^{m} \mu_i \nabla g_i(x^*) = 0 \qquad (7.14)$$

向量优化问题的非劣解的 Kuhn-Tucker 条件与纯量优化问题的最优解的 Kuhn-Tucker 条件之间的区别仅仅在于式(7.14)与式(7.8)，即用 n 个目标函数的梯度的线性组合取代纯量目标函数的梯度。

关于 Kuhn-Tucker 条件的证明，可以从任何一本优化理论的教材中找到。

*3. 非劣解的生成

上面定义了非劣解，介绍了非劣解 x^* 的 Kuhn-Tucker 条件，下面简单介绍生成非劣解的最常用方法。

(1) 加权法

加权法可以从非劣解的 Kuhn-Tucker 条件直接推导出来。

对式(7.10)中的目标函数 $f_j(x), j=1,\cdots,n$ 加权 w_j，则向量优化问题可以变换为如下的纯量优化问题：

$$\max f(\boldsymbol{x}, \boldsymbol{w}) = \sum_{j=1}^{n} w_j f_j(\boldsymbol{x}) \tag{7.15}$$

受约束于：　$\boldsymbol{x} \in X$

这一纯量优化问题的 Kuhn-Tucker 条件是

$$\boldsymbol{x}^* \in X \tag{7.12}$$

$$\mu_i g_i(\boldsymbol{x}^*) = 0,\ i = 1,\cdots,m \tag{7.13}$$

$$\nabla\left[\sum_{j=1}^{n} w_j f_j(\boldsymbol{x}^*)\right] - \sum_{i=1}^{m} \mu_i \nabla g_i(\boldsymbol{x}^*) = 0 \tag{7.16}$$

由于

$$\nabla\left[\sum_{j=1}^{n} w_j f_j(\boldsymbol{x}^*)\right] = \sum_{j=1}^{n} w_j \nabla f_j(\boldsymbol{x}^*) \tag{7.17}$$

把式(7.17)代入式(7.16)，得

$$\sum_{j=1}^{n} w_j \nabla f_j(\boldsymbol{x}^*) - \sum_{i=1}^{m} \mu_i \nabla g_i(\boldsymbol{x}^*) = 0 \tag{7.18}$$

只要把式(7.18)中的 w_j 看作 $\lambda_j, j=1,\cdots,n$，即把权向量 $\boldsymbol{w}$ 看作向量 $\boldsymbol{\lambda}$，则式(7.18)就是向量优化问题的非劣解的 Kuhn-Tucker 第三条件。因此加权的纯量优化问题的最优解和原来的向量优化问题的非劣解都满足相同的 Kuhn-Tucker 必要条件；只要权向量的所有分量 $w_j \geqslant 0, j=1,\cdots,n$，就能保证加权后的纯量优化问题的最优解是原来的向量优化问题的非劣解。

(2) ε 约束法

对有 n 个目标的向量优化问题

$$\max \boldsymbol{f}(\boldsymbol{x}) = \{f_1(\boldsymbol{x}),\cdots,f_n(\boldsymbol{x})\}$$

受约束于：　$\boldsymbol{x} \in X$　(7.11′)

可以选择某个目标，比如说第 k 个，求 $f_k(\boldsymbol{x})$ 的极大值，形成如下的纯量优化问题：

$$\max f_k(\boldsymbol{x}) \tag{7.19}$$

受约束于：　$\boldsymbol{x} \in X$

$$f_j(x) \geqslant \varepsilon_j,\ j = 1,\cdots,n,\ j \neq k \tag{7.20}$$

这一纯量优化问题可以用通常的数学规划方法求解，它的最优解在一定条件下是原来的向量优化问题的非劣解。

因为 Kuhn-Tucker 的第三个条件可以写作

$$\lambda_k \nabla f_k(\boldsymbol{x}^*) + \sum_{\substack{j=1 \\ j\neq k}}^{n} \lambda_j \nabla f_j(\boldsymbol{x}^*) - \sum_{i=1}^{m} \mu_i \nabla g_i(\boldsymbol{x}^*) = \qquad (7.21)$$

式中 $\lambda_j \geqslant 0 (j=1,\cdots,n)$，$\mu_i \geqslant 0 (i=1,\cdots,m)$。设 $\lambda_k > 0$，则式(7.21)就是如下的纯量优化问题的 Kuhn-Tucker 第三条件：

$$\max \lambda_k f_k(\boldsymbol{x}) \qquad (7.22)$$

受约束于：

$$g_i(x) \leqslant 0, i=1,\cdots,m \qquad (7.23)$$

$$f_j(\boldsymbol{x}) \geqslant \varepsilon_j,\ j=1,\cdots,n,\ j\neq k \qquad (7.24)$$

由于 $\lambda_k > 0$，因此用 λ_k 除目标函数不会改变纯量优化问题的解；为了使式(7.24)符合 Kuhn-Tucker 条件的标准形式，与式(7.21)等号左边第二项对应的约束条件应写作

$$-f_j(\boldsymbol{x}) + \varepsilon_j \leqslant 0 \qquad (7.24')$$

上面的纯量优化问题即

$$\max f_k(\boldsymbol{x}) \qquad (7.25)$$

受约束于：

$$g_i(\boldsymbol{x}) \leqslant 0, i=1,\cdots,m \qquad (7.26)$$

$$-f_j(\boldsymbol{x}) + \varepsilon_j \leqslant 0,\ j=1,\cdots,n,\ j\neq k \qquad (7.27)$$

式(7.24)和(7.24′)中的 $\varepsilon_j, j=1,\cdots,n, j\neq k$ 是与 $\boldsymbol{x}$ 无关的常数，这样，式(7.21)等号左边第二项为

$$-\sum_{\substack{j=1 \\ j\neq k}}^{n} \lambda_j \nabla(-f_j(\boldsymbol{x}^*) + \varepsilon_j) = \sum_{\substack{j=1 \\ j\neq k}}^{n} \lambda_j \nabla f_j(\boldsymbol{x}^*) \qquad (7.28)$$

$\varepsilon_j (j=1,\cdots,n, j\neq k)$ 的选择必须使相应的纯量优化问题有解；而且所有由目标构成的约束条件在 $\boldsymbol{x}=\boldsymbol{x}^*$ 处都应当是起作用的，即

$$f_j(\boldsymbol{x}^*) = \varepsilon_j,\ j=1,\cdots,n,\ j\neq k \qquad (7.29)$$

用约束法求得的最优解 $\boldsymbol{x}^0$ 有如下性质：向量 $\boldsymbol{\varepsilon}^0 = [\varepsilon_1^0, \cdots, \varepsilon_{k-1}^0, \varepsilon_{k+1}^0, \cdots, \varepsilon_n^0]^{\mathrm{T}}$ 使 $\boldsymbol{x}^0$ 是约束问题的最优解，记目标函数的序号集合为 J，即 $\mathrm{J} \triangleq \{1,\cdots,n\}$，若①$\exists k \in \mathrm{J}$，$\boldsymbol{x}^0$ 是以 $f_k(\boldsymbol{x})$ 为目标函数的约束问题的惟一解，或者②$\forall k \in \mathrm{J}$，$\boldsymbol{x}^0$ 都是以 $f_k(\boldsymbol{x})$ 为目标函数的约束问题的解，则 $\boldsymbol{x}^0$ 是原向量优化问题的非劣解。而且，对任何给定的非劣解 $\boldsymbol{x}^*$，总能找到一个 $\boldsymbol{\varepsilon}$，$\forall k \in \mathrm{J}$，$\boldsymbol{x}^*$ 是它们相应的约束问题的解。

约束法的算法步骤如下。

第一步，构造性能指标表。解 n 个纯量优化问题，求得使 $f_j(\boldsymbol{x}), j \in \mathrm{J}$ 取最优值的 $\boldsymbol{x}^j = (x_1^j, \cdots, x_N^j)$。如果解不惟一，需要从中找出原问题的非劣解；

计算 $\boldsymbol{x}^j, j \in \mathrm{J}$ 的各个目标函数值 $f_1(\boldsymbol{x}^j), \cdots, f_n(\boldsymbol{x}^j)$，并把它们列入表 7.3 所示的性能指标表。

表 7.3　性能指标表

	f_1	f_2	…	f_n
x^1	$f_1(x^1)$	$f_2(x^1)$	…	$f_n(x^1)$
x^2	$f_1(x^2)$	$f_2(x^2)$	…	$f_n(x^2)$
…	…	…		…
x^n	$f_1(x^n)$	$f_2(x^n)$	…	$f_n(x^n)$

把第 j 列的最大值记作 m_j，最小值记作 n_j，$j=1,\cdots,n$。

第二步，把式(7.10)所示的向量优化问题变换成式(7.25)～(7.27)所示的纯量优化问题；

第三步，n_j 和 m_j 给定了非劣解集中的变量的目标函数 f_j 的取值范围，即

$$n_j \leqslant f_j(x) \leqslant m_j$$

$[n_j, m_j]$也是 ε_j 的取值范围，将$[n_j, m_j]$等分为 $r-1$ 份，令

$$\varepsilon_j^{\alpha} = n_j + \frac{\alpha(m_j - n_j)}{r-1}, \quad \alpha = 0,1,\cdots,r-1 \tag{7.30}$$

第四步，求解 $\varepsilon_j^{\alpha}(j=1,\cdots,k-1,k+1,\cdots,n;\alpha=0,1,\cdots,r-1)$的每种组合(共 r^{n-1}种)所对应的约束问题，若解可行且惟一，则这个解是原向量优化问题的非劣解；由此生成的解的集合是非劣解集的一个近似。

在 $n>2$ 时，有些组合所对应的约束问题的解不是可行解。

4. 最佳调和解

根据决策人的偏好结构，从可行域或非劣解集中选出的决策人最满意的解叫**最佳调和解**(best compromise solution)，记作 x^{B}。也有文献称之为选好解、偏爱解或偏好解。如何从可行域或非劣解集中获得最佳调和解，将在第十章中介绍。

第八章　多属性效用理论

在第三章我们讨论了效用函数和价值函数的有关内容，其中只考虑了单一目标(或属性)的情况。第七章介绍了多目标决策问题的基本概念，如果能够为多目标决策问题的后果或方案设定实值的效用函数或价值函数，则多目标决策问题的求解就只需要比较后果或方案的效用函数或价值函数的大小，即解纯量优化问题，求解过程可以大为简化。因此本章将讨论多属性价值函数和多属性效用函数的基本性质以及设定它们的方法。在8.1节总结二元关系，8.2节介绍确定性多属性后果的价值函数，8.3节讨论多属性效用函数。

为了讨论简单起见，在本章以下各节中设决策问题的方案集 A 中的方案数有限，即 $A=\{\boldsymbol{a}_1,\boldsymbol{a}_2,\cdots,\boldsymbol{a}_m\}$，其中 $\boldsymbol{a}_i$ 或不带下标的黑体小写字母，如 $\boldsymbol{a},\boldsymbol{b},\boldsymbol{x},\boldsymbol{y}$ 表示方案，并在不致引起误解时用来表示描述该方案性能的属性向量。方案 $\boldsymbol{a}$ 的属性向量 $\boldsymbol{a}=(y_1,y_2,\cdots,y_n)$，其中 $y_j,j\in J(J=\{1,\cdots,n\}$ 为属性标号集)表示描述决策问题方案性能的属性，$y_j\in Y_j\subset R^1,j\in J$，即 Y_j 是第 j 个属性的可能值的集合，是实数的子集；所有属性的笛卡儿积记作 Y，即 $Y=Y_1\times Y_2\times\cdots\times Y_n$，且 $Y\subset R^n$。

8.1　优　先　序

价值函数和效用函数都是建立在决策人的偏好结构上的。决策人的偏好结构是指决策人根据自己的偏好对方案集中的方案作成对比较并区分优劣(或大小)，最终排列各方案的优劣次序。在第二章主观概率的设定过程中，决策人比较的是自然状态 θ 出现的可能性 $\pi(\theta)$ 的大小；在第三章中设定后果价值与效用时，决策人比较的是展望或后果的优劣，亦即后果对自己的实际价值的大小；这些都是确定次序关系的实际例子。由于多属性问题的次序关系更复杂，因此在讨论多属性价值函数和效用函数之前，较系统地介绍优先序及其相关问题。

1. 基本的二元关系

(1) 严格序“$\succ$”

$a\succ b$(或者记作 aPb)的含义是 a 优于 b。严格序“$\succ$”满足传递性和非对称性，即

① 传递性：若 $a,b,c\in A$，且 $a\succ b,b\succ c$，则 $a\succ c$。

② 非对称性：若 $a,b\in A$，且 $a\succ b$，则不可能有 $b\succ a$。

(2) 无差异"～"

$a\sim b$(或记作 aIb)的含义是 a 无差异于 b。无差异"～"关系满足传递性、对称性和自反性，即

① 传递性：若 $a,b,c\in A$，且 $a\sim b$，$b\sim c$，则 $a\sim c$。

② 对称性：若 $a,b\in A$ 且 $a\sim b$，则有 $b\sim a$。

③ 自反性：$\forall a\in A$，$a\sim a$。

(3) 弱序"≥"

$a\succcurlyeq b$(或记作 aRb)的含义是 a 不劣于 b，亦即 a 优于或者无差异于 b。

弱序"≥"满足连通性、传递性、与严格优于≻和无差异～的一致性。

① 连通性(亦称可比性)：对 $\forall a,b\in A$，$a\succcurlyeq b$，或 $b\succcurlyeq a$，或两者同时成立。

② 传递性：$a,b,c\in A$，若 $a\succcurlyeq b$ 且 $b\succcurlyeq c$，则 $a\succcurlyeq c$。

③ 与无差异～的一致性：$a\sim b$ 当且仅当 $a\succcurlyeq b$ 且 $b\succcurlyeq a$。

④ 与严格优于≻的一致性：$a\succ b$ 当且仅当 $a\succcurlyeq b$ 且非 $b\succcurlyeq a$。

因此，在任何决策问题中，≥是偏好结构的基础，有必要假设≥关系的存在。至于≥是否确定实存在，则取决于能否以直接或间接的方式找到构造≥的途径。在单目标问题中，有时存在可测属性(或代用属性)如成本、收益来衡量偏好，这时决策问题简化为各方案属性的比较和排序。但在一般场合，需要用效用或价值函数来度量偏好，在多目标决策问题中，即使各单个目标的属性值或效用已知，偏好次序仍不明确，还需作进一步研究。

2. 二元关系的性质

关于二元关系的性质有如下定义：

令 R 是定义在方案集 A 上的二元关系，则

① R 在 A 上是**连通的**(或称完全的)，当且仅当对任何 $x,y\in A$，xRy 或者 yRx，或者两者同时成立。

② R 在 A 上是**传递的**，当且仅当对任何 $x,y,z\in A$，若 xRy，且 yRz，则 xRz。

③ R 在 A 上是**自反的**，当且仅当对所有 $x\in A$，有 xRx。

④ R 在 A 上是**非自反的**，当且仅当对所有的 $x\in A$，xRx 不成立。

⑤ R 在 A 上是**负向传递的**，当且仅当对任何 $x,y,z\in A$，若非 xRy 且非 yRz，则非 xRz。

⑥ R 在 A 上是**拟传递的**，当且仅当对任何 $x,y,z\in A$，若(xRy 且非 yRx)且(yRz 且非 zRy)，则(xRz 且非 zRx)。

⑦ R 在 A 上是**对称的**，当且仅当对 A 中的任何 $x,y\in A$，若 xRy，则 yRx。

⑧ R 在A 上是**非对称的**,当且仅当对 A 中任何 x,y,若 xRy,则必有非 yRx。

⑨ R 在A 上是**反对称的**,当且仅当对 A 中任何 x,y,若 xRy 且 yRx,则必有 $x=y$。

⑩ R 在A 上是**非循环的**,当且仅当 A 中不存在 $x_1,x_2,\cdots,x_n$,使 x_1Rx_2 且 x_2Rx_3 且…且 $x_{n-1}Rx_n$ 且 x_nRx_1。或者说,R 在A 上是非循环的,当且仅当对 A 中的任何 $x_1,x_2,\cdots,x_n$,x_1Rx_2 且 x_2Rx_3 且…且 $x_{n-1}Rx_n \not\Rightarrow x_nRx_1$。

任何二元关系要能作为次序关系至少应具有传递性。在传递性的基础上加上其他性质,就能构成各种次序关系。常见的一些重要的次序关系有:

① 拟序(预序):具有传递性和自反性的二元关系;

② 弱序:具有传递性、自反性和连通性;

③ (自反的)偏序:具有传递性、自反性和反对称性的二元关系;

④ 线性序(简单序):具有传递性、自反性、反对称性和连通性;

⑤ 严格偏序:传递且非自反的二元关系;

⑥ 严格序(强序):传递、连通、非自反的二元关系。

这些次序的层次结构如图 8.1 所示。

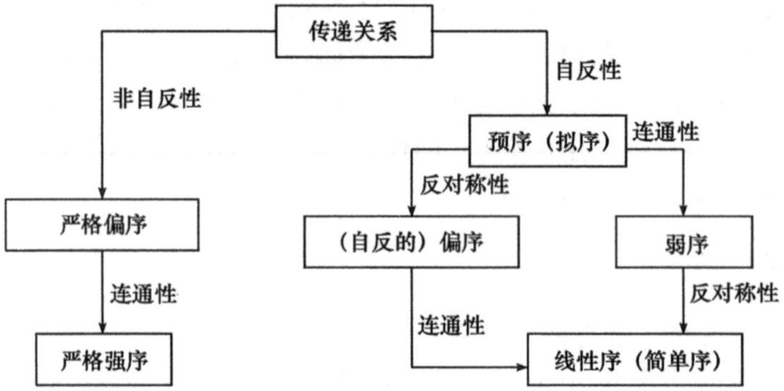

图 8.1　各种序的层次关系

在上述各种次序关系中,具有传递性和连通性的弱序、线性序和严格序统称全序。这些序能保证 A 中的任何方案都有完全的次序关系。

传递性是次序关系的基础。例如前面提到的至少不劣于($\geqslant$)作为次序关系要求在 a 至少不劣于b,b 至少不劣于c 时,a 至少不劣于c。初看起来这是合理的假设,但实际上有时并不满足。例如三个不同风格的乒乓球运动员,根据他们的水平和以往的成绩,很可能是 a 至少不劣于b,b 至少不劣于c,而 a 与c 相比时c 又至少不劣于a。因此这种问题是不能用优先序去分析的。又如,气温给人的舒适程度的感觉,20.000℃与 20.001℃差异太小,人感觉不到 0.001℃的差异,认为两者无差异即 20.000℃ ~20.001℃,这应该毫无问题。但是数万次地使用传递性,则有 20.000℃～20.001℃，20.001℃～20.002℃，…，99.999℃～100℃，显然对任何人 20℃$\nsim$100℃，也就是说，传递性并不成立。然而，为了不使所讨论的问题复杂化，我们总是假设决策人能够对集合中的任何元素对排序，而且这种排序具有传递性。

连通性在仔细验证前也不能假设其成立，因为存在不可比方案；但是，若将不可比归入无差异类，连通性就可成立。

8.2　多属性价值函数

在本节以下的讨论中，我们首先介绍基本概念，然后由简至繁，先讨论 $n=2$ 即两个属性的情况，然后再推广到 $n\geqslant 2$ 的一般多属性的情况。

8.2.1　基本概念

这一分节我们集中介绍随后要用到的几个概念和术语。

1. 无差异类

定义 8.1　无差异类

任何对象 $a\in A$ 的无差异类 $I(a)$ 是 A 中所有与 a 无差异的对象的集合，即

$$I(a)=\{b\in A \mid b\sim a\}$$

无差异类 $I(a)$ 有如下性质：

① 由无差异～关系的自反性，$a\in I(a)$；

② $a\sim b\Rightarrow I(a)=I(b)$；

③ 只要 $I(a)$ 与 $I(b)$ 有公共的元素，则 $I(a)=I(b)$；

④ 若 $a\succ b$，则 $\forall c\in I(a)$ 且 $d\in I(b)$，有 $c\succ d$。

2. 偏好独立

在购买专门用于收听音乐的调频收音机时，通常只有两个重要因素，一是价格 x，一是信噪比 y。几乎所有人都会按以下规则购买这种收音机：

① 对任意给定的价格，信噪比高比低好；

② 对任意给定的信噪比，价格低比高好。

这就是说，对决策人(购买者)而言，对价格的偏好独立于对信噪比的偏好，反之亦然。这就是**偏好独立**(preferential independence)。

定义 8.2　偏好独立与相互偏好独立

设 X、Y 为属性，若 $\forall x,x'\in X$，当 $\exists\alpha\in Y$ 有 $(x,\alpha)\succeq(x',\alpha)$

$$\Rightarrow\quad \forall\beta\in Y\text{ 有}(x,\beta)\succeq(x',\beta) \tag{8.1}$$

则称属性 X 偏好独立于属性 Y。

若 $\forall y, y' \in Y$,

$$\text{当 } \exists \alpha \in X \text{ 有}(\alpha, y) \succcurlyeq (\alpha, y') \Rightarrow \forall \beta \in X \text{ 有}(\beta, y) \succcurlyeq (\beta, y') \tag{8.2}$$

则称属性 Y 偏好独立于属性 X。

若式(8.1)和(8.2)同时成立,则称属性 X 与属性 Y **相互偏好独立**(mutual preferential independence)。

偏好独立并不总是成立的。例如,某人到一个小餐馆用餐,准备点一菜一汤;该餐馆所有菜的价格相同,所有汤的价格相同。此人发现愿意吃的菜和汤各有两种:家常豆腐、青椒肉丝和虾米豆腐汤、西红柿蛋汤。就其喜好程度而言,若把他最喜欢的家常豆腐记作 $x=10$,则青椒肉丝为 $x=7$;对虾米豆腐汤的偏好为 $y=8$,西红柿蛋汤为 $y=3$。若此人对菜和汤相互偏好独立,则点汤不受点菜的影响,反之亦然;他就该要家常豆腐和虾米豆腐汤。然而菜是豆腐,汤也是豆腐显然不是好的搭配,也就是说汤和菜的组合不满足相互偏好独立。另一个常见的例子是在食堂吃固定价格的份饭时,把副食的数量记为 x,主食数量为 y,当副食的数量 x 足够大时,主食的量 y 小些比大些好,主食的量大了吃不完是浪费;副食的数量 x 比较小的时候,主食的量 y 大些比小些好,主食的量少了吃不饱。主、副食的数量作为属性,它们是偏好相关的。

在工业的过程控制中,有很多偏好相关的例子。比如某个化工过程有两种生成物,希望两种生成物的数量(分别用 x 和 y 表示)保持大致相当的比例。则在 $y=4$时,$(3,4) \succ (2,4)$;而在 $y=2$ 时,$(2,2) \succ (3,2)$。

在利用偏好独立性进行决策分析时,首先要验证这一性质是否成立。

当偏好独立性成立时,可以定义单个属性的**边际偏好序**(marginal preference orders):属性 X 偏好独立于属性 Y 时,在属性 X 上的边际偏好序 $\succcurlyeq_X$ 为

$$x \succcurlyeq_X x' \Leftrightarrow \text{对某个 } \alpha \in Y \text{ 有}(x, \alpha) \succcurlyeq (x', \alpha) \tag{8.3}$$

同样的,属性 Y 偏好独立于属性 X 时,可以定义在属性 Y 上的边际偏好序 $\succcurlyeq_Y$ 为

$$y \succcurlyeq_Y y' \Leftrightarrow \text{对某个 } \beta \in X \text{ 有}(\beta, y) \succcurlyeq (\beta, y') \tag{8.4}$$

需要注意的是:

① 在偏好独立性不成立时,不能定义边际偏好序。

② 当 $\succcurlyeq$ 是定义在 $X \times Y$ 上的弱序时,$\succcurlyeq_X$ 与 $\succcurlyeq_Y$ 也是弱序。

8.2.2 两个属性的价值函数

1. 价值函数的存在性

把定义 3.3 的单个属性的序数价值函数定义及其存在性定理(定理 3.3)推广到多个属性的情况,我们有定理 8.1。

定理 8.1　设$\succcurlyeq$是定义在方案集 A 上的弱序，A 中只有可数个无差异类，则存在实值的序数价值函数 v，$\forall\, \boldsymbol{a},\boldsymbol{b}\in A$ 有

$$\boldsymbol{a}\succcurlyeq\boldsymbol{b}\ \Leftrightarrow\ v(\boldsymbol{a})\geqslant v(\boldsymbol{b}) \tag{8.5}$$

更准确地，$\forall\, \boldsymbol{a},\boldsymbol{b}\in A$ 有

$$\boldsymbol{a}\succ\boldsymbol{b}\ \Leftrightarrow\ v(\boldsymbol{a})>v(\boldsymbol{b}) \tag{8.5$'$}$$

$$\boldsymbol{a}\sim\boldsymbol{b}\ \Leftrightarrow\ v(\boldsymbol{a})=v(\boldsymbol{b}) \tag{8.5$''$}$$

这一定理的证明参见文献(Fishburn 1970)。这一定理中的方案的属性可以是任意多个；而且价值函数 v 并不惟一，v 的任何严格单调递增变换仍是价值函数。

定理 8.2　设 v 是与 A 上的弱序$\succcurlyeq$一致，满足式(8.5′)和(8.5″)的实值的序数价值函数，w 是 v 的严格单调递增的实值变换(即保序变换)，即

$$w(v_1)>w(v_2)\ \Leftrightarrow\ v_1>v_2 \tag{8.6}$$

且

$$w(v_1)=w(v_2)\ \Leftrightarrow\ v_1=v_2 \tag{8.6$'$}$$

则 $\forall\, \boldsymbol{a},\boldsymbol{b}\in A$ 有

$$\boldsymbol{a}\succcurlyeq\boldsymbol{b}\ \Leftrightarrow\ w(\boldsymbol{a})\geqslant w(\boldsymbol{b}) \tag{8.6$''$}$$

式中 $w(\cdot)=w(v(\cdot))$也是实值的序数价值函数。

定理 8.1 要求 A 中的无差异类只有可数个，在第十章的多目标决策问题中方案(及其属性)为连续型，该定理无法适用。方案集和属性值集 A 为连续型时的价值函数的存在性定理如下：

定理 8.3　令 $A\subset R^n$，$\succcurlyeq$是 A 上的弱序，若

① $\forall\, \boldsymbol{a},\boldsymbol{b}\in A$，　$\boldsymbol{a}\geqslant\boldsymbol{b}\ \Leftrightarrow\ \boldsymbol{a}\succcurlyeq\boldsymbol{b}$；

② $\boldsymbol{a},\boldsymbol{b},\boldsymbol{c}\in A$，$\boldsymbol{a}\succcurlyeq\boldsymbol{c}\succcurlyeq\boldsymbol{b}$，则 $\exists\,\lambda\in[0,1]$使 $\boldsymbol{c}\sim\lambda\boldsymbol{a}+(1-\lambda)\boldsymbol{b}$

则存在定义在 A 上的实值函数 v，满足：

$$\boldsymbol{a}\succ\boldsymbol{b}\ \Leftrightarrow\ v(\boldsymbol{a})>v(\boldsymbol{b})$$

$$\boldsymbol{a}\sim\boldsymbol{b}\ \Leftrightarrow\ v(\boldsymbol{a})=v(\boldsymbol{b})$$

定理的证明参见文献(Fishburn 1970)或(Luce 1965)。

在定理 8.3 中的条件①为**单调性**(monotonicity)，即**优势原则**(dominance)：只要某一属性值增加，偏好也增加；条件②为**偏好空间的连续性**(continuity)，即**阿基米德性**(Archimedean)。

价值函数 $v(\boldsymbol{a})=f(v_1(y_1),\cdots,v_n(y_n))f(v_1(y_1),\cdots,v_n(y_n))$，其中 f 的形式通常十分复杂，即使 $v_i(y_i)$均为线性，v 的形式仍十分复杂。例如，y_1,y_2 的边际价值函数 v_1、v_2 均为线性函数，即：$v_1=k_1y_1$，$v_2=k_2y_2$ 且 $k_2=1.5k_1$，但是，如图 8.2 所示，只要等价值函数曲线不是直线，则 $v(\boldsymbol{a})\neq v_1(y_1)+v_2(y_2)$。因此，价值函数的设定相当困难。需要研究多属性价值函数的简单形式，以及相应的条件。

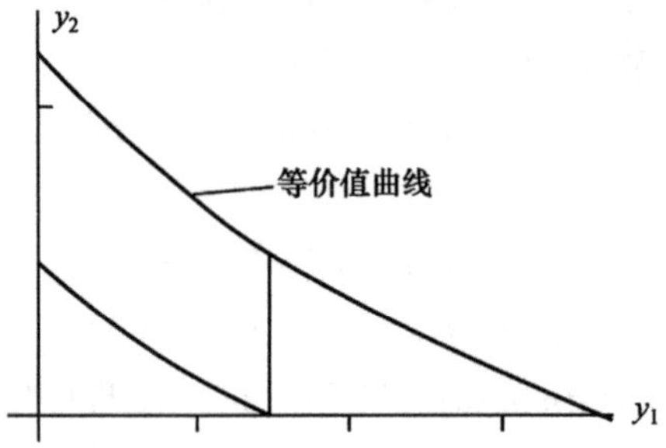

图 8.2　两个属性的等价值曲线

2. 加性条件

两个属性的价值函数 $v(x,y)$的最简单形式莫过于表达为各属性边际价值函数 $v_1(x)$与 $v_2(y)$之和,即

$$v(x,y) = v_1(x) + v_2(y) \tag{8.7}$$

形如式(8.7)的价值函数称为**加性(序数)价值函数**(additive ordinal value function)。

由式(8.5)所示的价值函数定义,对弱序≽,两个属性的加性价值函数应满足:

$$(x,y) \succcurlyeq (x',y') \Leftrightarrow v(x,y) \geqslant v(x',y') \tag{8.8}$$

将式(8.7)代入式(8.8),即应满足

$$(x,y) \succcurlyeq (x',y') \Leftrightarrow v_1(x) + v_2(y) \geqslant v_1(x') + v_2(y') \tag{8.9}$$

亦即对某个 $\alpha \in Y$,应有

$$(x,\alpha) \succcurlyeq (x',\alpha) \Leftrightarrow v_1(x) + v_2(\alpha) \geqslant v_1(x') + v_2(\alpha) \tag{8.9$'$}$$

消去 $v_2(\alpha)$,得

$$(x,\alpha) \succcurlyeq (x',\alpha) \Leftrightarrow v_1(x) \geqslant v_1(x')$$

将任何 $\beta \in Y$ 的 $v_2(\beta)$加入不等式两端,上式仍应成立,所以 $\forall \beta \in Y$,有

$$(x,\beta) \succcurlyeq (x',\beta) \Leftrightarrow v_1(x) + v_2(\beta) \geqslant v_1(x') + v_2(\beta) \tag{8.9$''$}$$

比较式(8.9′)与式(8.9″)可知,属性 X 偏好独立于属性 Y;同理属性 Y 偏好独立于属性 X。

上述讨论表明,对弱序≽,两个属性 X 与 Y 相互偏好独立是价值函数 $v(x,y)$为加性的必要条件。但是,这并非充分条件。例如,一个两属性决策问题的方案集中有 9 个方案,决策人所设定的这 9 个方案的价值函数值如下:

$$v(0,0)=0;\quad v(0,1)=1;\quad v(0,2)=2$$
$$v(1,0)=1;\quad v(1,1)=3;\quad v(1,2)=5$$
$$v(2,0)=2;\quad v(2,1)=6;\quad v(2,2)=7$$

由于每行与每列的价值函数值均增加，所以属性 X 与 Y 相互偏好独立。如果决策人的价值函数是加性的，应当存在严格递增函数 w，使 $w(x,y)=w(v(x,y))$ 且有

$$w(x,y) = w_1(x) + w_2(y)$$

则该加性价值函数应有

$$(0,1) \sim (1,0) \Rightarrow w_1(0) + w_2(1) = w_1(1) + w_2(0) \tag{8.10}$$

$$(2,0) \sim (0,2) \Rightarrow w_1(2) + w_2(0) = w_1(0) + w_2(2) \tag{8.10'}$$

两式相加再消去等号两侧的相同项，应该有 $w_1(2)+w_2(1)=w_1(1)+w_2(2)$，亦即 $(2,1)\sim(1,2)$，但是根据决策人所设定的价值函数值有 $(2,1)\succ(1,2)$；所以，即使属性 X 与 Y 相互偏好独立，决策人的偏好并不一定能表示为加性价值函数。

使两个属性的加性价值函数存在还需要另一条件，称为 Thomsen 条件。

定义 8.3　$\succcurlyeq$ 为 $A=X\times Y\subset R^2$ 上的弱序，若 $\forall x_0,x_1,x_2\in X, y_0,y_1,y_2\in Y$，均有

$$\left.\begin{array}{l}(x_0,y_1)\sim(x_1,y_0)\\(x_2,y_0)\sim(x_0,y_2)\end{array}\right\} \Rightarrow (x_2,y_1)\sim(x_1,y_2) \tag{8.11}$$

则称 $\succcurlyeq$ 满足 Thomsen 条件。

上面的例子就是因为不满足 Thomsen 条件，所以决策人的价值函数不是加性的。关于如何利用 Thomsen 条件构造加性价值函数，由于篇幅关系这里不作介绍，感兴趣的读者可以参阅文献(Keeney 1976)之第三章或(陈珽 1987)之第八章。

定理 8.4　设 $A=X\times Y\subset R^2$，且存在与 A 上的弱序 $\succcurlyeq$ 一致的价值函数 $v(x,y)$，则当且仅当，

① 属性 X 与 Y 相互偏好独立，

② 满足 Thomsen 条件，即 $\left.\begin{array}{l}(x_0,y_1)\sim(x_1,y_0)\\(x_2,y_0)\sim(x_0,y_2)\end{array}\right\} \Rightarrow (x_2,y_1)\sim(x_1,y_2)$ 时，存在实值价值函数 $v(x,y)=v_1(x)+v_2(y)$ 使下式成立：

$$(x,y) \succcurlyeq (x',y') \Leftrightarrow v_1(x) + v_2(y) \geqslant v_1(x') + v_2(y')$$

定理 8.4 的证明可参阅文献(Krantz 1971)。

相互偏好独立与 Thomsen 条件也可以用**消去条件**(cancellation condition)代替。

定义 8.4　消去条件

$\succcurlyeq$ 为 $A=X\times Y\subset R^2$ 上的弱序，若 $\forall a_1,x_1,x_2\in X$ 及 $a_2,y_1,y_2\in Y$，有 $(x_1,a_2)\succcurlyeq(a_1,y_2)$ 且 $(a_1,y_1)\succcurlyeq(x_2,a_2)$ 时必有 $(x_1,y_1)\succcurlyeq(x_2,y_2)$，则称 $\succcurlyeq$ 满足消去条件。

用消去条件看似简单，但是要验证决策人的偏好结构满足消去条件通常很困

难；相形之下，Thomsen 条件要容易验证得多，而且属性 X 与 Y 相互偏好独立也不难验证，所以消去条件并不实用。

*8.2.3 属性数大于 2 时的价值函数

上一分节讨论了两个属性的价值函数的加性价值函数存在性，之所以要把两个属性的情况单独讨论，是因为它与三个及三个以上属性的情况有显著的区别：当属性数 $n \geqslant 3$ 时，相互偏好独立就足以保证加性价值函数的存在。

1．相互偏好独立

设 $\Psi = \{Y_1, \cdots, Y_n\}$ 是属性集，Θ 是 Ψ 的非空正常子集，$\overline{\Theta}$ 是 Θ 的补集，即 $\Theta \neq \varnothing$，$\Theta \cup \overline{\Theta} = \Psi$ 且 $\Theta \cap \overline{\Theta} = \varnothing$；$Y = Y_1 \times Y_2 \times \cdots \times Y_n$，属性集 Θ 和 $\overline{\Theta}$ 中各属性的笛卡儿积分别记作 Y_Θ 和 $Y_{\overline{\Theta}}$；任一方案及其属性向量 $\boldsymbol{y}$ 可以分为两部分，$\boldsymbol{y} = (\boldsymbol{y}_\Theta, \boldsymbol{y}_{\overline{\Theta}})$，其中 $\boldsymbol{y}_\Theta$ 和 $\boldsymbol{y}_{\overline{\Theta}}$ 分别是属于 Θ 和 $\overline{\Theta}$ 的那些属性的属性向量。

定义 8.5 相互偏好独立

$$\forall \boldsymbol{y}'_\Theta, \boldsymbol{y}''_\Theta \in Y_\Theta，有某个\ \boldsymbol{y}^0_{\overline{\Theta}} \in Y_{\overline{\Theta}}\ 使(\boldsymbol{y}'_\Theta, \boldsymbol{y}^0_{\overline{\Theta}}) \succcurlyeq (\boldsymbol{y}''_\Theta, \boldsymbol{y}^0_{\overline{\Theta}})$$
$$\Rightarrow \quad \forall \boldsymbol{y}_{\overline{\Theta}} \in Y_{\overline{\Theta}}\ 均有(\boldsymbol{y}'_\Theta, \boldsymbol{y}_{\overline{\Theta}}) \succcurlyeq (\boldsymbol{y}''_\Theta, \boldsymbol{y}_{\overline{\Theta}})$$

则称属性集 Ψ 的子集 Θ 偏好独立于其补集 $\overline{\Theta}$。

如果属性集 Ψ 的每个非空正常子集 Θ 偏好独立于其补集 $\overline{\Theta}$，则称属性集 Ψ 满足属性相互偏好独立条件。

在属性数较多时，直接验证属性集 Ψ 的属性相互偏好独立十分麻烦，属性数为 n 时要验证$(2^n - 2)$次。实际上只要验证属性集 Ψ 中的每一对属性偏好独立于其补集，就能保证属性集 Ψ 满足属性相互偏好独立条件(Gorman 1968)。

2．价值函数的加性条件

属性数 $n \geqslant 3$ 时价值函数的加性条件如下：

定理 8.5 属性数 $n \geqslant 3$ 时，定义在 $Y(Y = Y_1 \times Y_2 \times \cdots \times Y_n$ 且 $Y \subset R^n)$上的价值函数

$$v(\boldsymbol{y}) = v(y_1, \cdots, y_n), \quad \forall \boldsymbol{y}', \boldsymbol{y}'' \in Y$$

当且仅当 $v(\boldsymbol{y}') \geqslant v(\boldsymbol{y}'')$时有 $\boldsymbol{y}' \succcurlyeq \boldsymbol{y}''$，则当且仅当属性集 Ψ 满足相互偏好独立条件时，存在分别定义在 $Y_1, \cdots, Y_n$ 上的 $v_1, \cdots, v_n$，使

$$\boldsymbol{y}' \succcurlyeq \boldsymbol{y}'' \Leftrightarrow v_1(y'_1) + \cdots + v_n(y'_n) \geqslant v_1(y''_1) + \cdots + v_n(y''_n)$$

定理 8.5 给出的加性价值函数 $v(\boldsymbol{y}) = \sum_{j=1}^{n} v_j(y_j)$ 并不惟一，对此有定理 8.6。

定理 8.6 $v(\boldsymbol{y}) = \sum_{j=1}^{n} v_j(y_j)$ 和 $w(\boldsymbol{y}) = \sum_{j=1}^{n} w_j(y_j)$ 是与 Y 上的同一个偏好

结构相一致的加性价值函数，当且仅当存在 $\alpha>0$ 和 $\beta_1,\cdots,\beta_n$，使

$$v_j(y_j) = \alpha w_j(y_j) + \beta_j,\ j \in J \tag{8.12}$$

以上定理的证明可参阅文献(Krantz 1971)。

在加性价值函数中，定义在属性集 Y_j 上的 $v_j(y_j)$ 的函数形式有可能还是比较复杂的，其中 v_j 最简单的形式是 y_j 的线性函数。如果价值函数形如

$$v(\boldsymbol{y}) = \lambda_1 y_1 + \lambda_2 y_2 + \cdots + \lambda_n y_n \tag{8.13}$$

则称为线性价值函数。其中 $\lambda_j, j\in J$ 称为加权因子或权系数。

线性价值函数是求解多属性决策问题最常用的加权和法的理论依据，在现实生活中有着极为广泛的应用。在经济、商业领域和运筹学中，线性价值函数是人们最常采用的假设。线性规划的全部理论都是基于"决策人的偏好可以表述为线性价值函数"这一假设；经济学中的净现值(NPV) $v(\boldsymbol{y}) = \sum_{j=1}^{n} \rho^{j-1} y_j$ 也假设了价值函数的线性结构，而且规定了 $j=2,3,\cdots,n$ 时的折扣率为

$$\lambda_j/\lambda_{j-1} = \rho^{j-1}/\rho^{j-2} = \rho$$

为了使价值函数具有线性结构，还需要在加性条件之外增加其他条件。存在线性价值函数的充要条件是：① $\succcurlyeq$为弱序，② 满足单调性，③ 具有恒定的相互置换率。

关于**恒定的相互置换率**(constant relative trade-offs)，有如下定义。

定义 8.6　$\forall\, \boldsymbol{y}\in R^n$，属性 Y_j 与 Y_l 之间有恒定的相互置换率 ρ_{jl}，当且仅当对 $-\infty<k<\infty$，有

$$(y_1,\cdots,y_j,\cdots,y_l,\cdots,y_n) \sim (y_1,\cdots,y_j+\rho_{jl}\cdot k,\cdots,y_l-k,\cdots,y_n) \tag{8.14}$$

如果 $v(\boldsymbol{y})=\sum_{j=1}^{n}\lambda_j\cdot y_j$，则属性 Y_j 与 Y_l 之间的恒定的相互置换率为(λ_l/λ_j)。

对此需要作些解释。

① 价值函数的线性化蕴含着每一对属性的相互置换率都是恒定的，而且有

$$\rho_{jl} = 1/\rho_{lj};\ \forall\, i,j,l \in J,\ \rho_{jl} = \rho_{ji}\cdot\rho_{il}$$

② 恒定的相互置换率这一条件要求任意两个属性之间的无差异曲线是相互平行的直线；任意三个属性间的无差异曲面是平行的平面；更高维度属性间的是平行的无差异超平面。

③ 恒定的相互置换率要求属性之间完全可补偿，这是很强的条件，实际问题往往很难满足。

④ 两个价值函数 $v(\boldsymbol{y}) = \sum_{j=1}^{n}\mu_j y_j$ 和 $w(\boldsymbol{y}) = \sum_{j=1}^{n}\eta_j y_j$ 是与同一个 $Y\in R^n$ 上的偏好结构相一致的线性价值函数，则一定存在 $\alpha>0$，使得

$$w(\boldsymbol{y}) = \alpha v(\boldsymbol{y}),\quad 即\ \eta_j = \alpha\mu_j,\ j\in J$$

3. 价值函数的其他可分解形式

价值函数除了加性形式的以外，还有一些其他**可分解的**(decomposable)形式。

定义 8.7 如果存在定义在 $Y_1,\cdots,Y_n$ 上的 $v_1,\cdots,v_n$ 和定义在 Y 上的 v，使 $\forall \boldsymbol{y}',\boldsymbol{y}''\in Y,\boldsymbol{y}'\succcurlyeq\boldsymbol{y}''$ 当且仅当

$$v[v_1(y')+\cdots+v_n(y')]\geqslant v[v_1(y'')+\cdots+v_n(y'')] \tag{8.15}$$

则称价值函数 v 是可分解的。

其他可分解的形式主要有**拟加性**(quasi-additive)**和乘性**(multiplicative)。这些可分解形式涉及下列概念。

(1) 可测价值函数

在第三章定义 3.4 中给出的单个属性的可测价值函数的定义可以推广到多属性：在 Y 上的实值函数 v，对 $\boldsymbol{w},\boldsymbol{x},\boldsymbol{y},\boldsymbol{z}\in Y$，有

① $(\boldsymbol{w}\to\boldsymbol{x})\succ(\boldsymbol{y}\to\boldsymbol{z})$ 当且仅当 $v(\boldsymbol{w})-v(\boldsymbol{x})\geqslant v(\boldsymbol{y})-v(\boldsymbol{z})$，且

② v 对正线性变换是惟一确定的，

则称 v 为可测价值函数。

(2) 弱差独立

弱差独立(weak-difference independent)是指较弱的偏好强度之差的独立性。

定义 8.8 弱差独立

$\forall \boldsymbol{w}_\Theta,\boldsymbol{x}_\Theta,\boldsymbol{y}_\Theta,\boldsymbol{z}_\Theta\in Y_\Theta$，

有某个 $\boldsymbol{w}^0_{\overline{\Theta}}\in Y_{\overline{\Theta}}$ 使 $((\boldsymbol{w}_\Theta,\boldsymbol{w}^0_{\overline{\Theta}})\to(\boldsymbol{x}_\Theta,\boldsymbol{w}^0_{\overline{\Theta}}))\succcurlyeq((\boldsymbol{y}_\Theta,\boldsymbol{w}^0_{\overline{\Theta}})\to(\boldsymbol{z}_\Theta,\boldsymbol{w}^0_{\overline{\Theta}}))$

$\Rightarrow \forall \boldsymbol{w}_{\overline{\Theta}}\in Y_{\overline{\Theta}}$ 均有 $((\boldsymbol{w}_\Theta,\boldsymbol{w}_{\overline{\Theta}})\to(\boldsymbol{x}_\Theta,\boldsymbol{w}_{\overline{\Theta}}))\succcurlyeq((\boldsymbol{y}_\Theta,\boldsymbol{w}_{\overline{\Theta}})\to(\boldsymbol{z}_\Theta,\boldsymbol{w}_{\overline{\Theta}}))$

则称属性集 Ψ 的子集 Θ 弱差独立于其补集 $\overline{\Theta}$。如果属性集 Ψ 的每个非空正常子集 Θ 弱差独立于其补集 $\overline{\Theta}$，则称属性集 Ψ 满足相互弱差独立条件。

验证属性集 Ψ 相互弱差独立比验证相互偏好独立更困难。实际上只要验证 $\forall j\in J$，属性 Y_j 弱差独立于其补集 $Y_{J\setminus j}$ 且 $\{Y_1,Y_j\}$ 偏好独立于其补集，就可以保证属性集 Ψ 满足相互弱差独立条件。

(3) 规范化的可测价值函数

如果在 Y 上存在可测价值函数 v，且在 Y 中存在决策人最偏爱的 $\boldsymbol{y}^*$ 和最不喜欢的 $\boldsymbol{y}^0$，使 $v(\boldsymbol{y}^0)=0$ 且 $v(\boldsymbol{y}^*)=1$，则称 v 为规范化的(normalized)可测价值函数。

有了上述定义，就可得到如下的两个定理。

定理 8.7 拟加性定理

设在 $Y(Y=Y_1\times Y_2\times\cdots\times Y_n$ 且 $Y\subset R^n)$ 上存在规范化的可测价值函数 v，如果 $\forall j\in J$ 属性 Y_j 弱差独立于其补集 $Y_{J\setminus j}$，则存在定义在 Y_j 上的可测价值函

数 $v_j, j \in J$ 有 $v_j(y_j^*)=1$ 和 $v_j(y_j^0)=0$，并能使 $\forall\, \boldsymbol{y} \in Y$ 有

$$\begin{aligned} v(\boldsymbol{y}) = & \sum_{j=1}^{n} k_j v_j(y_j) + \sum_{j=1}^{n} \sum_{k>j}^{n} k_{jk} v_j(y_j) v_k(y_k) \\ & + \sum_{j=1}^{n} \sum_{k>j}^{n} \sum_{l>k}^{n} k_{jkl} v_j(y_j) v_k(y_k) v_l(y_l) \\ & + \cdots + k_{12\cdots n} v_1(y_1) \cdot v_2(y_2) \cdot \cdots \cdot v_n(y_n) \end{aligned} \tag{8.16}$$

定理 8.8　乘法定理

设在 $Y(Y=Y_1 \times Y_2 \times \cdots \times Y_n$ 且 $Y \subset R^n)$ 上存在规范化的可测价值函数 v，属性集 Ψ 满足相互弱差独立条件，则存在定义在 Y_j 上的可测价值函数 $v_j, j \in J$，使 $\forall\, \boldsymbol{y} \in Y$，有

$$1 + v(\boldsymbol{y}) = [kk_1 v_1(y_1) + 1] \cdot [kk_2 v_2(y_2) + 1] \cdot \cdots \cdot [kk_n v_n(y_n) + 1] \tag{8.17}$$

以上定理的证明见 Dyer(1979)。

8.2.4　时间的偏好

现实生活中经常会遇到在时间序列上的现金流量这一类问题。一个项目在 n 个年度的现金流量 $y_j, j=1,\cdots,n$ 可以看作多属性问题 $y=(y_1, y_2, \cdots, y_n)$。常用的单指标评价准则有偿还期、内部收益率和净现值等。其中只有净现值最适用，但是它并不能把决策人的偏好考虑进去。用线性价值函数的有关理论就能考虑决策人的偏好，并能清楚地了解使用净现值所蕴含的假设。

设决策人的偏好可以表示成线性价值函数 $v(y)=\sum_{j=1}^{n} w_j y_j$。令 $(w_{j+1}/w_j)=\rho_j, j=1,2,\cdots,n-1$，取第一个权因子 $w_1=1$，则有

$$(w_2/w_1) = \rho_1 \Rightarrow w_2 = \rho_1$$

$$(w_3/w_2) = \rho_2 \Rightarrow w_3 = \rho_2 \rho_1$$

$$\vdots$$

$$(w_n/w_{n-1}) = \rho_{n-1} \Rightarrow w_n = \rho_{n-1} \cdots \rho_2 \rho_1$$

$$v(\boldsymbol{y}) = y_1 + \rho_1 y_2 + \rho_2 \rho_1 y_3 + \cdots + \rho_{n-1} \cdots \rho_2 \rho_1 y$$

由上可知，线性价值函数对净现值作了很自然的推广：第 $j+1$ 年的现金流量折合到第 j 年的折扣因子是 ρ_j，用 ρ_j 就可以反映决策人关于时间的偏好。而在用下式

$$\mathrm{NPV}(\boldsymbol{y}) = \sum_{j=1}^{n} \rho^{j-1} y_j \tag{8.18}$$

计算净现值的时候只是作了些简化：对所有 j，都有不变的时间偏好，即 $\forall\, j, \rho_j = \rho$。

所以在用净现值作决策准则时,决策人的偏好除了应该满足① $\succcurlyeq$为弱序,②单调性,③ 具有恒定的相互置换率,还要满足 ④ 现金流量在任何相邻两年之间的恒定的相互置换率均为 ρ。

看起来,在经济环境相对稳定时期银行的利率基本保持不变,可以作为第④条假设成立的依据,而事实上这一条假设的问题最大。因为一旦承认这一假设,投资与借贷的利率相同、投资与借贷的数量与周期等都与决策人的偏好无关。显然这与实际情况不符。

Koopmams(1972)指出,第④条假设也可以表述为决策人偏好是静态的(stationary)。所谓静态的偏好是指:两个时间序列上的最后一个现金流量都是 α,这两个序列中 $1,\cdots,n-1$ 年的现金流量都后推一年,把 α 移到第一年,决策人的偏好不变,即 $\forall y_1,y_2,\cdots,y_{n-1},y'_1,y'_2,\cdots,y'_{n-1},\alpha$

$$(y_1,y_2,\cdots,y_{n-1},\alpha)\succcurlyeq(y'_1,y'_2,\cdots,y'_{n-1},\alpha)$$
$$\Leftrightarrow(\alpha,y_1,y_2,\cdots,y_{n-1})\succcurlyeq(\alpha,y'_1,y'_2,\cdots,y'_{n-1})$$

加性价值函数的存在性再加上静态性条件就能保证存在线性价值函数 v 和 ρ 使得决策人的价值函数形如

$$v(\boldsymbol{y})=\sum_{j=1}^{n}\rho^{j-1}v_j(y_j) \tag{8.19}$$

请注意式(8.19)与(8.18)净现值 NPV 之间的区别。在式(8.18)中,对所有属性值 y_j,都有不变的时间偏好,即 $\rho_j=\rho$;在式(8.19)中虽然也有恒定的折扣因子 ρ,但是它并不直接作用于现金流量 y_j 而是作用于 y_j 的函数 $v_j(y_j)$,并且没有要求 v_j 是线性的,所以决策人的偏好可以通过非线性函数 v_j 表达。

价值函数的各种可分解形式可以简化价值函数的设定,但是各种可分解形式的价值函数的存在性条件相当苛刻,一般的决策人的偏好结构往往很难满足这些条件。下面看一个加性价值函数的例子。

设你个人作为决策人面临如下四个方案(其中的属性分别是今后四年收益):

$$\boldsymbol{a}=(10,10,10,10)$$
$$\boldsymbol{b}=(10,10,-30,60)$$
$$\boldsymbol{c}=(100,100,10,10)$$
$$\boldsymbol{d}=(100,100,-30,60)$$

当你在方案 $\boldsymbol{a}$ 和 $\boldsymbol{b}$ 之间进行选择时,如果选 $\boldsymbol{b}$ 将无法承受第三年 30 万元的债务,所以选 $\boldsymbol{a}$ 是有道理的;而在方案 $\boldsymbol{c}$ 和 $\boldsymbol{d}$ 之间进行选择时,由于前两年的收益中可以储蓄一部分以应付第三年 30 万元的负债,那就很可能会选 $\boldsymbol{d}$。而根据相互偏好独立假设,因为 $\boldsymbol{a}$ 和 $\boldsymbol{b}$ 以及 $\boldsymbol{c}$ 和 $\boldsymbol{d}$ 的第三、四两年的收益是对应的,应该有 $\boldsymbol{a}\succ\boldsymbol{b}\Leftrightarrow\boldsymbol{c}\succ\boldsymbol{d}$。因此在 $\boldsymbol{a}$、$\boldsymbol{b}$ 之中选 $\boldsymbol{a}$,在 $\boldsymbol{c}$、$\boldsymbol{d}$ 之中选 $\boldsymbol{d}$ 反映了决策人的偏好不满足相互偏好独立条件;也就是说,决策人的价值函数不能表示成加性形式。只要改变计量单

位，这个例子可以用于不同类型的决策人，从个人、企业到政府等所面临的实际问题，因此在使用加性价值函数要小心。在使用其他可分解形式的价值函数时，同样要十分小心地用适当的方法去验证决策人的偏好是否满足所有必要的假设条件。

*8.3　多属性效用函数

上一节讨论的多属性价值函数是决策人对确定性多属性后果的价值的量化。这一节将讨论不确定性多属性后果对决策人的实际价值，即多属性效用函数。讨论仍从两个属性的问题开始，并以此为重点。

8.3.1　两个属性的效用函数

设决策人在后果空间 C 上的偏好满足价值函数 v 的存在性公理。令多属性效用函数 $u(x,y)=\phi(v(x,y))$，其中 ϕ 是严格递增变换，则多属性效用函数的存在性可以沿用第三章和本章前面的有关公理。

设后果空间 $C=X\times Y$，后果 $\boldsymbol{c}=(x,y)$，$\boldsymbol{c}\in C$；设后果 $\boldsymbol{c}$ 的概率分布为 $p(\boldsymbol{c})$，用抽奖（或称彩票，亦即展望）$L=\langle p(\boldsymbol{c}),\boldsymbol{c}\rangle$ 表示各种后果及发生的概率，并简记为 $\widetilde{\boldsymbol{c}}=(\widetilde{x},\widetilde{y})$，若其中的某个属性，比如说 y，是确定性的，则记作 $\widetilde{\boldsymbol{c}}=(\widetilde{x},y)$。

1. *效用独立*

与上一节价值函数的偏好独立相对应，效用函数有**效用独立**（utility independent）的假设。为了说明效用独立的概念，先看下面的例子。

例 8.1　有四个抽奖：

$$\widetilde{c}_1=\langle 0.5,(100,150);0.5,(400,150)\rangle$$
$$\widetilde{c}_2=\langle 0.5,(175,150);0.5,(250,150)\rangle$$
$$\widetilde{c}_3=\langle 0.5,(100,250);0.5,(400,250)\rangle$$
$$\widetilde{c}_4=\langle 0.5,(175,250);0.5,(250,250)\rangle$$

第一个抽奖 $\widetilde{c}_1$ 的含义是出现后果(100,150)和(400,150)的机会各占 50%，不妨把后果(100,150)看作第一年收入 100，第二年收入 150(单位是百元还是万元等等，视具体情况而定)。这四个抽奖的示意图见图 8.3。

由图 8.3 可以看出，在抽奖 $\widetilde{c}_1$ 和 $\widetilde{c}_2$ 中，第二年的收入均为确定性的 150；$\widetilde{c}_3$ 和 $\widetilde{c}_4$ 第二年收入均为确定性的 250，而且有

$$\widetilde{x}_1=\langle 0.5,100;0.5,400\rangle=\widetilde{x}_3$$

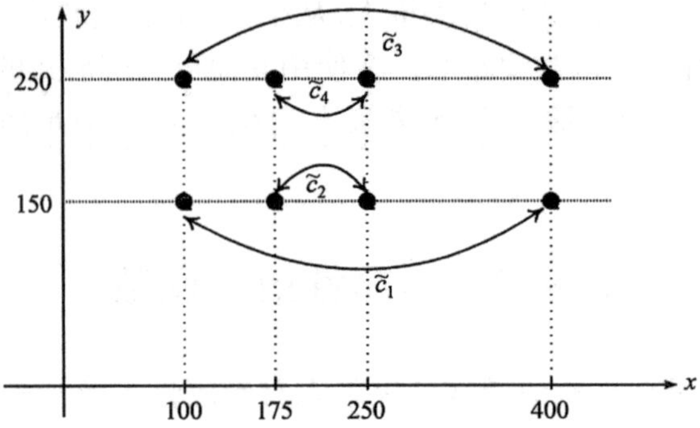

图 8.3　四个抽奖的示意图

$$\widetilde{x}_2 = \langle 0.5, 175; 0.5, 250 \rangle = \widetilde{x}_4$$

如果决策人对四个抽奖的偏好只取决于第一年的风险型收入而与第二年的确定性收入无关,则应该有

$$\widetilde{c}_1 \succcurlyeq \widetilde{c}_2 \Leftrightarrow \widetilde{c}_3 \succcurlyeq \widetilde{c}_4 \quad \text{或} \quad \widetilde{c}_2 \succcurlyeq \widetilde{c}_1 \Leftrightarrow \widetilde{c}_4 \succcurlyeq \widetilde{c}_3$$

如果两个抽奖有公共的确定性的 Y 的值而属性 X 中的值不同,决策人对它们的偏好与 Y 的取值无关,则称 X 效用独立于 Y。

定义 8.9　效用独立与相互效用独立

若 $\forall\, \widetilde{x}, \widetilde{x}' \in X$,

$$\exists\, \alpha \in Y \text{ 使} (\widetilde{x}, \alpha) \succcurlyeq (\widetilde{x}', \alpha) \Rightarrow \forall\, \beta \in Y \text{ 都有} (\widetilde{x}, \beta) \succcurlyeq (\widetilde{x}', \beta) \tag{8.20}$$

则称属性 X 效用独立于属性 Y。

若 $\forall\, \widetilde{y}, \widetilde{y}' \in Y$,

$$\exists\, \alpha \in X \text{ 使} (\alpha, \widetilde{y}) \succcurlyeq (\alpha, \widetilde{y}') \Rightarrow \forall\, \beta \in X \text{ 都有} (\beta, \widetilde{y}) \succcurlyeq (\beta, \widetilde{y}') \tag{8.21}$$

则称属性 Y 效用独立于属性 X。

若式(8.20)和(8.21)同时成立,则称属性 X 与属性 Y **相互效用独立**(mutually utility independence)。式(8.20)及式(8.21)中的 α 和 β 均为确定性的值。

效用独立又称**风险独立**(risk independence),因为当属性 X 效用独立于属性 Y 时,决策人对抽奖 $\widetilde{c} = (\widetilde{x}, y)$ 中 X 上的风险态度与属性 Y 无关。

属性 X 效用独立于属性 Y 中蕴含着属性 X 偏好独立于属性 Y。

因为 $\exists\, \alpha \in Y$ 使

$$(x, \alpha) \succcurlyeq (x', \alpha) \tag{8.22}$$

而 $(x, \alpha) = \langle 1, (x, \alpha) \rangle = (\widetilde{x}, \alpha)$ 所以式(8.22)即

$$\exists\, \alpha \in Y \text{ 使} \langle 1, (x, \alpha) \rangle \succcurlyeq \langle 1, (x', \alpha) \rangle \tag{8.23}$$

亦即　$\exists\, \alpha \in Y$ 使 $(\widetilde{x}, \alpha) \succcurlyeq (\widetilde{x}', \alpha)$

由属性 X 效用独立于属性 $Y \Rightarrow$

$$\forall \beta \in Y \text{ 都有} \langle 1,(x,\beta)\rangle \geqslant \langle 1,(x',\beta)\rangle \tag{8.24}$$

$$\Rightarrow \forall \beta \in Y \text{ 都有} (x,\beta) \geqslant (x',\beta) \tag{8.25}$$

由式(8.22)和式(8.25)可知属性 X 偏好独立于属性 Y。

关于如何判别决策人的两个属性的效用函数是否满足相互效用独立条件，文献(Keeney 1976)进行了详细讨论。

2. 效用函数的可分解形式

对确定性的 $y=y_0$，$u(x,y_0)$是决策人关于属性 X 的效用；对确定性的 $y=y_1$，$u(x,y_1)$也是决策人关于属性 X 的效用；由 X 效用独立于 Y，$u(x,y_0)$和 $u(x,y_1)$表示了同一个决策人的偏好，根据效用函数在正线性变换下的惟一性，应该有

$$u(x,y_1) = \alpha u(x,y_0) + \beta \qquad (\alpha > 0)$$

其中的 α 和 β 的取值与 y_1 及 y_0 有关。当 y_0 保持不变时，应该有：

$\forall (x,y) \in X \times Y$

$$u(x,y) = \alpha(y)u(x,y_0) + \beta(y),\ \alpha(y) > 0 \tag{8.26}$$

其中的 $\alpha(y)$和 $\beta(y)$的取值与 y_0 有关。

同理，由 Y 效用独立于属性 X 应该有：

$\forall (x,y) \in X \times Y$

$$u(x,y) = \gamma(x)u(x_0,y) + \delta(x),\ \gamma(x) > 0 \tag{8.27}$$

其中的 $\gamma(x)$和 $\delta(x)$的取值与 x_0 有关。

令式(8.26)中的 $x=x_0$，式(8.27)中的 $y=y_0$，则有

$$u(x_0,y) = \alpha(y)u(x_0,y_0) + \beta(y) \tag{8.28}$$

和

$$u(x,y_0) = \gamma(x)u(x_0,y_0) + \delta(x) \tag{8.29}$$

再令 $u(x_0,y_0)=0$，则有 $\beta(y)=u(x_0,y)$和 $\delta(x)=u(x,y_0)$，代入式(8.26)和式(8.27)，得

$$u(x,y) = \alpha(y)u(x,y_0) + u(x_0,y) = \gamma(x)u(x_0,y) + u(x,y_0) \tag{8.30}$$

在 $x \neq x_0$ 且 $y \neq y_0$ 时，有

$$\frac{\alpha(y)-1}{u(x_0,y)} = \frac{\gamma(x)-1}{u(x,y_0)} \tag{8.31}$$

式(8.31)等号左侧是 y 的函数，等号右侧是 x 的函数，只有两者均为常数 k 时才可能成立，因此有

$$\frac{\alpha(y)-1}{u(x_0,y)} = k = \frac{\gamma(x)-1}{u(x,y_0)} \tag{8.32}$$

将式(8.32)代入式(8.30),得

$$u(x,y)=u(x_0,y)+u(x,y_0)+k\cdot u(x_0,y)\cdot u(x,y_0) \tag{8.33}$$

式(8.33)是拟加性形式。由以上讨论,可得到如下定理:

定理 8.9　设 $u(x,y)$是 $X\times Y$ 上的效用函数,如果属性 X 与属性 Y 是相互效用独立的,则选(x_0,y_0)使 $u(x_0,y_0)=0$ 时,必有

$$u(x,y)=u(x_0,y)+u(x,y_0)+k\cdot u(x_0,y)\cdot u(x,y_0)$$

即属性 X 与属性 Y 相互效用独立且 $u(x_0,y_0)=0$ 时,$u(x,y)$具拟加性。相互效用独立也是效用函数 $u(x,y)$为拟加性的必要条件。

注意到 $k\neq0$ 时,式(8.33)的等号两侧同时乘以 k 并加 1,可得

$$[1+ku(x,y)]=[1+ku(x_0,y)]\cdot[1+ku(x,y_0)] \tag{8.34}$$

所以属性间相互效用独立可导致效用函数的乘性形式。

有了拟加性效用函数的存在性条件,很自然的问题就是在什么条件下式(8.33)中的 k 等于 0,效用函数 $u(x,y)$具有加性。对此有如下推论:

推论　在定理 8.9 中增加条件:$\exists\, x_1,x_2\in X,y_1,y_2\in Y$,使

$$\langle 0.5,(x_1,y_1);0.5,(x_2,y_2)\rangle\sim\langle 0.5,(x_1,y_2);0.5,(x_2,y_1)\rangle \tag{8.35}$$

且$(x_1,y_0)\not\sim(x_2,y_0)$且$(x_0,y_1)\not\sim(x_0,y_2)$,则

$$u(x,y)=u(x_0,y)+u(x,y_0) \tag{8.36}$$

推论的证明可以由式(8.35)入手。偏好无差异表示效用函数值相等,所以有

$$0.5u(x_1,y_1)+0.5u(x_2,y_2)=0.5u(x_1,y_2)+0.5u(x_2,y_1)$$

用式(8.33)计算上式并化简,可得

$$\begin{aligned}&k[u(x_1,y_0)\cdot u(x_0,y_1)+u(x_2,y_0)\cdot u(x_0,y_2)]\\&=k[u(x_1,y_0)\cdot u(x_0,y_2)+u(x_2,y_0)\cdot u(x_0,y_1)]\end{aligned}$$

因此　$k[u(x_1,y_0)-u(x_2,y_0)]\cdot[u(x_0,y_1)-u(x_0,y_2)]=0$

由假设条件$(x_1,y_0)\not\sim(x_2,y_0)$且$(x_0,y_1)\not\sim(x_0,y_2)$,所以只有 $k=0$。

定义 8.10　加性独立

$\forall\, x,x'\in X,y,y'\in Y$ 均有

$$\langle 0.5,(x,y);0.5,(x',y')\rangle\sim\langle 0.5,(x,y');0.5,(x',y)\rangle \tag{8.37}$$

则称属性 X 与属性 Y 是**加性独立**(additive independence)的。

注意加性独立要求对所有的($\forall$)$x,x'\in X,y,y'\in Y$,式(8.37)成立;而定理 8.9 的推论中只要求对特定的($\exists$)$x_1,x_2\in X,y_1,y_2\in Y$,式(8.37)成立。

定理 8.10　加性效用函数的存在性

如果属性 X 与属性 Y 加性独立,且(x_0,y_0)使 $u(x_0,y_0)=0$,则

$$u(x,y)=u(x_0,y)+u(x,y_0) \tag{8.38}$$

证明:由式(8.37)可得,$\forall\, x,x'\in X,y,y'\in Y$,

$$0.5u(x,y)+0.5u(x',y')=0.5u(x,y')+0.5u(x',y)$$

令 $x'=x_0, y'=y_0$，由 $u(x_0,y_0)=0$，得 $u(x,y)=u(x_0,y)+u(x,y_0)$。

加性独立这一条件非常强，一般的决策人很难满足。判断决策人的偏好是否满足加性独立条件可以用以下两个抽奖，其中的属性分别被看做两个年度收入的现金数（以万元为单位），属性的取值只有 15 和 5 两种。

$$\tilde{c}_1=\langle 0.5,(15,5);0.5,(5,15)\rangle$$

$$\tilde{c}_2=\langle 0.5,(15,15);0.5,(5,5)\rangle$$

按照加性独立条件，应该有 $\tilde{c}_1\sim\tilde{c}_2$。如果决策人确实认为这两个抽奖无差异，那么他的偏好满足加性独立条件。而实际情况是，绝大部分决策人认为抽奖 $\tilde{c}_1$ 虽然每年的收入是不确定的，但是两年收入的总数都是 20 万元，其中的风险不大；而在抽奖 $\tilde{c}_2$ 中，遇到第一种自然状态有 30 万元的收入虽然好，但是遇到第二种自然状态时两年的总收入只有 10 万元，太差，亦即 $\tilde{c}_2$ 的风险要比 $\tilde{c}_1$ 大，两者相比，$\tilde{c}_1$ 明显优于 $\tilde{c}_2$；抽奖中两个属性值的差距越大，$\tilde{c}_2$ 的风险也越大。只要认为这两个抽奖有差异，则决策人的偏好就不满足加性独立条件。所以使用加性形式的效用函数一定要经过仔细验证。

例 8.2　某人拟从甲地到乙地。他考虑两个因素，一是费用 c，一是旅途花费的时间 t；假设：

① 他对 c、t 这两个属性是相互效用独立的；

② 费用及时间的边际效用都是线性的，且边际效用随 c、t 的增加而减少；

③ 他认为属性向量 (c,t) 的下列无差异对成立：

$$(20,4)\sim(10,5);(20,5)\sim(10,6.125)$$

(1) 求此人的效用函数；

(2) 若此人面临 3 种选择：a)乘火车，3 小时到达，30 元钱；b)自己开车，有 3/4 的机会 4 小时到达花汽油费 10 元，1/4 的机会 6 小时到达花汽油费 12 元；c)先花 2 元乘公共汽车到某地搭便车，1/4 的机会 5 小时到达，1/2 的机会 6 小时到达，1/4的机会 8 小时到达。求他应作何种选择。

解：(1) 由假设①可知，如果选 c_0, t_0，使 $u(c_0,t_0)=0$，则此人的效用函数 $u(c,t)$ 具有拟加性，形如式(8.33)。

因为需要有 $(c_1,t_0)\sim(c_0,t_1)$，所以在已知条件 $(20,4)\sim(10,5)$ 中，令

$$c_0=10, t_0=4 \text{ 且 } u(10,4)=0$$

又因为 c、t 均为成本型变量，即属性值越大效用值越小，所以可令

$$u(20,4)=u(10,5)=-1$$

由已知的边际效用线性性，令 $u(c,4)=\alpha\cdot c+\beta$，由

$$u(10,4)=0 \quad\Rightarrow \alpha\cdot 10+\beta=0$$

$$u(20,4)=-1 \quad\Rightarrow \alpha\cdot 20+\beta=-1$$

解得：$\alpha=-0.1,\beta=1$，所以 $u(c,4)=1-0.1c$. 同理可以解得

$$u(10,t)=4-t$$

将上两式代入式(8.33)，得

$$\begin{aligned}u(c,t)&=u(c,4)+u(10,t)+ku(c,4)\cdot u(10,t)\\&=1-0.1c+4-t+k\cdot(1-0.1c)\cdot(4-t)\end{aligned}$$

根据(20,5)～(10,6.125)，代入上式，解得 $k=-0.125$，所以决策人的效用函数为

$$u(c,t)=5-0.1c-t-0.125\cdot(1-0.1c)\cdot(4-t)$$

(2) 由于效用函数的正线性变换仍为效用函数，为了计算方便，令 $u'=80u$，则

$$u'=360-4c-70t-ct$$

据此计算各行动的期望效用：

行动 a：$Eu_a'=u'(30,3)=-70$

行动 b：$Eu_b'=0.75u'(10,4)+0.25u'(12,6)$
$=0-0.25\times180=-45$

行动 c：$Eu_c'=0.25u'(2,5)+0.5u'(2,6)+0.25u'(2,8)$
$=-98$

因为 $Eu_b'\geqslant Eu_a'\geqslant Eu_c'$，所以决策人应选择行动 b。

8.3.2 一般的多属性效用函数

如果说两个属性的效用函数的可分解形式还有一定的实际应用价值，那么属性数大于 2 时就只有理论意义了，因此本分节的讨论将尽量简略。

1. 相互效用独立

仍设 $\Psi=\{Y_1,\cdots,Y_n\}$ 是属性集，Θ 是 Ψ 的非空正常子集，$\overline{\Theta}$ 是 Θ 的补集；Ψ 上的任一抽奖 $\tilde{\boldsymbol{y}}=\langle p(y);\boldsymbol{y}\rangle$ 可以分为两部分 $\tilde{\boldsymbol{y}}=(\tilde{\boldsymbol{y}}_\Theta,\tilde{\boldsymbol{y}}_{\overline{\Theta}})$，其中 $\tilde{\boldsymbol{y}}_\Theta$ 和 $\tilde{\boldsymbol{y}}_{\overline{\Theta}}$ 分别是属于 Θ 和 $\overline{\Theta}$ 的属性构成的抽奖；当某一部分，比如说 $\overline{\Theta}$ 中的属性均为确定性的值时记作 $\boldsymbol{y}_{\overline{\Theta}}$，即 $\boldsymbol{y}=(\boldsymbol{y}_\Theta,\boldsymbol{y}_{\overline{\Theta}})$。

定义 8.11 效用独立

Θ 是属性集 Ψ 的非空正常子集，$\overline{\Theta}$ 是 Θ 的补集；如果 $\forall\ \tilde{y}'_\Theta,\tilde{y}''_\Theta\in\tilde{y}_\Theta$，

$$\begin{aligned}&\text{有某个 } \boldsymbol{y}^0_{\overline{\Theta}}\in Y_{\overline{\Theta}}\text{ 使}(\tilde{\boldsymbol{y}}'_\Theta,\boldsymbol{Y}^0_{\overline{\Theta}})\succcurlyeq(\tilde{\boldsymbol{y}}''_\Theta,\boldsymbol{y}^0_{\overline{\Theta}})\\&\Rightarrow\forall\ \boldsymbol{y}_{\overline{\Theta}}\in Y_{\overline{\Theta}}\text{ 均有}(\tilde{\boldsymbol{y}}'_\Theta,\boldsymbol{y}_{\overline{\Theta}})\succcurlyeq(\tilde{\boldsymbol{y}}''_\Theta,\boldsymbol{y}_{\overline{\Theta}})\end{aligned}\tag{8.39}$$

则称属性集 Ψ 的子集 Θ 效用独立于其补集 $\overline{\Theta}$。

如果属性集 Ψ 的每个非空正常子集 Θ 偏好独立于其补集 $\overline{\Theta}$，则称属性集 Ψ 相互效用独立。

定义 8.12　加性独立

Θ 是属性集 Ψ 的非空正常子集,$\overline{\Theta}$是 Θ 的补集。如果 $\forall\ \tilde{\boldsymbol{y}}_{\Theta}, \tilde{\boldsymbol{y}}'_{\Theta} \in \widetilde{Y}_{\Theta}, \tilde{\boldsymbol{y}}_{\overline{\Theta}}, \tilde{\boldsymbol{y}}'_{\overline{\Theta}} \in \widetilde{Y}_{\overline{\Theta}}$,均有

$$\langle 0.5,(\tilde{\boldsymbol{y}}_{\Theta}, \tilde{\boldsymbol{y}}_{\overline{\Theta}});0.5,(\tilde{\boldsymbol{y}}'_{\Theta}, \tilde{\boldsymbol{y}}'_{\overline{\Theta}})\rangle \sim \langle 0.5,(\tilde{\boldsymbol{y}}_{\Theta}, \tilde{\boldsymbol{y}}'_{\overline{\Theta}});0.5,(\tilde{\boldsymbol{y}}'_{\Theta}, \tilde{\boldsymbol{y}}_{\overline{\Theta}})\rangle \tag{8.40}$$

则称属性集 Ψ 的子集 Θ 加性独立于其补集 $\overline{\Theta}$。如果属性集 Ψ 的每个非空正常子集 Θ 偏好独立于其补集 $\overline{\Theta}$,则称属性集 Ψ 满足加性独立条件。

2. *效用函数的可分解形式*

关于效用函数的可分解形式有如下定理。

定理 8.11　效用函数的拟加性定理

设在 $Y(Y=Y_1\times Y_2\times\cdots\times Y_n$ 且 $Y\subset R^n)$上存在规范化的效用函数 $u(y)$能描述决策人的偏好,即 $\forall\ \boldsymbol{y}',\boldsymbol{y}''\in Y,\boldsymbol{y}'\succcurlyeq\boldsymbol{y}''$当且仅当 $u(\boldsymbol{y}')\geqslant u(\boldsymbol{y}'')$;如果 $\forall\ j\in J$ 属性 Y_j 效用独立于其补集 $Y_{J\setminus j}$,则存在定义在 Y_j 上的实值函数 $u_j, j\in J$ 有 $u_j(y_j^*)=1$和 $u_j(y_j^0)=0$,并能使 $\forall\ \boldsymbol{y}\in Y$ 有

$$\begin{aligned} u(\boldsymbol{y}) = & \sum_{j=1}^{n} k_j u_j(y_j) + \sum_{j=1}^{n}\sum_{k>j}^{n} k_{jk}u_j(y_j)u_k(y_k) \\ & + \sum_{j=1}^{n}\sum_{k>j}^{n}\sum_{l>k}^{n} k_{jkl}u_j(y_j)u_k(y_k)u_l(y_l) \\ & + \cdots + k_{12\cdots n}u_1(y_1)\cdot u_2(y_2)\cdot\cdots\cdot u_n(y_n) \end{aligned} \tag{8.41}$$

定理 8.12　效用函数的乘法定理

设在 $Y(Y=Y_1\times Y_2\times\cdots\times Y_n$ 且 $Y\subset R^n)$上存在规范化的效用函数 $u(\boldsymbol{y})$能描述决策人的偏好,即 $\forall\ \boldsymbol{y}',\boldsymbol{y}''\in Y,\boldsymbol{y}'\succcurlyeq\boldsymbol{y}''$当且仅当 $u(\boldsymbol{y}')\geqslant u(\boldsymbol{y}'')$;如果属性集 Ψ 相互效用独立,则存在定义在 Y_j 上的实值函数 $u_j, j\in J$,使 $\forall\ \boldsymbol{y}\in Y$ 有

$$1 + ku(y) = [kk_1u_1(y_1)+1]\cdot[kk_2u_2(y_2)+1]\cdot\cdots\cdot[kk_nu_n(y_n)+1] \tag{8.42}$$

定理 8.13　效用函数的加性定理

设在 $Y(Y=Y_1\times Y_2\times\cdots\times Y_n$ 且 $Y\subset R^n)$上存在规范化的效用函数 $u(\boldsymbol{y})$能描述决策人的偏好,即 $\forall\ \boldsymbol{y}',\boldsymbol{y}''\in Y,\boldsymbol{y}'\succcurlyeq\boldsymbol{y}''$当且仅当 $u(\boldsymbol{y}')\geqslant u(\boldsymbol{y}'')$;如果属性集 Ψ 满足加性独立条件,则存在定义在 Y_j 上的实值函数 $u_j, j\in J$,使 $\forall\ \boldsymbol{y}\in Y$ 有

$$u(\boldsymbol{y}) = u_1(y_1) + u_2(y_2) + \cdots + u_n(y_n) \tag{8.43}$$

以上定理的证明见文献(keeney 1976)或(陈珽 1987)。

由于 6.3 节讨论过的原因,设定足够精确的价值函数和效用函数存在着种种实际困难,在多属性情况下直接设定价值函数或效用函数,然后计算各方案的价值或效用函数值,再根据价值函数值和期望效用的大小排列方案的优先序,这种做法

并无实用价值,因此我们不再介绍具体的估计价值函数的流程和方法。我们之所以要用较多的篇幅讨论价值函数及效用函数的存在性及各种可分解形式的存在性,是因为现有的各种求解多目标和多属性决策问题的方法,包括随后两章中介绍的各种方法,都或多或少地涉及价值函数或效用函数及其可分解形式的存在性问题,使用这些方法也就蕴含着应当满足相应的假设条件。只有对价值函数及其可分解形式的存在性条件有较为深入的了解,才能在学习每一种新的多目标和多属性决策方法时,清晰地认识该方法所蕴含的各种假设,准确地把握该方法在解决实际问题时的适用范围;才能在面临实际的多目标决策问题时,根据问题的特点选择适宜的求解方法并取得比较满意的结果。

习　题

一、问答题:

1. 为什么要研究多属性价值函数和多属性效用函数?

2. 什么是价值独立?什么是效用独立?两者有何关系?

3. 多属性价值函数有哪些可分解形式?各种可分解形式价值函数的存在性条件是什么?

4. 两个属性的拟加性效用函数的存在性条件是什么?

二、讨论下列二元关系各具有哪些性质,并指出哪些是等价关系,哪些是严格序,哪些是弱序。

1. A 是实数集,$a,b\in A$,二元关系"$a\geqslant b$";

2. A 是实数集,$a,b\in A$,二元关系"$a>b$";

3. A 是实数集,$a,b\in A$,二元关系"$a=b$";

4. A 是研究生集,$a,b\in A$,二元关系"a 是 b 的同年级同学";

5. A 是某个学校的乒乓球队队员的集合,二元关系"a 在上一次比赛中战胜了 b";

6. A 是若干种动物的集合,二元关系为"a 是 b 的猎物"。

三、某企业拟在若干种产品中选一种投产,每种产品的生产周期均为两年。现仅考虑两种属性:第一年的现金收益 X 和第二年的现金收益 Y。设现金收益可以精确预计;企业的偏好是:

① X、Y 是互相偏好独立的;

② $x\succ x'\Leftrightarrow x\geqslant x'$;

③ $y\succ y'\Leftrightarrow y\geqslant y'$;

④ $(100,400)\sim(200,300)$,$(0,600)\sim(100,200)$。

设有下列产品对:

(1) $(0,100)$,$(100,100)$;

(2) (0,400) ,(200,200);

(3) (100,500),(200,300);

(4) (0,500),(150,200)。

每对产品中只能生产其中之一。企业应该作何选择,为什么?

四、表1、表2分别给出了两个不同的二属性序数价值函数。分别判断 X 是否偏好独立于 Y,Y 是否偏好独立于 X。

表1

		Y			
		y_1	y_2	y_3	y_4
X	x_1	8	10	9	12
	x_2	2	11	9	14
	x_3	1	3	2	4

表2

		Y			
		y_1	y_2	y_3	y_4
X	x_1	12	9	8	5
	x_2	13	11	10	9
	x_3	10	8	7	4
	x_4	7	6	5	2

五、证明式(8.38)所示加性效用函数蕴含加性独立。

六、设决策人今后3年的收入分别为 x、y、z(万元),以 x、y、z 为属性的效用函数是线性的,即 $u(x,y,z)=ax+by+cz$。通过对话发现他认为下列无差异关系成立:

$\langle 0.25,(1,0,0);0.5,(1,1,0);0.25,(1,2,2)\rangle \sim \langle 0.5,(2,0,0);0.5,(0.8,1,1)\rangle$

$\langle 0.5,(1,1,1);0.5,(1,0,1)\rangle \sim \langle 0.25,(0,1,2);0.75,(1,0.5,1)\rangle$

作必要假设后求此人的效用函数。

七、某人想去度假,他根据两个属性来确定休假的优劣,x 表示每天的日照时数;y 表示每天的费用。决策分析人在与他讨论后确定:

① 他的偏好是相互效用独立的;

② x 的边际效用是线性的,日照愈长愈好;

③ y 的边际效用也是线性的,费用愈小愈好;

④ 他认为下列属性(x,y)的无差异对成立:(10,16)～(8,12);(15,16)～(12,8)。

他面临的度假地有两种选择:

A:$x=10$,$y=14$;

B:$y=15$,有25%的可能性是 $x=13$,75%的可能性是 $x=4$。

他应选择哪一地点度假?

第九章　多属性决策

在7.1节中我们提到多准则决策问题可以分成多属性决策和多目标决策两类,其中多属性决策问题又称有限方案的多目标决策。本章专门讨论多属性决策问题的求解方法。

9.1　求解多属性决策问题的准备工作

在介绍各种求解多属性决策问题的具体方法之前,我们先要在本节介绍求解的前期准备工作,包括决策问题的描述、相关信息的采集(即形成决策矩阵)、决策数据的预处理和方案的初选(或称为筛选)。

9.1.1　决策矩阵

多属性决策问题记作MA,可供选择的方案集为 $X=\{x_1,\cdots,x_m\}$;用 $Y_i=(y_{i1},\cdots,y_{in})$表示方案 x_i 的 n 个属性值,其中 y_{ij}是第 i 个方案的第 j 个属性的值;当目标函数为 f_j 时,$y_{ij}=f_j(x_i)$,$i=1,\cdots,m$;$j=1,\cdots,n$。各方案的属性值可列成决策矩阵,或称为属性矩阵、属性值表,如表9.1所示。该表提供了分析决策问题所需的基本信息,各种数据的预处理和求解方法都将以它作为分析的基础。

表9.1　决策矩阵

	y_1	$\cdots$	y_j	$\cdots$	y_n
x_1	y_{11}	$\cdots$	y_{1j}	$\cdots$	y_{1n}
$\cdots$	$\cdots$	$\cdots$	$\cdots$	$\cdots$	$\cdots$
x_i	y_{i1}	$\cdots$	y_{ij}	$\cdots$	y_{in}
$\cdots$	$\cdots$	$\cdots$	$\cdots$	$\cdots$	$\cdots$
x_m	y_{m1}	$\cdots$	y_{mj}	$\cdots$	y_{mn}

例9.1　学校扩建问题。设某地区现有6所学校,由于无法完全容纳该地区适龄儿童,需要扩建其中的一所。在扩建时既要满足学生就近入学的要求,又要使扩建的费用尽可能小。(至于所扩建学校的教学质量我们稍后再考虑。)经过调研,获得如表9.2所示的决策矩阵。

表 9.2　学校扩建问题的决策矩阵

学校序号	费用/(万元)	平均就读距离/(km)
1	60	1.0
2	50	0.8
3	44	1.2
4	36	2.0
5	44	1.5
6	30	2.4

例 9.2　研究生院试评估。为了客观地评价我国研究生教育的实际状况和各研究生院的教学质量,国务院学位委员会办公室组织过一次研究生院的评估。为了取得经验,先选 5 所研究生院,收集有关数据资料进行了试评估。表 9.3 中所给出的是为了介绍各种数据预处理方法的需要而选的几种典型属性和经过调整了的数据。

表 9.3　研究生院试评估的部分数据

i \ j	人均专著 y_1/(本/人)	生师比 y_2	科研经费 y_3/(万元/年)	逾期毕业率 y_4/(%)
1	0.1	5	5000	4.7
2	0.2	7	4000	2.2
3	0.6	10	1260	3.0
4	0.3	4	3000	3.9
5	2.8	2	284	1.2

显然,决策矩阵是求解多属性决策问题的依据。

9.1.2　数据预处理

数据的预处理又称属性值的规范化,主要有如下三个作用:

首先,属性值有多种类型。有些指标的属性值越大越好,如科研成果数、科研经费等,称做效益型指标;有些指标的值越小越好,如扩建学校的费用、平均就读距离等,称做成本型指标。另有一些指标的属性值既非效益型又非成本型,例如表 9.3 中研究生院评估中的生师比,一个指导教师指导 4～6 名研究生既可保证教师满工作量,也能使导师有充分的科研时间和研究生的指导时间;生师比值过高,学生的培养质量就难以保证;比值过低,教师的工作量不饱满。这几类属性放在同一个表中不便于直接从数值大小判断方案的优劣,因此需要对决策矩阵中的数据进行预处理,使表中任一属性下性能越优的方案变换后的属性值越大。

其次是非量纲化。多目标决策与评估的困难之一是目标间的不可公度性,即在属性值表中的每一列数具有不同的单位(量纲)。即使对同一属性,采用不同的计量单位,表中的数值也就不同。在用各种多属性决策方法进行分析评价时,需要排除量纲的选用对决策或评估结果的影响,这就是非量纲化,亦即设法消去(而不是简单删除)量纲,仅用数值的大小来反映属性值的优劣。

第三是归一化。原属性值表中不同指标的属性值的数值大小差别很大,如总经费即使以万元为单位,其数量级往往是千、万,而在校期间生均发表的论文、获奖成果的数量级是个位数或小数。为了直观,更为了便于采用各种多属性决策与评估方法进行评价,需要把属性值表中的数值归一化,即把表中数均变换到[0,1]区间上。

此外,还可在数据预处理时用非线性变换或其他办法,来解决或部分解决某些目标的达到程度与属性值之间的非线性关系,以及目标间的不完全补偿性。

在大部分情况下,数据预处理的本质是要给出某个指标的属性值在决策人评价方案优劣时的实际价值。常用的数据预处理方法有以下几种。

1. 线性变换

原始的决策矩阵为 $Y=\{y_{ij}\}$,变换后的决策矩阵记为 $Z=\{z_{ij}\}$, $i=1,\cdots,m$, $j=1,\cdots,n$。设 $y_j^{\max}$ 是决策矩阵第 j 列中的最大值, $y_j^{\min}$ 是决策矩阵第 j 列中的最小值。若 j 为效益型属性,则

$$z_{ij} = y_{ij}/y_j^{\max} \tag{9.1}$$

采用上式进行数据预处理时,经过变换的最差属性值不一定为 0,最佳属性值为 1。

若 j 为成本型属性,可以令

$$z_{ij} = 1 - y_{ij}/y_j^{\max} \tag{9.2}$$

经式(9.2)变换后的最佳属性值不一定为 1,最差为 0。成本型属性也可以用下式进行变换:

$$z'_{ij} = y_j^{\min}/y_{ij} \tag{9.2'}$$

用式(9.2′)变换后的属性值最差不一定为 0,最佳为 1,且是非线性变换。表 9.3 所示的属性值表经线性变换后所得的属性值表为表 9.4,其中不包括属性 2,属性 2 的变换稍后另行讨论。表 9.4 中的属性值显然符合上面提到的三个要求。

表 9.4 表 9.3 经线性变换后的属性值表

i \ j	$z_1(y_1)$	$z_3(y_3)$	$z_4(y_4)$	$z_4'(y_4)$
1	0.0357	1.0000	0.0000	0.2553
2	0.0714	0.8000	0.5319	0.5455
3	0.2143	0.2520	0.3617	0.4000
4	0.1071	0.6000	0.1702	0.3077
5	1.0000	0.0568	0.7447	1.0000

2. 标准 0-1 变换

从表 9.4 可知，属性值进行线性变换后，若属性 j 的最优值为 1，则最差值一般不为 0；若最差值为 0，最优值就往往不为 1。为了使每个属性变换后的最优值为 1 且最差值为 0，可以进行标准 0-1 变换。对效益型属性 j，令

$$z_{ij} = \frac{y_{ij} - y_j^{\min}}{y_j^{\max} - y_j^{\min}} \tag{9.3}$$

j 为成本型属性时，令

$$z_{ij} = \frac{y_j^{\max} - y_{ij}}{y_j^{\max} - y_j^{\min}} \tag{9.4}$$

表 9.3 所示的属性值表经标准 0-1 变换后所得的属性值表为表 9.5。其中每一属性最佳值为 1，最差值为 0，而且这种变换是线性的。

表 9.5　表 9.3 经标准 0-1 变换后的属性值

i \ j	$z_1(y_1)$	$z_3(y_3)$	$z_4(y_4)$
1	0.0000	1.0000	0.0000
2	0.0370	0.7880	0.7142
3	0.1852	0.2070	0.4857
4	0.0741	0.5759	0.2286
5	1.0000	0.0000	1.0000

3. 最优值为给定区间时的变换

前面提到，有些属性既非效益型又非成本型，如生师比。显然这种属性不能采用前面介绍的两种方法处理。

设给定的最优属性区间为 $[y_j^0, y_j^*]$，y_j' 为无法容忍下限，y_j'' 为无法容忍上限，则

$$z_{ij} = \begin{cases} 1 - (y_j^0 - y_{ij})/(y_j^0 - y_j') & \text{若 } y_j' < y_{ij} < y_j^0 \\ 1 & \text{若 } y_j^0 \leqslant y_{ij} \leqslant y_j^* \\ 1 - (y_{ij} - y_j^*)/(y_j'' - y_j^*) & \text{若 } y_j'' > y_{ij} > y_j^* \\ 0 & \text{其他} \end{cases} \tag{9.5}$$

变换后的属性值 z_{ij} 与原属性值 y_{ij} 之间的函数图形为一般梯形。例如，设研究生院的生师比最佳区间为 $[5,6]$，$y_j' = 2$，$y_j'' = 12$，则函数图像如图 9.1 所示。

当属性值最优区间的上下限相等时，最优区间退化为一个点，函数图像退化为三角形。表 9.3 中属性 2 的数据经过式(9.5)变换后的结果见表 9.6。

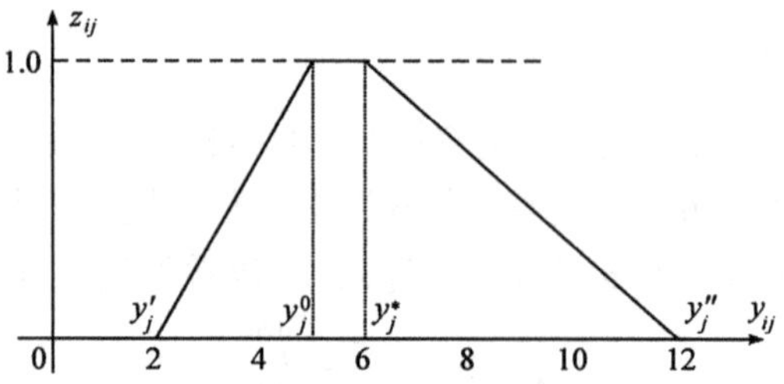

图 9.1 最优属性为区间时的数据处理

表 9.6 表 9.3 之属性 2 的数据处理

i \ j	生师比 y_2	z_2
1	5	1.0000
2	7	0.8333
3	10	0.3333
4	4	0.6666
5	2	0.0000

4. 向量规范化

无论成本型属性还是效益型属性,向量规范化均用下式进行变换:

$$z_{ij} = y_{ij} \Big/ \sqrt{\sum_{i=1}^{m} y_{ij}^2} \tag{9.6}$$

这种变换也是线性的,但是它与前面介绍的几种变换不同,从变换后属性值的大小上无法分辨属性值的优劣。它的最大特点是,规范化后,各方案的同一属性值的平方和为 1,因此常用于计算各方案与某种虚拟方案(如理想点或负理想点)的欧氏距离的场合。

表 9.3 中各属性值经向量规范化后的值见表 9.7。表中最右一列是属性 2 经式(9.5)变换后的值再进行向量规范化的结果。

表 9.7 表 9.3 经向量规范化后的属性值

i \ j	$z_1(y_1)$	$z_3(y_3)$	$z_4(y_4)$	$z_2'(z_2)$
1	0.0346	0.6956	0.6482	0.6666
2	0.0693	0.5565	0.3034	0.5555
3	0.2078	0.1753	0.4137	0.2222
4	0.1039	0.4174	0.5378	0.4444
5	0.9695	0.0398	0.1655	0.0000

5. 原始数据的统计处理

有些时候某个目标的各方案属性值往往相差极大,或者由于某种特殊原因只有某个方案特别突出。如果按一般方法对这些数据进行预处理,该属性在评价中的作用将被不适当地夸大。例如表 9.3 所示的评估问题,方案 5 的第一个属性值远大于其他方案,若不作适当处理,会使整个评估结果发生严重扭曲。为此可以采用类似于评分法的统计平均方法。具体的做法有多种方式,其中之一是设定一个百分制平均值 M,将方案集 X 中各方案该属性的均值定位于 M,再用下式进行变换:

$$z_{ij} = \frac{y_{ij} - \bar{y}_j}{y_j^{\max} - \bar{y}_j}(1.00 - M) + M \tag{9.7}$$

其中, $\bar{y}_j = \dfrac{1}{m}\sum_{i=1}^{m} y_{ij}$ 是各方案属性 j 的均值, m 为方案个数, M 的取值可在 0.5~0.75之间。式(9.7)可以有多种变形,例如:

$$z'_{ij} = 0.1(y_{ij} - \bar{y}_j)/\sigma_j + 0.75 \tag{9.7$'$}$$

其中, σ_j 为方案集 X 中各方案关于指标 j 的属性值的均方差,当高端均方差大于 $2.5\sigma_j$ 时变换后的值均为 1.00。这种变换的结果与专家打分的结果比较吻合。表 9.3 中的属性 1 用线性变换和式(9.7)及式(9.7′)等不同方法处理的结果见表 9.8。显然,用式(9.7)和(9.7′)进行变换后方案集 X 中各方案的规范化属性值之间的差距远小于线性变换。

表 9.8　表 9.3 之属性 1 用不同方法处理结果比较

i \ j	人均专著 y_1(本/人)	线性变换	用式(9.7)(M=0.7)	用式(9.7′)
1	0.1	0.0357	0.5950	0.6625
2	0.2	0.0714	0.6100	0.6750
3	0.6	0.2143	0.6700	0.7250
4	0.3	0.1071	0.6250	0.6875
5	2.8	1.0000	1.0000	1.0000

6. 专家打分数据的预处理

有时某些性能指标很难或根本不能用适当的统计数据来衡量其优劣。例如,研究生学位论文的质量就必须依靠专家的判断。为了使评价尽可能客观、公正,通常要请若干个同行专家对被评价对象按指标打分,再用各专家打分的平均值作为相应指标的属性并据此确定被评价对象的优劣。假设被邀请的各位专家意见的重要性相同，则每个专家在评价中理应发挥同样的作用；但是，对同一批被评价对象的同一指标，由于不同专家的打分习惯不同，所给分值所在区间往往会有很大差别。比如，专家甲的打分范围在 50～95 之间，而专家乙的打分范围在 75～90 之间。如果不对专家所打出的原始分值进行处理直接计算平均值，则专家甲在评价中所起的实际作用将是专家乙的 3 倍。为了改变这种无形中造成的各专家意见重要性不同的状况，使各位专家的意见在评价中起同样重要的作用，应该把所有专家的打分值规范化到相同的分值区间 $[M^0, M^*]$。M^0 和 M^* 的选值不同对评价结果并无影响，只要所有专家的打分值都规范到该区间就行。具体算法为

$$z_{ij} = M^0 + (M^* - M^0)\frac{y_{ij} - y_j^{\min}}{y_j^{\max} - y_j^{\min}} \tag{9.7''}$$

若选 $M^0 = 0, M^* = 1$，上式就与效益型属性的标准 0-1 变换式(9.3)相同。

9.1.3 方案筛选

当方案集 X 中方案的数量太多时，在使用多属性决策或评价方法进行正式评价之前就应当尽可能筛除一些性能较差的方案，以减少评价的工作量。常用的方案预筛选方法有如下三种。

1. 选优法

选优法(dominance)又称优势法，是利用非劣解的概念(亦即优势原则)去淘汰一批劣解：若方案集 X 中方案 x_i 与方案 x_k 相比时，方案 x_i 至少有一个属性值严格优于方案 x_k，而且方案 x_i 的其余所有属性值均不劣于方案 x_k，则称方案 x_i 比方案 x_k 占优势，或称方案 x_k 与方案 x_i 相比处于劣势；处于劣势的方案 x_k 可以从方案集 X 中删除。在从大批方案中选取少量方案时，可以先用选优法淘汰掉全部劣解。

用 $x_i \succ_{(j)} x_k$ 表示根据属性 Y_j 方案 x_i 严格优于方案 x_k，$x_i \succcurlyeq_{(j)} x_k$ 表示根据属性 Y_j 方案 x_i 不劣于方案 x_k；$J = \{1, 2, \cdots, n\}$ 为属性序号集。选优法可以用符号表述如下：

$x_i, x_k \in X$，若 $x_i \succcurlyeq_{(j)} x_k$，$\forall j \in J$ 且 $\exists j \in J$，有 $x_i \succ_{(j)} x_k$，则可删除 x_k

在用选优法淘汰劣解时，不必在各目标或属性之间进行权衡，不用对各方案的属性值进行预处理，也不必考虑各属性的权重。

2. 满意值法

满意值法(conjunctive)又称逻辑乘法(即与门)。不失一般性，设各属性均为效益型。这种方法对每个属性都提供一个能够被接受的最低值，称为切除值，记作 $y_j^0 (j = 1, \cdots, n)$，只有当方案 x_i 的各属性值 y_{ij} 均不低于相应的切除值时，即

$y_{ij} \geqslant y_j^0, j=1,2,\cdots,n$ 均满足时，方案 x_i 才被保留；只要有一个属性值 $y_{ij} < y_j^0$，方案 x_i 就被删除。

这种方案筛选方法的用途很广，例如在20世纪90年代初，申报硕士点的条件之一是至少要有一正三副四个60岁以下的高级职称人员，若某个申报单位不具备这一条件，则其他条件再好也不予考虑，在预选时即可将它删除。又如研究生录取时教委规定的总分和单科分数线，任何一项达不到分数线的考生都将在预选时被淘汰。

使用该法的关键在于切除值的确定，切除值太高，可能被淘汰的方案太多；切除值太低，又会保留太多的方案。这种方法的主要缺点是属性之间完全不能补偿，一个方案的某个属性值只要稍稍低于切除值，其他属性值再好，它也会被删除。

3. 逻辑和法

逻辑和法(disjunctive)意为“或门”，这种方法与满意值法的思路正好相反，它为每个属性规定一个阀值 $y_j^*(j=1,\cdots,n)$，方案 x_i 只要有某一个属性的值 y_{ij} 优于阀值 y_j^*，即 $y_{ij} \geqslant y_j^*$，$j=1$ 或 2 或 $\cdots n$ 时，方案 x_i 就被保留。显然这种方法不利于各属性都不错但没有特长的方案，但是可以用来保留某个方面特别出色的方案。逻辑和法往往作为满意值法的补充，两者结合使用。例如先用满意值法删除一批方案；在被删除的方案中再用逻辑和法挑选出若干方案参加综合评价。

上面介绍的这些方法可以用于初始方案的预选，但是都不能用于方案排序，因为它们都无法量化方案的优先程度。

9.2　确定权的常用方法

多目标决策问题的特点，也是求解的难点在于目标间的矛盾性和各目标的属性值不可公度，求解多属性决策问题同样需要解决这两个难点。其中不可公度性可通过属性矩阵的规范化得到部分解决，但这些规范化方法无法反映目标的重要性。解决各目标之间的矛盾性靠的是引入**权**(weight)这一概念。权是目标重要性的度量，即衡量目标重要性的手段。权这一概念包含并反映下列几重因素：① 决策人对目标的重视程度；②各目标属性值的差异程度；③ 各目标属性值的可靠程度。权应当综合反映三种因素的作用，而且通过权，可以通过各种方法将多目标决策问题化为单目标问题求解。

如前所述，权是目标重要性的数量化表示；但在目标较多时，决策人往往难于直接确定每个目标的权重。因此，通常的做法是让决策人首先把各目标作成对比较，这种比较可能不准确，也可能不一致。例如，决策人虽然认为第一个目标的重要性是第二个目标重要性的3倍，第二个目标的重要性是第三个目标重要性的2

倍,但他并不认为第一个目标的重要性是第三个目标重要性的 6 倍;因此,需要用一定的方法把目标间的成对比较结果聚合起来确定一组权,常用的有如下两种方法。

9.2.1 最小二乘法

首先由决策人把目标的重要性作成对比较,设有 n 个目标,则需比较 $C_n^2 = \frac{1}{2}n(n-1)$次。把第 i 个目标对第 j 个目标的相对重要性记为 a_{ij},并认为,这就是属性 i 的权 w_i 和属性 j 的权 w_j 之比的近似值,$a_{ij} \approx w_i/w_j$,n 个目标成对比较的结果为矩阵 A。

$$A = \begin{bmatrix} a_{11} & a_{12} & \cdots & a_{1n} \\ a_{21} & a_{22} & \cdots & a_{2n} \\ \vdots & \vdots & & \vdots \\ a_{n1} & a_{n2} & \cdots & a_{nn} \end{bmatrix} \approx \begin{bmatrix} w_1/w_1 & w_1/w_2 & \cdots & w_1/w_n \\ w_2/w_1 & w_2/w_2 & \cdots & w_2/w_n \\ \vdots & \vdots & & \vdots \\ w_n/w_1 & w_n/w_2 & \cdots & w_n/w_n \end{bmatrix} \tag{9.8}$$

若决策人能够准确估计 $a_{ij}(i,j \in J)$,则有:

$$\begin{aligned} a_{ij} &= 1/a_{ji} \\ a_{ij} &= a_{ik} \cdot a_{kj} \quad (\forall\, i,j,k \in J) \\ a_{ii} &= 1 \end{aligned} \tag{9.9}$$

且

$$\sum_{i=1}^{n} a_{ij} = \frac{\sum_{i=1}^{n} w_i}{w_j} \tag{9.10}$$

当 $\sum_{i=1}^{n} w_i = 1$ 时

$$w_j = \frac{1}{\sum_{i=1}^{n} a_{ij}} \tag{9.11}$$

若决策人对 a_{ij}的估计不准确,则上列各式中的等号应为近似号。这时可用最小二乘法求 w。即解:

$$\min\left\{ \sum_{i=1}^{n} \sum_{j=1}^{n} (a_{ij}w_j - w_i)^2 \right\} \tag{9.12}$$

受约束于:

$$\sum_{i=1}^{n} w_i = 1$$

$$w_i > 0 \ (i = 1,2,\cdots,n)$$

用拉格朗日乘子法解这一有约束纯量优化问题,则拉格朗日函数为

$$L = \sum_{i=1}^{n}\sum_{j=1}^{n}(a_{ij}w_j - w_i)^2 + 2\lambda\left(\sum_i w_i - 1\right)$$

L 对 $w_l(l=1,2,\cdots,n)$ 求偏导数,并令其为 0,得 n 个代数方程:

$$\sum_{i=1}^{n}(a_{il}w_l - w_i)a_{il} - \sum_{j=1}^{n}(a_{lj}w_j - w_l) + \lambda = 0,\ l = 1,2,\cdots,n \quad (9.13)$$

由式(9.13)及 $\sum_{i=1}^{n} w_i = 1$ 共 $n+1$ 个方程,其中有 $w_1, w_2, \cdots, w_n$ 及 λ 共 $n+1$ 个变量,因此可以求得 $\boldsymbol{w}=[w_1,w_2,\cdots,w_n]^{\mathrm{T}}$。

9.2.2 本征向量法

由式(9.8),得

$$AW = \begin{bmatrix} w_1/w_1 & w_1/w_2 & \cdots & w_1/w_n \\ w_2/w_1 & w_2/w_2 & \cdots & w_2/w_n \\ \vdots & \vdots & & \vdots \\ w_n/w_1 & w_n/w_2 & \cdots & w_n/w_n \end{bmatrix} \begin{bmatrix} w_1 \\ w_2 \\ \vdots \\ w_n \end{bmatrix} = n \begin{bmatrix} w_1 \\ w_2 \\ \vdots \\ w_n \end{bmatrix}$$

即

$$(A - nI)\boldsymbol{w} = \boldsymbol{0}$$

式中 I 是单位矩阵,如果目标重要性判断矩阵 A 中的值估计准确,上式严格等于$\boldsymbol{0}$(n 维 0 向量),如果 A 的估计不够准确,则 A 中元素的小的摄动意味着本征值的小的摄动,从而有

$$A\boldsymbol{w} = \lambda_{\max}\boldsymbol{w} \quad (9.14)$$

式中 $\lambda_{\max}$是矩阵 A 的最大本征值。由(9.14)式可以求得本征向量即权向量 $W=[w_1,w_2,\cdots,w_n]^{\mathrm{T}}$,这种方法称为本征向量法。

与最小二乘法类似,使用这种方法同样需要求得矩阵 A,为了便于比较第 i 个目标对第 j 个目标的相对重要性,即给出 a_{ij} 的值,Saaty(1980)根据一般人的认知习惯和判断能力给出了属性间相对重要性等级表,见表 9.9,利用该表取 a_{ij} 的值,方法虽然粗略,但有一定的实用价值。

表 9.9 目标重要性判断矩阵 A 中元素的取值

相对重要程度	定 义	说 明
1	同等重要	两个目标同样重要
3	略微重要	由经验或判断,认为一个目标比另一个略微重要
5	相当重要	由经验或判断,认为一个目标比另一个重要
7	明显重要	深感一个目标比另一个重要,且这种重要性已有实践证明
9	绝对重要	强烈的感到一个目标比另一个重要得多
2,4,6,8	两个相邻判断的中间值	需要折衷时采用

在用该法确定权时，可以用 $\lambda_{max}-n$ 来度量 A 中各元素 $a_{ij}(i,j=1,2,\cdots,n)$ 的估计的一致性。为此引入**一致性指标**(consistence index)CI：

$$\mathrm{CI}=\frac{\lambda_{max}-n}{n-1} \tag{9.15}$$

CI 与表 9.10 所给同阶矩阵的随机指标 RI(random index)之比称为**一致性比率** CR(consistence rate)，即

$$\mathrm{CR}=\mathrm{CI}/\mathrm{RI} \tag{9.16}$$

比率 CR 可以用来判定矩阵 A 能否被接受。若 CR>0.1，说明 A 中各元素 a_{ij} 的估计一致性太差，应重新估计。若 CR<0.1，则可认为 A 中 a_{ij} 的估计基本一致，这时可以用(9.14)式求得 w，作为 n 个目标的权。由 CR=0.1 和表 9.10 中的 RI 值，用式(9.15)和式(9.16)，可以求得与 n 相应的临界本征值：

$$\lambda'_{max}=\mathrm{CI}\cdot(n-1)+n=\mathrm{CR}\cdot\mathrm{RI}\cdot(n-1)+n=0.1\cdot\mathrm{RI}\cdot(n-1)+n$$

由上式算得的 λ'_{max} 见表 9.10。一旦从矩阵 A 求得最大本征值 λ_{max} 大于 λ'_{max}，说明决策人所给出的矩阵 A 中各元素 a_{ij} 的一致性太差，不能通过一致性检验，需要决策人仔细斟酌，调整矩阵 A 中元素 a_{ij} 的值后重新计算 λ_{max}，直到 λ_{max} 小于 λ'_{max} 为止。

表 9.10 n 阶矩阵的随机指标 RI 和相应的临界本征值 λ'_{max}

n	2	3	4	5	6	7	8	9	10
RI	0.00	0.58	0.90	1.12	1.24	1.32	1.41	1.45	1.49
λ'_{max}		3.116	4.27	5.45	6.62	7.79	8.99	10.16	11.34

9.2.3 最低层目标权重的计算

比较复杂的多属性决策问题的目标往往具有层次结构。根据不同层次的目标间的关系，可以把多层次的目标体系分成两类。一种是树状结构，如图 9.2(a)所示，其中较低层次的目标只与上一层各目标中的一个相关联。另一种是网状结构，如图 9.2(b)所示，其中较低层次的某些目标与上一层次的一个以上的目标相关。下面分别介绍这两种结构的最低层权重的设定方法。

1. 树状结构

对于树状结构的目标体系，只要自上而下，即由树干向树梢，求树权各枝相对于树权的权，如图 9.2(a)所示的系统，首先用第二分节介绍的方法确定第二层中的三个目标 B、C、D 相对总目标 A 的权(w_1,w_2,w_3)，且使 $w_1+w_2+w_3=1$；其次确定与第二层各目标相关联的第三层目标的权，共三组，使 $\sum_j w_{ij}=1(i=1,$

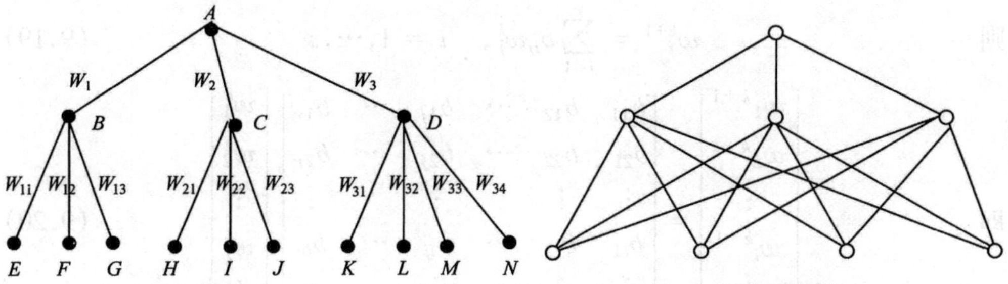

(a) 树状结构　　　　　　　　　　　　(b) 网状结构

图 9.2　目标层次结构的两种不同形式

2,3)，直到最低层目标相对上一层次目标的各组权全部设定为止。

在求出上述各组权后，只要将上一层次目标的权与该目标相关的下一层目标的权相乘即得下一层目标关于总目标的权，例如目标 H 关于总目标的权 $w_H = w_2 \cdot w_{21}$，这样依次进行，即可获得最低层各目标相对于总目标的权。

2．网状结构

对网状结构的目标体系，可用下述递推方法求最低层次各目标的权。

设多目标决策问题的目标共有 $k+1$ 级，其中第 $k-1$、k 和 $k+1$ 级如图 9.3 所示，我们构造一个"第 $k+1$ 级的某个元素 x_i 对 $k-1$ 级的某个元素 z 的优先函数"(优先函数表示第 $k+1$ 级中各元素 $x_1, x_2, \cdots, x_i, \cdots, x_s$ 对第 $k-1$ 级中的元素 z 的相对的重要即优先性)，我们将此函数记作 w，则

$$w(x_i) = \sum_{j=1}^{r} w_{y_j}(x_i) w_z(y_j), \qquad i = 1, \cdots, s \tag{9.17}$$

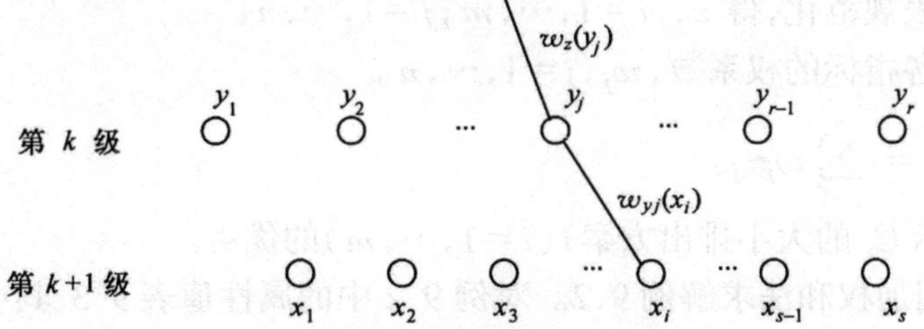

图 9.3　各层目标间的权重关系

显然，这就是用 y_j 对 z 的重要性 $w_z(y_j)$ 乘以 x_i 对 y_j 的重要性 $w_{y_j}(x_i)$ 去衡量 x_i 对于 z 的优先性。如果令

$$b_{ij} = w_{y_j}(x_i),\ w_i^{k+1} = w(x_i),\ w_j^k = w_z(y_j) \tag{9.18}$$

则
$$w_i^{k+1} = \sum_{j=1}^{r} b_{ij} w_j^k, \quad i = 1, \cdots, s \tag{9.19}$$

即
$$\begin{bmatrix} w_1{}^{k+1} \\ w_2{}^{k+1} \\ \vdots \\ w_i{}^{k+1} \\ \vdots \\ w_s{}^{k+1} \end{bmatrix} = \begin{bmatrix} b_{11} & b_{12} & \cdots & b_{1j} & \cdots & b_{1r} \\ b_{21} & b_{22} & \cdots & b_{2j} & \cdots & b_{2r} \\ \vdots & \vdots & & \vdots & & \vdots \\ b_{i1} & b_{i2} & \cdots & b_{ij} & \cdots & b_{ir} \\ \vdots & \vdots & & \vdots & & \vdots \\ b_{s1} & b_{s2} & \cdots & b_{sj} & \cdots & b_{sr} \end{bmatrix} \begin{bmatrix} w_1^k \\ w_2^k \\ \vdots \\ w_j^k \\ \vdots \\ w_r^k \end{bmatrix} \tag{9.20}$$

可以记作：
$$\boldsymbol{w}^{k+1} = B_k \cdot \boldsymbol{w}^k \tag{9.21}$$

设想在第 $k-1$ 级上还有第 $k-2$ 级，其中的元素为 u，而第 $k-I$ 级中有 $z_1, \cdots, z_m$ 共 m 个元素，则可以用 $B_{k-1} \cdot \boldsymbol{w}^{k-1}$ 去代替 $\boldsymbol{w}^k$，得
$$\boldsymbol{w}^{k+1} = B_k \cdot B_{k-1} \cdot \boldsymbol{w}^{k-1}$$
如此继续下去就可以找到最低层各元素对最上层元素的相对重要性——权：
$$\boldsymbol{w}^{k+1} = B_k \cdot B_{k-1} \cdot \cdots \cdot B_1 w^1 \tag{9.22}$$
在求得最低层各目标的权 $\boldsymbol{w}^{k+1}$ 后，结合最低层各目标的规范化属性值行向量 $y_i = [y_{i1}, y_{i2}, \cdots, y_{in}]$，就很容易用加权和法或其他方法评价各方案的优劣。

9.3 加权和法

9.3.1 一般加权和法

加权和法的求解步骤很简单：

① 属性表规范化，得 $z_{ij}, i=1,\cdots,m; j=1,\cdots,n$。

② 确定各指标的权系数，$w_j, j=1,\cdots,n$。

③ 令 $C_i = \sum_{j=1}^{n} w_j z_{ij}$。 (9.23)

根据指标 C_i 的大小排出方案 $i(i=1,\cdots,m)$ 的优劣。

示例 用加权和法求解例 9.2。对例 9.2 中的属性值表 9.3，其中属性 2 用式(9.5)进行数据预处理(见表 9.6 之第 2 列)，其他属性用线性变换作数据预处理(见表 9.4 之前三列)；设决策人设定的各属性权重分别为 0.2,0.3,0.4,0.1，则可得各属性的处理结果及加权和 $C_i = \sum_{j=1}^{n} w_j z_{ij}$，如表 9.11 - 1 所示。

由表 9.11 - 1 可知，方案集 X 中各方案的排序为 $x_1 \succ x_2 \succ x_4 \succ x_5 \succ x_3$。而方案 x_5 之所以能比 x_3 优，是因为属性 1 远比方案 x_3 优；若用式(9.7)对属性 1 作

处理,所得结果见表 9.11-2,这时方案 x_3 比 x_5 优。

表 9.11-1　加权和法的求解结果之 1

i \ j	$z_1(y_1)$	z_2	$z_3(y_3)$	$z_4(y_4)$	C_i
1	0.0357	1.0000	1.0000	0.0000	0.7074
2	0.0714	0.8333	0.8000	0.5319	0.6375
3	0.2143	0.3333	0.2520	0.3617	0.2871
4	0.1071	0.6666	0.6000	0.1702	0.4784
5	1.0000	0.0000	0.0568	0.7447	0.2972

加权和法,包括评分打点,由于其简单、明了、直观,是人们最经常使用的多目标评价方法。采用加权和法的关键在于确定指标体系并设定各最低层指标的权系数:有了指标体系就可以设法利用统计数据或专家打分给出属性值表;有了权系数,具体的计算和排序就十分简单了。正因为此,以往的各种实际评估过程中总要把相当大的精力和时间用在确定指标体系和设定权上。

表 9.11-2　加权和法的求解结果之 2

i \ j	用式(9.7)($M=0.7$)	z_2	$z_3(y_3)$	$z_4(y_4)$	C_i
1	0.5950	1.0000	1.0000	0.0000	0.8190
2	0.6100	0.8333	0.8000	0.5319	0.7452
3	0.6700	0.3333	0.2520	0.3617	0.3782
4	0.6250	0.6666	0.6000	0.1702	0.5820
5	1.0000	0.0000	0.0568	0.7447	0.2972

加权和法常常被人们不适当地使用,这是因为许多人并不清楚:使用加权和法意味着承认如下假设:

① 指标体系为树状结构,即每个下级指标只与一个上级指标相关联;

② 每个属性的边际价值是线性的(优劣与属性值大小成比例),每两个属性都是相互价值独立的;

③ 属性间的完全可补偿性:一个方案的某属性无论多差都可用其他属性来补偿。

事实上,这些假设往往都不成立。首先,指标体系通常是网状的,即至少有一个下级指标同时与二个或二个以上的上级指标相关联,也就是说某个属性可同时反映两个上级目标达到的程度。其次,属性的边际价值的线性常常是局部的,甚至有最优值为给定区间或点的情况存在;属性间的价值独立性条件也极难满足,至少是极难验证其满足。至于属性间的可补偿性通常只是部分的、有条件的。因此,使用加权和法要十分小心。不过,对网状指标体系,可以用层次分析法中的权重设定和网状指标的权重递推法设定最低层权重;当属性的边际价值函数为非线性时可以用适当的数学方法进行数据预处理;属性间的不完全补偿性也可通过适当处理,例如用逻辑乘法预先删除具有不可补偿属性的方案等。只要认识到加权和法本身存在的种种局限性并采取相应的补救措施,则加权和法仍不失为一种简明而有效的多目标评价方法。

9.3.2　字典序法

字典序法是在 $w_1 \gg w_2 \gg w_3 \gg \cdots \gg w_n$(符号≫表示远远大于)时的加权和法,即某个目标 w_1 特别重要,它与重要性处于第二位的目标相比重要得多;重要性处于第二位的目标又比重要性处于第三位的目标重要得多……。实质上,字典序法是单目标决策,首先只根据最重要目标的属性值的优劣来判断方案集 X 中各方案的优劣;只有当两个或多个方案的最重要目标的属性值相同时,再比较它们的第二重要的目标的属性值;如此继续,直到排定所有方案的优劣次序为止。

这种决策方法虽然看起来并无道理,但是它与实际生活中某些人的决策方式很接近,因为有些人倾向于在最重要的目标得到满足之后再去考虑重要性较差的目标,例如许多家庭主妇在选购家用电器时用的就是字典序法。

显然,这种方法不适于重大问题的决策。

9.3.3　层次分析法(AHP)

层次分析法的求解步骤如下:

第一步　由决策人利用表 9.9 构造矩阵 A。

第二步　用本征向量法求 $\lambda_{\max}$和 $\boldsymbol{w}$。

第三步　矩阵 A 的一致性检验。若最大本征值 $\lambda_{\max}$大于表 9.10 中给出的同阶矩阵相应的 $\lambda'_{\max}$时不能通过一致性检验,应该重新估计矩阵 A,直到 $\lambda_{\max}$小于 $\lambda'_{\max}$通过一致性检验时,求得的 $\boldsymbol{w}$ 有效;

第四步　方案排序。

① 各备选方案在各目标下属性值已知时,可以根据指标 $C_i = \sum_{j=1}^{n} w_j z_{ij}$ 的大小排出方案 $i(i=1,\cdots,m)$的优劣。

② 各备选方案在各目标下属性值难以量化时,可以通过在各目标下优劣的两两比较(仍利用表 9.9)求得每个目标下各方案的优先性(亦即权重),再计算各方案的总体优先性(即总权重),根据总体优先性的大小排出方案的优劣。

例 9.3　设某高校拟从三个候选人中选一人担任中层领导,候选人的优劣用六个属性去衡量,这六个属性是:①健康状况,②业务知识,③书面表达能力,④口

才,⑤道德水平和⑥工作作风。关于这六个属性的重要性,有关部门设定的属性重要性矩阵 A 为

	①	②	③	④	⑤	⑥
①	1	1	1	4	1	1/2
②	1	1	2	4	1	1/2
③	1	1/2	1	5	3	1/2
④	1/4	1/4	1/5	1	1/3	1/3
⑤	1	1	1/3	3	1	1
⑥	2	2	2	3	1	1

用本征向量法可以求得矩阵 A 的最大本征值 $\lambda_{\max}$。但是,求 λ 要解 n 次方程,当 $n \geqslant 3$ 时计算比较麻烦,可以用近似算法。例如 Saaty 给出了求 $\lambda_{\max}$ 近似值的方法,这种近似算法的精度相当高,误差在 10^{-3} 数量级。Saaty 给出的求 $\lambda_{\max}$ 的近似算法如下:

① A 中每行元素连乘并开 n 次方:

$$w_i^* = \sqrt[n]{\prod_{j=1}^{n} a_{ij}}, \quad i = 1,2,\cdots,n \tag{9.24}$$

② 求权重:

$$w_i = w_i^* \Big/ \sum_{i=1}^{n} w_i^*, \quad i = 1,2,\cdots,n \tag{9.25}$$

③ A 中每列元素求和:

$$S_j = \sum_{i=1}^{n} a_{ij}, \quad j = 1,2,\cdots,n$$

④ 计算 $\lambda_{\max}$ 的值:

$$\lambda_{\max} = \sum_{i=1}^{n} w_i S_i \tag{9.26}$$

用上述近似算法求得例 9.3 中矩阵 A 的 $\lambda_{\max} = 6.453$,小于 6 阶矩阵的临界值 $\lambda'_{\max} = 6.62$,可以通过一致性检验,这时的本征向量为

$$B_2 = [0.1685,\ 0.1891,\ 0.1871,\ 0.0501,\ 0.1501,\ 0.2550]^{\mathrm{T}}$$

由于在本示例中,每个候选人的属性值无法量化,只能采用上述方案排序法之②:通过在各属性下各方案对优劣的比较求得每个属性下各方案的权。三个候选人分别记作 X、Y、Z;设在各属性下比较的结果(称为比较矩阵)如下:

① 健康状况

	X	Y	Z
X	1	1/4	1/2
Y	4	1	3
Z	2	1/3	1

② 业务知识

	X	Y	Z
X	1	1/4	1/5
Y	4	1	1/2
Z	5	2	1

③ 书面表达能力

	X	Y	Z
X	1	3	1/3
Y	1/3	1	1
Z	3	1	1

④口才

	X	Y	Z
X	1	1/3	5
Y	3	1	7
Z	1/5	1/7	1

⑤ 道德水平

	X	Y	Z
X	1	1	7
Y	1	1	7
Z	1/7	1/7	1

⑥ 工作作风

	X	Y	Z
X	1	7	9
Y	1/7	1	5
Z	1/9	1/5	1

由上述各表可以求各属性下的最大本征值 λ_{max}和权向量。各属性下的最大本征值 λ_{max}见表 9.12。

表 9.12　各属性下的最大本征值 λ_{max}

	健康状况	业务知识	书面表达能力	口　才	道德水平	工作作风
λ_{max}	3.0193	3.0258	3.5607	3.0651	3.00	3.2074

三阶矩阵的 $\lambda'_{max}=3.116$,由表 9.12 可知书面表达能力和工作作风这两个属性的比较矩阵不能通过一致性检验。由决策部门讨论后调整如下:

③ 书面表达能力

	X	Y	Z
X	1	3	1/3
Y	1/3	1	1/5
Z	3	5	1

⑥ 工作作风

	X	Y	Z
X	1	7	9
Y	1/7	1	2
Z	1/9	1/2	1

这两个新的比较矩阵的最大本征值 λ_{max}分别为 3.0328 与 3.0213,均小于 3.116,通过一致性检验。六个属性的本征向量构成如下的决策矩阵:

$$
\begin{array}{cc} & \begin{array}{cccccc}\text{健康状况} & \text{业务知识} & \text{书面表达能力} & \text{口才} & \text{道德水平} & \text{工作作风}\end{array} \\
B_3 = \begin{array}{c} X \\ Y \\ Z \end{array} & \begin{bmatrix} 0.1365 & 0.0974 & 0.2583 & 0.2790 & 0.4667 & 0.7928 \\ 0.6250 & 0.3331 & 0.1047 & 0.6491 & 0.4667 & 0.1312 \\ 0.2385 & 0.5695 & 0.6370 & 0.0719 & 0.0667 & 0.0760 \end{bmatrix}\end{array}
$$

由 $w^3=B_3B_2=[0.3771,\ 0.3148,\ 0.3081]^T$ 可知,$X \succ Y \succ Z$,应选择候选人 X 担任该职务。

*9.4　加权积法

1. 基本思路与算法

在用一般加权和法及层次分析法求解多属性决策问题时，都隐含了各目标的属性值之间的可补偿性，而且这种补偿是线性的。而事实上，许多决策问题中的属性值之间是不可补偿的，即使在一定范围内可以补偿，这种补偿也是非线性的。我们先看一个例子。图 9.4 所示为可持续发展评价指标体系框架。

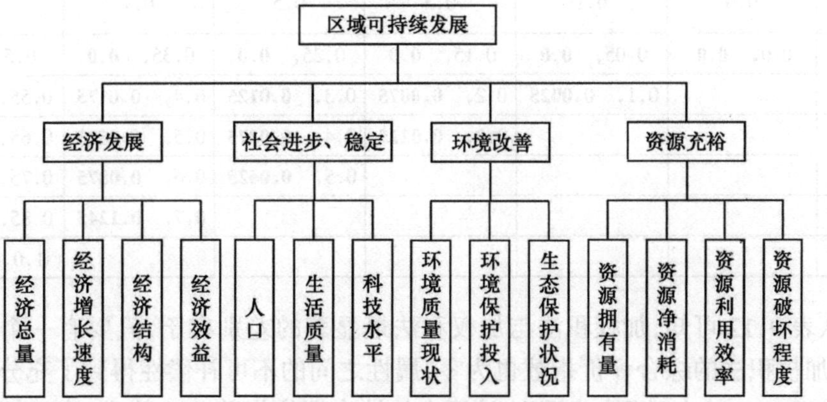

图 9.4　区域可持续发展评价指标体系框架

在设定第二层各目标的权重 w_j 并由下层目标或属性值求得各目标的评价指数 e_j 后，可继续用适当方法求解区域可持续发展能力的总的评价指数。由于经济、社会、环境和资源各分目标之间的不完全可补偿性，显然不宜用加权和法，而可以用加权积的方法计算方案 i 的综合评价指数 C_i'，即

$$C_i' = \prod_{j=1}^{4} w_j e_j \tag{9.27}$$

其中，$j=1,2,3,4$ 分别表示经济、社会、环境和资源四个分目标；再按 C_i' 的大小确定方案的优劣。为了避免加权积法算出的综合评价指数数值太小，e_i 的最优值可以取 10 或 100，也可以采用随后将介绍的式(9.29)和式(9.30)计算。

考虑到经济与社会这两个分目标之间有一定的可补偿性，环境和资源之间也有一定的可补偿性，经济、社会与环境、资源之间没有可补偿性，则也可以用加权和与加权积的混合算法计算综合评价指数：

$$C_i'' = (w_1 e_1 + w_2 e_2) \cdot (w_3 e_3 + w_4 e_4) \tag{9.28}$$

2. 加权积与加权和法的对比

下面以一个两个属性的决策问题为例比较加权积法与加权和法评价结果的差

异。这两个属性的重要性相同,即 $w_1 = w_2 = 0.5$,属性值 e_{i1} 和 e_{i2} 分别简记作 e_1 和 e_2;加权和法用式(9.23)即 $C_i = w_1e_1 + w_2e_2$ 计算方案 i 的综合评价指数 C_i;加权积法的综合评价指数用式(9.27)即 $C_i' = w_1e_1 \cdot w_2e_2$ 计算;规范化的属性 e_1 和 e_2 分别取 0～1 之间不同数值,用两种方法计算的综合评价指数列在表 9.12 中。表中每一格中加权和法的计算结果放在逗号之前;加权积法的计算结果在逗号之后。

表 9.12　加权和与加权积的计算结果对照表之一

e_1 \ e_2	0.0	0.1	0.3	0.5	0.7	1.0
0	0.0, **0.0**	0.05, **0.0**	0.15, **0.0**	0.25, **0.0**	0.35, **0.0**	0.5, **0.0**
0.1		0.1, **0.0025**	0.2, **0.0075**	0.3, **0.0125**	0.4, **0.0175**	0.55, **0.025**
0.3			0.3, **0.0225**	0.4, **0.0375**	0.5, **0.0525**	0.65, **0.075**
0.5				0.5, **0.0625**	0.6, **0.0875**	0.75, **0.125**
0.7					0.7, **0.1245**	0.85, **0.175**
1.0						1.0, **0.25**

从表 9.12 可知,加权积法与加权和法最显著的差别在于,只要有一个属性值为零,加权积法的综合评价指数也为零,属性之间的不可补偿性得到了充分体现。

由于在 n 较大时用加权积法计算出的综合评价指数普遍偏小,为了更便于比较,可以令

$$C_i' = \sqrt[n]{\prod_{j=1}^{n} w_j' e_{ij}} \tag{9.29}$$

其中权重 w_j' 的设定用

$$\sum_{j=1}^{n} w_j' = n,\ w_j' > 0,\quad j = 1, \cdots, n \tag{9.30}$$

利用式(9.29)和式(9.30)计算的加权积法的综合评价指数列于表 9.13。

表 9.13　加权和与加权积的计算结果对照表之二

e_1 \ e_2	0.0	0.1	0.3	0.5	0.7	0.9	1.0
0	0.0, **0.0**	0.05, **0.0**	0.15, **0.0**	0.25, **0.0**	0.35, **0.0**	0.45, **0.0**	0.5, **0.0**
0.1		0.1, **0.1**	0.2, **0.1732**	0.3, **0.2236**	0.4, **0.2646**	0.5, **0.3**	0.55, **0.3162**
0.3			0.3, **0.3**	0.4, **0.3873**	0.5, **0.4583**	0.6, **0.5196**	0.65, **0.5477**
0.5				0.5, **0.5**	0.6, **0.5916**	0.7, **0.6708**	0.75, **0.707**
0.7					0.7, **0.7**	0.8, **0.7937**	0.85, **0.8367**
0.9						0.9, **0.9**	0.95, **0.9487**
1.0							1.0, **1.0**

因为当 $n=2$ 时 $C_i'=\sqrt{w_1'e_1\cdot w_2'e_2}$，且 $w_1'=2w_1$，$w_2'=2w_2$，这时加权和法的综合评价指数与加权积法的综合评价指数之差为

$$
\begin{aligned}
C_i - C_i' &= w_1e_1 + w_2e - \sqrt{w_1'e_1\cdot w_2'e_2} \\
&= w_1e_1 + w_2e_2 - \sqrt{2w_1e_1\cdot 2w_2e_2} = \left(\sqrt{w_1e_1}-\sqrt{w_2e_2}\right)^2 \quad (9.31)
\end{aligned}
$$

由式(9.31)可知，当 $\sqrt{w_1e_1}=\sqrt{w_2e_2}$ 即 $w_1e_1=w_2e_2$ 时，加权积法与加权和法的综合评价指数相同；加权的评价指数 w_1e_1 与 w_2e_2 之差越大，加权积法与加权和法的综合评价指数之间的差别也越大。在表 9.13 中，当 $e_1=e_2$ 时，即在对角线上的各项，加权积法与加权和法的综合评价指数相同；w_1e_1 与 w_2e_2 之差越大，加权积法评价结果比加权和法的小得越多。而这正是采用加权积法的初衷：在多属性决策问题的某些属性对方案的总体性能都不可或缺时，这些属性间的补偿是有条件的，有时甚至是完全不可补偿的。

上面讨论的虽然只是两个属性即 $n=2$ 的情况，推广到一般，以上结论仍成立。因为加权和法的实质是用加权属性的算术平均值的 n 倍作为综合评价指数，而式(9.29)和式(9.30)计算的加权积法的综合评价指数恰恰是加权属性的几何平均值的 n 倍，而算术平均值不小于几何平均值，所以加权和法的可补偿性不小于加权积法。

3. *加权积法属性值表的规范化*

由于加权积法的特殊性质，在对决策矩阵规范化时应选用线性变换式(9.1)和(9.2′)。一般不采用式(9.2)，是因为在用式(9.2)计算后，成本型属性 j 最差的方案 i 的 e_{ij} 为 0，其上一级的综合评价指数 C_i' 也为 0，该方案必被淘汰。

成本型属性 j 采用式(9.2′)，即 $e_{ij}=y_j^{\min}/y_{ij}$ 进行规范化时，$y_j^{\min}$ 可以用决策矩阵中第 j 列的最小值，即 $y_j^{\min}=\min\limits_i\{y_{ij}\}$，也可以是决策人所设定的理想值 y_j^*，通常应当有 $y_j^*\leqslant y_j^{\min}$。例如，在图 7.3 所示指标体系的第三层中，“电子战防御能力”的综合评价指数包括舰载雷达测向精度，该属性以度(°)为单位，属性值越小精度越高，是成本型属性。$y_j^{\min}$ 可以用现有各种舰载雷达中精度最高的值，也可以选用正在研制的最先进舰载雷达拟达到的精度作为 y_j^*。

同样的，对效益型属性，$e_{ij}=y_{ij}/y_j^{\max}$，可以令 $y_j^{\max}=\max\limits_i\{y_{ij}\}$，也可以是决策人所设定的理想值 y_j^*，通常应当有 $y_j^*\geqslant y_j^{\max}$。

如图 7.3 所示的决策问题的目标层次结构中，C^4ISR 能力所属第三层各目标之间的可补偿性很差，在设定第三层各目标的权重 w_i 并由下层目标或属性值求得第三层各目标的评价指数 e_i 后，可以用加权积的方法计算 C^4ISR 能力综合评价指数 C_2，即 $C_2=\prod\limits_{i=1}^{r}w_ie_i$ 其中 r 为 C^4ISR 能力下面的第三层目标的总数。图 7.3

中的自卫能力综合评价指数 C_3 也可以用上式求得,其第三层目标数 $r=4$。

9.5　TOPSIS 法

1. TOPSIS 法的求解思路

TOPSIS 是**逼近理想解的排序方法**(technique for order preference by similarity to ideal solution)的英文缩略。它借助多属性问题的理想解和负理想解给方案集 X 中各方案排序。

设一个多属性决策问题的备选方案集为 $X=\{x_1,x_2,\cdots,x_m\}$,衡量方案优劣的属性向量为 $Y=\{y_1,y_2,\cdots,y_n\}$;这时方案集 X 中的每个方案 $x_i(i=1,\cdots,m)$ 的 n 个属性值构成的向量是 $Y_i=\{y_{i1},y_{i2},\cdots,y_{in}\}$,它作为 n 维空间中的一个点,能惟一地表征方案 x_i。

理想解 $\boldsymbol{x}^*$ 是一个方案集 X 中并不存在的虚拟的最佳方案,它的每个属性值都是决策矩阵中该属性的最好的值;而负理想解 $\boldsymbol{x}^0$ 则是虚拟的最差方案,它的每个属性值都是决策矩阵中该属性的最差的值。在 n 维空间中,将方案集 X 中的各备选方案 x_i 与理想解 $\boldsymbol{x}^*$ 和负理想解 $\boldsymbol{x}^0$ 的距离进行比较,既靠近理想解又远离负理想解的方案就是方案集 X 中的最佳方案;并可以据此排定方案集 X 中各备选方案的优先序。

用理想解求解多属性决策问题的概念简单,只要在属性空间定义适当的距离测度就能计算备选方案与理想解。TOPSIS 法所用的是欧氏距离。至于既用理想解又用负理想解是因为在仅仅使用理想解时有时会出现某两个备选方案与理想解的距离相同的情况,为了区分这两个方案的优劣,引入负理想解并计算这两个方案与负理想解的距离,与理想解的距离相同的方案离负理想解远者为优。TOPSIS 法的思路可以用图 9.5 来说明。图 9.5 表示两个属性的决策问题,f_1 和 f_2 为加权的规范化属性,均为效益型;方案集 X 中的六个方案 x_1 到 x_6,根据它们的加权规范化属性值标出了在图中的位置,并确定理想解 $\boldsymbol{x}^*$ 和负理想解 $\boldsymbol{x}^0$。图中的 x_4 与 x_5 与理想解 $\boldsymbol{x}^*$ 的距离相同,引入它们与负理想解 $\boldsymbol{x}^0$ 的距离后,由于 x_4 比 x_5 离负理想解 $\boldsymbol{x}^0$ 远,就可以区分两者的优劣了。

2. TOPSIS 法的算法步骤

TOPSIS 法的具体算法如下:

步骤一,用向量规范化的方法求得规范决策矩阵。

设多属性决策问题的决策矩阵 $Y=\{y_{ij}\}$,规范化决策矩阵 $Z=\{z_{ij}\}$,则

$$z_{ij}=y_{ij}\Big/\sqrt{\sum_{i=1}^{m}y_{ij}^2},\quad i=1,\cdots,m;\ j=1,\cdots,n \tag{9.32}$$

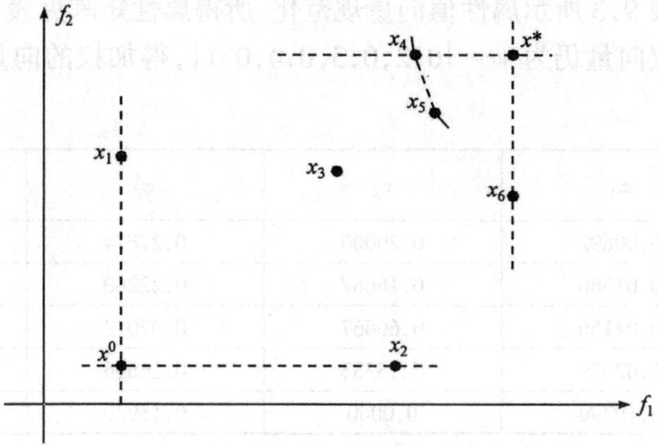

图 9.5　理想解和负理想解示意图

步骤二,构成加权规范阵 $X=\{x_{ij}\}$。

设由决策人给定 $\boldsymbol{w}=(w_1,w_2,\cdots,w_n)^{\mathrm{T}}$,则

$$x_{ij} = w_j \cdot z_{ij}, \quad i = 1,\cdots,m;\ j = 1,\cdots,n \tag{9.33}$$

步骤三,确定理想解 $\boldsymbol{x}^*$ 和负理想解 $\boldsymbol{x}^0$。

设理想解 $\boldsymbol{x}^*$ 的第 j 个属性值为 x_j^*,负理想解 $\boldsymbol{x}^0$ 第 j 个属性值为 x_j^0,则

$$\text{理想解 } x_j^* = \begin{cases} \max\limits_i x_{ij} & j \text{ 为效益型属性} \\ \min\limits_i x_{ij} & j \text{ 为成本型属性} \end{cases} \quad j = 1,\cdots,n \tag{9.34}$$

$$\text{负理想解 } x_j^0 = \begin{cases} \max\limits_i x_{ij} & j \text{ 为成本型属性} \\ \min\limits_i x_{ij} & j \text{ 为效益型属性} \end{cases} \quad j = 1,\cdots,n \tag{9.35}$$

步骤四,计算各方案到理想解与负理想解的距离。

备选方案 x_i 到理想解的距离为

$$d_i^* = \sqrt{\sum_{j=1}^{n}(x_{ij}-x_j^*)^2},\ i = 1,\cdots,m \tag{9.36}$$

备选方案 x_i 到负理想解的距离为

$$d_i^0 = \sqrt{\sum_{j=1}^{n}(x_{ij}-x_j^0)^2},\ i = 1,\cdots,m \tag{9.37}$$

步骤五,计算各方案的排队指示值(即综合评价指数)。

$$C_i^* = d_i^0/(d_i^0 + d_i^*),\ i = 1,\cdots,m \tag{9.38}$$

步骤六,按 C_i^* 由大到小排列方案的优劣次序。

3. 示例

用 TOPSIS 法求解例 9.2。

第一步,对表 9.3 所示属性值向量规范化,所得属性矩阵见表 9.7。

第二步,设权向量仍为 $w=\{0.2,0.3,0.4,0.1\}$,得加权的向量规范化属性矩阵如下:

i \ j	z_1'	z_2'	z_3'	z_4'
1	0.00692	0.20000	0.27824	0.06482
2	0.01386	0.16667	0.22260	0.03034
3	0.04156	0.66667	0.07012	0.04137
4	0.02079	0.13333	0.16696	0.05378
5	0.19390	0.0000	0.15920	0.01655

第三步,由上表和式(9.34)、式(9.35),得

理想解 $\boldsymbol{x}^*$ 为:(0.1939,0.2000,0.2782,0.01655)

负理想解 $\boldsymbol{x}^0$ 为:(0.00692,0.0000,0.01592,0.06482)

第四步,分别用式(9.36)和式(9.37)求各方案到理想点的距离 d_i^* 和负理想点的距离 d_i^0,列于表 9.14。

表 9.14

	d_i^*	d_i^0	C_i^*
1	0.1931	0.6543	0.7721
2	0.1918	0.4354	0.6577
3	0.2194	0.2528	0.5297
4	0.2197	0.2022	0.4793
5	0.6543	0.1931	0.2254

第五步,计算排队指示值 C_i^*(见表 9.14),由 C_i^* 值的大小可确定各方案的排序为:

$$x_1 \succ x_2 \succ x_3 \succ x_4 \succ x_5$$

与加权和法相比,方案 x_3 与 x_4 的排序有较大不同。

9.6 基于估计相对位置的方案排队法

前面几节介绍的求解多属性决策问题的方法,包括加权和法、字典序法、加权积法和逼近理想点的排队法(TOPSIS 法),以及后面要介绍的 ELECTRE 法等等,都需要有较多的初始信息,需要在事先给出决策矩阵,即需要给出每个备选方案的各属性的数值。但在很多实际问题中,总有一些属性无法或很难量化,这时就给不出决策矩阵,决策人只能给出每个目标下各方案的优劣次序。例如,选择干部问

题，要给出每个候选人的德、才、体的属性值是令人伤脑筋的事，但要决策人按照德、才、体这几个方面分别排出候选人的优劣次序却并不困难。对这种可以给出序数信息，但给不出基数信息的问题，应当有适当的方法求解。Navarrete(1979)提出的基于估计相对位置的方案排队法是求解这类问题的一种较好的方法。

1. 方案优先关系的表述

在使用这种方法时，由于信息不足，没有决策矩阵，所以只能根据各方案对在各目标下的优先次序(即序数信息)及各目标的权重进行排序。各方案间的优先关系可以用语言说明，也可以用第三章介绍的$\succ$和$\sim$等符号描述。但是它们都不如指向图直观，也不如0-1矩阵便于运算。

(1) 指向图

指向图用小圆表示方案，称为节点；有向弧表示优先关系，箭头从表示优方案的节点出发指向代表劣方案的节点。例如，若 $x_i \succ x_k$，则有向弧从节点 x_i 出发，指向节点 x_k；若 $x_i \sim x_k$，则在 x_i 和 x_k 之间画两条有向弧，一条从 x_i 指向 x_k，另一条从 x_k 指向 x_i；若方案 x_i 与 x_k 不可比，则节点 x_i 和 x_k 之间不画有向弧。图9.6所示为某个方案集中各方案的指向图。其中方案 x_1 优于方案 x_2 和 x_3，方案 x_1 与方案 x_4 无差异，方案 x_1 和方案 x_5 不可比。

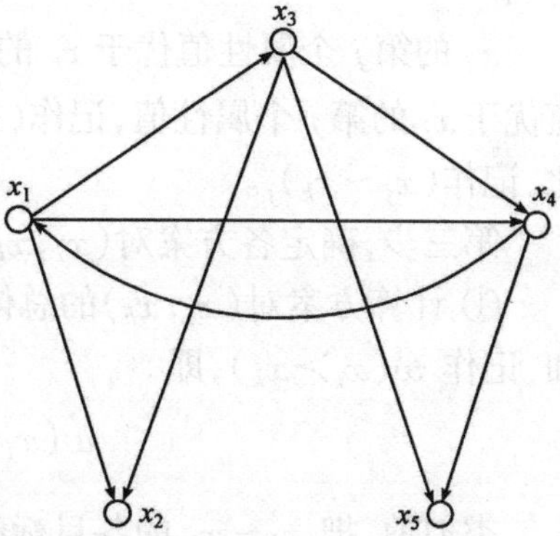

图9.6 表示优先关系的指向图

(2) 表示优先关系的0-1矩阵

优先关系还可以用0-1矩阵(或称优先关系表) $P=\{p_{ik}\}_{m\times m}$ 来表示。与图9.6对应的优先关系表如表9.15所示。其中，若 $x_i \succ x_k$，则 $p_{ik}=1$，$p_{ki}=0$；若 $x_i \sim x_k$，则 $p_{ik}=p_{ki}=1$；若 x_i 与 x_k 不可比，则 $p_{ik}=p_{ki}=0$。

表 9.15

	x_1	x_2	x_3	x_4	x_5
x_1	1	1	1	1	0
x_2	0	1	0	0	0
x_3	0	1	1	1	1
x_4	1	0	0	1	1
x_5	0	0	0	0	1

利用指向图或优先关系表可以方便地确定方案集 X 中各方案的排序。对指向图，设从 x_i 发出的有向弧为 r_i 条，指向 x_i 的有向弧有 q_i 条，则排队指示值

$$v_i = r_i - q_i \tag{9.39}$$

v_i 的值越大，方案 x_i 越优，根据 v_i 的大小可以排定方案集中各方案的优劣。

对 0-1 矩阵，x_i 所在行中元素为 1 的个数(不包括对角线上的元素 p_{ii})记为 r_i，元素为 0 的个数记为 q_i，仍用式(9.39)计算排队指示值。

2. 基于估计相对位置的方案排队法的求解步骤

第一步，由决策人设定各目标或属性 j 的权。即给定：

$$w_j,\ j = 1,2,\cdots n,\ \text{且使} \sum w_j = 1$$

第二步，对每一目标或属性 j，进行方案的成对比较，给出优先关系矩阵或指向图。

x_i 的第 j 个属性值优于 x_k 的第 j 个属性值，记作 $(x_i \succ x_k)_j$；x_k 的第 j 个属性值优于 x_i 的第 j 个属性值，记作 $(x_i \prec x_k)_j$；x_i 与 x_k 的第 j 个属性值无差异或不可比，记作 $(x_i \sim x_k)_j$。

第三步，确定各方案对 (x_i, x_k) 的总体优先关系。

① 计算方案对 (x_i, x_k) 的总体优、劣的权重。把 $(x_i \succ x_k)_j$ 的各目标 j 的权相加，记作 $w(x_i \succ x_k)$，即

$$w(x_i \succ x_k) = \sum_{j \in (x_i \succ x_k)_j} w_j$$

类似地，把 $x_i \sim x_k$ 的各目标的权相加，记作 $w(x_i \sim x_k)$，把 $x_i \prec x_k$ 的各目标的权相加，记作 $w(x_i \prec x_k)$。

② 计算方案对 (x_i, x_k) 的总体优劣指示值 $A_\sigma(x_i, x_k)$，

$$A_\sigma(x_i, x_k) = \frac{w(x_i \succ x_k) + \sigma w(x_i \sim x_k)}{w(x_i \prec x_k) + \sigma w(x_i \sim x_k)} \tag{9.40}$$

式中，$1 \geqslant \sigma \geqslant 0$，$\sigma$ 值的大小反映 x_i 与 x_k 无差异的目标的在决策过程中的重要性。

③ 选定阈值 $A \geqslant 1$，判定方案总体优劣：

$$\begin{cases} x_i \succ x_k & \text{若} \quad A_\sigma(x_i, x_k) \geqslant A \\ x_i \sim x_k & \text{若} \quad \dfrac{1}{A} < A_\sigma(x_i, x_k) < A \\ x_i \prec x_k & \text{若} \quad A_\sigma(x_i, x_k) \leqslant \dfrac{1}{A} \end{cases} \tag{9.41}$$

④ 根据上面判定的方案总体优劣，画出方案集 X 中各方案的总体优劣指向图或优先关系表。

第四步，计算方案 x_i 的总体优劣的排队指标值。

根据方案集 X 中各方案的总体优劣指向图或优先关系表，可以计算方案 x_i 的总体优劣的排队指标值

$$v_i = r_i - q_i, \quad i = 1,2,\cdots,m$$

第五步,按 v_i 的大小排定方案集 X 中各方案 $x_i(i=1,2,\cdots,m)$的优劣次序。

评注:

①基于估计相对位置的方案排队法采用序数信息判断方案间的优劣,它所要求的信息较少,这是一大优点;与此同时,因为没有决策矩阵中的基数信息,所以不能反映方案集 X 中各方案在各自标下的优先程度,评价的可靠性欠佳,这又是该方法的缺点。例如某决策问题的决策矩阵如右表所示。

	y_1	y_2
x_1	100	1
x_2	1	1.01

设 $w_1=0.4, w_2=0.6, A=1.2, \sigma=0$,则 $A_\sigma(x_2 \succ x_1)=1.5>A$,所以 $x_2 \succ x_1$。这与加权和法或其他利用决策矩阵的方法求解的结果大相径庭,所以凡是属性值均能定量表示,能给出决策矩阵的,不宜采用这种方法。

② 这种方法在评价各方案总体优劣时的思路与 11－3 节中介绍的 Copeland 法一致;Copeland 法的最大缺点是平局太多,基于估计相对位置的方案排序法的评价结果也是平局太多。在方案数较少时,方案之间出现平局的可能性较大,如示例之二。

3. 示例

(1) 用基于估计相对位置的方案排序法解例 9.2

第一步,权重设定。同加权和法中所设权重 $w=(0.2,\ 0.3,\ 0.4,\ 0.1)^{\mathrm{T}}$。

第二步,进行方案成对比较,给出优先关系矩阵。

由表 9.3 及表 9.6 可得各方案在四个属性下的优先关系矩阵分别如下:

属性 1:人均专著

	1	2	3	4	5
1	1	0	0	0	0
2	1	1	0	0	0
3	1	1	1	1	0
4	1	1	0	1	0
5	1	1	1	1	1

属性 2:生师比

	1	2	3	4	5
1	1	1	1	1	1
2	0	1	1	1	1
3	0	0	1	0	1
4	0	0	1	1	1
5	0	0	0	0	1

属性 3:科研经费

	1	2	3	4	5
1	1	1	1	1	1
2	0	1	1	1	1
3	0	0	1	0	1
4	0	0	1	1	1
5	0	0	0	0	1

属性 4:逾期毕业率

	1	2	3	4	5
1	1	0	0	0	0
2	1	1	1	1	0
3	1	0	1	1	0
4	1	0	0	1	0
5	1	1	1	1	1

第三步,确定各方案对的总体优先关系。

$w(x_1 \succ x_2) = 0.3 + 0.4 = 0.7, w(x_1 \prec x_2) = 0.2 + 0.1 = 0.3$

$w(x_1 \succ x_3) = 0.3 + 0.4 = 0.7, w(x_1 \prec x_3) = 0.2 + 0.1 = 0.3$

$w(x_1 \succ x_4) = 0.7, w(x_1 \prec x_4) = 0.3$

$w(x_1 \succ x_5) = 0.7, w(x_1 \prec x_5) = 0.3$

$w(x_2 \succ x_3) = 0.1 + 0.3 + 0.4 = 0.8, w(x_2 \prec x_3) = 0.2$

$w(x_2 \succ x_4) = 0.8, w(x_2 \prec x_4) = 0.2$

$w(x_2 \succ x_5) = 0.7, w(x_2 \prec x_5) = 0.3$

$w(x_3 \succ x_4) = 0.3, w(x_3 \prec x_4) = 0.7$

$w(x_3 \succ x_5) = 0.7, w(x_3 \prec x_5) = 0.3$

$w(x_4 \succ x_5) = 0.7, w(x_4 \prec x_5) = 0.3$

由此可得总体优先关系矩阵:

	1	2	3	4	5
1	1	1	1	1	1
2	0	1	1	1	1
3	0	0	1	0	1
4	0	0	1	1	1
5	0	0	0	0	1

第四步,计算方案 x_i 的总体优劣的排队指标值 $v_i = r_i - q_i$。

$$v_1 = r_1 - q_1 = 4 - 0 = 4$$

$$v_2 = r_2 - q_2 = 3 - 1 = 2$$

$$v_3 = r_3 - q_3 = 1 - 3 = -2$$

$$v_4 = r_4 - q_4 = 2 - 2 = 0$$

$$v_5 = r_5 - q_5 = 0 - 4 = -4$$

第五步,根据排队指标值,方案的总体排序为 $x_1 \succ x_2 \succ x_4 \succ x_3 \succ x_5$,与加权和法(表 9.12)的结果相同。

(2) 用基于估计相对位置的方案排序法解例 9.3

第一步,权重设定。在用基于估计相对位置的方案排序法解例 9.3 时,六个属性的权重仍沿用 AHP 法的结果,即

$$B_2 = (0.1685, 0.1891, 0.1871, 0.0501, 0.1501, 0.2550)^{\mathrm{T}}。$$

第二步,进行方案成对比较,给出优先关系矩阵。由原题中所给比较矩阵可得各方案在六个属性下的优先关系矩阵分别如下:

① 健康状况

	X	Y	Z
X	1	0	0
Y	1	1	1
Z	1	0	1

② 业务知识

	X	Y	Z
X	1	0	0
Y	1	1	0
Z	1	1	1

③ 书面表达能力

	X	Y	Z
X	1	1	0
Y	0	1	0
Z	1	1	1

④口才

	X	Y	Z
X	1	0	1
Y	1	1	1
Z	0	0	1

⑤ 道德水平

	X	Y	Z
X	1	1	1
Y	1	1	1
Z	0	0	1

⑥ 工作作风

	X	Y	Z
X	1	1	1
Y	0	1	1
Z	0	0	1

第三步,确定各方案对的总体优先关系。

$w(X \succ Y) = 0.1871 + 0.2550 = 0.4421, w(X \sim Y) = 0.1501$

$w(X \prec Y) = 0.1685 + 0.1891 + 0.0501 = 0.4077$

$w(X \succ Z) = 0.0501 + 0.1501 + 0.2550 = 0.4552, w(X \prec Z) = 0.5447$

$w(Y \succ Z) = 0.1685 + 0.0501 + 0.1501 + 0.2550 = 0.6237$

$w(Y \prec Z) = 0.3762$

取 $\sigma = 0.5$,选定阀值 $A = 1.05$,则

$$A_{0.5}(X, Y) = \frac{w(X \succ Y) + 0.5w(X \sim Y)}{w(X \prec Y) + 0.5w(X \sim Y)}$$
$$= 0.5172/0.4828 = 1.0713 > A$$

因此 $X \succ Y$;用同样的方法可得:

$$A_{0.5}(Y, Z) = 0.6237/0.3762 = 1.6579 > A$$

因此 $Y \succ Z$;$A_{0.5}(X, Z) = 0.4552/0.5447 = 0.8357 < 1/A$,所以 $Z \succ X$。

各方案总体优劣的优先矩阵如下:

	X	Y	Z
X	1	1	0
Y	0	1	1
Z	1	0	1

第四步,计算排队指示值。

三个方案的排队指示值均为 0,因此 $X \sim Y \sim Z$,即用基于估计相对位置的方案排序法求解的结果是三个候选人无差异,无法判断候选人之间的优劣。

9.7 ELECTRE 法

ELECTRE 法是法国人 Roy(1971)首先提出的，它是法文 Elimination et Choice Translating Reality 的缩写。其他多属性决策问题的求解方法力图建立可行方案集上的完全序，而 ELECTRE 所构建的是一种较弱的次序关系，叫**级别高于关系**(outranking relation)。

9.7.1 级别高于关系的定义与性质

1. 定义

定义 9.1 级别高于关系

给定方案集 X，$x_i, x_k \in X$，给定决策人的偏好次序和属性矩阵$\{y_{ij}\}$，当人们有理由相信 $x_i \geqslant x_k$，则称 x_i 的级别高于 x_k，记作 $x_i O x_k$。

需要注意的是，级别高于关系是建立在决策人愿意承担因承认 $x_i \geqslant x_k$ 所产生的风险的基础上的；理由与基于相对位置的方案排队法相同。

定义 9.2 级别无差异

给定方案集 X，$x_i, x_k \in X$，当且仅当 X 中存在 $u_1, u_2, \cdots, u_r$；$v_1, v_2, \cdots, v_s$；$r \geqslant 1, s \geqslant 1$，使 $x_i O x_k$(或者 $x_i O u_1, u_1 O u_2, \cdots, u_r O x_k$)且 $x_k O x_i$(或者 $x_k O v_1, v_1 O v_2, \cdots, v_s O x_i$)，则称 x_k 与 x_i 级别无差异，记作 $x_i I_r x_k$。

2. 级别高于关系的性质

级别高于关系和级别无差异具有以下性质：

① 弱传递性，即

$$x_i O x_0 \text{ 且 } \mathbf{y}(x_0) \geqslant \mathbf{y}(x_k) \Rightarrow x_i O x_k \tag{9.42}$$

或者

$$\mathbf{y}(x_i) \geqslant \mathbf{y}(x_0) \text{ 且 } x_0 O x_k \Rightarrow x_i O x_k \tag{9.43}$$

由于定义级别高于关系 O 时是承担了承认 $x_i \geqslant x_k$ 所产生的一定风险的，所以级别高于关系不具备一般意义上的传递性。例如，定义 $x_i O x_k$，当且仅当 $x_i \geqslant x_k$ 的概率不小于 0.95；若 $x_i \geqslant x_0$ 和 $x_0 \geqslant x_k$ 的概率均为 0.96，则有 $x_i O x_0$ 和 $x_0 O x_k$，但是 $x_i \geqslant x_k$ 的概率只有 0.92，$x_i O x_k$ 并不成立。因此级别高于关系只有弱传递性，即在人们有理由相信 $x_i \geqslant x_0$ 且 x_0 的属性向量 $\mathbf{y}(x_0)$大于 x_k 的属性向量 $\mathbf{y}(x_k)$时，才必然有足够的理由相信 $x_i \geqslant x_k$，即有 $x_i O x_k$。

② 自反性。显然，xOx 和 $xI_r x$ 均成立。

③ I_r 是对称的。

④ 允许不可比。上面所定义的级别高于关系不要求连通性，它允许 X 中的

方案对不可比。

9.7.2 ELECTRE-Ⅰ法

ELECTRE-Ⅰ法求解多属性决策问题主要包括两个部分，一是构造级别高于关系，二是利用所构造的级别高于关系对方案集中的方案进行排序。下面分别介绍。

1. 级别高于关系的构造

级别高于关系的构造以决策矩阵 $Y=\{y_{ij}\}$ 为基础，决策矩阵不作规范化。对于 X 中的每对方案 x_i 和 x_k，为了判定是否存在级别高于关系 O，需要进行**和谐性检验**(concordance test)和**非不和谐性检验**(non-discordance test)，具体步骤如下：

第一步，由决策人设定各属性的权 $w=\{w_1,w_2,\cdots,w_n\}$。

第二步，进行和谐性检验。

不失一般性，设每个属性 $y_j, j=1,2,\cdots,n$ 的值都是越大越好。

① 属性序号分类

若根据属性 j，方案 x_i 优于方案 x_k，记作 $x_i \succ_j x_k$；把所有满足 $x_i \succ_j x_k$ 的属性 j 的集合记作 $J^+(x_i,x_k)$，即

$$J^+(x_i,x_k) = \{j \mid 1 \leqslant j \leqslant n,\ y_j(x_i) > y_j(x_k)\} \tag{9.44}$$

与此类似，可以定义满足 $x_i \sim_j x_k$ 的属性 j 的集合 $J^=(x_i,x_k)$ 和 $x_i \prec_j x_k$ 的属性 j 的集合 $J^-(x_i,x_k)$：

$$J^=(x_i,x_k) = \{j \mid 1 \leqslant j \leqslant n, y_j(x_i) = y_j(x_k)\} \tag{9.45}$$

$$J^-(x_i,x_k) = \{j \mid 1 \leqslant j \leqslant n, y_j(x_i) < y_j(x_k)\} \tag{9.46}$$

② 计算和谐性指数

$$I_{ik} = \Big(\sum_{j\in J^+(x_i,x_k)} w_j + \sum_{j\in J^=(x_i,x_k)} w_j\Big)\Big/\sum_{j=1}^{n} w_j \tag{9.47}$$

I_{ik}的含义是 x_i 不劣于 x_k 的那些属性的权重之和在所有属性权重的总和中所占的比例。

$$\hat{I}_{ik} = \sum_{j\in J^+(x_i,x_k)} w_j \Big/ \sum_{j\in J^-(x_i,x_k)} w_j \tag{9.48}$$

$\hat{I}_{ik}$的含义是 x_i 优于 x_k 的那些属性的权重之和与 x_i 劣于 x_k 的属性权重之和的比例。$\hat{I}_{ik}$与I_{ik}的区别还在于$\hat{I}_{ik}$的分子中不计 x_i 与 x_k 无差异的属性的权重。请注意 $\hat{I}$ 与基于相对位置的方案排队法中 A_σ 的区别：A_σ 也是由 x_i 优于 x_k 的那些属性的权重之和与 x_i 劣于 x_k 的属性的权重之和的比值，但是采用参数 $\sigma(1\geqslant\sigma\geqslant 0)$ 来调节 x_i 与 x_k 无差异的属性的权重在决策过程中的作用。

③ 选定 $0.5<\alpha\leqslant 1$，若 $\hat{I}_{ik}\geqslant 1$，$I_{ik}\geqslant\alpha$，则通过和谐性检验。请注意，α 愈大，级别高于的关系要求越高，亦即承认 $x_i\geqslant x_k$ 所产生的风险越小。

第三步，进行非不和谐性检验

在这之前介绍的多属性决策方法一般都隐含着属性间的完全可补偿性假设，也就是说，方案 x_i 在某个属性 j_1 上比 x_k 差，而且无论差多少，都可以通过其他属性 $j(j\neq j_1)$ 上的 $x_i\succ_j x_k$ 进行补偿，使方案对的总体比较结果为 $x_i\succ x_k$。在求解实际的决策问题时决策人往往会因为方案 x_i 在某个属性 j_1 上比方案 x_k 差得太多而不再承认 x_i 在总体上优于 x_k，这种对各属性间的补偿加以限制就是属性间的部分可补偿性，或称有条件可补偿性。ELECTRE 法是通过非不和谐性检验来反映决策人关于属性间的部分可补偿性的。具体的做法是由决策人为每个属性 j 设定阈值 d_j，$j=1,\cdots,n$，若对任一 j，$y_j(x_k)-y_j(x_i)\geqslant d_j$，则不管其他属性的值如何，都不接受其他属性的补偿，即决策人不再承认 $x_i\mathrm{O}x_k$。

第四步，确定级别高于关系

对方案集中的每一对方案 x_i 和 x_k，若 $\hat{I}_{ik}\geqslant 1$，$I_{ik}\geqslant\alpha$，且对所有 j，$y_j(x_k)-y_j(x_i)\leqslant d_j$，则 $x_i\mathrm{O}x_k$。

由于从 $x_i\mathrm{O}x_k$ 不能推断非 $x_k\mathrm{O}x_i$，也不能从非 $x_i\mathrm{O}x_k$ 导出 $x_k\mathrm{O}x_i$，所以 (x_k,x_i) 与 (x_i,x_k) 都应作为方案对加以考察。

ELECTRE-Ⅰ法的和谐性检验的实质是一种特殊的多数票规则，是用属性的权重投票。

2. 级别高于关系的图形表示

用上面所述方法构造的级别高于关系可以用指向图直观地表示。

设 $X=\{x_1,x_2,x_3,x_4,x_5\}$，且 $x_1\mathrm{O}x_2$，$x_2\mathrm{O}x_3$，$x_2\mathrm{O}x_4$，$x_3\mathrm{O}x_5$，$x_4\mathrm{O}x_1$，$x_5\mathrm{O}x_3$，则 X 上的级别高于关系可以用图 9.7 表示。图中有向弧的发出节点称为起点，有向弧箭头所指的节点称为终点。

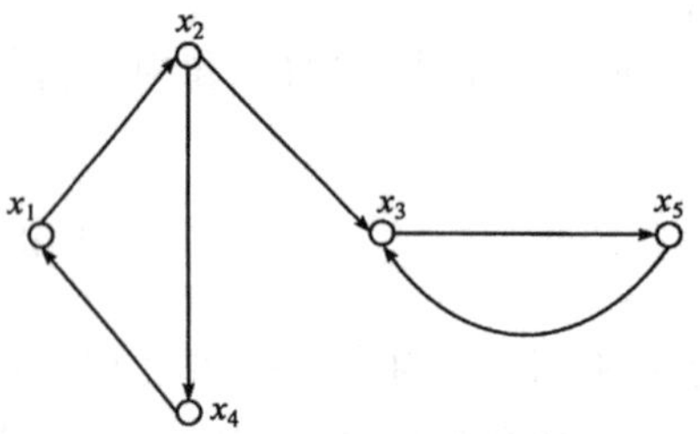

图 9.7　级别高于关系的指向图

3. 级别高于关系的使用

通过方案成对比较确定级别高于关系后，就可以利用这种关系画出相应指向图，并用级别高于关系指向图来删除级别较低的方案。

① 如果某个节点只是某个或某些有向弧的终点且不是任何有向弧的起点，则该节点所代表的方案级别最低，首先被删除。

② 当且仅当指向图中存在回路，且回路中包含节点 x_i 和 x_k 时，$x_iI_rx_k$。例如

在图 9.7 中，x_1、x_2 和 x_4 级别无差异，x_3 和 x_5 级别无差异。指向图中存在级别无差异方案时，可删除其中的某个方案。

③ 得到方案集的优势子集 X_1，使得

$$\forall x' \in X \setminus X_1, \exists x^* \in X_1 \text{ 使 } x^* \mathrm{O} x' \tag{9.49}$$

若 X_1 中各方案间不存在级别高于关系，即

$$\forall x', x'' \in X_1, x' \bar{\mathrm{O}} x'' \tag{9.50}$$

称 X_1 为方案集 X 的**核仁**(kernal)(符号 $\bar{\mathrm{O}}$ 的含义是不存在级别高于关系)。

以图 9.7 所示指向图为例，方案集 X 的优势子集不惟一，$\{x_1, x_2, x_5\}$ 和 $\{x_2, x_4, x_5\}$ 都是方案集 X 的优势子集。

④ 如果方案集 X 存在核仁，把它用到下一步；方案集 X 不存在核仁时，用优势子集；在优势子集不惟一时，任选一个用于下一步。

⑤ 若 X_1 足够小，决策人直接进行价值判断，选择一个方案付诸实施；若 X_1 中包含较多方案，调整 α 重新构造级别高于关系，使 X_1 足够小，甚至只包含某一个方案。

9.7.3 ELECTRE-Ⅱ法

ELECTRE-Ⅰ法的思路清晰、逻辑简明，计算虽然有点繁，但是并不困难，应该说是一种较好的多属性决策方法。它最大的缺点是没有提供有效的步骤去对方案排序。为此 Roy(1975)等在 ELECTRE-Ⅰ法的基础上提出了 ELECTRE-Ⅱ法，它的基本内容如下。

1. 定义强级别高于 $\mathrm{O_s}$ 和弱级别高于 $\mathrm{O_w}$

① 确定高、中、低三阈值 α^*、α^0 和 α^-，使

$$0.5 < \alpha^- < \alpha^0 < \alpha^* < 1 \tag{9.51}$$

② 给定 $d_j^0 < d_j^*$，并定义三个不和谐集：

$$D_j^h = \{(y_{ij}, y_{kj}) \mid y_{kj} - y_{ij} \geqslant d_j^*,\ i,k = 1,\cdots,m,\ i \neq k\} \tag{9.52}$$

$$D_j^m = \{(y_{ij}, y_{kj}) \mid d_j^* \geqslant y_{kj} - y_{ij} \geqslant d_j^0,\ i,k = 1,\cdots,m,\ i \neq k\} \tag{9.53}$$

$$D_j^l = \{(y_{ij}, y_{kj}) \mid y_{kj} - y_{ij} < d_j^0,\ i,k = 1,\cdots,m,\ i \neq k\} \tag{9.54}$$

③ 定义强级别高于关系 $\mathrm{O_s}$ 和弱级别高于关系 $\mathrm{O_w}$：

$$x_i \mathrm{O_s} x_k \Leftrightarrow \begin{cases} \hat{I}_{ik} \geqslant 1, \text{且} \\ \quad \text{i. } I_{ik} \geqslant \alpha^* \text{ 且} (y_{ij}, y_{kj}) \in D_j^m \quad (\text{对所有 } j) \\ \text{或者 ii. } I_{ik} \geqslant \alpha^0 \text{ 且} (y_{ij}, y_{kj}) \in D_j^l \quad (\text{对所有 } j) \end{cases} \tag{9.55}$$

即 i)和谐性高，不和谐性中等，或者 ii)和谐性中等不和谐性低时，强级别高于关系 $x_i \mathrm{O_s} x_k$ 成立。

$$x_i \mathrm{O_w} x_k \Leftrightarrow \begin{cases} \hat{I}_{ik} \geqslant 1, \text{且} \\ \quad \text{i}.\ I_{ik} \geqslant \alpha^0 \text{ 且 } y_{kj} - y_{ij} < d_j^0 \quad (\text{对所有 } j) \\ \text{或者 ii}.\ I_{ik} \geqslant \alpha^- \text{ 且 } y_{kj} - y_{ij} < d_j^- \quad (\text{对所有 } j) \end{cases} \tag{9.56}$$

即和谐性与不和谐性均为中等或均低时,弱级别高于关系 $x_i \mathrm{O_w} x_k$ 成立。

2. 构造指向图

利用式(9.51)到式(9.56)判别方案集中所有的方案对(x_i, x_k)和(x_k, x_i),$i, k = 1, 2, \cdots, m$,是否存在强级别高于关系 $\mathrm{O_s}$ 及弱级别高于关系 $\mathrm{O_w}$;根据上面所构造的强级别高于关系 $\mathrm{O_s}$ 和弱级别高于关系 $\mathrm{O_w}$ 分别做出方案集 X 的强图 G_s 和 G_w。

图 9.8 中的(a)和(b)分别是 Duckstein L(1983)所给出的关于植被管理问题的方案集的强图和弱图。

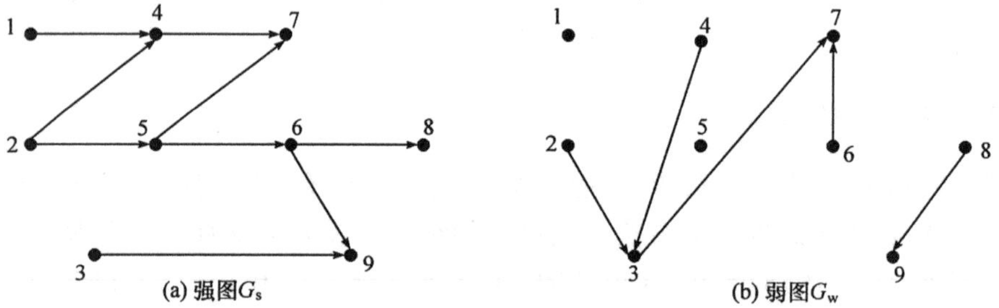

图 9.8　级别高于关系的强图和弱图

3. 利用指向图排序

(1) 正向排序

强图和弱图中没有前向枝的方案称做非劣方案,例如强图中方案 1、2、3 均无前向枝,都是非劣方案,它们构成的非劣方案集记作 C_s^1;同样的把弱图中的非劣方案集记作 C_w^1;C_s^1 和 C_w^1 的交集记作 C^1,即 $C^1 = C_s^1 \cap C_w^1$。

正向排序按如下步骤进行:

① 令 $G_s^1 = G_s, G_w^1 = G_w$。

② 分别从强图 G_s^1 和弱图 G_w^1 中找出非劣方案集 C_s^1 和 C_w^1 并求其交集 C^1。显然,对图 9.8 所示的例,$C^1 = \{1, 2\}$。

③ 从图 G_s^1 和 G_w^1 中抹去 C^1 中的方案以及这些方案发出的所有有向枝,剩余的强图和弱图分别记作 G_s^2 和 G_w^2,如图 9.9 所示。

④ 返回②,从 G_s^k 和 G_w^k 中找出 C^k 并用③得到 G_s^{k+1} 和 G_w^{k+1};逐步进行直到

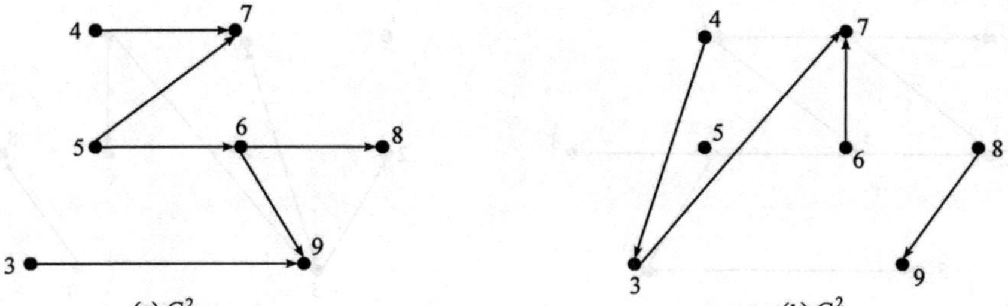

(a) G_s^2　　(b) G_w^2

图 9.9

G_s^{k+1} 和 G_w^{k+1} 为空集，即所有方案均被抹掉为止。

在本例中，$C^2=\{4,5\}$，删除 C^2 后得到的 G_s^3 和 G_w^3 如图 9.10(a)和(b)所示；从 G_s^3 和 G_w^3 中找出 $C^3=\{3,6\}$，删除 C^3 后得到 G_s^4 和 G_w^4，G_s^4 和 G_w^4 见图 9.10(c)(d)；从 G_s^4 和 G_w^4 中找出 $C^4=\{7,8\}$，剩下的强图和弱图中只有方案 9，所以 $C^5=\{9\}$。

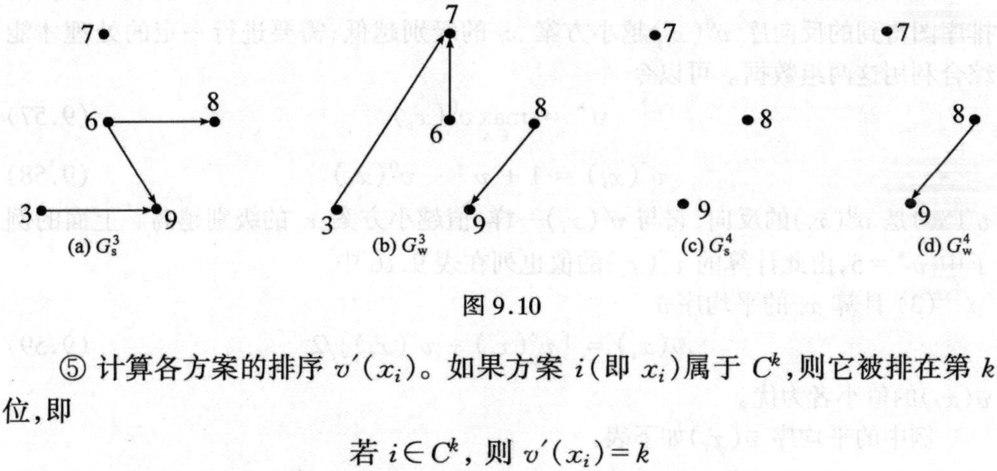

(a) G_s^3　　(b) G_w^3　　(c) G_s^4　　(d) G_w^4

图 9.10

⑤ 计算各方案的排序 $v'(x_i)$。如果方案 i(即 x_i)属于 C^k，则它被排在第 k 位，即

$$\text{若 } i \in C^k, \text{ 则 } v'(x_i)=k$$

上面的例子中各方案的排序见下表：

i	1	2	3	4	5	6	7	8	9
$v'(x_i)$	1	1	3	2	2	3	4	4	5

(2) 反向排序

将正向排序的强图 G_s^1 和弱图 G_w^1 中所有有向弧的箭头反向，得到正向排序图的镜像——反向排序图。上面例子的反向排序图如图 9.11 所示。

对图 9.11 中的反向排序图，按上面介绍的正向排序的同样的方法可以得到反向排序的次序 $v^0(x_i)$，$v^0(x_i)$的值越小，方案 x_i 的级别越低。$v^0(x_i)$的值见表 9.16。

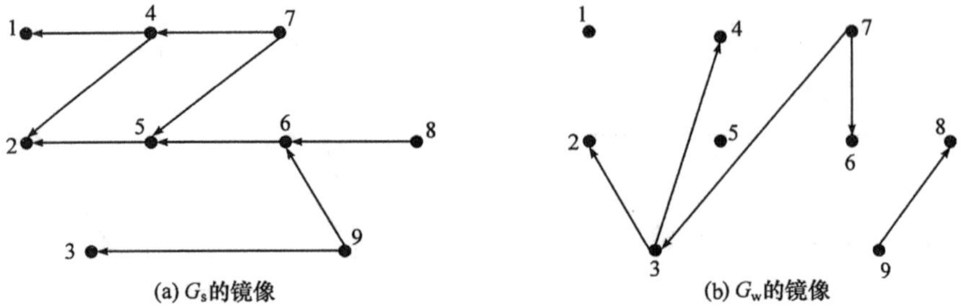

图 9.11 图 9.8 中强图和弱图的反向排序图

表 9.16 图 9.11 中反向排序图的排序结果

i	1	2	3	4	5	6	7	8	9
$v^0(x_i)$	4	5	2	3	4	3	1	2	1
$v''(x_i)$	2	1	4	3	2	3	5	4	5

由于从正向排序图得到的正向序 $v'(x_i)$越小,方案 x_i 的级别越高,而从反向排序图得到的反向序 $v^0(x_i)$越小方案 x_i 的级别越低;需要进行一定的处理才能综合利用这两组数据。可以令

$$v^* = \max_{x_i \in X} v^0(x_i) \tag{9.57}$$

$$v''(x_i) = 1 + v^* - v^0(x_i) \tag{9.58}$$

$v''(x_i)$是 $v^0(x_i)$的反向,它与 $v'(x_i)$一样,值越小方案 x_i 的级别越高。上面的例子中 $v^*=5$,由此计算的 $v''(x_i)$的值也列在表 9.16 中。

(3) 计算 x_i 的平均序 $\bar{v}$

$$\bar{v}(x_i) = [v'(x_i) + v''(x_i)]/2 \tag{9.59}$$

$\bar{v}(x_i)$的值小者为优。

例中的平均序 $\bar{v}(x_i)$如下表:

i	1	2	3	4	5	6	7	8	9
$\bar{v}(x_i)$	1.5	1	3.5	2.5	2	3	4.5	4	5

由此可得各方案的优劣次序为:2O1O5O4O6O3O8O7O9。

9.7.4 其他 ELECTRE 法

ELECTRE 法有着多种变形,本节介绍其中几种主要形式。

1.ELECTRE-Ⅲ法

ELECTRE-Ⅰ法和 ELECTRE-Ⅱ法在给出各方案对之间的级别高于关系后,

要确定方案的优先序仍相当麻烦。为此 Roy(1978)又提出了 ELECTRE-Ⅲ法。ELECTRE-Ⅲ法构造了**赋值的级别高于关系**(valued outranking relation)。定义 9.1 中给出的级别高于关系是一种定性的二元关系,而赋值的级别高于关系则是定量化的二元关系。ELECTRE-Ⅲ法的具体思路如下。

(1) 问题求解所需的基本信息

不失一般性,设属性 $j=1,2,\cdots,n$ 均为效益型。q_j 是方案间在属性 j 上无差异的门槛值,即方案 a_i 与 a_k 的属性 j 值之差小于 q_j 时,这两个方案在属性 j 上是无差异的,更一般的情况下 q_j 是属性值 $y_j(a_i)$ 的函数,即可记作 $q_j(y_j(a_i))$。

与 q_j 类似,$p_j(y_j(a_i))$ 表示方案 a_i 的属性值 $y_j(a_i)$ 严格优于方案 a_k 的属性值 $y_j(a_k)$ 的门槛值。

$v_j(y_j(a_i))$ 表示否决门槛值,即方案 a_i 的属性值 $y_j(a_i)$ 低于方案 a_k 的属性值 $y_j(a_k)$ 达到或超过 $v_j(y_j(a_i))$ 时,不再承认方案 a_i 在总体上级别高于方案 a_k。

w_j 为表示属性 j 相对重要性的权重。

(2) 定义和谐性指数和不和谐性指数

ELECTRE-Ⅲ法定义的有序方案对 $(a_i,\ a_k)$ 的和谐性指数 $c(a_i,a_k)$ 为

$$c(a_i,a_k)=\sum_{j=1}^{n}w_jc_j(a_i,a_k)\Big/\sum_{j=1}^{n}w_j \tag{9.60}$$

其中

$$c_j(a_i,a_k)=\begin{cases}0 & \text{若 } y_j(a_i)-y_j(a_k)\leqslant q_j[y_j(a_i)]\\ 1 & \text{若 } y_j(a_i)-y_j(a_k)\geqslant p_j[y_j(a_i)]\\ \dfrac{y_j(a_i)-y_j(a_k)-q_j[y_j(a_i)]}{p_j[y_j(a_i)]-q_j[y_j(a_i)]} & \text{其他}\end{cases} \tag{9.61}$$

指数 $c_j(a_i,a_k)$ 是在属性 j 上 a_i 优于 a_k 的程度,$c(a_i,a_k)$ 则可以作为支持“a_i 级别高于 a_k”这一论断的测度。

不和谐性指数 $d_j(a_i,a_k)$ 为

$$d_j(a_i,a_k)=\begin{cases}0 & \text{若 } y_j(a_k)-y_j(a_i)\leqslant -q_j(y_j(a_i))\\ 1 & \text{若 } y_j(a_k)-y_j(a_i)\geqslant v_j(y_j(a_i))\\ \dfrac{y_j(a_k)-y_j(a_i)+q_j(y_j(a_i))}{v_j(y_j(a_i))-q_j(y_j(a_i))} & \text{其他}\end{cases} \tag{9.62}$$

$d_j(a_i,a_k)$ 则是拒绝“a_i 级别高于 a_k”这一论断,即不和谐性强度的测度。

(3) 定义赋值级别高于关系

有序方案对 $(a_i,\ a_k)$ 的赋值级别高于关系 $S(a_i,a_k)$ 定义为

$$S(a_i,a_k)=\begin{cases}c(a_i,a_k) & \text{若 } \forall j\ d_j(a_i,a_k)\leqslant c(a_i,a_k)\\ c(a_i,a_k)\displaystyle\prod_{j\in J(a_i,a_k)}\frac{1-d_j(a_i,a_k)}{1-c(a_i,a_k)} & \text{其他}\end{cases} \tag{9.63}$$

其中 $J(a_i,a_k)$是所有 $d_j(a_i,a_k) > c(a_i,a_k)$的属性的集合。$S(a_i,a_k)$表示对"$a_i$ 在总体上级别高于 a_k"这一论断支持程度的测度。

(4) 确定各方案的次序关系

有了所有 a_i, $a_k \in A$ 的 $S(a_i,a_k)$后,

① 令 $\lambda = \max\limits_{a_i,a_k \in A} S(a_i,a_k)$,再确定一个门槛值 δ。

② 只考虑 $S(a_i,a_k)$的值大于或等于 $\lambda - \delta$ 的级别高于关系,在这些关系中根据流出 a_i 的有向弧的数量和与流入 a_i 的有向弧的数量之差 $Q(a_i)$来衡量方案 a_i 的优劣,$Q(a_i)$最大的方案归入 D_1。

③ 若在 D_1 中只有一个方案,则用 D_1 的补集 $A \setminus D_1$ 取代 A,重复①、②两步;在 D_1 中有多个方案时,则在 D_1 中执行①、②两步,以区分其中各方案的优劣,然后再在 D_1 的补集 $A \setminus D_1$ 中重复①、②两步,直到所有方案的优先序全部排定为止。

在得到所有 a_i, $a_k \in A$ 的 $S(a_i,a_k)$后,也可以用赋值有向弧表示 $S(a_i,a_k) > 0$,并根据流出 a_i 的有向弧的值的总和与流入 a_i 的有向弧的值的总和之差来衡量方案 a_i 的优劣,进而确定各方案的次序关系。

在 ELECTRE-Ⅰ法和 ELECTRE-Ⅱ法中,问题求解结果对 $\alpha, \alpha^*, \alpha^0, \alpha^-$ 这些参数比较敏感,而这些参数的设定并无明确的指导性原则,在具体设定时多少带有主观随意性。在 ELECTRE-Ⅲ法中,q_j, p_j, v_j 的直观意义明确,决策人容易理解并设定。显然这是对 ELECTRE-Ⅰ法和-Ⅱ法的重要改进。

2. ELECTRE-Ⅳ法

Roy(1982)提出了 ELECTRE-Ⅳ法,它的最大特点是不设定表示属性相对重要性的权。

仍由决策人给定属性 j 无差异、严格优于和否决门槛值分别为 $q_j(\cdot), p_j(\cdot)$和 $v_j(\cdot), j=1,\cdots,n$。记 $J^+(a_i,a_k)$为 a_i 优于 a_k 的属性的集合,即

$$J^+(a_i,a_k) = \{j \in J \mid j: y_j(a_k) + q_j(y_j(a_k)) < y_j(a_i)\} \tag{9.64}$$

$J^-(a_i,a_k)$为 a_i 劣于 a_k 的属性的集合,即

$$J^-(a_i,a_k) = \{j \in J \mid j: y_j(a_i) + q(y_j(a_i)) < y_j(a_k)\} \tag{9.65}$$

$\| S \|$ 表示集合 S 中包含的元素个数。

ELECTRE-Ⅳ法设置了两种级别高于关系,强级别高于关系 O_s 和弱级别高于关系 O_w。它们的定义如下:

$$a_i \, O_s \, a_k, \text{若 } \forall j, \ y_j(a_i) + p_j(y_j(a_i)) \geqslant y_j(a_k) \tag{9.66}$$

$$\text{且} \| J^+(a_i,a_k) \| > \| J^-(a_i,a_k) \| \tag{9.67}$$

式(9.66)和式(9.67)所给出的 a_i 强级别高于 a_k 的含义是:对任意属性 j 方案 a_k 均不严格优于 a_i,且 a_i 优于 a_k 的属性数大于 a_k 优于 a_i 的属性数。

$$a_i \, \mathrm{O_W} \, a_k, \text{若} \ \forall j, y_j(a_i) + p_j(y_j(a_i)) \geqslant y_j(a_k) \tag{9.68}$$

或者,恰好有一个属性 l,使

$$y_l(a_i) + v_l(y_l(a_i)) \geqslant y_l(a_k) > y_l(a_i) + p_l(y_l(a_i)) \tag{9.69}$$

且
$$\| j : y_j(a_i) - y_j(a_k) > p_j(y_j(a_i)) \| \geqslant \frac{n}{2} \tag{9.70}$$

式(9.69)的含义是 a_k 有一个属性 l 严格优于 a_i,但 a_i 与 a_k 在属性 l 上的差别小于否决门槛值 v_l,而式(9.70)的含义是 a_i 严格优于 a_k 的属性数不少于属性总数的一半。

有了方案集中各方案对的强级别高于关系和弱级别高于关系之后,可以用类似于 ELECTRE-Ⅲ法或 ELECTRE-Ⅱ法中的步骤排列各方案的次序。

不用权表示属性的相对重要性并不意味着只有在决策问题中各属性同样重要时才能使用 ELECTRE-Ⅳ法。Roy(1993)对有关属性重要性的方法的潜在的假设作了有趣的评述。

3.ELECTRE-TRI 法

这种方法的思路是,除了由决策人给定属性 j 的权和无差异、严格优于、否决门槛值分别为 w_j 和 $q_j(\cdot)$、$p_j(\cdot)$、$v_j(\cdot)$,$j=1,\cdots,n$ 之外,对每个属性 j 都在事先设定 h 个有序类。具体步骤如下:

① 根据属性 j 的特点和值域(y_j^0, y_j^*),设定

$$y_j^0 < y_j^1 < \cdots < y_j^h = y_j^*, \quad j = 1, \cdots, n$$

② 构造 $h+1$ 参考方案 a^s,$s=0,1,\cdots,h$,使 $\forall j$,$y_j(a^s) = y_j^s$。

③ 用 ELECTRE-Ⅲ法,将方案集中的每个方案 a_i,$i=1,\cdots,m$ 与参考方案 a^s,$s=h-1,h-2,\cdots,1,0$ 依次进行比较;当 a_i 严格级别高于 a^s 时 a_i 归入 c^s 类。

④ 类别越高的方案越优。

9.7.5 讨论

以往其他多属性决策问题求解方法大都以各属性值的定量计算为基础,这种定量计算的本质是基数性质的价值(或效用)函数的运算,并设法根据这种计算的结果建立方案集 X 上的完全序;而 ELECTRE 法所用的级别高于这种次序关系一改上述思路,以属性之间的优先序为基础建立级别高于关系。由于它与 Arrow 用次序关系研究社会选择问题有很大的共通之处,所以 Arrow(1987)十分推崇这种方法,认为它是求解属性数大于 5 的复杂的工业排序问题的首选方法。

ELECTRE 法是法国人 Roy 所提出的,在欧洲获得了十分广泛的应用,因此有人常常称之为法国的或欧洲的方法,并把它与其他多属性决策方法(尤其是层次分析法)加以对比。Vincke(1999)指出:这种对比毫无意义,每种方法都各有利弊,有

其具体的适用场合。科学工作者的作用在于提供适当的工具或工具的组合去改进问题的求解结果,级别高于方法是众多工具中的一种,是其他多属性决策方法及多目标规划的补充。

ELECTRE-Ⅰ法的最后输出是方案集 A 的子集,ELECTRE-Ⅱ法和 ELECTRE-Ⅲ法的输出是偏预序。

ELECTRE 法的优点是:决策人容易理解其原理,并在决策过程中承担相应的责任,因此乐意使用;步骤虽多,但是计算并不复杂且可以程序化,一旦由决策人根据问题本身的特点和决策矩阵中的数据设定权和 α、d_j,就可以可编程计算。

ELECTRE 法的主要缺点是对决策矩阵所提供的信息利用不够充分,但是比基于相对位置的方案排队法要强,因为它有非不和谐性检验,利用了决策矩阵所提供的一部分信息。ELECTRE-Ⅲ法则是在

$$q_j(y_j(a_i)) \leqslant y_j(a_i) - y_j(a_k) \leqslant p_j(y_j(a_i))$$

的范围内部分地使用加权和方法;在进行非不和谐性检验时,对信息的利用比 ELECTRE-Ⅰ法和 ELECTRE-Ⅱ法更充分。

9.8 PROMETHEE 法

由 Brans(1984)提出的 PROMETHEE 法与 ELECTRE 法一样,是建立在级别高于关系上的排序方法。本节将介绍 PROMETHEE 方法,并以研究生院评估为示例对其特点进行分析和讨论。

9.8.1 优先函数

基于级别高于关系的多目标决策方法首先要确定在每个目标下各方案对的优劣。对于 $x_i, x_k \in X$,ELECTRE-Ⅰ法和 ELECTRE-Ⅱ法判定方案对在某个目标或属性 j 上优劣的准则是定义在 X 上的一个 $\{\succ_j, \sim_j\}$ 结构。不失一般性,设属性 j 为效益型,则有:

$$x_i \succ_j x_k \Leftrightarrow y_{ij} > y_{kj}(\text{或 } y_{ij} - q_j > y_{kj})$$

$$x_i \sim_j x_k \Leftrightarrow y_{ij} = y_{kj}(\text{或} \left| y_{ij} - y_{kj} \right| < q_j)$$

其中 $\succ_j$ 和 $\sim_j$ 分别代表在属性 j 上优于和无差异于。

在这种定义中,只要 $y_{ij} > y_{kj}$,而无论其差值有多大,对于目标 j 而言,x_i 优于 x_k,即 $x_i \succ_j x_k$,而忽略了 y_{ij} 和 y_{kj} 之间差距大小的信息,这是 ELECTRE-Ⅰ法和 ELECTRE-Ⅱ法的一个很大的缺陷。

PROMETHEE 法为了克服 ELECTRE 法的上述缺陷,引入优先函数来描述在目标 j 上 x_i 关于 x_k 的优先程度,即根据各方案属性值之间差距的大小来判断方案

对之间的优劣程度。为此，PROMETHEE 法对每一个目标或属性定义一个函数，函数的值从 0 到 1，函数值越小，x_i、x_k 之间的差异越小；当函数值为 0 时，x_i 和 x_k 为无差异；其值越接近 1，x_i 优于 x_k 的程度越高；而当函数值为 1 时，x_i 为严格优于 x_k。

用 $P(x_i, x_k)$ 表示优先函数，则

$$P(x_i, x_k) = \begin{cases} 0 & \text{若 } y_{ij} \leqslant y_{kj} \\ P(y_{ij}, y_{kj}) & \text{若 } y_{ij} > y_{kj} \end{cases} \tag{9.71}$$

一般来说可以设 $P(y_{ij}, y_{kj}) = P(y_{ij} - y_{kj})$，记 $d = y_{ij} - y_{kj}$（d 即方案 x_i 与 x_k 的属性 j 的差别），式(9.71)即

$$P(x_i, x_k) = \begin{cases} 0 & \text{若 } y_{ij} \leqslant y_{kj} \\ P(d) & \text{若 } y_{ij} > y_{kj} \end{cases} \tag{9.72}$$

为了使图形符合人们的视觉习惯，可构造另一个函数

$$H(d) = \begin{cases} P(x_i, x_k) & \text{若 } d \geqslant 0 \\ P(x_k, x_i) & \text{若 } d \leqslant 0 \end{cases} \tag{9.73}$$

9.8.2　几种典型的优先函数

优先函数的本质是描述属性值与目标达到程度的关系。即使同为效益型属性，不同目标的属性值与方案优劣之间的关系仍相当复杂，因此有必要根据目标和属性值的特点，选择适当的评价准则，确定相应的优先函数。这些优先函数的作用与 9.1.2 节中数据预处理相当。PROMETHEE 法常用的典型评价准则有以下几种。

1. *常用准则*(usual criterion)

这种准则与 ELECTRE-Ⅰ法、ELECTRE-Ⅱ法和基于估计相对位置的方案排队法的评价准则相同。

$$P(d) = \begin{cases} 0 & d \leqslant 0 \\ 1 & d > 0 \end{cases}$$

$$H(d) = \begin{cases} 0 & d = 0 \\ 1 & d \neq 0 \end{cases}$$

目标的优先程度 $H(d)$ 与属性值之差 d 的关系如图 9.12 所示。在这种情形下，只有当 $y_{ij} = y_{kj}$ 时，x_i 和 x_k 是无差异的，只要 y_{ij} 和 y_{kj} 的值稍有不同，其关系就是严格优于关系，它相当于 ELECTRE-Ⅲ法中的 $q_j = 0, p_j = 0^+$。

2. *拟准则*(quasi-criterion)

$$P(d) = \begin{cases} 0 & d \leqslant L \\ 1 & d > L \end{cases}$$

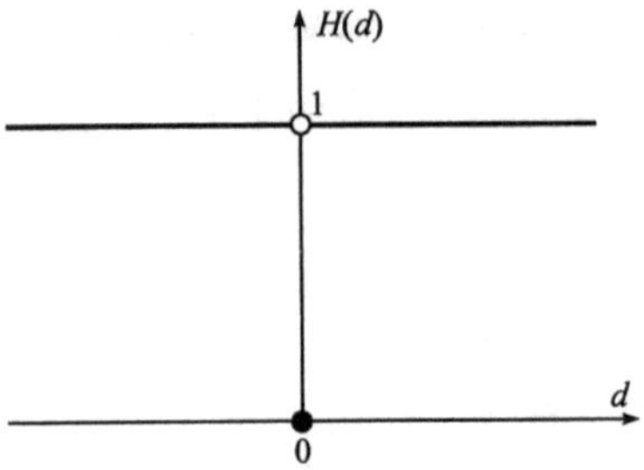

图 9.12

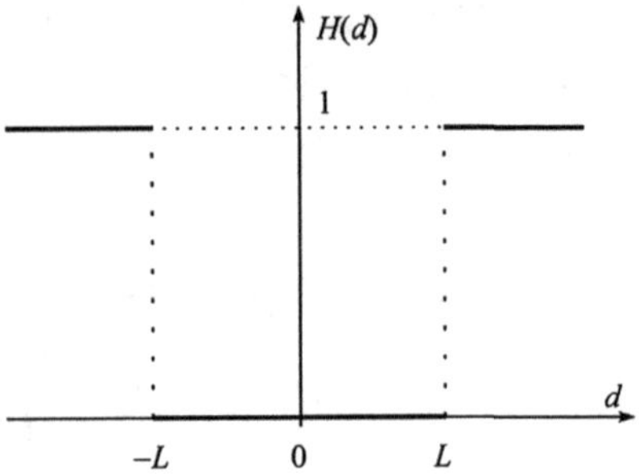

图 9.13

$$H(d)=\begin{cases}0 & -L\leqslant d\leqslant L\\ 1 & d>L \text{ 或 } d<-L\end{cases}$$

当 $d\leqslant L$ 时，x_i 和 x_k 之间的差别可以忽略不计，即把 x_i 和 x_k 看作是无差异的，一旦 $d>L$，x_i 和 x_k 即为严格优于关系。在这种情况中的 L 值是该属性的一个阈值。这种准则的 $H(d)$ 与 d 的关系如图 9.13 所示。这种准则中的 L 相当于 ELECTRE-Ⅲ法中的 q_j，且 $p_j-q_j=0^+$。

3. 具有线性优先关系的准则(criterion with linear preference)

$$P(d)=\begin{cases}d/m & d\leqslant m\\ 1 & d>m\end{cases}$$

$$H(d)=\begin{cases}|d|/m & -m\leqslant d\leqslant m\\ 1 & d>m \text{ 或 } d<-m\end{cases}$$

该准则允许决策者在 $d<m$ 之内其偏好强度随 d 的增加而线性增长，当 $d\geqslant m$ 时，x_i 和 x_k 为严格优于关系，m 值可以根据该属性值的最大差距来确定。

图 9.14 所示为这种准则的 $H(d)$ 的函数图形。这种准则中的 m 相当于 ELECTRE-Ⅲ法中的 p_j，而 $q_j=0$。

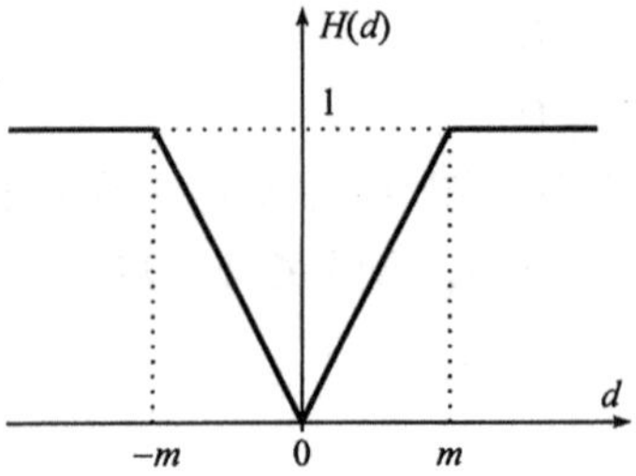

图 9.14

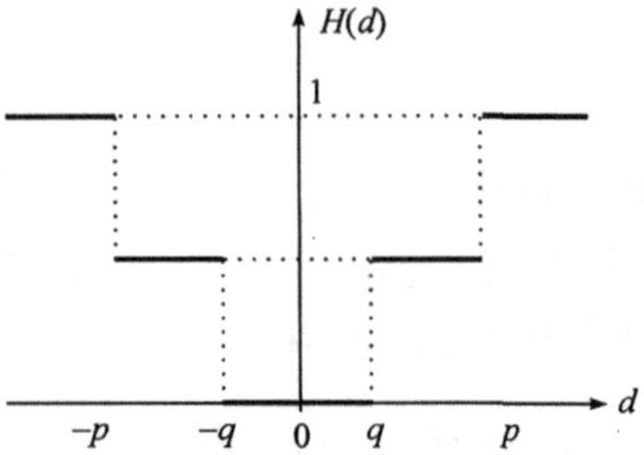

图 9.15

4. 分级准则(level-criterion)

$$P(d)=\begin{cases}0 & d\leqslant q\\ 1/2 & q<d\leqslant p\\ 1 & d>p\end{cases}$$

$$H(d)=\begin{cases}0 & |d|\leqslant q\\ 1/2 & q<|d|\leqslant p\\ 1 & |d|>p\end{cases}$$

上式所给出的是分成两级的情况，$H(d)$的函数图形如图 9.15，根据需要也可以分成多级。在分两级时要确定 q、p 两个值，当 $d\leqslant q$ 时，x_i 和 x_k 之间无差异；当 $q<d\leqslant p$ 时，x_i 和 x_k 为弱优于关系；当 $d>p$ 时，x_i 严格优于 x_k。有些非数字型属性很适合使用该准则，例如研究生教育评估中，学校的类别，学科专业的重点、博士点、硕士点，用该准则就比较方便。有些数字型的属性也可以用这种准则，例如目标是改善空气质量状况，属性值是空气中的污染物(可吸入颗粒物 M_{10}或二氧化硫 SO_2)。由于污染物 M_{10}或 SO_2 每差 50μg/L，空气质量相差一个等级(优、良、轻微污染、轻度污染)，因此可以用分成三级的分级准则来描述属性值 TSP 的差别与目标达到程度之间的关系。

5. 具有无差异区间的线性优先关系准则(criterion with linear preference and indifference area)

$$P(d)=\begin{cases}0 & d\leqslant s\\ (d-s)/(r-s) & s<d\leqslant r\\ 1 & d>r\end{cases}$$

$$H(d)=\begin{cases}0 & |d|\leqslant s\\ (|d|-s)/(r-s) & s<|d|\leqslant r\\ 1 & |d|>r\end{cases}$$

$H(d)$的曲线如图 9.16 所示。在这种情形下，当 $d\leqslant s$ 时，x_i 和 x_k 被看做是无差异的；当 $s<d\leqslant r$ 时，其优先程度随 d 的增加而线性增长；当 $d>r$ 时，x_i 和 x_k 为严格优于关系。这时，函数有两个参数 s、r 需要确定，参数 s、r 的确定可参见 9.1 节数据预处理的有关内容。这种准则中的参数 s，r 分别相当于 ELECTRE-Ⅲ法中的 q_j、p_j。

6. 高斯准则(Gaussian criterion)

$$P(d)=\begin{cases}0 & d\leqslant 0\\ 1-e^{-d^2/2\sigma^2} & d>0\end{cases}$$

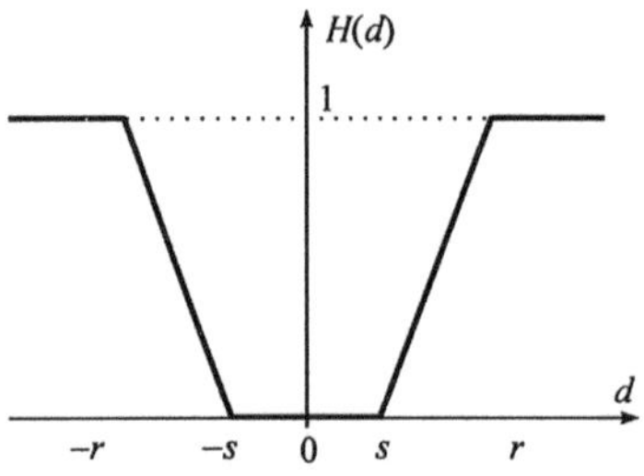

图 9.16

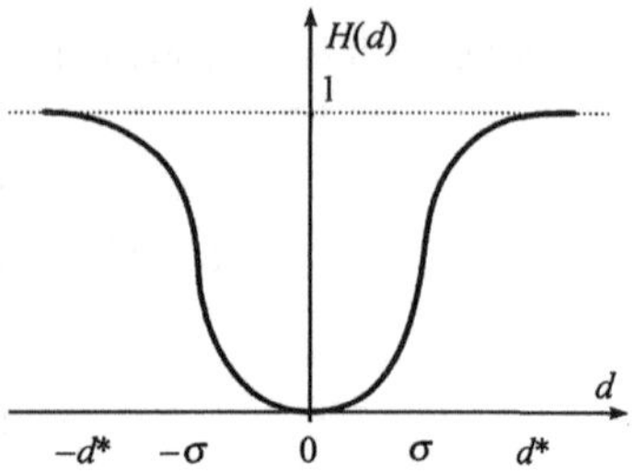

图 9.17

$$H(d)=1-\mathrm{e}^{-d^2/2\sigma^2}$$

该准则用于目标的优先值与属性值成非线性关系的场合。图 9.17 所示为其 $H(d)$的图形,其中是 σ 曲线原点到拐点的距离。该准则中的高斯曲线只是非线性曲线的一个特例(高斯曲线是正态分布的总体的钟形曲线),其他任何反映决策人的偏好的、满足如下条件的曲线 $f(d)$均可作为 $P(d)$使用:$0\leqslant d\leqslant d^*$ 时 $f(d)$ 连续、单调递增,$d\leqslant 0$ 时 $f(d)=0$,$d\geqslant d^*$ 时 $f(d)=1$。

以上六种是比较典型的评价准则。根据实际需要还可以选用上述评价准则的变形或其他准则。

如上所述,1,2,3,5 这四种准则是 ELECTRE-Ⅲ法中的特例。但 ELECTRE-Ⅲ法无法用 q_j,p_j,v_j 表示 4,6 两种准则。

9.8.3　赋值的级别高于关系图

为了获得各方案对之间的总体级别高于关系,PROMETHEE 方法采用了赋值的有向图,即赋值的级别高于关系图。具体包括优先指数的计算和级别高于关系图的构造。

1. 优先指数的计算

对于每一对方案 $x_i,x_k\in X$,当方案各属性的权重分别为 $w_j,j=1,2,\cdots,m$ 时,定义其优先指数为

$$\prod(x_i,x_k)=\frac{\sum\limits_{j=1}^{m}w_jp_j(x_i,x_k)}{\sum\limits_{j=1}^{m}w_j} \tag{9.74}$$

对实际的多目标决策问题,一旦衡量各目标或属性优劣的准则被确定,就可以求得 $P_j(x_i,x_k)$的值,并由此求得$\Pi(x_i,x_k)$。

2. 赋值的级别高于图的构成

以方案集中的所有方案为节点,优先指数$\Pi(x_i,x_k)$作为连接方案 x_i,x_k 的、

由 x_i 指向 x_k 的弧线上的值,可得赋值的级别高于图(见图 9.18)。

如果 x_i 级别高于 x_k,则 $\Pi(x_k, x_i) = 0$,但 $\Pi(x_i, x_k)$不一定为 1。

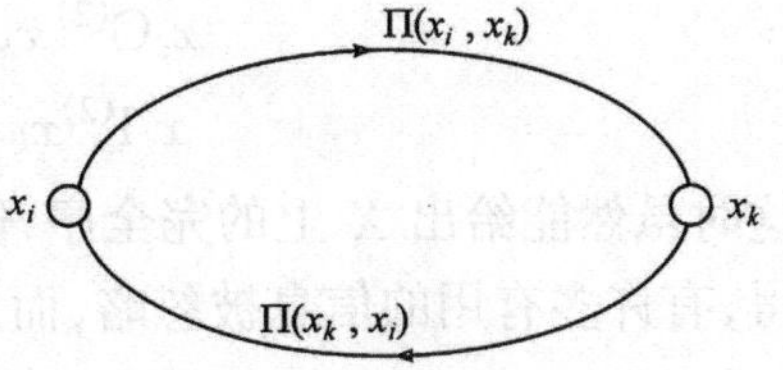

图 9.18

9.8.4 PROMETHEE-Ⅰ法

对每一个方案(即有向图中的节点)定义**流出**(outgoing flow)和**流入**(incoming flow):

备选方案 x_i 的流出为

$$\phi^+(x_i) = \sum_{x \in X} \Pi(x_i, x) \tag{9.75}$$

流入为

$$\phi^-(x_i) = \sum_{x \in X} \Pi(x, x_i) \tag{9.76}$$

显然,流出 $\phi^+(x_i)$越大,x_i 相对于其他方案级别越高,流入 $\phi^-(x_i)$越小,其他方案比 x_i 级别高的可能性越小。

因此可以定义两个全序(O^+, I_r^+),和(O^-, I_r^-),

$$x_i\, O^+\, x_k \quad 若\ \phi^+(x_i) > \phi^+(x_k) \tag{9.77}$$

$$x_i\, I_r^+\, x_k \quad 若\ \phi^+(x_i) = \phi^+(x_k) \tag{9.78}$$

$$x_i\, O^-\, x_k \quad 若\ \phi^-(x_i) < \phi^-(x_k) \tag{9.79}$$

$$x_i\, I_r^-\, x_k \quad 若\ \phi^-(x_i) = \phi^-(x_k) \tag{9.80}$$

故可得 PROMETHEE-Ⅰ法的偏序$\{O^{(1)}, I_r^{(1)}, R\}$如下:

① $x_i O^{(1)} x_k$,即 x_i 级别高于 x_k,若ⓐ $x_i O^+ x_k$ 且 $x_i O^- x_k$,或者ⓑ $x_i O^+ x_k$ 且 $x_i I_r^- x_k$,或者ⓒ $x_i O^- x_k$ 且 $x_i I_r^+ x_k$;

② $x_i I_r^{(1)} x_k$,即 x_i 级别无差异于 x_k,若 $x_i I_r^+ x_k$ 且 $x_i I_r^- x_k$;

③ $x_i R x_k$,即 x_i 和 x_k 不可比,若 $x_i O^+ x_k$ 且 $x_k O^- x_i$。

根据以上构造的级别高于关系可以用上节 ELECTRE 法中介绍的步骤排定 X 中各方案的优劣。

9.8.5 PROMETHEE-Ⅱ法

用 PROMETHEE-Ⅰ法只能得到 X 上的偏序,用 PROMETHEE-Ⅱ法可以得到一个在 X 上的完全序$\{O^{(2)}, I_r^{(2)}\}$。

PROMETHEE-Ⅱ法的具体算法步骤如下:

定义一个**净流**(net-flow):

$$\phi(x_i) = \phi^+(x_i) - \phi^-(x_i) \tag{9.81}$$

计算 X 上各方案的净流,根据各对方案的净流大小即可确定级别高于关系:

$$x_i \mathrm{O}^{(2)} x_k \quad 若 \quad \phi(x_i) > \phi(x_k) \tag{9.82}$$

$$x_i \mathrm{I}_r^{(2)} x_k \quad 若 \quad \phi(x_i) = \phi(x_k) \tag{9.83}$$

这时虽然能给出 X 上的完全序,但由于 $\phi(x_i)$是由 $\phi^+(x_i)$和 $\phi^-(x_i)$综合平衡而得,有许多有用的信息被忽略,而无法在完全序中反映出来。

9.8.6 示例:研究生院综合评估

在应用 PROMETHEE 法的时候,首先要做的工作就是要根据属性值的特点选用适当的评价准则,为每个属性定义一个优先函数。对于研究生院的评估,严格地说,必须根据各属性值的特征定义出各自的优先函数类型及参数。作为示例,这里仅从分析 PROMETHEE 方法的特点出发,统一给出各属性的优先函数类型。按优先函数类型来区分所得的评估结果并进行讨论。示例中涉及 A,B,C,D,E,F,G,H,I,J 计 10 个研究生院。各优先函数的参数选择如表 9.17 所示。分别采用六种类型的准则优先函数计算结果如表 9.18 所示。

表 9.17

基本属性	L	m	q	p	s	r	σ
在校博士生数	10	1070	50	300	100	1000	540
在校硕士生数	30	2308	100	500	100	2000	1150
每博士点平均培养博士数	10	867	20	50	20	850	435
每硕士点平均培养硕士数	30	590	50	100	50	590	2950
硕士生统考入学成绩	2	10.92	1	5	2	10	5.5
博士生发表重要论文数	0.5	11.6	0.5	1	1	3	6
在校博士生发表论文总数	0.3	3.244	2	5	2	10	1.7
随机抽取博士学位论文水平	6	64	6	12	10	60	32
学校优选博士论文水平	6	64	6	12	10	60	32
硕士点	10	126	10	50	10	120	64
博士点	5	84	5	30	5	80	42
博士后流动站	1	13	1	5	1	10	6.5
国家重点学科	2	40	2	6	2	40	20
国家重点实验室	2	14.4	2	6	2	12	7.2
导师总数	30	959	50	300	100	900	480
有博士学位导师所占比例	0.1	0.2389	0.05	0.15	0.05	0.2	0.12
生师比	0.5	3.6326	1	2	1	3.5	1.9
总经费	100	31662	100	5000	100	30000	15832
导师年人均经费	2	42.144	2	10	2	40	22
国内重要期刊发表论文数	10	1351	10	100	10	1300	675
国外重要期刊发表论文数	10	1197	10	100	10	1150	598
获国家科研奖励情况	1	269	10	30	10	260	28
获省部级科研奖励情况	2	57	5	10	5	50	139

续表

基本属性	L	m	q	p	s	r	σ
博士所占比例	0.05	0.3182	0.05	0.15	0.05	0.3	0.16
硕士所占比例	0.05	0.125	0.05	0.10	0.05	0.125	0.06
正高职人数所占比例	0.05	0.3	0.05	0.10	0.05	0.3	0.15
副高职人数所占比例	0.05	0.35	0.05	0.15	0.05	0.35	0.175
人均发表论文数	0.5	6.5769	1	2	1	6	3.3
人均发表学位文数	0.5	1.75	0.05	1	0.5	1.75	0.85
人均拥有计算机台数	0.2	0.6917	0.2	0.5	0.2	0.69	0.3
其他贵重设备台数	2	29	2	10	2	29	14.5
管理水平评价	2	16.59	2	10	2	16	8
各研究生院的声誉调查	6	64	6	20	6	60	32

表 9.18　采用不同准则时各研究生院的排序

名次 \ 采用准则	Ⅰ	Ⅱ	Ⅲ	Ⅳ	Ⅴ	Ⅵ
1	A	A	A	A	A	A
2	B	B	B	B	B	B
3	C	C	C	C	C	C
4	D	D	D	D	D	D
5	E	E	E	E	E	E
6	F	F	F	G	F	F
7	G	G	I	F	G	I
8	H	H	G	I	I	G
9	J	I	H	H	H	H
10	I	J	J	J	J	J

把六种计算结果画在同一坐标系中如图 9.19 所示。

9.8.7　PROMETHEE 法的特点

① PROMETHEE 法的关键在于确定目标的优先函数的类型及参数，对于实际的决策问题，其经济意义比较明确，所以其类型及参数的确定并不困难，但对于不同的决策者，由于其价值观的不同，同一个决策问题，优先函数的类型及参数的确定就会不同，其结果也就会有所差异。因此，这种方法的主观性较大；也正因为如此，它可让决策者根据具体的问题较好地按照自己的价值观来决定评价准则的类型及其参数，其结果更能体现决策者的意愿。

② 从表 9.18 的计算结果可以看出，无论采用何种优先函数进行评价，A、B、C、D 和 E 这 5 所研究生院均分别处于前 5 位；另 5 所研究生院的位次虽有变动，但

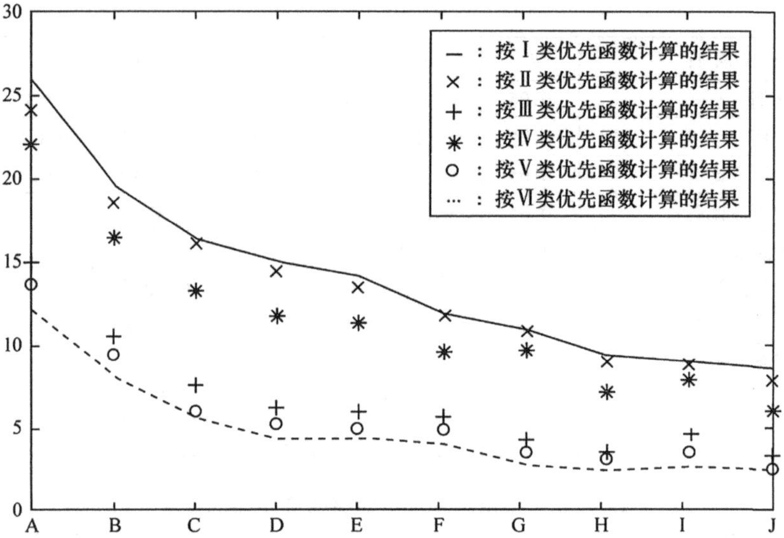

图 9.19

差别不大。有几种优先函数的参数确定具有较强的主观性，参数值的变化会使结果出现较大差异，因此其参数的选择应慎重。

③ PROMETHEE 法在使用优先函数判别出各方案在某个属性值上优劣的同时，对该属性值进行了数据规范化，不需要对原始数据另行预处理，避免了数据预处理方法所产生的误差。

④ 同样是级别高于关系的排序方法，ELECTRE-Ⅰ法和 ELECTRE-Ⅱ法要构造各种各样的指数集，要设定许多参数，这些参数的值并不一定总是具有明确的经济意义，还要通过和谐性和不和谐性检验，其过程相当复杂，而且所得到的部分序往往内容较少，可比的方案不多，也很难对方案进行真正排序。相比之下，当准则类型、参数确定之后，PROMETHEE 法简便、易于计算；其概念及意义清晰、明确，易于被决策者和分析人理解；而且其部分序内容丰富，可比的方案数多，容易通过适当的方法得到方案的完全序。

⑤ 如果决策问题中方案的所有属性都满足线性关系，在使用 PROMETHEE 法时采用Ⅲ类准则即线性优先准则，并把 m 的值定为每个属性的最大和最小属性值之差，则其原理和求解结果与采用标准 0-1 变换进行数据预处理的加权和法相同。

⑥ PROMETHEE 法不满足无关方案独立性。PROMETHEE-Ⅰ法的部分序和 PROMETHEE-Ⅱ法的完全序是基于方案集中所有方案的两两比较，增加或减少一个方案（哪怕是一个最差的方案），对最终的结果也会有影响，因此，在制订决策方案时要注意方案增加对后果的影响。

⑦ 作为级别高于关系方法类中的一种重要方法，PROMETHEE 法在国外已得到越来越广泛的重视，并成功地应用于教育、医疗等许多管理部门的多目标评价之中，由此派生的排序方法也越来越多。由于其易于被决策者接受和理解，加之其蕴含的方法多、适用面广泛，它也会被我国的决策者及决策分析人所接受并获得广泛应用。

9.9　关于多属性决策方法的若干问题讨论

*9.9.1　其他某些较常用的多属性决策方法存在的问题

在许多有关多属性决策问题求解方法的著作中介绍了 Bernardo(1977)提出的线性分配法和 Srinivasan(1973)提出的多维偏好分析的线性规划法（LINMAP 法）等，而本章未作详细介绍。这是因为这些方法存在某种较明显的缺陷与不足。

1. 线性分配法

(1) 线性分配法的求解步骤

对一个有 m 个备选方案、n 个目标或属性的多属性决策问题，线性分配法的求解步骤如下：

① 由决策人设定 n 个目标或属性的权重$(w_1, w_2, \cdots, w_n)$。

② 由决策人和决策分析人员确定每个目标 j 下方案集 $X=\{x_1, x_2, \cdots, x_m\}$ 中各备选方案的排序 $R^j=\{r_{il}^j\}$，其中 l 是位次，$i, l=1,2,\cdots,m$：若 x_i 被排在第 k 位，则 $r_{ik}^j=1$；当 $l\neq k$ 时，$r_{il}^j=0$。

③ 计算 $m\times m$ 的权矩阵 $W=\{w_{il}\}$，其中 $w_{il}=\sum\limits_{j=1}^{n} w_j r_{il}^j$，$i, l=1,2,\cdots,m$；$w_{il}$表示方案 x_i 被排在第 l 位的那些目标的权重之和。

④ 根据权矩阵 W 求各方案的总体排序。由于每个方案只能排在某一个位置上，每个位置上也只能排一个方案，按 Bernardo 的说法，这是个典型的指派问题，可用如下 0-1 规划来求解：

$$\min \sum_{i=1}^{m}\sum_{l=1}^{m} w_{il} p_{il} \tag{9.84}$$

受约束于：

$$\sum_{i=1}^{m} p_{il} = 1 \qquad l = 1,\cdots,m$$

$$\sum_{l=1}^{m} p_{il} = 1 \qquad i = 1,\cdots,m$$

求解的结果若 $p_{il}=1$，则方案 x_i 排在 l 位。

(2) 示例

设有一个三个备选方案、三个目标的多属性决策问题。设三个目标的权重为 $(w_1, w_2, w_3) = (0.2, 0.3, 0.5)$;按照每个目标对各方案排序的结果如下表:

目标 / 次序	f_1	f_2	f_3
第一位	x_1	x_1	x_2
第二位	x_2	x_3	x_1
第三位	x_3	x_2	x_3

由题设可以计算出权矩阵:

$$
\begin{array}{c} \\ W = \end{array}
\begin{array}{c} \\ x_1 \\ x_2 \\ x_3 \end{array}
\begin{array}{c} \begin{array}{ccc} \text{第一位} & \text{第二位} & \text{第三位} \end{array} \\ \begin{bmatrix} 0.2+0.3 & 0.5 & 0 \\ 0.5 & 0.2 & 0.3 \\ 0 & 0.3 & 0.2+0.5 \end{bmatrix} \end{array}
= \begin{bmatrix} 0.5 & 0.5 & 0 \\ 0.5 & 0.2 & 0.3 \\ 0 & 0.3 & 0.7 \end{bmatrix}
$$

求解式(9.84)所示 0-1 规划可得 $p_{12} = p_{21} = p_{33} = 1$,即 x_1 排在第二位,x_2 排在第一位,x_3 排在第三位。

(3) 评注

示例的计算结果有悖常理。方案 x_1 与 x_2 一样有 0.5 权重的目标被排在第一位,x_1 其余的目标都在第二位,x_2 的其余的目标只有 0.2 被排在第二位,还有权重为 0.3 的目标处于第三位,应该说 x_1 优于 x_2。x_1 与 x_2 的优劣还可以这样判断:设排在第一位的单位权重得分为 S_1,排在第二位的单位权重得分为 $S_2, \cdots$,且 $S_1 > S_2 > \cdots > S_m$,则指标

$$C_i = \sum_{l=1}^{m} w_{il} S_l \tag{9.85}$$

C_i 的值越大方案 x_i 越优。

根据式(9.85),$C_1 = 0.5S_1 + 0.5S_2$,$C_2 = 0.5S_1 + 0.2S_2 + 0.3S_3$,因为 $S_2 > S_3$,所以必有 $C_1 > C_2$,即 x_1 优于 x_2,x_1 应该被排在第一位。

之所以在示例中出现 x_2 被排在第一位这种明显不合理的结果,是因为式(9.84)所示 0-1 规划的目标函数并不能保证各方案按优劣排序。因此,为了保证线性分配法求解结果的合理性,需要用式(9.85)对 0-1 规划的结果加以检验,即在线性分配法的算法步骤中加上⑤结果检验这一环节。

2. 多维偏好分析的线性规划法(LINMAP 法)

(1) LINMAP 法的求解思路

LINMAP 法和 9.5 节介绍的 TOPSIS 法有类似之处,这两种方法都是把方案

集 X 中的备选方案 x_i 看做是 n 维目标空间中的点,借助理想点去评价方案的优劣。LINMAP 法与 TOPSIS 法不同之处在于 LINMAP 法中的理想点不是事先给定的,而是通过决策人对方案 x_i 和 $x_k(i,k=1,2,\cdots,m,\ i\neq k)$ 的成对比较去估计权重 w 和理想点的。LINMAP 法的算法步骤比较复杂,这里就不作详细介绍了,有兴趣的读者可参阅文献(Hwang 1981)和(陈珽 1987)。

(2) 评注

LINMAP 法并不要求方案集 X 中所有方案对的比较结果,只是有序对的数量越多,求得的 w 越准确;LINMAP 法也不要求方案对比较的结果具有传递性;当方案数 m 大于属性数 n 时,采用 LINMAP 法所得的结果较合理。

LINMAP 法的最大优点是不需要决策人设定权重;但是它要求决策人对方案 x_i 和 $x_k(i,k=1,2,\cdots,m,\ i\neq k)$ 的整体优劣成对比较,而这是极其困难的事情。对一般的决策人而言,要求他设定权重虽然困难,但是比起直接判断方案 x_i 和 x_k 的整体优劣来,还是设定权重容易些。而且,一旦决策人能够就方案集 X 中的各方案对的整体优劣做出判断,就可以用指向图(或 0-1 矩阵)和式(9.39)计算各方案的排队指示值 v_i,再根据 v_i 值的大小判定各方案的优先序,或者用其他方法排序,不一定要通过复杂的运算找出理想点,并通过计算各方案与理想点的距离来排序。

9.9.2　各种多属性决策问题求解方法的简单评述

本章介绍了若干种求解多属性决策问题的方法,在介绍这些方法的同时已经对各自的特点作了简单评述和说明。为了对这些方法有一个较全面的了解并对它们进行相互比较,我们将讨论衡量多属性决策问题求解方法优劣的标准,这些标准应当包括:

① 基础数据容易获得,允许使用定性属性。如第七章所述,进行多属性决策和评价的一般流程是根据实际问题的需要建立决策模型,在建立模型时很重要的任务是确定目标的层次结构即指标体系,然后根据指标体系确定属性集;再根据属性集采集基础数据,选用适当的方法进行评价。在这过程中常常会遇到底层目标找不到适当的属性,甚至连定量的代用属性都没有,只有定性的属性或代用属性。这时评价还得进行,因此,我们希望多属性决策方法所需要的基础数据容易获得并允许使用定性属性。

② 对权重的敏感性低。求解多属性决策问题时必须对各目标或属性的重要性加以权衡,也就是设定权重。决策人对目标或属性的重要性这种价值判断是决策人能够明确感知却难以准确量化的,如果某种多属性决策方法对权重的敏感性太高,则评价结果的可靠性反而无法保证。好的决策方法应当使决策人比较容易提供必要的信息,应该对权重的变化敏感性较小。

③ 无关方案独立性。在实际的多属性决策过程中生成备选方案集时,经常会

由于某种原因增加或删除某个或某些方案,如果增删某个方案甚至是最劣的方案(例如用选优法淘汰的劣势方案)都会影响最终的评价结果,这显然不是我们所希望的。

④ 属性值的标度无关性。有许多属性可以用不同的标度(计量单位)来度量,用任何数据预处理方法及多属性决策方法求解的结果都应该与度量属性所使用的标度无关。

⑤ 有定量的评价结果。为了使决策者能够在各备选方案中作抉择时对它们的优劣有定量的评价依据,所使用的方法最好能提供定量的评价结果。

⑥ 计算方便且结果容易理解。

根据各种多属性决策问题求解方法的特点并按上述各条评价标准衡量,可以确定各种方法的大致适用范围。结合面临的多属性决策问题的特点以及各种方法的大致适用范围,就可以选择适当的求解方法。

9.9.3 多属性决策的敏感性分析

多属性决策问题的求解方法很多,而且在求解同一个决策问题时,采用不同的方法有可能得到不同的结果;权重设定的偏差也会导致结果改变。因此,自然会提出如下问题:在什么条件下,所求得的"最佳"方案是稳定的?有哪些方案可能成为最佳方案而被选中?这正是敏感性分析要回答的问题。

设多属性决策问题的备选方案为 $A=\{a_1,a_2,\cdots,a_m\}$,某种多属性决策问题的求解方法的评价函数为 $\Psi(\cdot,u)$,其中"·"表示方案 a_i 及其属性值,参数 u 表示各种可能的不确定因素,包括权重的设定。$\Psi(\cdot,u)$的值越大方案越优。假设 u 满足条件 $u\in S$,S 是 R^n 上的凸集。我们所关心的是:

① 对每个 a_i,$i=1,2,\cdots,m$,分析使该方案最优的 u 的值域;

② 在参数 u 发生变化时,最优方案如何改变。

Rios Insua(1990)的专著及其 1991 的论文对此进行了详细讨论,他的主要结论如下。

首先构建所考虑问题的方案集的非劣方案。方案 a_i 比 a_k 占有优势,如果

$$\Psi(a_i,u)\geqslant\Psi(a_k,u),\quad \forall u\in S \tag{9.86}$$

且

$$\Psi(a_i,u)>\Psi(a_k,u),\quad \exists u\in S \tag{9.87}$$

所有非劣方案的集合记作 A_1。

定义 9.3 有可能最优的方案

若对某些 $u\in S$,下式成立:

$$\Psi(a_i,u)\geqslant\Psi(a_k,u),\quad \forall a_k\in A \tag{9.88}$$

则称 a_i 是**有可能最优的方案**(potentially optimal alternative)。

为了确定 A_1 中的某个 a_i 是否是有可能最优的方案，需要求解下述问题：

$$\max\min\{\Psi(a_i,u)-\Psi(a_k,u):a_k\in A_1,k\neq i\} \tag{9.89}$$

受约束于：$u\in S$

a_i 是有可能最优的方案，当且仅当式(9.89)的解不小于 0。

式(9.89)的含义是 a_i 在与 A_1 中的其他方案相比时，$u\in S$ 的某个值域能使评价函数差值 $\Psi(a_i,u)-\Psi(a_k,u)$ 最小值最大化。

定义 9.4　最优性子集

$$S_i=\{u\in S\mid\Psi(a_i)\geqslant\Psi(a_k),\ \forall a_k\in A\} \tag{9.90}$$

S_i 称为 a_i 的**最优性子集**(optimality subset)。显然，当且仅当 $S_i\neq\varnothing$ 时，a_i 是有可能最优的方案。设参数 u 的估计为 $\hat{u}$，这时的最优解为 a_o，即

$$\Psi(a_o,\hat{u})\geqslant\Psi(a_k,\hat{u}),\quad\forall a_k\in A \tag{9.91}$$

定义 9.5　相邻的有可能最优的方案

如果 $S_i\cap S_o\neq\varnothing$，则 a_i 是 a_o **相邻的有可能最优的方案**(adjacent potentially optimal alternative)。

为了确定 a_i 是否是 a_o 相邻的有可能最优的方案，需要求解下述问题：

$$\min(\Psi(a_i,u)-\Psi(a_o,u))^2 \tag{9.92}$$

受约束于：　$u\in S$

$$\Psi(a_k,u)-\Psi(a_o,u)\leqslant 0,\ \forall a_k\in A_1,\ k\neq j \tag{9.93}$$

只有当且仅当式(9.92)所示问题的值为 0 时，a_i 才是 a_o 相邻的有可能最优的方案。该问题的解也给出了使 a_i 与 a_o 同时为最优解的 u。

令 A_o 是所有 a_o 相邻的有可能最优的方案集，则由决策人当初估计的 $\hat{u}$ 将方案集由 A 缩减为 A_o。虽然最初估计 $\hat{u}$ 时是最合意的而不是随意的价值判断，但是随着与分析人员的交流以及对问题理解的深入，决策人对 $\hat{u}$ 的估计可能会有所调整。所以仅仅关注对 a_o 有竞争力的方案是不够的，通常希望有一个各方案与 a_o 接近程度的测度，亦即最优解由 a_o 变成其他方案对所估计的 $\hat{u}$ 的敏感性。这种敏感性可以用 S_o 及其相邻的最优性子集的边界与 $\hat{u}$ 的距离来衡量。即对每个 $a_i\in A_o$，求解

$$\min d(u,\hat{u}) \tag{9.94}$$

受约束于：　$u\in S$

$$\Psi(a_i,u)-\Psi(a_o,u)=0 \tag{9.95}$$

其中 $d(u,\hat{u})$ 是某种距离的度量。上述问题的解 d_i 就是使决策人认为 a_i 与 a_o 无差异的 u 的最小变化值。

为了描述决策人所作决策的敏感性指数，还可以用 $r=\rho/\delta$，其中 $\rho=\min\limits_{a_i\in A_o}\{d_i\}$，

是 S_o 中以 $\hat{a}$ 为球心的最大内切球的半径；$\delta = \max\limits_{u \in S} d(u, \hat{a})$，是以 $\hat{a}$ 为球心、包含 S 的最小外接球的半径。

9.9.4　统一解题步骤

求解多属性决策问题的方法很多，从上一分节的讨论可知，没有哪种方法是十

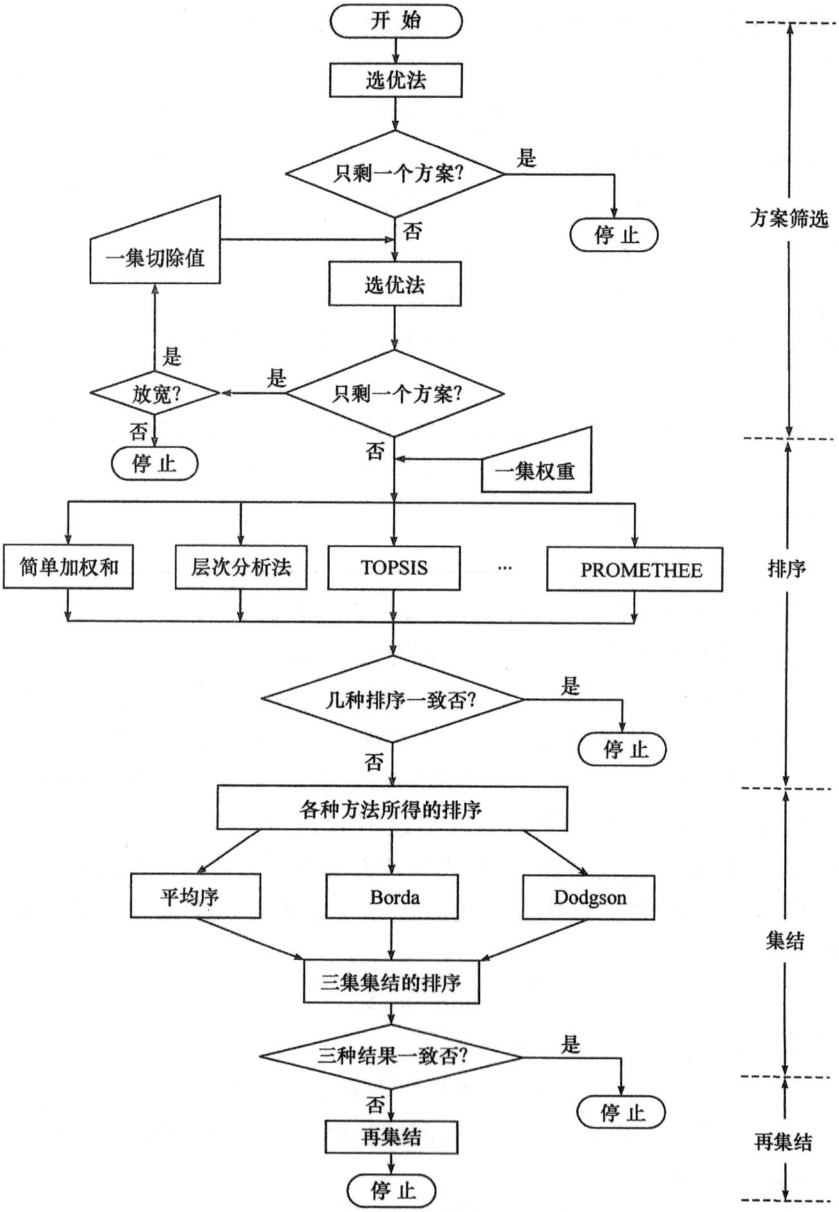

图 9.20　统一解题步骤流程图

全十美的;而且,对于同一个决策问题,采用不同的方法求解往往会得到不同的结果。这就产生了选用哪种方法,采用哪个结果的问题。比较可靠的办法是多用几种方法求解,并综合比较所得到的各种结果,以获得结论性的方案排序。根据 Hwang(1981)给出的统一解题步骤,我们稍作改动给出如图 9.20 所示的流程。在方案筛选过程中,要用一些简单的方法如选优法、满意值法、逻辑和法去删除明显处于劣势的和不可接受的方案,使后面的计算简化。

在对方案集 X 中的备选方案排序过程中,为了使评价结果更可靠,可以根据问题的特点,在本章前面介绍的简单加权和法、层次分析法(AHP)、加权积法、TOPSIS 法、ELECTRE 法、基于估计相对位置的方案排队法、PROMETHEE 等方法中同时选用几种适当的多属性决策方法求解,获得几种可能相同也可能不同的排序。

如果上一步所获得的方案集 X 中各备选方案的几种排序相同,则问题求解到此为止。更一般的情况是不同方法的求解结果会有差别,这时需要对产生差别的原因进行分析,排除数据预处理不当和方法选用不当等情况后,可以用在第十一章介绍的社会选择方法如 Borda 法、Copeland 法、Dodgson 函数、Kemeny 函数等方法以及平均序对上述几种排序进行集结。若几种社会选择函数集结的结果一致,则问题求解结束;否则,需要再集结形成完全序或偏序作为最终结果。

习　题

一、问答题:

1. 多属性决策问题有何特点?

2. 多属性决策问题的决策矩阵与风险型决策问题的决策矩阵的主要区别是什么?

3. 求解多属性决策问题时决策矩阵的规范化有何作用? 有哪些规范化方法? 这些方法各适用于什么场合?

4. 有哪些用于方案筛选的方法? 这些方法各适用于什么场合?

5. 在求解多目标决策问题时,权起什么作用? 如何设定?

6. 比较加权和法与层次分析法的异同。

7. 比较加权和法与加权积法的适用范围,说明这两种方法各自蕴含哪些假设条件。

8. 比较基于相对位置的方案排队法、ELECTRE 法和 PROMETHEE 法之间的异同。

9. 如何评价多属性决策方法的优劣?

二、1. 试用加权和法求解例 9.1,讨论权重的选择对决策的影响。

2. 设 $w_1=2w_2$,用 TOPSIS 法求解例 9.1。

三、(续上题)若在目标中增加一项,教学质量高的学校应优先考虑。但是各学校教学质量的高低难以定量给出,只能给出各校教学质量的优先关系矩阵如下表。设 $w_1 = w_2 = w_3$,用基于相对位置的方案排队法求解。

	1	2	3	4	5	6
1	1	1	0	1	1	1
2	0	1	0	0	0	1
3	1	1	1	1	1	1
4	1	1	0	1	1	1
5	0	0	0	0	1	0
6	0	0	0	0	1	1

四、某人拟在六种牌号的洗衣机中选购一种。各种洗衣机的性能指标如下表所示(表中所列为洗 5kg 衣物时的消耗)。设各目标的重要性相同,试用适当的方法求解。

序号	价格/元	耗时/分	耗电/度	用水/升
1	1018	74	0.8	342
2	850	80	0.75	330
3	892	72	0.8	405
4	1128	63	0.8	354
5	1094	53	0.9	420
6	1190	50	0.9	405

五、6 方案 4 目标决策问题的决策矩阵如下表。各目标的属性值越大越好。$W = (0.3, 0.2, 0.4, 0.1)^T$, $\alpha = 0.7$, $d_1 = 15$, $d_3 = 2.0 \times 10^6$。用 ELECTRE 法求解。

序号	y_1	y_2	y_3	y_4
1	20	0.3	1.3×10^6	3
2	13	0.5	4.0×10^6	3
3	15	0.1	2.2×10^6	5
4	30	0.7	1.0×10^6	2
5	5	0.9	4.0×10^6	7
6	40	0	1.0×10^6	1

第十章　多目标决策

10.1　引　言

本章讨论决策变量为连续型的多准则决策问题,即多目标决策问题(MODM),这类问题的备选方案集由一集有因果关系的决策变量隐式地给出。由于在求解这一类问题时,尤其在生成非劣解过程中,决策分析人员的作用十分重要,因此将特别关注分析人如何与决策人结合去获得决策人最满意的方案。

1. 多目标决策问题的数学描述

在没有先验的偏好信息时,一般的多目标决策问题可表示为

$$\mathrm{DR}\{f_1(\boldsymbol{x}), f_2(\boldsymbol{x}), \cdots, f_n(\boldsymbol{x})\} \tag{10.1}$$

受约束于：

$$\boldsymbol{x} \in X \tag{10.2}$$

其中

$$X = \{\boldsymbol{x} \in R^N \mid g_k(\boldsymbol{x}) < 0, k = 1, 2, \cdots, m,\ \boldsymbol{x} \in S\} \tag{10.3}$$

如果不另作说明,本章所讨论的多目标决策问题的决策变量 $\boldsymbol{x}$ 是有 N 个分量的列向量,即 $\boldsymbol{x} = (x_1, x_2, \cdots, x_N)^{\mathrm{T}}$;目标函数 $\boldsymbol{f}(\boldsymbol{x})$ 有 n 个分量,即

$$\boldsymbol{f}(\boldsymbol{x}) = \{f_1(\boldsymbol{x}), f_2(\boldsymbol{x}), \cdots, f_n(\boldsymbol{x})\}$$

$\boldsymbol{x}$ 的可行方案集即可行域 X 由 m 个约束条件,即 $g_k(\boldsymbol{x}) < 0, k = 1, 2, \cdots, m$ 给定,且 $\boldsymbol{x} > \boldsymbol{0}$。

式(10.1)中的 DR 表示适当的决策规则,式(10.1)～(10.2)所表述的多目标决策问题读作:用适当的决策规则,从可行方案集 X 中找出**最佳调和解**(best compromise solution)$\boldsymbol{x}^{\mathrm{C}}$。决策规则 DR 决定了如何给可行方案集 X 中的方案排序,以确定哪个方案"最好",即决策人最偏爱。决策人的偏好各不相同,可能有人想要使价值函数或者期望效用极大化,也有人想使所求得的方案与理想点(或目的值)的偏差最小化,还可能会有决策人以他对各目标进行权衡的判断为依据。显然,所采用的决策规则的类型既取决于决策人的偏好结构,也与问题本身的性质有关。而重要的是应该遵循一定的决策规则,来保证按决策人的偏好结构求得的最佳调和解的非劣性。

式(10.1)～(10.2)的含义是必须把有关决策人的偏好结构的知识引入多目标决策问题的求解过程。也就是说,有关决策人的偏好信息,必须结合问题的求解过程诱导出来。由于备选方案集 X 的结构特点,式(10.1)～(10.2)所示问题需要用数学规划的算法求解,而不同的方法之间的区别在于导出及使用偏好的方式不同。

式(10.1)中的 DR 就概括了各种方法之间的差异。

2. 获取决策人偏好信息方式的分类

如上所述,求解多目标决策问题的关键在于获取决策人的偏好信息即偏好结构。按照 Chankong(1983)的意见,从决策人那里诱导出与偏好有关的信息可以分成对话式的和非对话式的两类。非对话式的方法要求,无论是在进行系统分析之前还是之后,要一次性地从决策人那里获取必要的偏好信息,利用价值或效用函数的数学规划方法、目的规划法、代理值权衡法等等都是非对话式方法的例子;对话式方法则要求分析人员在问题求解的过程中与决策人灵活地、逐步地交流,提取偏好信息。标准的对话式方法有如下的三个基本步骤:

① 根据初始参数集求解问题,以获得一个可行的、最好是非劣的解;

② 获取决策人对解的反应;

③ 根据决策人的反应来修改参数,构造新问题并求解。

用上述①～③步反复迭代,直到获得决策人满意的解,或决策人对当前的解不再提出进一步的意见为止。

Chankong 根据获取偏好信息的方式和所获取信息的类型,认为可以将多目标决策问题的求解方法分成三类:①使用总体偏好的方法;②需要通过权、优先级、目的和理想点等来表达偏好的方法;③需要通过目标之间的权衡来获取偏好的方法。这三类方法并非互相排斥,也并不完全。

Hwang(1979)则从另一个角度,即根据获取决策人的偏好信息的时间对多目标决策问题的求解方法进行分类,分成如下三类。

① 在优化之前,即由决策人事先一次性提供全部偏好信息。属于这一类的求解多目标决策问题的方法有效用函数法、字典式法、满意决策、目的规划等。这一类方法的主要缺点是决策人往往难以准确地提供求解问题所需的全部偏好信息;一旦得到全部偏好信息,求解优化问题就不是很困难的事。

② 在优化过程中,由分析人员向决策人逐步索取偏好信息。属于这一类的方法有逐步进行法(STEM)、多目标问题的序贯解法(SEMOP)、Geoffrion 法、代理价值权衡法(SWT)等。由于索取偏好信息和求解优化问题如 Chankong 所述是迭代过程,每次只向决策人索取一部分偏好信息,比起上一类方法,决策人比较容易提供这种信息。

③ 在优化之后,即事后索取偏好。由分析人员求得全部或大部分非劣解后,再请决策人在非劣解集中选择。这一类方法的算法复杂,决策人难理解;实际问题的求解计算量往往太大;在非劣解集较大时,决策人不易做出判断。

由于事后宣布偏好的方法过于复杂,对决策人的要求又高,本章只介绍前两类方法。Hwang(1979)给出的多目标决策问题求解方法的分类如图 10.1 所示。

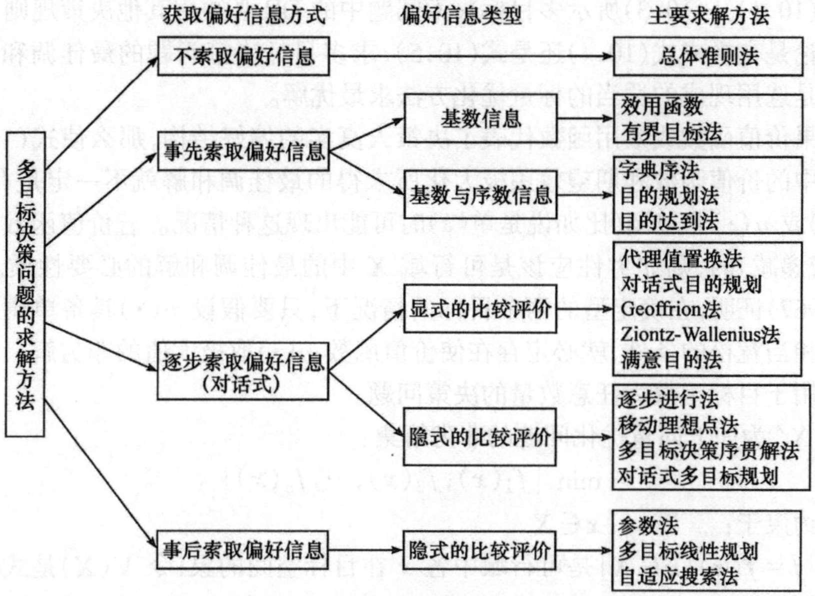

图 10.1 多目标决策问题求解方法的分类

10.2 事先索取偏好的方法

本节所介绍的方法属于表 10.1 中事先索取偏好信息那一类,是使用价值函数、效用函数或有关决策人总体偏好结构的其他信息去对备选方案排序,这些与总体偏好有关的信息可以是直接从决策人那里导出的,也可以假设决策人的偏好可以用某种解析形式表示。

1. 特定的偏好函数规划方法

通过与决策人的对话以确定决策人的价值函数 $v[f_1,\cdots,f_n]$ 或效用函数 $u[f_1,\cdots,f_n]$,然后把式(10.1)~(10.3)所描述的决策问题进行下述变换后求解。对自然状况是确定型的问题,变换成

$$\max v[f_1(\boldsymbol{x}),f_2(\boldsymbol{x}),\cdots,f_n(\boldsymbol{x})] \tag{10.4}$$

受约束于: $\boldsymbol{x}\in X$

如果自然状况为非确定型的问题,则变换成

$$\max E\{u[f_1(\boldsymbol{x}),f_2(\boldsymbol{x}),\cdots,f_n(\boldsymbol{x})]\} \tag{10.5}$$

受约束于: $\boldsymbol{x}\in X$

用这种方法时要求决策人自己对构造的价值函数或效用函数的准确性负责;

否则式(10.1)～(10.3)所示多目标决策问题中的 DR 必须用其他决策规则。

无论是变换成式(10.4)还是式(10.5)，求多目标决策问题的最佳调和解的任务就只是选用现成的适当的标量优化方法求最优解。

如果价值函数或效用函数代表了决策人真实的偏好结构，那么使式(10.4)和(10.5)中的价值函数和期望效用极大化所求得的最佳调和解就不一定是非劣解。在 $v(\cdot)$或 $u(\cdot)$非单调(比如说是单峰)时可能出现这种情况。若价值函数是单调(递增或递减)的，则非劣性应该是可行域 X 中的最佳调和解的必要性质。Geoffrion(1967)证明，在确定型的两个目标的情况下，只要假设 $v(\cdot)$具备单调性和另外几个相当宽松的条件，就必定存在使价值函数 $v(\cdot)$取极大值的非劣解。这个结论也适用于目标函数为任意数量的决策问题。

令 X^* 为如下向量优化问题的非劣解集：

$$\min \{f_1(\boldsymbol{x}), f_2(\boldsymbol{x}), \cdots, f_n(\boldsymbol{x})\} \tag{10.6}$$

受约束于： $\boldsymbol{x} \in X$

记 $F = \{\hat{f} = \boldsymbol{f}(\boldsymbol{x}) \mid \boldsymbol{x} \in X\}$是可行域中各 $\boldsymbol{x}$ 在目标空间的象；令 $V(X)$是式(10.4)的最优解集。

定理 10.1 (Geoffrion 1967) 假设目标函数 $f_j, j=1,\cdots,n$ 和价值函数 v 都是连续函数，X 是紧集，v 是单调递减函数，则

$$V(X) \cap X^* \neq \varnothing \tag{10.7}$$

这一定理说明，在一定的条件下求式(10.4)的最优解时，只需要在非劣解中搜索。有时它有助于构造求解式(10.4)的算法，使之能保证所求得的最佳调和解是非劣解。

2. 求解两个目标问题的 Geoffrion 方法

求解两个目标问题的 Geoffrion 方法适用于如下问题：

① 确定型的；

② 有两个目标函数，即 $n=2$；

③ 决策变量为连续型，可行域如式(10.3)所示；

④ $f_j, j=1,2$ 为连续凸函数，X 为紧凸集；

⑤ 价值函数 v 是单调且连续的。

根据定理 10.1，只要在向量优化问题的非劣解集中搜索，就可以求得多目标决策问题的最佳调和解。而凸规划问题的非劣解总可以通过求解加权问题 $P(\lambda)$求得。对 $n=2$，令 $\lambda_1=\lambda, \lambda_2=1-\lambda$，则 $P(\lambda)$形如

$$\min \{\lambda f_1(\boldsymbol{x}) + (1-\lambda) f_2(\boldsymbol{x})\} \tag{10.8}$$

受约束于： $\boldsymbol{x} \in X$

其中 $0 \leqslant \lambda \leqslant 1$。因此，只要求得 λ^* 的值，它就不仅能生成非劣解，而且是式(10.4)

所示的 $n=2$ 时纯量优化问题的最优解,也是最佳调和解。Geoffrion 给出了如下的求 λ 值的定理。

定理 10.2 对任意给定的 λ,令 $X^*(\lambda)$是 $P(\lambda)$的最优解集,令

$$V(\lambda) = \max v(\boldsymbol{f}(\boldsymbol{x})),\ \boldsymbol{x} \in X^*(\lambda) \tag{10.9}$$

① 若 λ^*是下式的最优解:

$$\max_{0\leqslant\lambda\leqslant1} V(\lambda) \tag{10.10}$$

则 $P(\lambda^*)$的最优解是式(10.4)所示的 $n=2$ 时纯量优化问题的最优解;

② 若 $\boldsymbol{x}(\lambda)$是定义在闭区间[0,1]上的向量值函数,它是 $P(\lambda)$的最优解,而且如果 $\boldsymbol{x}(\lambda)$除了在有限个点处不连续外在[0,1]上处处连续,则

i. 在 $\lambda\in[0,1]$上 $\boldsymbol{x}(\lambda)$连续处,有

$$V(\lambda) = v[\boldsymbol{f}(\boldsymbol{x}(\lambda))] \tag{10.11}$$

ii. 在 $\hat{\lambda}\in[0,1]$是 $\boldsymbol{x}(\lambda)$上的间断点,且 $\lim\limits_{\lambda\to\hat{\lambda}^-}\boldsymbol{x}(\lambda)=\boldsymbol{x}(\hat{\lambda}^-)$, $\lim\limits_{\lambda\to\hat{\lambda}^+}\boldsymbol{x}(\lambda)=\boldsymbol{x}(\hat{\lambda}^+)$时,有

$$V(\hat{\lambda}) = \max_{0\leqslant\alpha\leqslant1}\{v[\alpha\boldsymbol{f}(\boldsymbol{x}(\hat{\lambda}^-)) + (1-\alpha)\boldsymbol{f}(\boldsymbol{x}(\hat{\lambda}^+))]\} \tag{10.12}$$

即

$$V(\hat{\lambda}) = \max_{0\leqslant\alpha\leqslant1}\{\alpha v[\boldsymbol{f}(\boldsymbol{x}(\hat{\lambda}^-))] + (1-\alpha)v[\boldsymbol{f}(\boldsymbol{x}(\hat{\lambda}^+))]\} \tag{10.13}$$

定理 10.2 对生成 $n=2$ 时的式(10.4)所示纯量优化问题的最优解是很有用的。具体用法如下:若具有②中所述性质的 $\boldsymbol{x}(\lambda)$并可以通过求解 $P(\lambda)$求得,则 $V(\lambda)$也可以通过式(10.11)~(10.13)求得;然后由①,求解式(10.10)所示的简单的一维优化问题获得 λ 的适当的值 λ^*,进而得到最佳调和解。这一方法的好处在于将式(10.4)所示的 N 维优化问题转换成式(10.8)、(10.10)、(10.12)和(10.13)这一系列容易求解的一维优化问题。

这一方法只有在可以容易地求解 $P(\lambda)$得到在[0,1]上连续的 $\boldsymbol{x}(\lambda)$(除了有限个点不连续外)时才有用。Geoffrion 注意到对三类问题存在求解 $P(\lambda)$得到在[0,1]上连续 $\boldsymbol{x}(\lambda)$的算法:①线性问题,f_1,f_2 为线性,X 是由线性约束所定义的凸多面体;②不完全二次型问题,f_1 为线性,f_2 为正的半定二次型函数,X 是凸多面体;③严格凸问题,f_1 和 f_2 是局部严格凸函数,X 是满足正则性假设的凸集。

设可以解 $P(\lambda)$得到 $\boldsymbol{x}(\lambda)$,则以 Geoffrion 策略为基础的两目标问题的算法可概述如下:

第一步,解 $P(\lambda)$得到 $\boldsymbol{x}(\lambda)$及其所有不连续点:

$$0 = \lambda_0 < \lambda_1 < \lambda_2 < \cdots < \lambda_p < \lambda_{p+1} = 1$$

其中 p 是非负的有限整数。

第二步,对每个 $0\leqslant i\leqslant p$,用式(10.11)~(10.13)计算所有 $\lambda_i\leqslant\lambda<\lambda_{i+1}$的 $V(\lambda)$,即

$$V(\lambda)=\begin{cases} v[\boldsymbol{f}(\boldsymbol{x}(\lambda))]。 & \lambda_i<\lambda<\lambda_{i+1} \\ \max\limits_{0\leqslant\alpha\leqslant 1}\{v[\alpha\boldsymbol{f}(\boldsymbol{x}(\lambda_i^-))+(1-\alpha)\boldsymbol{f}(\boldsymbol{x}(\lambda_i^+))]\} & \lambda=\lambda_i,\ 1<i\leqslant p \end{cases} \tag{10.14}$$

同时设定 $V(0)=v[\boldsymbol{f}(\boldsymbol{x}(0))]$, $V(1)=v[\boldsymbol{f}(\boldsymbol{x}(1))]$。

第三步,用适当的一维搜索法解 $\max\limits_{0\leqslant\lambda\leqslant 1}V(\lambda)$ 求得 λ^*。

若 $V(\lambda)$是单峰的,上述算法的效率可以更高些,因为在第三步搜索时不必完全地算出 $V(\lambda)$,可以从任何两个相邻的间断点或毗连的非劣点(λ^i,λ^{i+1})开始计算并比较 $V(\lambda^i)$和 $V(\lambda^{i+1})$的大小,由此了解 $V(\lambda)$的上升方向;根据上升方向再选一相邻点计算相应的 $V(\lambda)$值,直到找出 $V(\lambda)$的峰值和对应的 λ^* 为止。Geoffrion 证明了 $V(\lambda)$的单峰性的充分条件是在原有的假设上再加上价值函数 v 为拟凹函数①这一条件。

例 10.1 有一个两个目标的决策问题,要使目标函数 $f_1(\boldsymbol{x})=(x_1-1)^2+x_2^2+(x_3-2)^2$, $f_2(\boldsymbol{x})=(x_1-2)^2+(x_2-1)^2+x_3^2$ 极小化,约束集 $X=\{\boldsymbol{x}\in R^3 \mid \cdot g(\boldsymbol{x})=x_1+x_2+x_3\leqslant 6, x_i\geqslant 0,\ i=1,2,3\}$;设决策人的效用函数 $v(f_1,f_2)=-f_1-\sqrt{f_2}$,它严格递减,既不凹也不拟凹。

由题意可知,需要求解的多目标决策问题是:

$$\max\ v(f_1,f_2)=-f_1-\sqrt{f_2} \tag{10.15}$$

受约束于:

$$x_1+x_2+x_3\leqslant 6 \tag{10.16}$$

$$x_1,x_2,x_3\geqslant 0 \tag{10.17}$$

相应的加权问题 $P(\lambda)$是

$$\min\{\lambda f_1(\boldsymbol{x})+(1-\lambda)f_2(\boldsymbol{x})\} \tag{10.18}$$

受约束于: $\boldsymbol{x}\in X$

采用上面所述的算法求解。

第一步,对 $\lambda\in[0,1]$,由于 f_1,f_2 严格凸,且 Geoffrion 的严格凸参数规划所要求的其他条件也都满足,因此可以求 $P(\lambda)$的数值解。用 Kuhn-Tucker 条件解 $P(\lambda)$可得

$$\boldsymbol{x}(\lambda)=\boldsymbol{x}^1+\lambda\boldsymbol{x}^2,\ 0\leqslant\lambda\leqslant 1$$

其中 $\boldsymbol{x}^1=(2,1,0)^{\mathrm{T}}$, $\boldsymbol{x}^2=(-1,-1,2)^{\mathrm{T}}$

第二步,由于 λ 在[0,1]上连续,由式(10.14)得

$$V(\lambda)=v(\boldsymbol{f}(\boldsymbol{x}(\lambda)))=-6(1-\lambda)^2-\sqrt{6}\lambda \tag{10.19}$$

---

① 一个实值函数 $w(y)$在定义域 Y 上是拟凹的,当且仅当 $\forall\, y_1,y_2\in Y$,有

$$w[\alpha y_1+(1-\alpha)y_2]\geqslant\min\{w(y_1),w(y_2)\}$$

第三步,求 λ^*:由式(10.19)解 $\max\limits_{0\leqslant\alpha\leqslant1}[-6(1-\lambda)^2-\sqrt{6}\lambda]$,得 $\lambda^*=1-\sqrt{6}/12\approx0.7959$;

$$x(\lambda^*)=\begin{pmatrix}2\\1\\0\end{pmatrix}+\lambda\begin{pmatrix}-1\\-1\\2\end{pmatrix}=\begin{pmatrix}1.2041\\0.2041\\1.5918\end{pmatrix}$$

$$v(f(x(\lambda)))=V(\lambda^*)=-2.1995$$

10.3　目的规划法

在第七章中我们已经指出,现代决策分析的主要困难在于处理多个互相矛盾的目标。在存在着利益冲突的偏好结构中,必须权衡多重目标的得失。上一节我们介绍了用价值函数或效用函数求解多目标决策问题的方法,但是对于实际的决策问题和决策人,构造一个变量的价值或效用函数并使之有解决问题所需要的精度就已经足够困难了。因此到目前为止,构造多个目标的价值或效用函数并把它用于问题的求解大部分只是停留在理论研究上,用来解决复杂的实际问题几乎是不可能的。许多决策人在面临存在资源约束和目标矛盾的复杂决策问题时,往往运用他的判断力分析各目标的重要性,优先考虑某个他认为是最重要的目标,在该目标达到一定数值之前其他目标可以暂缓甚至放弃。目的规划法就是用"优先等级"的思想来解决互相矛盾的多目标决策问题的技术,在较高级目标得到满足之后,才考虑较低级目标;它能够帮助决策人解决实际的复杂的多目标决策问题,它可以用来解决带有多重子目标的单目标决策问题,也能处理带多重目标和多重子目标的决策问题。

目的规划(goal programming)这一概念是 Charnes 和 Cooper 在 1961 年首先提出的。他们指出:有时候在管理工作中会遇到一些矛盾的目标,由于资源有限和其他各种原因,这些目标可能无法达到。……我们把任何起作用的约束都称之为"目的",而不论它们能否达到。总的目标是要给出一个最优的结果,使之尽可能地接近指定的目的。**优先等级**(priority)这一概念则是 Ijiri 在 1965 年提出的,他把目标按重要性分成不同的优先等级,并对同一个优先等级中的不同目标加权。之后,目的规划方法在理论上取得了长足的进展,并在许多领域获得广泛应用。

目的规划适用于决策人愿意并且能用**抢先优先级**(preemptive priority)$\boldsymbol{P}$、权(weight)$\boldsymbol{w}$、目的(goal)$\hat{\boldsymbol{f}}$ 和理想点(ideal)$\boldsymbol{f}^*$ 等概念来表示偏好的场合。

虽然优先级和权都是用来衡量目标之间的相对重要性的,但是在概念上和算法上有着明显的区别。权是用区间标度来衡量目标之间的相对重要性,在一定条件下,利用权可以把多目标问题转换成"单目标"问题求解,但是这种单目标问题实际上同时综合考虑了多个目标。而优先级把目标 f_j, $j=1,\cdots,n$,分成若干个等级,比如说 l 个($1<l\leqslant n$),若某个目标处于第 h 个等级记作P_h,则它的优先级低于 $P_1,P_2,\cdots,P_{h-1}$,但高于 $P_{h+1},\cdots,P_l$。对优先级 P_h 不设固定数值,若是硬要把优先级看作一种权重,则有 P_h 远远大于P_{h+1},即 $P_h\gg P_{h+1}$。在用优先级概念求解问题时,是依次考虑不同优先级的目标,在优先级高的目的值达到之前不考虑优先级较低的目标。

10.3.1 目的规划问题的一般表示

目的规划问题要求决策人对每个目标 f_j 设定一个目的值$\hat{f}_j$,给定各目标的优先级或权重,在备选方案集中选择方案 $\boldsymbol{x}$,使其目标函数 $\boldsymbol{f}(\boldsymbol{x})$与目的值 $\hat{\boldsymbol{f}}=(\hat{f}_1,\cdots,\hat{f}_n)$的组合偏差最小,即

$$\min\left\{d_p(\boldsymbol{f}(\boldsymbol{x})-\hat{\boldsymbol{f}})=\left[\sum w_j\mid f_j(\boldsymbol{x})-\hat{f}_j\mid^p\right]^{1/p}\right\} \tag{10.20}$$

受约束于:

$$\boldsymbol{x}\in X \tag{10.21}$$

其中 X 即

$$g_k(\boldsymbol{x})<0,\ k=1,\cdots,m$$
$$\boldsymbol{x}>\boldsymbol{0}$$

1. 距离测度中范数 p 的选择

式(10.20)中的 $d_p(\boldsymbol{f}(\boldsymbol{x})-\hat{\boldsymbol{f}})=\left[\sum w_j|f_j(\boldsymbol{x})-\hat{f}_j|^p\right]^{1/p}$表示加权的偏差,这种偏差也可以看做是实际的目标函数 $\boldsymbol{f}(\boldsymbol{x})$与目的值 $\hat{\boldsymbol{f}}$ 的距离。式中距离范数 p($1\leqslant p\leqslant\infty$)只在下列三种情况下才有具体的几何意义,$p=1$ 表示绝对值距离,$p=2$表示欧几里得距离,$p=\infty$是契比雪夫距离。图 10.2 所示的两个目标的例子

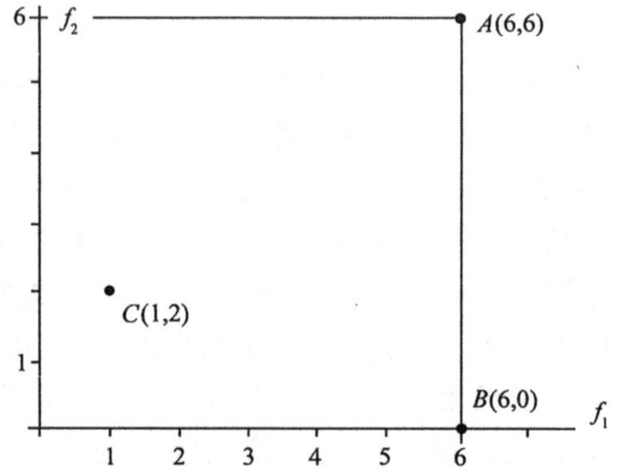

图 10.2 目标空间的点的距离

可以说明范数 p 的意义和作用,在图中,B 点和 C 点到 A 点在各目标下的差距 Δf_1 和 Δf_2 以及在不同的距离范数 p 时的距离列在表 10.1 中。

表 10.1　范数 p 的作用

	Δf_1	Δf_2	d_1	d_2	d_3	d_∞
AB 间的距离	0	6	6	6	6	6
AC 间的距离	5	4	9	6.4	5.74	5

从表中可以清楚地看出，距离范数 p 从 $1\to\infty$ 逐渐增大时，最大偏差分量所起作用越来越大，$p=\infty$ 时，只有最大偏差分量在起作用。

2. 偏差的度量

在式(10.20)中，无论 $f_j(\boldsymbol{x})$ 是否线性函数，$|f_j(\boldsymbol{x})-\hat{f}_j|$ 都不便于进一步的运算。为此，每个目标 $j(j=1,\cdots,n)$ 引入正偏差变量 d_j^+ 和负偏差变量 d_j^-，

$$d_j^+ \triangleq 0.5\{|f_j(\boldsymbol{x})-\hat{f}_j|+[f_j(\boldsymbol{x})-\hat{f}_j]\} \tag{10.22}$$

$$d_j^- \triangleq 0.5\{|f_j(\boldsymbol{x})-\hat{f}_j|-[f_j(\boldsymbol{x})-\hat{f}_j]\} \tag{10.23}$$

当 $f_j(\boldsymbol{x})>\hat{f}_j$ 时 $d_j^+>0, d_j^-=0$；当 $f_j(\boldsymbol{x})<\hat{f}_j$ 时 $d_j^->0, d_j^+=0$；显然两者不可能同时为正，因此有

$$d_j^+ \cdot d_j^- = 0 \tag{10.24}$$

而且

$$d_j^+ + d_j^- = |f_j(\boldsymbol{x})-\hat{f}_j| \tag{10.25}$$

$$d_j^+ - d_j^- = f_j(\boldsymbol{x})-\hat{f}_j \tag{10.26}$$

由上述各式，式(10.20)和式(10.21)所示的规划模型等价于

$$\min\Big[\sum_{j=1}^{n} w_j(d_j^+ + d_j^-)^p\Big]^{1/p} \tag{10.27}$$

受约束于：

$$\boldsymbol{x}\in X \tag{10.28}$$

$$f_j(\boldsymbol{x}) - d_j^+ + d_j^- = \hat{f}_j \qquad j=1,\cdots,n \tag{10.29}$$

$$d_j^+ \cdot d_j^- = 0 \qquad j=1,\cdots,n$$

$$d_j^+ \geqslant 0, d_j^- \geqslant 0 \qquad j=1,\cdots,n \tag{10.30}$$

式(10.27)中的 w_j 是广义的权，包括优先级 $\boldsymbol{P}$ 和一般意义上的权。

3. 目的规划问题的分类

广义的目的规划可以分成下列几类。

(1) 线性目的规划

式(10.20)和式(10.21)所示规划问题或其等价问题式(10.27)～(10.29)中的 $p=1, f_j(\boldsymbol{x}), j=1,\cdots,n, g_k(\boldsymbol{x}), k=1,\cdots,m$，都是线性函数；$\boldsymbol{x}$ 是 N 维连续型决策变量，可行域 X 为凸集；优先级 $\boldsymbol{P}$(及权重 w)和目的值 $\hat{f}$ 事先由决策人给定。

这类问题有较有效的求解方法。以下各类问题的求解则困难得多。

(2) 整数目的规划

整数目的规划除决策变量 $\boldsymbol{x}$ 各分量为整数外,其余均同线性目的规划。用于决策变量只能为整数(例如人才规划)的场合。

(3) 非线性目的规划

优先级 P(及权重 w)和目的值 $\hat{f}$ 事先由决策人给定;$f_j(\boldsymbol{x}),j=1,\cdots,n$ 或 $g_k(\boldsymbol{x}),k=1,\cdots,m$ 中有非线性函数,X 为凸集,$\boldsymbol{x}$ 是 N 维连续型决策变量。

以上是按数学规划的特征分类;还有一些具体方法可以归入目的规划的多目标决策问题的求解方法,如:

① 调和规划和移动理想点法。$1\leqslant p\leqslant\infty$,$\boldsymbol{w}$ 事先给定或由计算得出,$\hat{\boldsymbol{f}}=\boldsymbol{f}^*$ 是移动的理想点。

② STEM 法。$P=\infty$,$\hat{\boldsymbol{f}}=\boldsymbol{f}^*$ 为理想点,权由计算得出。

③ SEMOP 法。目的标定为区间,不是固定点。

本节将简单介绍线性目的规划和非线性目的规划的求解方法。为了便于比较,字典序法也放在本节介绍。后面几种具体方法将在随后几节分别讨论。

10.3.2 线性目的规划

线性目的规划问题的一般形式是

$$\min\sum_{j=1}^{n} w_j(d_j^+ + d_j^-) \tag{10.31}$$

受约束于:

$$A\boldsymbol{x}\leqslant\boldsymbol{b} \tag{10.32}$$

$$\boldsymbol{x}\geqslant\boldsymbol{0} \tag{10.33}$$

$$f_j(\boldsymbol{x}) - d_j^+ + d_j^- = \hat{f}_j \quad j=1,\cdots,n \tag{10.34}$$

$$d_j^+\cdot d_j^- = 0 \quad j=1,\cdots,n \tag{10.35}$$

$$d_j^+\geqslant 0,d_j^-\geqslant 0 \quad j=1,\cdots,n \tag{10.36}$$

其中式(10.32)和式(10.33)即式(10.21)的线性形式,$A(m\times N)$为 $g_k(\boldsymbol{x}),k=1,\cdots,m$的系数矩阵,$\boldsymbol{b}$ 为m 维常数列向量,$\boldsymbol{x}$ 和$\boldsymbol{0}$ 均为 N 维列向量。

在式(10.31)~(10.36)中,只有式(10.35)是非线性的,因此只要在选择进基变量时,d_j^+ 和 d_j^- 不同时成为基变量,上述问题仍可作为线性规划问题用改进的单纯型法求解。用于求解线性目的规划的改进的单纯形法的详细讨论请参见文献(Hwang 1979)或(陈珽 1987:217~219)。简要的算法步骤如下。

第一步,目标规划的第 h 优先级的子问题的目标函数是

$$z_h(\boldsymbol{x}) = \sum_{j\in J_h}(w_j^+d_j^+ + w_j^-d_j^-),\quad h=1,\cdots,l \tag{10.37}$$

式中 J_h 是第h 优先级的子问题所包含目标的序号集,对正、负偏差 d_j^+ 和d_j^- 加不

同的权 w_j^+ 和 w_j^- 是为了反映决策人的偏好:对效益型目标,应使负偏差尽可能小,即 $d_j^-=0$,目标函数中的 $w_j^-=1$,d_j^+ 则不妨大于 0,可取 $w_j^+=0$;成本型目标正相反,一般希望正偏差 $d_j^+=0$,所以可以令目标函数中的 $w_j^+=1$,而 d_j^- 可以大于 0,并可取 $w_j^-=0$。

第二步,确定初始基变量 $\boldsymbol{x}_B^0$。在基变量中选用 d_j^- 还是 d_j^+ 取决于目标 f_j 是效益型还是成本型;松弛变量可作为基变量;收集所需数据,得到第一张单纯形表;令 $h=1$。

第三步,解第 h 优先级的子问题。在解第 h 个子问题时,无论是选择进基变量还是选择离基变量,都应注意保证式(10.35)的约束能够满足。

第四步,若第 h 个子问题的解惟一,或者 $h=l$,算法终止;否则令 $h=h+1$,返回第三步。

例 10.2 某车间生产甲、乙两种产品,产量分别为 x_1 和 x_2,产品甲每单位需 2 个单位的劳动力和 3 个单位原料,利润为 2;生产每单位产品乙需 3 个单位劳动力和 1.5 个单位原料,利润为 3。在下一计划期间车间有 12 单劳动力、12 单位原料。假定车间主任有如下目标:

① 利润至少为 6 个单位;

② 两种产品产量经尽可能保持 $x_1:x_2=3:2$;

③劳动力充分利用。

解:按传统的线性规划,使利润最大:

$$\max \quad 2x_1+3x_2$$

受约束于:

$$2x_1+3x_2\leqslant 12 \qquad \text{(劳力约束)}$$

$$3x_1+1.5x_2\leqslant 12 \qquad \text{(原料约束)}$$

$$x_1,\quad x_2\geqslant 0$$

用图解法作图(如图 10.3),可得 $x_1=3$, $x_2=2$ 时,利润最大为 12。

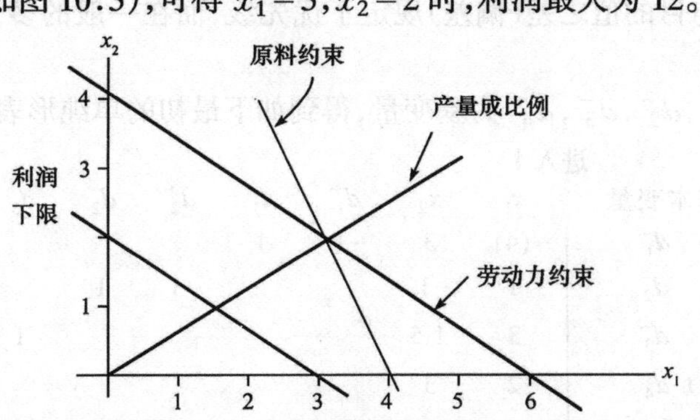

图 10.3

例 10.3(续上例) 由于上面的例子中数据选择比较特殊,决策人的所有目的均可满足;为了更好地说明问题,把已知条件中产品甲利润改为 4,其余均不变;车间主任的目的改为:①最低利润 12 单位;②产量比例为 1,即 $x_1=x_2$;③充分利用原料。

解:新的目的为

$$4x_1+\quad 3x_2\geqslant 12 \qquad \text{(最低限度利润)}$$
$$x_1-\quad x_2=0 \qquad \text{(产量比例)}$$
$$3x_1+1.5x_2=12 \qquad \text{(材料充分利用)}$$

根据题意设定偏差变量并确定目标函数。由于决策人最重要的目的是利润,是目标函数中的第一优先级,因此用 d_1 表示利润偏差;因为利润可以超过目的值,正偏差 d_1^+ 可以大于 0,取 $w_j^+=0$,使 d_1^+ 不在目标函数中出现;负偏差 d_1^- 则是越小越好,把它作为第一优先级放到目标函数中。产量比例属于第二优先级,用 d_2 表示产量比例偏差,由于正、负偏差都不好,要将 d_2^+ 和 d_2^- 同时加入目标函数中。决策人的第三个目的是充分利用原材料,因此用 d_3 表示原材料偏差,因为原材料不可能出现正偏差,即 $d_3^+\equiv 0$,所以约束条件和目标函数中均无 d_3^+ 出现;d_3^- 则作为第三个优先级放入约束条件和目标函数中。决策人未对劳动力提任何要求,但是按常理,d_4 作为劳动力偏差,与原材料一样,只会出现负偏差 d_4^-,正偏差 $d_4^+\equiv 0$。

根据以上分析,可以得到目标规划问题如下:

$$\min \quad P_1d_1^- + P_2(d_2^- + d_2^+) + P_3d_3^-$$

受约束于:

$$4x_1+\quad 3x_2-d_1^+ + d_1^- \geqslant 12 \qquad \text{(利润目标)}$$
$$x_1-\quad x_2-d_2^+ + d_2^- = 0 \qquad \text{(产量比例)}$$
$$3x_1+1.5x_2 \qquad + d_3^- = 12 \qquad \text{(材料充分利用)}$$
$$2x_1+\quad 3x_2 \qquad + d_4^- = 12 \qquad \text{(劳动力约束)}$$

本题可以用改进的单纯形法求解,也可用图解法求解。

(1) 用改进的单纯型法求解

从纯技术角度讲,目的规划和多目标线性规划的区别仅仅在于:目的规划中对各个目标函数与目的值之差(偏差)规定了优先级,而在一般的多目标规划中没有这种规定。

首先以 d_1^-,d_2^-,d_3^-,d_4^- 为基变量,得到如下最初的单纯形表:

进入↓ (x_1)

				基本变量	x_1	x_2	d_1^+	d_1^-	d_2^+	d_2^-	d_3^-	d_4^-	常数
1				离开← d_1^-	(4)	3	−1	1					12
	1			d_2^-	1	−1			−1	1			0
		1		d_3^-	3	1.5					1		12
			1	d_4^-	2	3						1	12
				P_1:	−4	−3	1						−12
				P_2:	−1	1		2					0
				P_3:	−3	−1.5							−12

由初始的单纯形表可知，子问题二已达到最优，子问题一和子问题三未达到最优。因为子问题一的第一列最负，选择 x_1 为进入变量，选择 d_1^- 为离开变量。进行旋转变换后第二行常数为负，将第二行整行加负号得到下表：

	基本变量	x_1	x_2（进入↓）	d_1^+	d_1^-	d_2^+	d_2^-	d_3^-	d_4^-	常数
	x_1	1	3/4	−1/4	1/4					3
1 离开←	d_2^-		(7/4)	−1/4	1/4	−1	1			3
1	d_3^-		−3/4	3/4	−3/4			1		3
1	d_4^-		1.5	0.5	−0.5				1	6
	P_1:									
	P_2:		−7/4	1/4	−1/4	2				−3
	P_3:		3/4	−3/4	3/4					−3

由上面单纯形表可知，对于子问题一已达到最优，子问题二和子问题三未达到最优。因为子问题二的第二列最负，选择 x_2 为进入变量，选择 d_2^- 为离开变量。进行旋转变换后，得到下表：

	基本变量	x_1	x_2	d_1^+（进入↓）	d_1^-	d_2^+	d_2^-	d_3^-	d_4^-	常数
	x_1	1		−1/7	1/7	−3/7	3/7			12/7
	x_2		1	−1/7	1/7	4/7	−4/7			12/7
1	d_3^-			9/14	−9/14	3/7	−3/7	1		30/7
离开←1	d_4^-			(5/7)	5/7	−6/7	6/7		1	24/7
	P_1:									
	P_2:									
	P_3:			−9/14	9/14	−3/7	3/7			−30/7

由上面单纯形表可知，子问题一和子问题二已达到最优。子问题三未达到最优，因为子问题三的第三列最负，选择 d_1^+ 为进入变量，选择 d_4^- 为离开变量。进行旋转变换后第三行常数为负，将第三行整行加负号得到下表：

	基本变量	x_1	x_2	d_1^+	d_1^-	d_2^+	d_2^-	d_3^-	d_4^-	常数
	x_1	1			2/7	−0.6	0.6		1.4	2.4
	x_2		1		2/7	0.4	−0.4		1.4	2.4
1	d_3^-				19/14	−1.2	1.2	−1	0.9	1.2
	d_1^+			1	1	−1.2	1.2		1.4	4.8
	P_1:									
	P_2:									
	P_3:				−19/14	1.2	−1.2	2	0.9	−1.2

由上面单纯形表可知,子问题一和子问题二已达到最优,子问题三仍未达到最优,但经过三次变换后,这已经是最后的表了。最后的解为:$x_1=x_2=2.4$,即 $x^*=(2.4,2.4)$,这时 $d_1^-=d_2^+=d_2^-=d_3^+=d_4^+=d_4^-=0$;负偏差 $d_3^-=1.2$,使用原材料为 $12-1.2=10.8$;$d_1^+=4.8$,利润为 $12+4.8=16.8$。

(2) 图解法求解

按题意可作图如 10.4。

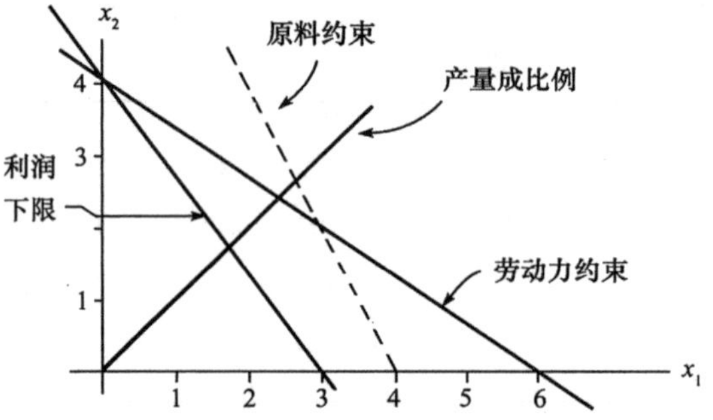

图 10.4 例 10.3 的求解图

在劳动力约束与产量成比例两条直线的交点处,利润有最大正偏差。交点坐标为方程组

$$\begin{cases}2x_1+3x_2=12\\ x_1-\ \ x_2=0\end{cases}$$

的解 $x_1=x_2=2.4$,即 $x^*=(2.4,2.4)$,这时 $d_1^-=d_2^+=d_2^-=d_4^+=d_4^-=0$;使用原材料 10.8 个单位,负偏差 $d_3^-=1.2$,$d_3^+=0$;利润为 16.8,$d_1^+=4.8$。

该结果与改进的单纯型法的求解结果完全一致,但是求解过程简单得多。因此,只要有可能,应该尽量采用图解法求解。

10.3.3 字典序法

字典序法的算法步骤如下。

第一步，由决策人给出 n 个目标，并按重要性由高到低排成 $y_1, y_2, \cdots, y_n$。

第二步，用适当方法估计各属性的偏好（效用或价值）函数：

$$w_1(y_1), w_2(y_2), \cdots, w_n(y_n)$$

第三步，依次求解下列问题，进行筛选：

问题 P_1 $\max\limits_{x \in X} w_1(y_1(\boldsymbol{x}))$，解为 X_1

问题 P_2 $\max\limits_{x \in X_1} w_2(y_2(\boldsymbol{x}))$，解为 X_2

……

问题 P_j $\max\limits_{x \in X_{j-1}} w_j(y_j(\boldsymbol{x}))$，解为 X_j

……

直到(1)问题 P_j 只有惟一解，则该解为最优解；(2) n 个问题全部解过：决策人用其他准则从 X_n 中选择一个方案。

多目标决策问题的字典序法与求解多属性决策问题的字典序法有着同样的缺点。

在目的规划中，虽然第 h 优先级的目的值得以满足以前不考虑第 $h+1$ 优先级的目的，但是所有目标都在规划问题中以约束条件式(10.34)的方式加以考虑了。而字典序法则不同，在考虑第 h 各目标时，其余目标在问题中毫无反映。与字典序法相比，就可以看出目的规划法的优越性。

10.3.4 非线性目的规划

一般的非线性目的规划问题形式如下：

$$\min \sum_{h=1}^{l} P_h \Big[\sum_{j \in J_h} (w_j^{+} d_j^{+} + w_j^{-} d_j^{-}) \Big] \tag{10.38}$$

受约束于：

$$g_k(\boldsymbol{x}) < 0 \qquad k = 1, \cdots, m \tag{10.39}$$

$$f_j(\boldsymbol{x}) - d_j^{+} + d_j^{-} = \hat{f}_j \qquad j = 1, \cdots, n \tag{10.40}$$

$$d_j^{+} \cdot d_j^{-} = 0 \qquad j = 1, \cdots, n \tag{10.41}$$

$$\boldsymbol{x} > 0, d_j^{+} \geqslant 0, d_j^{-} \geqslant 0 \qquad j = 1, \cdots, n \tag{10.42}$$

非线性目的规划问题的求解步骤与线性目的规划问题的求解步骤一样，从最高优先级子问题开始，依次求解下一优先级的子问题。与线性目的规划之间的区别在于，式(10.39)和(10.40)中的 $g_k(\boldsymbol{x})$ 和 $f_j(\boldsymbol{x})$ 中有非线性函数。

第 h 个优先级的子问题的形式如下：

$$z_h^* = \sum_{j \in J_h} (w_j^+ d_j^+ + w_j^- d_j^-), \quad h = 1, \cdots, l \tag{10.43}$$

受约束于：

$$X^0 \cap X^{h-1} \tag{10.44}$$

其中

$$X^0 = \{(\boldsymbol{x}, \boldsymbol{d}^+, \boldsymbol{d}^-)^{\mathrm{T}} \in R^{N+2n} | f_j(\boldsymbol{x}) - d_j^+ + d_j^- = \hat{f}_j, d_j^+ \cdot d_j^- = 0, d_j^+ \geqslant 0, d_j^- \geqslant 0, j = 1, \cdots, n; \boldsymbol{x} > \boldsymbol{0}; g_k(\boldsymbol{x}) < 0, k = 1, \cdots, m\} \tag{10.45}$$

$$X^{h-1} = \left\{(\boldsymbol{x}, \boldsymbol{d}^+, \boldsymbol{d}^-)^{\mathrm{T}} \in R^{N+2n} \mid \sum_{j \in J_h} (w_j^+ d_j^+ + w_j^- d_j^-) \leqslant z_s^*, s = 1, \cdots, h-1\right\} \tag{10.46}$$

当第 h 个优先级的子问题的解惟一或 $h = l$ 时计算终止。若求解全部 l 个子问题后 X^l 中仍包含多个方案，则要由决策人从中选定最佳调和解。

线性目的规划问题可以用改进的单纯型法有效地求解所有 l 个子问题；而非线性目的规划问题必须根据问题的特点选用适当方法去求解。Hwang(1979)提出用 Hooke-Jeeves 法，Lee(1972)提出利用计算机求数值解。

10.4 逐 步 法

逐步法(step method)简称 STEM 法，是一种决策人逐步宣布偏好的多目标决策方法。逐步法每求解一次，分析人员都要与决策人进行对话，分析人员把计算结果告诉决策人并征求反馈意见。若决策人对结果不满意，则分析人员要根据决策人的意见对决策模型中的参数进行必要的修改并重新计算，以改进计算结果，直到决策人对结果满意为止。由于这种方法是逐步进行的，所以称做逐步法。

逐步法是式(10.20)的一个特例，所选的距离范数 $p = \infty$。上一节中我们讨论了其含义：这时只有最大偏差起作用，也就是说这种方法的实质是假设决策人希望使离理想点最远的目标的偏差最小化。因此逐步法的决策规则属于极小化极大规则。

这种方法是个迭代过程。分析人员用极小化极大规则求问题的解，把结果交给决策人，由决策人判断：对结果是否满意？希望改进哪些目标的值？为了改进某些(某个)目标，决策人必须降低对另一些目标的要求，所以决策人还必须在分析人员的协助下了解各目标之间的相互关系，并对所有目标函数的值进行权衡，然后回答：哪个(或哪些)目标函数的值还能降低？可以降低多少？决策人回答了所有这些问题之后，分析人员把降低了要求的目标函数作为新的约束条件加入决策问题的模型中，再按极小化极大规则进行新一轮计算。这种交互过程不断进行，直到获得决策人满意的结果为止。

对如下的线性目标函数和线性约束条件的多目标决策问题：

$$\max\{\boldsymbol{f}(\boldsymbol{x}) = C\boldsymbol{x}\} \tag{10.47}$$

受约束于：

$$A\boldsymbol{x} \leqslant b \tag{10.48}$$

$$\boldsymbol{x} \geqslant 0 \tag{10.49}$$

把式(10.48)和(10.49)所示的约束条件记作 X^1；其中 $\boldsymbol{x}$ 为 N 维列向量；式(10.47)中的 $C=(c_{ji})_{n\times N}$，c_{ji}是第 j 个目标函数中 $\boldsymbol{x}$ 的第 i 个分量 x_i 的系数。

逐步法的算法步骤如下：

第一步，求理想点。

① 求解 n 个单目标优化问题

$$\max_{x\in X} f_j(\boldsymbol{x}), \quad j = 1,\cdots,n \tag{10.50}$$

所示问题的解为 $\boldsymbol{x}_j^*(j=1,\cdots,n)$与 $\boldsymbol{x}_j^*$ 相对应的目标函数记作 $f_j^*=f_j(\boldsymbol{x}_j^*)$。

② 定义理想点 $\boldsymbol{f}^*=(f_1^*,\cdots,f_n^*)$。

③ 列出性能指标表。

计算每个 $\boldsymbol{x}_j^*$ 的各目标的函数值 $f_k(\boldsymbol{x}_j^*)$，$k=1,\cdots,n$，并把它们列入表 10.2 所示的性能指标表中，使决策人对取不同的 $\boldsymbol{x}_j^*$ 时各目标的值有直观认识，以便下一步做出适当的判断。

表 10.2　性能指标表

	f_1	$\cdots$	f_j	$\cdots$	f_n
x_1^*	f_1^*	$\cdots$	f_{1j}	$\cdots$	f_{1n}
$\vdots$	$\vdots$				
x_j^*	f_{j1}	$\cdots$	f_j^*	$\cdots$	f_{jn}
$\vdots$	$\vdots$		$\vdots$		$\vdots$
x_n^*	f_{n1}	$\cdots$	f_{nj}	$\cdots$	f_n^*

④ 令 $q=1$。

第二步，解极小化极大问题。由于

$$d_\infty(\boldsymbol{f}(\boldsymbol{x}) - \boldsymbol{f}^*) = \max\{w_j(f_j^* - f_j(\boldsymbol{x}))\} \tag{10.51}$$

求最大偏差的极小值就是求解

$$\min\{d_\infty(\boldsymbol{f}(\boldsymbol{x}) - \boldsymbol{f}^*)\} \tag{10.52}$$

受约束于：

$$\boldsymbol{x}\in X^q \tag{10.53}$$

上述问题等价于解如下线性规划问题：

$$\min \lambda \tag{10.54}$$

受约束于：

$$\lambda \geqslant w_j\cdot(f_j^* - f_j(\boldsymbol{x})), \quad j=1,\cdots,n \tag{10.55}$$

$$\boldsymbol{x}\in X^q \tag{10.56}$$

$$\lambda \geqslant 0 \tag{10.57}$$

其中 $w_j, j=1,\cdots,n$ 是权,由下式给定:

$$w_j = \alpha_j \Big/ \sum_{j=1}^{n} \alpha_j, \quad j = 1,\cdots,n \tag{10.58}$$

式(10.58)中的 α_j 是规范化了的目标函数的偏差幅度

$$\alpha_j = \frac{|f_j^* - f_j^{\min}|}{f_j^* \cdot \sqrt{\sum_{i=1}^{N} c_{ji}^2}} \tag{10.59}$$

式中的 $f_j^{\min}$ 可以从性能指标表中获得,它是第 j 列中的最小值。α_j 的含义可以这样理解,式(10.59)的等号右侧可以分成两部分,一部分是 $|f_j^* - f_j^{\min}|/f_j^*$,这是性能指标表中第 j 列各元素之间的最大差值与最大值之比,反映了各方案的第 j 个目标函数相对于 f_j^* 的变动幅度。$|f_j^* - f_j^{\min}|/f_j^*$ 的值越大,f_j 对方案 $\boldsymbol{x}$ 的变化越敏感,在求解过程中的作用也越重要。第二部分是 $\left(\sum_{i=1}^{N} c_{ji}^2\right)^{-1/2}$,由于 $f_j(\boldsymbol{x}) = \sum_{i=1}^{N} c_{ji}x_i$,而 $f_j^* = f_j^*(\boldsymbol{x}_j^*) = \sum_{i=1}^{N} c_{ji}x_{ji}^*$,所以

$$f_j^* - f_j(\boldsymbol{x}) = \sum_{i=1}^{N} c_{ji}(x_{ji}^* - x_i) \tag{10.60}$$

由上式可知 $\left(\sum_{i=1}^{N} c_{ji}^2\right)^{1/2}$ 是 $\boldsymbol{x}_j^*$ 与 $\boldsymbol{x}$ 之差为单位列向量时,第 j 个目标函数 f_j 的变动幅度,把它放在分母上起目标函数规范化的作用,便于比较各个不同的目标。

式(10.58) 由 α_j 计算 w_j 也是为了规范化,使 $0 \leqslant w_j \leqslant 1, j = 1,\cdots,n$,且有 $\sum_{j=1}^{n} w_j = 1$。解式(10.54) ~ (10.57) 所示的线性规划问题,得 $\boldsymbol{x}^q$ 并计算 $f_j(\boldsymbol{x}^q)$,$j = 1,\cdots,n$。

第三步,将计算结果交由决策人判断。

决策分析人员把第二步求得的 $\boldsymbol{x}^q$ 和 $f_j(\boldsymbol{x}^q), j=1,\cdots,n$ 交给决策人,由决策人对各目标函数值加以判断,看看是否有某些目标值太高而另一些目标的值太差。如果有,则由决策人确定降低某个太好的目标 $f_l(\boldsymbol{x}^q)$,下降 Δf_l。再由分析人员修改约束条件,使 X^{q+1}为

$$\begin{cases} A\boldsymbol{x} \leqslant \boldsymbol{b} \\ \boldsymbol{x} \geqslant \boldsymbol{0} \\ f_l(\boldsymbol{x}) = f_l(\boldsymbol{x}^q) - \Delta f_l \\ f_j(\boldsymbol{x}) \geqslant f_j(\boldsymbol{x}^q), \ j = 1,\cdots,n, \ j \neq l \end{cases} \tag{10.61}$$

并令 $w_l = 0, q = q+1$。返回第二步,进行下一轮计算与对话,直到得出决策人满

意的解为止。

逐步法的优点是决策人从性能指标表中不仅可以知道各目标函数所能达到的最大值,还能了解一组方案的性能;每一轮计算结果可以与这些方案以及前些轮的结果进行比较,有了这些信息,决策人对目标函数的修改就有针对性。也就是说在寻求最佳调和解的过程中,决策人比较容易提供必要的偏好信息。

例 10.4　用逐步法求解如下多目标决策问题:

$$\min\{f_1(\boldsymbol{x}) = -x_1 - 2x_2, f_2(\boldsymbol{x}) = -3x_1 - x_2\}$$

$$X^1 = \{\boldsymbol{x} \in R^2 \mid x_1 + x_2 \leqslant 6,\ 2x_1 + x_2 \leqslant 9,\ 0 \leqslant x_1 \leqslant 4,\ 0 \leqslant x_2 \leqslant 5\}$$

第一步,求理想点。

① 解两个单目标优化问题。由

$$\min_{x \in X} f_1(\boldsymbol{x})$$

得　$\boldsymbol{x}_1^* = (1,5)^{\mathrm{T}}, f_1^* = f_1(\boldsymbol{x}_1^*) = -11, f_{12} = f_2(\boldsymbol{x}_1^*) = -8$

由 $\min\limits_{x \in X} f_2(\boldsymbol{x})$,得

$$\boldsymbol{x}_2^* = (4,1)^{\mathrm{T}},\ f_2^* = f_2(\boldsymbol{x}_2^*) = -13, f_{21} = f_1(\boldsymbol{x}_2^*) = -6$$

② 理想点为 $(-11, -13)$。

③ 列出如下性能指标表:

	f_1	f_2	
x_1^*	-11	-8	$\to f_1^{\min} = -8$
x_2^*	-6	-13	$\to f_2^{\min} = -6$

④ 令 $q = 1$。

第二步,解极小化极大问题。

① 计算权重 $\alpha_1 = 3/11\sqrt{5} \approx 0.122$, $\alpha_2 = 7/13\sqrt{10} \approx 0.170$, $w_1 = 0.418$, $w_2 = 0.582$;

② 求解　$\min \lambda$

受约束于:　$\lambda \geqslant -0.418x_1 - 0.836x_2 - 4.598$

$\lambda \geqslant -1.746x_1 - 0.582x_2 - 7.566$

$\boldsymbol{x} \in X^1$

得　$\boldsymbol{x}^1 \approx (2.8, 3.2), f_1(\boldsymbol{x}^1) = -9.2, f_2(\boldsymbol{x}^1) = -11.6$

第三步,把上述结果交给决策人,由他对 $(-9.2, -11.6)$ 与理想点 $(-11, -13)$ 进行比较,判断哪个目标值太高,哪个目标值太差。

假设决策人认为 f_1 需要改进,f_2 可以降低一个单位,则

$$X^2 = \{\boldsymbol{x} \in R^2 \mid -3x_1 - x_2 \leqslant -10.6,\ -x_1 - 2x_2 \leqslant -9.2$$

$$且\ x_1+x_2\leqslant 6,\ 2x_1+x_2\leqslant 9,\ 0\leqslant x_1\leqslant 4,\ 0\leqslant x_2\leqslant 5\}$$

并令 $w_1=1, w_2=0, q=2$,进行第二轮迭代。返回。

第二步,求解

$$\min \lambda$$

受约束于:

$$\lambda \geqslant -x_1-2x_2+11$$

$$\boldsymbol{x}\in X^2$$

可得

$$\boldsymbol{x}^2\approx(2.3,3.7),\ f_1(\boldsymbol{x}^2)=-9.7,\ f_2(\boldsymbol{x}^2)=-10.6$$

第三步,将新的结果交给决策人,如果决策人对此表示满意,$\boldsymbol{x}^2\approx(2.3,3.7)$就是最佳调和解;如果还不满意,需要由决策人重新调整目标函数值并进行新一轮计算。

本例题求解结果的图形如图 10.5 所示。

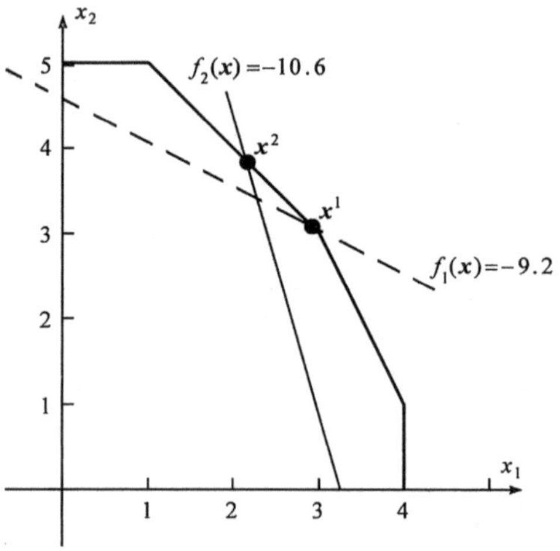

图 10.5 例 10.4 的求解结果

10.5 调和解和移动理想点法

1. 基本思路

求解式(10.20)和(10.21)所示目的规划问题$\min\limits_{x\in X}\{d_p(\boldsymbol{f}(\boldsymbol{x})-\boldsymbol{f}^*)\}$时,需要由决策人确定①理想点 $\boldsymbol{f}^*$ 或目的向量 $\hat{\boldsymbol{f}}$, ②反映决策人偏好的权向量 $\boldsymbol{w}$, ③距离范数 p。其中权向量 $\boldsymbol{w}$ 应该也可以由决策人提供。要由决策人给出理想点 $\boldsymbol{f}^*$ 或目的向量 $\hat{\boldsymbol{f}}$ 比设定权困难,但是基于对问题的了解还是能够提供的;即使决策人不

能提供，还可以由单调性假设，求得 $\hat{\boldsymbol{f}}=\boldsymbol{f}^*=(f_1^*,\cdots,f_n^*)^{\mathrm{T}}$，其中

$$f_j^* = \max_{x\in X} f_j(\boldsymbol{x}),\quad j=1,\cdots,n \tag{10.62}$$

最为困难的是确定 p，在 10.3 节中我们指出，只有 $p=1,2,\infty$ 时有一定的几何意义，要让决策人选定 p 值实在是勉为其难。

由于 p 值很难设定，Zeleny(1973)提出了调和解、调和解集和调和集的概念。调和解 $\boldsymbol{x}_w^p$是给定权向量 $\boldsymbol{w}$ 和理想点 $\boldsymbol{f}^*=(f_1^*,\cdots,f_n^*)^{\mathrm{T}}$ 时，规划问题

$$\min_{x\in X}\left\{d_p(\boldsymbol{f}(\boldsymbol{x})-\boldsymbol{f}^*)=\left[\sum w_j(f_j^*-f_j(\boldsymbol{x}))^p\right]^{1/p}\right\} \tag{10.63}$$

的解。

因此，给定权向量 $\boldsymbol{w}$ 和理想点 $\boldsymbol{f}^*$，定义调和解集 X_W^C 为 $1\leqslant p\leqslant\infty$ 时所有调和解 $\boldsymbol{x}_w^p$的集合，即

$$X_w^C=\left\{\boldsymbol{x}\in X \mid \boldsymbol{x}\text{ 是给定 }\boldsymbol{w},1\leqslant p\leqslant\infty\text{ 时}\min_{x\in X}\left\{\sum w_j \mid f_j(\boldsymbol{x})-f_j^* \mid^p\right\}^{1/p}\text{ 的解}\right\}$$

可以证明，若 $\boldsymbol{w}>\boldsymbol{0}$，调和解集 X_W^C 是非劣解集 X^* 的子集，即 $X_w^C\subset X^*$。

图 10.6 所示为两个目标线性情况的调和解集在目标空间 F 中的象，其中坐

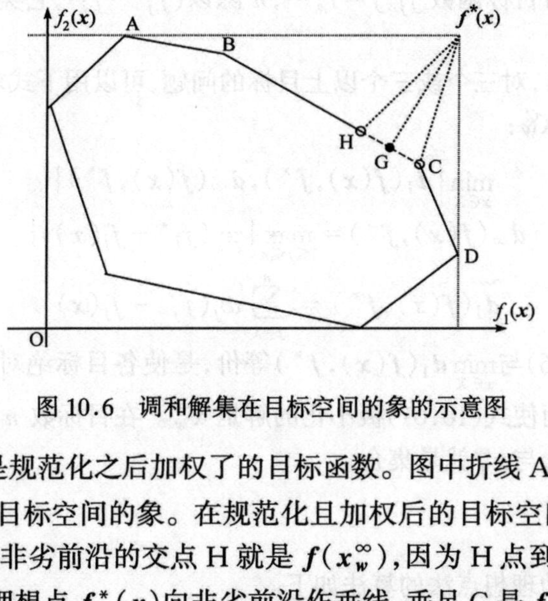

图 10.6　调和解集在目标空间的象的示意图

标$f_1(\boldsymbol{x})$和$f_2(\boldsymbol{x})$是规范化之后加权了的目标函数。图中折线 ABCD 是非劣前沿，即非劣解集 X^* 在目标空间的象。在规范化且加权后的目标空间中，过 $\boldsymbol{f}^*(\boldsymbol{x})$且斜率为 1 的直线与非劣前沿的交点 H 就是 $\boldsymbol{f}(\boldsymbol{x}_w^\infty)$，因为 H 点到理想点 $\boldsymbol{f}^*(\boldsymbol{x})$的最大偏差最小；由理想点 $\boldsymbol{f}^*(\boldsymbol{x})$向非劣前沿作垂线，垂足 G 是 $\boldsymbol{f}(\boldsymbol{x}_w^2)$，因为这时的欧氏距离最小；C 是非劣前沿上到理想点 $\boldsymbol{f}^*(\boldsymbol{x})$绝对值距离最小的点，所以 C 点为$\boldsymbol{f}(\boldsymbol{x}_w^1)$。在两个目标的情况下，如果 $\boldsymbol{w}>0$，X_w^C是非劣解集中处于$\boldsymbol{x}_w^1$和$\boldsymbol{x}_w^\infty$之间所有点的集合；而且当 $\boldsymbol{x}_w^1$和$\boldsymbol{x}_w^\infty$处于相同的非劣边界时，有

$$X_w^C=\{\boldsymbol{x}\in X \mid \boldsymbol{x}=\alpha\boldsymbol{x}_w^1+(1-\alpha)\boldsymbol{x}_w^\infty,\ 0\leqslant\alpha\leqslant 1\} \tag{10.64}$$

根据式(10.64)，线段 CH 就是 X_w^C在目标空间的象，称做**调和集**(compromise set)。

显然 X_w^C是非劣解集X^*缩小了的子集。在得到 X_w^C后,要求决策人从中选取最佳调和解 $\boldsymbol{x}_w^B$。如果 X_w^C仍然太大,难以从中选出最佳调和解,就需要用其他办法进一步缩小它。Zeleny(1973,1977)提出了一些缩小调和解集的方法,其中之一是移动理想点法。

移动理想点法的基本思路是,理想点 $\boldsymbol{f}^*(\boldsymbol{x})$是用式(10.62)从方案 $\boldsymbol{x}$ 的可行域X 中生成的,随着可行域缩小为调和解集 X_w^C,相应的理想点$\widetilde{\boldsymbol{f}^*}$ 也应该用 X_w^C 取代式(10.62)中的 X 重新生成,即

$$\widetilde{f_j^*} = \max_{x \in X_w^C} f_j(\boldsymbol{x}), \quad j = 1, \cdots, n \tag{10.65}$$

由新的理想点$\widetilde{\boldsymbol{f}^*}$,可以求得新的调和解集 $\widetilde{X}_W^C$,使决策人更容易选择。在用图10.6 介绍调和解集的概念时提到 $f_1(\boldsymbol{x})$和 $f_2(\boldsymbol{x})$是规范化之后加权了的目标函数。各目标偏差的规范化方法是:记 $f_j^0 = \min_{x \in X} f_j(\boldsymbol{x})$,用$(f_j^* - f_j(\boldsymbol{x}))/(f_j^* - f_j^0)$代替$(f_j^* - f_j(\boldsymbol{x}))$,使偏差无量纲、归一化,否则 $d_p(\cdot)$与量纲、单位的选取有关。这种规范化方法是对目标函数 $f_j, j=1,\cdots,n$ 除以$(f_j^* - f_j^0)$,它类似于式(9.4)的标准 0-1 变换。

Zeleny 还提出,对三个或三个以上目标的问题,可以用下式求得的非劣解(集)去近似调和解集 X_W^C:

$$\min_{x \in X} \{ \widetilde{\boldsymbol{d}}_1(\boldsymbol{f}(\boldsymbol{x}), \boldsymbol{f}^*), \boldsymbol{d}_\infty(\boldsymbol{f}(\boldsymbol{x}), \boldsymbol{f}^*) \} \tag{10.66}$$

式中

$$\boldsymbol{d}_\infty(\boldsymbol{f}(\boldsymbol{x}), \boldsymbol{f}^*) = \max_{1 \leqslant j \leqslant n} \{ w_j(f_j{}^* - f_j(x)) \} \tag{10.67}$$

$$\widetilde{\boldsymbol{d}}_1(\boldsymbol{f}(\boldsymbol{x}), \boldsymbol{f}^*) = \sum_{j=1}^{n} w_j(f_j^* - f_j(\boldsymbol{x})) \tag{10.68}$$

由于式(10.66)与$\min_{x \in X} \boldsymbol{d}_1(\boldsymbol{f}(\boldsymbol{x}), \boldsymbol{f}^*)$等价,是使各目标绝对距离之和极小化,它的解就是 $\boldsymbol{x}_w^1$,而使式(10.67)极小化的解是 $\boldsymbol{x}_w^\infty$。在目标数 $n=2$ 时,$\boldsymbol{x}_w^1$和 $\boldsymbol{x}_w^\infty$是点;而 $n \geqslant 3$ 时,$\boldsymbol{x}_w^1$与 $\boldsymbol{x}_w^\infty$就是集合。

2. 求解步骤

调和解和移动理想点法的算法如下。

第一步,由决策人估计权 $\boldsymbol{w}$,令 $X^1 = X$。

第二步,计算理想点 $\boldsymbol{f}^*$ 和 $\boldsymbol{f}^0$。

理想点 $\boldsymbol{f}^* = (f_1^*, \cdots, f_n^*)^{\mathrm{T}}, f_j^* = \max_{x \in X^1} f_j(\boldsymbol{x}), \ j = 1, \cdots, n$

$\boldsymbol{f}^0 = (f_1^0, \cdots, f_n^0)^{\mathrm{T}}$,用适当方法求得非劣解集 X^{1*},$f_j^0 = \min_{x \in X^{1*}} f_j(\boldsymbol{x})$。

第三步,构造调和解集 X_w^C。

求解 $\min\limits_{x\in X}\{d_p(\boldsymbol{f}(\boldsymbol{x})-\boldsymbol{f}^*)\}$, $p=1,2,\infty$, 得到 X_w^C。

其中
$$d_1(\cdot)=\sum_{j=1}^{n}w_j\frac{f_j^*-f_j(\boldsymbol{x})}{f_j^*-f_j^0} \tag{10.69}$$

$$d_2(\cdot)=\sum_{j=1}^{n}w_j\left[\frac{f_j^*-f_j(\boldsymbol{x})}{f_j^*-f_j^0}\right]^2 \tag{10.70}$$

$$d_\infty(\cdot)=\max_j\left\{w_j\frac{f_j^*-f_j(\boldsymbol{x})}{f_j^*-f_j^0}\right\} \tag{10.71}$$

当目标数 $n\geqslant3$ 时,用式(10.66)求 X_w^C的近似解。

第四步,寻找最佳调和解。

若决策人能从 X_w^C中找出最佳调和解,则结束;否则令 $X^1=X_w^C$,返回第二步。

Zeleny 最初提出这种方法时是用来解线性规划问题的,但是至少在原则上可以用于求解一般的多目标决策问题。

调和解和移动理想点法在诸多的多目标决策问题的求解方法中,由于求解思路清楚、直观,与求解多属性决策问题的 TOPSIS 法相似,所以使用较广。下面用一个简单的例子说明该方法的具体应用。

例 10.5 多目标规划问题。

$$\max\ f_1=2x_1+x_2$$
$$f_2=-4x_1+x_2$$

受约束于:
$$\begin{aligned}-2x_1+x_2&\leqslant1\\-x_1+2x_2&\leqslant8\\x_1+x_2&\leqslant10\\2x_1-x_2&\leqslant8\\4x_1+3x_2&\geqslant8\\x_1,x_2&\geqslant0\end{aligned}$$

① 画出可行域 X 和 X 在目标空间的映象 Y 的图形。

② 求出所有非劣解;

③ 在目标空间标出理想点;

④ 设 $w_1=w_2$, 求 $\boldsymbol{x}_w^1,\boldsymbol{x}_w^2,\boldsymbol{x}_w^\infty$及最佳调和解。

根据题中所给条件,该规划问题的可行域 X 为图 10.7(a)中多边形 ABCDEF。X 在目标空间的映象 Y 则是图 10.7(b)中的多边形 A′B′C′D′E′F′。

由图 10.7(b)可知,非劣前沿在 Y 的右上侧,是折线 A′B′C′D′,因此非劣解集为图 10.7(a)中的折线 ABCD。

在图 10.7(b)中 f_1 的极大值为 16,f_2 的极大值为 0,所以 $\boldsymbol{f}^*=(16,0)$。

求 $\boldsymbol{x}_w^1,\boldsymbol{x}_w^2,\boldsymbol{x}_w^\infty$及最佳调和解之前,首先使目标规范化。按规定,应该对每个目

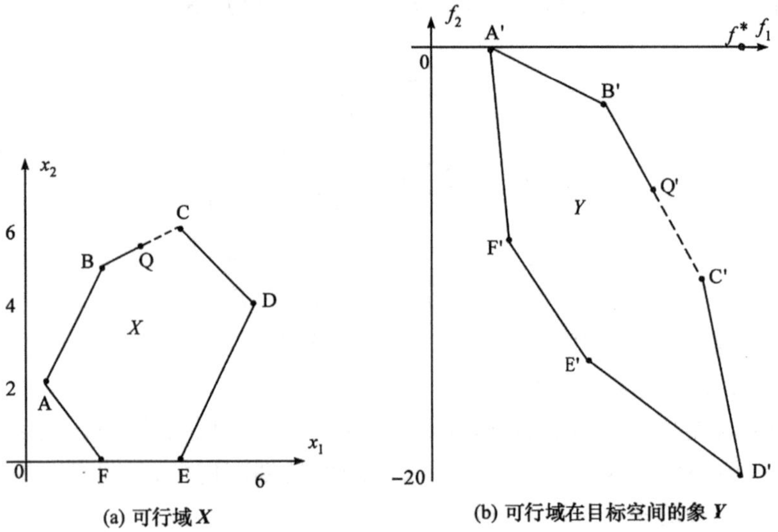

图 10.7

标除以$(f_j^* - f_j^0)$,由于 $f_1^* = 16, f_1^0 = 3$;$f_2^* = 0, f_2^0 = -20$,只要令

$$f_2'' = \frac{f_1^* - f_1^0}{f_2^* - f_2^0} f_2 = \frac{13}{20} f_2$$

就能达到规范化的目的。规范化后的目标空间如图 10.8 所示。由于 $w_1 = w_2$,加权后的规范化目标空间仍如图 10.8 所示。图 10.8 与图 10.7 的区别仅在于坐标 $f_2'' = 0.65 f_2$。在图 10.7 和图 10.8 中各点的值见表 10.3。

表 10.3

点	A	B	C	D	E	F	$\boldsymbol{x}_w^\infty(Q)$	$\boldsymbol{x}_w^2$	$\boldsymbol{x}_w^1$
$\boldsymbol{x} = (x_1, x_2)$	(0.5,2)	(2,5)	(4,6)	(6,4)	(4,0)	(2,0)	(3.06, 5.53)	(3.14, 5.57)	(4,6)
$\boldsymbol{f}(\boldsymbol{x}) = (f_1, f_2)$	(3,0)	(9, −3)	(14, −10)	(16, −20)	(8, −16)	(4, −8)	(11.6, −6.7)	(11.9, −7.0)	(14, −10)
$\boldsymbol{f}'(\boldsymbol{x}) = (f_1, f_2'')$	(3,0)	(9, −1.95)	(14, −6.5)	(16, −13)	(8, −10.4)	(4, −5.2)	(11.6, −4.36)	(11.9, −4.55)	(14, −6.5)

在一般情况下,应该用式(10.69)~(10.71)求得 $\boldsymbol{x}_w^1$、$\boldsymbol{x}_w^2$ 和 $\boldsymbol{x}_w^\infty$,并确定 X_w^C。由于本例中决策变量和目标函数都只有两个分量,不妨用图解法求解。

在图 10.8 中,过 B″与 C″的直线方程为

$$5f_2'' + 4.55f_1 = 31.19$$

过 $\boldsymbol{f}^*$ 的斜率为 1 的直线方程为 $f_2'' = f_1 - 16$;两条直线的交点 Q'' 即 $\boldsymbol{f}'(\boldsymbol{x}_w^\infty) = (11.6, -4.36)$,相应的 $\boldsymbol{x}_w^\infty = (3.06, 5.53)$。过 $\boldsymbol{f}^*$ 与 B″C″垂直的直线为 $4.55 f_2'' =$

$5(f_1-16)$，垂足 T'' 就是 $\boldsymbol{f}'(\boldsymbol{x}_w^2)=(11.9, -4.55)$，相应的，$\boldsymbol{x}_w^2=(3.14, 5.57)$。显然，$\boldsymbol{f}'(\boldsymbol{x}_w^1)$ 即 C''。由上可知调和解集 X_w^C 为线段 QC，调和集为线段 Q′C′。

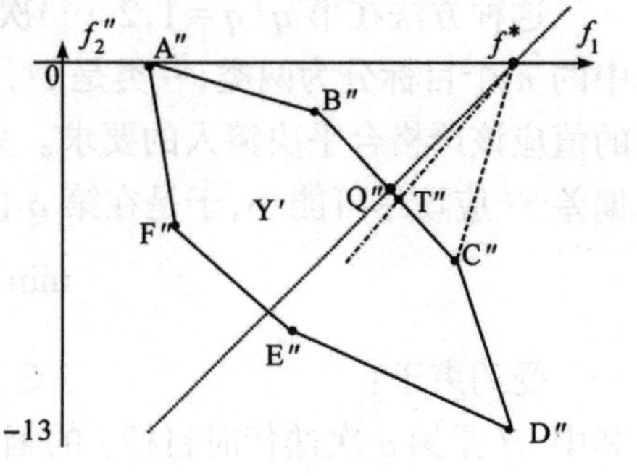

图 10.8

虽然这个例子中的各目标函数是线性的，但是决策人的价值函数不一定是加性的；而且得到的调和集 Q′C′还比较大，若决策人不能做出判断，即不能直接从调和集中选出最佳调和解 x_w^B，则可以用调和解集 X_w^C（线段 QC）取代原来的可行域 X（多边形 ABCDEF），作为新的可行域 X^*，在图 10.7 中找出新的理想点(14，−6.7)，再重复上述过程。最终可得最佳调和解。

如果决策人的价值函数是加性的，则问题要简单得多，完全不必用移动理想点法，而可以直接用加权法求解。对两个目标的加性、线性问题，在加权的规范化目标空间中，价值或效用函数的等值线是斜率为 −1 的直线。当等值线从右上向左下平移时，最早遇到的非劣前沿上的点就是最佳调和解。

*10.6　多目标问题的序贯解法

多目标问题的序贯解法（sequential multiobjective problem solving，SEMOP），是 Monarchi 等人 1973 提出的对话式方法。每次迭代时根据决策人的意见去修改目的值，并力图使目标函数与给定目的的偏差极小化。这种方法的最大特点是决策人提供的目的可以不是固定值，而是区间。由于目的有多种形式，与目的的偏差测度也需要作相应调整。Monarchi 所提出的目的和相应的偏差测度如表 10.4 所示。

表 10.4　各类目的的表达式与偏差测度

序号	目的类型	目的表达式	偏差测度 d_j
1	有上界 b_j	$f_j(\boldsymbol{x})\leqslant b_j$	$f_j(\boldsymbol{x})/b_j$
2	有下界 a_j	$f_j(\boldsymbol{x})\geqslant a_j$	$a_j/f_j(\boldsymbol{x})$
3	给定值 c_j	$f_j(\boldsymbol{x})=c_j$	$\frac{1}{2}\left(\frac{f_j(\boldsymbol{x})}{c_j}-\frac{c_j}{f_j(\boldsymbol{x})}\right)$
4	区间$[a_j, b_j]$内	$a_j\leqslant f_j(\boldsymbol{x})\leqslant b_j$	$\frac{b_j}{a_j+b_j}\left(\frac{f_j(\boldsymbol{x})}{b_j}+\frac{a_j}{f_j(\boldsymbol{x})}\right)$
5	区间$[a_j, b_j]$外	$f_j(\boldsymbol{x})\leqslant a_j, f_j(\boldsymbol{x})\geqslant b_j$	$\frac{b_j+a_j}{b_j}\left(\frac{f_j(\boldsymbol{x})}{b_j}+\frac{a_j}{f_j(\boldsymbol{x})}\right)^{-1}$

这种方法在第 $q(q=1,2,\cdots)$ 次迭代时要求决策人把目标集 $J=\{1,2,\cdots,n\}$ 中的 n 个目标分为两类,一类是 I^q,属于 I^q 的 r 个目标在第 q 次迭代中,目标函数的值应该严格合乎决策人的要求。另一类是 J^q,$J^q=J\setminus I^q$,属于 J^q 的目标的组合偏差 S^q 应该尽可能小,于是在第 q 次迭代时的主问题是求解

$$\min\left\{S^q=\sum_{j\in J^q}d_j^q\right\} \tag{10.72}$$

受约束于：

$$\boldsymbol{x}\in X^q \tag{10.73}$$

其中 d_j^q 是第 q 次迭代时目标 j 的函数值与目的之间的偏差；

$$X^q=\{\boldsymbol{x}\in X \mid \forall j\in I^q,\ f_j(\boldsymbol{x})\text{ 严格处在标定区间目的内}\}$$

将式(10.72)和式(10.73)所示主问题的解 $\boldsymbol{x}^q$ 与 $f_j(\boldsymbol{x}^q),j=1,\cdots,n$ 送决策人判断。如果决策人对结果满意,求解过程结束;如果决策人对结果不满意,则请它确定下一轮迭代时,目标值必须严格处在标定区间目的内的目标集 I^{q+1},并标定新的区间目的,进行 $q+1$ 轮迭代。

为了向决策人提供必要信息,帮助他调整区间目的,需要解 $n-r$ 个辅问题。其中第 l 个辅问题为

$$\min\left\{S_l^q=\sum_{j\in J^q,\ j\neq p}d_j^q\right\} \tag{10.74}$$

受约束于：

$$\boldsymbol{x}\in X_p^q \tag{10.75}$$

其中,$l=1,\cdots,n-r$ 是 J^q 中元素的序号;p 是 J^q 中第 l 个元素在 J 中的序号;

$$X_p^q=\{\boldsymbol{x}\in X \mid \forall j\in I^q\text{ 以及 }j=p,f_j(\boldsymbol{x})\text{ 严格处在标定区间目的内}\}$$

第 l 个辅问题与主问题的区别在于约束条件中增加了目标 p,极小化的组合偏差中去掉了目标 p。这一个辅问题的结果与主问题的结果相对照,可以看出第 p 个区间目的的变动对其他目标函数的值有什么影响。

SEMOP 法的算法步骤如下：

第一步,准备工作。首先由决策人设定 n 个目标的区间目的,然后计算 I^q 为空集时的主问题：

$$\min\left\{S^0=\sum_{j=1}^{n}d_j^0\right\} \tag{10.76}$$

受约束于：

$$\boldsymbol{x}\in X^0=X \tag{10.77}$$

计算 n 个辅问题：

$$\min\left\{S_l^0=\sum_{j\in J,j\neq l}d_j^0\right\},\qquad l=1,\cdots,n \tag{10.78}$$

受约束于：

$$\boldsymbol{x}\in X_l^0 \tag{10.79}$$

式中

$$X_l^0=\{\boldsymbol{x}\in X\mid f_l(\boldsymbol{x})\text{严格处在标定区间目的内}\} \tag{10.80}$$

将所有主问题和辅问题的解及相应的目标函数值送给决策人,令 $q=1$。

第二步,第 q 次迭代。

① 请决策人根据结果调整各目标的目的区间,并确定 r 个应严格限定值域的目标,这 r 个目标的序号构成集合 I^q。

② 解主问题:

$$\min\left\{S^q = \sum_{j\in J^q} d_j^q\right\} \tag{10.81}$$

受约束于: $x \in X^q$ (10.82)

求解结果为 x^q 和 $f_j(x^q)$, $j=1,\cdots,n$。

③ 解 $n-r$ 个辅问题,其中第 l 个辅问题涉及的目标序号为 p,组合偏差为 S_l^q,

$$\min\left\{S_l^q = \sum_{j\in J^q, j\neq p} d_j^q\right\} \tag{10.83}$$

受约束于: $x \in X_p^q$ (10.84)

x_l^q 与 $f_j(x_l^q)$ $\quad j=1,\cdots,n;\ l=1,\cdots,n-r$

第三步,由决策人对第二步的所有问题的求解结果作判断,若对 x^q 满意则停止;若不满意则令 $q=q+1$ 返回第二步。

从总体上看,SEMOP 法的主要优点是可用于非单调区间的目的,这是一般方法做不到的;这种方法通过主问题和辅问题求解结果的对比,容易反映目标间的矛盾关系,决策人进行调整时比较有针对性。SEMOP 法可以用于非线性问题,但是求解困难;它的最大缺点是没有规范化的步骤保证收敛。

Monarchi 等人虽然提出了目的值可以是区间内或区间外等形式,但是在他们文章的例子中所用到的目的只有第一种(上界)和第二种(下界)。表 10.3 中所建议的其他形式的目的及其偏差测度的实用性较差。

*10.7 基于目标间权衡的多目标决策方法

基于目标间权衡的方法也都是对话式的多目标决策方法。由于这些方法是以目标之间的权衡(trade-off)为基础的,因此我们在这一节中首先介绍与权衡有关的概念,再介绍较为常用的两种基于权衡的求解多目标决策问题的方法,并对这两种方法加以比较。

10.7.1 关于目标之间的权衡

trade-off 一词的基本含义是“置换”、“交换”、“兑换”,尤其是指为了获得某种利益或好处而放弃另一种利益,即指“对不能同时兼顾的利益或因素的权衡”。在各种多目标决策问题中,这一术语的使用随意性比较大。有**全置换率**(total trade-offs)、**偏置换率**(partial trade-offs)、**置换比率**(trade-off rates)以及含义相近的**边际**

置换率。下面我们讨论这些术语的区别和用途。

在目标数目大于两个($n>2$)时,有必要对全置换率和偏置换率加以区分。给定两个方案 $\boldsymbol{x}^0$ 和 $\boldsymbol{x}^*$,这两个方案相应的目标函数分别是

$$\boldsymbol{f}(\boldsymbol{x}^0) = (f_1(\boldsymbol{x}^0),\cdots,f_n(\boldsymbol{x}^0)) \tag{10.85}$$

$$\boldsymbol{f}(\boldsymbol{x}^*) = (f_1(\boldsymbol{x}^*),\cdots,f_n(\boldsymbol{x}^*)) \tag{10.86}$$

把 f_j 与 f_k 的交换率记作 $T_{kj}(\boldsymbol{x}^0,\boldsymbol{x}^*)$,且令

$$T_{kj}(\boldsymbol{x}^0,\boldsymbol{x}^*) = [f_k(\boldsymbol{x}^0) - f_k(\boldsymbol{x}^*)]/[f_j(\boldsymbol{x}^0) - f_j(\boldsymbol{x}^*)] \tag{10.87}$$

用 $J=\{1,\cdots,n\}$ 表示目标序号的集合,$J\setminus\{j,k\}$ 表示不包括目标 j 和 k 的目标序号集。

定义 10.1 f_j 与 f_k 的偏置换率与全置换率

若 $f_l(\boldsymbol{x}^0)=f_l(\boldsymbol{x}^*)$, $\forall\, l\in J\setminus\{j,k\}$,则 $T_{kj}(\boldsymbol{x}^0,\boldsymbol{x}^*)$ 称为是方案 $\boldsymbol{x}^0$ 和 $\boldsymbol{x}^*$ 的关于目标 f_j 与 f_k 的偏置换率;

若 $\forall\, l\in J\setminus\{j,k\}$,至少还有一个 l,其 $f_l(\boldsymbol{x}^0)\neq f_l(\boldsymbol{x}^*)$,则 $T_{kj}(\boldsymbol{x}^0,\boldsymbol{x}^*)$ 称为是方案 $\boldsymbol{x}^0$ 和 $\boldsymbol{x}^*$ 的关于目标 f_j 与 f_k 的全置换率。

上述全置换率和偏置换率与数学中的全微分和偏微分的概念相仿。在构造多属性效用函数或无差异曲线族时,以及在 Haimes, Hall(1974)提出的 SWT 法(详见 10.8 节)中都会涉及偏置换率。偏置换率的最重要的价值在于使决策人能够每次对两个目标进行比较、交换,使偏好更容易赋值。全置换率常常用于方案数有限的离散型多目标决策问题。全置换率的概念的例子,是 Zionts-Wallenius(1976)提出的用于求解线性多目标决策问题的对话式多目标算法中的置换率向量,置换率向量是在减小多目标的单纯形表的费用部分而得到的列向量,其中的每个分量表示每一单位非基变量引起的相应的目标值的改变。

对连续型变量,下列概念是有用的。

定义 10.2 若 $\boldsymbol{x}^0\in X\cap \boldsymbol{N}(\boldsymbol{x}^*)$① 且 $T_{kj}(\boldsymbol{x}^0,\boldsymbol{x}^*)$是方案 $\boldsymbol{x}^0$ 和 $\boldsymbol{x}^*$ 的关于目标 f_j 与 f_k 的全(偏)置换率,则 $T_{kj}(\boldsymbol{x}^0,\boldsymbol{x}^*)$是方案 $\boldsymbol{x}^0$ 和 $\boldsymbol{x}^*$ 的关于目标 f_j 与 f_k 的局部全(偏)置换率。

定义 10.3 给定可行方案 $\boldsymbol{x}^*$ 和从 $\boldsymbol{x}^*$ 发出的可行方向 $\boldsymbol{d}^*$②,定义 $\boldsymbol{x}^*$ 沿方向 $\boldsymbol{d}^*$ 的 $f_k - f_j$ 的全置换比率为

$$t_{kj}(\boldsymbol{x}^*,\boldsymbol{d}^*) = \lim_{\alpha\to 0} T_{kj}(\boldsymbol{x}^* + \alpha\boldsymbol{d}^*,\boldsymbol{x}^*) \tag{10.88}$$

$\boldsymbol{x}^*$ 沿方向 $\boldsymbol{d}^*$ 的全置换比率的例子是 Zionts-Wallenius 所用的置换率向量,它代表了从所讨论的极点出发沿可行域中的某一条棱的全置换比率。

---

① $\boldsymbol{N}(\boldsymbol{x},\delta)$为 $\boldsymbol{x}$ 在 X 中的 δ 邻域,$\boldsymbol{N}(\boldsymbol{x},\delta)\triangleq\{\boldsymbol{y}\mid \boldsymbol{y}\in R^N, |\boldsymbol{x}-\boldsymbol{y}|<\delta\}$。

② 从 $\boldsymbol{x}^*$ 发出的可行方向 $\boldsymbol{d}^*$,意为存在 $\alpha_0>0$,使 $\boldsymbol{x}^* + \alpha\boldsymbol{d}^*\in X$, $\forall\,\alpha\in[0,\alpha_0]$。

可以证明,若 $f_j(\boldsymbol{x}^*), j=1,\cdots,n$ 连续可微,则

$$t_{kj}(\boldsymbol{x}^*,\boldsymbol{d}^*) = [\nabla f_k(\boldsymbol{x}^*)\cdot \boldsymbol{d}^*]/[\nabla f_j(\boldsymbol{x}^*)\cdot \boldsymbol{d}^*] \tag{10.89}$$

若 $\boldsymbol{d}_0^*$ 是可行方向且存在 $\bar{\alpha}>0$,使 $\forall \alpha\in[0,\bar{\alpha}]$ 以及 $\forall l\in J\setminus\{j,k\}$ 有 $f_l(\boldsymbol{x}^*+\alpha\boldsymbol{d}_0^*)=f_l(\boldsymbol{x}^*)$,则称相应的 $t_{kj}(\boldsymbol{x}^*,\boldsymbol{d}^*)$ 为偏置换比率。

可以用一个简化了的水资源规划的例子来说明以上这些概念。

例 10.6　拟建一个多用途大坝。初步分析后决定,该项目有三个主要目标:
使建设费用极小化:f_1
使水量损失(体积/年)极小化:f_2
使水库的总库容极大化:f_3

进一步的分析发现,这三个目标与两个决策变量有关:一是用于建设的总工时,记作 x_1;一是蓄水水库的平均半径 x_2。决策变量与各目标之间有如下关系:

$$f_1(x_1,x_2) = e^{0.01x_1}x_1^{0.02}x_2^2$$

$$f_2(x_1,x_2) = 0.5x_2^2$$

$$f_3(x_1,x_2) = e^{0.005x_1}x_1^{0.001}x_2^2$$

表 10.4　各方案的决策变量与目标函数值

方案	决策变量		目标函数		
			费用	水量损失	库容
	x_1	x_2	f_1	f_2	f_3
A	0.70	22.36	500	250	500
B	116.19	44.72	7029	1000	3750
C	172.95	44.72	12500	1000	5000

从实际情况考虑,最终能够实施的方案有三个,如表 10.4 所示。方案对 A/B、A/C 和 B/C 之间的置换率见表 10.5,其中 f_1/f_2 表示增加单位损耗水量时费用的增加,f_1/f_3 表示增加单位库容所需的费用,f_2/f_3 则表示增加单位库容时损失水量的变化。

表 10.5　各方案对的置换率

	f_1/f_2	f_1/f_3	f_2/f_3
A/B	8.7	2.0	0.2154
A/C	16.0	2.7	0.1667
B/C	∞	4.4	0

为了对方案做出选择,需要对方案进行成对比较,而这种比较是以目标函数值和置换率的主观价值判断为基础的。在这个例子中,方案集是明确给定的,各方案

对的置换率就很容易计算。方案 A 与 B 和方案 A 与 C 之间的置换率是上面所定义的全置换率，因为无论 f_1/f_2、f_1/f_3 还是 f_2/f_3 置换率均不为 0，因此在对方案 A 与 B 和方案 A 与 C 进行主观价值判断时，这些比值都同时起着重要作用。方案 B 与 C 之间的置换率是偏置换率，由于 f_2/f_3 为 0，所以在对方案 B 与 C 作比较时除了直接比较 f_1、f_2 和 f_3，只有 f_1/f_3 的值需加考虑。

如果方案集是以函数的形式隐式地给出的，又没有额外的信息把方案集中的方案数缩减得较小的时候，对方案集中的方案进行成对比较即使不是不可能，也是不切实际的。这时的决策就只能进行迭代。从初始点，例如 $\boldsymbol{x}^0=(x_1^0, x_2^0)=(0.70,22.4)$ 开始，要找一个决策人更偏爱的点 $\boldsymbol{x}^1$。这就等价于在决策变量空间的 x_1-x_2 平面中沿一定的方向移动。由于缺乏适当的分析工具，要用人的判断来选择移动的方向；但是在进行判断之前就应当知道，这种移动对 f_1、f_2 和 f_3 会有些什么影响。这时就要用到置换比率这一概念，置换比率的值与移动的方向有关。例如，从 $\boldsymbol{x}^0$ 出发，沿 $\boldsymbol{d}_1=(0.98,0.19)$，$\boldsymbol{d}_2=(0.9997,0.00798)$ 和 $\boldsymbol{d}_3=(1,0)$ 方向的 $\boldsymbol{x}^0$ 在 f_1、f_2 和 f_3 之间的置换比率列于表 10.6 中。

表 10.6　置换比率举例

方向	置换比率		
	f_1/f_2	f_1/f_3	f_2/f_3
$\boldsymbol{d}_1$	5.31	1.46	0.3013
$\boldsymbol{d}_2$	81.00	1.96	0.0242
$\boldsymbol{d}_3$	∞	2.01	0

$\boldsymbol{d}_1$ 和 $\boldsymbol{d}_2$ 方向上的置换比率是全置换比率，$\boldsymbol{d}_3$ 方向上的置换比率是偏置换比率。在多目标决策问题的求解迭代过程中，向任何给定的试探性方向上的置换比率都是很重要的。直观上，置换率一词蕴含了在决策中要获得一种因素就不得不在另一种因素上做出牺牲（放弃），因此 T_{kj} 总是负值。这蕴含了决策问题从局部或总体非劣方案集开始，即 X 是非劣解集的局部或总体。在比较时，我们把两个目标之间的置换率的含义加以推广，允许方案对 $\boldsymbol{x}^0$ 和 $\boldsymbol{x}^*$ 关于目标 f_j 与 f_k 的交换比率 T_{kj} 可以是正的。有了这一规定，则

① $\boldsymbol{x}^*$ 是 X 中的非劣方案，当且仅当 $\forall\, \boldsymbol{x}\in X$，至少有一对 k,j 使 $T_{kj}(\boldsymbol{x},\boldsymbol{x}^*)$ 是负值；

② $\boldsymbol{x}^*$ 是局部非劣解，当且仅当存在 $\delta>0$ 使 $\boldsymbol{x}\in X\cap N(\boldsymbol{x}^*,\delta)$，且至少有一对 k,j 使 $T_{kj}(\boldsymbol{x},\boldsymbol{x}^*)$ 是负值。

给定两个方案 $\boldsymbol{x}^0$ 和 $\boldsymbol{x}^*$，若 $\boldsymbol{f}(\boldsymbol{x}^0)$ 和 $\boldsymbol{f}(\boldsymbol{x}^*)$ 处于同一无差异曲线上，这时的置换率称做无差异置换率或边际置换率。边际置换率这一术语在目前的决策中广

为使用。

若 $v(f_1,\cdots,f_n)$是价值函数,则无差异曲线族由下式给定:

$$v(f_1,\cdots,f_n) = C \tag{10.90}$$

式中 C 为常数。设要求无差异曲线 $v(f_1,\cdots,f_n)=v_1$ 上的固定点 $\boldsymbol{f}^*$ 处关于目标 f_j 与 f_k 的无差异置换率,可以把某个目标,比如说 f_k 表示成其他目标函数的隐函数

$$f_k = f_k(f_1,\cdots,f_{k-1},f_{k+1},\cdots,f_n) \tag{10.91}$$

f_k 的函数形式与 v_1 的值有关。$\boldsymbol{f}^*$ 点处 f_j 与 f_k 之间的无差异置换率 m_{kj} 由下式给定:

$$m_{kj} = \left.\frac{f_k(f_1,\cdots,f_{k-1},f_{k+1},\cdots,f_n)}{\partial f_j}\right|_{f=f^*} \tag{10.92}$$

由 $v(f_1,\cdots,f_n)=v_1$,用链锁微分法可得

$$m_{kj} = \frac{\partial v(\boldsymbol{f}^*)}{\partial f_j}\Big/\frac{\partial v(\boldsymbol{f}^*)}{\partial f_k} \tag{10.93}$$

若 m_{kj} 确实是无差异置换率,则它必定是负值。

10.7.2 Zionts-Wallenius 法

Zionts 和 Wallenius(1976,1980)提出的对话式方法可以求解具有下列特点的多目标决策问题:

① 约束集由线性方程所给定;

② 目标函数要么是线性的,要么是凸的;

③ 隐式的价值函数要么是线性可加的,要么是线性目标函数的凹函数;它也是各目标函数 f_j 的单调递减函数。

对话过程的特点和最佳调和解的获得在于利用全置换率。这种对话式方法的特性可以用线性问题作最好的说明。令 X 是由线性约束所规定的凸多面体,即 $X=\{\boldsymbol{x}\in R^N \mid A\boldsymbol{x}=\boldsymbol{b},\boldsymbol{x}\geqslant\boldsymbol{0}\}$,其中 A 为 $m\times N$ 的满秩矩阵。f_j 是线性目标函数,

$$f_j(\boldsymbol{x}) = \sum_{i=1}^{N} c_{ji}x_i, \quad j = 1,\cdots,n \tag{10.94}$$

令(隐式的)价值函数是线性加性的:

$$v(f_1,\cdots,f_n) = -\sum_{j=1}^{n}\lambda_j f_j(\boldsymbol{x}) \tag{10.95}$$

其中 $\sum_{j=1}^{n}\lambda_j = 1$, $\lambda_j > 0\ (j = 1,\cdots,n)$是未知的。式中的负号和 λ_j 为正数是保证 v 是每个目标函数 f_j 的单调递减函数的必要条件。为了求得最佳调和解,需要解

$$\max_{x\in X}\left\{v(f_1,\cdots,f_n)=-\sum_{j=1}^{n}\lambda_j f_j(\boldsymbol{x})\right\} \tag{10.96}$$

或

$$\min_{x\in X}\left\{-v(f_1,\cdots,f_n)=\sum_{j=1}^{n}\lambda_j f_j(\boldsymbol{x})\right\} \tag{10.96′}$$

求解上式等价于求最优权重 λ_j^*，使最佳调和解是用 λ^* 代替 λ 的加权问题的最优解。这种方法与其他方法的区别在于决策分析人员与决策人交换信息的类型不同，获取最佳调和解的途径不同。虽然 λ_j 是未知的，式(10.96)仍是线性规划问题，其中至少有一个解位于可行域 X 的极点或取极值的棱上。由于式(10.96)是一个加权问题，它的解一定是多目标决策问题的非劣解，因此根据式(10.96)求最佳调和解只要在非劣的 X 的极点或棱上搜索，凡是搜索非劣的相邻极点的方法都可以使用。

非劣极点 $\boldsymbol{x}^0$ 及其相应的单纯形表为

$$\begin{array}{c|cccc:cccc|c}
\text{基变量} & & \boldsymbol{x}_B^0 & & & & \boldsymbol{x}_D^0 & & & \text{常数}\\
x_1^0 & 1 & & & & \bar{a}_{1,\overline{m+1}} & \bar{a}_{1,\overline{m+2}} & \cdots & \bar{a}_{1,\overline{N}} & \bar{b}_1\\
x_2^0 & & 1 & & & \bar{a}_{2,\overline{m+1}} & \bar{a}_{2,\overline{m+2}} & \cdots & \bar{a}_{2,\overline{N}} & \bar{b}_2\\
\vdots & & & \vdots & & \vdots & \vdots & & \vdots & \vdots\\
x_{\overline{m}}^0 & & & & 1 & \bar{a}_{m,\overline{m+1}} & \bar{a}_{m,\overline{m+2}} & \cdots & \bar{a}_{m,\overline{N}} & \bar{b}_m\\
\hdashline
-f_1 & & & & & \bar{c}_{1,\overline{m+1}} & \bar{c}_{1,\overline{m+2}} & \cdots & \bar{c}_{1,\overline{N}} & -\bar{f}_1\\
-f_2 & & & & & \bar{c}_{2,\overline{m+1}} & \bar{c}_{2,\overline{m+2}} & \cdots & \bar{c}_{2,\overline{N}} & -\bar{f}_2\\
\vdots & & & & & \vdots & \vdots & & \vdots & \vdots\\
-f_n & & & & & \bar{c}_{n,\overline{m+1}} & \bar{c}_{n,\overline{m+2}} & \cdots & \bar{c}_{n,\overline{N}} & -\bar{f}_n
\end{array}$$

令 I_D^0 为非基列向量的指标序号集，即

$$I_D^0=\{\overline{m+1},\overline{m+2},\cdots,\overline{N}\}\subset I,\quad I\triangleq\{1,2,\cdots,N\}$$

则对任何 $i\in I_D^0$ 的非基列向量，$\bar{c}_{ji}$表示该非基列向量 x_i 进基时，每一个单位数量的增加引起的目标函数 f_j 的变化率。因此列向量 $\bar{\boldsymbol{c}}_i$ 代表了 x_i 从 0 开始增加，由 $\boldsymbol{x}^0$ 发出沿极端边(凸多面体 X 的棱)方向的全置换比率向量。如果决策人愿意作这种置换(也就是他愿意从 $\boldsymbol{x}^0$ 沿一条使 x_i 进基的棱移动)，则由式(10.89)和式(10.95)可知，为了保证 v 是增加的，一定有

$$-\sum_{j=1}^{n}\lambda_j\bar{c}_{ji}>0 \tag{10.97}$$

若决策人不愿意作这种置换，有

$$\sum_{j=1}^{n}\lambda_j\bar{c}_{ji}>0 \tag{10.98}$$

若决策人认为无差异，则

$$\sum_{j=1}^{n} \lambda_j \bar{c}_{ji} = 0 \tag{10.99}$$

根据以上分析,Zionts-Wallenius 求解多目标决策问题的算法的基本步骤可总结如下:

第一步,任选一组 $\lambda_j > 0, j=1,\cdots,n$,使 $\sum_{j=1}^{n} \lambda_j = 1$;求解式(10.96)得到一个初始可行解 $\boldsymbol{x}^0$,令 $q=0$。

第二步,用适当的方法找出 $\boldsymbol{x}^q$ 的所有非劣的相邻极点,即找出所有非基列向量 $\bar{c}_i$,它使可行解移动到以前尚未考察过的相邻极点,把这些非基列向量的指标序号记作 $I(\boldsymbol{x}^q)$。

第三步,对每个 $i \in I(\boldsymbol{x}^q)$,把由 $\bar{c}_i^q$ 给定的置换率向量递交给决策人,询问他是否愿意作这样的置换;对每个作肯定回答即表示"愿意接受"的 $\bar{c}_i^q$ 用式(10.97)描述,作否定回答即表示"拒绝"的 $\bar{c}_i^q$ 用式(10.98),对决策人不能作出肯定或否定回答,即无法判断或回答"无所谓"的用式(10.99);如果对所有 $i \in I(\boldsymbol{x}^q)$,决策人的回答都是"拒绝"或"无所谓"时,计算终止,这时的非劣极点就是最佳调和解。否则转入下一步。

第四步,把本次和以往各次迭代过程中所得到的式(10.97)~(10.99)联列,用单纯型法求解满足这些方程的可行解 $\boldsymbol{\lambda}^{q+1}$;令 $\boldsymbol{\lambda} = \boldsymbol{\lambda}^{q+1}$,代入式(10.96),解得 $\boldsymbol{x}^{q+1}$;令 $q=q+1$,转第二步。

10.7.3 Geoffrion 法

这种方法是以提出人 A M Geoffrion 的姓命名的,Geoffrion(1970)最初提出并加以改进的方法可以用来求解线性约束的多目标决策问题。该方法也是对话式的,但是与 Zionts-Wallenius 法不同:Zionts-Wallenius 法使用的是"客观的"置换率,是在求解过程中得到的由 $\bar{c}_i^q$ 给定的置换率向量;而 Geoffrion 法用决策人提供的"主观的"无差异置换率。

1.Geoffrion 法的思路

设决策人心目中存在的多目标价值函数为

$$v(\boldsymbol{f}(\boldsymbol{x})) = v(f_1(\boldsymbol{x}),\cdots,f_n(\boldsymbol{x})) \tag{10.100}$$

但是价值函数的具体形式并不知道。这时用于求最佳调和解的问题为

$$\max\{v(\boldsymbol{f}(\boldsymbol{x})) = v(f_1(\boldsymbol{x}),\cdots,f_n(\boldsymbol{x}))\} \tag{10.101}$$

受约束于:　　$\boldsymbol{x} \in X$

式中的 $X = \{\boldsymbol{x} \in R^N \mid A\boldsymbol{x} \leqslant \boldsymbol{b}, \boldsymbol{x} \geqslant \boldsymbol{0}\}$,$A$ 是 $m \times N$ 的系数矩阵。$\boldsymbol{x},\boldsymbol{b},\boldsymbol{0}$ 均为 N 维列向量。上述问题是具有线性约束的数学规划问题,只要满足下列基本假设:

① 所有函数可微；

② X 是紧、凸集；

③ v 是 X 上的凹函数；

④ 在初始可行解 $\boldsymbol{x}^0$ 的邻域内，$\partial v/\partial f_l>0$，其中 $l\in J(J\triangleq\{1,2,\cdots,n\})$，是任意选择的参考目标。

v 一般是非线性的，式(10.101)所示问题就是具有线性约束的非线性规划问题。在用 Frank-Wolfe 法解线性约束的非线性规划问题时，是在初始可行解 $\boldsymbol{x}^0$ 的邻域内，以 $v(\boldsymbol{f}(\boldsymbol{x}))$的一阶 Taylor 展开 $\tilde{v}(\boldsymbol{x})$线性逼接 $v(\boldsymbol{f}(\boldsymbol{x}))$[记作 $v(\boldsymbol{x})$]：

$$\tilde{v}(\boldsymbol{x}) = v(\boldsymbol{x}^0) + [\nabla_x v(\boldsymbol{x}^0)](\boldsymbol{x} - \boldsymbol{x}^0) \tag{10.102}$$

求式(10.102)的极大值等价于求解线性规划问题：

$$\max_{\boldsymbol{x}\in X}[\nabla_x v(\boldsymbol{x}^0)]\cdot\boldsymbol{x} \tag{10.103}$$

令式(10.103)的最优解为 $\boldsymbol{y}^0$，则 $\boldsymbol{d}^0=\boldsymbol{y}^0-\boldsymbol{x}^0$ 是 $v(\boldsymbol{x})$在 $\boldsymbol{x}^0$ 处的最速上升方向。

① 若$[\nabla_x v(\boldsymbol{x}^0)]\cdot\boldsymbol{d}^0=0$，则 $\boldsymbol{x}^0$ 已经是式(10.103)的最优解，迭代停止；

② 若$[\nabla_x v(\boldsymbol{x}^0)]\cdot\boldsymbol{d}^0>0$，则从 $\boldsymbol{x}^0$ 出发沿 $\boldsymbol{d}^0$ 方向移动时 $v(\boldsymbol{x})$的值还会增加，需要作一维搜索，即求移动的步长 α^0。α^0 是下式的最优解：

$$\max_{0<\alpha\leqslant 1} v(\boldsymbol{x}^0 + \alpha\boldsymbol{d}^0) \tag{10.104}$$

只要 $\alpha^0>0$，且 α^0 足够小，必有

$$v(\boldsymbol{x}^1) > v(\boldsymbol{x}^0) \tag{10.105}$$

式中

$$\boldsymbol{x}^1=\boldsymbol{x}^0+\alpha^0(\boldsymbol{y}^0-\boldsymbol{x}^0)$$

对 $\boldsymbol{x}^1\in X$，重复上述步骤，可得原问题(10.101)的最优解 $\boldsymbol{x}^*$。

一般在用 Frank-Wolfe 法解线性约束的非线性规划问题时，$v(\boldsymbol{f}(\boldsymbol{x}))$即 $v(\boldsymbol{x})$是已知的，可以计算$\nabla_x v(\boldsymbol{x}^0)$的值。而在实际的多目标决策问题中，通常并不知道 $v(\boldsymbol{x})$的具体的表达式，也就无法计算$\nabla_x v(\boldsymbol{x}^0)$的值。不过，$\nabla_x v(\boldsymbol{x}^0)$虽属未知，但是

$$\begin{aligned}
\nabla_x v(\boldsymbol{x}^0) &= \nabla_x v(\boldsymbol{f}(\boldsymbol{x}^0)) = \nabla_x v(\boldsymbol{f}_1(\boldsymbol{x}^0),\cdots,f_n(\boldsymbol{x}^0)) \\
&= \frac{\partial v}{\partial(f_1,\cdots,f_n)}\cdot\left.\frac{\partial(f_1,\cdots,f_n)}{\partial(x_1,\cdots,x_N)}\right|_{\boldsymbol{x}^0} \\
&= \left[\frac{\partial v}{\partial f_1},\cdots,\frac{\partial v}{\partial f_n}\right]\cdot\left.\begin{bmatrix}
\frac{\partial f_1}{\partial x_1} & \frac{\partial f_1}{\partial x_2} & \cdots & \frac{\partial f_1}{\partial x_N} \\
\frac{\partial f_2}{\partial x_1} & \frac{\partial f_2}{\partial x_2} & \cdots & \frac{\partial f_2}{\partial x_N} \\
\vdots & \vdots & & \vdots \\
\frac{\partial f_n}{\partial x_1} & \frac{\partial f_n}{\partial x_2} & \cdots & \frac{\partial f_n}{\partial x_N}
\end{bmatrix}\right|_{\boldsymbol{x}^0}
\end{aligned}$$

$$= \left[\sum_{j=1}^{n} \frac{\partial v}{\partial f_j} \frac{\partial f_j}{\partial x_1} \quad \sum_{j=1}^{n} \frac{\partial v}{\partial f_j} \frac{\partial f_j}{\partial x_2} \quad \cdots \quad \sum_{j=1}^{n} \frac{\partial v}{\partial f_j} \frac{\partial f_j}{\partial x_N} \right] \Bigg|_{\boldsymbol{x}^0}$$

$$= \sum_{j=1}^{n} \frac{\partial v}{\partial f_j} \Bigg|_{\boldsymbol{x}^0} \nabla_{\boldsymbol{x}} f_j(\boldsymbol{x}^0) \tag{10.106}$$

式(10.106)中的每一项都除以$\frac{\partial v}{\partial f_l}$,由于$\frac{\partial v}{\partial f_l}>0$,这样做不会改变梯度和所要寻找的最速上升方向,得

$$\nabla_x v(\boldsymbol{x}^0) = \sum_{j=1}^{n} \left[\frac{\partial v}{\partial f_j} \Big/ \frac{\partial v}{\partial f_l} \right] \Bigg|_{\boldsymbol{x}^0} \nabla_x f_j(\boldsymbol{x}^0) \tag{10.107}$$

由式(10.93), $\left[\frac{\partial v}{\partial f_j} \Big/ \frac{\partial v}{\partial f_l} \right] \Bigg|_{\boldsymbol{x}^0} = m_{lj}|_{\boldsymbol{x}^0}$, 把$m_{lj}|_{\boldsymbol{x}^0}$记作 m_{lj}^0,则式(10.107)成为

$$\nabla_x v(\boldsymbol{x}^0) = \sum_{j=1}^{n} m_{lj}^0 \nabla_x f_j(\boldsymbol{x}^0) \tag{10.108}$$

式(10.103)的目标函数等价于

$$\sum_{j=1}^{n} m_{lj}^0 \, \nabla_x f_j(\boldsymbol{x}^0) \cdot \boldsymbol{y} \tag{10.109}$$

如 10.7.1 节所述,m_{lj}^0是在$\boldsymbol{x}^0$ 处决策人的价值函数 v 的无差异置换比率,或称边际置换率,其含义是除了 f_j 和 f_l 以外的目标函数均保持不变时,放弃每一单位的 f_l 与增加 m_{lj}^0单位的 f_j 对价值函数的值没有影响,即在决策人心目中 m_{lj}^0单位的 f_j 与一单位的 f_l 无差异。由于目标函数 $f_j(\boldsymbol{x}), j=1,\cdots,n$ 是已知的,所以 $\nabla_x f_j(\boldsymbol{x}^0)$可以计算;因此,只要决策人给出 $\boldsymbol{x}^0$ 处价值函数 v 的无差异置换比率 ${m_{lj}}^0, j=1,\cdots,n$,就可以用式(10.109)计算 $\boldsymbol{y}^0$,得到搜索方向 $\boldsymbol{d}^0=\boldsymbol{y}^0-\boldsymbol{x}^0$。

用式(10.109)解决了搜索方向 $\boldsymbol{d}^0$ 后,还需要解决步长,因为价值函数 v 可能是非线性的,只在 $\boldsymbol{x}^0$ 的较小的邻域内沿搜索方向 $\boldsymbol{d}^0$ 移动时 v 才会增加。同样的,由于不知道 $v(\boldsymbol{x})$的具体的表达式,也就无法通过计算 $v(\boldsymbol{x}^0+\alpha\boldsymbol{d}^0)$的值去求式(10.104)所示问题的最优解 α^0,还需要由决策人提供必要的偏好信息来确定步长。具体做法是,在[0,1]上选若干个值作为 α,计算不同 α 值的 $f_j(\boldsymbol{x}^q+\alpha\boldsymbol{d}^q), j=1,\cdots,n$,并把它们列在表 10.7 中(或画成图),送交决策人判断。决策人对哪个 α 所在行的目标函数值最满意,就取该 α 值作为α^0。

有了搜索方向和步长,就可以进行下一轮迭代。

如果决策人在每次迭代时所设定的无差异置换比率 ${m_{lj}}^q$ 和步长的选择都能准确地反映他的偏好,则每进行一次迭代,价值函数的值总会有所增加,算法总会收敛。从理论上说,等到 $\boldsymbol{x}^{q+1}=\boldsymbol{x}^q$ 时,计算就可以终止。但是在实际上,由于决策人表达偏好的精度有限,迭代次数过多就毫无必要,而是需要有一个实用的终止规则。

表 10.7　$f_j(\boldsymbol{x}^0+\alpha \boldsymbol{d}^0)$的值

α	f_1	f_2	…	f_n
0				
0.1				
…				
0.9				
1.0				

Geoffrion 法假设了价值或效用函数是凹的,因此对所有 $\boldsymbol{f}(\boldsymbol{x})$和 $\boldsymbol{f}(\boldsymbol{x}^q)$必有

$$v(\boldsymbol{f}(\boldsymbol{x}))\leqslant v(\boldsymbol{f}(\boldsymbol{x}^q))+\nabla_f v(\boldsymbol{f}(\boldsymbol{x}^q))\cdot(\boldsymbol{f}(\boldsymbol{x})-\boldsymbol{f}(\boldsymbol{x}^q)) \tag{10.110}$$

即

$$v(\boldsymbol{f}(\boldsymbol{x}))-v(\boldsymbol{f}(\boldsymbol{x}^q))\leqslant \nabla_f v(\boldsymbol{f}(\boldsymbol{x}^q))\cdot(\boldsymbol{f}(\boldsymbol{x})-\boldsymbol{f}(\boldsymbol{x}^q)) \tag{10.111}$$

因此第 $q+1$ 次迭代比第 q 次迭代价值函数 v 的改进 $v(\boldsymbol{f}(\boldsymbol{x}^{q+1}))-v(\boldsymbol{f}(\boldsymbol{x}^q))$有上界:

$$\nabla_f v(\boldsymbol{f}(\boldsymbol{x}^q))\cdot(\boldsymbol{f}(\boldsymbol{x}^{q+1})-\boldsymbol{f}(\boldsymbol{x}^q))$$

虽然价值函数 v 的梯度不能直接计算,但是决策人提供了在 $\boldsymbol{x}^q$ 处 v 对 $\boldsymbol{f}$ 的各分量 $f_j(j=1,\cdots,n)$的偏微分与对参考分量 f_l 偏微分的比值 $m_{lj}{}^q$;因为$\partial v/\partial f_l=c>0$,因此 v 的梯度

$$\nabla_f v(\boldsymbol{f}(\boldsymbol{x}^q))=c[m_{l1}^q,m_{l2}^q,\cdots,m_{ln}^q]^{\mathrm{T}}$$

其中 c 为纯量,$[m_{l1}^q,m_{l2}^q,\cdots,m_{ln}^q]$为行向量。定义第 q 次迭代价值函数 v 的改进量的上界为

$$\begin{aligned}\Delta^q &\triangleq \nabla_f v(\boldsymbol{f}(\boldsymbol{x}^q))\cdot(\boldsymbol{f}(\boldsymbol{x}^{q+1})-\boldsymbol{f}(\boldsymbol{x}^q))\\ &= c[m_{l1}^q,m_{l2}^q,\cdots,m_{ln}^q]\cdot(\boldsymbol{f}(\boldsymbol{x}^{q+1})-\boldsymbol{f}(\boldsymbol{x}^q))\end{aligned} \tag{10.112}$$

从式(10.112)可知,第 q 次迭代价值函数 v 的改进量的上界与第一次迭代价值函数 v 的改进量的上界之比为

$$\frac{\Delta^q}{\Delta^1}=\frac{c[m_{l1}^q,\cdots,m_{ln}^q]}{c[m_{l1}^1,\cdots,m_{ln}^1]}\cdot\frac{(\boldsymbol{f}(\boldsymbol{x}^{q+1})-\boldsymbol{f}(\boldsymbol{x}^q))}{(\boldsymbol{f}(\boldsymbol{x}^2)-\boldsymbol{f}(\boldsymbol{x}^1))} \tag{10.113}$$

式中的 c 可以消去,因此 Δ^q/Δ^1 可以计算。可以定义终止判据为:若 $\Delta^q/\Delta^1\leqslant\delta$,则迭代终止。其中 δ 为一个适当的值,通常可以取 0.1~0.2。

Geoffrion 法算法步骤可以归纳为图 10.9 所示的流程。

2. 例

例 10.7　某公司生产甲、乙两种产品,生产单位产量产品的有关参数和两种产品的其他参数如表 10.8。

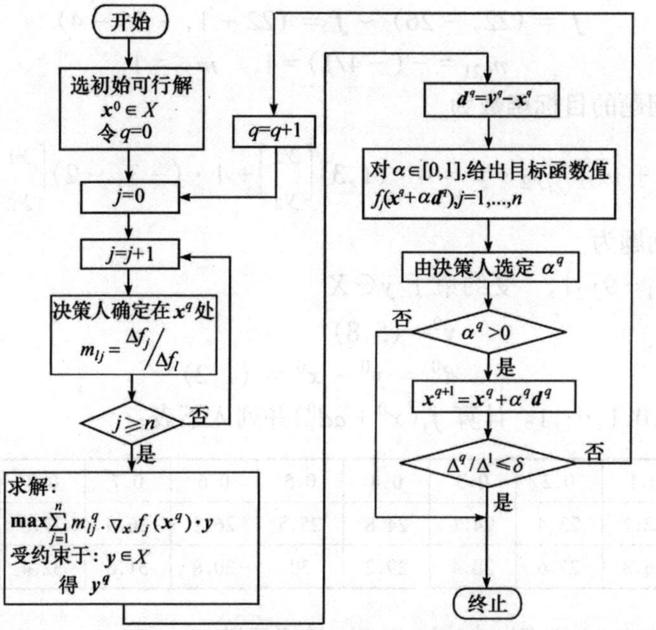

图 10.9　Geoffrion 法的计算流程

表 10.8　例 10.7 的已知条件

产品	原材料	设备	人员	成本	售价	排污量	预计市场需求量
甲	1	0.5	0.2	3	4	2	5
乙	5	0.3	0.3	2	5	3	12

在下个生产周期有原材料 45 个单位,设备 8 个单位,人员 4 个单位。决策人心目中的排污量上限为 30 个单位。公司有两个目标:极大化利润(售价减去成本)和极小化排污量。

解:建立多目标规划模型:

$$\max \boldsymbol{f}=(f_1,f_2)$$

其中

$$f_1=x_1+3x_2 \quad (\text{利润})$$

$$-f_2=2x_1+3x_2 \quad (\text{排污量})$$

受约束于:

$$x_1+5x_2\leqslant 45 \quad (\text{原材料约束})$$

$$0.5x_1+0.3x_2\leqslant 8 \quad (\text{设备约束})$$

$$0.2x_1+0.3x_2\leqslant 4 \quad (\text{人员约束})$$

$$0\leqslant x_1\leqslant 5,\quad 0\leqslant x_2\leqslant 12$$

先选定一个可行点 $\boldsymbol{x}^0=(4,6)$,其目标函数 $\boldsymbol{f}=(22,-26)$。设决策人指出无差异折衷如下:

$$f=(22,-26)\sim f=(22+1,-26-4)$$

于是　$m_{21}=-(-4/1)=4,\quad m_{22}=1$

方向子问题的目标函数为

$$m_{21}\nabla_f f_1\cdot y+m_{22}\nabla_f f_2\cdot y=4\cdot(1,3)\begin{bmatrix}y_1\\y_2\end{bmatrix}+1\cdot(-3,-2)\begin{bmatrix}y_1\\y_2\end{bmatrix}=2y_1+9y_2$$

方向子问题为

$\max\{2y_1+9y_2\}$，　受约束于 $y\in X$

得到的解：　$y^0=(5,8)$

$$d^0=y^0-x^0=(1,2)$$

取 $\alpha=0,0.1,\cdots,1$。计算 $f_j(x^0+\alpha d^0)$并列入下表：

α	0	0.1	0.2	0.3	0.4	0.5	0.6	0.7	0.8	0.9	1
f_1	22	22.7	23.4	24.1	24.8	25.5	26.2	26.9	27.6	28.3	29
f_2	26	26.8	27.6	28.4	29.2	30	30.8	31.6	32.4	33.2	34

决策人取 $\alpha=0.5$，则 $x^1=(4.5,7)$，目标函数 $f=(25.5,-30)$。

设决策人第二次指出无差异折衷如下：

$$f=(25.5,-30)\sim f=(25.5-5,-30+5)$$

于是　$m_{21}=-(5/(-5))=1,\quad m_{22}=1$

方向子问题的目标函数为

$$m_{21}\nabla_f f_1 y+m_{22}\nabla_f f_2 y=-y_1$$

方向子问题为

$\max\{-y_1\}$，　受约束于 $y\in X$

得到的解：　$y^1=(0,9)$

$$d^1=y^1-x^1=(-4.5,2)$$

α	0	1
f_1	25.5	27
f_2	30	27

决策人取 $\alpha=1$，则 $x^2=(0,9)$，目标函数 $f=(27,-27)$。

设决策人第三次指出无差异折衷如下：

$$f=(27,-27)\sim f=(27+0.5,-27-2)$$

于是　$m_{21}=-(-2/0.5)=4,\quad m_{22}=1$

方向子问题为

$$\max\{2y_1+9y_2\},\quad 受约束于\ y\in X$$

得到的解是：　　　　$y^2=(5,8)$

$$d^2=y^2-x^2=(5,-1)$$

取 $\alpha=0,0.2,\cdots,1$，得下表：

α	0	0.2	0.4	0.6	0.8	1
f_1	27	27.4	27.8	28.2	28.6	29
f_2	27	28.4	29.8	31.2	32.6	34

决策人取 $\alpha=0.4$，则 $x^3=(2,8.6)$，目标函数 $f=(27.8,-29.8)$。

决策人第四次指出无差异折衷如下：

$$f=(27.8,\ -29.8)\sim f=(27.8+5,\ -29.8-5)$$

于是　$m_{21}=-(-1/1)=1,\quad m_{22}=1$

方向子问题为

$$\max\{-y_1\},\quad 受约束于\ y\in X$$

得到的解：　　　　　　$y^3=(0,9)$

因为 y^3 点的 $f=(27.8-0.8,-29.8+2.8)$，与方向子问题的前进方向相反，所以，取 $x^*=x^3=(2,8.6)$作为最终结果。

3.Geoffrion 法的优缺点

① 只要决策者心目中的效用函数确实存在，并能给出各 x^q 点的边际置换率，不必给出具体的价值(效用)函数 v，就能用 Geoffrion 法求解多目标决策问题。

② 只适用于线性约束的多目标规划。

③ 每次迭代价值函数都有所增加，收敛性有保证；但在实际上所得到的解的优劣取决于决策人提供的局部偏好信息的准确性。

10.7.4　基于目标权衡的方法小结

下面从适用范围、算法基础和置换率的获取方式等方面对 Zionts-Wallenius 法和 Geoffrion 法的特点进行比较。

(1) 适用范围

Geoffrion 法适用于任何形式的目标函数及价值函数，只要这些函数具有某些性质：目标函数连续可微，价值函数是目标函数的凹函数，而不管它们是否线性。这些性质对实际决策问题的目标函数和决策人实际的价值函数一般是不难满足的。

而 Zionts-Wallenius 法原则上只适用于线性的目标函数和加性的价值函数，这种假设条件非常强，以至实际决策问题的目标函数和决策人实际的价值函数一般是不可能满足的，其局限性与求解多属性决策问题的加权和法一样(详见 9.3 节中的讨论)，只是人们在使用 Zionts-Wallenius 法时往往有意或无意地忽略了这些条件。

(2) 算法基础

Geoffrion 法的算法基础是 Frank-Wolfe 法，Zionts-Wallenius 法的算法基础是解线性规划问题的单纯型法；Geoffrion 法的算法比 Zionts-Wallenius 法复杂，但是适用范围要广得多。好在实际的多目标决策问题中很多目标函数可以用线性函数描述，或者在一定范围内可以用线性函数近似，所以 Zionts-Wallenius 法仍有用武之地。

(3) 置换率的获取方式

有人用"主观"和"客观"来反映决策人在评价置换率这一过程中的作用。若置换率是根据所研究系统的固有性质和结构计算出来的，则称之为"客观" 置换率；如果仅仅是由决策人自己确定，且此时并不理会系统的内在性质，但是所得出的置换率符合一定的偏好准则，那么这种置换率称做"主观"置换率。主观置换率常常用在以价值或效用函数的概念为基础的决策过程中。

Geoffrion 法在迭代过程中，要求决策人在上一轮求得的 $\boldsymbol{x}^q$ 处给出 $n-1$ 个无差异置换比率，这些无差异置换比率由决策人"主观地"给出，它们是否反映了决策人心目中真实的局部偏好，以及反映偏好的精度有多高，是很值得探讨而又难以定论的问题。显然，如果 $n-1$ 个无差异置换比率发生偏差，有可能导致所求得的"最佳调和解"与决策人实际偏爱的解差距较大。而 Zionts-Wallenius 法在每一轮迭代时，分析人员通过计算递交有限几个"客观的"全置换比率向量，只要决策人对它们判断后给出"愿意接受"、"拒绝"置换或对置换"无所谓"这样的信息，比起 Geoffrion 法要求决策人给出的定量的无差异置换比率来，要容易得多。也就是说，Zionts-Wallenius 法对决策人表述偏好的要求远低于 Geoffrion 法。

(4) 关于价值函数

Geoffrion 法直到求解过程结束，仍不可能给出决策人的价值函数；而在 Zionts - Wallenius 法迭代结束时，可以得到一个具体的价值函数。

*10.8 代理价值置换法

代理价值置换法(surrogate worth trade-off method)是 Haimes(1974)提出的，简称 SWT 法。这种方法与其他大部分方法一样，假设偏好的单调性，要在非劣解中寻找最佳调和解。SWT 法也是一种基于置换率的分析方法，因为置换率给出了非常有用的信息：如果决策人愿意进行这种置换，说明该方向上有决策人更喜爱的非劣解。但是它与 Geoffrion 法不同：Geoffrion 法要求决策人主观地给出边际置换率，而 SWT 法是把客观的偏置换率递交给决策人去作判断。偏置换率是指在其他目标函数值都保持不变时，若要在某个(非劣)点处提高某一目标值一个单位，必须使另一目标降低多少。由于 SWT 法利用的是偏置换率，所以决策人为了回答分析人员的问题进行价值判断时，每次只要在两个目标之间做出权衡。SWT 法在最初提出时,原则上不属于对话式方法,它假设决策变量连续,目标函数和约束条件二次可微。简言之 SWT 法包括四步:① 生成非劣解的有代表性的子集 X'; ② 获得在 X'中各解的置换率信息;③ 与决策人交流获取偏好信息,这种信息用'代理价值'表示;④ 利用决策人的偏好信息提取最佳调和解。具体的求解过程如下。

第一步,产生非劣解的有代表性的子集 X'。任选一种适当的方法去求得非劣解的有代表性的子集。考虑到下一步要用到置换率,与 Kuhn-Tucker 乘子有关,因此最好用 ε 约束法(见 7.5 节之 3)。

不失一般性,选 $f_n(\boldsymbol{x})$作为参考目标,构成不等式约束问题:

$$\min f_n(\boldsymbol{x}) \tag{10.114}$$

受约束于: $g_i(\boldsymbol{x})\leqslant 0,\quad i=1,\cdots,m$ (10.115)

$$f_j(\boldsymbol{x})\leqslant \varepsilon_j^\alpha,\ j=1,\cdots,n-1;\ \alpha=1,\cdots,r-1 \tag{10.116}$$

式中 $\varepsilon_j^\alpha\in[n_j,m_j],\ n_j=\min\limits_{x\in X}f_j(\boldsymbol{x}),\ m_j=\max\limits_{x\in X'}f_j(\boldsymbol{x})$

为了便于比较,最好选用重要目标或其计量单位是决策人所熟悉的目标作为参考目标 f_n。

第二步,获得置换率信息。在求解式(10.114)~(10.116)所示的 ε 约束问题时,它的最优解的 Kuhn-Tucker 乘子 $\lambda_{nj}(\boldsymbol{x}^0),j=1,\cdots,n-1$ 的负值就是 $\boldsymbol{x}^0$ 处的置换率,有关定理及其证明,可参见文献(Chankong,Haimes 1983:161~165)。

① 如果 $\lambda_{nj}(\boldsymbol{x}^0)>0,\forall j\in J\setminus\{n\},f_n$ 在目标空间中 $\boldsymbol{f}(\boldsymbol{x}^0)$的邻域的非劣面上可以表示为隐函数

$$f_n=\tilde{f}_n(f_1,\cdots,f_{n-1}) \tag{10.117}$$

且

$$\lambda_{nj}(\boldsymbol{x})=-\frac{\partial\tilde{f}_n}{\partial f_j}\bigg|_{f=f(x^0)},\ \forall j\in J\setminus\{n\} \tag{10.118}$$

其中 $\boldsymbol{x}^0$ 是(10.114)的解,$\lambda_{nj}(\boldsymbol{x}^0)$是(10.114)的 Kuhn-Tucker 乘子,是在 $\boldsymbol{f}(\boldsymbol{x}^0)$处,$f_l(\boldsymbol{x}^0)(l\in J\setminus\{n,j\})$保持不变时,$f_j$ 与 f_n 的"非劣的"偏置换比率 t_{nj}的负值。形容词"非劣的"表示置换后的点仍在非劣面上。这里的偏置换比率 t_{nj}与 Geoffrion 法中的无差异置换比率或边际置换率的区别在于,无差异置换比率是定义在价值函数的等值超平面上,而偏置换比率 t_{nj}定义在非劣面上。

② 如果 $l\in J\setminus\{n,j\}$的目标中,有些 l 的$\lambda_{nl}(\boldsymbol{x}^0)>0$,有些 l 的$\lambda_{nl}(\boldsymbol{x}^0)=0$,这时 $\boldsymbol{f}(\boldsymbol{x}^0)$邻域的非劣面可以表示为

$$f_n=\hat{f}_n(\hat{\boldsymbol{f}}(\boldsymbol{x}^0))$$

其中 $\hat{\boldsymbol{f}}(\boldsymbol{x}^0)$是由 $\lambda_{nl}(\boldsymbol{x}^0)>0$ 的所有目标函数 f_l 组成的向量。每个严格为正的$\lambda_{nl}(\boldsymbol{x}^0)$可以解释成 f_l 与 f_n 之间的置换率,只是在进行置换的同时 $\lambda_{nl}(\boldsymbol{x}^0)=0$ 的那些目标的值也要发生变化。为了简单起见,我们只考虑 $\lambda_{nj}(\boldsymbol{x}^0)$严格为正的情况。这时目标 f_j 与 f_i 的置换比率λ_{ij}为

$$\lambda_{ij} = \lambda_{in} \cdot \lambda_{nj}, \forall i, j \in J, i \neq j$$

且
$$\lambda_{in} = 1/\lambda_{ni}$$

第三步,获取决策人的偏好。把第二步计算结果 $t_{ij} = -\lambda_{ij}, \forall i, j \in J, i \neq j$ 和目标函数值$\boldsymbol{f}(\boldsymbol{x}^0)$递交给决策人,要决策人回答是否愿意进行这种调整,愿意到何种程度。

为了描述决策人愿意进行调整的程度,可以构造 $\boldsymbol{x}^0$ 处的代理价值函数 $w_{nj}(\boldsymbol{x}^0), j=1,\cdots,n-1$。代理价值函数的使用方法如下。

询问决策人,"在其他所有目标函数的值 $f_l(\boldsymbol{x}^0), l \in J \setminus \{n, j\}$保持不变时,如果降低一个单位的 f_j,增加 $\lambda_{nj}(\boldsymbol{x}^0)$个单位的 f_n,你对这种置换愿意到什么程度?"要求决策人对上述问题的回答是在 -10 到 $+10$ 之间的一个整数值 $w_{nj}(\boldsymbol{x}^0)$。其含义是:

$+10$ 表示决策人非常愿意增加 $\lambda_{nj}(\boldsymbol{x}^0)$个单位的 f_n 同时降低一个单位的f_j;

0 意味着这种置换是无差异的;

-10 则表示决策人非常希望减少 $\lambda_{nj}(\boldsymbol{x}^0)$个单位的 f_n 以提高f_j 一个单位,-10到 0 和 0 到 $+10$ 之间的值的绝对值的大小表示决策人愿意进行置换的程度。

第四步,寻求最佳调和解。若某个特定的非劣解 $\boldsymbol{x}^*$使代理价值函数均为 0,即

$$w_{nj}(\boldsymbol{x}^*) = 0, \quad j = 1, \cdots, n-1 \tag{10.119}$$

则 $\boldsymbol{x}^*$是最佳调和解。用文字表达为:当决策人认为所提供的在非劣解 $\boldsymbol{x}^*$处的所有偏置换率都是无差异的时候,$\boldsymbol{x}^*$就是最佳调和解。

为了更正规地验证(10.119),可以假设决策人的偏好结构是以凹的价值函数 $v(f_1,\cdots,f_n)$来表征的。可以证明,在 $\boldsymbol{x}^*$处,

$$\lim_{h_j \to 0} \frac{v(f_1,\cdots,f_j+h_j,\cdots,f_n-\lambda_{nj}^* h_j) - v(f_1,\cdots,f_n)}{h_j} = \frac{\partial v(f(\boldsymbol{x}^*))}{\partial f_j} - \lambda_{nj}^* \frac{\partial v(f(\boldsymbol{x}^*))}{\partial f_n} \tag{10.120}$$

上式等号左侧反映了决策人对于在 $\boldsymbol{x}^*$处目标函数 f_n 的值降低$\lambda_{nj}^* \cdot h_j$ 个单位兑换目标函数f_j 的值增加h_j 个单位的愿望水平,它是 w_{nj}的单调递增函数。如果 $w_{nj}(\boldsymbol{x}^*) w_{nj}(\boldsymbol{x}^0) = 0, \forall j = 1,\cdots,n-1$,可以证明,$\nabla_f v(\boldsymbol{f}) = \boldsymbol{0}$ 。由于 v 是凹函数,显然 $\boldsymbol{x}^*$使 $v(\boldsymbol{f}(\boldsymbol{x}))$极大化。从式(10.120)还可以得到在 $\boldsymbol{x}^0$ 处 $w_{nj}(\boldsymbol{x}^0)$与无差异置换率 $\lambda_{nj}(\boldsymbol{x}^0)$和 $m_{nj}(\boldsymbol{x}^0)$之间的有用的关系:

$$w_{nj}(\boldsymbol{x}^0) > 0 \Leftrightarrow \alpha_0[m_{nj}(\boldsymbol{x}^0) - \lambda_{nj}(\boldsymbol{x}^0)] > 0 \tag{10.121}$$

$$w_{nj}(\boldsymbol{x}^0) = 0 \Leftrightarrow \alpha_0[m_{nj}(\boldsymbol{x}^0) - \lambda_{nj}(\boldsymbol{x}^0)] = 0 \tag{10.122}$$

$$w_{nj}(\boldsymbol{x}^0) < 0 \Leftrightarrow \alpha_0[m_{nj}(\boldsymbol{x}^0) - \lambda_{nj}(\boldsymbol{x}^0)] < 0 \tag{10.123}$$

其中

$$\frac{1}{\alpha_0}=\frac{\partial v(f(\boldsymbol{x}^0))}{\partial f_n}$$

由于除了特殊形式的 v 以外，$\alpha_0 \neq 0$，由式(10.120)和式(10.122)，当 $m_{nj}(\boldsymbol{x}^0)=\lambda_{nj}(\boldsymbol{x}^0)$时，$\boldsymbol{x}^0$ 是最佳调和解。

利用式(10.120)，可以找出最佳调和解：若在某个所生成的非劣解处所有的 w_{nj}均为 0，则该点可以立即选作最佳调和解。如果在第一步生成的非劣点中不包含最佳调和解 $\boldsymbol{x}^*$，可用多元回归法构造代理价值函数 $w_{nj}(\cdot)$，令 $w_{nj}(\cdot)=0$，即

$$w_{nj}(f_1,\cdots,f_{n-1})=0,\ j=1,\cdots,n-1$$

求解联列方程组，得

$$\boldsymbol{\varepsilon}^*=(f_1^*,\cdots,f_{n-1}^*)^{\mathrm{T}}$$

可用这组 ε_j^*，$j=1,\cdots,n-1$，代入式(10.116)，解式(10.114)～(10.116)所示约束问题，求得的 $\boldsymbol{x}^*$ 就是最佳调和解。

例 10.8（选自 Chankong Haimes 1983:356～358）　多目标决策问题为求下列三个目标函数的极小值：

$$f_1(\boldsymbol{x})=(x_1-3)^2+(x_2-2)^2,f_2(\boldsymbol{x})=x_1+x_2,f_3(\boldsymbol{x})=x_1+2x_2$$

约束集 $X=\{\boldsymbol{x}\in R^2,x_1,x_2\geqslant 0\}$，用 SWT 法求解。

第一步，选择 $f_1(\boldsymbol{x})$作为参考目标，构造 ε 约束问题：

$$\min_{x\in X} f_1(\boldsymbol{x})=(x_1-3)^2+(x_2-2)^2 \tag{10.124}$$

受约束于：

$$f_2(\boldsymbol{x})=x_1+x_2\leqslant\varepsilon_2 \tag{10.125}$$

$$f_3(\boldsymbol{x})=x_1+2x_2\leqslant\varepsilon_3 \tag{10.126}$$

这个问题的非劣解集如图 10.10 所示，图中线段 OA 以及三角形 PAB 内部和边界上的点都是非劣解。

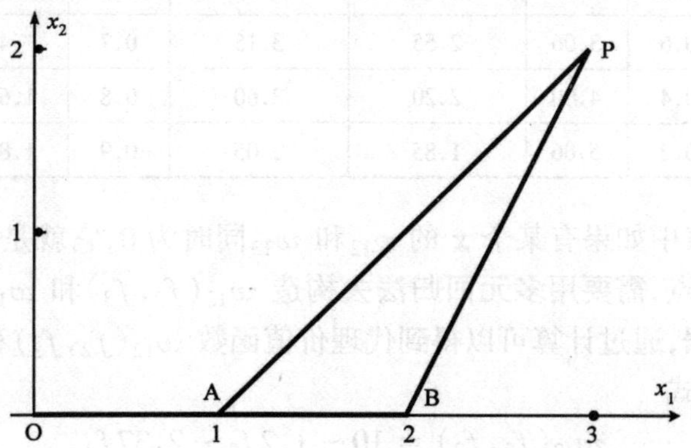

图 10.10　例 10.8 的非劣解集

第二步，只有三角形 PAB 内部点所对应的 λ_{12}和 λ_{13}的值才都是严格为正。在三角形 PAB 内部点 $\boldsymbol{x}$ 有：

$$\lambda_{12}(x_1,x_2) = 2(x_1 - x_2 - 1) > 0$$

$$\lambda_{13}(x_1,x_2) = 2(-2x_1 + x_2 + 4) > 0$$

第三步，为了与决策人对话，分析人员准备了表 10.9，表中列举了若干个有代表性的非劣解，除了最右边的两列以外，都是由计算获得。分析人员要求决策人根据表 10.9 中非劣解的目标函数 $f_j, j=1,2,3$ 以及偏置换率 λ_{12}和 λ_{13}的值(另一个偏置换率可以由已知的两个推出：$\lambda_{23}=\lambda_{21}\cdot\lambda_{13}=\lambda_{13}/\lambda_{12}$)，给出代理价值函数 w_{12} 和 w_{13}。例如，对表 10.9 中序号为 1 的点，询问决策人是否愿意在 $\boldsymbol{f}=(0.06, 4.65, 6.45)$且 f_3 保持不变的情况下增加一个单位的 f_2 同时减少 0.1 单位的 f_1。设决策人希望作反向的置换即希望降低 f_2，而对现在提供的这种置换很不愿意，决策人可以设定 $w_{12}=-10$。同样的，要求决策人通过判断确定 w_{13}。在本例中有三个目标函数，每个非劣解 $\boldsymbol{x}$ 只需要提两个问题。重复上述过程，由决策人确定表 10.9 最右边的两列的全部数值，并根据表中数据寻找最佳调和解。现在表 10.9 最右边的两列是某个决策人所设定的 w_{12}和 w_{13}。

表 10.9　例 10.8 向决策人提供的数据及某个决策人所给出的价值判断

序号	x_1	x_2	$f_1(\boldsymbol{x})$	$\varepsilon_2=f_2(\boldsymbol{x})$	$\varepsilon_3=f_3(\boldsymbol{x})$	λ_{12}	λ_{13}	w_{12}	w_{13}
1	2.85	1.8	0.06	4.65	6.45	0.1	0.2	−10	−4
2	2.70	1.6	0.25	4.30	5.90	0.2	0.4	−9	−4
3	2.55	1.4	0.56	3.95	5.35	0.3	0.6	−7	−3
4	2.40	1.2	1.00	3.60	4.80	0.4	0.8	−6	−3
5	2.25	1.0	1.56	3.25	4.25	0.5	1.0	−4	−2
6	2.10	0.8	2.25	2.90	3.70	0.6	1.2	−2	−1
7	1.95	0.6	3.06	2.55	3.15	0.7	1.4	−1	0
8	1.80	0.4	4.00	2.20	2.60	0.8	1.6	+1	0
9	1.65	0.2	5.06	1.85	2.05	0.9	1.8	+3	+1

第四步，在表中如果有某个 $\boldsymbol{x}$ 的 w_{12}和 w_{13}同时为 0，它就是最佳调和解。本例中没有这样的点，需要用多元回归法去构造 $w_{12}(f_2,f_3)$和 $w_{13}(f_2,f_3)$。利用表 10.9 中的数据，通过计算可以得到代理价值函数 $w_{12}(f_2,f_3)$和 $w_{13}(f_2,f_3)$的近似的线性表达式

$$w_{12}(f_2,f_3) = 10 - 1.2f_2 - 2.37f_3$$

$$w_{13}(f_2,f_3) = 5 - 1.5f_2 - 0.47f_3$$

由式(11.119),令 $w_{12}=w_{13}=0$,解得

$$f_2^* = 2.4, \quad f_3^* = 3.0$$

令式(11.125)和式(11.126)中的 $\varepsilon_2=2.4,\varepsilon_3=3.0$,解式(11.124)得最佳调和解为

$$x^* = (1.8,0.6)^{\mathrm{T}}。$$

上面的例子表明,SWT 法的计算主要有两部分,一是生成非劣解,一是从决策人给出的代理价值函数中求最佳调和解。生成非劣解的方法很多,而且在与决策人对话时,只要用非劣解集的一部分作为代表性的子集,这一部分的计算不会有太多困难。从代理价值函数求最佳调和解的回归分析在理论上有意义,但是实际上未必需要。因为决策人认识的模糊性以及在量化其价值判断时的不确切性,使最佳调和解存在一个邻域,这个区域内的所有方案对决策人而言都是无差异的。实践也证明了,无论哪个决策人,作判断时都存在一个一定宽度的无差异带。

Chankong 和 Haimes 等人还把 SWT 法的应用范围加以拓展。研究了有多个决策人存在时应用 SWT 法的关键问题,即如何集结多个决策人的无差异带;讨论了由于随机性多目标决策问题的存在,如何把统计属性与 SWT 等方法结合起来;讨论了多个目标函数的敏感性和风险问题;提出了多目标的层次分析方法和对话式的 SWT 法等等。

习　　题

一、问答题

1. 多目标决策问题与多属性决策问题各有什么特点?有哪些方法同时适用于求解这两类问题?

2. 求解多目标决策问题的对话式方法与非对话式方法各有什么优缺点?

3. 使用价值函数或效用函数求解多目标决策问题存在什么困难?

4. 求解多目标(属性)决策问题的各种方法中有哪些是基于理想点的?

5. 比较目的规划法与字典序法的同异。

6. 举一随机性多目标决策问题的实例。

二、风险型决策问题有三个属性四个备选方案两种自然状态,后果如下表:

θ_j	$\pi(\theta_j)$	a_1	a_2	a_3	a_4
θ_1	1/3	(40,4,250)	(30,5,500)	(20,8,300)	(45,6,300)
θ_2	2/3	(20,5,400)	(40,7,600)	(45,1,500)	(30,8,600)

各属性的边际效用如下页图:

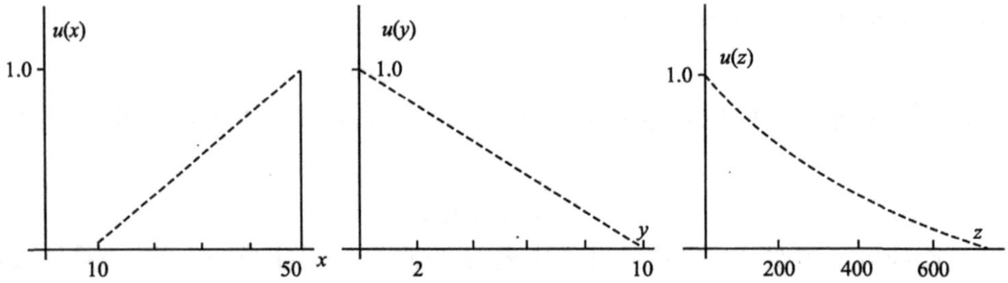

设决策人认为属性 x 最重要,属性 y 次之,试用字典序法求解并讨论解的合理性。

三、三个目标的决策问题如下:

$$f_1 = 2x_1 - x_2$$
$$f_2 = -x_1 - 2x_2$$
$$f_3 = -3x_1 - x_2$$

受约束于:

$$x_1 + 4x_2 \leqslant 16$$
$$x_1 + x_2 \leqslant 5.5$$
$$2x_1 + x_2 \leqslant 10$$
$$x_1,\ x_2 \geqslant 0$$

设决策人的首要目的是 f_1 不低于 4,其次是 f_2 不超过 -7,最后希望 $f_3 = -12$。

1. 写出上述问题的目的规划模型;
2. 用改进的单纯型法求解;
3. 用图解法求解。

四、画出逐步进行法(STEM)的计算机求解的程序框图。

五、多目标规划问题

$$\max \quad f_1 = 3x_1 + x_2$$
$$f_2 = x_1 + 2x_2$$

受约束于:

$$x_1 + x_2 \leqslant 7$$
$$2x_1 + x_2 \leqslant 12$$
$$x_2 \leqslant 5$$
$$x_1,\ x_2 \geqslant 0$$

1. 画出可行域 X 和 X 在目标空间的映象 Y 的图形;
2. 求出所有非劣解;
3. 在目标空间标出理想点;
4. 设 $w_1 = w_2$,用适当的方法求最佳调和解。

六、求下面的多目标线性规划的调和解集:

$$\max \quad f_1 = 10x_1 + 30x_2 + 50x_3 + 100x_4$$

$$f_2 = x_1 + x_2$$

$$f_3 = x_1 + 4x_2 + 6x_3 + 2x_4$$

受约束于：

$$5x_1 + 3x_2 + 2x_3 \leqslant 240$$

$$6x_3 + 2x_4 \leqslant 320$$

$$2x_1 + 3x_2 + 4x_3 + 6x_4 \leqslant 180$$

$$x_1, x_2, x_3, x_4 \geqslant 0$$

第十一章　群决策概论与社会选择理论

在第七章我们提到,多准则决策问题可以分成单个决策人的多目标决策和多个决策人的群决策两大类。第九章和第十章分别介绍了单个决策人或可以作为单个决策人处理的多属性决策和多目标决策问题的求解方法。从本章开始将介绍涉及多个决策人的各种决策问题的特点、相关理论与求解方法。

11.1　群决策概论

11.1.1　引言

以主观概率论和效用理论为两大支柱的统计决策理论及由此发展起来的决策分析方法在近几十年间发展十分迅速,应用日益广泛,而统计决策的本质是从各种可行方案中选择一个,以尽量满足决策人的愿望和要求,其中的决策人只有一个,或者是可以作为一个人处理的,意见完全一致的集体,他的愿望和要求,他的价值观(即偏好)可以用数值——效用来度量。而现实生活中的决策往往并不这么简单。即使是由执行某种职权的个人来作的决策,也离不开其他人的参与。小而言之,一个企业的负责人,在作比较重要的决策(比如说,新产品的开发)时,他需要有关职能部门提供各种信息,请参谋人员协助:他要从技术部门了解新产品开发和产品生产过程中的技术可行性和需要更新设备的数量;要从供销部门了解原材料的进货与产品的销售前景;要从财务部门了解资金周转,信贷来源,投产的费用,生产的效益,等等。他只有在获得各种信息,听取各种意见之后,才能作最后的决策。因此,与其说是企业的负责人个人在作决策,还不如说是由企业负责人为领导的一群人共同作决策。

从更广的意义上来说,任何重大的决策都会影响一群人,因此,作为公正、民主的社会,每一项重要决策都应尽量满足受其影响的群众的愿望和要求。群众的愿望和要求是通过他们的代表去反映的,这些代表组成各种各样的代表大会和委员会,任何重要决策都应集中代表大会或委员会中各位成员的意见,并得到大会的批准。其次,各级行政管理部门中有各种领导班子,各部门的重大问题也应由领导班子集体讨论,制订决策,协调行动。而且,随着社会的发展与科技进步,知识和信息量在急剧增长,需要决策的问题愈来愈多,也愈来愈复杂,任何个别的领导人单凭自己的经验和智慧都无法掌握所有必要的信息,难以应付面临的所有决策问题。于是产生了各种咨询机构和智囊团,以便把具有不同知识结构,不同经验的专家集中在一起，借助众人的智慧以弥补领导者个人才智、经验和精力的不足。这样做不仅仅是简单地增加几个头脑，而是建立了一个由不同知识结构组成的、运用科学理论方法和手段、可以互相启迪、具有丰富知识的信息综合体，来保证决策的科学化。无论代表大会，领导班子，还是咨询机构，在决策理论中都称为**群**(group)，群所作的决策称为**群决策**(group decision making)，或称多人决策。群中的成员各有其所长，也各有其偏好，如何集中群中各位成员的意见，充分利用众人的经验和智慧，发挥集体的优势，形成集体的意见，制订出符合广大群众利益的正确决策，这又涉及决策的民主化问题。因此，研究群决策是决策的科学化与民主化的需要。

11.1.2　群决策的分类

群决策所涉及的领域很广，有投票表决(选举)体制，社会选择理论，委员会理论，**队论**(team theory)与分散决策，递阶优化，专家评估，一般均衡理论，对策论，谈判与仲裁等等。还有许多其他领域也都与群决策有关，本书不可能对此作全面系统的介绍，准备按另一种分类法有所侧重地介绍相关内容。

Hersanyi 根据群中成员的行为把群决策问题分成两大类。一大类是从伦理道德观念出发，追求群作为整体的利益的**集体**(collective)决策，它研究各成员间不存在根本利害冲突的群决策问题；另一大类是群中成员追求自身的利益和与其他人对立的价值，即成员间存在利益冲突的对策(或称博弈)问题。我们基本上按照这一分类来介绍群决策的主要内容。

在集体决策这一大类问题中，群的组织结构大致可以分为两种形式，一是委员会，一是递阶的权力结构。委员会决策的基本特点是群中各成员之间地位平等，原则上各成员的权力基本相同。根据委员会基本职能的不同，又可分成两种，一种是作为权力机构的委员会，一类是作为参谋班子或咨询机构的委员会。前一种委员会本身就是作决策的实体，其中不再存在有最后决策权的领导人，这种委员会的基本功能是要集结各成员的偏好以形成群即社会的偏好，得到最终决策。研究这种问题的是社会选择理论，包括投票表决体制，社会选择函数与社会福利函数等方法，我们将在本章稍后介绍这些方法；后一种委员会我们称之为专家咨询及群体(公众)参与，其中各成员的权力虽然平等，但其作用是提供各成员的经验，知识和信息，帮助决策人作价值判断，真正的最终决策往往要由组建委员会的高级行政人员来作。

以上两种委员会决策问题的另一个重要区别在于前者往往有现成的备选方案集，而后者则通常要在研究问题的过程中形成方案，再给出对各方案的评价意见。由于目前的群决策技术和方法有许多是求解这种问题的，我们将在第十二章专门介绍用于专家咨询的决策方法。

至于递阶的权力结构这种形式，其最大特点是有明确的层次结构即上下级关系。由于递阶优化、管理和组织决策等学科对此有专门的论述,这里对此不作研究。

社会中存在的另一大类多人决策的问题是由各种各样的冲突或矛盾引起的。无论夫妻之间、骨肉同胞之间、朋友之间、个人与企业之间,还是生产单位与环境保护部门之间、国内各地区之间、城乡之间、地方与国家之间、国家与国家之间乃至国家集团与国家集团之间,都会有争执即矛盾存在。这些矛盾有对抗性的,也有非对抗性的。非对抗性矛盾如不妥善解决,也能发展成对抗性矛盾,甚至导致激烈的冲突。存在争执与矛盾并不可怕,因为在某种意义上只有靠矛盾的解决才能取得社会的进步,问题是如何防止矛盾的激化,避免不必要的损失。因此研究争执与利益冲突的解决不仅有理论价值,而且有重要的现实意义。

研究成员中存在利益冲突的数学方法是对策论。一般的对策问题按照表达方式的不同可分成正规型、扩展型和特征函数型这三种基本类型。也可以根据参加对策的人数、对策问题的重复次数以及问题中各方是否合作来分类。在基于对策论的方法中,协商与谈判,仲裁与调解在现实生活中有着极其重要的作用。在第十三章我们将讨论这类问题。

综上所述,我们可以把群决策的分类归纳成图 11.1。

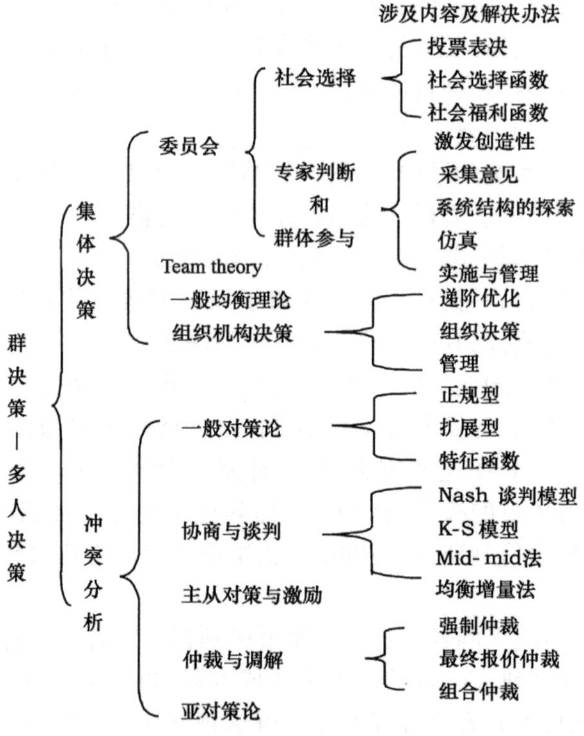

图 11.1 群决策分类图

随着计算机技术的发展与使用的日益普及,计算机网和多用户系统的广泛建立,用计算机作为决策的辅助工具已经引起了越来越大的兴趣。现有的计算机软件已能提供一些常用的群决策方法(如多数票表决规则,社会选择理论以及建立各种准则,成员与方案间关系的结构建模等)的算法。近年来,为了帮助解决半结构化与非结构化问题而发展起来的决策支持系统(DSS),也从过去为单一决策人提供支持逐渐向用计算机网或多用户系统联系起来的群体提供实时的决策支持发展。囿于篇幅,本书不讨论这些问题。

11.1.3 社会选择问题

从群决策问题的分类中可以看出,其中涉及面最广、最为重要的部分是社会选择问题。

人类社会一经形成,就存在着社会选择问题。所谓社会选择是指公众就有关的重要问题,如重要职位的人选,政策的制订乃至国家政治体制的确定等等,进行决策。人类社会的发展过程中采用过的社会选择方法主要有传统、独裁、投票表决和市场机制。

传统可以有多种不同形式,它可以是社会的风俗习惯乃至宗教法规等包罗甚广的惯例。从中世纪的欧洲各国到当今的某些阿拉伯国家,是典型的根据“神”的意志即按宗教法规进行社会性选择的例子。这是法律统治的极端情况。而独裁则是由个人或小集团对社会进行统治,按照个人或小集团的意志进行行政管理并代替公众进行选择。中国长达二千多年的封建社会的本质就是以独裁方式进行社会选择,朝代的更迭只不过是独裁者的交替。在传统与独裁这两种社会选择方式之间并无不可逾越的鸿沟。根据传统进行社会选择,往往会不自觉地导致独裁。例如按宗教法规进行统治,无论这些教规的条款多么具体,明确地规定社会在不同环境下应当如何行动,随着时间的流逝与社会的发展,环境条件在逐渐变化,对原有教规的某些条款的含义会有不同的理解,这时宗教法规对社会的实际行动就可能失去其指导作用,需要对此作新的明确解释。而对这些神圣宗教条款的解释,可以由全社会民主讨论,也可以由个别人决定。通常的情况是,由于神圣教规的权威性质,解释权总是掌握在某一个人或小集团手中,这些掌握解释权的人就成了实际上的独裁者。这样就完成了传统向独裁的演变。

到了资本主义社会,经常采用的社会选择方法是投票和市场机制。投票通常用于政治决策,市场机制通常用作经济决策。在混合经济体制的英、法和斯堪的纳维亚诸国,虽然这两种社会选择方式同时存在,但是投票的使用范围更广,常常直接或间接地通过投票作决策而较少采用市场机制。但是就本质而言,市场机制也只是投票的一种特殊形式:以货币进行投票。

Luce 和 Raffia(1957)指出:“用最通俗的语言来说,所谓社会选择就是要根据社会中各成员的价值观和对不同方案的选择产生社会的决策。即要把社会中各成员对各种状况的偏好模式集结成为单一的社会偏好模式。从个人对社会状态的备选方案的偏好产生社会偏好的最常用的方法或步骤是:惯例,常规,宗教法规,职权,独裁者的命令,投票,市场机制等等。这些方法并不全都公平合理……。因此,我们的任务之一是要判断有哪些方法能充分考虑社会中各成员的福利……"

在这一章的余下几节,我们将从投票开始,首先介绍投票以及与投票有关的若干主要的社会选择规则,讨论这些规则是否公平合理的评价标准,用这些评价标准来衡量上述社会选择规则并判断其优劣;在 11.4 节,要从社会福利的角度来讨论社会选择问题;在 11.5 节则对这两类社会选择规则中的某些重要内容进行比较和总结。

11.2 投票表决

从原始社会起,人们就用投票表决的方式来表达多数人的意愿,从决定部落内的重大事务到选举部落的首领。投票表决这种最古老的群决策方法,也是当今社会最常用的表达民意的方式。

无论投票是要确定某个职位的人选,还是选择某种方针、政策或社会状况,通常是一个多准则的决策过程。以确定职位的人选为例,候选人的优劣可以由多个准则(即评价标准)来判断。这些准则包括候选人的能力(学识、经验、精力),道德品质(诚实,正直,责任感)和政治态度(总的政治倾向以及对某些特定问题的立场、观点)等等。投票人要在心目中根据上述标准对候选人的各项条件加以综合,形成一个价值函数或效用函数,并据以投票。即使是对某一单个问题进行投票,也只是投票的人们认为这一问题比起其他问题有绝对优先的重要性。因此,投票表决过程可以看作是一种多准则的群决策方法,但是在用投票方式产生一个职位的人选时,每个投票人心目中存在的这些准则并不真正出现在计票过程中。

需要说明的是,投票表决实际上包括投票和计票两个过程。投票涉及群中的所有人,因此投票过程应该尽量简捷,使投票人不感到困难。计票往往是由少数人在专家指导和监督下按一定原则进行的。首先要考虑准确性与有效性而不仅仅是简单。

投票表决的历史悠久,形式繁多。本节将对一些常用的投票表决法作简单的介绍,首先介绍在选票上不反映投票人对候选人(或备选方案)偏好的非排序式选举制。再介绍在选票上反映投票人偏好的选举制,即排序式选举。

11.2.1　非排序式选举

1. 只有一人当选的情况

有多个候选人可供选择,每个投票人只有一票,以无记名投票方式投给自己中意的候选人,这种选举叫计点式选举,目前西方国家的政治选举常采用这种办法。这种方法适用于两个候选人竞争的场合,对竞争某一职位的两个候选人进行投票表决时最常采用的计票方法是简单多数票法则,由获票较多的候选人当选。当候选人数目超过两个时,这种方法并不可靠,即它不适合用于两个以上候选人竞争一个职位。

当候选人多于两个时,有两种办法可以采用:一是按得票多少,即票数最多者获胜,叫做简单多数制或相对多数制;一是得票超过半数才能当选,叫过半数代表制或绝对多数制。采用简单多数制时,无论有多少个候选人,由获票最多的候选人当选。而采用过半数代表制时,规定只有获得超过半数选票的候选人方可当选。若第一次投票后有某个候选人获得半数以上选票,则该候选人将当选,选举结束;否则,就要采用二次投票或反复投票表决等方法来产生获得过半数选票的人选。

二次投票法规定,在第一次投票后若无任何候选人获得过半数选票,则应对在第一次投票中得票最多的两个候选人进行第二次投票,从中选出一位得票超过半数者。这种投票表决方法与体育运动中的预、决赛相类似,所以也称决赛多数法。法国在 1789 年就曾采用这种办法,之后在 1871～1939 年,1958 年直到目前多次用于总统选举;目前其他一些国家如俄罗斯的总统选举也采用这种办法。

反复投票表决法对每次投票表决中候选人的人数不作硬性规定,而希望得票太少的候选人自动退出竞选,或由投票人因自己原先所支持的候选人得票太少,当选无望,转而支持其他候选人,使选票逐步向少数候选人集中。投票反复进行,直到产生某个得票超过半数的当选者为止。美国的民主党和共和党产生总统、副总统候选人的代表大会就采用这种办法选举。采用此法时,每次投票都伴随政治上的讨价还价和折衷。

与反复投票表决相类似的还有取舍表决法,它规定在第一次投票后若无过半数票获得者,则将得票数最少的候选人淘汰掉,对其余候选人进行下一轮投票;如此继续,直到产生过半数候选人为止。申奥城市的产生就是用这种办法。

在上述各种方法中,最直观、最简单方便的选举方法是获票最多者当选的简单多数票法,因此人们最早且最常采用的也正是这种方法。但是对简单多数票法则以及过半数票当选原则作进一步研究,就会发现这些方法有时并不公平。Dodgson 早在 1873 年就提出了如下的几个例子来说明这一点。

例 11.1　有 11 个投票人,4 个候选人。每个投票人对各候选人的偏好次序见下页表。

投票人编号 / 偏好次序	1	2	3	4	5	6	7	8	9	10	11
第一位	*a*	*a*	*a*	*b*	*b*	*b*	*b*	*c*	*c*	*c*	*d*
第二位	*c*	*c*	*c*	*a*	*a*	*a*	*a*	*a*	*a*	*a*	*a*
第三位	*d*	*d*	*d*	*c*	*c*	*c*	*c*	*d*	*d*	*d*	*c*
第四位	*b*	*b*	*b*	*d*	*d*	*d*	*d*	*b*	*b*	*b*	*b*

在这由 11 人组成的群中，有 3 个成员认为候选人 a 最好，其他所有成员认为 a 是第二位的；虽然有 4 个成员认为 b 最好，但其他所有成员都认为 b 最差。看来应由 a 当选，但是按照简单多数票法则，b 将当选。

例 11.2　有 11 个投票人，4 个候选人。每个投票人对各候选人的偏好次序如下表：

投票人编号 / 偏好次序	1	2	3	4	5	6	7	8	9	10	11
第一位	*b*	*b*	*b*	*b*	*b*	*b*	*a*	*a*	*a*	*a*	*a*
第二位	*a*	*a*	*a*	*a*	*a*	*a*	*c*	*c*	*c*	*d*	*d*
第三位	*c*	*c*	*c*	*d*	*d*	*d*	*d*	*d*	*d*	*c*	*c*
第四位	*d*	*d*	*d*	*c*	*c*	*c*	*b*	*b*	*b*	*b*	*b*

在例 11.2 中有近半数的投票人(5 位成员)认为 a 最好，另 6 人认为 a 是第二位的，而 b 在 5 位成员心目中是最差的，看来由 a 当选是比较合适的，而无论按简单多数还是按过半数票原则，都将是 b 当选，这是因为无论是简单多数还是过半数票原则都是非排序式选举，没有充分考虑投票人的偏好次序。

例 11.3　投票人对各候选人的偏好次序如下表：

投票人编号 / 偏好次序	1	2	3	4	5	6	7	8	9	10	11
第一位	*b*	*b*	*b*	*c*	*c*	*c*	*c*	*d*	*d*	*a*	*a*
第二位	*a*	*a*	*a*	*a*	*a*	*a*	*a*	*a*	*a*	*b*	*d*
第三位	*d*	*c*	*d*	*b*	*b*	*b*	*d*	*c*	*b*	*d*	*c*
第四位	*c*	*d*	*c*	*d*	*d*	*d*	*b*	*b*	*c*	*c*	*b*

按过半数票原则：第一次投票后无人当选；因为有 4 人选 c，3 人选 b，2 人选 d，2 人选 a，所以 a，d 被淘汰，由 c，b 作候选人进行第二次投票，c 将当选。而事实上没有人认为 a 处于第二位以下，却有 4 个投票人认为 c 最糟，另有三个投票人认为 c 是第三位的。

早在 18 世纪，M De Condorcet 就指出，当存在 2 个以上的候选人时，只有一种办法能严格而真实地反映群中多数成员的意愿,这就是对候选人进行成对比较,若存在某个候选人,他能按过半数决策规则击败其他所有候选人,则他被称为 Condorcet 候选人,应由此人当选。这一原则叫 Condorcet 原则。关于这一原则,以后还要详细讨论。

2. 同时有两人或多人当选的情况

按简单多数票法则同时选出两个或多个人的投票表决与只选一人的情况有所不同。有多种方法可用于在某一选区中一次选出多个当选者的投票表决。

(1) 一次性非转移式投票表决

这种方法规定每个投票人只有一票,用无记名方式投票,按简单多数法确定当选者。例如某选区要从几个候选人中一次选出三个当选者,则在投票后由得票数处于第一、第二和第三位的候选人当选。该法从 1890 年起即在日本的议员选举中采用。

(2) 复式投票表决

复式投票法规定,在选举中要产生多少当选者,每个投票人就可以投多少张票,但对每个候选人只能投一票。这种表决法的最大缺陷是,如果选举涉及激烈的党派斗争或路线斗争,则有可能使所有职位都集中于实力稍强的某个党派,即使它的实力只强一点。例如某选区包括意见十分对立的两派,每一派都提出与应当选人数相同的候选人,只要某派拥有稍稍超过 50% 的投票人,它就将获得全部席位。因此这种投票表决法的效果极差,只有在存在共同利益的团体或组织内部方可使用。

(3) 受限的投票表决法

这种方法是为了避免复式投票中某个党派独占全部席位而提出的。它规定每个投票人可以投的票数必须小于当选人数。例如某一选举要选出三个代表,但规定每个投票人只能投两票,且对每个候选人至多投一票。这种方法在 1868 年英国大选中采用,由于它仍不能阻止党派斗争中用心不良的图谋,终因失败而于 1885 年宣布取消。

(4) 累加式投票表决

这种投票方式规定每个投票人拥有的选票数等于待选席位数,且这些选票可以任意支配,既可以全部投给某一候选人,也可以随意分配给若干候选人。这种方法能给少数派以某种切实的保护。它在 1870～1902 年间用于英国的学校董事会选举。请注意这种方法与股份制公司的董事会的投票方法之间的区别,在累加式投票中,每个投票人拥有相等的权利,而后者按各董事拥有的股权大小计票。

(5) 名单制

这种方法从 1899 年起用于比利时的选举,以后又被荷兰、丹麦、挪威、瑞典、芬兰等国采用。这种方法不是对候选人投票,而是由各党派或组织提出它的候选人名单,再由投票人对这些名单投票,即投票支持某个政党或组织。最后根据各党派的名单的得票数来分配席位,并按各名单应得席位与名单上候选人的次序确定具体人选。常用的分配席位的方法有最大均值法和最大余额法两种。下面通过具体例子来说明这两种席位分配方法。

例 11.4 某选区有 24 000 位选民,4 个党派提出了各自的竞选名单 A,B,C,D,竞争 5 个席位。设投票的结果是:

名单	得票
A	8700
B	6800
C	5200
D	3300
合计	24000

最大均值法的基本原则是逐一分配席位,每次都把席位分配给平均每个席位得票数最多的名单。具体步骤是先分第一个席位。在分配前将每个名单的得票数除以 1,这时各名单的每个席位平均得票数就是上述得票数,由于名单 A 的得票数 8 700最大,所以名单 A 赢得第一席。在分配第二席时,名单 A 已获得了 1 席,若第二席还分给名单 A,其除数为 2;其余名单除数仍取 1,因此有下表:

名单	得票总数	除数	平均值
A	8700	2	4350
B	6800	1	6800
C	5200	1	5200
D	3300	1	3300

此时名单 B 的平均值最大,名单 B 得第二个席位。分第三个席位时,A、B 的除数均取 2,C、D 的除数仍为 1,这时有如下结果:

名单	得票总数	除数	平均值
A	8700	2	4350
B	6800	2	3400
C	5200	1	5200
D	3300	1	3300

由于名单 C 的平均值最大,因此第三席给 C。分第四席时,A,B,C 的除数均取 2,D 的除数仍为 1,则有如下结果见下页表:

名单	得票总数	除数	平均值
A	8700	2	4350
B	6800	2	3400
C	5200	2	2600
D	3300	1	3300

由于名单 A 的平均值最大，第四席由 A 获得，即名单 A 共获得了 2 席。在分最后一席时有如下结果：

名单	得票总数	除数	平均值
A	8700	3	2950
B	6800	2	3400
C	5200	2	2600
D	3300	1	3300

B 的均值最高，第 5 席由名单 B 获得。于是，采用最大均值法分配席位的最终结果是：名单 A 和 B 各得 2 席，C 得 1 席，名单 D 得 0 席。

最大余额法的分配步骤是求总票数 n 与总席位数 m 的商 $Q = n/m$。首先按各名单得票数中包含商 Q 的数量分配席位，在有席位多余时，根据余数来分配多余席位。在这一例中，$Q = 24000/5 = 4800$，所以每获得 4800 票即可获得一个席位，因此有下表：

名单	得票	Q	初始席位分配	余额
A	8700	4800	1	3900
B	6800	4800	1	2000
C	5200	4800	1	400
D	3300	4800	0	3300

从上表可知，名单 A,B,C 可各得 1 席，还剩余 2 席。由于 A,D 的余额最大，各得 1 席。用最大余额法分配的结果是 A 得 2 席，B,C,D 各得 1 席。

在这个例子中，同样的投票结果，席位的分配结果将因使用的方法而不同。可以证明，最高均值法对大党派有利，最大余额法对小党派有利。

(6) 可转移式投票

用于多席位选举的投票表决方法中较著名的方法还有 STV，即可转移式投票。它通常用在 3~6 个席位的选区，其选举程序较为复杂。该法规定，在每一轮投票中，每个选民只有一票，第一轮投票后统计各候选人 a_j 的得票数 n_j，以及定额 $Q = n/(m+1)$，其中 n 为投票总数，m 为该选区要产生的席位数，凡是得票数 $n_j > Q$ 的候选人均可当选，而得票数最少者被淘汰；如有剩余席位，则由未当选的候选人在下一轮投票中竞争。如此继续,直到选出全部席位的当选人为止。在采用这种选举方法时,第一轮已入选候选人的支持者在第二轮中的投票方向对第二轮谁能当选有着决定性的影响。

(7) 认可选举

除了上述各种选举方法以外,其他的选举方法就不再一一介绍了。这里要提一下 Brams 和 Fishburn 提出的认可选举(approval voting)。该方法规定,只要投票人愿意,他可以投票给尽可能多的候选人,但对每个候选人最多只能投一票。由得票最多的候选人当选。虽然这种方法还只是一种建议,尚未在实际的选举中使用,但 Brams 和 Fishburn 证明这种方法比简单多数制和二次投票制更优越。当投票人都能真实地表达自己的意愿时,若存在 Condorcet 候选人,则它是在非排序式选举中惟一的一定能选出 Condorcet 候选人的选举方法。

本节所介绍的各种选举方法可总结如下表:

应选人数	投票法	计数法	其他名称
1人	简单多数票	简单多数	计点制、相对多数
	二次投票法	过半数	绝对多数、决赛制
	反复投票法	过半数	
	取舍投票法	过半数	
2人或多人	一次性非转移式	简单多数	多人选区计点制
	复式投票法	简单多数	
	受限制的投票法	简单多数	
	累加式投票法	简单多数	
	名单制	最大均值 最大余额	投票选党派
	可转移式	$Q=n/(k+1)$	STV
	认可式	简单多数	

11.2.2 排序式选举与投票悖论

在上一分节介绍的非排序式选举方法,并不能可靠地解决两个以上候选人竞争单一职位的问题。正如例 11.1 到例 11.3 所显示的,它有可能导致并不受大部分群中成员欢迎的候选人当选。因此在投票时,不仅要让投票人表达他最希望看到多个候选人中的哪一个被选上,还应该让投票人说明他是以何种方式对这些候选人排序的,即在投票时表达他对各候选人的偏好次序,这就是排序式选举,又称偏好选举。

偏好选举最初是由 C De Borda 在 1770 年提出来的。这种方法合乎自然而又合理,凡是从多个候选人中选择一个,就应使用这种方法。在同时有多人当选的时候,只要选用适当的计票方法,它也可靠且准确,还能保护少数派,能在大范围内合理地分配代表名额。这种方法在英国正式用于议会选举达 30 余年,直到 1950 年才废除。在英国,它还用于教会、商会和其他团体的选举。

Borda 提出的偏好选举很容易实施。只要投票人在无记名选票上对各候选人排序,给他最满意的候选人名字前标上 1,排名第二位的候选人名字前标 2,如此继续。在投票完成之后计数。不过要能集结群中各成员的偏好以形成群或社会的偏好,还有一些问题需要深入研究和讨论。

为了讨论方便,我们引入如下符号:

设群由 n 个成员构成,用 $N=\{1,\cdots,n\}$ 表示群中成员的集合,$i=1,\cdots,n$ 表示成员个体;以小写字母 a,b,c 或 x,y,z 等表示候选人或备选方案,所有方案的集合记为 A;用 $\succ_i$,$\sim_i$ 表示群中的成员 i 的偏好,$x\succ_i y$ 表示群中第 i 个成员认为候选人 x 优于 y;$x\sim_i y$ 表示 i 认为 x 与 y 无差异,即 x 与 y 同样好;$x\succ_G y$ 表示群作为整体认为 x 优于 y,$x\sim_G y$ 表示群认为 x 与 y 无差异;$N(x\succ_i y)$ 表示群中认为 x 优于 y 的成员的数目。用这些符号,(简单而非加权的)过半数决策规则可定义如下:

定义 11.1　对 $x,y\in A$,(1) 若 $N(x\succ_i y)>N(y\succ_i x)$,则 $x\succ_G y$;(2) 若 $N(x\succ_i y)=N(y\succ_i x)$,则 $x\sim_G y$。

前面提到的 Condorcet 原则可以表示成:若 $N(x\succ_i y)>N(y\succ_i x)$,$\forall y\in A\setminus\{x\}$,则 x 获胜。其中 $A\setminus\{x\}$ 表示方案集 A 去掉方案 x 以后的集合。

例 11.5　一个群有 60 个成员,要从 a,b,c 三个候选人中选举一位领导人,这 60 个成员的态度是:

23 人认为　$a\succ c\succ b$　(即 a 优于 c,c 优于 b,a 也优于 b)
19 人认为　$b\succ c\succ a$
16 人认为　$c\succ b\succ a$
2 人认为　$c\succ a\succ b$

根据 Condorcet 原则,a 与 b 相比时,有 $23+2=25$ 个成员认为 $a\succ b$,另外的 $19+16=35$ 个成员认为 $b\succ a$,因为 $N(b\succ_i a)>N(a\succ_i b)$,按过半数票决策规则有 $b\succ_G a$。

a 与 c 相比时,有 23 个成员认为 $a\succ c$,另外的 $19+16+2=37$ 个成员认为 $c\succ a$,因为 $N(c\succ_i a)>N(a\succ_i c)$,按过半数票决策规则有 $c\succ_G a$。

b 与 c 相比时,有 19 个成员认为 $b\succ c$,另外的 $23+16+2=41$ 个成员认为 $c\succ b$,因为 $N(c\succ_i b)>N(b\succ_i c)$,按过半数票决策规则有 $c\succ_G b$。

以上的分析表明,按过半数票决策规则群的意见是:$c\succ_G b$,$b\succ_G a$,$c\succ_G a$,即 $c\succ_G b\succ_G a$,在必须选出一人时,候选人 c 将当选。在这问题中,c 是Condorcet候选人,他能在两两比较中分别击败 a 与 b。

由于简单过半数决策规则的合理性与简明性,它被广泛用于从两个备选方案(或候选人)中选择一人的投票表决。但在从多个方案中选择一个时,这一规则有可能会遇到麻烦。M De Condorcet 发现,在对多个候选人作两两比较时,有时会出现多数票的循环。比如对上例稍作变动,有如下例子:

例 11.6　设 60 个成员对三个候选人的态度是:

23 人认为　$a \succ b \succ c$

17 人认为　$b \succ c \succ a$

2 人认为　$b \succ a \succ c$

8 人认为　$c \succ b \succ a$

10 人认为　$c \succ a \succ b$

在对候选人作两两比较时,

$N(a \succ_i b) = 33$　$N(b \succ_i a) = 27$　结果是 $a \succ_G b$

$N(b \succ_i c) = 42$　$N(c \succ_i b) = 18$　结果是 $b \succ_G c$

$N(a \succ_i c) = 25$　$N(c \succ_i a) = 35$　结果是 $c \succ_G a$

根据过半数决策规则,群有三个判断:$a \succ_G b$,$b \succ_G c$,$c \succ_G a$。这表明,虽然群中每个成员的偏好(即对候选人优劣的排序)是传递的,但用 Condorcet 原则对候选人两两比较,按过半数规则得出的群的排序就可能会出现 a 优于 b,b 优于 c,c 又优于 a 这种互不相容的结果,即群的排序不再具有传递性而是出现多数票的循环。这种现象称为 Condorcet 效应,也称**投票悖论**(the paradox of voting)。

下面我们分析产生投票悖论的条件及其发生的概率。

一般说来,某个群要从三个备选方案 a, b, c 中选择一个时,假设群中各成员的偏好是一致的(即对方案的排序满足传递性),则在不考虑方案间的无差异情况时,成员中可能有如下 6 种观点:

① $a \succ b \succ c$

② $a \succ c \succ b$

③ $b \succ c \succ a$

④ $b \succ a \succ c$

⑤ $c \succ a \succ b$

⑥ $c \succ b \succ a$

群中的成员可以按其观点分成 6 个子群,设群中成员总数为 n,以 $n_j (j = 1, \cdots, 6)$记群中持第 j 种观点的子群的成员数。为了得出群的总体偏好,可以按 Condorcet 原则对 n 个成员进行分类。

根据群中成员对 a 与 b 的态度分成两类:

$$N(a \succ_i b) = n_1 + n_2 + n_5 \qquad N(b \succ_i a) = n_3 + n_4 + n_6$$

类似地,对其他方案,有

$$N(a \succ_i c) = n_1 + n_2 + n_4 \qquad N(c \succ_i a) = n_3 + n_5 + n_6$$

$$N(b \succ_i c) = n_1 + n_3 + n_4 \qquad N(c \succ_i b) = n_2 + n_5 + n_6$$

按过半数规则,若 $n_1+n_2+n_5>n_3+n_4+n_6$,群的判断为 $a \succ_G b$,因此,当

$$n_1 + n_2 + n_5 > n_3 + n_4 + n_6 \tag{11.1}$$

$$n_1 + n_3 + n_4 > n_2 + n_5 + n_6 \tag{11.2}$$

$$n_3 + n_5 + n_6 > n_1 + n_2 + n_4 \tag{11.3}$$

三个不等式同时成立时,群的判断为 $a \succ_G b, b \succ_G c, c \succ_G a$,就会出现 Condorcet 效应,即投票悖论。在(11.1)~(11.3)这三个不等式中的不等号同时反向,即不等式

$$n_1 + n_2 + n_5 < n_3 + n_4 + n_6 \tag{11.4}$$

$$n_1 + n_3 + n_4 < n_2 + n_5 + n_6 \tag{11.5}$$

$$n_3 + n_5 + n_6 < n_1 + n_2 + n_4 \tag{11.6}$$

同时成立时,群的判断将为 $b \succ_G a, a \succ_G c, c \succ_G b$,也会出现多数票循环。

以上分析表明,只要选择适当的 $n_j(j=1,\cdots,6)$,使式(11.1)、式(11.2)、式(11.3)这三个不等式同时成立,或使式(11.4)、式(11.5)、式(11.6)同时成立,就会出现投票悖论。因此,只要愿意就可以构造任意多个投票悖论的例子。

示例 出现投票悖论的最简单的例子:

$$n_1 = n_3 = n_5 = 1 \qquad n_2 = n_4 = n_6 = 0$$

这相当于群有 3 个成员,这 3 个成员分别持观点① $a \succ b \succ c$,② $b \succ c \succ a$,③ $c \succ a \succ b$。

这时若按过半数决策规则形成群的判断,则所产生的群的判断是 $a \succ_G b, b \succ_G c, c \succ_G a$,出现多数票循环,即不具有传递性。

由以上分析可知,在用过半数规则进行社会选择时,产生多数票循环即投票悖论是不可避免的。

用排列组合的知识可以对出现 Condorcet 效应的概率进行系统的分析。例如,在 3 个投票人从 3 个方案中选择一种时,第一个成员可以持 6 种观点中的任意一种,第二、第三个成员也一样,所以共有 6×6×6=216 种可能的组合。其中 3 个成员分别持观点①、③、⑤,或①、⑤、③,或③、①、⑤,或③、⑤、①,或⑤、①、③,或⑤、③、①,和由观点②、④、⑥构成的类似组合,共计 12 种情况下会出现 Condorcet 效应,即产生多数票循环。设各种情况发生的概率相等,则产生多数票循环的概率为 12/216=1/18=0.0556。

当群中的成员增加时,可以进行类似的计算。计算的结果表明,随着投票人数量 n 的增加,产生多数票循环的概率也稍有增加,其极限值为 0.0877。

Niemi 等人(1968)给出了与不同方案相对应的产生多数票循环的概率的极限

值,如表 11.1 所示。Garman 等人(1968)给出了群中成员数量与产生多数票循环的概率的关系,见表 11.2。

表 11.1 产生多数票循环的概率极限

方案数	概率极限	方案数	概率极限
3	0.0877	15	0.6087
4	0.1755	20	0.6811
5	0.2513	25	0.7297
6	0.3152	30	0.7648
7	0.3692	35	0.7914
8	0.4151	40	0.8123
9	0.4545	45	0.8292
10	0.4887	49	0.8405

表 11.2 群中成员数与产生多数票循环的概率之间的关系

方案数	群中成员数						
	3	5	7	11	15	25	∞
3	0.0556	0.0694	0.075	0.0798	0.082	0.0843	0.0877
4	0.1111	0.14	0.15				0.1755
5	0.16	0.20	0.22				0.2513
6	0.20	0.25	0.27				0.3152
8	0.28	0.33	0.37				0.4151
10	0.32	0.40					0.4887

11.2.3 其他投票表决规则

1. 资格认定

在前面两小节中介绍的投票表决法中都有一个共同点,这就是候选人总数 m 严格大于当选人数。在现实生活中的某些投票表决问题中候选人数与应当选人数 k 相同(不存在竞争或不允许竞争),或者当选人数无确定的限额。例如学术团体的代表大会选举理事会、专业委员会,我国国务院学位委员会学科评议组对申报博士点的认可等等。这种投票表决带有对备选对象是否具备某种资格的审核与认定性质,它不是在方案间排序并作集体选择,而是按照某种公认的标准来衡量备选对象(认为备选对象符合标准时投赞成票,认为不符合标准时则投反对票,无法确定备选对象是否符合标准时可以弃权),再根据群中大部分成员的意见做出集体的选择。

2. 非过半数决策规则

在投票表决时,除了采用过半票的决策规则以外,根据实际情况的需要还可采用其他决策规则。例如,常用的2/3多数规则规定得票超过投票人数或法定人数的2/3方可当选(或通过)。在美国,议会通过的法案在总统行施否决权后,要在参众两院获得2/3多数票才能推翻总统的否决。希腊议会选举总统时也需2/3多数票才能当选(只有在连续两次投票均无人当选时,才将当选比率降为60%)。

除2/3多数规则外,还有3/4多数规则,如美国的宪法修正案要有3/4以上州立法机构的认可。

在联合国安理会中的常任理事国对安理会的决议有一票否决权。

在某些资格认定的投票表决中,还有过半数赞成且反对票少于1/3的规则。

以上这些非过半数选举规则都是根据特定的需要规定的。一般说来,采用非过半数选举规则要么是为了保护特殊的利益群体,要么是为了保持政策或法规的连续性与稳定性而设计的。

11.2.4　策略性投票

策略性投票又称投票的操纵性。策略性投票主要有下列几种表现形式,为了便于理解,我们用示例加以说明。

1. 谎报偏好而获益

示例一　设 $A=\{a,b,c\}$,a,c 分别是持两种极端观点的党派或团体推举的候选人,b 为持中间立场的候选人。30位投票人中三派力量对比是13∶9∶8。具体态度是:

13人认为:$a \succ b \succ c$　　4人认为:$b \succ c \succ a$

5人认为:$b \succ a \succ c$　　8人认为:$c \succ b \succ a$

若投票人真实地表达各自偏好,则无论按Condorcet原则或过半数原则(二次投票),还是用Borda法,都应由 b 当选。

按Condorcet原则:$N(a \succ_i b)=13$,$N(b \succ_i a)=17$,结果是 $b \succ_G a$;$N(a \succ_i c)=18$,$N(c \succ_i a)=12$,所以 $a \succ_G c$;$N(b \succ_i c)=22$,$N(c \succ_i b)=8$,因此有 $b \succ_G c$;社会的排序是 $b \succ_G a \succ_G c$。

按过半数原则,第一次投票后 a,b,c 三个候选人的得票均未达到15票,无人当选,需要进行第二次投票;第一次投票时 c 得票最少,被淘汰后,由 a,b 两位候选人竞争。a,b 分获13和17票,b 获胜。

采用Borda法:

a 的得分 $13\times2+5\times1=31$

b 的得分 $9\times2+(13+8)\times1=39$

c 的得分 $8\times2+4\times1=20$

社会的排序仍是 $b\succ_G a\succ_G c$。

但是,倘若在采用 Borda 法时,支持 a 的 13 个人改变投票策略,其中 9 个人谎称其偏好序为 $a\succ c\succ b$,其余所有成员真实地宣布偏好,这时 30 个投票人所表达的偏好序为

4 人表态为　$a\succ b\succ c$

9 人表态为　$a\succ c\succ b$

5 人认为　$b\succ a\succ c$

4 人认为　$b\succ c\succ a$

8 人认为　$c\succ b\succ a$

按 Borda 法:a 的得分仍为 31,b 的得分变成 30,c 的得分变成 29,社会的排序是 $a\succ_G b\succ_G c$,a 将当选。

根据 Condorcet 原则,$N(a\succ_i b)=13$,$N(b\succ_i a)=17$,结果是 $b\succ_G a$;$N(a\succ_i c)=18$,$N(c\succ_i a)=12$,所以 $a\succ_G c$;$N(b\succ_i c)=13$,$N(c\succ_i b)=17$,因此有 $c\succ_G b$;社会的排序是 $b\succ_G a$,$a\succ_G c$,$c\succ_G b$,出现多数票循环,没有胜者。

如果采用过半数原则,第一次无人获得半数以上选票时,对得票最多的两个候选人进行二次投票。若在第一次投票时,支持候选人 a 的 13 人之中有两人改为支持 c,其他人都诚实地表达自己的意愿,则 a,b,c 得票分别为 11∶9∶10,被淘汰的将是 b;第二次投票时,所有人都诚实地表达自己的意愿时 a,c 分获 18 和 12 票,a 获胜。

这个例子说明,a 的支持者可以通过谎报偏好这种投票策略来操纵社会的排序而获益。

2. 选票交易

示例二　一个简单的由甲、乙和丙三个人构成的群体,就 A、B 两项工程是否投建进行决策。工程投建后各成员的效益如右表所示。显然,甲希望投建工程 A,乙希望投建工程 B;但是,若 A、B 两项工程分别单独投票,均会因为有两票反对、只有一票赞成而被否决。然而,甲、乙二人可以达成协议:乙投票支持工程 A 投建,作为交换条件,甲投票支持工程 B 投建,这样一来,由于 A 和 B 均能获两票支持,同时获得通过;甲可因此得到 15 个单位的总收益,乙也可以有 10 个单位的总收益。丙无疑是这场投票交易中的受害者。

	A	B	A+B
甲	20	−5	15
乙	−5	15	10
丙	−5	−5	−10
合计	10	5	15

3. 小集团操纵群

示例三 某个群体有100个成员，有一只大蛋糕本应由这100人公平地分享。假设其中有一个人具有某种组织能力和政治头脑，他首先设法取得50人的信任，形成51人组成的团体，以51比49的过半数“合法”地排除49人应得的权利，由51人分享全部蛋糕。

这个精明的家伙若无竞争对手，还可以设法在51人联盟中结成26人的联盟，只分给另外25人少量蛋糕，比如说，总量的1/10甚至更少。如果这25个人中有谁对此不满，他可以威胁说，谁要是嫌少不满意，换他到49人的那群人中去，让他一点都得不到。很可能这25个人也就接受了这种安排，因为再少也比没有强。剩余的绝大部分蛋糕并不需要在26个人中平均分配，因为此人还可以从中结成14个人的联盟，让另外12个人分少量蛋糕，比如说总量的1/10。如此继续，最终可能由2个人甚至由他一个人分享大部分蛋糕！

策略地多次使用过半数决策方法就有可能将权力与好处集中到极少数人手中；投票的次数和级别愈多，小集团操纵群的机会也愈大。

4. 次序效应

在本节例11.6所示的问题中，群即社会的选择出现了多数票循环。只要存在多数票循环，就可以通过议事程序的安排，利用多数票规则，让循环中的任何一个候选人(或备选方案)入选。例如，想要 a 胜出，就让 b 与 c 先表决，b 胜出后再让 b 与 a 比，a 击败 b 后即可入选。三个方案的多数票循环中，后参与投票的方案一定能入选。决策过程中因议事程序不同而造成结果差异的现象称为次序效应。

Black(1958)提出了次序效应并证明：在相互偏好信息完全未知的条件下，当其他方案的表决次序不变时，方案 x 投入表决的次序越靠后，x 胜出的可能性越大。Farquharson(1969)则证明了在相互偏好信息完全已知的条件下，其他方案的表决次序不变时方案 x 投入表决的次序越靠前，x 胜出的可能性越大。

罗云峰等(1995，1996)证明，在某些情况下，决策过程对方案的选择取决于议事程序的选择；无论是诚实投票还是策略投票，一般修正案表决程序和一般顺序表决程序都不能防操纵，即都不稳定，相比之下，一般修正案表决程序比一般顺序表决程序稳定。

上述研究结论说明了为什么许多国际组织和机构讨论议事程序要比正式开会花费更多的时间和精力。而且现实中也不乏这样的例子：自己这一方的提案无法直接击败对方提案时，可以构造一个提案来击败对方的提案，等对方提案出局后，再以修正案方式让自己这一方的原提案获得通过。

为了防止出现上述示例所说明的情况，有人提出衡量投票表决方法优劣的标准应当是：

1. 能否充分利用社会中各成员偏好信息；

2. 若存在 Condorcet 候选人，他应能当选；

3. 对策略性投票是否有防御能力。

令人遗憾的是，我们将会发现，没有任何一种投票表决方法对策略性投票具有防御能力。

11.3 社会选择函数

11.3.1 引言

在上节已经指出，投票表决时采用的简单多数票规则及过半数决策原则只有在从两个候选人中择一时，才是行之有效的群决策方法。在候选人(或方案)数 $m \geqslant 3$时，由于多数票循环的存在而很不可靠。即使不存在多数票循环，投票结果的合理性也难以保证，除了例 11.1 到例 11.3 所说明的情况，我们再考察一下例 11.5 中的问题。根据 Condorcet 原则对候选人作两两比较，c 将当选(见 11.2.2)。但同样的问题，如果采用简单多数票法，a 得 23 票，b 得 19 票，c 得 18 票，a 的得票数最多，a 可当选。如果按过半数规则，在第一次投票后，无一候选人得票超过半数，需对第一次投票中得票最多的 a，b 进行第二次投票，在第二次投票时，a 得 25 票，b 得 35 票，b 将当选。由此可知，虽然群中成员对三个候选人的偏好次序并未改变，但随着计票方法的改变，群的决策也就各不相同。三个候选人都有可能当选。这种情况是谁都不希望发生的，因为这会使群中的成员为了采用何种计票方法而争执不休。在投票表决中的计票方法实质上就是群决策规则，因此有必要对这种规则的合理性进行研究，以找出能正确反映群中成员意愿的公平合理的方法。根据研究的出发点与角度的不同，这种决策规则可以分为**社会选择函数**(SCF)和**社会福利函数**(SWF)两类。在本节和下一节将分别对其加以讨论。

自从 Condorcet 发现在投票时会出现投票悖论以来，投票悖论引起了许多数学家、政治科学家和经济学家的浓厚兴趣。由于投票悖论的不可避免性，他们就面临如何处理投票悖论这一实际问题，社会选择理论家们为了克服投票悖论造成的困难，提出采用某种与群中成员的偏好有关的数量指标来反映群，即社会，对各候选人的总体评价，这种指标称为社会选择函数(social choice function)。为了讨论方便，在给出各种社会选择函数之前，先介绍今后常用的有关符号和定义以及评价社会这样函数优劣的若干性质。

11.3.2 社会选择函数的几个性质

为了衡量社会选择函数即群决策规则的优劣，我们需要有评价标准，因此有必

要定义若干种能据以判断社会选择函数优劣的性质。为了表述方便,先引入如下符号:

$N=\{1,\cdots,n\}$表示群,即投票人的集合;

$A=\{a_1,\cdots,a_m\}$表示备选方案(候选人)集合;

n_{jk}或$N(a_j \succ a_k)$表示群中认为 a_j 优于a_k 的成员数。

采用上述记号,过半数规则可以表示为

对 $a_j, a_k \in A$,若 $n_{jk} > n_{kj}$,则 $a_j \succ_G a_k$;若 $n_{jk} = n_{kj}$,则 $a_j \sim_G a_k$

设群中有 n 个成员,对成员 i 及方案对 $x, y \in A$,引入变量 D_i。D_i 的取值为 $-1,0,1$:若成员 i 认为 x 优于 y,即 $x \succ_i y$,则 $D_i=1$;认为 x 与 y 无差异,即 $x \sim_i y$,则 $D_i=0$;认为 y 优于 x,即 $y \succ_i x$,则 $D_i=-1$,即

$$D_i = \begin{cases} 1 & \text{若 } xP_i y \\ 0 & \text{若 } xI_i y \\ -1 & \text{若 } yP_i x \end{cases}$$

群即社会中各成员的偏好分布为 $\boldsymbol{D} = (D_1, \cdots, D_n)$;偏好分布的集合$\mathscr{D} = \{-1,0,1\}^n$。社会选择函数 F 要从各成员的偏好分布产生社会的排序,即$\forall \boldsymbol{D} \in \mathscr{D}$, $F(\boldsymbol{D}) = f(D_1, \cdots, D_n)$且

$$F(\boldsymbol{D}) = \begin{cases} 1 & \text{若 } x \succ_G y \\ 0 & \text{若 } x \sim_G y \\ -1 & \text{若 } y \succ_G x \end{cases}$$

即　　$F:\ \{-1,0,1\}^n \to \{-1,0,1\}$

采用上述记号,根据 May(1953)等提出的公理系统,可以定义社会选择函数的性质如下。

定义 11.2

(1) **明确性**(decisiveness):

$$\boldsymbol{D} \neq \boldsymbol{0} \rightarrow F(\boldsymbol{D}) \neq 0$$

(2) **中性**(neutrality)又称对偶性:对候选人的公平性

$$f(-D_1, \cdots, -D_n) = -f(D_1, \cdots, D_n)$$

(3) **匿名性**(anonymity)又称平等原则:各成员的权力相同

$$f(D_1, \cdots, D_n) = f(D_{\sigma(1)}, \cdots, D_{\sigma(n)})$$

其中,σ 是 $1, \cdots, n$ 的新排列。

(4) **单调性**(monotonicity)又称正的响应:

$$\text{若 } \boldsymbol{D} \geqslant \boldsymbol{D}', \text{ 则 } F(\boldsymbol{D}) \geqslant F(\boldsymbol{D}')$$

(5) **一致性**(unanimity)又称 Weak Pareto 性:

$$f(1,1,\cdots,1)=1 \quad \text{or} \quad f(-1,-1,\cdots,-1)=-1$$

(6) **齐次性**(homogeneity):

$$\text{对任意正整数 } m,\ F(m\boldsymbol{D})=F(\boldsymbol{D})$$

(7) **Pareto 性**:

$$\forall i,\ D_i \in \{1,0\} \text{ 且对某些 } k \quad D_k=1 \rightarrow F(\boldsymbol{D})=1$$

$$\forall i,\ D_i=0 \rightarrow F(\boldsymbol{D})=0$$

上述性质的含义可作如下解释:

明确性意味着系统必须是明确的和确定性的,即一种社会选择函数能从投票者们的每一种偏好得出明确而惟一的社会排序。

中性又称对偶性,是对候选人的公平性。它防止偏袒某一候选人,因为它保证在每个投票人都对两个候选人作相反选择时,社会应作相反的选择,亦即社会选择机制应同样对待所有候选人。

匿名性又称平等原则,是对投票人的公平性。它要预先防止某个投票人比其他投票人拥有更大的权力,它相当于一人一票原则,即给每个投票人赋予同样的权重。

单调性又称正的响应。它表明若某个投票人将 x 的位置往前排,而其他投票人的偏好不变,则候选人 x 与另一候选人的相对地位至少不比原来差。在有多个投票人更偏爱 x 时,它也成立。

一致性又称弱 Pareto 准则,它规定所有投票人认为 x 优于 y 时,x 应取胜;所有投票人认为 y 优于 x 时,y 应取胜。

齐次性则规定,若一个投票人认为几个候选人无差异,则可以用对这些候选人持对称态度的几对局部投票人来取代。例如某个投票人认为 x 与 y 无差异,他可以由两个投票人来代替,这两个人在其他方面都与原来那个投票人相同,只是一个认为 x 优于 y,另一个认为 y 优于 x。

Pareto 最优性的含义是:若每个投票人都认为 x 优于 y(或 x 至少不劣于 y),则社会也应持同样的看法。它就是一致性。

显然,一个公平、合理的社会选择函数应当具备上述各种性质,在今后的讨论中将根据这些性质来衡量社会选择函数的优劣。

11.3.3 Condorcet 函数

Marquis de Condorcet(1743～1794)是法国的哲学家、数学家、经济学家和社会科学家。Condorcet 原则和投票悖论是他在 1785 年提出的。

Condorcet 原则规定,在从多个候选人中选择一个时,如果存在某个候选人 x,能在与其他候选人逐一比较时按过半数决策规则击败其他所有人,则 x 称为 Condorcet 候选人,应该由他当选。Condorcet 还提出如果不存在 Condorcet 候选人,则应采用函数：

$$f_c(x) = \min_{y \in A \setminus \{x\}} N(x \succ_i y) \tag{11.7}$$

按 $f_c(x)$值的大小来排列候选人 x 的优劣次序。

$f_c(x)$称做 Condorcet 函数，它是 x 与其他所有候选人逐一比较时得票最少的那一次的所得票数，因此它是极大化极小函数。

示例　用 Condorcet 函数解例 11.6(参见 11.3 节)。

23 人认为　$a \succ b \succ c$

17 人认为　$b \succ c \succ a$

2 人认为　$b \succ a \succ c$

10 人认为　$c \succ a \succ b$

8 人认为　$c \succ b \succ a$

所有候选人成对比较的结果是：$a \succ_G b$，$b \succ_G c$，且 $c \succ_G a$，出现过半数票的循环。需采用 Condorcet 函数，即

由 $N(a \succ_i b) = 33, N(a \succ_i c) = 25 \rightarrow f_c(a) = 25$；

由 $N(b \succ_i a) = 27, N(b \succ_i c) = 42 \rightarrow f_c(b) = 27$；

由 $N(c \succ_i a) = 35, N(c \succ_i b) = 18 \rightarrow f_c(c) = 18$；

$f_c(\cdot)$的值还可以这样求得：首先将成对比较的结果排列成矩阵形式，候选人 x 所在行中的最小值即 $f_c(x)$。对本例，有下表：

	a	b	c	$f_c(\cdot)$
a	–	33	25	25
b	27	–	42	27
c	35	18	–	18

Fishburn(1977a)指出，Condorcet 函数满足明确性、中性、匿名性、单调性、齐次性和 Pareto 最优性，因此是较好的社会选择函数。

11.3.4　Borda 函数

Borda(1733～1799)是法国数学家与航海家。他所提出的判断各候选人优劣的方法是：由每个投票人对各候选人排序，设 A 中有 m 个候选人，则将 $m-1$，$m-2$，…，1，0 这个 m 个数分别赋予排在第一位、第二位……最末位的候选人，然后计算各候选人的得分总数(Borda 分)。得到最高 Borda 分的候选人为胜者，Borda 分即 Borda 函数为

$$f_B(x) = \sum_{y \in A \setminus \{x\}} N(x \succ_i y) \tag{11.8}$$

候选人按 $f_B(x)$值的大小排序。$f_B(x)$是 x 与其他候选人逐一比较时 $m-1$ 次中

所得票数的总和。

示例 用 Borda 函数解例 11.6。

23 个投票人认为 $a \succ b \succ c$

17 个投票人认为 $b \succ c \succ a$

2 个投票人认为 $b \succ a \succ c$

10 个投票人认为 $c \succ a \succ b$

8 个投票人认为 $c \succ b \succ a$

(1) Borda 分的计算:将 2,1,0 分别赋予排在第一、第二、第三位的候选人,则有

a 的 Borda 分: $2 \times 23 + 1 \times (2 + 10) = 58$

b 的 Borda 分: $2 \times (17 + 2) + 1 \times (23 + 8) = 69$

c 的 Borda 分: $2 \times (10 + 8) + 1 \times 17 = 53$

由于 $f_B(b) > f_B(a) > f_B(c)$,因此 $b \succ_G a \succ_G c$。

(2) Borda 分还可以通过表示候选人之间两两比较结果的矩阵来计算,$f_B(x)$ 的值是 x 所在行各元素的总和,如下表:

	a	b	c	$f_B(\cdot)$
a	—	33	25	58
b	27	—	42	69
c	35	18	—	53

Borda 函数满足明确性、中性、匿名性、单调性、齐次性和 Pareto 最优性(Fishburn,1977a)。

11.3.5 Copeland 函数

作为一种确定社会选择的合理的方法,Copeland 在 1950 年提出了 Copeland 函数。令 $f_{cp}(x) = N\{y: y \in A \text{ 且 } x \succ_G y\} - N\{y: y \in A \text{ 且 } y \succ_G x\}$,并以 $f_{cp}(x)$ 的大小来排定 x 的优劣。其中,$N\{y: y \in A \text{ 且 } x \succ_G y\}$ 表示 x 能按过半数决策规则击败的方案集 A 中的候选人个数,$N\{y: y \in A \text{ 且 } y \succ_G x\}$ 则表示在方案集 A 中能按过半数规则击败 x 的候选人个数,因此 $f_{cp}(x)$ 是 x 在与其他候选人逐一比较时获胜次数与失败次数之差。

示例 用 Copeland 函数解例 11.6,对各方案进行成对比较,有

$$N(a \succ_i b) = 33 > N(b \succ_i a) = 27$$

$$N(a \succ_i c) = 25 < N(c \succ_i a) = 35$$

$$N(b \succ_i c) = 42 > N(c \succ_i b) = 18$$

因此

$$f_{cp}(a) = N\{y: y \in A \text{ 且 } a \succ_G y\} - N\{y: y \in A \text{ 且 } y \succ_G a\} = 1 - 1 = 0$$

$$f_{cp}(b) = 1 - 1 = 0, \quad f_{cp}(c) = 1 - 1 = 0$$

根据 Copeland 函数,a,b,c 成平局。

例 11.7　设有 9 个投票人,要从 5 个候选人 $A=\{a,b,c,d,e\}$ 中选出一人。已知各投票人的偏好次序为

2 个投票人: $a \succ b \succ c \succ d \succ e$

2 个投票人: $d \succ b \succ e \succ c \succ a$

2 个投票人: $c \succ a \succ d \succ e \succ b$

2 个投票人: $e \succ d \succ a \succ c \succ b$

1 个投票人: $b \succ c \succ e \succ a \succ d$

各候选人两两比较的结果为

$N(a \succ_i b)=6$　　$N(b \succ_i a)=3$

$N(a \succ_i c)=4$　　$N(c \succ_i a)=5$

$N(a \succ_i d)=5$　　$N(d \succ_i a)=4$

$N(a \succ_i e)=4$　　$N(e \succ_i a)=5$

$N(b \succ_i c)=5$　　$N(c \succ_i b)=4$

$N(b \succ_i d)=3$　　$N(d \succ_i b)=6$

$N(b \succ_i e)=5$　　$N(e \succ_i b)=4$

$N(c \succ_i d)=5$　　$N(d \succ_i c)=4$

$N(c \succ_i e)=5$　　$N(e \succ_i c)=4$

$N(d \succ_i e)=6$　　$N(e \succ_i d)=3$

以上结果列成矩阵为

	a	b	c	d	e
a	—	6	4	5	4
b	3	—	5	3	5
c	5	4	—	5	5
d	4	6	4	—	6
e	5	4	4	3	—

用有向线段表示候选人两两比较的结果,线段上的箭头指向负者,则可得有向图 11.2。

由图 11.2 可知,其中有若干个多数票循环:$(a \succ b \succ c \succ a)$,$(a \succ b \succ e \succ a)$,$(a \succ d \succ e \succ a)$,$(b \succ c \succ d \succ b)$,$(a \succ b \succ c \succ e \succ a)$,$(a \succ b \succ c \succ d \succ e \succ a)$群的排序是不传递的,该问题的 Copeland 函数值为

$$f_{cp}(a) = f_{cp}(b) = f_{cp}(d) = 0,$$

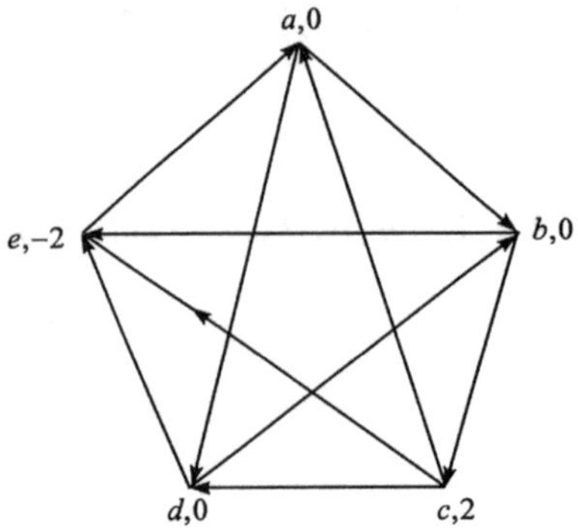

图 11.2

$$f_{cp}(c)=2,\quad f_{cp}(e)=-2$$

因此，根据 Copeland 函数得出的群的排序是 $c \succ_G a \sim_G b \sim_G d \succ_G e$，$a,b,d$ 成平局，c 是胜者，e 最差。

若用 Condorcet 函数解该问题，$a \sim_G c \sim_G d \succ_G b \sim_G e$，得不出结果。若用 Borda 函数求解，则结果为：$d \succ_G a \sim_G c \succ_G b \sim_G e$，将由 d 当选。

Fishburn(1971a)对 Borda 函数和 Copeland 函数进行了比较。投票人数从 3 到 21，候选人由 3 个到 9 个，用计算机随机生成了70 000种情况，其中约有 90%的情况，这两种函数产生的获胜者相同。在候选人数为 3 时，约有 85%的情况得到相同的结果。

Fishburn(1977a)指出，Copeland 函数与 Condorcet 函数和 Borda 函数一样，具有 6 个主要性质。

11.3.6　Nanson 函数

E J Nanson(1850～1936)是英国数学家，他所提出的社会选择函数的实质是按 Borda 得分进行淘汰的过程。在过程的每一步，得分最低的候选人被淘汰，直到无人可被淘汰为止。在整个淘汰过程中，与其他候选人逐一相比均能获胜(或成平局)的候选人不会被淘汰掉。Nanson 还证明，若存在 Condorcet 候选人，他一定能当选，即 Nanson 函数符合 Condorcet 原则。

Nanson 的淘汰过程可表述如下：

令 $A_1=A$，对 $j\geqslant 1$，令

$$A_{j+1}=A_j \setminus \{x\in A_j; f_B(x)\leqslant f_B(y), \forall y\in A_j\}$$

且
$$\exists y\in A \text{ 使 } f_B(x)<f_B(y)$$

其中 $f_B(x)=\sum\limits_{y\in A\setminus\{x\}} N(x \succ_i y)$ 为 Borda 分。

上式的含义是集合 A_j 中淘汰 Borda 分最小的方案 x 后，得到集合 A_{j+1}。

令 $f_N(x)=\max\{j: x\in A_j\}$，即方案 x 在第 j 次被淘汰，则 x 的 Nanson 函数值等于 j。$f_N(x)$的值最大的方案为当选者。

示例一　用 Nanson 函数求解例 11.6。

先令 $A_1=A=\{a,b,c\}$，计算 Borda 分：

$f_B(a)=58, f_B(b)=69, f_B(c)=53$

由于 c 得分最低而被淘汰，$f_N(c)=1$，且得 $A_2=\{a,b\}$；这时有 $23+10=33$ 人认为 $a\succ b$，所以 $f_B(a)=33, f_B(b)=27$，b 被淘汰，$f_N(b)=2$，且 $A_3=A_2\setminus\{b\}$

$=\{a\}$;因只剩一人,$f_N(a)=3$,a 为胜者。社会选择的排序为 $a \succ_G b \succ_G c$。

示例二　用 Nanson 函数求解例 11.7。

$A_1=A=\{a,b,c,d,e\}$

各候选人的 Borda 分为

$f_B(a)=4\times2+3\times2+2\times2+1\times1+0\times2=19$

$f_B(b)=4\times1+3\times4+2\times0+1\times0+0\times4=16$

$f_B(c)=4\times2+3\times1+2\times2+1\times2+0\times1=19$

$f_B(d)=4\times2+3\times2+2\times2+1\times2+0\times1=20$

$f_B(e)=4\times2+3\times0+2\times3+1\times2+0\times2=16$

由于 b,e 得分最低,被淘汰,因此 $f_N(b)=f_N(e)=1,A_2=A_1\setminus\{b,e\}=\{a,c,d\}$,这时

2 个投票人认为　$a\succ c\succ d$

2 个投票人认为　$d\succ c\succ a$

2 个投票人认为　$c\succ a\succ d$

2 个投票人认为　$d\succ a\succ c$

1 个投票人认为　$c\succ a\succ d$

Borda 分为

$$f_B(a)=2\times2+1\times5+0\times2=9$$
$$f_B(c)=2\times3+1\times4+0\times2=10$$
$$f_B(d)=2\times4+1\times0+0\times5=8$$

候选人 d 的得分最低而被淘汰,$f_N(d)=2,A_3=A_2\setminus\{d\}=\{a,c\}$。由于

2 个认为　$a\succ c$

2 个认为　$c\succ a$

2 个认为　$c\succ a$

2 个认为　$a\succ c$

1 个认为　$c\succ a$

Borda 分为:$f_B(a)=4,f_B(c)=5$,候选人 a 的得分比 c 低,a 被淘汰,这时有:$f_N(a)=3,A_4=A_3\setminus\{a\}=\{c\}$,由于只剩一个候选人,所以 $f_N(c)=4$,候选人 c 当选。

社会选择的排序是 $c\succ_G a\succ_G d\succ_G b\sim_G e$。

Fishburn(1971a)指出,Nanson 函数满足明确性、中性、匿名性、齐次性和Pareto最优性,但不是单调的。

11.3.7 Dodgson 函数

C J Dodgson(1832～1898)是英国的数学家,他所提出的社会选择函数的基本

思路是:根据候选人要能成为简单过半数胜者(或非失败者),需要改变偏好序的投票人人数来给候选人打分,分值越小越好。

设有 n 个投票人,m 个候选人,候选人之间成对比较的结果记为 n_{jk},即

$$n_{jk} = N(a_j \succ_i a_k), \quad j,k = 1,\cdots,m, j \neq k$$

用 n_0 表示候选人 $a_j(j=1,\cdots,m)$作为简单过半数胜者(或非失败者)至少应有的票数,则有

$$n_0 = \begin{cases} n/2 & \text{当 } n \text{ 为偶数时} \\ (n+1)/2 & \text{当 } n \text{ 为奇数时} \end{cases}$$

设 $n_{jj} = n_0$,则 Dodgson 的社会选择函数为

$$f_D(a_j) = \sum_{k=1}^{m} \frac{|n_0 - n_{jk}| + (n_0 - n_{jk})}{2} \qquad j = 1,\cdots,m \tag{11.9}$$

$f_D(a_j)$的值越小,a_j 越优。

在计算 $f_D(\cdot)$时,也可用候选人之间成对比较的结果构成 Dodgson 矩阵:

$$D = \begin{bmatrix} 1 & n_{12}/n_{21} & \cdots & n_{1m}/n_{m1} \\ n_{21}/n_{12} & 1 & \cdots & n_{2m}/n_{m2} \\ \vdots & \vdots & & \vdots \\ n_{m1}/n_{1m} & n_{m2}/n_{2m} & \cdots & 1 \end{bmatrix}$$

并对第 j 行中 $n_{jk} < n_{kj}$ 的各项求 n_0 与 n_{jk} 之差,然后相加得到 $f_D(a_j)$。具体做法见下面的两个示例。

示例一 对例 11.6 所示的问题,各候选人两两比较的结果是:

$$N(a \succ_i b) = 33 \qquad N(b \succ_i a) = 27$$
$$N(a \succ_i c) = 25 \qquad N(c \succ_i a) = 35$$
$$N(b \succ_i c) = 42 \qquad N(c \succ_i b) = 18$$

出现了多数票循环:$a \succ_G b, b \succ_G c, c \succ_G a$。

将成对比较的结果列入 Dodgson 矩阵,有

$$\begin{bmatrix} - & 33/27 & 25/35 \\ 27/33 & - & 42/18 \\ 35/25 & 18/42 & - \end{bmatrix}$$

其中,由于 $n_0 = 30, n_{13} = 25$,候选人 a 要能在与 c 比较时不成为失败者,至少需要 5 位投票人改变偏好序,由原先认为 $c \succ_i a$ 变成 $a \succ_i c$,因此 $f_D(a) = 5$;类似地,有 $f_D(b) = 3, f_D(c) = 12$。由 $f_D(b) < f_D(a) < f_D(c)$,可得社会选择的排序是:$b \succ_G a \succ_G c$。

示例二　对例 11.7 所示的问题。由各候选人之间成对比较的结果可得 Dodgson 矩阵如下：

$$\begin{bmatrix} - & 6/3 & 4/5 & 5/4 & 4/5 \\ 3/6 & - & 5/4 & 3/6 & 5/4 \\ 5/4 & 4/5 & - & 5/4 & 5/4 \\ 4/5 & 6/3 & 4/5 & - & 6/3 \\ 5/4 & 4/5 & 4/5 & 3/6 & - \end{bmatrix}$$

n_0 为 5，a 对 c、e 各需增加一票才能获胜，因此 $f_D(a)=2$；b 对 a，d 各需增加两票才能获胜，所以 $f_D(b)=4$；c 只需在与 b 相比时增加一票，故 $f_D(c)=1$；d 对 a、c 各需增加一票才能获胜，$f_D(d)=2$；e 对 b、c、d 时分别需 1,1,2 票，$f_D(e)=4$。由 $f_D(c)<f_D(a)=f_D(d)<f_D(b)=f_D(e)$，社会选择的次序是

$$c \succ_G a \sim_G d \succ_G b \sim_G e$$

Dodgson 函数的缺点是不满足单调性。

*11.3.8　Kemeny 函数

J G Kemeny(1972)提出一种社会选择函数，这种社会选择函数要使社会的排序与各投票人对各方案的偏好序有最大的一致性。

为了衡量这种一致性，首先定义社会选择的排序矩阵 $L=\{l_{jk}\}$，$j,k=1,\cdots,m$，元素 l_{jk} 与 11.3.2 中的社会选择函数 F 的定义相同：

$$l_{jk}=\begin{cases}1 & \text{当 } a_j \succ_G a_k \\ 0 & \text{当 } a_j \sim_G a_k \\ -1 & \text{当 } a_k \succ_G a_j\end{cases}$$

A 上的每一种线性序都有相应的矩阵 L。

记 $n_{jk}=N(a_j \succ_i a_k)$，$n_{kj}=N(a_k \succ_i a_j)$，$n_{jk}^*=N(a_j \sim_i a_k)$，定义比例矩阵 $M=\{m_{jk}\}$，$j,k=1,\cdots,m$，其元素为

$$m_{jk}=(n_{jk}+0.5n_{jk}^*)/n,\ j\neq k;\ m_{jj}=0.5$$

m_{jk} 表示群中认为 $a_j \succ a_k$ 的投票人在全体成员中所占的比例。

令 E 为经过变换得到的投票矩阵，$E=M-M^{\mathrm{T}}$，其中 M^{T} 为 M 的转置，则 E 中的元素 $e_{jk}=n_{jk}/n-n_{kj}/n$，其含义是：群中认为 $a_j \succ a_k$ 的投票人所占比例与认为 $a_k \succ a_j$ 的投票人所占比例之差。

用记号 $\langle E\cdot L\rangle$ 表示矩阵 E 与 L 的寻常内积，即 $\langle E\cdot L\rangle=\sum_{jk}e_{jk}l_{jk}$，则可以用 $\langle E\cdot L\rangle$ 的大小来衡量社会选择的排序与各成员偏好间的一致性。Kemeny 函数是

要找 L,使$\langle E\cdot L\rangle$取极大值,即

$$f_k = \max\langle E\cdot L\rangle \tag{11.10}$$

Kemeny 函数与前面介绍的社会选择函数最大区别在于,前几种社会选择函数是对候选人或方案设定某种指标并据以衡量其优劣,而 Kemeny 函数是一次性确定所有方案的社会排序。

示例一 用 Kemeny 函数解例 11.6。

M 矩阵为

$$M = \begin{array}{c} \\ a \\ b \\ c \end{array}\begin{array}{c} \begin{array}{ccc} a & b & c \end{array} \\ \begin{bmatrix} 1/2 & 33/60 & 25/60 \\ 27/60 & 1/2 & 42/60 \\ 35/60 & 18/60 & 1/2 \end{bmatrix} \end{array}$$

投票矩阵为

$$E = M - M^{\mathrm{T}}\begin{bmatrix} 0 & 6/60 & -10/60 \\ -6/60 & 0 & 24/60 \\ 10/60 & -24/60 & 0 \end{bmatrix}$$

在用 Condorcet 函数、Borda 函数和 Dodgson 函数求解例 11.6 时,所得的社会排序是 $b \succ_G a \succ_G c$,对此有

$$L = \begin{bmatrix} 0 & -1 & 1 \\ 1 & 0 & 1 \\ -1 & -1 & 0 \end{bmatrix}$$

这时

$$\langle E\cdot L\rangle = \frac{16}{60}$$

用 Nanson 函数解例 2.6 时,所得社会选择的线性序为 $a \succ_G b \succ_G c$,这时的排序矩阵为

$$L = \begin{bmatrix} 0 & 1 & 1 \\ -1 & 0 & 1 \\ -1 & -1 & 0 \end{bmatrix}$$

相应地,$\langle E\cdot L\rangle = \frac{40}{60}$。类似地,对 $c \succ_G a \succ_G b$:

$$L = \begin{bmatrix} 0 & 1 & -1 \\ -1 & 0 & -1 \\ 1 & 1 & 0 \end{bmatrix}, \quad \langle E\cdot L\rangle = \frac{16}{60}$$

对 $c \succ_G b \succ_G a$:

$$L=\begin{bmatrix}0 & -1 & -1\\ 1 & 0 & -1\\ 1 & 1 & 0\end{bmatrix},\ \langle E\cdot L\rangle=\frac{40}{60}$$

对 $a \succ_G c \succ_G b$：

$$L=\begin{bmatrix}0 & 1 & 1\\ -1 & 0 & -1\\ -1 & 1 & 0\end{bmatrix},\ \langle E\cdot L\rangle=-\frac{56}{60}$$

对 $b \succ_G c \succ_G a$：

$$L=\begin{bmatrix}0 & -1 & -1\\ 1 & 0 & 1\\ 1 & -1 & 0\end{bmatrix},\ \langle E\cdot L\rangle=\frac{56}{60}$$

由于$\langle E\cdot L\rangle$的最大值是$\frac{56}{60}$，因此社会选择的排序应当是 $b \succ_G c \succ_G a$。

示例二　用 Kemeny 函数解例 11.7。

$$M=\begin{bmatrix}1/2 & 6/9 & 4/9 & 5/9 & 4/9\\ 3/9 & 1/2 & 5/9 & 3/9 & 5/9\\ 5/9 & 4/9 & 1/2 & 5/9 & 5/9\\ 4/9 & 6/9 & 4/9 & 1/2 & 6/9\\ 5/9 & 4/9 & 4/9 & 3/9 & 1/2\end{bmatrix}$$

$$E=\begin{bmatrix}0 & 3/9 & -1/9 & 1/9 & -1/9\\ -3/9 & 0 & 1/9 & -3/9 & 1/9\\ 1/9 & -1/9 & 0 & 1/9 & 1/9\\ -1/9 & 3/9 & -1/9 & 0 & 3/9\\ 1/9 & -1/9 & -1/9 & -3/9 & 0\end{bmatrix}$$

用 Nanson 函数求解时所得线性序为 $c \succ_G a \succ_G d \succ_G b \sim_G e$，则

$$L_1=\begin{bmatrix}0 & 1 & -1 & 1 & 1\\ -1 & 0 & -1 & -1 & 0\\ 1 & 1 & 0 & 1 & 1\\ -1 & 1 & -1 & 0 & 1\\ -1 & 0 & -1 & -1 & 0\end{bmatrix},\ \langle E\cdot L_1\rangle=\frac{22}{9}$$

用 Dodgson 函数求解所得线性序为 $c \succ_G a \sim_G d \succ_G b \sim_G e$，

$$L_2=\begin{bmatrix}0&1&-1&0&1\\-1&0&-1&-1&0\\1&1&0&1&1\\0&1&-1&0&1\\-1&0&-1&-1&0\end{bmatrix},\ \langle E\cdot L_2\rangle=\frac{20}{9}$$

随着 m 的增大,社会选择的可能排序种类急剧增加,即使在社会选择中只考虑严格优于关系≻,不考虑无差异关系,社会选择的种类也多达 m! 种。本例 $m=5$,有 120 种严格序;再考虑无差异关系～,L 可多达 541 种。对这么多种 L 逐一计算$\langle E\cdot L\rangle$既冗长乏味,也无必要。

显然,当矩阵 E 中所有元素 e_{jk} 与 L 中对应的元素 l_{jk} 的正负号完全一致时,$\langle E\cdot L\rangle$取极大值,这时社会选择满足 Kemeny 函数的社会排序过程中,使 L 矩阵和 E 矩阵所有对应元素的符号尽可能一致就十分重要。而在无法找到符号完全一致的 L 时,应优先选择与 E 中绝对值较大元素符号一致的 L 矩阵。在本示例中,与社会排序 $c\succ a\succ d\succ b\succ e$ 相应的 L_1 中,与 E 中绝对值为 3/9 的元素对应的 l_{jk} 的符号与 e_{jk} 的符号均一致,只有 4 个绝对值为 1/9 的元素符号相反,另有两个绝对值为 1/9 的元素对应的 l_{25}、l_{52} 为 0。因此,若把社会排序改为 $c\succ_G a\succ_G d\succ_G b\succ_G e$,则对应的

$$L_3=\begin{bmatrix}0&1&-1&1&1\\-1&0&-1&-1&1\\1&1&0&1&1\\-1&1&-1&0&1\\-1&-1&-1&-1&0\end{bmatrix},\quad \langle E\cdot L_3\rangle=\frac{24}{9}$$

这时仅剩下 4 个绝对值为 1/9 的元素符号不一致,它们是 $l_{15}, l_{51}, l_{23}, l_{32}$,要变动这些元素的符号,涉及 a 与 e,b 与 c 优先序的反向,这将引起更多其他元素符号的不一致。因此,看来$\langle E\cdot L_3\rangle=24/9$ 就是极大值,按照 Kemeny 函数,社会选择的排序应为 $c\succ_G a\succ_G d\succ_G b\succ_G e$。

Fishburn(1977a)指出,Kemeny 函数具有明确性、中性、匿名性、单调性、齐次性和巴列托最优性。

*11.3.9　Cook-Seiford 函数

W D Cook 和 L M Seiford 研究了如何确定与各成员的排序最为一致的群的排序(即调和序)问题。他们的做法是引入距离函数矩阵来衡量群的排序与个人排序之间的不一致程度,并规定群的排序应该使总的绝对距离极小化。他们的想法与Kemeny函数相类似,但Kemeny函数是使一致性极大,Cook-Seiford函数是使不一

致性即距离极小。

用 r_{ij} 记成员 i 把方案 j 排在 r_{ij} 位，$i=1,\cdots,n$，$j=1,\cdots,m$；r_j^G 表示群对方案 j 的排序，则成员 i 与群的排序的距离，即不一致性为

$$d_i = \sum_{j=1}^{m} \left| r_{ij} - r_j^G \right|, \quad i = 1,\cdots,n$$

总的距离

$$d = \sum_{i=1}^{n} d_i = \sum_{i=1}^{n}\sum_{j=1}^{m} \left| r_{ij} - r_j^G \right|$$

另一方面，若 $r_j^G = k$（$k=1,\cdots,m$ 为排序值），则 $d_{jk} = \sum_{i=1}^{n} \left| r_{ij} - k \right|$ 表示群把方案 j 排在第 k 位时，群的排序与各成员排序之间的距离。总的距离为

$$d = \sum_{j=1}^{m} d_{jk} = \sum_{j=1}^{m}\sum_{i=1}^{n} \left| r_{ij} - k \right|, \quad k = 1,\cdots,m$$

可以假设 m 个方案中的每一个取 m 种不同的 k 值，则可算出 $m\times m$ 个距离 d_{jk}，$j,k=1,\cdots,m$，现在的问题是要找到一种群的排序，使之与各成员排序的总的绝对距离最小。由于每个方案只能排在某一个位置上，每个位置上也只能排一个方案，这是个典型的指派问题，可用如下 0-1 规划来求解：

$$\min \sum_{j=1}^{m}\sum_{k=1}^{m} d_{jk} p_{jk}$$

受约束于：

$$\sum_{j=1}^{m} p_{jk} = 1, \qquad k = 1,\cdots,m$$

$$\sum_{k=1}^{m} p_{jk} = 1, \qquad j = 1,\cdots,m$$

其中若方案 j 排在 k 位，则 $p_{jk}=1$，否则 $p_{jk}=0$。

示例一　用 Cook-Seiford 函数解例 11.6。

已知 $i=1,\cdots,60$；$j=a,b,c$；$k=1,2,3$。

其中 a 排在第一位时的绝对距离：

$$d_{a1} = \sum_{i=1}^{60} \left| r_{ij} - k \right| = \sum_{i=1}^{60} \left| r_{ia} - 1 \right|$$

$$= 23\times|1-1| + 17\times|3-1| + 2\times|2-1| + 10\times|2-1| + 8\times|3-1|$$

$$= 62$$

a 排在第二位时的绝对距离：

$$d_{a2} = \sum_{i=1}^{60} \left| r_{ia} - 2 \right|$$

$$= 23\times|1-2| + 17\times|3-2| + 2\times|2-2| + 10\times|2-2| + 8\times|3-2|$$

$$= 48$$

a 排在第三位时的绝对距离：

$$d_{a3}=\sum_{i=1}^{60}|r_{ia}-3|$$
$$=23\times|1-3|+17\times|3-3|+2\times|2-3|+10\times|2-3|+8\times|3-3|$$
$$=58$$

类似的可算出：

$$d_{b1}=\sum_{i=1}^{60}|r_{ib}-1|=51,\qquad d_{b2}=\sum_{i=1}^{60}|r_{ib}-2|=29,$$
$$d_{b3}=\sum_{i=1}^{60}|r_{ib}-3|=69$$
$$d_{c1}=\sum_{i=1}^{60}|r_{ic}-1|=67,\qquad d_{c2}=\sum_{i=1}^{60}|r_{ic}-2|=43,$$
$$d_{c3}=\sum_{i=1}^{60}|r_{ic}-3|=53$$

以上距离系数 d_{jk} 可总结成下表：

j \ k	1	2	3
a	62	48	58
b	51	29	69
c	67	43	53

指派问题的 0-1 规划的算法如下：由于这是求极小值问题，d_{jk} 可看作是费用，原问题的每行中各项减去该行的最小项后所得问题的解不变，由上表可得：

j \ k	1	2	3
a	14	0	10
b	22	0	40
c	24	0	10

再在每列各项中减去该列最小项，得：

j \ k	1	2	3
a	**0**	0	0
b	8	**0**	30
c	10	0	**0**

由此得群的排序是 a 在第一，b 在第二，c 在第三，即 $a\succ_G b\succ_G c$；相应的最小总距离为 $d=62+29+53=144$。

示例二　用 Cook-Seiford 函数解例 11.7。

其中 $i=1,\cdots,9$; $j=a,b,c,d,e$; $k=1,2,3,4,5$ 得距离系数表如下：

j \ k	1	2	3	4	5
a	17	12	11	14	19
b	20	13	14	15	16
c	17	12	9	10	19
d	16	11	10	13	20
e	20	15	10	11	16

每行各项减该行最小项，得

j \ k	1	2	3	4	5
a	6	1	0	3	8
b	7	0	1	2	3
c	8	3	0	1	10
d	6	1	0	3	10
e	10	5	0	1	6

每列各项减该列最小项，得

j \ k	1	2	3	4	5
a	0	1	0	2	5
b	1	0	1	1	0
c	2	3	0	0	7
d	0	1	0	2	7
e	4	5	0	0	3

在该例中，下列四组解都有最小总距离：

j \ k	1	2	3	4	5	j \ k	1	2	3	4	5
a	**0**	1	0	2	5	a	**0**	1	0	2	5
b	1	0	1	1	**0**	b	1	0	1	1	**0**
c	2	3	**0**	0	7	c	2	3	0	**0**	7
d	0	**1**	0	2	7	d	0	**1**	0	2	7
e	4	5	0	**0**	3	e	4	5	**0**	0	3

j \ k	1	2	3	4	5	j \ k	1	2	3	4	5
a	0	**1**	0	2	5	a	0	**1**	0	2	5
b	1	0	1	1	**0**	b	1	0	1	1	**0**
c	2	3	**0**	0	7	c	2	3	0	**0**	7
d	**0**	1	0	2	7	d	**0**	1	0	2	7
e	4	5	0	**0**	3	e	4	5	**0**	0	3

即:$a \succ_G d \succ_G c \succ_G e \succ_G b$,或者 $a \succ_G d \succ_G e \succ_G c \succ_G b$,或者 $d \succ_G a \succ_G c \succ_G e \succ_G b$,或者 $d \succ_G a \succ_G e \succ_G c \succ_G b$。四种社会序与群中成员个人序的总距离均为 64。

Cook-Seiford 函数满足明确性、中性、匿名性、单调性和齐次性,但不具备 Pareto最优性。

*11.3.10　本征向量函数

这是 M J Lin(1984)提出的一种社会选择函数。

令 n_{jk}为群中认为方案a_j 优于a_k 的成员数,则由方案的成对比较可得 Dedgson 矩阵如下:

$$D = \begin{bmatrix} 1 & n_{12}/n_{21} & \cdots & n_{1m}/n_{m1} \\ n_{21}/n_{12} & 1 & \cdots & n_{2m}/n_{m2} \\ \vdots & \vdots & & \vdots \\ n_{m1}/n_{1m} & n_{m2}/n_{2m} & \cdots & 1 \end{bmatrix}$$

这是一个倒数矩阵,各项均为正值,其中

$$d_{jk} = 1/d_{kj} \qquad (\text{但是 } d_{jk} \neq d_{jl}/d_{kl})$$

矩阵中的项 $d_{jk} = n_{jk}/n_{kj}$,是在群的全体成员心目中方案 a_j 与 a_k 相比时的相对优先程度。若把 d_{jk}看作 a_j 与 a_k 在群的排序中的相对权重(即相对优先性)w_j/w_k,则矩阵 D 与 9.2 节中式(9.8)的矩阵 A 相当。

该矩阵各项为正且具有倒数性,设 $W^{\mathrm{T}} = (w_1, \cdots, w_m)$。

上述推导是从已知 W 出发的,在已知 D 求 W 时,需要解:$(D - mI)W = \mathbf{0}$。其中 I 为单位矩阵。上式有非零解,当且仅当 m 是D 的一个本征值,即它是 D 的特征方程 $\det(D - \lambda I) = 0$ 的一个根。而 D 是单秩的,因此,D 的本征值除了一个以外均为 0。又因为

$$\sum_{j=1}^{m} \lambda_j = \mathrm{tr}(D) = \text{对角项之和} = m$$

因此,λ_j 中只有一个$\lambda_{\max} = m$,余者均为 $\lambda_i = 0$

D 中的任意一列均是该问题的解,不同的解之间只差一个常数。但我们希望得到一规范化的解,使各分量之和为 1,这样无论用哪一列,结果均相同。

示例一　求解例 11.6。

对各候选人作成对比较可得如下矩阵:

$$D = \begin{bmatrix} 1 & 33/27 & 25/35 \\ 27/33 & 1 & 42/18 \\ 35/25 & 18/42 & 1 \end{bmatrix}$$

令$(D-\lambda I)$的行列式为 0,即

$$\det(D-\lambda I) = \begin{vmatrix} 1-\lambda & 33/27 & 25/35 \\ 27/33 & 1-\lambda & 42/18 \\ 35/25 & 18/42 & 1-\lambda \end{vmatrix} = 0$$

D 的最大本征值 $\lambda_{\max}=3.217$,于是有

$$\begin{bmatrix} -2.217 & 33/27 & 25/35 \\ 27/33 & -2.217 & 42/18 \\ 35/25 & 18/42 & -2.217 \end{bmatrix} \cdot \begin{bmatrix} w_1 \\ w_2 \\ w_3 \end{bmatrix} = 0$$

该线性齐次方程组的解即本征向量为

$$W^{\mathrm{T}} = (0.314 \quad 0.408 \quad 0.278)$$

因此群的偏好序为　$b \succ_G a \succ_G c$。

示例二　求解例 11.7。

各候选人成对比较的结果为

$$D = \begin{bmatrix} 1 & 6/3 & 4/5 & 5/4 & 4/5 \\ 3/6 & 1 & 5/4 & 3/6 & 5/4 \\ 5/4 & 4/5 & 1 & 5/4 & 5/4 \\ 4/5 & 6/3 & 4/5 & 1 & 6/3 \\ 5/4 & 4/5 & 4/5 & 3/6 & 1 \end{bmatrix}$$

解 $\det(D-\lambda I)=0$,得 $\lambda_{\max}=5.24$,由此得

$$W^{\mathrm{T}} = (0.219 \quad 0.165 \quad 0.214 \quad 0.237 \quad 0.164)$$

因此,群的偏好序是 $d \succ_G a \succ_G c \succ_G b \succ_G e$。

本征向量函数具有明确性、中性、匿名性、单调性、齐次性、Pareto 最优性,是一种较好的社会选择函数。

*11.3.11 Bernardo 法

以上介绍的各种方法都是针对投票选举这类情况而提出的,即使用于工程项目的多方案排序,也仅考虑根据各成员对方案优劣的综合性看法得出群对方案优劣的排序,并没有根据多个准则对方案排序。而文献(J.J.Berardo, 1977)提出,实际的项目选择过程不仅要根据多人多准则决策方法对方案的优劣排序,还应考虑现有的资源总量。Bernardo 的社会选择函数是要找出某种指标的极大值,这种指标能描述与各成员对方案优劣看法的一致程度,它可以作为混合整数规划的解而求得。

一般的多准则社会选择问题可以表述为:对有限方案集 $A=\{a_1,a_2,\cdots,a_m\}$,由委员会成员 $N=\{1,2,\cdots,n\}$,根据准则(即评价标准)$C=\{c_1,c_2,\cdots,c_l\}$来确定各备选行动的优先级。

在问题求解时,首先要根据 l 种不同准则来描述各方案 $a_j, j=1,\cdots,m$ 的优劣。这种描述可以通过排序、量化、投票表决或抽样调查进行。为了集结委员会中各专家的意见,可以用协商矩阵 Ⅱ 来表示专家们对各方案关于总准则的优劣的感觉。Ⅱ 是 $m\times m$ 方阵,其元素 π_{jk}表示把 a_j 排在第 k 位的专家人数。为了反映各准则的重要性之间的差别,可以对各准则加权,权向量为 $W=(w_1,\cdots,w_l)$,其中 w_r 为 c_r 的权重。设根据准则 c_r,有 x_{jk}^r个专家将方案 a_j 排在第 k 位,则

$$\pi_{jk} = \sum_{r=1}^{l} w_r x_{jk}^r$$

Bernardo 提出的社会选择函数是定义一个 $m\times m$ 的 0-1 排列矩阵 P,其每行、每列只有一个元素为 1,余者均为 0,使 $\sum\limits_{j,k}\pi_{jk}p_{jk}$ 极大,即

$$\max\sum_{j=1}^{m}\sum_{k=1}^{m}\pi_{jk}p_{jk}$$

受约束于:

$$\sum_{j=1}^{m} p_{jk} = 1 \qquad k = 1,\cdots,m$$

$$\sum_{k=1}^{m} p_{jk} = 1 \qquad j = 1,\cdots,m$$

P 中的非零元素 $p_{jk}=1$ 表示方案 j 应排在第 k 位。

如果只想决定各方案的最佳次序,利用上述方法就可以得到与各专家对方案排序尽可能一致而又满足传递性的社会选择的排序。但是为了考虑稀缺资源的约束,则还要对问题的阐述和求解作进一步的规定。

在考虑资源约束后,不一定所有方案都能入选。换言之,某些方案将由于不满足约束条件而被排除在入选集 A'之外,即 $A'=\{a_1,\cdots,a_{m'}\}, m'\leqslant m$。这将使排列矩阵的秩可能小于 m,即

$$\sum_{j=1}^{m} p_{jk} \leqslant 1, \quad k = 1, \cdots, m$$

$$\sum_{k=1}^{m} p_{jk} \leqslant 1, \quad j = 1, \cdots, m, p_{jk} \in \{0,1\}$$

这里要说明的是,在 $m' \leqslant m$ 优先序 $1 \sim m$ 不能全部排满时,优先次序仍应按 $1, \cdots, m'$ 连续排列,不允许在第 k 行的 $\sum_{j=1}^{m} p_{jk} = 0$,而在 $k+1$ 行及以后各行的 $\sum_{j=1}^{m} p_{j(k+t)} = 1, t \geqslant 1$,即应满足:

$$\forall\ k \leqslant m', \sum_{j=1}^{m} p_{jk} - \sum_{j=1}^{m} p_{jm'} \geqslant 0$$

令 d_{jg} 为方案 a_j 的第 j 个约束因素的值,而 v_g 为可以得到的第 j 种资源的总量,则应有:

$$\sum_{j=1}^{m} d_{jg} \cdot \sum_{k=1}^{m} p_{jk} \leqslant v_g, \quad g = 1, 2, \cdots, q$$

其中,q 为资源约束种类的总数。

虽然在上述讨论中规定了如何确定各备选方案的优先序,但有时候决策人所面临的问题可能是对各方案的优先序并不感兴趣而只关心有哪些方案应该入选(见下面的示例)。这时,决策人所关心的是,确定不同的入选方案集之间的优先序而不是方案在入选集中的优先序(即决策人关心选哪几个方案最好)。因此,决策人不关心由 π_{jk} 所描述的排序一致性的极大值,而对入选集的内涵一致性的极大值感兴趣,这种兴趣可表示为

$$R = [r_{js}] \quad (\text{其中 } r_{js} = \sum_{k=1}^{s} \pi_{jk}, \quad j, s = 1, \cdots, m)$$

r_{js} 表示方案 a_j 被排在序号 $1 \sim s$ 之间的总次数。这时,目标函数可写为

$$\langle R \circ P \rangle = \max \sum_{j=1}^{m} \sum_{k=1}^{m} r_{jk} p_{jk}$$

为了能对包含不同方案数 s 的入选集进行比较判断,再构造标准目标函数:

$$\frac{1}{sn} \sum_{j} \sum_{k} r_{jk} p_{jk}$$

使之对 $s = 1, \cdots, m$ 都能进行比较。其中 n 是成员数,并不变化,而入选方案的数目 s 则是变化的。于是,这类问题的完整的表述是:

$$\max_{S} \left\{ \max \frac{1}{sn} \sum_{j} \sum_{k} r_{jk} p_{jk} \right\}$$

受约束于:　$$\sum_{j=1}^{m} p_{jk} \leqslant 1 \qquad k = 1, \cdots, m$$

$$\sum_{k=1}^{m} p_{jk} \leqslant 1 \qquad j = 1,\cdots,m$$

$$\sum_{j=1}^{m} p_{jk} - \sum_{j=1}^{m} p_{j(k+1)} \geqslant 0 \qquad k = 1,\cdots,m-1$$

$$\sum_{j=1}^{m} d_{jg} \cdot \sum_{k=1}^{m} p_{jk} \leqslant v_g \qquad g = 1,2,\cdots,q$$

$$p_{jk} \in \{0,1\}$$

示例(Bernardo 1977) 美国宇航局的航天飞机的早期飞行之一被安排在兰勒研究中心作为绕地球运行的研究实验室,由航天实验办公室的科学家组成的研究小组选择一组将在航天飞机上进行的科学实验。当时可以进行的实验有:

a_1:通信与导航　　a_2:地球观测

a_3:物理和化学实验　　a_4:微生物学实验

a_5:构件与系统的检测　　a_6:飞船调节系统的效果

所选的评价准则是:

c_1:使用的需要　　c_2:分析研究

c_3:新仪器和新技术的开发

表 11.3 开列了各项实验所需资源和可用资源总量。

问题是要从 $a_1 \sim a_6$ 中选择一个子集,使 $c_1 \sim c_3$ 最大并满足资源的约束。

表 11.3 说明,a_1 无法考虑,因为每天的工作量及总工作量超过了可供资源。在去掉 a_1 之后就只有每天的工作量这一因素要在方案间分配。按本节所介绍的方法要组织小组成员作专家判断以形成群对方案集的偏好。分属各领域的 6 位专家根据 c_1、c_2、c_3 对方案 $a_2 \sim a_6$ 排序。这些专家分析的结果如表 11.4 所示。

表 11.3　资源数据

实验	重量(磅)	体积(立方尺)	面积(平方尺)	每天工作量(小时)	总工作量(小时)
a_1	5700	205	4	27.5	165.34
a_2	1000	63	4	1.85	12.38
a_3	3100	114	0	10.25	55.48
a_4	245	42.5	0	1.75	9.5
a_5	166	8.1	0	2.25	4.75
a_6	765	71	7	8.25	15.33
可用资源	14500	400	2530	20	120

设 $w_i = 1, i = 1,2,3$,可以得到协商矩阵 Π,其元素 π_{jk} 表示方案 a_j 排在第 K 位的次数。π_{jk} 的值如表 11.5 所示。

若只对方案 $a_2 \sim a_6$ 排序，则可用 Bernardo 函数求得

$$a_3 \succ a_6 \succ a_5 \succ a_2 \succ a_4 \text{ 或者 } a_6 \succ a_3 \succ a_5 \succ a_2 \succ a_4$$

表 11.4　专家判断的排序

专家1				专家2				专家3			
	c_1	c_2	c_3		c_1	c_2	c_3		c_1	c_2	c_3
1	a_6	a_3	a_6	1	a_6	a_6	a_3	1	a_3	a_3	a_5
2	a_3	a_6	a_3	2	a_3	a_3	a_5	2	a_6	a_6	a_3
3	a_4	a_2	a_2	3	a_2	a_4	a_6	3	a_2	a_4	a_6
4	a_5	a_4	a_4	4	a_5	a_2	a_2	4	a_5	a_2	a_2
5	a_2	a_5	a_5	5	a_4	a_5	a_4	5	a_4	a_5	a_4
专家4				专家5				专家6			
	c_1	c_2	c_3		c_1	c_2	c_3		c_1	c_2	c_3
1	a_6	a_2	a_3	1	a_3	a_6	a_3	1	a_2	a_3	a_6
2	a_3	a_5	a_6	2	a_6	a_3	a_5	2	a_6	a_6	a_3
3	a_5	a_3	a_2	3	a_5	a_5	a_6	3	a_3	a_5	a_5
4	a_2	a_4	a_5	4	a_2	a_2	a_2	4	a_5	a_4	a_4
5	a_4	a_6	a_4	5	a_4	a_4	a_4	5	a_4	a_2	a_2

而现在的问题是要对入选集进行比较。因此，接着计算 R：$r_{js} = \sum_{k=1}^{s} \pi_{jk}$，即将 Π 中第 j 行前面 s 个元素累加即得 r_{js}，如表 11.6。

表 11.5　π_{jk} 的值

a_j \ k	1	2	3	4	5
a_2	2	0	5	8	3
a_3	8	8	2	0	0
a_4	0	0	3	5	10
a_5	1	3	5	5	4
a_6	7	7	3	0	1

表 11.6　r_{js} 的值

a_j \ k	1	2	3	4	5
a_2	2	2	7	15	18
a_3	8	16	18	18	18
a_4	0	0	3	8	18
a_5	1	4	9	14	18
a_6	7	14	17	17	18

由于有 5 个备选方案，因此需求解线性规划问题五次。第一个规划问题考虑只包含一个方案的入选集，最佳选择是 $\{a_3\}$，其目标函数为 1.33($\pi_{a_3 1}=8$，$sn=6$)。第二个规划问题考虑包含二个方案的入选集，计有 $C_5^2=10$ 个，最优解是 $\{a_3, a_6\}$，目标函数值为 1.92。包含三个方案的子集共有 $C_5^3=10$ 个，但由于资源约束，只有 7 个是可行的，其中最优解是 $\{a_2, a_3, a_5\}$，目标函数是 1.50。包含四个方案

的子集有 5 个但只有 2 个是可行的,最优解是$\{a_2,a_3,a_4,a_5\}$,目标函数为 1.67。包含五个方案的集合不可行,不必再解。在以上所有解中,入选集$\{a_3,a_6\}$的目标函数 1.92 是最大的,是该问题的解。

该方法中的社会选择函数与 Kemeny 函数有些类似,因此其性质也与 Kemeny 函数相同。但在考虑稀缺资源约束后,它就不再具备单调性和 Pareto 最优性。

这个问题中的 24 种可行解及相应的目标函数值列于表 11.7。

表 11.7

方案数	可行选择	非零 p_{jk} 的 (a_j,k) 组合				$\max\langle R\circ P\rangle$	标准目标函数 $\max\langle R\circ P\rangle/sn$
		k					
		1	2	3	4		
1	a_2	a_2				2	0.33
	a_3	a_3				8	1.33
	a_4	a_4				0	0.0
	a_5	a_5				1	0.17
	a_6	a_6				7	1.17
2	a_2a_3	a_2	a_3			18	1.50
	a_2a_4	a_2	a_4			2	0.17
	a_2a_5	a_2	a_5			6	0.50
	a_2a_6	a_2	a_6			16	1.33
	a_3a_4	a_4	a_3			16	1.33
	a_3a_5	a_5	a_3			17	1.41
	a_3a_6	a_6	a_3			23	1.92
	a_4a_5	a_4	a_5			4	0.33
	a_4a_6	a_4	a_6			14	1.17
	a_5a_6	a_5	a_6			15	1.25
3	$a_2a_3a_4$	a_4	a_3	a_2		23	1.28
	$a_2a_3a_5$	a_2	a_3	a_5		27	1.50
	$a_2a_4a_5$	a_4	a_2	a_5		11	0.61
	$a_2a_4a_6$	a_4	a_6	a_2		21	1.17
	$a_2a_5a_6$	a_2	a_6	a_5		25	1.39
	$a_3a_4a_5$	a_4	a_3	a_5		25	1.39
	$a_4a_5a_6$	a_4	a_6	a_5		23	1.28
4	$a_2a_3a_4a_5$	a_4	a_3	a_5	a_2	40	1.67
	$a_2a_4a_5a_6$	a_4	a_5	a_6	a_2	36	1.50

11.4 社会福利函数

如前所述,在由多个人共同作决策,即进行社会选择时,需要有一种公平合理的群决策方法,将各成员的偏好集结成社会的偏好。从投票及计数方法的角度出发进行研究时,这种集结方法称为社会选择函数,我们已在第 11.3 节作了广泛讨论。本节将从经济的角度,即对社会福利的判断来讨论社会选择这种群决策方法。至于社会中各成员所面对的备选对象是不同的社会状况还是方案或候选人,对问题的讨论并无实质性影响,今后将随意使用其中任意一个而不再另行说明。

在本节我们首先介绍社会福利的基本概念,随之介绍 Arrow 的条件和他的著名的定理,接着介绍产生传递的社会偏好的几种不同办法,包括 Black 的单峰偏好,Coombs 条件,Bowman-Colantoni 法,Goodman-Markowitz 法以及基数效用函数法等。最后对社会选择函数应具备的性质和社会福利函数应满足的 Arrow 的条件加以比较。

11.4.1 社会福利函数的基本概念

社会福利函数的研究与福利经济学有关。福利经济学是一个经济学学派,主要研究整个社会的福利以及福利判断问题,福利经济学家想要使社会中资源和商品的分配产生最大的社会福利。

社会福利函数的概念是 Bergson 在 1938 年提出来,并由 Samulson(1970 年诺贝尔经济奖获得者)加以发展。他们认为社会福利是一种可以测度的量,人们可根据它来判断一种社会状况与另一种社会状况的优劣,因此他们定义了社会福利函数来度量社会的福利。由于社会是由许多个人组成的,社会福利归根到底要决取于社会中各成员所享受的福利。任何重大的社会决策都会给社会中的成员带来影响,假设社会中每个成员对各种决策所产生的相应的后果(即社会状况)都有自己的判断与评价的方法,则这种评价的数目将与社会中成员的数目一样多。Bergson 指出,除了每个成员进行评价以外,还应该进行二次评价,即福利判断。这种二次评价是对决策给所有成员造成的后果的评价,并且与各成员所作的评价有关。而成员个人的判断不仅与他从社会获得的生产资源、最终产品(以货币或实物形式)以及闲暇时间等客观因素有关,还与成员的社会地位以及个人的兴趣爱好乃至对社会做出贡献后的心理满足等主观因素有关。因此,个人的价值观是进行福利判断的基础,对社会所有可能状况的福利判断可以由社会中每个成员对各种社会状况的排序确定。按照 Bergson 的观点,可以先根据每一个个人对各社会状况的排序得到相应的效用值,由此可求出相应的效用函数;而成员的效用函数可以作为构造整个社会的福利函数的基础。

由以上所述不难看出,社会福利函数必定是一种规则,即一种潜在的群决策过程,对各位成员所作的福利判断的集结实际上是由这种群决策过程确定的。因此,尽管某些福利经济学家在 Arrow 的著作发表以后曾一度否认社会福利与社会选择有关,但事实上,社会福利函数与其他社会选择函数一样,其本质是从个人对社会状况的排序得出社会总体排序的方法。

为了进一步讨论的需要,下面先规定一些符号并作简要说明。

(1)方案与个人

和 11.3 节中一样,仍用小写字母表示方案(或社会状况、候选人、备选对象等等),$A=\{a,b,\cdots,x,y,z\}$表示方案集,有时也表为 $A=\{a_j\},j=1,\cdots,m$。社会中的成员(个人)用数字 $1,\cdots,n$ 表示,$N=\{1,\cdots,n\}$表示群。

(2)偏好

个人的偏好$\succ_i$、$\sim_i$、$\succcurlyeq_i$和社会的偏好$\succ_G$、$\sim_G$、$\succcurlyeq G$ 的含义也与 11.3 节相同;在表示社会中子群(用 M 等大写字母表示子群)的偏好时,偏好符号加相应下标,如$\succ_M$,$\sim_M$ 等;在不致引起误解时省略下标。

(3)可能的偏好序

对两个方案 x,y,每个人或社会都有 3 种可能的偏好次序,它们是:

$$R^1 = x \succ y, R^2 = x \sim y, R^3 = y \succ x$$

对三个方案 x,y,z,每个人或社会都有 13 种可能的偏好次序:

$$R^1 = x \succ y \succ z, R^2 = x \succ z \succ y, R^3 = y \succ x \succ z, R^4 = y \succ z \succ x$$
$$R^5 = z \succ x \succ y, R^6 = z \succ y \succ x, R^7 = x \succ y \sim z, R^8 = y \succ x \sim z$$
$$R^9 = z \succ x \sim y, R^{10} = x \sim y \succ z, R^{11} = x \sim z \succ y, R^{12} = z \sim y \succ x$$
$$R^{13} = x \sim y \sim z$$

随着 A 中方案数 m 的增加,可能的偏好序的数目将迅速增加。记各方案可能偏好序的集合为 $\mathfrak{R}=\{R^1,R^2,\cdots,R^s\}$,则只考虑强序时可能的偏好序的数目为 m 的阶乘,即 $s=m!$;若考虑方案间的无差异关系,s 的值要大得多。下表给出了 $m=3\sim7$ 的 s 的值。

m	3	4	5	6	7
$m!$	6	24	120	720	5040
s	13	75	541	4683	46033

(4)偏好断面(或称偏好分布)

令社会中第 i 个成员对所有方案的排序为 O_i,显然有 $O_i\in\mathfrak{R}$;社会中 n 个成员的偏好序构成一个偏好断面 P。

$$P = \{O_1, O_2, \cdots, O_n\}$$

显然，$P\in\Re^{(n)}$。$\Re^{(n)}=\Re\times\Re\times\cdots\times\Re$ 为可能偏好序 $\Re$ 的 n 维笛卡儿积。

社会福利函数(或称集结方法、并合方法、裁决方式、调解政策、表决方法等等)就是一种决策规则，即社会选择规则，它必须把个人偏好序的分布映射为一种可能的社会本身的偏好序。令 F 为所有可能的社会福利函数，且 $f\in F$，则所选的特定的社会福利函数 f 要把 $\Re^{(n)}$ 映射到 $\Re$ 上，即

$$f:(O_1,O_2,\cdots,O_n)\rightarrow R \quad \text{亦即 } R=F(P)$$

其中 R 是社会的优先序，$R\in\Re$。

如果不加条件限制，则 f 的数量将十分惊人。例如，即使在社会中只有两个成员，$i=1,2$，方案集中只有两个方案 x,y 可供选择这种最简单的情况下，由于两个方案有三种可能的排序：

$$R^1=x\succ y, R^2=x\sim y, R^3=y\succ x$$

两个成员可以形成 $3^2=9$ 种偏好分布，即 $\Re^{(2)}$ 中有 9 个不同的元素，这是 f 的定义域，f 的值域是群的排序 R，有 3 种可能，因此共有 $3^9=19683$ 种可能的社会福利函数 f。显然在这些社会福利函数中有些能被社会接受，有些则不能。由于这是社会问题，因此能被接受的社会福利函数应该符合社会伦理标准，应当公平、合理，即符合某些条件。

11.4.2 社会福利函数的 Arrow 条件

为了把社会福利函数约束为一个较小的数目，文献(Arrow 1951)提出了一组条件，这些条件根据常识来看，是合理的社会福利函数所应该满足的。

公理 11.1　连通性(完全性，或称可比性)

对所有的 $x,y\in A$，要么 $x\succcurlyeq y$，要么 $y\succcurlyeq x$，或者二者同时成立。

公理 11.2　传递性

对所有 $x,y,z\in A$，若 $x\succcurlyeq y$，$y\succcurlyeq z$，则必有 $x\succcurlyeq z$。

如 8.2 节中所述，任何二元关系要成为完全序，即要对 A 中方案排序，这两个公理是必须满足的。在这两条公理的基础上，Arrow 提出了社会福利函数还应满足如下条件：

条件 1　完全域　(Unrestricted domain，又称广泛性，记作 U)

a. 方案集 A 中的备选方案数大于或等于 3，即 $m\geqslant 3$；

b. 社会福利函数定义在所有可能的个人偏好分布上；

c. 群中至少有两个成员。

先看条件 1 之 c，若群中只有一个人，就没有成员之间的意见冲突，问题毫无意义。关于条件 1 之 a，若只有两个方案，问题也容易处理(见下一分节)；只有方案数大于等于 3 时，才会出现 Condorcet 效应，即社会排序的不传递性，因此需要考虑 $m\geqslant 3$ 的情况。

条件 1 之 b 是说必须使社会福利函数定义在所有可以想像得到的各位成员对方案的偏好分布上,并使所得到的社会排序满足完全性和传递性。由前面例 7 提到的群中三位成员对三个方案的可能的排序 R^1, R^4 和 R^5 所构成的分布 $P=(R^1,R^4,R^5)$,在采用过半数决策规则时会导致循环多数。为此,我们也可以规定社会福利函数不定义在全部 $\mathfrak{R}^{(3)}$ 上,而是只定义在 $\mathfrak{R}^{(3)}$ 的某一部分上,使三个人组成的社会的意见比较一致,因为定义域越小,构造社会福利函数就越容易。但由于这种做法的实质是剥夺了社会成员作自由选择的权利,因此无论在理论上还是实践上,都有必要假设社会福利函数的定义域是全部 $\mathfrak{R}^{(n)}$。

条件 2 社会与个人价值的**正的联系**(Positive responsiveness, 记作 P)

对给定的各成员的偏好分布,若个人偏好分布作如下修改:

(a)对除 x 以外的方案进行成对比较时偏好不变。

(b)在 x 与其他方案进行成对比较时,要么偏好不变,要么变得对 x 更有利;则:若社会福利函数 f 原来判定 $x \succ_G y$,则仍应有 $x \succ_G y$;若 f 原来判定 $x \sim_G y$,则至少仍应有 $x \sim_G y$,或者也可能有 $x \succ_G y$;若 f 原来判定 $y \succ_G x$,则也可能有 $x \sim_G y$ 或者 $x \succ_G y$。

所谓“变得对 x 更有利”是指,个人 i 原来认为 $x \sim_i y$,现改变为 $x \succ_i y$;或原来认为 $y \succ_i x$,现在变为 $x \sim_i y$ 或者 $x \succ_i y$。

条件 2 的实质是要求社会福利函数具有单调性。

条件 3 **无关方案独立性**(independence of irrelevant alternatives, 记作 IIA)

令 A_1 是方案集 A 的子集,若排序的分布发生变化但每个成员对 A_1 中各方案作比较时偏好不变,则社会关于 A_1 中方案的偏好次序无论是从原来的偏好分布中得出的还是从发生了变化的偏好分布中得出的,应该完全相同。

为了说明条件 3,研究一个四方案、三成员的例子。$A=\{w,x,y,z\}$,设三个成员的偏好次序是:两个成员认为 $w \succ x \succ y \succ z$;另一个成员是认为 $y \succ z \succ w \succ x$。若用 Borda 的社会选择函数求解,每个成员对最欢喜,次之,再其次,最不喜欢的方案分别赋 3、2、1、0 分,则 w 得 7 分,x 得 4 分,y 得 5 分,z 得 2 分,社会的排序应为 $w \succ y \succ x \succ z$。若 A 去掉 x 所得的子集为 $A_1=\{w,y,z\}$,成员的优先序不变,仍用 Borda 函数求解,照条件 3,应得到与原问题相同的排序 $w \succ y \succ z$。而事实上,用 Borda 法对 A_1 中方案进行比较,w,y 均得 4 分,z 得 1 分,结果是 $w \sim y \succ z$,不同于原来的排序,即 Borda 法不具备无关方案独立性,不满足条件 3。这个条件比较苛刻,关于这方面的不同意见在 11.4.7 和 11.4.8 节再进一步讨论。

条件 4 **非强加性**(nonimposition, 又称公民主权, citizen's sovereignty, 记作 CS)

对于每一对方案 x、y,应该是在 $\mathfrak{R}^{(n)}$ 中的某些偏好分布使社会认定 $x \succ_G y$,即社会偏好应根据个人的偏好断面得到:总要有某些成员,哪怕是一个人认为 $x \succ$

y,才会有 $x \succ_G y$。

若一个社会福利不管社会中任何个人作何选择,即对 $\Re^{(n)}$ 中所有的偏好分布总有 $x \succ_G y$,甚至即使所有成员都认为 $y \succ x$,社会也不能表达 $y \succ x$ 这种偏好,则这种社会福利函数称为是强加的,条件 4 是说社会福利函数不应该是强加的。

条件 5　非独裁性(nondictatorship, 记作 ND)

社会中没有哪个成员具有这样的权力:只要他认为 x 优于 y,不管其余所有成员的偏好如何,社会也认为 x 优于 y。

如果社会中存在某个成员 i,对于任何一对方案 x, y,只要 $x \succ_i y$,则无论其余成员偏好如何,就必须有 $x \succ_G y$,则称成员 i 为独裁者,这样的社会福利函数是独裁性的。条件 5 是说社会福利函数应该是非独裁性的,它不应该偏向某一个成员,使他个人的偏好序能够规定整个社会的偏好序。

用 Arrow 自己的话来说,"以上五个条件对于社会福利函数的构造显然是合理的。……总的来说,它们以一种非常一般的形式表达了关于公民主权和理性的学说,并允许成员中存在相当广泛的价值观。现在的问题是要从任意一组给定的个人对所有可以想像得到的备选社会状况的排序构造出社会排序,而构造方法应该与条件 1～5 所表达的公民主权和理性的价值判断相一致。"

Arrow 的这一组五个条件还有其他表达方式。例如,可以用 Pareto 条件取代条件 2 和条件 4。

Pareto 条件　如果社会中每个成员都认为 x 优于 y,则社会也应这么认为,即

$$x \succ_i y, \quad \forall i \rightarrow x \succ_G y$$

如前所述,把条件 1 记作 U,条件 3 简记作 I,Pareto 条件记作 P,条件 5 简记作 D,则上述条件 1 到条件 5 与条件 U、P、I、D 等价。

11.4.3　Arrow 的定理

前面已经介绍了 K J Arrow 在 1951 年提出的社会福利函数应该满足的 5 个条件。在着手研究方案数超过两个的一般情况之前,先考虑只有两个方案的特例。可以证明,只要把 Arrow 的条件 1(a)修改为只有两个方案,那么过半数决策规则就是能够满足条件 1 到 5 的社会福利函数。

按过半数决策规则的社会福利函数是:$x \succcurlyeq_G y$,当且仅当

$$N(x \succ_i y) \geqslant N(y \succ_i x)$$

在证明过半数决策规则满足条件 1 之前,必须先证明方案集 A 上的弱序 $\succcurlyeq_G$ 满足公理一和公理二,即 $\succcurlyeq_G$ 是连通且传递的。

由过半数决策规则,$x \succcurlyeq_G y$ 当且仅当 $N(x \succcurlyeq_i y) \geqslant N(y \succcurlyeq_i x)$。由于只有两个方案,$N(x \succcurlyeq_i y) \geqslant N(y \succcurlyeq_i x)$ 或 $N(y \succcurlyeq_i x) \geqslant N(x \succcurlyeq_i y)$ 至少有一个成立,因此 $x \succcurlyeq_G y$ 或 $y \succcurlyeq_G x$ 至少有一个成立,所以 $\succcurlyeq_G$ 满足连通性。

为了证明传递性,可设 $x \succcurlyeq_G y, y \succcurlyeq_G z$,由于只有两个方案,$x,y,z$ 中有两个是相同的,令 y 等于 z,则 $y \sim_G z$,因此

$$N(y \succcurlyeq_i z) = N(z \succcurlyeq_i y) \tag{11.11}$$

$$N(x \succcurlyeq_i y) = N(x \succcurlyeq_i z) \tag{11.12}$$

$$N(y \succcurlyeq_i x) = N(z \succcurlyeq_i x) \tag{11.13}$$

由假设 $x \succcurlyeq_G y$,有

$$N(x \succcurlyeq_i y) \geqslant N(y \succcurlyeq_i x) \tag{11.14}$$

将式(11.12)、(11.13)代入式(11.14),得

$$N(x \succcurlyeq_i z) \geqslant N(z \succcurlyeq_i x) \tag{11.15}$$

即得 $x \succcurlyeq_G z$,于是由 $x \succcurlyeq_G y, y \succcurlyeq_G z \rightarrow x \succcurlyeq_G z$ 满足传递性,因此,过半数决策规则满足条件 1。

要证明过半数决策规则满足条件 2,以 $x \succ_G y$ 为例,则由定义:

$$N(x \succ_i y) \geqslant N(y \succ_i x)$$

当某个成员 i 的偏好序由 $y \succ_i x$ 变为 $x \succ_i y$ 时,则

$$N'(x \succ_i y) = N(x \succ_i y) + 1, N'(y \succ_i x) = N(y \succ_i x) - 1$$

当某个成员 i 的偏好变得对 x 更有利时,显然有 $N'(x \succ_i y) > N'(y \succ_i x)$,即仍有 $x \succ_G y$;$x \sim_G y, y \succ_G x$ 时的证明方法与此相同。所以过半数决策规则满足条件 2。

在只有两个方案时不存在无关方案,条件 3 无意义,因此过半数决策规则满足条件 3。

对条件 4(公民主权),若 $N(x \succ_i y) \geqslant N(y \succ_i x)$,则 $x \succ_G y$;而当 $N(y \succ_i x) \geqslant N(x \succ_i y)$,则 $y \succ_G x$,社会的偏好因成员偏好而变,不存在社会排序与个人偏好无关的情况,即过半数决策方法所得社会排序不是强加的,它满足条件 4。

最后是条件 5(非独裁性)。假设存在独裁者 i,$x \succ_i y$,而所有其他人都认为 $y \succ_k x, k \neq i$,则当 $n > 2$ 时 $N(y \succ_k x) > N(x \succ_i y)$,社会的偏好是 $y \succ_G x$,而当 $n = 2$时,$N(y \succ_k x) = N(x \succ_i y) = 1$,社会的偏好是 $y \sim_G x$,均与假设矛盾,因此采用过半数票决策时,没有独裁者存在,满足条件 5。

由以上证明可得如下定理:

定理 11.1 (方案数为 2 的可能性定理)　若方案总数为 2,过半数决策方法是一种满足条件 2~5 的社会福利函数,它能对每一种个人排序集合产生一个社会排序。

根据定理 11.1,可以说在只有两个备选方案时,简单的过半数规则是合理的社会福利函数。定理 11.1 在某种意义上是西方国家两党制的逻辑基础。

虽然定理 11.1　说明了在只有两个方案时过半数决策方法是可以接受的合理的社会福利函数,但对三个或更多个方案的情况,Arrow 证明了不存在任何社会

福利函数能满足条件 1 到条件 5 和两个公理,因此,Arrow 的一般可能性定理又称 Arrow 不可能定理。

定理 11.2(一般可能性定理)　若至少存在三个方案,社会中的成员可以对它们以任何方式自由排序,则满足条件 2 和条件 3 且所产生的社会排序满足公理一和公理二的社会福利函数就必定是:要么是独裁的,要么是强加的。

Arrow 一般可能性定理最初的证明冗长而复杂,且其中存在错误,之后许多人包括 Arrow 本人,给出了新的证明。下面介绍一种较为简明的证明方法。

用等价的条件 U、P、I、D 取代条件 1 到条件 5,则定理 11.2 可以表达成:

定理 11.2′　若至少有三个人且至少有三个方案,则没有任何社会福利函数能保证同时满足条件 U、P、I、D。

证明这一定理的方法是假设 U、P、I 成立,则必定产生一个独裁者。

需要说明的是,在 11.2 节中已经证明,按过半数这种少数服从多数的决策规则对三个或三个以上方案进行成对比较时,可能会出现多数票循环,即由个人的传递的偏好序投票产生的群的排序出现不传递性是不可避免的。Arrow 的定理在本质上是关于社会选择过程中多数票循环,亦即投票悖论不可避免的一种形式化描述:根据某些合乎理性的条件(如 U、P、I),要产生传递的群的排序则必然(有可能)是独裁的。

证明:设社会分成两个子群 M 和 N,A 中有四个方案,$A=\{a,b,x,y\}$,有 α,β,γ 三种情况。假定有如下偏好模式:

(不妨把 M、N 设想成委员会中两个子群,现需从 a、b、x、y 这 4 个候选人中选择担任某职务的人员,α、β、γ 是三种不同的职位,表中所给是对申请人选的偏好。)

α	M	$x \succ_M y$
	N	$y \succ_N x$
β	M	$a \succ_M b$
	N	$b \succ_N a$
γ	M	$a \succ_M x \succ_M y \succ_M b$
	N	$y \succ_N b \succ_N a \succ_N x$

由上述假设可得:

结论一:　$x \succ_G y \Leftrightarrow a \succ_G b$

证明:由条件 I,在 α 中 $x \succ_G y \Rightarrow$ 在 γ 中 $x \succ_G y$,而在 γ 中,由条件 P:$a \succ_G x$;且 $y \succ_G b$,因此

$$a \succ_G x \succ_G y \succ_G b \Rightarrow a \succ_G b \text{(由传递性)}$$

在 β 中,

$$a \succ_G b \qquad \text{(由条件 I)}$$

同理可证

$$a \succ_G b \Rightarrow x \succ_G y$$

引入定义 “决定性的”子群或集合。

定义　若对于任一方案对 x,y,只要子群 V 认为 x 优于 y,无论其他成员反对还是赞成,都能保证群也认为 x 优于 y,则称 V 是决定性的。

结论一说明若一个子群(在本例子中是 M)对于某个方案对是决定性的,则它对于所有方案对都是决定性的。

结论二:任何一个以上的成员构成的决定性子群中存在更小的决定性子群,它无需其余成员的支持。

证明:将 M 分成 M^1 和 M^2 两个更小的子群,它们的偏好是:

$$M^1:\quad x \succ_{M^1} y \succ_{M^1} z$$

$$M^2:\quad y \succ_{M^2} z \succ_{M^2} x$$

$$N:\quad z \succ_N x \succ_N y$$

因为 M 是决定性子群,所以 $y \succ_G z$。

根据连通性,$y \succ_G x$ 或 $x \succ_G y$ 必有一个成立。若 $y \succ_G x$,则 M^2 对于 x,y 是决定性的。由结论一,$x \succ y$ 对于所有方案都是决定性的;若 $x \succ_G y$,则由 $x \succ_G y$ 且 $y \succ_G z \Rightarrow x \succ_G z$(传递性),因此 M^1 对 x,z 是决定性的,由结论一,M^1 对所有方案对都是决定性的。所以,M 中的某个子群是决定性的。

综合以上结论,我们有:由于社会中所有成员组成的集合是决定性的(条件 P),而任意由一个以上成员构成的决定性子集总能以某种方式划分,使其中的某一部分(更小的子集)成为决定集子集(结论二),最终决定性子集中只有一个成员,这就违背条件 D。因此,没有一种社会福利函数能同时满足条件 U、P、I、D。(证毕)

Arrow 在 1984 年提到,1951 年他作为哥伦比亚大学的经济学研究生,其导师,一位逻辑学家,要他进行国际关系和对策论方面的研究,看看是否有什么有意义的指标可用来说明国家的偏好,Arrow 随即回答说经济学家有办法把个人的福利相加集结成社会福利函数。而当他坐下来解决这个问题时,发现经济学家们错了。虽然问题是,“有没有任何表决体制能够可靠地从每个公民的偏好排序得到一个国家的偏好次序?”,而 Arrow 的回答是,“没有一种方法能并合个人的偏好序以获得能满足某些朴素条件的社会排序结果”。Arrow 的答案比要他回答的问题包含的内容广泛得多。他指出,“如果对成员的排序不加限制,那么没有任何表决方法能排除投票悖论,反复式投票表决制不行,任何比例代表制也不行,无论所用的方法多么复杂都不可能排除这种悖论。同样的,市场机制也不能产生合理的社会选择。”“如果消费者的价值观能由相当广泛的个人排序表示,那么公民主权学说与集体理性学说就是矛盾的。”

Arrow 的定理问世以后,在西方社会引起了巨大反响,激起了社会选择理论、决策过程和选举体制研究者以及福利经济学家的极大兴趣,并在社会上产生极大的震动。

迄今为止所有的表决方法都不能产生令人满意的获胜者。Arrow 的定理所证明的虽不是没有一种投票表决方法能从可以接受的备选方案的特定子集中挑选出令人满意的获胜者，但证明了更一般性的结果：没有一种方法能对所有可接受的备选方案给出令人满意的社会排序，这就从思想上削弱了人们对获胜者的信任程度，因为用任何方法产生的获胜者都有可能在采用其他方法时被其他备选对象击败。

人们早就猜测和怀疑每种投票表决体制会以某种方式被人操纵。自从 Arrow 定理发表后，有些人就开始考虑用 Arrow 定理来证明任何表决体制都有受人操纵的倾向。A Gibbard(1973)和 M A Satterthwaite(1975)分别独立地证明了这种猜测，他们定义了防投票策略这一概念：对所有的偏好分布，如果某个方案变得更受偏爱时其获胜的机会至少不会降低，且能保证其结果不受其他备选方案的加入与退出的影响，则称该方法是防投票策略的。防投票策略实际上相当于条件 U、P、I。他们证明了若有两个以上候选人，则任何防投票策略的选举方法都可能产生一个独裁者，因此没有一种选举方法是非独裁性且是防投票策略的。

有些人从 Arrow 定理和 Gibbard 定理中得出了虚无主义的结论，他们坚持说无法对选举制作任何价值判断。这是一种误解。Arrow 定理讨论的是满足一定条件的社会排序的不可能性，即使没有完善的、最好的选举方法，但是在现有的选举方法中还有较好与糟糕之别。如简单多数(相对多数)表决制就特别糟，有许多其他办法可对它加以改进。又如某些表决方法比其他方法有更强的防投票策略性。因此，借助这两种不可能性的结论对各种投票表决方法进行系统的比较和适用范围的研究，这对投票表决制的改进是极有意义的工作。

在 Arrow 提出不可能定理之后，人们为了得到传递的社会排序，主张放宽 Arrow 提出的某些条件。有从条件 1(b)着眼，即在个人选择的可行集上施加限制的，如 Black 和 Coombs 条件以及 Romero 分叉；有主张放松条件 4 以强制社会排序传递的，例如 Bowman 和 Colantoni 提出的方法；也有从放弃条件 3 着手的，像 Goodman-Markowitz 法；还有从效用的基数性出发，得到满足全部 Arrow 条件的社会福利函数的上述方法将在下列各分节中分别讨论。

11.4.4 Black-Arrow 单峰偏好

由于在方案数 $m>2$ 时过半数决策规则可能导致所得到的社会排序违背传递性公理，因此，有些人就着手寻找能够保证社会排序具有传递性的个人的排序条件。这方面的研究成果主要有 Black-Arrow 的单峰偏好、Coombs 条件、Romero 分叉及拟单峰性等，Sun 则给出了产生传递的社会序的个人偏好分布的充要条件。

单峰偏好的概念是由 Black(1948)提出并发展起来的。为了说明单峰偏好的含义，我们先介绍偏好曲线。

社会中任何成员对方案集中各方案的排序可以用二维图形来表示。图中以圆点表示方案,水平坐标为各方案的分布,方案的纵坐标高低表示方案在成员心目中的优先序,但是它没有基数性,即纵坐标上的各点除了以相对位置的高低表示方案的优先次序外,各点间垂直方向上距离的大小并无数量上的意义。例如,方案集 $A=\{w,x,y,z\}$,成员 i 的偏好序 $x\succ_i y\sim_i z\succ_i w$ 可以用图 11.3 所示的曲线表示,随着方案在横坐标上相对位置的不同,可以得到(a),(b),(c)三条偏好曲线,偏好曲线上重要的是小圆点的相对高度,线段只是为了看图方便而加。

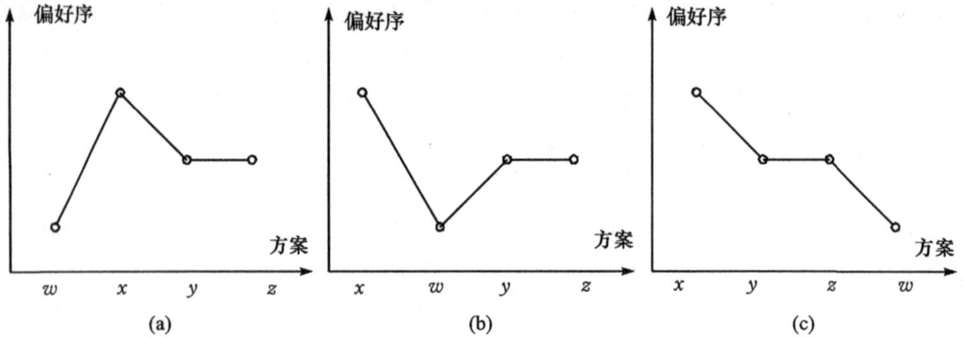

图 11.3 偏好曲线图

所谓单峰偏好,是指偏好曲线在图中从左到右(或从右到左)逐渐增加,直到峰点后再下降(也可以不再下降),在升降过程中及峰点处允许有平台(即相邻方案允许无差异)。在图 11.3 中,曲线(a)、(c)都是单峰的,(b)则不是,因此对某个成员而言,其偏好曲线是否单峰与方案在横坐标上的排列方式有关;对社会全体成员而言,需要有一个共同的排列次序。

Black 证明,若能在横轴上以一定次序排列方案集 A 中各方案,使社会中各成员的偏好序在图中的偏好曲线都是单峰的,则用过半数票决策方法可以得到传递的社会排序。具体的做法是,从左向右按峰点出现的先后为偏好曲线偏号,序号居中的偏好曲线的峰点所对应的方案必定是社会作为整体最偏爱的方案。将最受欢迎的方案移去后,用同样的办法可得到在社会整体优先序中居第二位的方案。如此继续,直到所有方案的次序均被排定为止。

Black 指出,单峰偏好的假设是有现实背景的。例如,欧洲某些国家议会中的政党结构就可以按照被社会普遍接受的看法将各党从左派到右派依次排列在横轴上。每位选民按其政治观点可以属于或倾向于某一政党,该党就处于其偏好曲线的峰点,若该党右面还有两个政党,则与该党位置较近的党在偏好曲线上的位置通常要高于位置较远的党,因为他会偏向相对不太右的党派。若左面有若干党,情况也类似,离峰点越远的党在他的排序中位置越低。因此,选民对政党的排序具有单峰偏好这一特点。在经济方面也可找到单峰偏好的例子。

Arrow 证明了,把过半数决策方法用于 Black 单峰偏好,社会成员为奇数时,对任何数目的方案进行排序是满足条件 1(其中之 b 改为社会福利函数定义在所有可能的单峰偏好分布上)和条件 2 到条件 5 的社会福利函数。

示例　设委员会有 9 个成员,现在要选一位主席,假设各位委员对三个候选人 a,b,c 的偏好序是:

2 个委员的排序是　　$a \succ b \succ c$

3 个委员的排序是　　$a \succ c \succ b$

4 个委员的排序是　　$b \succ a \succ c$

当横轴上三个候选人以 b、a、c 的次序排列时,这三种偏好序都是单峰的(见图 11.4),图中曲线上的数字为这种排序的成员数。

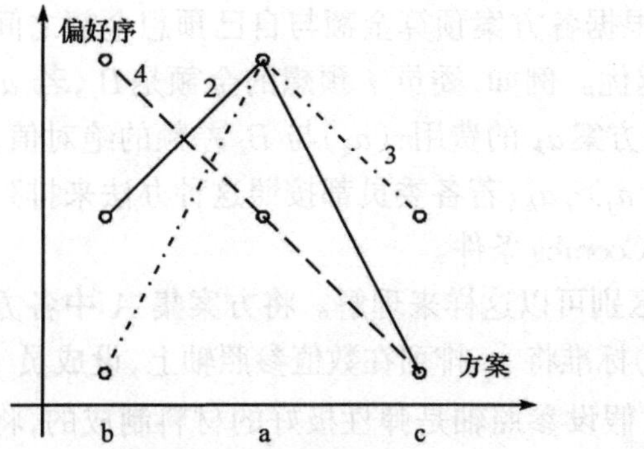

图 11.4　单峰偏好曲线

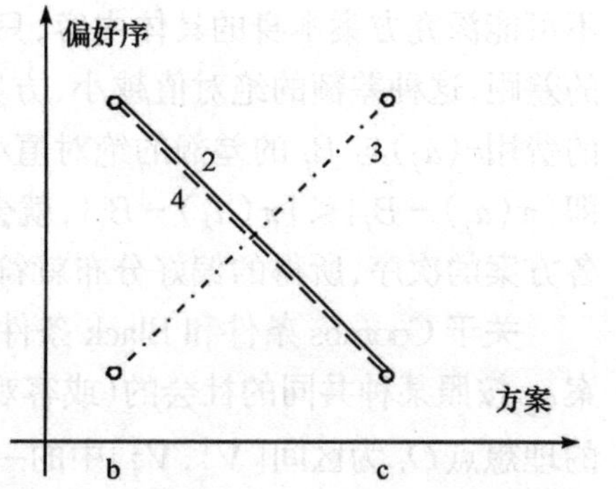

图 11.5　去掉 a 以后的单峰偏好曲线

委员会中有 9 位成员,因此图 11.4 中从左到右第 5 个峰点对应的是方案 a,所以 a 获胜。

若要确定委员会的第二选择,可以去掉 a,剩下方案所形成的单峰曲线如图 11.5 所示,用上述方法可知 b 被选中,在社会排序中占第二位,即 $a \succ_G b \succ_G c$。

本章各节中多次用到的例 11.5、例 11.6 和例 11.7 都不是单峰偏好(读者可以自行验证),可见单峰偏好这一条件相当苛刻。尤其是例 11.5,虽然偏好曲线并非全部都是单峰的,但是用过半数决策规则产生的社会排序是传递的。这说明所有成员具有单峰偏好对产生传递的社会排序而言只是充分条件而非必要条件。

Arrow 给出的单峰性的正式定义:对方案集中任意三个方案构成的子集 $A_1=\{a,b,c\}$,其中至少有一个方案绝不被社会中的任何成员排列到第三位。

Sen 等人(1969)给出了为了产生传递的社会序,个人的偏好分布应满足的充要条件是位次限制,即三方案组中有某个方案 $a_j(j=1,2,3)$ 和某个 $k(k=1$ 或 2 或 3),群中任何成员在对三方案组中的方案排序时,a_j 决不会被排在第 k 位。

11.4.5　Coombs 条件

与 Black 单峰条件类似的有 Coombs(1954)提出的如下条件。

令 π 为方案集 A 上的数值函数，它给方案 a_j 赋值 $\pi(a_j)$；设成员 i 有一数值理想点 I_i，i 将根据 $\pi(a_j)$ 与理想点的距离的绝对值 $|\pi(a_j)-I_i|$ 的大小来排列方案 a_j 的优劣，距离越小越优。若社会中各成员 $i=1,\cdots,n$ 的偏好序都是对共同的 $\pi(a_j)$，$j=1,\cdots,m$，根据各自的 I_i，$i=1,\cdots,n$ 按上述方法获得的，则称该社会成员的偏好分布符合 Coombs 条件。

关于 Coombs 条件的现实背景可以这样设想：主管某种预算的委员会目前要从一个项目的 m 个投标方案中选择一个。设方案 a_j 的费用 $\pi(a_j)$，$j=1,\cdots,m$ 给定且已众所周知；委员会中各位委员重视费用金额的大小，而且每人心目中都有一个给定项目应该花费的费用标准即理想值 I_i，他们在判定投标方案的优劣时根本不可能深究方案本身的具体内容，只是根据各方案预算金额与自己预想金额之间的差距，这种差额的绝对值越小，方案越优。例如，委员 i 预想的金额是 B_i，若 a_j 的费用 $\pi(a_j)$ 与 B_i 的差额的绝对值小于方案 a_k 的费用 $\pi(a_k)$ 与 B_i 差额的绝对值，即 $|\pi(a_j)-B_i|<|\pi(a_k)-B_i|$，就会有 $a_j \succ_i a_k$；若各委员都按照这种办法来排列各方案的次序，所得的偏好分布就符合 Coombs 条件。

关于 Coombs 条件和 Black 条件的区别可以这样来理解。将方案集 A 中各方案 a_j 按照某种共同的社会的（或客观的）标准将 π_j 排列在数值参照轴上，设成员 i 的理想点 O_i 为区间 $[V_i^1, V_i^2]$ 中的一点，假设参照轴是弹性极好的材料制成的，将 V_i^1, V_i^2 两点固定，在 O_i 点处施力使 O_i 沿参照轴的垂直方向上移，并根据各方案在此过程中位移的大小来排列各方案在 i 心目中的优劣。若 $[V_i^1, V_i^2]$，$i=1,\cdots,n$，关于 O_i 对称（即 $V_i^2-O_i=O_i-V_i^1$），且两个固定的端点距理想点 O_i 足够远，至少有 $V_i^2>\pi_m$，$V_i^1<\pi_1$（π_i 是方案 I 在参考轴上的坐标，且已根据数值大小重新排列，满足 $\pi_1\leqslant\cdots\leqslant\pi_m$），则所得的各成员的排序满足 Coombs 条件；若 $[V_i^1, V_i^2]$ 不一定对称，且允许 $V_1\geqslant\pi_1$，$V_2\leqslant\pi_m$，则所得的排序满足 Black 单峰偏好。

引理 若方案 x,y,z 在公共的数值参考轴（例如实轴）上的次序是 $x\ y\ z$，即 $\pi(x)<\pi(y)<\pi(z)$，且各成员都遵守 Coombs 条件，则任何成员的排序都不可能是 $x\succ_i z\succ_i y$ 或 $z\succ_i x\succ_i y$。换言之，方案 y 不可能被排在最后面。

该引理的证明很简单。记线段 xy，yz 和 xz 的中点分别为 m_{xy}，m_{yz} 和 m_{xz}。当理想点 I_i 位于 m_{xy} 左边（即 $I_i<m_{xy}$）时，成员 i 的排序是 $x\succ_i y\succ_i z$；当理想点位于 m_{xy} 与 m_{xz} 之间（即 $m_{xy}<I_i<m_{xz}$）时，$y\succ_i x\succ_i z$；I_i 位于 m_{xz} 和 m_{yz} 之间（$m_{xz}<I_i<m_{yz}$）时，$y\succ_i z\succ_i x$；I_i 位于 m_{yz} 之右时，有 $z\succ_i y\succ_i x$，因此，y 绝不可能排在最后。

该引理出发可以证明 Coombs 条件能保证过半数决策方法产生的社会排序具有传递性，具体证明略。

下面讨论 Coombs 条件对成员表达偏好序的自由究竟有多大的限制。

按照 Coombs 的观点,通常是由共同的文化背景促使成员在排序时自动地遵循某种约束,使得条件得以满足。他认为,在上述案例中,只要每个委员可以自由地决定最佳预算值,并且上述排序方法并不违反他的信念和意愿,就不能说个人的自由受到了限制。更准确地说,由于强烈的共同的文化背景的影响,成员并不感到其自由受了限制。但从多人决策的角度看,没有什么理由一定要遵循这种文化约束:有约束就谈不上个人的自由选择。因为这种约束对成员的限制实在太大了,只要看一下后面给出的数据就很清楚。

定义 11.3　多样性程度　令 C 是过半数决策方法的传递性条件,比例 $f_c(m)=F_c(m)/m!$称做条件 C 所允许的个人选择的多样性程度。

其中 $F_c(m)$是遵循条件 C 时成员 i 所可能采取的不同的排序种类的最大值。$m!$ 是在不加任何约束时可采用的排序种类的数目。需要说明的是定义只考虑了线性序(即强序),不考虑无差异的情况。

定理 11.3　对 Coombs 条件,$F_c(m)=\dfrac{m(m-1)}{2}+1$

证明:设各方案沿共同的数值参考轴按各自横坐标值排定,当某个成员的理想点从左向右移动时,相应的排序要发生变化。在只考虑线性序时,这种变化仅发生在每两个方案的中点处,当方案数为 m 时,中点有 $m(m-1)/2$ 个。因此结论是显而易见的。

定理 11.4　对 Black 条件,$F_b(m)=2^{m-1}$,因此 $f_b(m)=2^{m-1}/m!$。

这一结论的证明参见文献(kelly 1991)。

由上述定理可以得到 Coombs 条件和 Black 条件的多样性程度 $f_c(m)$和 $f_b(m)$的值如表 11.8 所示。

表 11.8　$f_c(m)$和 $f_b(m)$的值

m	3	4	5	6	7	10	20
$f_c(m)$	2/3	7/24	11/120	0.022	0.004	1.27×10^{-5}	0.8×10^{-16}
$f_b(m)$	2/3	8/24	16/120	0.044	0.013	1.41×10^{-5}	2.16×10^{-13}
$f_y(m)$	4/6	9/24	19/120	0.05694	0.01687	2.08×10^{-4}	

表中数字说明,只有方案数 m 较小时,Coombs 条件和 Black 条件对个人自由选择的限制才有可能被接受。

这里要说明的是,Arrow-Black 条件所允许的多样性程度并不是产生传递社会序的最大个人偏好序规模;Kelly 在 1991 年所证明的只是对个人偏好序施加基本约束集时允许的个人偏好序的最大值,而不是 Sen 给出的位次限制所允许多个人偏好序的最大值。岳超源等(1994)和罗云峰等(1996)证明,在施加次级约束时,使简单过半数规则的结果具有传递性的个人偏好序的递推公式是:

$$F_y(m) = 2F_y(m-1) + 2^{[m/2]-1} - 1$$

其中$[m/2]$表示对 $m/2$ 取整。这时的多样性程度见表 11.8 之 $f_y(m)$。

除 Black 条件和 Coombs 条件外,还有 Romero 分叉和 Romero 拟单峰条件,这里就不一一介绍了。

*11.4.6 Bowman-Colantoni 法

为了使过半数决策规则产生传递的社会排序,除了像前面提出的 Coombs 条件和 Black 条件那样对个人的偏好序施加约束外,还可以直接对群的偏好序施加约束。Bowman-Colantoni 法就是一种为了保证社会排序的传递性而直接在群的排序上施加限制的社会选择函数。但由 Bowman-Colantoni 法所得的社会排序是强加的,它违背了 Arrow 的条件 4。

该法用比例矩阵 $M=\{m_{jk}\}$来描述社会中全体个人的偏好,其定义与 Kemeny 函数中的比例矩阵相同:

$$m_{jk} = (n_{jk} + 0.5n_{jk}^*)/n, \quad j \neq k$$

$$m_{jj} = 0.5$$

在采用过半数决策规则时,与 M 矩阵相对应的社会排序$\succcurlyeq_G$,使 $a_j \succcurlyeq_G a_k$,当且仅当 $m_{jk} \geqslant m_{kj}$,即若 $m_{jk} > m_{kj}$,则 $a_j \succcurlyeq_G a_k$ 且非 $a_k \succcurlyeq_G a_j$;若 $m_{jk} = m_{kj}$,则 $a_j \succcurlyeq_G a_k$ 且 $a_k \succcurlyeq_G a_j$。

显然$\succcurlyeq_G$不一定满足传递性。

为了获得传递的社会排序,令 $L=[l_{jk}]$为连通、非对称、传递的排序矩阵,即 L 满足:

连通性:对任何 j、k,$a_j \succ a_k$ 或$a_k \succ a_j$ 必有一成立;

非对称性:对任何 $j \neq k$,若 $a_j \succ a_k$,则必有非 $a_k \succ a_j$;

传递性:对任何 h、j、k,$a_h \succ a_j$,$a_j \succ a_k$,则必有 $a_h \succ a_k$。

使得

$$l_{jk} = \begin{cases} 1 & \text{若 } a_j \succ a_k, \quad j \neq k \\ 0 & \text{若 } a_k \succ a_j, \quad j \neq k \\ 0.5 & \qquad\qquad\quad j = k \end{cases}$$

若用 C^*记满足$\forall j,k, l_{jk} \geqslant 0, l_{jk} + l_{kj} = 1$,的矩阵 L 的集合,显然 C^*是凸多面体。C^*的端点的集合 C 为满足:$\forall j \neq k \ l_{jk} \in \{0,1\}$,且$\forall j,k, l_{jk} + l_{kj} = 1$ 的 L 的集合,但是 C 中包含非传递序。以 T 记传递的强序$L=\{l_{jk}\}$的集合,即 T 中元素是方案集$A=\{a_j\}$上的一个传递序,则应有 $L \in T$ 当且仅当:

1. $l_{jk} \in \{0,1\}, \ j \neq k$

2. $l_{jk} + l_{kj} = 1, \ \forall j,k$

3. $l_{hj}+l_{jk}+l_{kh}\leqslant 2,\ \forall h,j,k$

条件1和2很直观、清楚。条件3则是出于保证传递性的需要：由传递性和非对称性，若 $j\neq k\neq h$，则3式必成立；若 $h=j$，则 $l_{hj}=1/2, l_{jh}=l_{hk}=1-l_{kh}$，条件3也成立（$j=k$ 和 $h=k$ 的情况也与此相同）。

由以上定义可知，传递的强序的集合 T 是凸多面体 C^* 的端点 C 的一个子集。过半数决策规则本来是求与 C^* 中的 M 最近的端点，但为了保证社会序的传递性，需要在 C 的子集 T 中找一点。为此，定义一实值函数族来表示 M 与 T 中的点的距离，其中的最小值所对应的点作为由 M 产生的按过半数规则获得的传递的社会排序。

定义 11.4　过半数决策函数

对 $M\in C^*, L\in C$，实值函数 $d(M,L)$ 称为过半数决策函数，若有

$$d(M,L)=f\left(\sum d_{jk}(m_{jk},l_{jk})\right)$$

且：

① f 是递增的实值函数。

② 若 $m_{jk}<0.5$，则 $d_{jk}(m_{jk},0)<d_{jk}(m_{jk},1)$；
若 $m_{jk}=0.5$，则 $d_{jk}(m_{jk},0)=d_{jk}(m_{jk},1)$；
若 $m_{jk}>0.5$，则 $d_{jk}(m_{jk},0)>d_{jk}(m_{jk},1)$。

③ $d_{jk}(m_{jk},1)$ 单调非增，$d_{jk}(m_{jk},0)$ 单调非降。

过半数决策函数 $d(M,L)$ 可以这样解释：它是对社会中各成员表决生成的 M 由于选择 L 而遭受损失的测度，也是各成员偏好序 M 与社会排序 L 之间的不一致性的总量。与11.3节中 Kemeny 函数求社会与各成员间一致性极大值 $f_k=\max\langle E\cdot L\rangle=\max\sum\limits_{j,k}l_{jk}e_{jk}$ 正相反，现在的决策是要求 T 中 L 使 $d(M,L)$ 极小。

由于在定义中性质①规定 f 是增函数，所以 f^{-1} 存在且也是增函数，因此 $d(M,L)=\sum\limits_{j,k}d_{jk}(M,L)$ 也是增函数，也是过半数决策函数。我们把这种加性形式称为过半数决策函数的正规型。

由于正规型过半数决策函数可以按 (j,k) 的成对比较来分解，且对0-1值的 l_{jk} 的惟一约束是 $l_{jk}+l_{kj}=1$，因此，可以使每一对 (j,k) 的 $\{d_{jk}(m_{jk},l_{jk})+d_{kj}(m_{kj},l_{kj})\}$ 极小，以使 $d(M,L)$ 极小。性质②则保证这极小值是按过半数规则的决策，因为若 $M_{jk}>\dfrac{1}{2}$，则加上约束后，在 $l_{jk}=1$ 且 $l_{kj}=0$ 时，$\{d_{jk}(m_{jk},l_{jk})+d_{kj}(m_{kj},l_{kj})\}$ 取得极小值，所以使 $d(M,L)$ 极小化会由投票表决的比例对 a_j 有利，即 $m_{jk}>1/2$ 时产生社会排序 $a_j\succ_G a_k$。类似的，$m_{jk}<1/2$ 则由 $d(M,L)$ 的极小化产生 $l_{jk}=0$，且 $l_{kj}=1$，即 $a_k\succ_G a_j$。致于 $m_{jk}=m_{kj}=1/2$，则 $l_{jk}=0$ 且 $l_{kj}=1$ 或者 l_{jk}

$=1$，且 $l_{kj}=0$。因此，C 上的过半数决策函数的极小化会形成过半数决策的排序。

Bowman 和 Colantoni(1973)证明，对正规型的过半数决策函数 $d(M,L)$，存在 n^2 函数 $C_{jk}(M)$ 使得对 $M\in C^*$ 和 $L\in C$，有

$$d(M,L)=\sum_{j,k}C_{jk}(M)l_{jk}$$

其中

$$C_{jk}(M)=\begin{cases}d_{jk}(m_{jk},1)+d_{kj}(m_{kj},0)=1-m_{jk}+m_{kj} & \text{当 } j\neq k\\ 0 & \text{当 } j=k\end{cases}$$

考虑到所有社会排序的传递性，应使 $L\in T$，有

$$\min\sum_{j,k}C_{jk}(M)l_{jk}$$

受约束于：

$$\begin{aligned}&l_{jk}\in\{0,\ 1\}, && j\neq k\\ &l_{jk}+l_{kj}=1, && \forall j,k\\ &l_{hj}+l_{jk}+l_{kh}\leqslant 2, && \forall h,j,k\end{aligned}$$

示例一 用 Bowman-Colantoni 法解例 11.5

比例矩阵

$$M=\begin{bmatrix}\frac{1}{2} & \frac{25}{60} & \frac{23}{60}\\ \frac{35}{60} & \frac{1}{2} & \frac{19}{60}\\ \frac{37}{60} & \frac{41}{60} & \frac{1}{2}\end{bmatrix}$$

过半数决策函数：

$$\begin{aligned}d(M,L)&=\sum_{j,k}C_{jk}(M)l_{jk}\\ &=C_{11}(m_{11})\cdot l_{11}+C_{12}(m_{12})\cdot l_{12}+C_{13}(m_{13})\cdot l_{13}+C_{21}(m_{21})\cdot l_{21}\\ &\quad+C_{22}(m_{22})\cdot l_{22}+C_{23}(m_{23})\cdot l_{23}+C_{31}(m_{31})\cdot l_{31}\\ &\quad+C_{32}(m_{32})\cdot l_{32}+C_{33}(m_{33})\cdot l_{33}\\ &=0+[(1-m_{12})+m_{21}]\cdot l_{12}+[(1-m_{13})+m_{31}]\cdot l_{13}\\ &\quad+[(1-m_{21})+m_{12}]\cdot l_{21}+0+[(1-m_{23})+m_{32}]\cdot l_{23}\\ &\quad+[(1-m_{31})+m_{13}]\cdot l_{31}+[(1-m_{32})+m_{23}]\cdot l_{32}+0\\ &=\frac{70}{60}l_{12}+\frac{74}{60}l_{13}+\frac{50}{60}l_{21}+\frac{82}{60}l_{23}+\frac{46}{60}l_{31}+\frac{38}{60}l_{32}\end{aligned}$$

显见

$$d(M,L)=\sum_{j,k}2l_{jk}m_{kj},\quad j\neq k$$

利用 $l_{kj}=1-l_{jk}$，只保留 $j<k$ 的变量 l_{jk}，则传递性约束由

$$l_{12}+l_{23}+l_{31}\leqslant 2$$

$$l_{32}+l_{21}+l_{13}\leqslant 2$$

变为

$$l_{12}+l_{23}-l_{13}\leqslant 1$$
$$-l_{12}-l_{23}+l_{13}\leqslant 0$$

于是原问题变为

$$\min\left\{\frac{20}{60}l_{12}+\frac{28}{60}l_{13}+\frac{44}{60}l_{23}+\frac{134}{60}\right\}$$

受约束于：

$$l_{12}+l_{23}-l_{13}\leqslant 1$$
$$-l_{12}-l_{23}+l_{13}\leqslant 0$$
$$\forall j,k,\ l_{jk}\in\{0,1\}$$

用整数规划法可求得最优解为

$$l_{12}=l_{13}=l_{23}=0$$

因此有 $l_{21}=l_{31}=l_{32}=1$,这相当于社会排序为 $c\succ_G b\succ_G a$。

示例二　用 Bowman-ColanToni 法解例 11.6

比例矩阵为

$$M=\begin{bmatrix}\frac{1}{2} & \frac{33}{60} & \frac{25}{60}\\ \frac{27}{60} & \frac{1}{2} & \frac{42}{60}\\ \frac{35}{60} & \frac{18}{60} & \frac{1}{2}\end{bmatrix}$$

$$d(M,L)=\frac{54}{60}l_{12}+\frac{70}{60}l_{13}+\frac{66}{60}l_{21}+\frac{36}{60}l_{23}+\frac{50}{60}l_{31}+\frac{84}{60}l_{32}$$
$$=-\frac{12}{60}l_{12}+\frac{20}{60}l_{13}-\frac{48}{60}l_{23}+\frac{200}{60}$$

因此需解：

$$\min\left\{-\frac{12}{60}l_{12}+\frac{20}{60}l_{13}-\frac{48}{60}l_{23}+\frac{200}{60}\right\}$$

受约束于：

$$l_{12}-l_{13}+l_{23}\leqslant 1$$
$$-l_{12}+l_{13}-l_{23}\leqslant 0$$
$$\forall j,k,\ l_{jk}\in\{0.1\}$$

求解的结果是 $l_{12}=l_{13}=0,l_{23}=1$,因此有 $l_{21}=l_{31}=1,l_{32}=0$,社会排序是 $b\succ_G c\succ_G a$。

示例三　求解例 11.7

比例矩阵为

$$M=\begin{Bmatrix}\frac{1}{2}&\frac{6}{9}&\frac{4}{9}&\frac{5}{9}&\frac{4}{9}\\ \frac{3}{9}&\frac{1}{2}&\frac{5}{9}&\frac{3}{9}&\frac{5}{9}\\ \frac{5}{9}&\frac{4}{9}&\frac{1}{2}&\frac{5}{9}&\frac{5}{9}\\ \frac{4}{9}&\frac{6}{9}&\frac{4}{9}&\frac{1}{2}&\frac{6}{9}\\ \frac{5}{9}&\frac{4}{9}&\frac{4}{9}&\frac{3}{9}&\frac{1}{2}\end{Bmatrix}$$

过半数决策函数

$$d(M,L)=-\frac{6}{9}l_{12}+\frac{2}{9}l_{13}-\frac{2}{9}l_{14}+\frac{2}{9}l_{15}-\frac{2}{9}l_{23}+\frac{6}{9}l_{24}-\frac{2}{9}l_{25}-\frac{2}{9}l_{34}-\frac{2}{9}l_{35}-\frac{6}{9}l_{45}+\frac{96}{9}$$

因此需解

$$\min d(M,L)$$

受约束于：

$$\begin{aligned}
l_{12}+l_{23}-l_{13}&\leqslant 1\\
-l_{12}+l_{13}-l_{23}&\leqslant 0\\
l_{12}+l_{24}-l_{14}&\leqslant 1\\
-l_{12}+l_{14}-l_{24}&\leqslant 0\\
l_{12}+l_{25}-l_{15}&\leqslant 1\\
-l_{12}+l_{15}-l_{25}&\leqslant 0\\
l_{13}+l_{34}-l_{14}&\leqslant 1\\
-l_{13}+l_{14}-l_{34}&\leqslant 0\\
l_{13}+l_{35}-l_{15}&\leqslant 1\\
-l_{13}+l_{15}-l_{35}&\leqslant 0\\
l_{14}+l_{45}-l_{15}&\leqslant 1\\
-l_{14}+l_{15}-l_{45}&\leqslant 0\\
l_{23}+l_{34}-l_{24}&\leqslant 1\\
-l_{23}+l_{24}-l_{34}&\leqslant 0\\
l_{23}+l_{35}-l_{25}&\leqslant 1\\
-l_{23}+l_{25}-l_{35}&\leqslant 0\\
l_{24}+l_{45}-l_{25}&\leqslant 1
\end{aligned}$$

$$-l_{24}+l_{25}-l_{45}\leqslant 0$$
$$l_{34}+l_{45}-l_{35}\leqslant 1$$
$$-l_{34}+l_{35}-l_{45}\leqslant 0$$

该问题的最优解为 $l_{12}=l_{13}=l_{14}=l_{15}=l_{35}=l_{45}=1$ 且 $l_{23}=l_{24}=l_{25}=l_{34}=0$,因此,社会排序是 $a\succ_G d\succ_G c\succ_G e\succ_G b$

如前所述,过半数决策函数可以解释成社会中各成员排序 M 与社会的排序 L 之间的距离,而在一般情况下,距离函数可以定义为

$$d(M,L)=\Big[\sum_{j,k}r_{jk}\,|\,m_{jk}-l_{jk}\,|^{p}\Big]^{1/p}$$

其中 $p>0$; $r_{jk}\geqslant 0$, $j\neq k$; $r_{jj}=0$。

r_{jk}可以看作是方案对 a_j 与 a_k 比较结果的相对权重,基于对候选人的公平性,通常应取常数。p 是距离范数,当 $p=1$ 时,$d(M,L)$表示绝对距离误差之和,$p=2$ 表示平方误差之和,即欧氏距离;$p=\infty$ 为契比雪夫范数,这时 $\min d(M,L)$表示使误差最大项的值极小。Blin 和 Whinston(1974)提出,过半数投票表决问题可以表示为二次型指派问题。

*11.4.7 Goodman-Markowitz 法

Arrow 的条件 3 是无关方案独立性,但是,许多人指出这一条件过于苛刻。Goodman,Markowitz(1952)提出无关方案并非完全独立,社会福利函数应该考虑各个成员的偏好强度而不仅仅是偏好次序。例如主人待客可以提供咖啡或茶作饮料,但不能同时提供两样。设两位来客之一甲认为咖啡优于茶,乙认为茶优于咖啡。按照 Arrow 条件,社会福利函数将认为茶和咖啡的优先序相同。但若主人另外知道其他信息:甲认为咖啡优于茶,茶优于可乐,可乐优于牛奶,而乙则认为茶比可乐好,可乐优于牛奶,牛奶优于番茄汁,番茄汁优于白开水,白开水优于咖啡。虽然对主人用咖啡还是用茶待客这一问题来说,可乐、牛奶、番茄汁和白开水都是无关方案,但主人有了这些无关方案的信息以后,就会用茶待客。所以 Goodman 等人认为,在集结群的偏好时应考虑各成员的偏好强度,为此提出了辨别力等级的概念。

设成员 i 根据各方案的优劣可以把方案分为 $1,\cdots,L_i$个等级,方案越优,赋予的辨别等级值越小。每个等级差是该成员能辨别得出的最小差别,因此 L_i 可以大于方案的数目 m。

Goodman-Markowitz 的社会福利函数是

$$U(a_j)=\sum_{i=1}^{n}r_{ij},\qquad j=1,\cdots,m$$

式中,r_{ij}是排序矩阵R 的元素,它表示成员 i 赋给方案a_j 的辨别等级的值,反映 a_j

在 i 心目中的位置。Goodman-Markowitz 规定,如果 $U(a_k)<U(a_j)$,则 $a_k \succ_G a_j$(请注意,这里的 $U(\cdot)$可看作是效用的负值)。这种社会福利函数应满足下面三个条件:

条件 1:(Pareto 最优性)如果没有人认为 $a_j \succ a_k$,而有人认为 $a_k \succ a_j$,则应有 $a_k \succ_G a_j$。

条件 2:(对称性)排序矩阵中任两行互换后社会排序不变。

条件 3:若成员 I 赋予方案 a_1 和 a_2 的辨别等级为 r_{i1} 和 r_{i2},他的辨别等级最大值为 L_i,则以 $r_{i1}+c$ 和 $r_{i2}+c$ 取代 r_{i1} 和 r_{i2},且 $1 \leqslant r_{ij}+c \leqslant L_i$ 时,方案 a_1 和 a_2 的社会排序不变。

示例一 对例 11.5:

23 人认为 $a \succ c \succ b$

19 人认为 $b \succ c \succ a$

16 人认为 $c \succ b \succ a$

2 人认为 $c \succ a \succ b$

假设各成员对三个方案赋予的辨别等级值如下表:

成员数 \ 方案	a	b	c
23	4	6	5
19	12	10	11
16	3	2	1
2	9	10	7

则各方案的群体效用分别为

$$u(a)=4\times 23+12\times 19+3\times 16+9\times 2=386,u(b)=380,u(c)=354$$

由此得到的社会排序是 $c \succ_G b \succ_G a$。

根据条件 3,示例中假设的排序矩阵可以变换成 R',即下表:

成员数 \ 方案	a	b	c
23	1	3	2
19	3	1	2
16	3	2	1
2	3	4	1

由此计算 $u(a_j)$得到的社会排序不变。

应该指出,这种方法存在很大的缺陷。在示例中未能反映它的缺陷是因为 R'

中只有 2 位成员的 L_i' 稍大于方案数 m，即只有 1/30 的成员的排序指示值与 Borda 分稍有出入，所得的社会排序也还“合理”。但是，由于该法未对 L_i 施加约束，一旦某部分成员竞争意识较强，就有可能操纵社会的排序。例如 23 个认为 $a \succ c \succ b$ 的成员拉大 a 与 b、c 之间的差距，把 R 中的 4、6、5 改为 2、6、5，在其他人赋值不变时，社会的排序将变成 $a \succ_G c \succ_G b$。而且，只要某个成员 i 把 r_{ij} 的差距拉得足够大，而其他人的赋值不变，他就能按自己的意愿规定社会的排序，这相当于给成员 i 以超越其他所有成员的权力。因此 Goodman-Markowitz 提出的这种方法的实用性值得怀疑。

要能反应成员对方案的偏好强度而又不使个别成员具有过大的权力，可以采用如下办法修正。

首先由各成员对各方案赋值得到 R 矩阵，再将 R 变换为 $R' = \{r_{ij}'\}$，$r_{ij}' = r_{ij} - \min\limits_j\{r_{ij}\} + 1$。令 $r''_{ij} = 1/r'_{ij}$，使 $0 \leqslant r''_{ij} \leqslant 1$，得规范化的排序矩阵 R''。再计算 $u''(a_j) = \sum\limits_{i=1}^{n} r''_{ij}$，$u''(a_j)$ 的值越大方案越优。

示例二　对于例 11.6：

23 人认为　$a \succ b \succ c$

17 人认为　$b \succ c \succ a$

2 人认为　$b \succ a \succ c$

2 人认为　$c \succ a \succ b$

8 人认为　$c \succ b \succ a$

假设各成员的判别等级赋值（R 矩阵）如下：

方案 / 成员数	a	b	c
23	2	4	5
17	6	1	3
2	4	2	7
10	2	3	1
8	7	5	3

据此：　$u(a) = 232, u(b) = 183, u(c) = 214$

社会排序是 $b \succ_G c \succ_G a$，这与 Borda 函数所得结果 $b \succ_G a \succ_G c$ 不同，因为考虑了辨别等级，而其中 17 个认为 $b \succ c \succ a$ 和 8 个认为 $c \succ b \succ a$ 的成员拉大了 a 与 c 的差距。实际上，只要认为 $c \succ b \succ a$ 的 8 个成员中只要有某一位对 a, b, c 分别赋值 70，50，3，而其他成员赋值不变，社会排序就是 $c \succ_G b \succ_G a$。这显然不合理。

如用规范化的排序矩阵，则上面假设的 R 经变换可得 R' 和 R'' 如下：

R'	a	b	c
23	1	3	4
17	6	1	3
2	3	1	6
10	2	3	1
8	5	3	1

R''	a	b	c
23	1	1/3	1/4
17	1/6	1	1/3
2	1/3	1	1/6
10	1/2	1/3	1
8	1/5	1/3	1

由 R''可计算：

$$u(a)=30\frac{1}{10},\ u(b)=32\frac{2}{3},\ u(c)=29\frac{3}{4}$$

得社会排序为 $b \succ_G a \succ_G c$。这与波达法结果相同。

*11.4.8 基数效用函数

在上分节介绍了Goodman-Markowitz社会福利函数，其中引入等级的概念来反映各个成员的偏好强度。但是，事情并不完全像他们设想的那么简单。仍用以咖啡还是茶待客的问题为例，如果偏好强度有意义，并能用数来表示不同方案在群中各成员心目中的真实价值，则很可能会出现图 11.3 所示的情况：虽然成员甲认为咖啡与茶之间并无其他方案，但他喜欢咖啡的程度十分强烈；而乙对各种不同饮料的喜好程度的差别很细微。甲对咖啡与茶的偏好强度之差有可能超过乙对茶与咖啡的偏好强度之差(我们假设图 11.6 中两个客人的偏好有相同的原点和标度)，则群的共同选择就应该是咖啡。

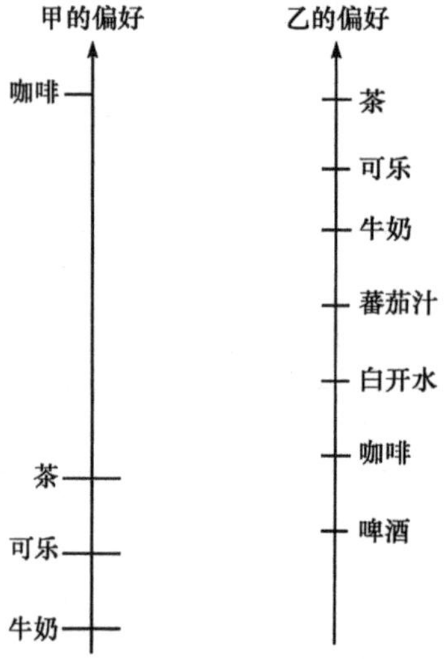

图 11.6 来客对各种饮料的偏好强度

这个例子说明，假如偏好强度可以度量，人与人之间的偏好可以比较，亦即：如果把集结各成员对方案的偏好次序改为集结各成员的基数性的效用(或价值)函数，则 Arrow 的不可能定理就将成为可能定理。对此，有许多人作了深入研究(Fleming 1952，Fishburn 1969，Keeney 1975，Keeney 1976a，Keeney 1976b，Dyer 1978)。

关于在确定性情况下的基数价值函数(或称可测价值函数)，有如下定理。

定理 11.5 令 $v_1(\cdot), v_2(\cdot), \cdots, v_n(\cdot)$为群中 n 个成员的可测价值函数，

$V_g(v_1,v_2,\cdots,v_n)$为 n 维可微函数，V_g的所有偏导数处处非负，且至少有两个偏导数处处为正，则定义在方案集 A 上的弱序$\succcurlyeq_G$使$a\succcurlyeq_G b$当且仅当

$$V_g(v_1(a),v_2(a),\cdots,v_n(a))\geqslant V_g(v_1(b),v_2(b),\cdots,v_n(b))$$

则 V_g 这种社会福利函数满足如下条件：

1. 非平凡性：$\succcurlyeq_G$定义在A 中所有方案上；

2. 完全域：$\succcurlyeq_G$对群中成员给定的任何可测价值函数$v_1(\cdot),v_2(\cdot),\cdots,v_n(\cdot)$都是确定的；

3. 无关方案独立性：对于 A 中任何方案对的排序与其他可能方案无关；

4. Pareto 最优性：若对每个成员 i 有 $V_i(a)>V_i(b)$，则 $a\succ_G b$；

5. 非独裁性：群中没有这样的成员，对 A 中任何方案对a,b，只要他认为 a 略微优于 b 而无论其他成员偏好如何，都有 $a\succ_G b$。

证明：1 与 2 是显而易见的。

3. 由定义，对任何方案$\{a,b\}$，$V_g(v_1(a),\cdots,v_n(a))$以及 $V_g(v_1(b),\cdots,v_n(b))$的值与其他方案无关，所以群对 a,b 的排序独立于其他任何方案。

4. 由于所有的偏导数非负，所以 $V_g(\cdot,\cdots,\cdot)$对所有自变量都是非减的，而且由于至少有两个偏导数为正，所以它对某些自变量是严格增函数，因此对所有 i，$v_i(a)>v_i(b)$，则必有：

$$V_g(v_1(a),v_2(a),\cdots,v_n(a))>V_g(v_1(b),v_2(b),\cdots,v_n(b))$$

5. 假设对于某一方案对 a,b，成员 1 认为 a 略微优于b，记作 $v_1(a)=v_1(b)+\delta$，其中 δ 为小正数。由于至少有两个偏导数处处为正，因此总有某个成员 $k\neq 1$ 使$\partial V_g/\partial v_k>0$。设 k 认为 b 优于 a，则

$$v_k(b)=v_k(a)+\Delta,\qquad \Delta>0$$

再设其他成员认为 a,b 无差别，即 $v_i(a)=v_i(b)$，$i\neq 1$，$i\neq k$，于是

$$V_g(v_1(b),\cdots,v_n(b))-V_g(v_1(a),\cdots,v_n(a))=\frac{\partial V_g}{\partial v_1}(-\delta)+\frac{\partial V_g}{\partial v_k}\Delta+\text{二阶项}$$

由于 δ 足够小，因此只要：

$$\Delta>[(\partial v_g/\partial v_1)/(\partial v_g/\partial v_k)]\delta$$

$v_g(v_1(b),\cdots,v_n(b))$将大于 $v_g(v_1(a),\cdots v_n(a))$，即成员 1 对 a 的边际偏好将被成员k 对b 的偏好所克服，有 $b\succ_G a$，因此成员 1 不是独裁者。同样可以证明其他成员也都不是独裁者。证毕。

在该定理中只在一处用到 $v_i(\cdot)$是可测价值函数的条件，这就是在非独裁性中的“略微优于”。其他地方都只要序数价值函数就行。群的价值函数 V_g 是序数性的，因为没有必要给出明确的“群的偏好强度”。文献(Keeney 1976a)给出了与此类似的定理，证明了如果 $V_g(\cdot,\cdots,\cdot)$可微，则其偏导数非负加上两个偏导数为

正对于定理 11.5 中所述性质成立是充分必要条件。

在定理中,“至少有两个偏导数处处为正”这一条件看来有点奇怪,但这是排除独裁者所必须的。不过在仅有两个偏导数处处为正时,这两个人可以结成独裁的联盟,因此更合乎情理的条件是“所有偏导数处处为正”。

对不确定情况下的基数效用,文献(Hasanyi·1955)给出了如下定理。

定理 11.6 如果满足:

1. 群效用函数 $U_g(\cdot)$和各成员的效用函数 $u_i(\cdot), i=1,\cdots,n$ 符合 Von Neumann Morgenstern 的基数效用公理;

2. 由后果及后果上的概率分布所确定的两个方案 a,b,若群中每个成员都认为它们无差异,则群也认为它们无差异,即

$$\forall i,\ a \sim_i b \Rightarrow a \sim_G b$$

则群的效用函数为

$$U_g(\cdot) = \sum_{i=1}^{n} \lambda_i u_i(\cdot)$$

式中 λ_i 为正常数。

上述定理表明,在定理中条件能满足时,群的效用函数可以用各成员的效用函数 $u_i(\cdot),\ i=1,\cdots,n$ 的加权平均值表示。

关于效用函数的拟加性和乘性条件,已在 8.3 节进行了讨论,亦可参见文献(Keeney 1976b),这里不再引述。

按照福利经济学家的观点,若 A 中成员 i 的效函数 $u_i(x)$表示社会状况 x 给予成员 i 的福利,则社会福利函数 $W(x)$就是社会中 n 个成员的效用函数的集结,即

$$w(x) = U_g(x) = F(u_1(x), u_2(x), \cdots, u_n(x))$$

在一般情况下,设可行行动的方案集 $A=\{a_1,\cdots,a_m\}$,后果集 $X=\{x_1,\cdots,x_p\}$,采用方案 a_j 时,出现 x_k 的概率为 $\pi_j(x_k)$,则

$$u_i(a_j) = \sum_{k=1}^{p} \pi_j(x_k) u_i(x_k)$$

这时社会福利函数为 $w(a_j)=F(u_1(a_j),u_2(a_j),\cdots,u_n(a_j))$,据此可以判定方案的优劣。

然而稍加分析就会发现,由上述定理给出的表达式在实际上远远不如表面看上去的那么有用。因为这些定理中都以一个重要假设为前提,这就是群中各成员之间的偏好强度有统一的度量标准,即要求各成员的偏好可以互相比较。但是效用理论中最基本的内容之一是:可测价值函数(以及效用函数——以下同此,不另说明)对正线性变换是惟一的,即 $v_i'(\cdot)=\alpha v_i(\cdot)+\beta, \alpha>0, \beta$ 为任意实数,所得 $v_i'(\cdot)$仍为成员 i 的可测价值函数,即使每个成员的 $v_i(\cdot)$可以设定,但是该如何调整各人的 α 和 β 使 $v_1(\cdot),\cdots,v_n(\cdot)$具有公共的标度和原点呢?换言之,如何回答“个人 i 认为 a 比 b 优的程度是否大于个人 k 认为 c 比 d 优的程度”这个问题呢?

需要注意的是,这与多属性价值或效用函数的设定不同,要同一个人判断$[v_i(a)-v_i(b)]$与$[v_i(c)-v_i(d)]$的大小虽然有难度,但是这是他做得到的;而要判断$[v_i(a)-v_i(b)]$与$[v_k(c)-v_k(d)]$的大小则完全是另一回事,这里涉及不同的社会成员的价值判断,而个人的可测价值函数不仅与客观状况有关,还与各人的兴趣、爱好等主观因素有关,至于效用函数,还与各人的风险态度有关。

从原则上讲,有许多方法可以进行偏好强度的人际比较。首先,或许有人提出可以由群中成员协商一致来解决。但要是群中成员无法达成一致意见又怎么办?这就退回到原来的问题。其次或许有人提出由成员 i 与 k 自行协商,而 i,k 无法取得一致的可能性又使问题退回原地。第三,有人主张由某个人负责进行所有成员间偏好强度的比较、校定,且群中成员对他的判断不提出异议。但是这个人不应当是 Arrow 条件中的独裁者,因此他不能作被选人,也不应是投票者,他还需要对群中所有成员的价值观有清楚的了解而且公正无私。这种人选在现实世界中到哪里去找呢?第四,或许可以找到一种客观的指标来进行人际偏好强度的比较,但至今尚未见到有谁提出过适当的指标。有人曾建议用钱来作偏好的共同单位:若 i 原先认为$a \succ_i b$,但若出现 b 时可额外收入 10 元,则他认为 $a \sim_i b$;对 k 若额外收入 7 元即可由$c \succ_k d$转变为$c \sim_k d$,就可以说 i 对a,b 偏好强度之差大于k 对c,d 偏好强度之差了。然而,这里又隐含了一个假设:1 元钱对 i 和k 有同样的偏好强度,这显然与实际情况不符(参见 3.1 节)。那么又如何确定钱对不同个人的偏好强度呢?还有人建议用其他指标来衡量不同成员的偏好强度,但都要假设各成员对此有共同的偏好强度单位,使问题仍回到原处。

从以上讨论可以看出,实际上并不存在任何(!)令人满意的方法可以进行公正、合理、明确的偏好的人际比较,因此定理 11.5 和 11.6 并不能提供令人满意的社会福利函数。Arrow 之所以用弱序来描述社会选择问题,正是因为他认为没有可能进行偏好的人际比较,在社会选择问题中使用基数效用毫无意义。

11.4.9　社会福利函数小结

本节所介绍的几种社会福利函数可总结如表 11.9。

表 11.9　几种社会福利函数性能特点

	公理一	公理二	条件 1	条件 2	条件 3	条件 4	条件 5
Black 单峰偏好	√	√		√	√	√	√
Coombs 条件	√	√		√	√	√	√
Bowman-Colantoni 法	√	√	√	√	√		√
Goodman-Markowitz 法	√	√	√			√	√
基数社会福利函数	√	√	√	√	√	√	√

11.5 社会福利函数与社会选择函数的比较

前面曾指出社会选择函数和社会福利函数都是为了集结个人偏好以形成社会总体偏好的群决策方法，只是由于研究的出发点和观察问题的角度不同而分成了两类。如果说两者有什么重要区别之处，那就是社会选择函数只能处理离散型决策变量，而社会福利函数既可以处理离散型决策变量又可以处理连续型决策变量。在本节，我们要比较一下社会福利函数的 Arrow 条件与评价社会选择函数的性质之间的异同，并总结各种方法的性能特点。

11.5.1 Arrow 条件与评价社会选择函数的性质之间的关系

11.4.2 节所介绍的 Arrow 条件与 11.3.2 节中介绍的评价社会选择函数的性质之间有着紧密联系，它们之间的关系如下：

(1) 条件 2(社会与个人价值的正的联系)意味着单调性。单调性即正的响应要求当某个投票人在排序时提高 x 的相对地位而其他人的偏好不变时，x 在社会排序中的相对地位至少不比原来差。Arrow 的条件 2 的含义与单调性是完全一致的。

(2) 条件 2 和条件 4(公民主权)包含 Pareto 最优性(一致性)。根据条件 4，在社会的排序为 $x \succ_G y$ 时，总会有部分成员认为 $x \succ_i y, i \in N$。可以分两种情况来讨论：一种是全体成员都认为 x 优于 y，即 $x \succ_i y,\ \forall i$，这本身就是 Pareto 最优即一致性；第二种是只有部分成员认为 $x \succ_i y$(另有一些成员认为 $y \succ_i x$)，而有 $x \succ_G y$，则在所有认为 $y \succ_i x$ 的成员的偏好变为 $x \succ_i y$ 时，提高了 x 的相对地位，由条件 2 仍有 $x \succ_G y$，一致性能成立。因此说条件 2 和条件 4 包含了 Pareto 最优性。

(3) 匿名性蕴含了条件 5(非独裁性)。匿名性要求对每个投票人公平，即对社会中的各成员的意见一视同仁。条件 5 的非独裁性则规定不能让某个成员拥有单独决定社会偏好的权力，其实质也是对社会性各成员的公平性。因此，凡是具备匿名性的社会选择规则，一定是非独裁的，但非独裁的社会选择规则并不一定能满足匿名性，例如定理 11.5 中的基数价值(效用)函数就不一定满足匿名性，但它是非独裁的。

(4) 条件 1b 与中性相当。中性保证每个投票人对两个备选对象作相反选择时，社会也作相反选择，它是对备选对象的公平性。条件 1b 也要求所有备选对象受到相同的对待，因此，条件 1b 与中性相当。

(5) 明确性蕴含自反性和连通性。自反性意为任何方案不劣于它本身，连通性则指两个备选方案相比时不是 $x \succ y$ 就是 $y \succ x$，而由明确性，社会选择规则是明确的当且仅当对每一种可能的各成员偏好序的分布它都能决定一个社会优先关系,这种关系满足自反性和连通性。

综上所述,可得到 Arrow 的条件与社会选择函数性质之间的关系对照表如表 11.10 所示。

表 11.10　Arrow 的条件与社会选择函数性质之间的关系

Arrow 的条件	社会选择函数的性质
公理一	明确性
公理二	传递性
条件 1*b*	中性
条件 2	单调性、一致性
条件 3	匿名性
条件 4	一致性
条件 5	匿名性

11.5.2　各种社会选择函数的性质

若用社会选择函数的性质来衡量本章所介绍过的各种社会选择规则,包括社会选择函数和社会福利函数,可得表 11.11。

表 11.11　各种社会选择函数性质一览表

规则名称 \ 性质	1 明确性	2 中性	3 单调性	4 齐次性	5 匿名性	6 一致性	7 产生平局
Condorcet 函数	√	√	√	√	√	√	少
Borda 函数	√	√	√	√	√	√	少
Copeland 函数	√	√	√	√	√	√	多
Nanson 函数	√	√	×	√	√	√	少
Dodgson 函数	√	√	×	√	√	√	少
Kemeny 函数	√	√	√	√	√	√	少
Cook-Seiford 函数	√	√	√	√	√	×	无
本征向量函数	√	√	√	√	√	√	无
Bernardo 赋值法	√	√	×	√	√	×	无
Black 单峰偏好	√	×	√	√	√	√	无
Coombs 条件	√	×	√	√	√	√	无
Bowman-Colantoni 法	√	√	√	√	×	√	无
Goodman-Markowitz 法	√	√	√	√	√	√	少
基数效用函数法	√	√	√	√	√	√	无

用各种规则求解例 11.6 和 11.7 的结果列于表 11.12。凡需用到偏好强度的方法均未列入。在表中所列的九种方法中,没有两种方法能使两个例的求解结果都相同,这是由于例 11.7 只有用 Nanson 函数和 Dodgson 函数求解时结果相同,而它们求解例 11.6 的结果并不相同。如果我们对这些结果进行一次再评价,则无论用 Condorcet 函数、Borda 函数还是 Copeland 函数,所得的综合排序都一样。例 11.7 的社会排序均为 $c \succ a \succ d \succ b \succ e$。若以此来判断,Condorcet 函数、Borda 函数、Dodgson 函数和本征向量法解例 11.6 的结果与综合排序相同,应该说以上几种方法是较好的。在所有方法中,惟有 Kemeny 函数解例 11.7 的结果与综合排序完全相同;Dodgson 函数、Nanson 函数解例 11.7 的结果与综合排序基本相同,应该说这几种方法也不错。Cook-Seiford 函数在解例 11.7 时有多种结果,这种社会排序的非惟一性大大降低了它的实用价值。Copeland 函数的最大缺点是其结果中平局(无差异)太多。Black 单峰偏好和 Coombs 条件的适用范围局限性太大。

表 11.12　几种不同方法求解结果比较

	例 11.6	例 11.7
Condorcet 函数	$b \succ a \succ c$	$c \sim a \sim d \succ b \sim e$
Borda 函数	$b \succ a \succ c$	$d \succ a \sim c \succ b \sim e$
Copeland 函数	$b \sim a \sim c$	$c \succ a \sim d \sim b \succ e$
Nanson 函数	$a \succ b \succ c$	$c \succ a \succ d \succ b \sim e$
Dodgson 函数	$b \succ a \succ c$	$c \succ a \sim d \succ b \sim e$
Kemeny 函数	$b \succ c \succ a$	$c \succ a \succ d \succ b \succ e$
Cook-Seiford 函数	$a \succ b \succ c$	$a \succ d \succ c \succ e \succ b$ $a \succ d \succ e \succ c \succ b$ $d \succ a \succ c \succ e \succ b$ $d \succ a \succ e \succ c \succ b$
本征向量函数	$b \succ a \succ c$	$d \succ a \succ c \succ b \succ e$
Goodman-Markowitz 法	$b \succ c \succ a$	$a \succ d \succ c \succ e \succ b$
综合排序	$b \succ a \succ c$	$c \succ a \succ d \succ b \succ e$

习　　题

一、问答题:

1. 为什么要研究群决策? 简述群决策与多目标决策的异同。

2. 什么是投票悖论? 什么是策略行为?

3. 讨论社会选择函数与社会福利函数之间的区别与共同点。

4. Arrow 不可能定理有什么现实意义?

	a_1	a_2
θ_1	x_{11}	x_{12}
θ_2	x_{21}	x_{22}

二、群体中只有两个成员，面临的同一个决策问题的决策表如右，其中 x_{ij} 是后果。后果对成员 1 的效用是 $u_1(x_{11})=u_1(x_{22})=1, u_1(x_{12})=u_1(x_{21})=0$，其主观概率 $\pi_1(\theta_1)=\dfrac{2}{3}$；后果对成员 2 的效用是 $u_2(x_{11})=0, u_2(x_{12})=u_2(x_{21})=1, u_2(x_{22})=0.5$，其主观概率 $\pi_2(\theta_1)=0.25$。

1. 成员 1 与成员 2 都采用期望效用理论，他们将分别作何选择？

2. 若两人商定以他们的效用与主观概率的平均值作为群的效用与主观概率，则群应作何选择？

3. 讨论上述结果。

三、群由 30 人组成，现要从 a、b、c、d 四个候选人中选出一人担任某职务。已知群中成员的偏好是：

8 位成员认为　$a \succ b \succ c \succ d$

4 位成员认为　$b \succ c \succ d \succ a$

6 位成员认为　$b \succ d \succ a \succ c$

5 位成员认为　$c \succ d \succ a \succ b$

5 位成员认为　$d \succ a \succ c \succ b$

2 位成员认为　$d \succ c \succ b \succ a$

1. 用你所知道的各种方法分别确定由谁入选。

2. 你认为选谁合适？为什么？

四、某个委员会原有编号为 1,2,3 的三个成员，备选方案集为 $\{a, b, c\}$。三个成员的偏好序分别是：

成员 1：$c \succ b \succ a$；成员 2：$b \succ a \succ c$；成员 3：$a \succ c \succ b$

1. 求群体序。

2. 若委员会新增两个成员（编号为 4、5），原来成员的偏好序不变，新增的成员 4、5 联合能否控制委员会的排序结果？为什么？

五、群由 18 个成员构成，已知群中成员对方案 a, b, c, d, e 的偏好是：

有 4 人认为　$a \succ b \succ c \succ d \succ e$

有 3 人认为　$b \succ c \succ e \succ a \succ d$

有 4 人认为　$c \succ a \succ d \succ e \succ b$

有 3 人认为　$d \succ b \succ e \succ c \succ a$

有 3 人认为　$e \succ d \succ a \succ c \succ b$

有 1 人认为　$e \succ a \succ d \succ b \succ c$

试用 5 种社会选择函数给出群对方案的排序。

六、设群中有 $n=2s$ 个成员，在三个方案的集合 $\{a, b, c\}$ 中作选择时有：

$a \succ_i b \succ_i c, \qquad i=1,2,\cdots,s$

$b \succ_i c \succ_i a, \qquad i=s+1,s+2,\cdots,2s$

证明:(1) 所有成员的偏好满足单峰条件;

(2) 采用多数票原则时群体偏好为:$a \sim_G b, b \succ_G c, c \sim_G a$。

讨论上述结论。

七、设有两个群体,第一个群中有3个成员,第2个群中有4个成员,每个成员对3个方案集合$\{a,b,c\}$的严格序如右表。

	成员	第1	第2	第3
群体1	1	a	b	c
	2	b	c	a
	3	c	a	b
群体2	4	a	b	c
	5	a	b	c
	6	b	c	a
	7	b	a	c

1. 用 Borda 法时,群体1、群体2将作何选择?两个群体合并成7个成员的群时又将作何选择?

2. 用过半数规则时,群体1、群体2将作何选择?两个群体合并成7个成员的群时又将作何选择?

3. 讨论以上结果。

第十二章　专 家 咨 询

12.1　引　　言

上一章介绍的群决策问题有两个基本的特点。一是备选方案(或候选人、被选对象)是给定的,即方案集已知,群只要从这方案集中选出最优的或令人满意(更普遍的情况是群能接受)的一个方案。二是群中成员的地位平等或者基本平等,群中的每个成员都是决策者。因此上一章的讨论重点是:应该用什么方法把成员的偏好公平合理地集结(并合)成群的排序,即社会的选择。但在现实生活中,有许多群决策问题,尤其是大型工程技术问题和社会经济问题,开始时并无现成方案可供选择,方案的产生也决非某个人所能完成,而是需要依靠各有关方面的专家,发挥众人的才智,在决策问题的求解过程中逐步形成各种方案(这里所说的方案也可以是若干行动的有序组合),并在方案的评价过程中不断改进方案,最终作出选择和确定实施办法。而且,在这类问题的求解过程中,专家组成的群通常只是上级行政部门及其主管人员的参谋班子、咨询机构或智囊团,他们的主要作用是为主管部门或主管人员作评价和判断提供咨询意见,最终决策要由主管部门的负责人来做,我们把这类问题称为专家咨询问题。本章介绍这类问题的决策步骤和有关方法。

在介绍具体的研究方法之前,先看两个专家咨询类群决策问题的例子。第一个是三峡工程是否上马问题,它不仅涉及工程的技术可行性和发电、防洪、航运等多种效益的综合评价即经济和财务可行性,还要考虑国民经济的承受能力、工程的建设对地质、生态环境的潜在影响和库区的百万移民可能造成的社会影响。因此原长江流域规划办公室,在数以千计的专业技术人员进行多年基础性研究之后,于1983年提出了可行性研究报告,推荐150m正常蓄水位方案。与此同时,也出现了许多反对兴建三峡工程的意见,在赞成修建三峡工程的人员中,对水位和开发方式上也有很大意见分歧。为此,中共中央和国务院在1986年责成水电部负责重新组织对三峡工程的全面论证,并重编可行性报告供中央决策。为了接受各方面的指导监督,论证领导小组商请了全国人大财经委员会、政协经济建设组、中国科学院、社会科学院、中国科协及有关部、委、省、市等21个单位推荐人选聘为特邀顾问;具体论证工作由专家组承担,由来自40个专业的412人组成地质地震、枢纽建筑物、水文、泥沙、生态环境、施工、机电、投资估标、移民、防洪、发电、航运、综合规划与水位综合经济评价等14个专家组。各专家组独立开展工作,从拟定工作纲要、组织调查研究、试验计算、举行各种形式的研讨会到确定论证报告,全部由专家组进行并对报告负责。论证工作分两步进行，首先通过综合分析和讨论，从众多的方案中初选出一个可以满足经济部门及各地区最低要求而又在移民泥沙和生态环境等制约因素容许范围内的方案，也就是各方面都可以接受的水位方案，第二步是围绕这个方案开展各专题的深入论证，并拟定各种替代方案，比较不建、早建或晚建三峡工程的得失利弊。在14个专家组完成论证报告后，再根据专家组结论重新编制“最终正常蓄水位175m、一级开发、一次建成、分期蓄水、连续移民方案”的可行性研究报告，提交中共中央作为决策依据。

第二个例子是美国宇航局的土、木星探测器计划。这个计划要按一对轨道发射两个MJS-77飞行器，在发射之前先要设计两条轨道，并决定做哪些试验。由于没有现成的经验，因此邀请了80位科学家，这些专家分成11个组，各组有各自的任务和目标。通过意见生成活动，最初提出2624对轨道，然后由各组负责人和宇航局的工程师一起进行系统的结构分析，将轨道减为24对，并通过进一步的分析，选定了一对最佳轨道，最后作规划并使该项目得以实现。

举上面的两个例子是要说明，在当今社会中有许多决策问题往往十分复杂，有的是属于边缘科学或跨学科问题，有的则是社会、经济、政治乃至感情因素与可以定量的自然科学及技术因素交织在一起。在最初，这些问题简直无从着手，要能作出高质量的决策就需要依靠有关方面的专家群体以及与问题有关的群众参与决策。

在过去的几十年里，已经提出了许多方法来解决这一类复杂问题，只是这些方法和技术都有较大的局限性，每种方法只能用来解决某些特定的问题。

一般地说，专家咨询问题可以用图12.1来表示。图中最上面一层是问题求解的各个阶段，第二层是解决这类问题的各阶段所涉及行动以及这些行动的作用与功能，第三层是完成这些功能所用方法的实际例子。由于篇幅所限，本章只能简单

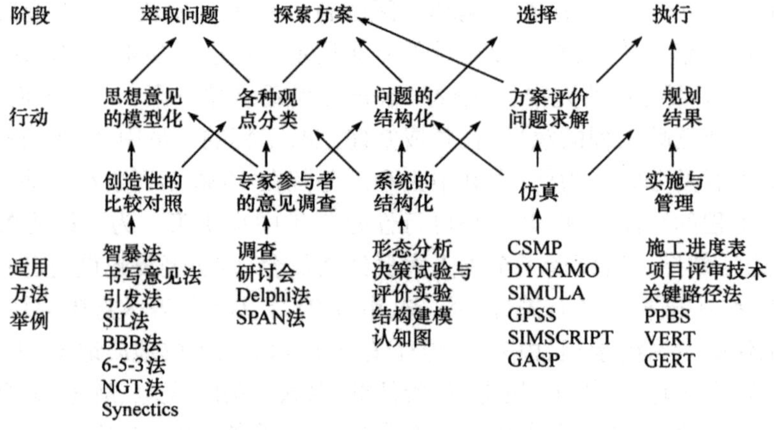

图12.1 专家判断与群体参与的各阶段、活动和常用方法

介绍两种综合性的群决策方法，最后简要讨论专家咨询这类群决策问题的一般性求解步骤和系统分析方法。

12.2　多目标群决策方法

12.2.1　用于方案评价与选择的多目标群决策方法

现实生活中常常要由一群决策人在众多的备选对象(候选人、方案等等)中进行选择，例如，大到诺贝尔奖金获奖者，小到地区最佳男女演员的评选，由于有许多合乎条件的申请人或被提名者，要从中择一就必须由评委们对申请人或被提名者们加以比较、排序、分档、计分，这绝非一件容易的事情。至于大型综合利用工程和涉及公众利益的重大问题的决策，涉及的因素更多，分析评价和决策过程也更为复杂。

一般的，这一类决策包括一系列步骤，通常有筹备，筛选、评价和决策等几个阶段。仍以获奖者的评选为例，在筹备阶段应当详细通告申请人应具备的条件；筛选阶段则要用各种方法淘汰不合格或显然处于劣势的候选人；在评价阶段要对合格候选人作全面考察；在决策阶段由委员会提出决定性的建议，若委员会中意见分歧较大；可以列举各候选人的优缺点、对每个候选人的赞成或反对的理由，交由主席或上级主管部门负责人去作决定。在这一分节我们要讨论在多准则情况下群决策过程中的评价与决策的具体方法，即如何用数学的或系统的方法得出群对方案的评价并作出选择。

对方案的评价的实质是决策人对方案偏好的表达。由于群中成员对方案的评价有多项标准(即准则)，而各方案又各有优劣，有时总体性能也不相上下。例如高等院校基层单位负责人的选择，要根据候选人的教学经验，科研能力，行政管理能力和政治素质等多种因素加以衡量，而几个候选人在不同方面互有优劣，不同的决策人对各候选人的总体优劣有不同意见，这就要用适当方法根据有关准则进行全面评价。这些准则有些可以定量描述，有的则只能定性说明。可定量描述的准则可以用赋值、打分或以基数效用函数来评价；而定性的准则只能通过方案的两两比较给出次序关系。因此，多准则群决策的评价方法中有基数性方法(即基数法)，也有序数性方法，具体分类见图 12.2 所示。

所谓基数法是指根据某准则为各方案赋值时，这些数的大小不仅表示方案的优劣，还表示优劣的程度；而序数法的实质是排序，即使根据某准则为各方案定值，打分时，也只是用这些值的大小来反映方案的优劣次序，而不反映优劣的程度。因为序数只有大、小区别，没有大多少的含义，凡是能作定量测度的场合，为了评价的准确性，应尽量采用基数法。

在讨论具体方法之前，我们先对多准则群决策问题作一形式化描述。

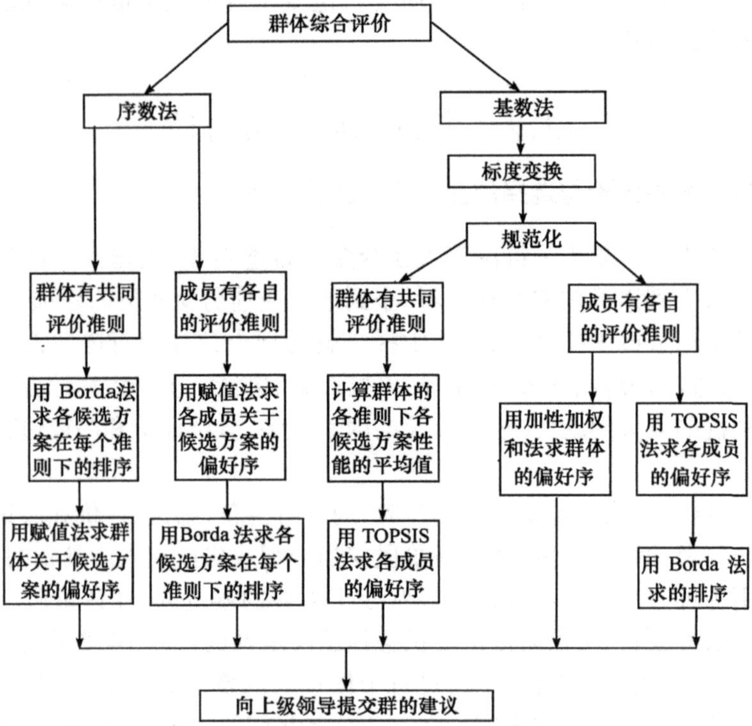

图 12.2　群体决策过程中的评价与选择

设委员会有 n 个成员，要对 m 个方案进行评价，评价的准则有 p 种，每个委员会成员所采用的准则可以相同，也可以不同。委员 $i(i=1,\cdots,n)$对各备选方案的评价可以记为：

$$A^i = [a_{jl}]^i = \begin{bmatrix} a_{11} & \cdots & a_{1p} \\ a_{21} & \cdots & a_{2p} \\ \vdots & & \vdots \\ a_{m1} & \cdots & a_{mp} \end{bmatrix}, \quad i = 1,\cdots,n \tag{12.1}$$

$A^i_{j\cdot}=[a_{j1},\cdots a_{jp}]^i$ 表示委员会成员 i 根据准则 $l(l=1,\cdots,p)$对候选人 j 的评价；$A^i_{\cdot l}=[a_{1l},\cdots a_{ml}]^i$ 表示委员会成员 i 根据准则 l 对候选人 $j=1,\cdots,m$ 的评价。

问题的求解是要由委员会成员根据 p 种不同的准则对各候选人所出的评价 A^i，$i=1,\cdots,n$ 得到群的评价 G。这一过程可以归结为如下映射函数：

$$\Psi:\{A^i \mid i = 1,\cdots,n\} \rightarrow \{G\} \tag{12.2}$$

这种映射函数可以用排序、赋值、打分、投票等办法得到，关键是映射函数要能体现委员会各成员在评价所有候选人时所用的所有各种不同的准则。具体方法可以是序数性的,也可以是基数性的。

12.2.2 序数法

如前所述,在评价矩阵 $A^i(i=1,\cdots,n)$中包含了委员会成员根据各种准则对各备选对象的排序信息,因此所有的评价方法都应从评价矩阵入手。

无论是基数法还是序数法,在对备选对象进行评价时都有两种途径,一种是一致准则法,另一种是个体各自评价法,当委员会中各成员能够就采用什么评价准则及各准则的权重达成一致意见时可以采用一致准则法;否则就用个体各自评价法,先由群体中的每个成员各自对方案的总体优劣作出评价,再集结群中成员的评价形成群的决策。

1. 一致准则法

在用一致准则法时,首先要从 $A^i(i=1,\cdots,n)$得出根据各准则 $l=1,\cdots,p$ 的排序矩阵,

$$B_l' = \begin{bmatrix} a_{1l}^1 & a_{1l}^2 & \cdots & a_{1l}^n \\ a_{2l}^1 & a_{2l}^2 & \cdots & a_{2l}^n \\ \vdots & \vdots & & \vdots \\ a_{ml}^1 & a_{ml}^2 & \cdots & a_{ml}^n \end{bmatrix}, \quad l = 1,\cdots,p \tag{12.3}$$

其中的元素 a_{jl}^i表示委员会成员中i 根据准则l 对备选对象j 的评价,与 A^i 中的a_{jl}值相同。根据B_l',可以计算群中各成员对各备选对象在准则 l 时的 Borda 分,即在矩阵各列中,性能值最佳的备选对象得 $m-1$ 分,性能为第二位的得 $m-2$ 分,依次类推,最差的候选对象得 0 分。准则 l 即使是无法定量的准则,如道德水平等,要各委员根据印象为各候选人排序给出准则 l 下的 Borda 分亦非难事。在各委员根据准则 l 为各候选对象打分之后,计算候选对象 j 的总得分b_{jl},

$$b_{jl} = \sum_{i=1}^{n} a_{jl}^i, \quad j = 1,\cdots,m \tag{12.4}$$

由 $b_{jl}(j=1,\cdots,m)$的大小,可以排定各候选人优劣次序 $k(k=1,\cdots,m)$并定义一致性矩阵 $\Pi^l=\{\pi_{jk}^l\}$,Π^l 是一个 $m\times m$ 非负矩阵,其中的元素为 π_{jk}^l,当根据 b_{jl}候选对象j 被排在k 位时$\pi_{jk}^l=1$,否则 $\pi_{jk}^l=0$,所以 Π^l 中每行(或每列)有一个元素也只有一个元素为 1,余者均为 0。

为了反映准则重要性的差别,可以对各准则加权,设权向量 $W=(w_1,\cdots,w_p)$,且 $\sum_{l=1}^{p} w_l = 1,\ w_l > 0\ (l = 1,\cdots,p)$,权的设定方法参见第九章。

有了 Π^l 和 W,就可以计算群的加权的一致性矩阵 $G=\{g_{jk}\}$,其中

$$g_{jk} = \sum_{l=1}^{p} \pi_{jk}^{l} w_l, \qquad j,k = 1,\cdots,m \tag{12.5}$$

为了从 G 求得候选对象 j 的排序,可以求解如下线性规划问题:

$$\max \sum_{j=1}^{m} \sum_{k=1}^{m} g_{jk} x_{jx} \tag{12.6}$$

受约束于:

$$\sum_{j=1}^{m} x_{jk} = 1, \quad k = 1,\cdots,m$$

$$\sum_{k=1}^{m} x_{jk} = 1, \quad j = 1,\cdots,m$$

该问题的解 $x_{jk}=1$ 表示候选对象 j 应处于第 k 位。

示例(参见 11.3.11 节的示例)　根据准则 C_1、C_2、C_3,6 位不同领域的专家对 5 个可行方案 $a_2 \sim a_6$ 进行了排序,所得的排序矩阵如下:

$$A^1 = \begin{array}{c} \\ a_2 \\ a_3 \\ a_4 \\ a_5 \\ a_6 \end{array} \begin{array}{c} \begin{array}{ccc} C_1 & C_2 & C_3 \end{array} \\ \begin{bmatrix} 5 & 3 & 3 \\ 2 & 1 & 2 \\ 3 & 4 & 4 \\ 4 & 5 & 5 \\ 1 & 2 & 1 \end{bmatrix} \end{array} \qquad A^2 = \begin{array}{c} \\ a_2 \\ a_3 \\ a_4 \\ a_5 \\ a_6 \end{array} \begin{array}{c} \begin{array}{ccc} C_1 & C_2 & C_3 \end{array} \\ \begin{bmatrix} 3 & 4 & 4 \\ 2 & 2 & 1 \\ 5 & 3 & 5 \\ 4 & 5 & 2 \\ 1 & 1 & 3 \end{bmatrix} \end{array} \qquad A^3 = \begin{array}{c} \\ a_2 \\ a_3 \\ a_4 \\ a_5 \\ a_6 \end{array} \begin{array}{c} \begin{array}{ccc} C_1 & C_2 & C_3 \end{array} \\ \begin{bmatrix} 3 & 4 & 4 \\ 1 & 1 & 2 \\ 5 & 3 & 5 \\ 4 & 5 & 1 \\ 2 & 2 & 3 \end{bmatrix} \end{array}$$

$$A^4 = \begin{array}{c} \\ a_2 \\ a_3 \\ a_4 \\ a_5 \\ a_6 \end{array} \begin{array}{c} \begin{array}{ccc} C_1 & C_2 & C_3 \end{array} \\ \begin{bmatrix} 4 & 1 & 3 \\ 2 & 3 & 1 \\ 5 & 4 & 5 \\ 3 & 2 & 4 \\ 1 & 5 & 2 \end{bmatrix} \end{array} \qquad A^5 = \begin{array}{c} \\ a_2 \\ a_3 \\ a_4 \\ a_5 \\ a_6 \end{array} \begin{array}{c} \begin{array}{ccc} C_1 & C_2 & C_3 \end{array} \\ \begin{bmatrix} 4 & 4 & 4 \\ 1 & 2 & 1 \\ 5 & 5 & 5 \\ 3 & 3 & 2 \\ 2 & 1 & 3 \end{bmatrix} \end{array} \qquad A^6 = \begin{array}{c} \\ a_2 \\ a_3 \\ a_4 \\ a_5 \\ a_6 \end{array} \begin{array}{c} \begin{array}{ccc} C_1 & C_2 & C_3 \end{array} \\ \begin{bmatrix} 1 & 5 & 5 \\ 3 & 1 & 2 \\ 5 & 4 & 4 \\ 4 & 3 & 3 \\ 2 & 2 & 1 \end{bmatrix} \end{array}$$

以上述矩阵为基础,每个准则 C_l 对应有一个矩阵 B_l,由此可得 Borda 分矩阵和总得分。

对准则 C_1,有

$$B_1' = \begin{array}{c} \\ a_2 \\ a_3 \\ a_4 \\ a_5 \\ a_6 \end{array} \begin{array}{c} \begin{array}{cccccc} \text{专家 1} & \text{专家 2} & \text{专家 3} & \text{专家 4} & \text{专家 5} & \text{专家 6} \end{array} \\ \begin{bmatrix} 5 & 3 & 3 & 4 & 4 & 1 \\ 2 & 2 & 1 & 2 & 1 & 3 \\ 3 & 5 & 5 & 5 & 5 & 5 \\ 4 & 4 & 4 & 3 & 3 & 4 \\ 1 & 1 & 2 & 1 & 2 & 2 \end{bmatrix} \end{array}$$

由 B_1',可得 Borda 分矩阵

$$B = \begin{matrix} a_2 \\ a_3 \\ a_4 \\ a_5 \\ a_6 \end{matrix} \begin{bmatrix} 0 & 2 & 2 & 1 & 1 & 4 \\ 3 & 3 & 4 & 3 & 4 & 2 \\ 2 & 0 & 0 & 0 & 0 & 0 \\ 1 & 1 & 1 & 2 & 2 & 1 \\ 4 & 4 & 3 & 4 & 3 & 3 \end{bmatrix}, \quad \text{总得分为} \quad \begin{matrix} a_2 \\ a_3 \\ a_4 \\ a_5 \\ a_6 \end{matrix} \begin{bmatrix} 10 \\ 19 \\ 2 \\ 8 \\ 21 \end{bmatrix}$$

根据得分最高的方案最优排在首位的原则，由准则 C_1，各方案的群的排序是 $\{a_6 \succ a_3 \succ a_2 \succ a_5 \succ a_4\}$。

$$\Pi^1 = \begin{bmatrix} 0 & 0 & 1 & 0 & 0 \\ 0 & 1 & 0 & 0 & 0 \\ 0 & 0 & 0 & 0 & 1 \\ 0 & 0 & 0 & 1 & 0 \\ 1 & 0 & 0 & 0 & 0 \end{bmatrix}$$

同样，根据准则 C_2，各方案的群的排序是 $\{a_3 \succ a_6 \succ a_2 \succ a_4 \sim a_5\}$，由于 a_4, a_5 的 Borda 总分均为 7，所以方案无差异，遇有这种情况，可令

$$\Pi^2 = \begin{bmatrix} 0 & 0 & 1 & 0 & 0 \\ 1 & 0 & 0 & 0 & 0 \\ 0 & 0 & 0 & 0.5 & 0.5 \\ 0 & 0 & 0 & 0.5 & 0.5 \\ 0 & 1 & 0 & 0 & 0 \end{bmatrix}$$

根据准则 C_3，群对各方案的排序是 $\{a_3 \succ a_6 \succ a_5 \succ a_2 \succ a_4\}$，所以

$$\Pi^3 = \begin{bmatrix} 0 & 0 & 0 & 1 & 0 \\ 1 & 0 & 0 & 0 & 0 \\ 0 & 0 & 0 & 0 & 1 \\ 0 & 0 & 1 & 0 & 0 \\ 0 & 1 & 0 & 0 & 0 \end{bmatrix}$$

加权一致性矩阵为

$$\begin{matrix} \text{优先序：} & 1 & 2 & 3 & 4 & 5 \end{matrix}$$

$$G = \begin{matrix} a_2 \\ a_3 \\ a_4 \\ a_5 \\ a_6 \end{matrix} \begin{bmatrix} 0 & 0 & w_1 + w_2 & w_3 & 0 \\ w_2 + w_3 & w_1 & 0 & 0 & 0 \\ 0 & 0 & 0 & 0.5w_2 & w_1 + w_3 + 0.5w_2 \\ 0 & 0 & w_3 & w_1 + 0.5w_2 & 0.5w_2 \\ w_1 & w_2 + w_3 & 0 & 0 & 0 \end{bmatrix}$$

设 6 位专家协商后同意取 $W=(0.28,0.32,0.4)$,则

$$G=\begin{bmatrix}0&0&0.6&0.4&0\\0.72&0.28&0&0&0\\0&0&0&0.16&0.84\\0&0&0.4&0.44&0.16\\0.28&0.72&0&0&0\end{bmatrix}$$

由此可以解得群对各方案的排序为

$$a_3 \succ_G a_6 \succ_G a_2 \succ_G a_5 \succ_G a_4$$

2. 个体各自评价法

若委员会中各成员有各自不同的评价准则集,或者虽有相同的准则集,但无法就权向量 W 达成一致意见,则可采用个体各自评价法,简称个体法。

采用个体法时,首先由成员 i 根据准则 $l(l=1,\cdots,p_i)$,对各备选对象排序,得到 A^i,并求出 i 的权向量 W^i,由 A^i 及 W^i 计算 i 的加权一致性矩阵 $F^i=\{f_{jk}^i\}$。

$$f_{jk}^i=\sum_{l=1}^{p_i}\pi_{jk}^l W_l^i \tag{12.7}$$

求解指派问题:

$$\max\sum_{j=1}^{m}\sum_{k=1}^{m}f_{jk}^i x_{jk}^i \tag{12.8}$$

受约束于:
$$\sum_{j=1}^{m}x_{jk}^i=1,\qquad k=1,\cdots,m$$
$$\sum_{k=1}^{m}x_{jk}^i=1,\qquad j=1,\cdots,m$$

该问题的解 $x_{jk}^i=1$ 表示委员 i 将备选对象 j 排在第 k 位。

用上述方法求出委员 $i=1,\cdots,n$ 对各备选对象的排序后,再用 Borda 法集结 n 个委员的意见,形成群的排序。

示例(同上)由已知:

$$A^1=\begin{array}{c}\\a_2\\a_3\\a_4\\a_5\\a_6\end{array}\begin{array}{c}\begin{array}{ccc}C_1&C_2&C_3\end{array}\\\begin{bmatrix}5&3&3\\2&1&2\\3&4&4\\4&5&5\\1&2&1\end{bmatrix}\end{array}$$

设 $W^1=(0.2,0.3,0.5)$,则加权的一致性矩阵为

$$F^1 = \begin{matrix} & \text{优先序}1 & 2 & 3 & 4 & 5 \\ a_2 & 0 & 0 & 0.8 & 0 & 0.2 \\ a_3 & 0.3 & 0.7 & 0 & 0 & 0 \\ a_4 & 0 & 0 & 0.2 & 0.8 & 0 \\ a_5 & 0 & 0 & 0 & 0.2 & 0.8 \\ a_6 & 0.7 & 0.3 & 0 & 0 & 0 \end{matrix}$$

由此求得专家 1 对方案的排序是$\{a_6 \succ_1 a_3 \succ_1 a_2 \succ_1 a_4 \succ_1 a_5\}$;同样,若专家 2 的权向量为 $W^2 = (0.4, 0.3, 0.3)$,则可得其对各备选方案的排序为$\{a_6 \succ_2 a_3 \succ_2 a_2 \succ_2 a_5 \succ_2 a_4\}$;若专家 3 的权向量 $W^3 = (0.2, 0.4, 0.4)$,则排序是$\{a_3 \succ_3 a_6 \succ_3 a_4 \succ_3 a_2 \succ_3 a_5\}$;若专家 4 的权向量 $W^4 = (0.3, 0.3, 0.4)$,排序是$\{a_3 \succ_4 a_6 \succ_4 a_2 \succ_4 a_5 \succ_4 a_4\}$;若专家 5 的权向量 $W^5 = (1/3, 1/3, 1/3)$,排序是$\{a_3 \succ_5 a_6 \succ_5 a_5 \succ_5 a_2 \succ_5 a_4\}$;若专家 6 的权向量 $W^6 = (0.3, 0.2, 0.5)$,排序为$\{a_6 \succ_6 a_3 \succ_6 a_5 \succ_6 a_4 \succ_6 a_2\}$。

为了获得群对各备选对象的排序,可以用 Borda 法,由优先序矩阵:

$$\begin{matrix} & \text{专家}1 & 2 & 3 & 4 & 5 & 6 \\ a_2 & 3 & 3 & 4 & 3 & 4 & 5 \\ a_3 & 2 & 2 & 1 & 1 & 1 & 2 \\ a_4 & 4 & 5 & 3 & 5 & 5 & 4 \\ a_5 & 5 & 4 & 5 & 4 & 3 & 3 \\ a_6 & 1 & 1 & 2 & 2 & 2 & 1 \end{matrix}$$

相应的 Borda 分为

$$\begin{bmatrix} 2 & 2 & 1 & 2 & 1 & 0 \\ 3 & 3 & 4 & 4 & 4 & 3 \\ 1 & 0 & 2 & 0 & 0 & 1 \\ 0 & 1 & 0 & 1 & 2 & 2 \\ 4 & 4 & 3 & 3 & 3 & 4 \end{bmatrix} \xrightarrow{\text{求各行之和}} \begin{matrix} a_2 \\ a_3 \\ a_4 \\ a_5 \\ a_6 \end{matrix} \begin{bmatrix} 8 \\ 21 \\ 4 \\ 6 \\ 21 \end{bmatrix}$$

因此群对备选方案的综合排序是:

$$\{a_3 \sim_G a_6 \succ_G a_2 \succ_G a_5 \succ_G a_4\}$$

说明:由于 6 位专家所给出的序数信息,不宜使用处理基数信息的多准则决策方法,例如加权和法。而在第十一章中介绍的各种方法(除基数效用函数外)均可用于方案的排序,并不是非用 Borda 法不可。

12.2.3　基数法

在委员会各成员能够根据各种准则给出各备选对象有关性能(属性)的基数信

息时，就可以用基数法。群对备选方案集进行评价和排序与一般的多属性决策不同，主要区别在于前者需要集结群中各成员的意见形成集体的意见。与前面介绍的序数法一样，基数法也可以有一致准则法和个体各自评价法两类。在群中成员能够就评价准则及各准则的权重达成一致意见时采用一致准则法，否则用个体各自评价法。采用一致准则法要先把各委员对方案评价的基数信息集结成群的评价，再用适当的多属性决策方法评定各备选方案的优劣次序；而个体法则先用适当方法得出各委员对方案的排序，再把个体序集结成群的排序。

从原则上讲，任何一种用于多属性决策问题的方法，例如加权和法、逼近理想点的排序法（TOPSIS 法）和 ELECTRE 法等都可以使用（参见第九章）。由于 TOPSIS 法能充分利用有关信息，求解的思路清晰，下面主要用 TOPSIS 法为例讨论求解多准则群决策问题的步骤。

1. 一致准则法

设委员会中各成员能够就评价准则达成一致意见：共采用 p 种准则；各准则的重要性，用权向量 $W=(w_1,w_2,\cdots,w_p)$，$\sum_{l=1}^{p} w_l = 1$，且 $w_l>0, l=1,2,\cdots,p$ 表示；用 $A^i=\{a_{jl}^i\}, i=1,\cdots,n$ 记委员中 n 个成员对方案 $j=1,\cdots,m$ 在各准则下属性值的评价，则以 TOPSIS 法为基础的多准则群决策方法包括如下四步：

第一步，产生规范化的加权决策矩阵：

决策矩阵向量规范化

$$d_{jl}^i = a_{jl}^i \Big/ \sqrt{\sum_{j=1}^{m} (a_{jl}^i)^2}, \quad i = 1,\cdots,n, \quad l = 1,\cdots,p \tag{12.9}$$

为了得到群的决策矩阵 $C=\{c_{jl}\}$，且使群中各成员有相同的权力，即对方案的评价具有相同的重要性，令

$$c_{jl} = \frac{1}{n}\sum_{i=1}^{n} d_{jl}^i, \quad j = 1,\cdots,m, \ l = 1,\cdots,p \tag{12.10}$$

因此，群的规范化加权决策矩阵

$$U = \{u_{jl}\} = \{w_l \cdot c_{jl}\}, \quad j = 1,\cdots,m, \quad l = 1,\cdots,p \tag{12.11}$$

有了规范化的决策矩阵，以下各步与 9.5 节介绍的 TOPSIS 法完全相同。

第二步，确定理想点 U^* 和负理想点 U^0：

理想点 $U^*=(u_1^*,\cdots,u_p^*)$

$$u_l^* = \begin{cases} \max\limits_j u_{jl} & \text{对效益型准则} \\ \min\limits_j u_{jl} & \text{对成本型准则} \end{cases} \qquad l = 1,\cdots,p \tag{12.12}$$

负理想点 $U^0=(u_1^0,\cdots,u_p^0)$

$$u_l^0 = \begin{cases} \min\limits_j u_{jl} & \text{对效益型准则} \\ \max\limits_j u_{jl} & \text{对成本型准则} \end{cases} \qquad l = 1, \cdots, p \tag{12.13}$$

第三步,计算距离测度:

方案 j 到理想点的距离

$$S_j^* = \sqrt{\sum_{l=1}^{p} (u_{jl} - u_l^*)^2}, \ j = 1, \cdots, m \tag{12.14}$$

方案 j 到负理想点的距离

$$S_j^0 = \sqrt{\sum_{l=1}^{p} (u_{jl} - u_l^0)^2}, \ j = 1, \cdots, m \tag{12.15}$$

方案 j 与理想点的相对接近程度

$$G_j = \frac{S_j^0}{S_j^0 + S_j^*} \tag{12.16}$$

第四步,排列群对方案的优先序:根据 $G_j(j=1,\cdots,m)$的大小确定方案 j 的优先次序,G_j 值越大,方案 j 越优。

2. 个体各自评价法

在采用个体法时,群中各成员所用的准则可以不同。为了表达方便,设成员 $i=1,\cdots,n$ 所使用的准则集的并集为 $C=\{c_1,\cdots,c_p\}$,成员 i 的权向量为 $W^i=(w_1^i,\cdots,w_p^i)$,$\sum\limits_{l=1}^{p} w_l^i=1$,且 $w_l^i \geqslant 0$,若成员 i 不采用准则 k,则 $w_k^i=0$,其他记号与一致准则法相同。在以 TOPSIS 法为基础时,第一步为计算成员 i 的规范化加权决策矩阵 $U^i=\{u_{jl}^i\}$,其中 $u_{jl}^i=w_l^i \cdot d_{jl}^i$;然后用第二步到第四步求得成员 i 对方案集的排序。

有了 $i=1,\cdots,n$ 这几个成员对方案集的排序之后,再在第十一章介绍的社会选择函数中选一适当方法(例如 Borda 函数)集结个体排序,以形成群的排序,这里不详述。

在使用个体法时,若不用 TOPSIS 法而用加性加权法,可以在向量规范化后用下式计算 G_j,按 G_j 的大小排列方案 j 的优劣次序:

$$G_j = \sum_{i=1}^{n} \sum_{l \in C_1} w_l^i d_{jl}^i - \sum_{i=1}^{n} \sum_{l \in C_2} w_l^i d_{jl}^i \tag{12.17}$$

式中,C_1 为所有效益型准则的集合,C_2 为所有的成本型准则的集合。

*12.3 集体参与分配网

集体参与分配网(social participatory allocation network, SPAN)这种方法

(MacKinnon 1966)是一种利用计算机进行辅助计算的数值评价方法，这种评分打点方法的功能相当于投票表决体制，把群中各成员的价值判断聚合起来得出群的决策。它适用于采集专家和名流的意见。实践证明，该方法对无论多大规模的群和各种不同类型问题的求解，都比传统的群决策方法要优越。

SPAN 法的基本思想是承认群中成员对所研究问题的判断能力之间存在差别。设群中有 n 个成员，记作 $N=\{1,2,\cdots,n\}$，有 m 个被选方案。SPAN 法要求群中每个成员 i ($i\in N$)赋三组值。首先由成员 i 对以 i 本身为一方，其他 $n-1$ 个成员为另一方，分配 100 个百分点，认为自己判断能力强的成员可以给自己分配较大的(甚至全部)百分比；分配给其他成员的百分比表示成员 i 愿意将这一部分的评价责任(权力)委托给成员 $k(k\in N\setminus\{i\})$；其次由成员 i 在除自己以外的 $n-1$ 个成员之间分配 100 个百分点，i 认为谁的判断能力强就给谁赋较大的值，以此表达 i 对其他成员判断能力的信任程度；第三组值是成员 i 给方案 j ($j=1,\cdots,m$)分配 100 个百分点，以此表示成员 i 对各方案优劣的评价。根据全体成员($i=1,\cdots,n$)所赋的三组值就可以计算出群对方案优劣的判断值。

SPAN 法的具体步骤是：

① 每个成员 $i(i=1,\cdots,n)$将 100 个百分点分成两份，一份是委托其他成员进行评价的份额，另一份是由自己对方案进行评价的比例。

② 由每个成员 i 对其他的 $n-1$ 个成员分配 100 个百分点。

③ 每个成员 i 对各方案 a_j, $j=1,\cdots,m$ 进行评价，根据 a_j 的优劣分配 100 个百分点。

④ 编制计算机程序计算各方案的优劣。计算过程要经过多次循环，直到各方案累计得分之和等于或十分接近 $100n$ 为止，累计得分越大的方案越优。

示例：设群中有 3 个成员，方案集中有两个备选方案。每个成员所赋的三组值如下表所示：

		成员甲	成员乙	成员丙
第一组	其他成员	30	60	80
	自己	70	40	20
第二组	成员甲	0	95	0
	乙	100	0	100
	丙	0	5	0
第三组	方案 1	76	25	0
	方案 2	24	75	100

由第一组值可知，成员甲比较自信，他认为自己的判断应占 70%，成员丙觉得自己的判断能力不足，因此本身的判断只占 20%，而将 80% 判断责任交由其他成

员承担。由第二组值可知成员甲和丙都对成员乙的判断能力十分信任,成员乙则信任成员甲的判断力。因此,成员甲的 100 个百分点中有 30% ×100% =30% 委托成员乙作判断,70% 自己作判断的那部分中的 76% 即 70% ×76% =53.2% 赋给方案 1,方案 2 得 70% ×24% =16.8% ;对成员乙,有 60% ×95% =57% 委托甲作判断,60% ×5% =3% 委托丙作判断,由自己保留的 40 个百分点中方案 1 得 40% ×25% =10% ,方案 2 得 40% ×75% =30% 。对成员丙,80% 委托成员乙作判断;20% 给方案 2,由此可得图 12.3 中的第一轮计算结果。由于第一轮中只计算了各

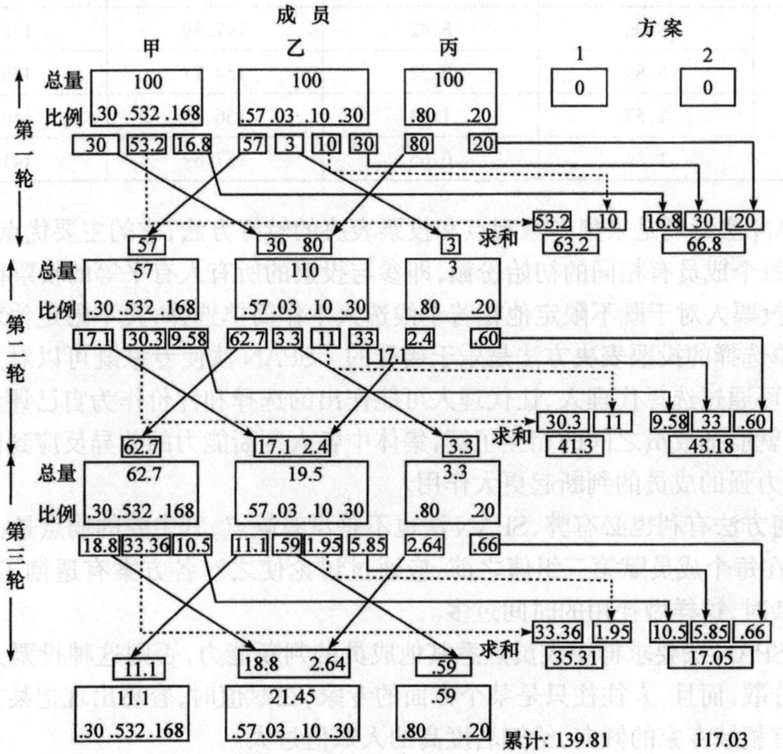

图 12.3　SPAN 法的计算流程(前三轮)

成员给各方案直接赋的值,委托其他成员判断的各方案得分尚未计算,所以尚需继续进行第二轮计算。又因为成员甲委托成员乙,乙又委托其他成员,因此,计算要反复迭代直至各方案累计得分之和等于或接近 300 为止。

表 12.1 给出了计算 7 轮的结果,这时累计得分之和 298.739。实际上完全不必计算这么多轮。停止规则可以这样设定:累计得分最多的两个方案分值之差大于总分(100n)与各方案累计得分总和之差时,停止迭代。根据这种规则,本示例计算五轮后两个方案的累计总分为 293.53,与 300 分之差 6.47,已经小于两个方案得分之差 16.01,即使剩余分值全部加到方案 2 上,方案 1 的得分也将大于方案

2,因此迭代可以停止。

表 12.1 前 7 轮迭代结果

轮次	各轮得分		累计得分	
	方案 1	方案 2	方案 1	方案 2
1	63.20	66.80	63.20	66.80
2	41.32	43.18	104.52	109.98
3	35.31	17.05	139.83	127.03
4	8.06	8.42	147.89	135.44
5	6.89	3.32	154.77	138.76
6	1.57	1.64	156.35	140.40
7	1.34	0.65	157.69	141.05

SPAN 法无疑是采集专家观点和投票表决的较好方法,它的主要优点是:

① 每个成员有相同的初始份额,即参与投票的所有人有平等的投票权。

② 投票人对于既不限定他在若干候选人中作简单选择,又不限定他对备选方案作简单选择的投票表决方法是乐于接受的。SPAN 法使专家既可以对方案作出评价,又可通过选择代理人,让代理人可能作出的选择和评价作为自己评价的一部分,这样就能把成员之间的相互了解,集体中各人判断能力的差异反应到群的评价中,使能力强的成员的判断起更大作用。

任何方法有利也必有弊,SPAN 法也不是没有缺点,其主要的弱点是:

① 在每个成员赋第三组值之前,应通过讨论使之对各方案有透彻了解,在方案较复杂时,这样做耗用的时间过多。

② SPAN 法要求群中成员熟悉其他成员的判断能力,否则这种投票方式会使选择更分散;而且,人往往只是某个方面的专家,在赋值时,容易出现把某方面专家当作所有领域专家的倾向,给知名度高的人赋值过大。

由于上述原因,SPAN 法更适用于共同工作较长时间的较小群体。

*12.4 反复迭代的公共规划方法

反复迭代的公共规划方法(iterative open planning process,简记为 IOPP),是由 Ortolano(1974)提出的,这是一种规范的群决策方法。最初是在水资源规划的各阶段用来调整复杂的公共关系的,但它可以用于其他公共规划事务中。

这种方法的目的是要使所作的决策更准确地反映群众的利益、愿望和要求,为此它鼓励公众不断参与规划过程。整个规划过程包括四个方面:明确问题;确定方案;效果分析;方案排序。IOPP 中的这四个活动是同时并行而不是依次进行的。

IOPP 的四个活动的相互关联可以用图 12.4 来说明，其中有两点很重要：一是在任一阶段，任何一种行动都会对其他行动产生影响，二是四种行动之间的关联是由评价因素构成的。

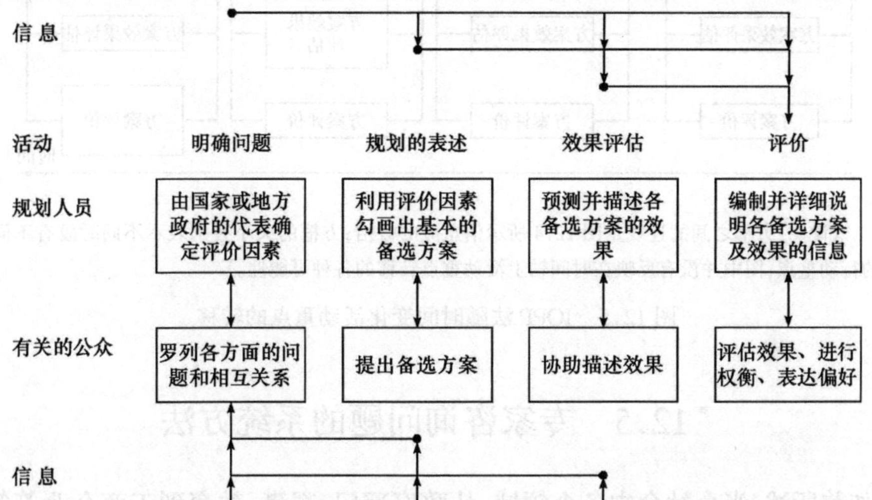

图 12.4　反复迭代的公共规划进程(IOPP)中的信息流

评价因素包括：目的、所关心的事物、约束条件等，这些因素在决策人对方案排序时是重要的。评价因素不仅使四种活动联系起来，它们还是整个规划过程的推动力，由于 IOPP 要与有关的公众进行持续不断的公开的对话，因此评价因素有三种来源，它们是惯例、公众的影响和科学技术判断。惯例包括法律、法规和政策条文等等；公众的影响则通过讨论交谈、公开听证、用调查表征求意见和召集顾问委员会会议等各种形式收集能够直接取得联系的群众的意见；所谓科技判断则是由科技方面的专家提出群众可能忽略的重要因素。

这种方法曾在 1976 年试用于防洪问题的研究，具体对象是 San Pedro 支流流域的防洪。IOPP 法的另一个特点可以用图 12.5 来说明，即它是一个反复迭代的过程，所有四种活动都同时进行，它们沿时间轴反复进行，但在每一时段强调某一种活动。

所得结果总体上很成功，一个受到广泛支持的行动计划以合理有效的方式被采用了。这种方法遇到的困难之一是需要协调研究工作与信息，以便使四种活动能够同时进行。

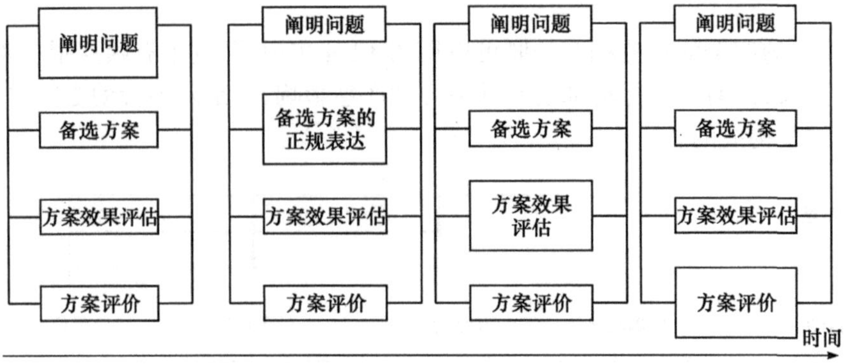

（说明：方框之间的连线是图 12.4 所示信息流的概括；方框的大小差别表示不同时段有不同的行动重点；图中并没有反映在时间轴上活动重点转移的各种可能性。）

图 12.5　IOPP 法随时间变化活动重点的转移

*12.5　专家咨询问题的系统方法

如前所述，当今社会中各个领域，从政府部门、军事、教育到工商企业等等，决策者面临着各种各样的问题，这些问题往往十分复杂。其中社会、经济、政治和感情因素和许多可以定量的科学技术因素交织在一起。要能够作出高质量的决策，就应当考虑所有有关的重要因素，要对问题本身及问题的复杂性有透彻的了解。具体该如何求解这类问题是很难有统一的回答的，但是，用系统思想来认识、理解问题，用系统工程的方法来分析和处理问题，这对任何领域的复杂问题的求解都会有所帮助。

所谓系统思想，就是承认系统是客观世界的存在形式之一，系统是整体，把它拆成若干组成部分或部件时，系统就失去了它的基本性质；系统作为整体不能用分析的方法而应当用综合的方法来认识，要把它设想成更大的整体的一部分，通过它在包含它的更大系统中作用来认识和理解。而求解复杂问题的系统方法通常应包括如下步骤：专家和参与者的选择；问题的阐述；产生备选方案；各方案的评价与选择；选定方案的实施与管理；上述某些步骤的反复迭代；这些步骤之间的关系可以用图 12.6 来表示，所涉及的方法参见图 12.1。

① 专家和参与者的选择。在这一步要确定所需专家的人数与类型。这不仅要根据问题本身的性质和复杂性，还要考虑准备用什么方法求解问题。决定具体人选时要考虑两个因素，一是广泛的代表性，对所研究问题持有各种不同观点的人都应当有代表参加；二是较高的学术造诣，所选的专家应该有广博的专业知识和丰富的实践经验。

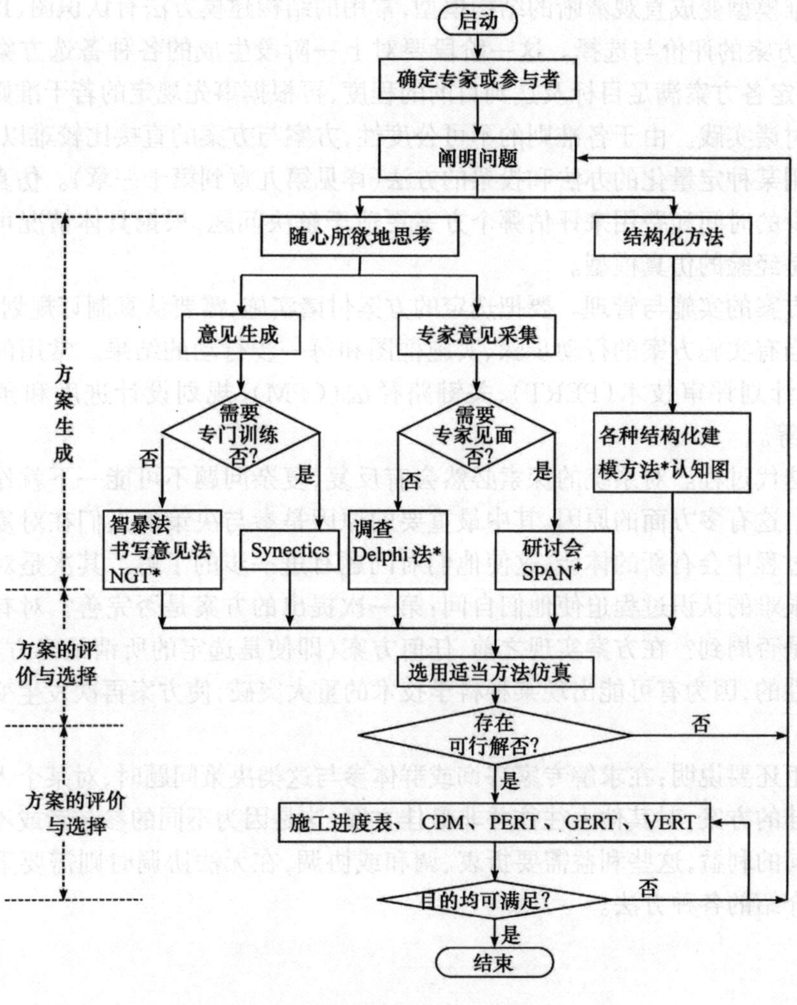

图 12.6　求解复杂问题的系统方法流程

（加 * 号的方法不仅用于方案生成，还涉及方案的评价）

② 问题的阐述。这是整个问题的求解过程中的关键性步骤。这时要明确总目标，规定各种约束条件。在群的成员对同一证据有不同理解时，要鼓励他们畅所欲言，发表各种意见，进行充分讨论。

③ 产生备选方案。这一阶段要提出有可能解决问题的各种措施，很可能会有许多能够达到目标的方针政策和可供选择的行动步骤。生成备选方案的方法很多，可以分成两大类：一类强调自由思考，另一类则强调对问题的求解作结构上引导。第一类方法中又包括鼓励专家发表意见的方法和收集专家意见的方法，参见图 12.1。系统结构的探索包括系统的分解与综合，首先要把问题分解成定义明确的一组要素，再把要素综合成整体，要通过关联矩阵、关系图、信号流图等把含糊不

清的思维模型变成直观清晰的结构模型,常用的结构建模方法有认识图、ISM 等。

④ 方案的评价与选择。这一阶段要对上一阶段生成的各种备选方案作出评价,以确定各方案满足目标及达到目的的程度,再根据事先规定的若干准则从中找出一个付诸实践。由于各准则的不可公度性,方案与方案的直接比较难以进行,所以要采用某种定量化的办法和投票的方法(详见第九章到第十一章)。仿真模型可以用较少的时间和费用来评估哪个方案更适于解决问题,根据具体情况可选用解析的或是经验的仿真模型。

⑤方案的实施与管理。要把选定的方案付诸实施,需要认真制订规划,完整的规划应当有实施方案的行动步骤、实施框图和每一步行动的结果。常用的方法有进度表、计划评审技术(PERT)、关键路径法(CPM)、规划设计进度和预算系统(PPBS)等。

⑥迭代过程。对系统的探索必然会有反复,复杂问题不可能一下就作出完善的决策。这有多方面的原因,其中最重要的原因是参与决策的人们在对复杂系统的研究过程中会有新的体会,这使他们对问题有进一步的了解。其次是对待解决问题的艰难的认识过程迫使他们自问:第一次提出的方案是否完善?对有关问题的考虑是否周到?在方案实现之前,任何方案(即使是选定的所谓最终方案)都只是暂时性的,因为有可能出现某种科学技术的重大突破,使方案再次发生变化或修改。

这里还要说明:在求解专家咨询或群体参与这类决策问题时,对某个人或某部分人最佳的方案,对其他人往往并非最佳方案,这是因为不同的参与者或不同的子群有不同的利益,这些利益需要折衷、调和或协调,在无法协调时则需要采用第十三章中介绍的各种方法。

第十三章　冲 突 分 析

Harsanyi 根据群中成员的行为准则把群决策分为两大类：一是从伦理道德出发，追求群作为整体的利益，属于集体决策，即社会选择问题，第十一章和十二章讨论的问题均属此类；二是追求自身利益及与他人对立的价值，是对策即博弈问题。本章将简要讨论后一类问题。

13.1　谈判与协商

协商与谈判问题很早就引起人们的注意，但是直到 1944 年，Von Neumann 和 Morgenstern 才开始用数学模型来表述和求解谈判问题。文献（Nash，1950）作为研究谈判问题的经典之作，作者 Nash 因此而获得 1994 年诺贝尔经济学奖；文献（Luce 和 Raiffa，1957）和文献（Raiffa，1982）则系统地探讨了与谈判有关的各种问题。

13.1.1　Nash 谈判模型

1. 谈判问题的表述

Nash 提出的典型的谈判模型如下：设有甲、乙两个谈判者，他们关于谈判结果的效用函数分别为 $u_1(\cdot)$ 和 $u_2(\cdot)$；他们面临的谈判问题的所有可能的后果标在以 $u_1(\cdot)$ 和 $u_2(\cdot)$ 为坐标的实平面上，构成可行域 R；不进行谈判或谈判达不成协议时，两个谈判者的后果分别为 x_c 和 y_c，(x_c, y_c) 称为现况点（或称争执点）；若甲、乙两人能就可行域 R 内的某一点达成协议，则他们可以联合行动，后果的效用由协议点 (x^*, y^*) 给定；进而假设，对于理性的谈判者，其注意力将集中在可行域 R 的 Pareto 最优边界 QP 的子集 MN 上（因为 MN 上的点较现况点占优势），MN 称为谈判集。谈判问题中的上述要素如图 13.1 所示。

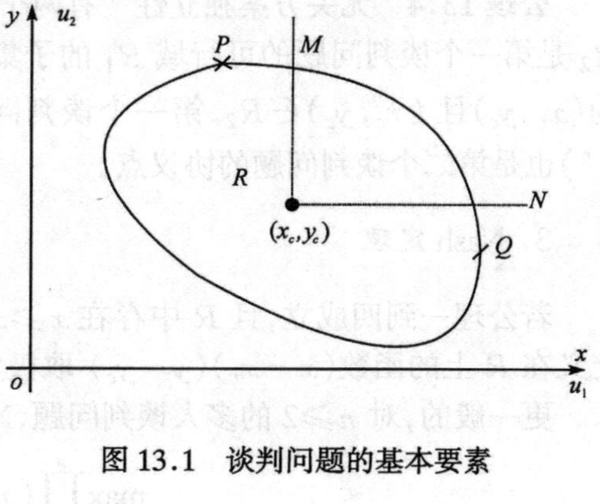

图 13.1　谈判问题的基本要素

由于谈判集上的所有点都优于现况点，所以两个谈判者都有达成协议的愿望；但是具体在哪一点上达成协议，如何引导两个谈判者达成协议，这就是谈判问题要研究的主要内容。

2. 关于谈判的基本假设与 Nash 的公理

在求解一般的谈判问题时，总是先作如下假设：

① 每个人都指望对方是合乎理性的；

② 谈判双方的效用函数 $u_1(\cdot)$和 $u_2(\cdot)$能足够精确地反映各自的偏好；

③ 任何协议一经达成，就具有强制性，不得违约。

这些假设显然是必要的，如果对手是非理性的即不讲理的，谈判根本无法进行；为了描述后果对谈判者的实际价值，需要有足够精确的效用函数；谈判的结果若没有强制性，整个谈判过程都将是白费劲。

为了能用解析的方法预先求得谈判结果，Nash 还提出了以下假设：

公理 13.1 后果限于谈判集内 谈判双方一致达成的协议点(x^*, y^*)是谈判集中的点，是可行的，Pareto 最优的，且不劣于现况点。

公理 13.2 对称性 如果可行域 R 是对称的(即若$(x, y) \in R$，则$(y, x) \in R$)，现况点是对称的(即 $x_c = y_c$)，则达成的协议点也是对称的(即 $x^* = y^*$)。

这一假设的含义很清楚，如果每个谈判者都指望对方像自己一样合乎理性，即双方均合乎理性，则谈判双方的策略必定互为镜像，也一定能得到一个对称协议点。

公理 13.3 策略上等价表示的不变性 如果原谈判问题中的效用 $u_1(\cdot)$和 $u_2(\cdot)$经正线性变换得到 $u_1' = \alpha_1 u_1 + \beta_1$ 和 $u_2' = \alpha_2 u_2 + \beta_2$，构成新的谈判问题，且原问题的协议点是$(x^*, y^*)$，则新的谈判问题的协议点是$(\alpha_1 x^* + \beta_1, \alpha_2 y^* + \beta_2)$。

由此公理，在求解谈判问题时不必对双方的偏好强度作人际比较，且可以对谈判问题进行坐标变换使之规范化再求解。

公理 13.4 无关方案独立性 有两个谈判问题，若第二个谈判问题的可行域 R_2 是第一个谈判问题的可行域 R_1 的子集即 $R_2 \subseteq R_1$，两个问题的现况点相同均为(x_c, y_c)且 $(x_c, y_c) \in R_2$，第一个谈判问题的协议点$(x^*, y^*) \in R_2$，则 (x^*, y^*)也是第二个谈判问题的协议点。

3. Nash 定理

若公理一到四成立，且 R 中存在 $x \geqslant x_c, y \geqslant y_c$ 的点，则(x^*, y^*)惟一，它使定义在 R 上的函数$(x - x_c)(y - y_c)$ 取极大值。

更一般的，对 $n \geqslant 2$ 的多人谈判问题，Nash - Harsanyi 谈判模型为

$$\max \prod_{i=1}^{n} (x_i - c_i) \tag{13.1}$$

受约束于　　$x_i \geqslant c_i, i=1,2,\cdots,n, x \in R$

其中 c_i 为谈判人 i 的现况值，x_i 为谈判者 i 的后果，$\boldsymbol{x}=(x_1,x_2,\cdots,x_n)^{\mathrm{T}}$，$R$ 为 $\boldsymbol{x}$ 的可行域。上述模型的解称做 Nash 平衡解。

从理论上讲，如果谈判双方都合乎理性、承认期望效用理论、接受上述四条公理，那么与其花费时间讨价还价，还不如直接用上述定理求解得到一个协议点。在实际的谈判问题中利用 Nash 定理，至少可以避免不必要的纠缠。

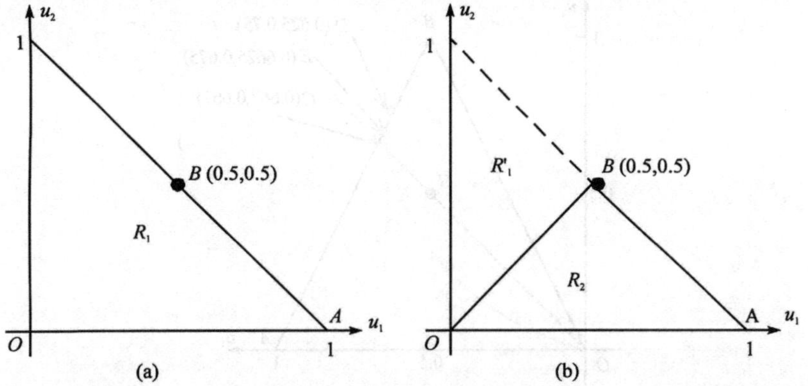

图 13.2　对公理 13.4 的质疑

对 Nash 谈判模型并非没有异议。对基本假设之②，有人指出，实际后果的足够精确的效用难以设定，尤其是当谈判者是某个群体的代表时，群的效用更是无法设定。关于公理 13.1，有人认为实际谈判问题的 Pareto 边界过于复杂，难以求得，在不是 Pareto 边界上的某个点达成协议也未尝不可。对 Nash 的公理 13.4 异议最多。以图 13.2 为例，图(a)所示为第一个谈判问题，现况点为 O，坐标为(0,0)，可行域为 R_1；图(b)所示为第二个谈判问题，现况点也是 $O(0,0)$，可行域 R_2 是在 R_1 中去掉无关方案 R'_1 后的剩余部分。对第一个谈判问题，由于可行域的对称性，根据公理 13.2，B 点作为协议点，谈判双方各得最大可能收益的一半是双方都能接受的；再根据公理 13.4，B 点也应该是第二个谈判问题的协议点，这对谈判者乙不成问题；但谈判者甲会认为自己只达到最大可能收益的一半，而乙却得到了最大可能收益的全部，这不公平，乙也应该作一些让步。

事实上，上述观点是有道理的，因为可行域 R 反映了谈判者的实力；在谈判中，没有“无关方案”。

13.1.2　其他谈判模型

由于对 Nash 谈判模型中的公理 13.4 有不同观点，许多人提出了各种替代方案，目的是要在求解谈判问题时考虑谈判双方的实力地位。下面介绍其中的三种，仍以图 13.2(b)为例进行讨论。为了使讨论更方便,首先变换图 13.2(b)中的坐标标度,使变换后的谈判问题如图 13.3 所示,其可行域(图中的三角形 ABO)中两个谈判者的效用最大值均为 1。根据公理 13.3,这种变换对谈判的后果并无实质性影响。

图 13.3 中,AB 是 Pareto 边界,也是谈判集;B 为 Nash 平衡解。设一般的谈判问题的谈判集可以表示为 $y=f(x)$或 $x=g(y)$。

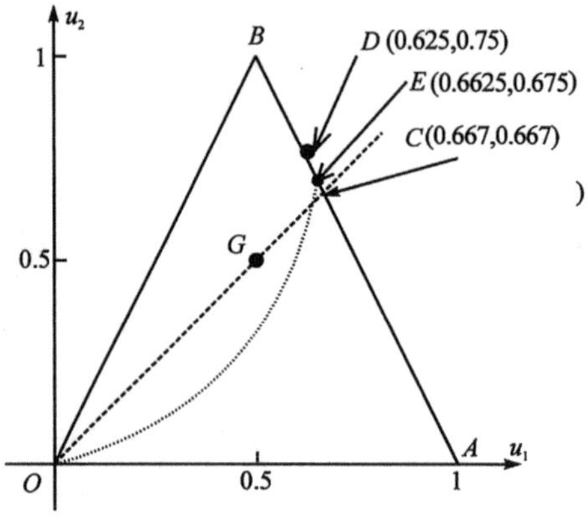

图 13.3

1. 等效用法(Kalai 1975)

(1) 思路

在图 13.3 所示的规范化谈判问题中,谈判双方可达到的最大效用均为 1,所以达成的协议也应该使双方获得同样的利益,即应使 $x^*=y^*$,因此可以用直线 $x=y$与谈判集 AB 的交点 C 即(2/3,2/3),作为该谈判问题的协议点。

(2) 算法

对一般的非规范化谈判问题,设现况点为(x_c,y_c),谈判集为 $x=g(y)$,谈判集中甲、乙两个谈判者的最大效用分别是 $x_{\max}$、$y_{\max}$,则

$$\begin{cases} x-x_c=\dfrac{x_{\max}-x_c}{y_{\max}-y_c}(y-y_c) \\ x=g(y) \end{cases} \tag{13.2}$$

协议点为联列方程组(13.2)的解。

示例一 用等效用法求解图 13.2(b)所示的谈判问题。用有关数值代入式(13.2),可得

$$\begin{cases} x=2y \\ x+y=1 \end{cases}$$

该方程组的解为(2/3,1/3),它就是用等效用法求得的协议点。

2. 中间-中间法

(1) 思路

首先引入潜在增量的定义：在不损害对方利益的情况下，某个谈判人可以获得的利益称为潜在增量。

中间-中间法根据公平性原则，首先让谈判双方各得最大效用的一半，到达临时协议点，如果该点不在谈判集上，则让双方再各得潜在增量的一半，如此继续，直到到达谈判集中的某一点为止。

(2) 算法

一般地，记(x_0, y_0)为现况点，X_0 和 Y_0 分别是谈判双方在谈判集中所能够取得的最大值，则可以按下列步骤求得协议点：

第一步，第 i 步的临时协议点为

$$x_{i+1} = 0.5(X_i + x_i) \tag{13.3}$$

$$y_{i+1} = 0.5(Y_i + y_i) \tag{13.4}$$

第二步，检验 (x_{i+1}, y_{i+1}) 是否在谈判集上，若是，终止；否则令

$$X_{i+1} = g(y_{i+1}) \tag{13.5}$$

$$Y_{i+1} = f(x_{i+1}) \tag{13.6}$$

再转第一步求第 $i+1$ 步临时协议点。

示例二　用中间-中间法求解图 13.3 所示的谈判问题。

根据中间-中间法，甲乙双方先各得最大效用的一半，到达 $G(0.5, 0.5)$处，这时 x 的潜在增量为0.25，y 的潜在增量为0.5；各得一半到达 $D(0.625, 0.75)$。因为 D 点在谈判集上，D 点就是协议点。

评注：

① 在求解实际谈判问题的协议点时，谈判集通常难以用解析函数表示，这时可以用图解法求 x_{i+1}和 y_{i+1}的值。

② 为了既能保证足够的计算精度又能减少不必要的迭代次数，可以设定一个足够小的正数 ε，当

$$|x_{i+1} - g(y_{i+1})| < \varepsilon \tag{13.7}$$

时，令

$$x_l = 0.5[g(y_{i+1}) + x_{i+1}] \tag{13.8}$$

取$(x_l, f(x_l))$为谈判的最终协议点。

③ 这种方法求得的谈判问题的解为 D 点(0.625,0.75)，这一结果在某种意义上比 Nash 平衡解要公平，但是仍有其不足之处：设在 x'处 y 取得极大值，即 $x' = g(y_{\max})$，则 $x \leqslant \min\{x', 0.5x_{\max}\}$处的可行域形状与后果无关，即在

$x < \min\{x', 0.5x_{max}\}$处可行域的变化不影响谈判结果。等效用法和 Nash 谈判模型也存在类似的问题。例如,当谈判问题的可行域由图 13.3 所示的三角形 *ABO* 变成图 13.4 中的四边形 *ABPO* 后,甲乙双方的谈判地位已发生改变,而用 Nash 谈判模型、中间-中间法和等效用法求得的协议点 *B*、*C* 和 *D* 均无变化。

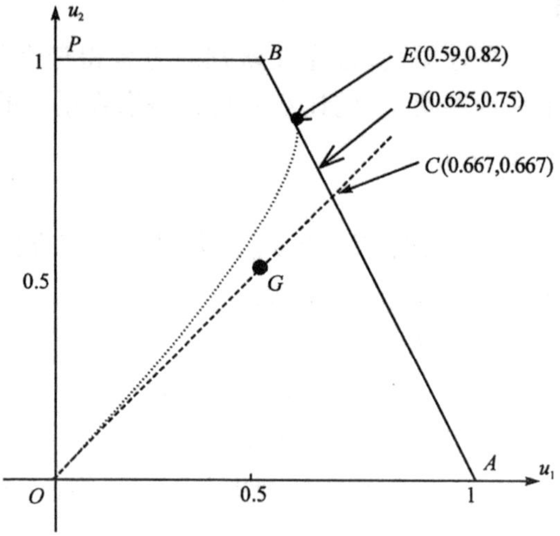

图 13.4

3. 均衡增量法

(1) 思路

这种方法针对中间-中间法不能反映 $x < \min\{g(y_{max}), 0.5x_{max}\}$处谈判双方实力地位变化的缺点,选足够大的正整数 N,让谈判双方各得潜在增量的 $1/N$,而不是中间-中间法所规定的 1/2,得到新的临时协议点;从新的临时协议点出发,重复上述步骤,逐步进行直到协议点达到谈判集为止。

(2) 算法

记现况点为(x_0, y_0),选择足够大的正整数 N,令

$$x_{i+1} = 1/N[g(y_i) - x_i] + x_i \tag{13.9}$$

$$y_{i+1} = 1/N[f(x_i) - y_i] + y_i \tag{13.10}$$

式中,$[g(y_i) - x_i]$和$[f(x_i) - y_i]$分别是甲乙双方在第 i 个临时协议点(x_i, y_i)处的潜在增量;式(13.9) 和式(13.10)的含义是使谈判双方在(x_i, y_i)处各增加潜在增量的 $1/N$,得到第 $i+1$ 个临时协议点(x_{i+1}, y_{i+1}),用式(13.9) 和式(13.10)反复迭代,直到产生最终协议点$(x_l, f(x_l))$为止。

显然,这种方法的收敛速度远低于中间-中间法,当 N 很大时,有必要利用计算机编程求解。终止判据仍可用式(13.7)和式 (13.8)。

示例三　用均衡增量法求解图 13.3 和图 13.4 所示谈判问题。

取 $N=100$，则图 13.3 所示谈判问题的协议点为(0.6625,0.675)，图 13.4 所示谈判问题的解为(0.5924,0.8152)。显然，均衡增量法充分考虑了谈判问题的可行域对最终协议的影响。

在一般情况下，本节所介绍的三种方法求得的结果与 Nash 均衡解不同，见图 13.3 和图 13.4。只有在可行域 R 对称于直线 $x=y$ 时，四种方法求解的结果才相同。

本节中给出的三种方法的一般性求解步骤，既适用于规范化的谈判问题，也适用于非规范化的谈判问题。即使谈判集 $y=f(x)$ 不是凹函数，可行域 R 非凸，上述算法仍适用。

13.1.3　谈判问题与效用

前面两分节所讨论的谈判问题都是建立在效用空间上的，现况点、可行域和谈判结果(即协议点)都是以效用值来表示的。由于相同的实物对不同的谈判人有不同的效用(或价值)，因此用效用而不用实物指标建立谈判模型就十分自然而且必要。虽然各种谈判模型对公平性有各种不同的理解，但它们都假设谈判者双方的效用函数 $u_1(\cdot)$ 和 $u_2(\cdot)$ 能足够精确地反映各自的偏好。我们暂且先不讨论能否获得以及如何获得这些“足够精确的效用函数”，首先来看看采用效用作为标度可能会引起什么问题。

效用作为决策者偏好的测度，它是决策者主观意志的反映，是主观判断的结果，它的合理性与真实性并无客观的检验标准。因而在采用效用来研究各种决策问题时，只能假设“决策人的效用真实地反映了决策人的偏好”，但是这种假设的真实性与合理性并无保证，这一点在谈判问题中尤其严重。

谈判模型所研究的是如何解决冲突或争执，其中的每个当事人的基本愿望是力争自己能获得尽可能多的收益即尽可能大的效用值。如果谈判者谎报偏好比他真实地表达自己的效用获得更大的收益，则谈判者说谎就显得合乎情理了(当诚实会使谈判者在不诚实的对手面前遭受损失的情况下，要求其保持诚实显然不合情理)。由于在上述各种谈判模型中，效用函数越凸的谈判者好处越大，这就会鼓励谈判者谎报一个比其真实的效用函数更凸的效用函数。

例 13.1　谈判双方要分配 100 元钱，如果达不成协议，双方的收入均为 0。设甲乙双方均为风险厌恶的，他们关于货币 x 的效用函数均为 $\ln(1+x)$；设甲得 y 元，则乙得 $(100-y)$ 元，他们的效用函数分别为 $u_1=\ln(1+y)$，$u_2=\ln(1+100-y)=\ln(101-y)$。据此，可得表 13.1(表中 u'_1 为规范化的效用值)及图 13.5。

表 13.1　货币与效用对照表

y	1	2	5	10	20	30	40	50	60	70	80	90	95	100
$\ln(1+y)$	0.69	1.1	1.74	2.4	3.04	3.43	3.71	3.93	4.11	4.26	4.39	4.51	4.56	4.62
u_1'	0.15	0.238	0.388	0.52	0.66	0.74	0.81	0.85	0.89	0.92	0.95	0.98	0.99	1.0

由于谈判问题的对称性，无论采用哪一种方法求解，协议点均在点 $B(0.85, 0.85)$处，折合成货币，双方各得 50 元。

但是，如果谈判人甲谎称自己是风险中立的，即效用函数是货币 x 的线性函数，$u_1=x$，这比甲的真实效用函数凸；而谈判人乙真实地宣布自己的效用函数为 $\ln(1+x)$。设甲分得 z 元，则有 $u_1=z$，$u_2=\ln(101-z)$，可得表 13.2 和规范化的谈判问题示意图 13.6。

表 13.2　甲谎报偏好后甲乙双方的货币与效用对照表

z	0	10	20	30	40	50	60	70	80	90	95	100
u_1'	0	0.1	0.2	0.3	0.4	0.5	0.6	0.7	0.8	0.9	0.95	1.0
u_2	4.62	4.51	4.40	4.26	4.11	3.93	3.71	3.44	3.04	2.40	1.77	0
u_2'	1.0	0.98	0.95	0.92	0.89	0.85	0.81	0.79	0.66	0.52	0.39	0

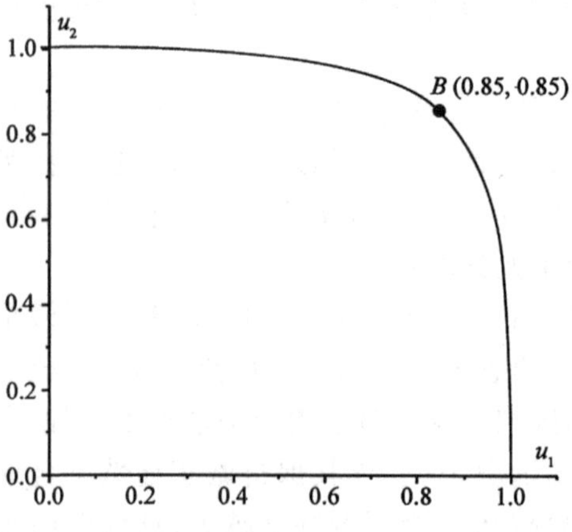

图 13.5

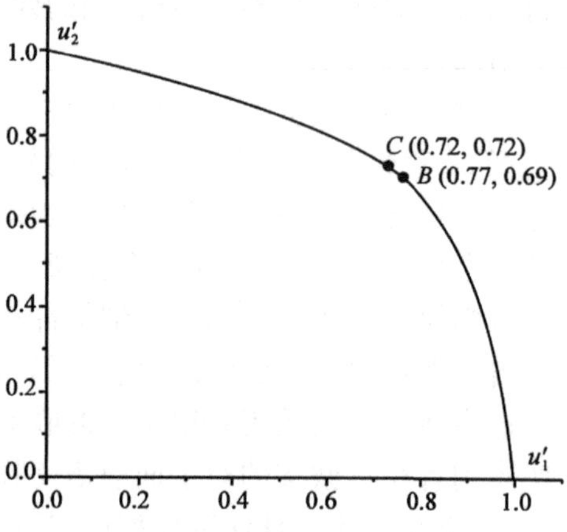

图 13.6

由于这时的谈判可行域不对称，采用不同的谈判模型得到的协议点各不相同。采用 Nash 模型求得的协议点为 $B\ (0.77, 0.69)$；采用等效用法、中间-中间法和均衡增量法求得的协议点分别为 $C(0.72, 0.72)$、$D(0.75, 0.71)$和 $E(0.76, 0.70)$。由于规范化后的谈判模型中的谈判集比较对称，这几种方法求解的结果差异并不大。但是，无论用哪种方法，谎报效用函数的谈判人甲将得到 72 元或更多的实际收入,而真实地宣布其效用函数的谈判人乙却最多只能获得 28 元。可以证明,效用函数越凸的谈判人获得的实际利益越大。因此,建立在效用基础上的谈判模型有鼓励说谎的倾向,而这正是采用效用函数的谈判模型的致命弱点。

13.2 仲裁与调解

仲裁也叫"公断",是由冲突双方邀请的或者根据法律法规指定的第三方,在听取争执双方的意见分歧后作出裁决的法律行为。调解又称调停,是对争执双方的劝告和建议。仲裁及调解与谈判(协商)紧密相关。

在实际生活中,虽然谈判双方都知道达成协议对大家都有好处,但是由于种种原因会使谈判处于僵持状态。由于谈判双方认识到谈判集中的任何一点都比现况点好,因此他们有可能请第三方进行仲裁来打破僵局解决争端。若仲裁人认为 Nash 谈判模型是合理的,他可以用 Nash 谈判模型求得的协议点(x^*, y^*)作为仲裁依据,这种仲裁叫 Nash 仲裁。如果仲裁人认为其他模型更加公平合理,则他可以选用他认为最好的方法求得协议点作为仲裁结果。

上一节说明了在各种谈判模型中采用效用函数来描述后果对谈判者的实际价值的必要性,也指出了由此带来的缺点是"鼓励"谈判者为了获得更大利益而谎报偏好。将这些谈判模型用于仲裁时,这一缺点依然存在,但是问题不像在谈判中那么严重,因为仲裁人可以根据自己的经验和判断,对某个谈判者的过分不合理的效用函数加以修正。当然,要揣摩出提请仲裁的双方当事人的真实的效用函数,即使对最为精明能干的仲裁者也是十分艰难的。由于引入效用函数会产生"鼓励"说谎的问题,现实生活中的仲裁通常不用当事人的效用而直接对实物进行分配。

常用的对实物进行分配的仲裁方法主要有如下三种。

1. 强制性仲裁

强制性仲裁(binding arbitration, BA),是最常用的仲裁方法,又称常规仲裁。它由仲裁人根据争执双方的申述加上自己的判断,自由地选择一个自认为对双方公平的解决办法,即协议点;仲裁人提出的解决办法对双方都有约束力。由于这种解决办法不是由当事人中的一方或双方共同提出的,这种仲裁方法对缓和双方矛盾、改善双方关系十分不利,而且争执双方在申述过程中的虚夸行为无法避免。

2. 最终报价仲裁

文献(Steuens,1966)提出**最终报价仲裁**(final - offer arbitration, FOA),它规定首先由双方当事人分别向仲裁人提出谈判问题解决办法的结论性意见,这种意见称做**最终报价**(final - offer),由仲裁人在这两个最终报价中选择一个作为解决办法。最初提出这种仲裁法是想引导双方使他们的意见向某个共同点靠拢，尽量争取由当事人自己找到适当的解决办法，因为该法规定要从争执双方的最终报价中选一个，这就使当事双方在提供最终报价时十分谨慎：如果要价太高，与仲裁人心目中的公平的解决办法（裁决值）相差太大，仲裁人将选择对方的最终报价作为解决办法，导致自己更大的损失。因此，这种方法可以促使当事人双方的报价尽可能“合理”，即尽量设法接近仲裁人的意见。在当事双方均为风险厌恶时，该方法甚至可以引导双方在进行仲裁之前自己达成协议。例如文献（Chass，1984）介绍的美国职业棒球联盟工资争端，采用这种方法进行仲裁，劳资双方所作让步均超出对方的预期。美国的许多州已立法规定采用此法作为解决劳资争端的仲裁方法。

3. 复合仲裁法

虽然最终报价仲裁在促使谈判双方达成一致意见方面比强制性仲裁有效，但是 Brams S J（1986）与郭文革（1995）的研究都表明，由于争执双方对仲裁人的仲裁值的估计存在差别，最终报价仲裁仍有一定程度的鼓励双方采用与对方保持一定距离的策略性报价的倾向；而且，争执双方对裁决值的概率分布估计的差别越大，因策略性报价造成的距离也越大，因此达不到原先设想的目标——使双方的最终报价收敛于他们心目中仲裁人的解决办法。为此，Brams 提出了把强制性仲裁和最终报价仲裁结合起来的**复合仲裁法**（combination arbitration，CA）。复合仲裁法的具体做法是：

① 仲裁人预想的公平解决落在争执区之外时用 BA；

② 两个最终报价汇集到一点时，选择该点作为协议点；

③ 仲裁人预想的公平解决落在争执区之内时，用 FOA；当两个最终报价交叉时（即理应报高价的当事人当最终报价低于对方的最终报价），也用 FOA。选择距仲裁人预想点最近的最终报价作为协议点。

第一点会在当事双方的最终报价不等而又同时高于（或低于）仲裁人心目中预想的解决办法时，使协议点落到争执区之外。看起来这样做违背了仲裁的一般原则，而 Brams 指出，正是这一做法使复合仲裁法能够实现最终报价仲裁法的初衷，促使当事双方向仲裁人预想的解决办法靠拢；作者还证明了，采用复合仲裁法，在一定条件下（这些条件不难满足），当事人的最终报价与仲裁人预想的协议点越接近，期望收益越大。因此，复合仲裁法是较好的仲裁法。

4. 调解

调解（mediation）与仲裁类似但有区别。调解与仲裁最根本的区别在于仲裁有强制性，仲裁人可以强制冲突双方接受仲裁方案；调解人的意见没有强制性，调解人的意见只是一种建议。然而，调解与仲裁的区别有时并不明显，强有力的调解人不但可以建议某种解决方案,还可以利用其威信迫使双方接受他的解决方案。

在调解过程中,调解人应该考虑什么是公平的解决办法,并据以确定调解时的所作所为。有时,调解人并不是由当事人邀请来调解争端的,而是主动提出为双方进行调解的。有时双方的争吵会愈演愈烈而形成僵局,即使双方都明白谈判达成协议比僵持好,也会由于主动提出谈判会被对方认为是软弱的表现而拒绝谈判。有眼力的善意的局外人可以发现问题的症结,邀请当事人参加谈判。调解人的作用可弱可强,可以弱到仅仅作为会议召集人或中立的谈判主持人,也可以强到与仲裁人相当。他可以只是在一旁维护文明的辩论规则,间或给沉默的当事人以发表意见的机会;或在比较复杂的谈判中作出中立的讨论记录,并归纳和说明所有可能的共同点。调解人可以拒绝卷入谈判过程的实质性讨论,但是可以帮助双方达成并履行协议:如制订并完成说明双方达成妥协必要性的文件;订立协议证明双方的谈判诚意;证明没有秘密协议;协助检查协议的执行情况;协助解决由于协议文件的不明确而引起的矛盾等等。调解人最重要的作用是改善谈判气氛,通过稳定与控制当事人的情绪以促使问题得到解决;使当事双方明白,目标是解决分歧而不是争论谁输谁赢。只有在争执双方与调解人一起,用坦率、诚恳、平等的方式寻求适当的解决办法,双方都放弃过分的要求、作出一定的让步、使调解人有可能为他们设计出创造性的解决办法时,冲突的双方才能获得好处。

13.3 多人合作对策

对策论或称博弈论是研究利益冲突的数学方法,由 Borel(1921)提出,Von Neumann 和 Morgenstern(1944)的著作《对策论和经济行为》使对策论引起世人的广泛注意。任何冲突总有两个或两个以上的当事人;当事人可以根据各种行动方案的后果自由地选择行动。通常当事各方的意图是互相对立的,但有时也存在某种合作的空间。对策论则是将竞争状态下的基本元素抽象出来,建立相应的数学模型,用科学的方法进行分析,以期在遇到这类问题时能够帮助当事人作出最佳选择,或者为当事人提供作决策的行为规范。现实生活中的决策人绝大部分所关注的是商业、政治以及军事方面的利益冲突;对策论(即博弈论)所研究的是策略理论,即冲突的逻辑。

1. 基本概念

参与对策的当事人称**局中人**(player),全体局中人的集合,记作 $N=\{1,2,\cdots,n\}$,$i=1,2,\cdots,n$ 表示局中人;后果又称收入,记作 $\boldsymbol{x}=(x_1,x_2,\cdots,x_n)$;$N$ 的非空子集 S ($S\subset N$)称为**联盟**(coalition),$\boldsymbol{N}$ 为总体联盟,空集记作 $\varnothing$;用以描述每一种可能的联盟 S 的收入的叫**特征函数**(characteristic function),记作 $v(S)$,它是不

管其余局中人如何行动，联盟 S 中各成员相互合作所能达到的最大收入。通常有

$$v(\varnothing) = 0 \tag{13.11}$$

即没有任何局中人的联盟的收入为 0。对于合作对策，还应该有：

$$v(S) > \sum_{i \in S} v(i) \tag{13.12}$$

这是联盟 S 得以存在的条件，因为只有存在剩余效用并在成员中合理分配，这些成员才会结盟形成 S。成员 i 分配的结果记作 $x(i)$。若 $R, S \subset N$，且 $R \cap S = \varnothing$，则

$$v(R \cup S) \geqslant v(R) + v(S) \tag{13.13}$$

式(13.13)称为超可加性，是由联盟 R, S 合并组成新的联盟的必要条件。若等式成立或不等式反向，任何一方都不能从结盟中获得好处，没有了结盟的动因，这种对策问题就没有实际价值。在合作对策中，满足

①个体合理性 $x(i) \geqslant v(i), \forall i \in N$ (13.14)

②总体合理性 $\sum_{i \in N} x_i = v(N)$ (13.15)

的后果 $\boldsymbol{x} = (x_1, x_2, \cdots, x_n)$ 称做**分配**(imputation)。非劣的分配的集合称为**核**(core)，记作 $C(v)$。对策问题的核由满足式(13.14)、式(13.15)和式(13.16)的结果 $\boldsymbol{x} = (x_1, x_2, \cdots, x_n)$ 构成：

$$\sum_{i \in S} x_i \geqslant v(S), \forall S \subset N \tag{13.16}$$

式(13.16)称为团体合理性，是联盟 S 无法成立的条件。

前面介绍的 Nash - Harsanyi 谈判模型也可以作为多人合作对策问题求解的一种方法，此外，文献(Shapley 1953)和 (Raiffa 1982)分别给出了生成“合理的”分配的方法。

2. Shapley 值

Shapley 所给出的局中人 i 的收入 x_i 称做 Shapley 值，具体算法如下：

$$x_i = \sum_{S \in N} \frac{(s-1)!(n-s)!}{n!} [v(S) - v(S-i)] \tag{13.17}$$

式中 s 是联盟 S 中局中人的个数。x_i 是满足下述三条公理的解：

① 团体有效性 $\sum_{i \in N} x_i = v(N)$

② 对称性，即局中人编号无关性 v 是 n 人对策，π 是集合 N 的任意置换，如果对策 u 对任意 $S = \{i_1, i_2, \cdots, i_s\}$ 都有 $u\{\pi(i_1), \pi(i_2), \cdots, \pi(i_s)\} = v(S)$，则将对策 u 记作 πv。对任意置换 π 和任意 $i \in N$，有

$$x_{\pi(i_1)}[u] = x_i[v] \tag{13.18}$$

③ 加性 对任意两个对策 u, v，有

$$x_i(u + v) = x_i(u) + x_i(v) \tag{13.19}$$

式(13.17)所示 Shapley 值的实际含义通过下面的例子很容易理解。

3. *存在核的例子*

下面的例子取自文献(Raiffa 1982)。有 A, B, C 三家公司面临合并还是继续独立营运的问题。调研所得的结盟与独立营运的收入情况如表 13.3 所示。

表 13.3　结盟与独立营运的收入

结盟方式		收入
各自独立	A	32
	B	23
	C	6
两家合并另一家独立	AB	59
	C	5
	AC	45
	B	22
	BC	39
	A	30
三家合并	ABC	77

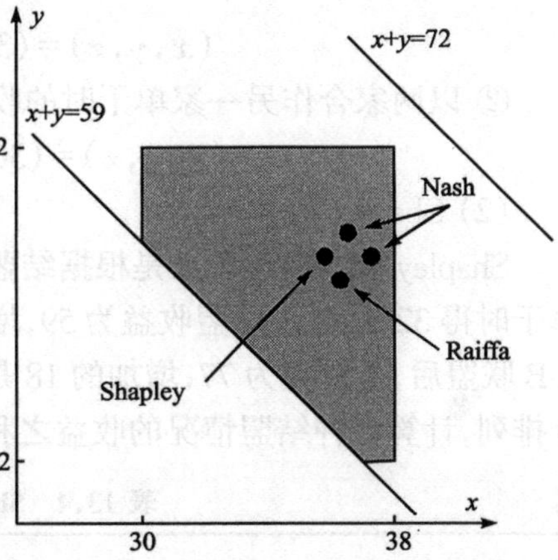

图 13.7

合并成功需要满足的条件：

$$x+y\geqslant 59 \tag{13.20}$$
$$z\geqslant 5$$
$$x+z\geqslant 45 \tag{13.21}$$
$$y\geqslant 22$$
$$y+z\geqslant 39 \tag{13.22}$$
$$x\geqslant 30$$
$$x+y+z=77 \tag{13.23}$$

三家公司能否合并成功取决于合并后收入的分配是否合理。表 13.3 右侧所示为三家公司能够合并所需要满足的条件，x，y，z 分别表示 A, B, C 三家公司在合并后分得的收入。

根据多人合作对策应该满足的条件式(13.14)和 (13.16)求解，可以得图 13.7，其中阴影区为分配的集合，即核。

由于满足多人合作对策条件的解不惟一，还需要有进一步的分配方法。下面分别用 Nash－Harsanyi 谈判模型、Shapley 值和 Raiffa 的裁决三种方法求解。

(1) Nash－Harsanyi 谈判模型

用 Nash－Harsanyi 谈判模型求解，即

$$\max(x - c_1) \cdot (y - c_2) \cdot (z - c_3) \tag{13.24}$$

受约束于：$x \geqslant c_1, y \geqslant c_2, z \geqslant c_3$

$$(x, y, z) \in C(v)$$

其中$(x, y, z) \in C(v)$即式(13.20) ～(13.23)。

求解时需要确定现况点 $\boldsymbol{c} = (c_1, c_2, c_3)$的值，有如下两种选择：

① 以各自独立时的收入(32,23,6) 作为现况点代入式(13.24)求得：

$$(x, y, z) = (37.3\dot{3}, 28.3\dot{3}, 11.3\dot{3})$$

② 以两家合作另一家单干时的收入(30,22,5)为现况点代入式(13.24)求得：

$$(x, y, z) = (36.6\dot{6}, 28.6\dot{6}, 11.6\dot{6})$$

(2) Shapley 值

Shapley 值的实际含义是根据结盟的次序计算各成员的收益。例如 A B C，A 单干时得 32，B 与 A 结盟收益为 59，增加的 27 是 B 加盟的结果，故 B 得 27；C 加入 A B 联盟后，总收益为 77，增加的 18 是 C 加盟的结果，全归 C。再根据结盟次序的全排列，计算各种结盟情况的收益之和的平均值。具体计算过程见表 13.4。

表 13.4　Shapley 值的计算过程

结成联盟的次序	收入分配		
	x	y	z
ABC	32	27	18
ACB	32	32	13
BAC	36	23	18
BCA	38	23	16
CAB	39	32	6
CBA	38	33	6
总计	215	170	77
平均值	35.83	28.33	12.83

以上计算结果与用式(13.17)的计算结果是否相同，作为习题留给读者验证。

(3) Raiffa 的裁决

Raiffa 的裁决的具体计算方法可对照表 13.5。

表 13.5　Raiffa 的裁决结果

起始的联盟		收入的分配		
		A	B	C
AB	分配基数①	32	23	5
	起始联盟的增益分配②	2	2	—
	第三方加盟增益分配③	3.25	3.25	6.5
AC	分配基数	32	20	6
	起始联盟的增益分配	3.5	—	3.5
	第三方加盟增益分配	3	6	3
BC	分配基数	30	22	6
	起始联盟的增益分配	—	5.5	5.5
	第三方加盟增益分配	4	2	2
	总计	109.75	83.75	37.5
	平均值	36.58	27.92	12.5

①在 AB 首先结盟时，C 单干的收益为 5；A 与 B 共计 59；由于 ABC 均单干时 AB 分别得 32 与 23，故 ABC 的分配基数分别为 32、23、5。

②A 与 B 结盟后的收益为 59，A 与 B 的分配基数之和为 55，两者之差 4 由 A 由 B 均分，各得 2。

③由于 C 的加盟，A B C 的总收益可达 77，比 AB 结盟 C 单干的收益(59 + 5 = 64)增加 13，这增加的部分由 C 得一半 6.5，A 由 B 分另一半。

上述三种方法计算结果的对照表见表 13.6。

表 13.6　三种方法求解结果对照表

		x	y	z
Nash - Harsanyi 模型	$c=(32, 23, 6)$	37.33	28.33	11.33
	$c=(30, 22, 5)$	36.67	28.67	11.67
Shapley 值		35.83	28.33	12.83
Raiffa 的裁决		36.58	27.92	12.5

以上三种方法计算结果的差别并不很大，相比之下用 Nash - Harsanyi 模型求解的结果似乎更“合理”。

4．不存在核的例子

上面的例子是存在核的情况，下面看一个不存在核的对策问题。仍是 A，B，C 三方。该问题中各种联盟的特征函数如表 13.7 所示。

结成联盟需要满足的条件：

$$x \geqslant 0 \tag{13.25}$$

$$y \geqslant 0 \tag{13.26}$$

$$z \geqslant 0 \tag{13.27}$$

$$x + y \geqslant 118 \tag{13.28}$$

$$x + z \geqslant 84 \tag{13.29}$$

$$y + z \geqslant 50 \tag{13.30}$$

$$x + y + z = 121 \tag{13.31}$$

三方能否合作成功仍取决于收入的分配的合理性。表 13.7 右侧所示为结成联盟需要满足的条件。

由式(13.28)到式(13.30)相加可以得到

$$x + y + z \geqslant 126 \tag{13.32}$$

与式(13.31)矛盾，所以这个问题没有任何能满足式(13.14)～(13.16)的分配，核是空集。

由于不存在核，无法用 Nash - Harsanyi 谈判模型求解。下面用 Shapley 值和 Raiffa 的裁决两种方法求解。

(1) Shapley 值

Shapley 值的计算过程和结果见表 13.8。

表 13.7 各种联盟的特征函数

结盟方式		收入
各自独立	A	0
	B	0
	C	0
两家联盟另一家被排除	AB C	118 0
	AC B	84 0
	BC A	50 0
三家联盟	ABC	121

表 13.8 Shapley 值的计算过程

结成联盟的次序	各方带来的收入增量		
	A	B	C
ABC	0	118	3
ACB	0	37	84
BAC	118	0	3
BCA	71	0	50
CAB	84	37	0
CBA	71	50	0
总计	344	242	140
平均值	57.33	40.33	23.33

以上计算结果与用式(13.17)的计算结果的一致性仍留给读者验证。

(2) Raiffa 的裁决

Raiffa(1982)对这一问题作了很详细而又有趣的分析，他给出的具体计算方法如下：

由式(13.32)减式(13.30)，可得 $x = 76$,由式(13.32)减式(13.29)，得 $y = 42$,由式(13.32)减式(13.28)，得 $z = 3$;以此作为"合理的"分配基数。计算过程和结果见表 13.9。

表 13.9　Raiffa 的裁决结果

起始联盟		A	B	C	合计
AB	分配基数	76	42	—	118
	结成联盟的增益分配	0.75	0.75	1.5	3
	小计	76.75	42.75	1.5	121
AC	分配基数	76	—	8	84
	结成联盟的增益分配	9.25	18.5	9.25	37
	小计	85.25	18.5	17.25	121
BC	分配基数	—	42	8	50
	结成联盟的增益分配	35.5	17.75	17.75	71
	小计	35.5	59.75	25.75	121
平均值		65.85	40.33	14.83	

上述两种方法计算结果的对照表见表 13.10。

表 13.10　两种方法求解结果对照表

	x	y	z
Shapley 值	57.33	40.33	23.33
Raiffa 的裁决	65.85	40.33	14.83

两种方法计算结果的 y 值相同,Raiffa 的裁决的 x 值比 Shapley 值大 8.5 以上,相比之下用 Raiffa 的裁决结果似乎更"合理"些。

* 13.4　投资分摊①

13.4.1　投资分摊问题的表述

综合利用工程涉及多个部门,有多种经济效益,其经济分析一般可分为两个阶段。在第一阶段要论证该工程包括哪些部门,并根据有关部门的技术经济指标进行工程规模参数的优化,从而确定综合利用工程的开发规模以及在给定的开发规模下各部门的效益。在第二阶段则是在参数优化的基础上计算各部门应分摊的费用。

① 本节及下一节节选自华中理工大学系统工程研究所"七五"国家重点科技攻关(75-16-07-03)专题 0804 号子题研究报告《超大型水利工程的投资分摊理论和方法研究》,并略加修改。

投资分摊要在工程开发规模和效益确定的情况下，使各受益部门合理地分摊工程投资和年运行管理费用。投资分摊的问题包括以下几个方面：①工程总投资费用中需要进行分摊份额的划分；②分摊的基本原则；③分摊方法；④分摊结果合理性检验原则。

一般来说，综合利用工程尤其是水利工程总投资构成有两类划分法（陈清濂，1981）。第一类是将工程投资分为专用投资和共用投资两大部分。属于专用投资的是只为某一受益部门要求的专用工程投资和配套工程（如电厂、船闸以及灌溉引水建筑物等）的投资。属于共用投资的包括为各受益部门的共用工程（例如：水库大坝等建筑物）和为补偿受害部门（如移民）所需要的投资，即：

$$I_t = I_p + \sum_{i=1}^{n} I_s(i) \tag{13.33}$$

式中 I_t 表示工程总投资，I_p 表示共用投资，$I_s(i)$表示第 i 受益部门的专用投资，n 为参与投资分摊的部门总数，即对策中的局中人人数。

第二类是把工程投资划分为可分投资和剩余投资。所谓可分投资是指水利工程中包括某一部门时的总投资与不包括该部门时的投资之差额。所谓剩余投资就是总投资减去各部门可分投资之和的差额。记 I_c 为剩余投资，$I_b(i)$为第 i 部门的可分投资，则这类划分的投资构成可用下式表示：

$$I_t = I_c + \sum_{i=1}^{n} I_b(i) \tag{13.34}$$

13.4.2 基于合作对策的投资分摊

对策论是研究竞争与冲突的数学理论和方法，显然可以用来解决投资分摊问题。多人合作对策是有多个局中人参加的对策，它允许局中人进行充分的自由的合作：可以在事先商定、协调它们的策略，并在终局之后重新分配局中人的收入。一般来说，合作能使联盟获得更大的收益或者降低成本。研究成本最小化的对策称为**成本对策**(cost game)，在成本对策中合作能否形成主要取决于合作后减少的成本在联盟成员中的分配是否合理。如果分配不合理，某些局中人就可能脱离原来的联盟而加入其他联盟，或不参加任何联盟。因此多人合作成本对策研究的主要问题是如何合理地规定成本即费用的分配方案。

1. 基于合作对策的投资分摊问题的描述

沿用上一节合作对策的符号，同时为了能反映成本对策的特点，将特征函数 $v(i)$和 $v(S)$改用特征函数 $c(i)$和 $C(S)$表示，在投资分摊问题中，$c(i)$和 $C(S)$分别表示部门 i 联盟 S 的最优等效替代工程费用；用 $x(i)$表示部门 i 分摊的费用。与式(13.13)～(13.15)相对应，在解决投资分摊问题的成本对策中，特征函数应满足如下特性：

① 次可加性：

$$C(S)+C(T)\geqslant C(S\cup T),\quad S\cap T=\varnothing,S,T\subset N \tag{13.35}$$

即两个没有共同成员的联盟 S 和联盟 T 所组成的新联盟的费用应该小于联盟 S 和联盟 T 的费用之和，这是形成新联盟的前提，如果正确选择工程开发规模，该式应自动满足。

例如，有两个部门合建某一综合利用工程，在不合作情况下，部门 i 要获得同样效益，兴建最优替代工程需单独投资 $c(i)$。设 $c(1)=200$ 万，$c(2)=400$ 万。若由两个部门合作需要投资 $C(\{1,2\})>600$ 万，则合作不如单干。所以，$C(\{1,2\})\leqslant c(1)+c(2)=600$万是两个部门合作的前提。

② 个体合理性：

$$x(i)\leqslant c(i),\quad \forall i\in N \tag{13.36}$$

即任一部门 i 所分摊的费用必须不大于其不参加任何联盟时的费用。

③ 总体合理性：工程所有受益部门分摊的费用之和应等于总费用 $C(N)$，即

$$\sum_{i\in N}x(i)=C(N) \tag{13.37}$$

对照式(13.13)～(13.15)，上述要求的合理性是显而易见的。此外，还应满足：

④ 团体合理性：分摊到任一联盟 S 中所有部门的费用之和不应大于该联盟的费用 $C(S)$，即

$$\sum_{i\in S}x(i)\leqslant C(S),\quad \forall S\subset N \tag{13.38}$$

上述条件是各部门 i 及联盟 S 愿意合作，参加工程项目的必要条件。

在成本对策中，满足式(13.36)和式(13.37)的点 $\boldsymbol{x}=(x(1),\ x(2),\ \cdots,\ x(n))$ 称为一个分配，所有分配 $\boldsymbol{x}$ 的集合记作 X；满足式(13.38)的分配的集合称作核，记作 X_c。次可加成本对策的分配集非空，但其核有可能是空集。

基于对策论的投资分摊方法就是要在各部门间分摊总投资，使式(13.36)～(13.38)满足。而满足式(13.36)～(13.38)的解往往并不惟一，为了得到惟一的解，还需加上其他条件。

2. 几种基于对策论的分摊方法简介

基于合作对策理论的分摊方法，如**核仁法**(Nucleolus)和**最小费用剩余资金法**(minimum costs remaining savings method ,MCRS)等，都是从上述原则出发研究投资分摊问题的。为了求得惟一解，Nucleolus 法选取核仁点的值作为分摊结果；MCRS 法是按各局中人愿意承担的最大费用与最小费用的差值的比例来分摊剩余费用，所求解的结果位于核的中心；Shapley 法是根据参与合作的局中人对减少成本的贡献大小来分摊费用的；**剩余费用缺口法**(nonseparable cost gap method,

NSCG)是以局中人的让步量的比例来分摊剩余费用的。下面介绍 Nucleolus 法、NSCG 法和 MCRS 法。

(1) 核仁法(又称核心法)

核仁法是解决全体局中人如何分配总费用 $C(N)$的方法。核仁的概念是 Schmeidler 在 1969 年提出来的。核仁有两个重要性质：

① 每个对策有而且只有一个核仁；

② 如果有核存在，则核仁在核内。

核仁法的基本思想是，在分配属于核仁的条件下，最不理想的联盟也要优于其他分配的最不理想的联盟。设 $\Gamma=[N,C]$是 n 人合作成本对策，特征函数满足条件：

$$C(\varnothing) = 0$$

$$C(N) \leqslant \sum_{i\in N} c(i) \tag{13.39}$$

当分配 X 为空集，求解扩展的最小核的方法是解如下线性规划：

$$\min \varepsilon \tag{13.40}$$

受约束于：

$$x(S) - C(S) - \varepsilon \leqslant 0, \forall S \subset N \tag{13.41}$$

$$\sum_{i\in N} x(i) = C(N) \tag{13.42}$$

$$x(i) \geqslant 0, \forall i \in N \tag{13.43}$$

在这里 ε 可以看作是为了鼓励整体合作向每一个联盟征收的附加费用。由式(13.40)～(13.43)所解出的分配集是 n 人合作成本对策$[N,C]$的扩展最小核，如果分配是惟一的，则该分配是$[N,C]$的核仁。

当 X 或式(13.40)～(13.43)的解不止一个点时，可以定义 S 对分配$\boldsymbol{x}$ 余量为

$$e(\boldsymbol{x}) = C(S) - x(S) \tag{13.44}$$

其中

$$x(S) = \sum_{i\in S} x(i) \tag{13.45}$$

令 $e_1(\boldsymbol{x})$为与 $\boldsymbol{x}$ 有关的任一联盟的最大余量，$e_2(\boldsymbol{x})$为第二大余量，$e_3(\boldsymbol{x})$再次之；最小核是使 $e_1(\boldsymbol{x})$极小的所有 $\boldsymbol{x}$ 的集X_1；令 X_2 为 X_1 中使 $e_2(\boldsymbol{x})$极小的集合，X_3 是 X_2 中使 $e_3(\boldsymbol{x})$极小的 $\boldsymbol{x}$ 的集合……直到某个 X_1 中只有单个分配 $\boldsymbol{x}$ 时为止，这个惟一的分配称为核仁。

最小核和由此确定的核仁还有两种变形：弱最小核和弱核仁、比例最小核和比例核仁。当 X 为空集，求解弱最小核和比例最小核的方法为

$$\min \varepsilon \tag{13.46}$$

受约束于：

$$x(S) - C(S) - \varepsilon \cdot s \leqslant 0,\ \forall S \subset N$$

$$\sum_{i\in N} x(i) = C(N)$$

$$x(i) \geqslant 0,\ \forall i \in N$$

式中，s 表示联盟 S 中局中人的个数，ε 表示为保持整体合作而向每一个部门征收等量的最小附加费。

求解式(13.46)所得到的分配集称为弱最小核。如果弱最小核的分配是惟一的，则该分配是$[N,C]$的弱核仁。

求解比例最小核的方法为

$$\min \quad t \tag{13.47}$$

受约束于：
$$\sum_{i\in S}x(i) - t\cdot\left[\sum_{i\in S}C(i) - C(S)\right] \leqslant C(S),\ \forall S\subset N$$
$$\sum_{i\in N}x(i) = C(N)$$
$$x(i)\geqslant 0,\ \forall i\in N$$

在这里 t 表示向每一联盟征收与其替代费用成比例的最小附加费的比率。求解式(13.47)所得的分配集为比例最小核；如果分配是惟一的，则该分配是$[N,C]$的比例核仁。

如果分配不是惟一的，可用类似核仁的计算步骤计算弱核仁和比例核仁，所不同的是余量分别定义为：

$$e(x) = [x(S) - C(S)]/s,\ \forall S\subset N \tag{13.48}$$

$$e(x) = \begin{cases}[x(S) - C(S)]/C(S) & \text{如果 } C(S)\neq 0,\forall S\subset N\\ x(S) - C(S) & \text{如果 } C(S) = 0,\ \forall S\subset N\end{cases} \tag{13.49}$$

核仁法满足个体合理性和总体合理性等公平原则。

(2) NSCG 法

NSCG 法是以对策论中 τ 值概念为基础推导出来的。它和可分费用剩余效益法(SCRB)一样，将工程总费用划分可分费用和剩余费用。SCRB 法只是以单个部门的剩余替代费用的比例来摊剩余费用，而 NSCG 法不仅考虑了单个部门的剩余替代费用，还全面的考虑各种部门间联盟的剩余替代费用。

对于任何成本对策$[N,\ C]$，引入费用缺口函数 g^c，对于任一联盟，$g^c(S)$表示 S 的剩余替代费用，即

$$g^c(S) = C(S) - \sum_{j\in S}I_b(j) \tag{13.50}$$

式中，$g^c(S)$称为对策$[N,C]$中联盟 S 的费用缺口。注意到总联盟的费用缺口 $g^c(N)$是 I_c，即

$$g^c(N) = I_c \tag{13.51}$$

很显然：$g^c(\varnothing) = 0$ (13.52)

一般考虑 g^c 是非负的情况，所以假设：

$$g^c(S)\geqslant 0,\ \forall S\subset N \tag{13.53}$$

令 $i\in T\subset N$，那么部门 i 将拒绝加入任何使它承担的费用大于 $I_b(i)+g^c(T)$的

联盟,因为它可以加入联盟 T,并承担该联盟的费用缺口。所以部门 i 分摊的费用上限为

$$C(T) - \sum_{j \in T \setminus \{i\}} I_b(j) \tag{13.54}$$

或者为

$$I_b(i) + g^c(T) \tag{13.55}$$

部门 i 最多愿意承担的费用为任何包含 i 的联盟 T 的缺口费用中的最小值,即

$$x(i) = \min_{i \in T \subset N}[I_b(i) + g^c(T)] = I_b(i) + \min_{i \in T \subset N} g^c(T) \tag{13.56}$$

定义 $\min_{i \in T \subset N} g^c(T)$为部门 i 的让步量,记为 $\lambda(i)$,即

$$\lambda(i) = \min_{i \in T \subset N} g^c(T) \tag{13.57}$$

让步量 $\lambda(i)$是部门 i 对剩余费用 NSC 愿意作出的最大贡献,假设这些最大贡献的总量不小于剩余费用,即

$$\sum_{j \in N} \lambda(j) \geqslant I_c \tag{13.58}$$

这一假设是合理的,否则分摊问题无法解决。NSCG 法按让步量 $\lambda(i)$的比例来分摊剩余费用,计算公式如下:

$$x(i) = I_b(i) + I_c \cdot \lambda(i) \Big/ \sum_{j \in N} \lambda(j) \tag{13.59}$$

NSCG 法具有许多优点。它满足个体合理性、有效性、对称性和策略等价性。当受益部门的数量不超过 4 个时,还具有团体合理性。

(3) MCRS 法

MCRS 是 SCRB 法的推广,这一推广的主要思路是勾画出核的轮廓,然后在核中寻找出各局中人参与综合利用工程最大和最小费用。核中的最大和最小费用可通过解如下线性规划求得:

$$\max \quad \text{or} \quad \min \quad x(i) \tag{13.60}$$

受约束于:

$$x(i) \leqslant c(i), \qquad \forall i \in N$$

$$\sum_{i \in S} x(i) \leqslant C(S), \qquad \forall S \in N$$

$$x(i) \geqslant 0, \qquad \forall i \in N$$

对于$|N| \leqslant 3$,可以采用几何作图法求解。其最小费用 $x(i)_{\min}$是可分费用,其最大费用 $x(i)_{\max}$为局中人参与该工程愿意承担的最大费用,一般来说 $x(i)_{\min} \leqslant c(i)$。MCRS 法是按最大费用与最小费用之差的比例分摊剩余费用 I_c,其比例系数为

$$\beta(i) = [x(i)_{\max} - x(i)_{\min}] \Big/ \sum_{i \in N}[x(j)_{\max} - x(j)_{\min}] \tag{13.61}$$

各部门分配的费用为

$$x(i) = I_b(i) + \beta(i) \cdot I_c \tag{13.61$'$}$$

MCR 法的分摊结果在可行解集内,为了求得惟一解,选取 $\beta(i)$为分摊比例。但其

分摊所用原则未必能得到各受益部门的一致同意，而且，该方法不具备单调性。

13.4.3　评价投资分摊方法优劣的标准

投资分摊的方法很多，除了上面介绍的三种基于合作成本对策的方法之外还有许多传统的投资分摊方法。为了评价这些方法的优劣，有必要考察理想的投资分摊应该具备的性质，也就是评价投资分摊方法优劣的标准。

Ransimeier (1942)曾经提出的评价投资分摊方法优劣的标准是：

① 方法应能确定每一受益部门应承担的费用；各部门所承担的费用应小于该部门的效益且不大于该部门相应替代方案的费用；分摊到任一联盟中各部门费用之和不应大于该联盟的费用，应满足式(13.36)～(13.38)所示的公平性原则。

② 方法的计算不应太复杂。

③ 方法是切实可行的。

④ 方法应该有一定的弹性。

上述标准过于简单。例如，用效益比例法和可分费用剩余效益法(SCRB 法)计算的结果在某些情况下是符合上述标准的，但分摊结果不一定能为各有关部门接受，其原因是这些方法所采用的指标是单一的，这种单一指标的选取会在部门间引起较大争议。此外，这些标准对某些工程实际问题也缺乏考虑。为此，我们认为评价投资分摊方法优劣的衡量标准应包括如下内容：

(1) 分摊结果应满足基本的公平性原则

即分摊结果应满足式(13.36)～(13.38)，结果应在核内，若核是空集，则说明计算所采用的子联盟的费用 $C(S)$过小。为了鼓励部门间的合作，一个简单、直观且合理的解决的办法是放宽中间联盟 S 的约束，用下述方法求最小核。

求解线性规划 LP1。

LP1：

$$\min \theta$$

$$\text{受约束于：}\quad \begin{aligned} & x(i) \leqslant c(i), \qquad \forall i \in N \\ & \sum_{i \in S} x(i) \leqslant (1+\theta) C(S), \forall S \subset N \\ & \sum_{i \in N} x(i) = C(N) \\ & x(i) \geqslant 0, \qquad \forall i \in N \end{aligned}$$

LP1 的解记为 θ^*，则新的可行解集 X' 由下列条件确定：

$$\left.\begin{aligned} & x(i) \leqslant c(i), \qquad \forall i \in N \\ & \sum_{i \in S} x(i) \leqslant (1+\theta^*) C(S), \qquad \forall i \in N \\ & \sum_{i \in N} x(i) = C(N), \qquad x(i) \geqslant 0, \ \forall i \in N \end{aligned}\right\} \tag{13.62}$$

式(13.62)记作 $\boldsymbol{x}\in X'$。

(2) 足够的灵活性

即应能由各受益部门根据工程的具体情况通过协商来选择各部门均能接受的公平原则,在必要时应能同时采用若干不同的原则。由于现有的各种投资分摊方法所遵循的公平原则是固定且单一的,从而很难满足这一要求。

(3) 单调性

单调性意为对条件变化的适应性。由于在工程完工之前无法确定工程的实际费用,而又必须在开工前商定投资分摊方法,所以有必要规定总费用在多大范围内应该如何分摊。这对分摊方法提出的基本要求是:随着工程总费用的增加,没有一个受益部门承担的费用会减少;反之,总费用减少时,没有哪个部门承担的费用会增加。

(4) 对专用费用划分的不敏感性

在实际工程中,费用函数的计算存在模糊性,这主要是由于专用费用该如何划分引起的。由于专用费用和公共费用的界限并不总是很清楚,所以确定的费用函数多少带有主观随意性,因此,一个好的投资分摊方法应对所包含的专用费用不敏感;在按某种因素的比例分摊时对专用费用很敏感,而基于对策论的方法则不存在这个问题。

(5) 哑元无关性

在成本对策中,若对任何子联盟 S⊂N,部门 i 均有:

$$C(i\cup S)=c(i)+C(S),\quad i\notin S, S\subset N \tag{13.63}$$

则称 i 是哑元。若所采用的投资分摊方法能使哑元 i 分摊的费用 $x(i)=c(i)$,则称该方法满足哑元无关性。由于部门 i 参加任何联盟对联盟成本的减少均无贡献,它当然不应在总联盟中得到好处,所以满足哑元无关性应作为验证分摊结果是否合理的一个依据。

(6) 分摊结果有明确的经济意义

传统分摊方法的结果有明确的经济意义,而在用基于对策论的方法进行投资分摊时,所遇到的主要困难之一是很难向各受益部门解释清楚分摊结果的实际含义是什么。

(7) 适用范围广

(8) 所需的信息量少,容易获得,计算简单、直观

上述八条标准能够比较全面地综合评价投资分摊方法的优劣。

*13.5 协调规划法

上节介绍的三种基于对策论的投资分摊方法以及 Shapley 法,主要缺点是它

们所采用的公平性原则比较单一，有些方法的求解结果的经济意义不够明确，有些方法不具备最基本的性质如单调性，对复杂的超大型综合利用工程，需有一个能够为各部门接受的新的投资分摊方法，这就是协调规划法。

13.5.1 协调规划法的基本形式与性质

根据上节所提出的评价投资分摊方法优劣的标准，在解决实际投资分摊问题时，首先应由各部门根据工程的具体情况协商分摊应遵循的公平原则，在取得一致意见后，再采用某一具体方法进行分摊。这里可能出现两种情况。一是某种分摊方法能满足所约定的公平原则，这种情况容易处理；困难的是另一种情况，即没有哪种现成的方法能满足所约定的原则。对于后者，可以用协调规划法来解决。协调规划法的基本思想是为了鼓励部门间的合作，充分考虑各部门意见，在可行解集内寻求各种参数指标尽可能相等的点作为分摊结果。

协调规划法的基本形式为如下非线性规划问题：

NLP1：
$$\min\{F=\sum_{j\in M}\sum_{i\in N}k_j\mid d_{ij}-r_{ij}\mid^p\}$$

受约束于：
$$x(i)\leqslant C(i),\qquad \forall i\in N$$
$$\sum_{i\in S}x(i)\leqslant C(S),\qquad \forall S\subset N$$
$$\sum_{i\in N}x(i)=C(N),$$
$$x(i)\geqslant 0,\qquad \forall i\in N$$

即
$$\min_{x\in X}\ F$$

式中，i 为部门序号；j 为所采用的公平原则序号；M 为各部门经协商选定的公平原则的集合，$M=\{1,\cdots,m\}$；d_{ij} 为根据公平原则 j，部门 i 分摊投资的参数指标；r_{ij} 为根据原则 j，部门 i 的参数指标的合理值；k_j 为公平原则 j 的权重；$1\leqslant p\leqslant\infty$，通常取 $p=1$。

NLP1 的含义如下：

① NLP1 的约束条件即公平性原则式(13.36)～(13.38)，因此，只要原问题有核存在，协调规划的解必在核内。当核为空集时，可用线性规划 LP1 求得 θ^*。再用式(13.62)作为约束，即求解 NLP1′：

$$\min_{x\in X'}F$$

② 在投资分摊时，为了在采用公平性原则方面有足够的灵活性，协调规划法允许同时使用多个公平性原则。若受益部门通过协商决定同时采用 m 个原则来分摊投资，则 $M=\{1,2,\cdots,m\}$。k_j 是第 j 个原则的权重，一般可通过协商得到；若各部门分歧较大，则可以由各部门分别对各公平原则的权赋值，设部门 i 赋给原则 j 的权重为 k_{ij}，并规定

$$k_{ij} \geqslant 0,\ \sum_{j=1}^{m} k_{ij} = 1, \quad \forall i \in N \tag{13.64}$$

且设各部门意见的重要性相同,则可取

$$k_j = (\sum k_{ij})/n, \quad j = 1, \cdots, m \tag{13.65}$$

因此,协调规划法符合上述衡量投资分摊优劣的第二条标准。

③ 若参与投资分摊的各受益部门能够就投资分摊某一个公平性原则达成协议,则 $M=\{1\}, k_1=1$,NLP1 简化为

NLP2: $$\min_{x \in X} \sum_{i=1}^{n} | d_i - r_i |^p$$

需要指出的是,NLP2 是现有各种投资分摊方法的统一表达与改进。例知,以各部门费用效益比相等作为公平原则,即令 NLP2 中 $p=1$,且

$$d_i = X(i)/B(i) \tag{13.66}$$

$$r_i = C(N)/B \tag{13.67}$$

式(13.67)中 B 为综合利用工程的总效益,则 NLP2 即

$$\min_{x \in X} \sum_{i \in N} | X(i)/B(i) - C(N)/B | \tag{13.68}$$

显然,若 $\boldsymbol{x}=(x(1), x(2), \cdots, x(n))$是用效益比例法求得的分摊值,且 $\boldsymbol{x} \in X$,则 $\boldsymbol{x}$ 也必是(13.68)式的解;如果 $\boldsymbol{x} \notin X$,即效益比例法的分摊结果落到核外,它需要改进。而式(13.68)则在可行解集 X 内寻找各部门的效益费用比与工程的总效益费用比尽可能接近点作为分摊结果。

又如,以用水量 $W(i)$(或库容)作为投资分摊指标时,在 NLP2 中,可令

$$d_i = x(i)/W(i) \tag{13.69}$$

$$r_i = C(N)/W, \text{且 } p = 1 \tag{13.70}$$

式(13.70)中 W 为总水量(或总库容)。

囿于篇幅,协调规划法与常用投资分摊法的对应关系在此不再一一列举,稍后再作进一步讨论。

④ 与上一分节衡量投资分摊方法优劣的八条标准对照,协调规划法基本形式符合下述各条标准:满足式(13.36)~(13.38)所述基本原则(当核为空集时不满足式(13.38),即团体合理性);有选择公平性原则的灵活性;对专用费用的划分不敏感;具有哑元无关性;分摊的结果具有明确的经济意义;适用范围广。它的缺点是不具备单调性和计算比较复杂。计算比较复杂这一缺点,在当今计算机日趋普及的情况下,利用有关的通用软件或编制该算法的专用软件很容易得到弥补。为了使它具有单调性,需要对协调规划法的基本形式加以改进。

13.5.2　协调规划法的改进

基本形式的协调规划法是在可行解集内，根据各部门商定的公平原则求折衷的分摊结果，其适用范围广且解的经济意义明确；但是用 NLP1（或 NLP2 及式(13.68)求解时，不能保证单调性，因此有必要加以改进。

对一个具体工程，总费用会因管理、技术水平及自然条件而变化。由于工程开工后替代方案必须抛弃，而若替代方案付诸实施，其费用也会发生变化，因而在工程总费用变化时要求满足团体合理性是没有意义的，但一般希望个体合理性仍能满足。假设每个部门承担的费用不应大于其愿意承担的最大费用 $x''(i)$，则工程总费用由 $C(N)$变为 $C'(N)$时，可行解集为

$$x^0(i) \leqslant x(i) \leqslant x''(i), \quad \forall i \in N$$
$$\sum_{i \in N} x(i) = C'(N) \tag{13.71}$$

式中，$x^0(i)$是工程费用为 $C(N)$时，部门 i 必须承担的最小费用。一般有：

$$x^0(i) = SC(i), \quad \forall i \in N$$
$$x''(i) \leqslant c(i) \tag{13.72}$$

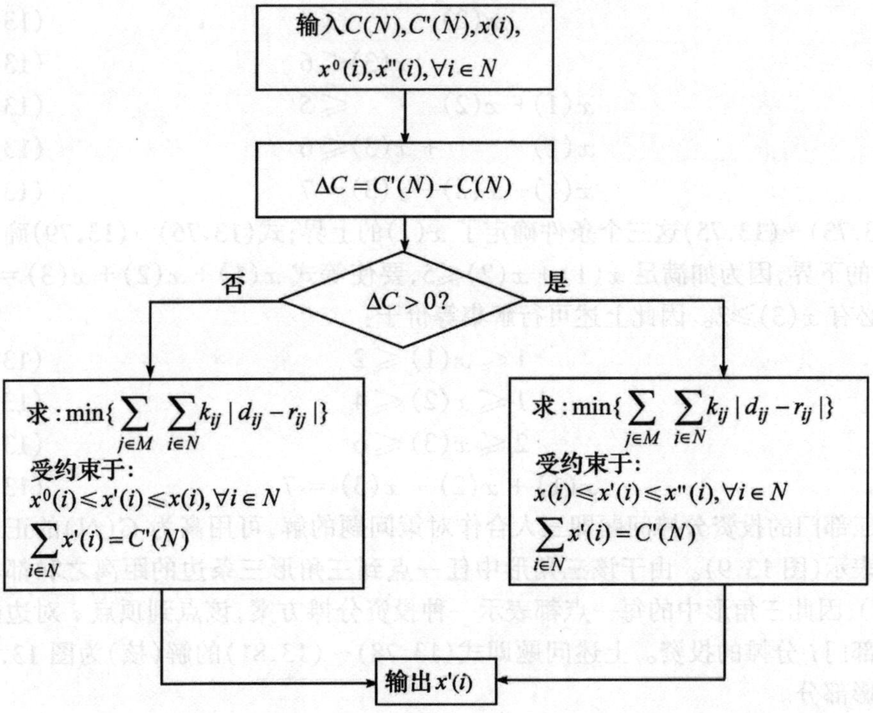

图 13.8　求解 $x'(i)$的算法步骤

由于约束条件(13.71)不能保证单调性,因此需作如下改进:设用 NLP1 求得的工程总投资为 $C(N)$时的分摊结果为 $x(i)$、工程总费用为 $C'(N)$时,部门 i 应承担的费用为$x'(i)$,可以用 $\boldsymbol{x}=(x(1),x(2),\cdots,x(n))$作为分界点,将约束集分为两部分,根据 $C'(N)-C(N)$的大小求解新的非线性规划,具体算法如图 13.8 所示。

采用这一算法,既没有改变协调规划法的基本特性,又能保证该法具有单调性。

13.5.3 示例

为了进一步说明协调规划法的特点,本节将通过如下示例把它与常用的效益比例法、SCRB 和 MCRS 加以比较。

例 设有一个三部门合作项目的投资分摊问题,特征函数为

$$C(1)=2,\ C(2)=4,\ C(3)=6,$$

$$C(\{1,2\})=5, C(\{1,3\})=6,\ C(\{1,2,3\})=7$$

(特征函数相当于联盟 S 的最优替代工程费用,例如 $C(\{1,2\})$表示由部门 1 与 2 结成的联盟的最优等效替代工程费用。)

问题的可行解集为

$$x(1) \leqslant 2 \tag{13.73}$$

$$x(2) \leqslant 4 \tag{13.74}$$

$$x(3) \leqslant 6 \tag{13.75}$$

$$x(1)+x(2) \leqslant 5 \tag{13.76}$$

$$x(1)+x(3) \leqslant 6 \tag{13.77}$$

$$x(1)+x(2)+x(3)=7 \tag{13.78}$$

式(13.73)～(13.75)这三个条件确定了 $x(i)$的上界;式(13.76)～(13.79)确定了 $x(i)$的下界,因为如满足 $x(1)+x(2)\leqslant 5$,要使等式 $x(1)+x(2)+x(3)=7$ 成立,必有 $x(3)\geqslant 2$。因此上述可行解集等价于:

$$1\leqslant x(1)\leqslant 2 \tag{13.79}$$

$$1\leqslant x(2)\leqslant 4 \tag{13.80}$$

$$2\leqslant x(3)\leqslant 6 \tag{13.81}$$

$$x(1)+x(2)+x(3)=7 \tag{13.78}$$

三部门的投资分摊问题即三人合作对策问题的解,可用高为 $C(N)$的正三角形来表示(图 13.9)。由于该三角形中任一点到三角形三条边的距离之和都等于 $C(N)$,因此三角形中的每一点都表示一种投资分摊方案,该点到顶点 i 对边的距离即部门i 分摊的投资。上述问题即式(13.78)～(13.81)的解(核)为图 13.9 中的阴影部分。

(1) SCRB 法

在用 SCRB 法求解时,式(13.79)～(13.81)的下界即各部门的可分费用,因此

$I_b(1)=1, I_b(2)=1, I_b(3)=2$,剩余费用为

$$I_c = C(N) - \sum I_b(i) = 7 - (1+1+2) = 3$$

由式(13.61) $\beta(1) = 1/8,\quad \beta(2) = 3/8,\quad \beta(3) = 1/2$

由式(13.61′) $x(1) = I_b(1) + \beta(1) \cdot I_c = 11/8$

$$x(2) = 17/8, x(3) = 7/2$$

所以,$\boldsymbol{x}_A=(11/8,17/8,7/2)$,即图 13.9 中的 A 点。

(2) MCRS 法

在用 MCRS 法求解时,由图 13.9 所示的核的边界即式(13.79)~(13.81),因此

$$x(1)_{\max} = 2 \qquad x(1)_{\min} = 1$$
$$x(2)_{\max} = 4 \qquad x(2)_{\min} = 1$$
$$x(3)_{\max} = 5 \qquad x(3)_{\min} = 2$$

又 $I_c = 3,\ \sum[x(i)_{\max} - x(i)_{\min}] = (2-1)+(4-1)+(5-2) = 7$

所以 $\beta(1) = 1/7,\ \beta(2) = 3/7,\ \beta(3) = 3/7$

$$x(1) = x(1)_{\min} + \beta(1) \cdot I_c = 1 + (1/7) \times 3 = 10/7$$

$$x(2) = 16/7,\ x(3) = 23/7$$

所以,$\boldsymbol{x}_B=(10/7, 16/7, 23/7)$,即图 13.9 中的 B 点。

(3) 效益比例法

设各部门的效益为 $B(1)=4, B(2)=5, B(3)=26$,则由

$$x(i) = B(i)C(N) \Big/ \sum_j B(j) \tag{13.82}$$

可得

$x(1)=4/5,\ x(2)=1,\ x(3)=26/5$

即 $\boldsymbol{x}_C=(4/5, 1, 26/5)$

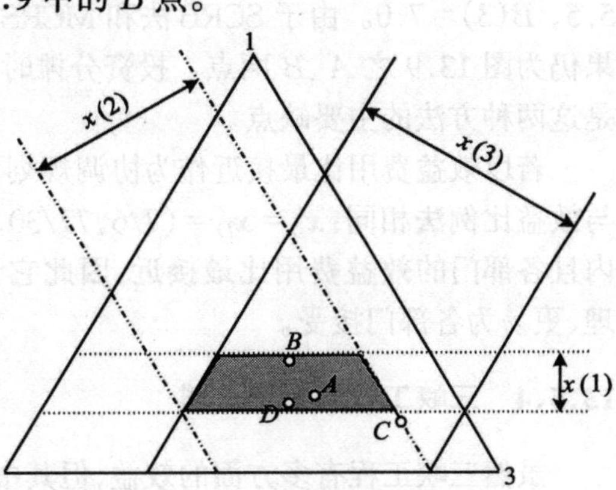

图 13.9 三人合作对策的图解法

该结果处于核外,它将遭到部门 3 的反对,因部门 1 分摊的费用小于最低费用而部门 3 分摊的费用超过它愿意承担的最大值 5。部门 3 可以与部门 2 合作结成联盟,使 $C(2,3)=6$,即可由部门 2 分摊 1,部门 3 分摊 5 建造相应最优等效替代工程,而不参加由(1,2,3)共同合作的项目。效益比例法的这种不合理性应当避免。

用 SCRB 法和 MCRS 法计算的分摊结果都在可行解集内,是可行解,但相应的效益费用比分别为 $r_A=(32/11, 40/17, 52/7)$ 和 $r_B=(14/5, 35/16, 182/23)$。

两种方法的计算结果均使部门 1 和 2 的效益费用比小于 3,而部门 3 的效益费用比大于 7,因此这两种分摊结果将遭到部门 1 和 2 的反对。

若以费用效益比尽量接近作为各受益部门能接受的公平性原则,采用协调规划法所求解的分摊结果为 $\boldsymbol{x}_0=(1,\ 1,\ 5)$,该分配不仅在核内,而且使各部门的效益费用比最为接近,因此其结果易为各部门所接受。因为部门 3 如果认为本部门承担的是最大费用而其他部门仅仅承担其可分费用是不合理的话,则可以向部门 3 指出,根据事先约定的分摊原则,它的经济效益与费用之比为 5.2,而部门 1 和部门 2 的经济效益费用比分别为 4 和 5,都低于部门 3。反之,如果其他部门认为其经济效益费用比低,则可以指出它们仅仅分摊其可分费用。事实上,在综合利用水利工程中各部门所处的地位并不相同,往往是某一部门占主导地位,在大部分时间要求水库的运行方式服从它的要求,其他次要部门的用水量和用水时间则处在从属地位。在主从关系十分明确的情况下,各次要部门只负担其可分费用,其余部分费用由主导部门承担,上述的情况即属此例。这里,就不宜再用效益比例、SCRB 和 MCRS 等方法。而此时协调规划法的计算结果和主从关系法的结果相同。在这个意义上,主从关系法也是协调规划法的一个特例。协调规划法可以为主从关系法的思想提供某种理论依据。

仍以上述三人合作对策为例,假设各部门的效益分别为:$B(1)=2.5,\ B(2)=5.5,\ B(3)=7.0$。由于 SCRB 法和 MCRS 法的解与各部门效益无关,所以分摊结果仍为图 13.9 之 A、B 两点。投资分摊时完全不考虑各受益部门的效益差异,这是这两种方法的主要缺点。

若以效益费用比最接近作为协调规划的公平性原则,则这时协调规划法的解与效益比例法相同:$\boldsymbol{x}_0=\boldsymbol{x}_D=(7/6,77/30,49/15)$。由于这一分摊结果是位于核内且各部门的效益费用比最接近,因此它比 SCRB 和 MCRS 的解 $\boldsymbol{x}_A$ 和 $\boldsymbol{x}_B$ 更合理、更易为各部门接受。

13.5.4 三峡工程的投资分摊

虽然三峡工程有多方面的效益,但其中防洪、发电和航运三个部门的效益最显著,与它们相比其他部门的效益较小。为了使问题简化并与三峡工程投资分摊的其他研究结果① 进行比较,投资分摊仅在防洪、发电和航运部门间进行,且只考虑正常蓄水位 175m 方案。

---

① 长江水利委员会规划处,1989,《三峡工程投资分摊初步研究报告》。
长江三峡工程论证综合经济评价专家工作组,1987,三峡工程投资分解意见,三峡工程科技通讯。

1. 基础数据

对三峡工程正常蓄水位175m方案的投资、运行费及折现值，采用表13.11所示数据，数据来源见上页页下注。

在经济计算期内的防洪、发电和航运效益折现值如下：

$$B(1) = 54.66(\text{亿元})$$
$$B(2) = 171.00(\text{亿元})$$
$$B(3) = 31.44(\text{亿元})$$

表13.11　三峡工程投资、年运行费、折算费用表(单位:亿元)

项目		投资	年运行费	折现费用
综合	总　计	414.54	9.20	177.40
	一、主体工程	298.28	2.98	128.08
	二、配套工程	116.26	6.22	49.32
	1. 输变电工程	62.82	0.94	22.99
	2. 港口码头、船舶	53.44	5.28	26.33
按公用、专用、配套划分	总　计	414.54	9.20	177.40
	一、发电部门	146.00	1.77	58.71
	1. 专用工程	83.18	0.83	35.72
	2. 配套工程	62.82	0.94	22.99
	二、防洪部门	18.76	0.19	8.06
	三、航运部门	57.56	5.32	28.10
	1. 专用工程	4.12	0.04	1.77
	2. 配套工程	53.44	5.26	26.33
	四、共用工程	192.21	1.92	82.53
按可分、剩余划分	总　计	414.54	9.20	177.40
	一、发电部门	175.90	2.07	71.55
	1. 可分部分	113.09	1.13	48.56
	2. 配套工程	62.82	0.94	22.99
	二、防洪部门	18.76	0.19	8.06
	三、航运部门	62.11	5.36	30.05
	1. 可分部分	8.67	0.08	3.72
	2. 配套工程	53.44	5.28	26.33
	四、剩余部分	157.77	1.58	67.74

注：表中年运行费为达到设计水平年后运行费。

各部门及其联盟的费用函数见表 13.12。由于各部门及其组合的最优等效替代工程投资的计算过于复杂，因此采用下式计算：

$$C(S) = C(N) - \sum_{j \notin S} I_b(j) \tag{13.83}$$

即

$$C(\{1,2\}) = 177.40 - 30.05 = 147.35$$
$$C(\{2,3\}) = 177.40 - 8.06 = 169.34$$
$$C(\{1,3\}) = 177.40 - 71.55 = 104.85$$

表 13.12 各部门及其组合的费用函数(单位：亿元)

S	1	2	3	{1,2}	{1,3}	{2,3}	{1,2,3}
$C(S)$	52.13	141.50	30.05	147.35	104.85	169.34	177.40

2. 公平性原则的选取

协调规划法所采用的公平性原则本应由各受益部门协商解决。为了说明该法及其灵活性，考虑如下三种情况。

① 使各部门费用效益比尽量接近。这时的目标函数为

$$F_1 = \left|\frac{x(1)}{54.66} - \frac{x(2)}{171.00}\right| + \left|\frac{x(2)}{171.00} - \frac{x(3)}{131.44}\right| + \left|\frac{x(3)}{31.44} - \frac{x(1)}{54.66}\right| \tag{13.84}$$

② 使各部门费用效益比尽量接近工程的总体费用效益比。这时的目标函数为

$$F_2 = \left|\frac{x(1)}{54.66} - r\right| + \left|\frac{x(2)}{171.00} - r\right| + \left|\frac{x(3)}{31.44} - r\right| \tag{13.85}$$

其中 $r = C(N)/\sum B(i) = 177.40/257.10 = 0.69$

③ 综合考虑：i) 各部门费用效益比尽量接近；ii) 投资与最优等效替代工程费用比尽量接近。这时目标函数为

$$F_3 = F_1 + \left|\frac{x(1)}{52.13} - \frac{x(2)}{141.50}\right| + \left|\frac{x(2)}{141.50} - \frac{x(3)}{30.05}\right| + \left|\frac{x(3)}{30.05} - \frac{x(1)}{52.18}\right|$$

根据不同地公平原则还可构造多种目标函数。

上述三种情况下的协调规划问题分别记为 CPM1，CPM2 和 CPM3，则有：

CPMi $(i=1,2,3)$：

$$\min \quad F_i$$

受约束于：
$$
\begin{aligned}
x(1) &\leqslant 52.13\\
x(2) &\leqslant 141.50\\
x(3) &\leqslant 30.05\\
x(1)+x(2) &\leqslant 147.3\\
x(1)+x(3) &\leqslant 104.85\\
x(2)+x(3) &\leqslant 169.34\\
x(1)+x(2)+x(3) &= 177.40
\end{aligned}
$$

3. 计算结果与分析

(1) 协调规划法 CPMi ($i=1,2,3$)的计算结果(表 13.13)

表 13.13 基于不同公平原则的协调规划计算结果(单位:亿元)

	$x(1)$	$x(2)$	$x(3)$	$y(1)$	$y(2)$	$y(3)$
CPM1	37.62	109.78	30.05	37.62	86.74	3.72
CPM2	36.88	110.47	30.05	36.88	87.48	3.72
CPM3	40.63	106.72	30.05	40.63	83.73	3.72

注:表中 $y(i)=x(i)-C_p(i)$,$C_p(i)$为部门的配套工程费用,$y(i)$为部门 i 应承担主体工程费用。

由前面的讨论可知,CPM1 是效益比例法的改进,CPM2 是改进的总体费用效益比法,CPM3 则是效益比例法与合理替代费用法的折衷,即 $m=2,k_1=k_2=1$ 的情况。若选用其他公平原则,可以构造其他的模型并得出相应结果,协调规划法的这种灵活性是它的显著优点之一。

由表 13.13 所示的结果可以看出,三种方法求得的航运部门应承担的投资完全一致,这是由于航运部门的效益较低而配套工程费用较高,所以只要考虑费用效益比,其分摊的主体工程投资份额就不能再高了。

(2) 其他投资分摊方法的计算结果

利用表 13.11 中的基础数据,用另外几种投资分摊方法计算的三峡主体工程投资分摊结果列入表 13.14,表中列出的数值为各部门应承担投资的百分比。

(3) 说明

由于本节所采用的协调规划法的三种目标函数仅仅是为了说明协调规划法具有灵活选取公平性原则这一优点,根据常用的公平性原则设置的,它们并非各部门协商一致的意见,所得的分摊结果对各部门并无约束力。若先由三峡工程的各部门就公平性原则进行协商,根据一致商定的原则(或不同原则的加权平均)构造出相应的目标函数并求解,则所得结果对各部门就具有相当大的约束力,可以作为投资分摊的重要依据。

表 13.14　不同方法计算的主体工程费用的分摊比例

方法 \ 部门（分摊比例/(%)）		防　洪	发　电	航　运	合　计
效益比例法(不含配套工程费)		23.69	74.09	2.22	100
效益比例法(包括配套工程费)		27.04	77.96	-5.00*	100
合理替代费用法		34.21	64.28	1.51	100
SCRB 法		27.19	69.28	3.53	100
Shapley 法		26.77	67.50	5.73	100
MCRS 法		27.77	68.68	3.55	100
NSCG 法		27.59	68.87	3.54	100
协调规划法	CPM1	29.37	67.72	2.90	100
	CPM2	28.79	68.31	2.90	100
	CPM3	31.72	65.38	2.90	100

* 航运部门出现负值是按各部门总效益与总投资(包括配套工程费)之比进行分摊时，所分摊的投资份额小于配套工程费用。

13.5.5　小结

根据评价投资分摊方法优劣的八条标准，将各种常用投资方法的基本特性列成表 13.15。

表 13.15　各种方法的基本特性

	个　体合理性	团　体合理性	对公平原则的适应(灵活性)	对专用费用划分的不敏感性	单调性	哑　元无关性	经济意义明确	简单性
比例分配法					√		√	√
SCRB 法						√	√	√
Shapley 法	√			√	√	√		
核仁法	√	√		√		√		
弱核仁法		√		√	√			
比例核仁法	√	√		√	√	√		
MCRS 法	√	√		√		√		
NSCG 法	√	√		√		√	√	
协调规划法	√	√	√	√	√	√	√	

注："√"表示满足该特性。

从表 13.15 以及上一节的讨论可以看出，传统的投资分摊方法，如按某种指标的比例进行分摊的方法和 SCRB 法不满足个体合理性和团体合理性等最基本的公平原则，但这些方法通常具有单调性、解的经济意义明确和计算简单等优点，所以当问题的解在可行解集内时，不失为简单易行的方法；而以对策论为基础的方法则在可行解集内寻找问题的解，其特点与传统方法正相反，最主要的缺点是解的经济意义不明确，这二类方法的共同的缺点是缺乏对不同公平原则的兼容性，即不具备灵活性。与这些方法相比，协调规划法的优点不仅在于它的解有明确的经济意义，适用范围广，具有哑元无关性，单调性，而且可以根据各部门商定的公平原则在可行解集内求解。即使各部门通过协商不能达成一致意见，协调规划法仍能对各部门之间存在分歧的意见加以协调，在可行解集内求出折衷的分摊结果。协调规划法除了计算的复杂性以外，符合本节中提出的各项评价标准，而在计算机日益普及的今天，只要利用相应的软件，计算的复杂性就不再是实际应用的障碍，因此是进行大型工程投资分摊的一种易为各方接受的投资分摊方法。

习　题

一、问答题：

1. 简述在谈判问题中使用效用的利弊。

2. 用式(13.17)计算 13.3 节中两个例的 Shapley 值。

二、谈判问题的可行域和现况点如图所示。

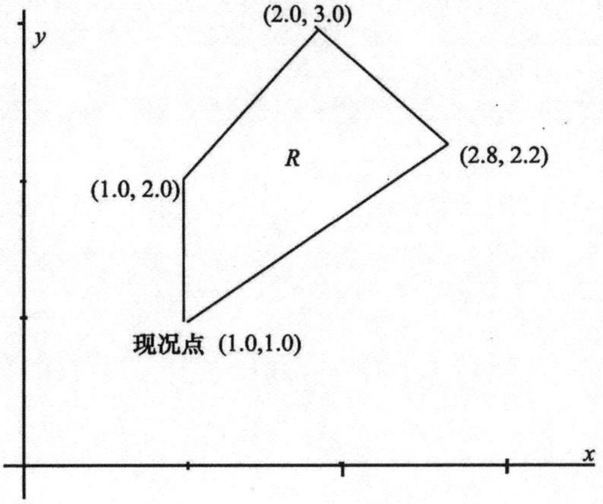

试用下列方法求解：

1. Nash 谈判模型；

2. K－S 模型；

3. 中间－中间值法；

4. 给出均衡增量法求解步骤。

三、谈判问题的可行域为椭圆$\frac{u_1^2}{a^2}+\frac{u_2^2}{b^2}\leqslant 1$在第一象限的部分，现况点为原点。求 Nash 平衡解和等效用解，并说明解的数学意义和现实意义。

四、甲与乙共同获得一套免费书籍，这套书对甲价值为 100 元，对乙价值为 40 元；双方都知道对方的估价。你认为应该如何处理这套书？说明理由。

五、设三人合作对策的特征函数为：

$$C(1)=4 \qquad C(2)=4 \qquad C(3)=5$$

$$C(\{1,2\})=5 \qquad C(\{1,3\})=6 \qquad C(\{2,3\})=7$$

$$C(\{1,2,3\})=10$$

试用适当的方法求解。

参考答案与提示

第一章

二、2. a_1:不进货,a_2:适量进货,a_3:大量进货;θ_1:畅销,θ_2:一般,θ_3:滞销。

易腐品进货问题:

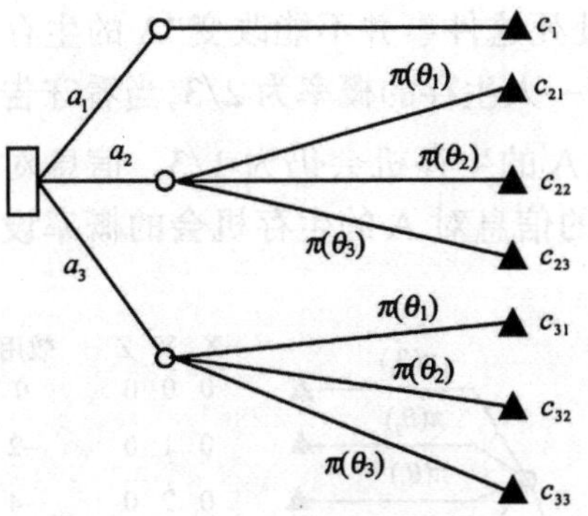

题二之2的决策树

油井钻探问题:

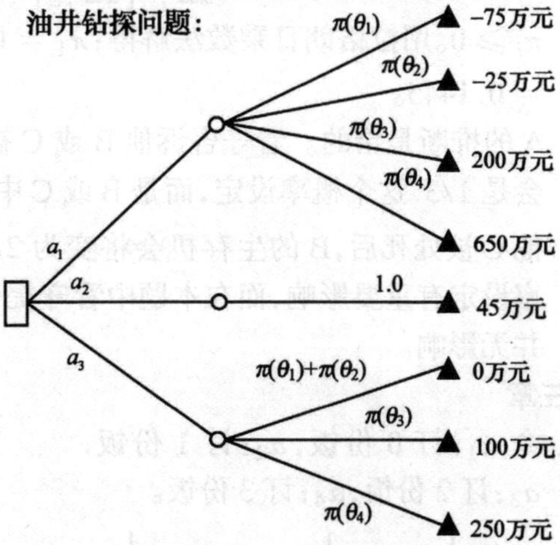

题二之3的决策树

3. a_1:自己钻井,a_2:无条件出租,a_3:有条件出租;θ_1:无油,θ_2:产油5万桶,θ_3:产油20万桶,θ_4:产油50万桶。

三、a_1:钻井,a_2:不钻井;θ_1:有油,θ_2:无油。

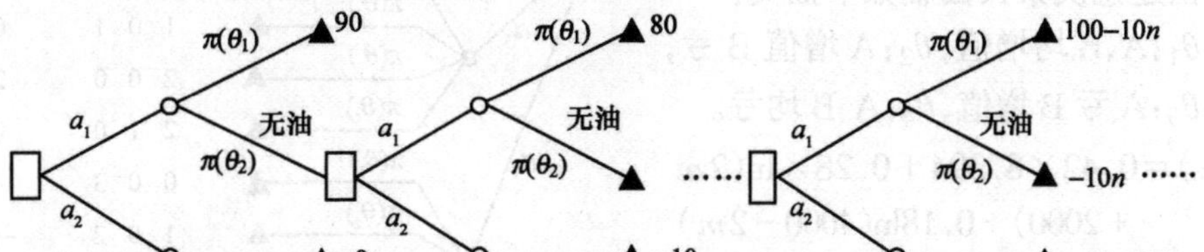

设决策人风险中立。钻第1口井:a_1的期望效益为

$$90\times0.2-10\times0.8=10$$

a_2的期望收益为0,应选a_1;钻第2口井:a_1的期望效益为0,a_2的期望收益为-10,应选a_1;……钻第n口井:a_1的期望效益为$20-10n$,a_2的期望收益为$10-10n$。$20-10n>10-10n$,所以仍应选a_1。

讨论：似乎不论钻多少口井，只要没有油都应该选择继续钻下去。这样做的前提是对 $\pi(\theta)=0.2$ 的绝对信任。实际中连续钻几口井都无油时，就要怀疑$\pi(\theta_1)=0.2$ 的正确性，而不应继续钻下去。

第二章

四、设销售 400 件，800 件，1200 件，1600 件的概率分别为 π_1、π_2、π_3、π_4。因为不满足 $r_{ij}=r_{ik}\cdot r_{kj}$，所以要用最小二乘法估计决策人心目中真正的主观概率分布 π_i。即求规划问题：$\min\{\sum_{j=1}^{4}\sum_{i=1}^{4}(r_{ij}\cdot\pi_j-\pi_i)^2\}$，　受约束于：$\sum\pi_i=1$，$\pi_i\geqslant 0$。用拉格朗日乘数法解得：$\pi_1=0.1445$，$\pi_2=0.4603$，$\pi_3=0.2507$，$\pi_4=0.1445$。

五、A 的推断是错的。看守告诉他 B 或 C 被处死这件事并不能改变“A 的生存机会是 1/3”这个概率设定，而是 B 或 C 中有一人生存的概率为 2/3，当看守告诉他 C 被处死后，B 的生存机会将变为 2/3，A 的生存机会仍为 1/3。信息对概率设定有重要影响，而在本题中看守提供的信息对 A 的生存机会的概率设定并无影响。

第三章

二、令 a_1：订 0 份饭，a_2：订 1 份饭，a_3：订 2 份饭，a_4：订 3 份饭。

$$u_1=\frac{1}{8}\times 0+\frac{1}{4}\times(-2)+\frac{1}{4}\times(-4)+\frac{3}{8}\times(-6)=-3.75$$

$u_2=1.25$，$u_3=0$，$u_4=0.5$

∴应该订 2 份饭。

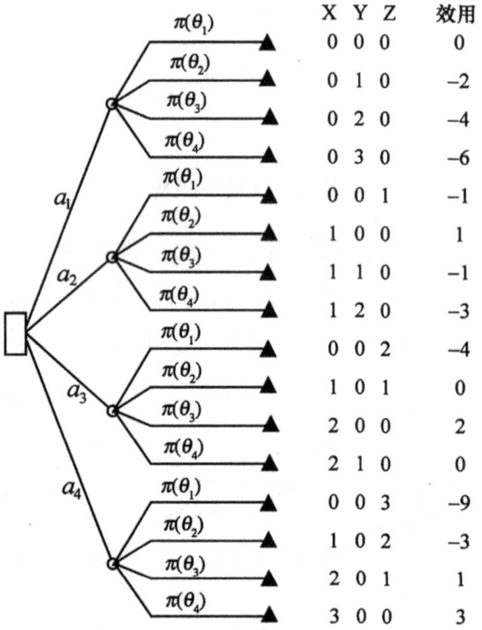

题二之决策树

三、由题意决策人面临如下抽奖：

θ_1：A、B 均增值，θ_2：A 增值 B 亏，θ_3：A 亏 B 增值，θ_4：A、B 均亏。

$$E(u)=0.42\times 8.294+0.28\times\ln(2m+2000)+0.18\ln(4000-2m)+0.12\times 7.6$$

$\frac{\mathrm{d}E(u)}{\mathrm{d}m}=0$ 时 $E(u)$ 取极值，解得 $m\approx 826$ 时，总收益最高。

四、1. 记：a_1 生产产品 A，a_2：生产产品 B。U_1 为甲的效用函数，U_2 为乙的效用函数。作效用函数曲线如下页右图。

$u_1(a_1)=0.3\times 5+0.2\times 8+0.5\times 9=7.6$；$u_1(a_2)=8$。甲应选择生产产品 B。

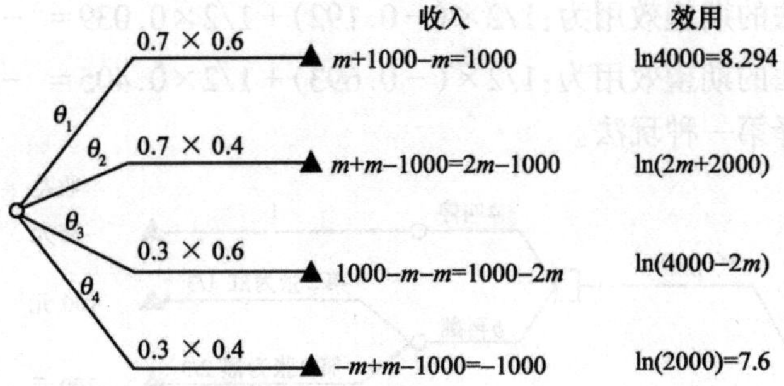

题三

$u_2(a_1)=8.24$；$u_2(a_2)=9.2$。乙应选择生产产品 B。

2. $u_1(a_1)=2.6$；$u_1(a_2)=3$。甲应选择生产产品 B。

$u_2(a_1)=1.96$；$u_2(a_2)=1.8$。乙应选择生产产品 A。

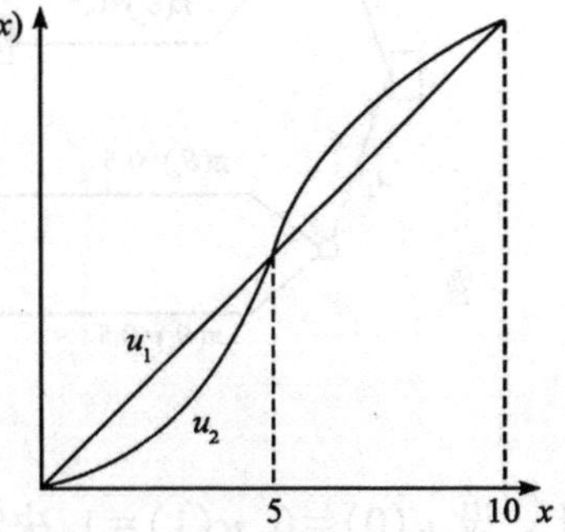

题四

五、1. 由①设 $u(c_1)=1, u(c_5)=0, u(c_1)\geqslant u(c_2)\geqslant u(c_3)\geqslant u(c_4)\geqslant u(c_5)$；

由②得：$0.9>u(c_2)>0.8$；

由③得：$0.3>u(c_4)>0.2$；

由④得：$0.7>u(c_3)>0.5$ [illegible]$)+0.5u(c_4)>0.5$。

综上，$u(c_1)>u(c_2)>u(c_3)>u(c_4)>u(c_5)$。

2. (1) 由 $u(c_3)>u(c_4)$，得 $\langle 0.1, c_2; 0.6, c_3; 0.3, c_4\rangle \prec \langle 0.1, c_2; 0.7, c_3; 0.2, c_4\rangle$；

(2) $\because 0.3u(c_1)+0.1u(c_2)+0.1u(c_4)>0.4>0.5u(c_3)$，$\therefore \langle 0.3, c_1; 0.1, c_2; 0.5, c_3; 0.1, c_4\rangle \succ c_3$；

(3) $\because$ 取 $u(c_3)=0.69$ 和取 $u(c_4)=0.26$ 时，$u(c_4)=0.22$ 时结果不同，$\therefore$ 无法判定；

(4) $\because 2u(c_3)>u(c_2)+u(c_4)$，$\therefore 6u(c_3)-5u(c_4)=6u(c_2)-2u(c_4)>1.8$，$\therefore 0.18+0.5u(c_4)<0.6u(c_3)$，

$\therefore \langle 0.5, c_1; 0.5, c_4\rangle \prec \langle 0.32, c_1; 0.6, c_3; 0.08, c_5\rangle$。

六、记 a_1：选择第一种玩法，a_2：选择第二种玩法；θ_1：翻开第一张为红，θ_2：翻开第一张为黑。

a_1 情况下：第一张为红：$E(a)=-0.192\times 1=-0.192$；$E(b)=-0.327$

（应选 a）

第一张为黑：$E(a)=-0.192$；$E(b)=2/3\times 0.405-1/3\times 0.693=0.039$

（应选 b）

第一种玩法的期望效用为：$1/2\times(-0.192)+1/2\times0.039=-0.0765$
第二种玩法的期望效用为：$1/2\times(-0.693)+1/2\times0.405=-0.144$
此人应选择第一种玩法。

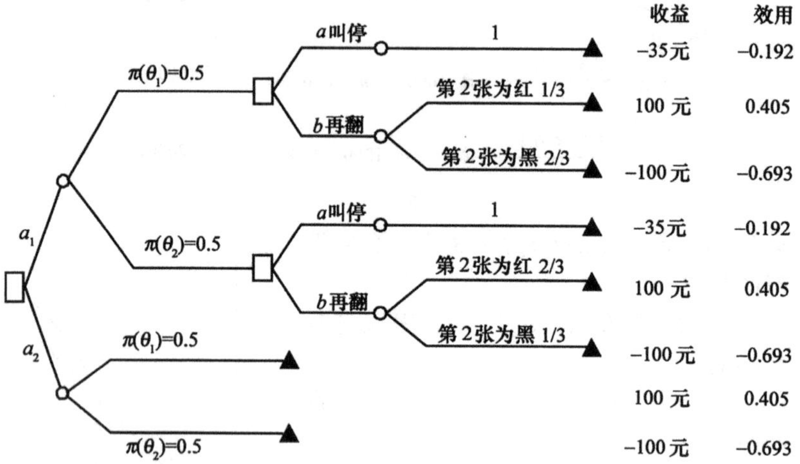

七、设 $u(0)=0, u(1)=1$，决策人效用的上确界为 S_0(钱的效用的有界性)，令 $N_0=\inf\{N\mid 2^N\geqslant S_0\}$，则参加者的期望效用为

$$Eu=\sum_{n=1}^{N_0-1}\frac{u(2^n)}{2^n}+\sum_{n=N_0}^{\infty}\frac{u(2^n)}{2^n}\leqslant\sum_{n=1}^{N_0-1}\frac{2^n}{2^n}+\sum_{n=N_0}^{\infty}\frac{2^{n_0}}{2^{n+1}}=N_0-1+2=N_0+1$$

∴即决策人不会选择 $C>N_0+1$ 参赌。

八、1. $\dfrac{\mathrm{d}}{\mathrm{d}x}\ln\dfrac{\mathrm{d}u}{\mathrm{d}x}=\dfrac{\mathrm{d}^2u/\mathrm{d}x^2}{\mathrm{d}u/\mathrm{d}x}=-r(x)$

2. $\because -\int r(x)\mathrm{d}x=\ln\dfrac{\mathrm{d}u}{\mathrm{d}x}+c$

$\therefore\int \mathrm{e}^{-\int r(x)\mathrm{d}x}\mathrm{d}x=\int \mathrm{e}^c\dfrac{\mathrm{d}u}{\mathrm{d}x}\mathrm{d}x=\mathrm{e}^c u(x)+d$

∴给定 $r(x)$，可以确定正线性变化下惟一的 $u(x)$。

九、1. 当 $n=2m$ 时 $(m>0)$：

$$u(c)=\sum_{i=0}^{m-1}[C_{2m}^i\times0.6^{2m-i}\times0.4^i\times(2000m-2000i)^{1/3}]$$
$$-\sum_{i=0}^{m-1}[2\times C_{2m}^i\times0.4^{2m-i}\times0.6^i\times(2000m-2000i)^{1/3}]$$
$$=\sum_{i=0}^{m-1}[C_{2m}^i\times(0.6^{2m-i}\times0.4^i-2\times0.4^{2m-i}\times0.6^i)$$

$$\times(2000m-2000i)^{1/3}]$$

$$=\sum_{i=0}^{m-1}[C_{2m}^{i}\times 0.24^{i}\times 0.16\times(\frac{0.36}{0.32}0.6^{2m-2i-2}-0.4^{2m-2i-2})$$

$$\times 10\times(2m-2i)^{1/3}]>0$$

∴ 当 $n=2m$ 时此人愿意参加赌博。

2. 当 $n=2m+1$ 时($m\geqslant 0$):

$$u(c)=\sum_{i=0}^{m}[C_{2m+1}^{i}\times 0.6^{2m+1-i}\times 0.4^{i}\times(2000m+1000-2000i)^{1/3}]$$

$$-\sum_{i=0}^{m}[2\times C_{2m+1}^{i}\times 0.4^{2m+1-i}\times 0.6^{i}\times(2000m+1000-2000i)^{1/3}]$$

$$=\sum_{i=0}^{m-1}[C_{2m+1}^{i}\times(0.6^{2m+1-i}\times 0.4^{i}-2\times 0.4^{2m+1-i}\times 0.6^{i})$$

$$\times(2000m+1000-2000i)^{1/3}]$$

当 $n=3$ 时:$u(c)=-0.171<0$

当 $n=2m+1\geqslant 5$ 时($m\geqslant 2$):

$$u(c)>\sum_{i=m-1}^{m}[C_{2m+1}^{i}\times(0.6^{2m+1-i}\times 0.4^{i}-2\times 0.4^{2m+1-i}\times 0.6^{i})\times 10$$

$$\times(2m+1-2i)^{1/3}]$$

$$=C_{2m+1}^{m-1}\times 0.6^{m-1}\times 0.4^{m-1}\times 0.088\times 10\times 3^{1/3}-C_{2m+1}^{m}\times 0.6^{m}$$

$$\times 0.4^{m}\times 0.2\times 10$$

$$=C_{2m+1}^{m-1}\times 0.6^{m-1}\times 0.4^{m-1}\times(0.088\times 3^{1/3}-\frac{m+2}{m}\times 0.6\times 0.4$$

$$\times 0.2)\times 10>0$$

综上所述,当 $n\neq 1,3$ 时,此人愿意参加赌博。

十、A 愿意以价格 c 出售彩票,只要 $u(c)>pu(R)+(1-p)u(0)$,即 $c^{1/3}>pR^{1/3}$;

B愿意以价格 c 购入彩票,只要 $u(0)>pu(R-c)+(1-p)u(-c)$,即 $(1-p)c^{1/3}>p(R-c)^{1/3}$。求两个不等式的交集,得

$$p^{3}R<c<\frac{p^{3}R}{(1-p)^{3}+p^{3}}$$

∵ $r(x)=-\dfrac{2}{3x}$,∴当 $x>0$ 时,$r(x)<0$;当 $x<0$ 时,$r(x)>0$。

当B支出 c 时,他处于风险追求(效用函数在此处下凸);而A得到 c 时是风险厌恶的。因此,存在价格 c 使A愿意出售彩票而B也愿意购买并无不合理之处。注意:A是免费得到那张彩票,而并非购得。

第四章

二、① 极小化极大:各行动最大损失: -4 0 -6 -4 故选 a_3;

② 极小化极小:各行动最小损失: -18 -24 -12 -13 故选 a_2;

③ Savage-Hiehans:各行动最大后悔值: 8 10 18 11 故选 a_1;

④ Laplace: $\sum l_{ij}$: -42 -42 -34 -35 故选 a_1 或 a_2;

⑤ Hurwicz: $0 \leqslant \lambda < 0.25$ 时,选 a_3; $\lambda = 0.25$ 时,选 a_1 或 a_3; $0.25 < \lambda < 0.4$ 时,选 a_1; $\lambda = 0.4$ 时,选 a_1 或 a_2; $0.4 < \lambda \leqslant 1$ 时,选 a_2。

三、① 极小化极大:各行动最大损失: 10 10 9 10 故选 a_3;

② 极小化极小:各行动最小损失: 0 1 0 5 应选 a_1 或 a_3;

(∵ 按极小化极大也应选 a_3,∴ 按 Hurwicz 应选 a_3。)

③ Savage-Hiehans:各行动最大后悔值: 9 10 9 8 故选 a_1;

④ Laplace: $\sum l_{ij}$: 20 28 25 28 故选 a_1。

四、1.① 极大化极小:最大收益: x 或 3 2 1 1

$x>2$ 时 a_1 最优, $x=2$ 时 a_1 和 a_2 最优, $x<2$ 时 a_2 最优;

② 极大化极大: $x>7$ 时 a_1 最优, $x=7$ 时 a_1 和 a_3 最优, $x<7$ 时 a_3 最优;

③ Savage-Hiehans: $x>2$ 时 a_1 最优, $x=2$ 时 a_1 和 a_2 最优, $x<2$ 时 a_2 最优;

④ Laplace: $x>3$ 时 a_1 最优, $x=3$ 时 a_1 和 a_4 最优, $x<3$ 时 a_4 最优。

2. $x>7$ 时,上述 4 种准则求解结果均为 a_1 最优。

五、对于公理 4.5,以如下损失矩阵为例:

	a_1	a_2	a_3	a_4
θ_1	17	11	6	0
θ_2	23	29	33	28

在无 a_4 时,

ρ_{i1}	3	2	1
ρ_{i2}	1	2	3
ρ_{ij}	4	4	4

即 $a_1 \sim a_2 \sim a_3$。加入 a_4 后,

ρ_{i1}	4	3	2	1
ρ_{i2}	1	3	4	2
$\sum \rho_{ij}$	5	6	6	3

则 $a_1 \succ a_2 \sim a_3$。

对于公理 4.8：

$$\begin{array}{cccc} \rho_{ij} & 3 & 2 & 1 \\ & 1 & 2 & 3 \quad \text{(复制行)} \\ & 1 & 2 & 3 \\ \hline \sum\rho_{ij} & 5 & 6 & 7 \end{array} \qquad \therefore a_1 \succ a_2 \succ a_3$$

七、① 最大可能值原则：$\pi(\theta_3)$概率最大，各行动损失为：$-7,-6,-3$。故选 a_1；

② 贝叶斯原则：各行动的期望损失为 3.95、5.6、5.6，可选 a_2 或 a_3。

	a_1	a_2	a_3
$E(x_{ij})$	−3.95	−5.6	−5.6
$V(x)$	5.6225	4.84	8.64

③E-V 原则：$a_2 \succ a_3, a_2 \succ a_1$，故选 a_2。

④贝努里原则：计算结果如下(应选 a_3)：

		θ_1	θ_2	θ_3	θ_4	θ_5	θ_6	θ_7	算得贝叶斯风险
$\pi(\theta_i)$		0.1	0.2	0.3	0.1	0.1	0.1	0.1	
a_1	x_{ij}	2	3	7	6	1	2	1.5	−2.2125
	u_{ij}	0.4	0.9	4.9	3.6	1	0.4	0.225	
a_2	x_{ij}	4	8	6	9	3	4	2	−3.62
	u_{ij}	1.6	6.4	3.6	8.1	0.9	1.6	0.4	
a_3	x_{ij}	6	4	3	10	12	6	5	−4
	u_{ij}	3.6	1.6	0.9	10	14.4	3.6	2.5	

八、1. 令 $l(y) = 1 - u(y)$

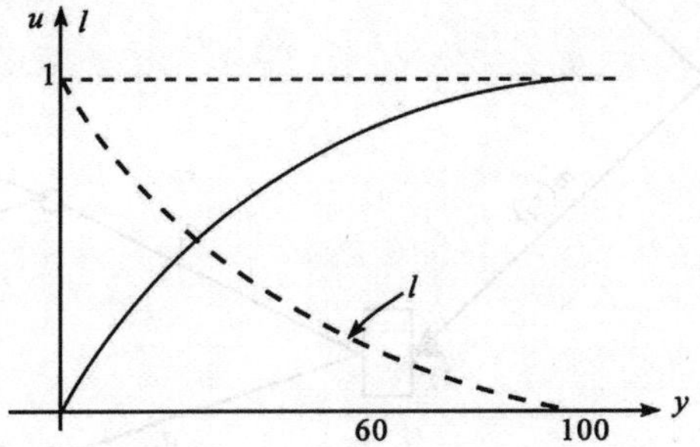

作决策树如下：

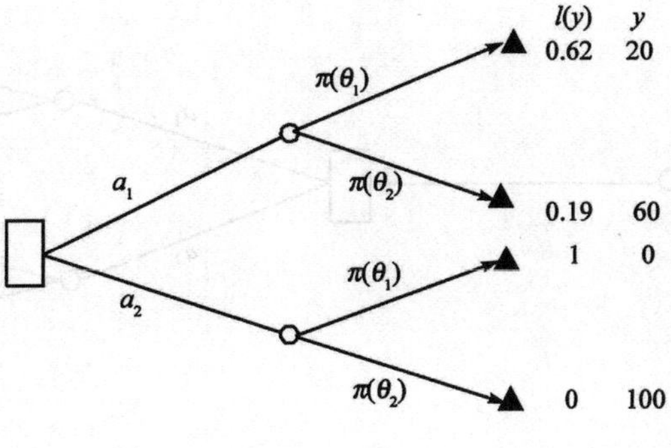

在无观察时，$R=l, r(\pi,a_i)=\sum_{l=1}^{n} l(\theta_l,\ a_i)\cdot\pi(\theta_l)$

贝叶斯风险为 $r(\pi,a_1)= l(\theta_1,\ a_1)\cdot\pi(\theta_1)+l(\theta_2,\ a_1)\cdot\pi(\theta_2)$

$= 0.62\times0.6+0.19\times0.4 = 0.448$

$r(\pi,a_2)= l(\theta_1,\ a_2)\cdot\pi(\theta_1)+l(\theta_2,\ a_2)\cdot\pi(\theta_2)$

$= 1.0\times0.6+0\times0.4 = 0.6$

风险 r 小者优，$\therefore \delta=a_1$，是贝叶斯规则，即贝叶斯行动，应选择耐旱作物。

2. (1) 决策树：

令 x_1：预报旱年，x_2：测报正常年景。

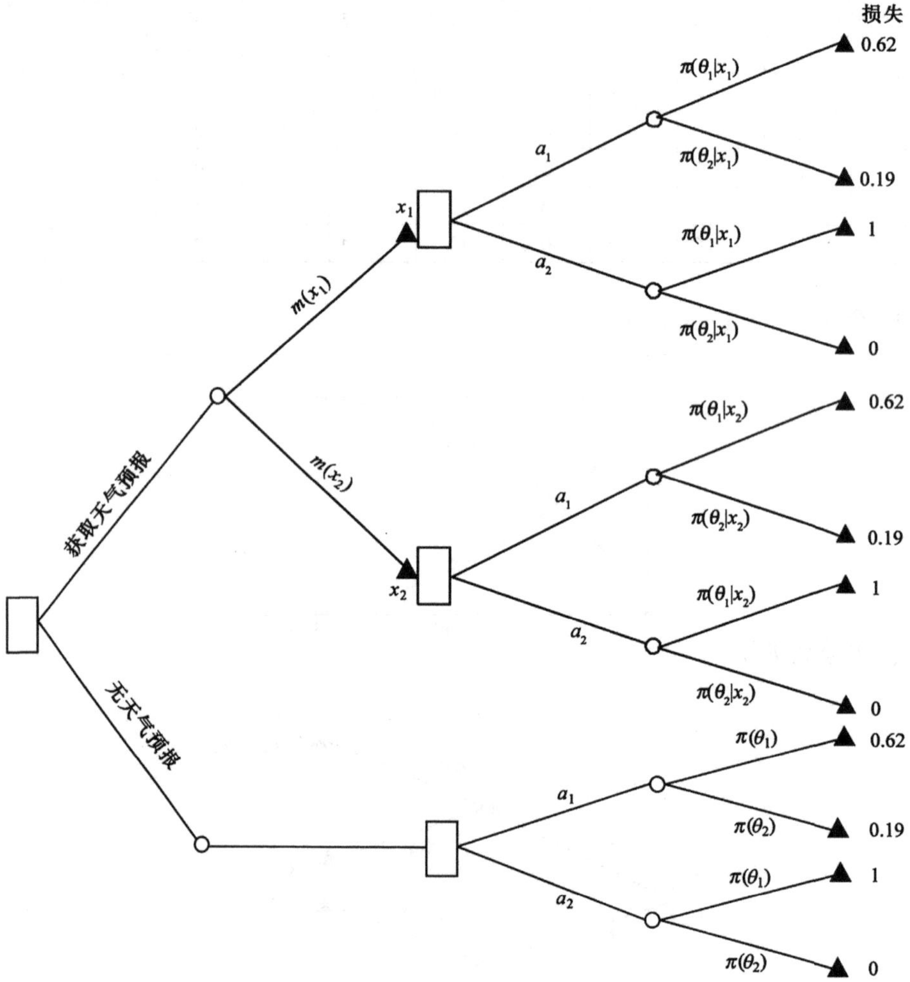

(2) $m(x_k)=\sum_i p(x_k\mid\theta_i)\pi(\theta_i)$

$m(x_1)=p(x_1|\theta_1)\cdot\pi(\theta_1)+p(x_1|\theta_2)\cdot\pi(\theta_2)=0.56, m(x_2)=0.44$

$\pi(\theta_1|x_1)=0.86, \pi(\theta_1|x_2)=0.27, \pi(\theta_2|x_1)=0.14, \pi(\theta_2|x_2)=0.73$

(3) 正规型分析：

$$r(\pi,\delta_i)=\sum_j\sum_k l(\theta_j,\delta_i(x_k))p(x_k\mid\theta_j)\pi(\theta_j)$$

1) 策略 $\delta_1: a_1=\delta_1(x_1), a_2=\delta_1(x_2)$

$$\begin{aligned}r(\pi,\delta_1)&=l(\theta_1,a_1)\cdot p(x_1\mid\theta_1)\cdot\pi(\theta_1)+l(\theta_1,a_2)\\&\quad\cdot p(x_2\mid\theta_1)\cdot\pi(\theta_1)+l(\theta_2,a_1)\cdot p(x_1\mid\theta_2)\cdot\pi(\theta_2)\\&\quad+l(\theta_2,a_2)\cdot p(x_2\mid\theta_2)\cdot\pi(\theta_2)\\&=0.62\times0.8\times0.6+1.0\times0.2\times0.6+0.19\times0.2\times0.4\\&\quad+0.0\times0.8\times0.4=0.4328\end{aligned}$$

2) 策略 $\delta_2: a_1=\delta_2(x_2), a_2=\delta_2(x_1)$

$$\begin{aligned}r(\pi,\delta_2)&=0.62\times0.2\times0.6+1.0\times0.8\times0.6+0.19\times0.8\times0.4+\\&\quad 0.0\times0.8\times0.4=0.6152\end{aligned}$$

3) 策略 δ_3: $a_1=\delta_3(x_1), a_1=\delta_3(x_2), r(\pi,\theta_3)=0.45$

4) 策略 δ_4: $a_2=\delta_4(x_1), a_2=\delta_4(x_2), r(\pi,\theta_4)=0.6$

$\because r(\pi,\delta_1)<r(\pi,\delta_3)<r(\pi,\delta_4)<r(\pi,\delta_2)$

$\therefore \delta_1\succ\delta_3\succ\delta_4\succ\delta_2$，$\delta_1$ 是贝叶斯行动。

(4) 扩展型之一：$r'=\int_\theta l(\theta,\delta(x))f(x\mid\theta)\pi(\theta)\mathrm{d}\theta$

或 $\sum_{\theta_i\in\Theta}l(\theta_j,\delta(x))p(x\mid\theta_j)\pi(\theta)$

1) 给定 x_1(预报干旱)：

采用 a_1: $r'=l(\theta_1,a_1)\cdot p(x_1|\theta_1)\cdot\pi(\theta_1)+l(\theta_2,a_1)\cdot p(x_1|\theta_2)\cdot\pi(\theta_2)$
$=0.62\times0.8\times0.6+0.19\times0.2\times0.4=0.3128$

采用 a_2: $r'=0.48$

$\because$ 风险小者优，$\therefore$ 给定 x_1 应选 a_1。

2) 给定 x_2(预报天气正常)：采用 a_1，$r'=0.135$；采用 a_2，$r'=0.12$。

$\therefore$ 给定 x_2 应选 a_2。

由此得贝叶斯规则 $\delta^\pi: a_1=\delta^\pi(x_1)\quad a_2=\delta^\pi(x_2)$。

扩展型之二：$r''=\int_\theta l(\theta,a)\pi(\theta\mid x)\mathrm{d}\theta$　或 $\sum_{\theta_i\in\Theta}l(\theta_j\mid a)\pi(\theta_j\mid x)$

1) 给定 x_1:

采用 a_1: $r''=l(\theta_1,a_1)\cdot\pi(\theta_1|x_1)+l(\theta_2,a_1)\cdot\pi(\theta_2|x_1)=0.56$

采用 a_2: $r''=1.0\times0.86+0\times0.14=0.86$

∴给定 x_1,应选行动 a_1。

2) 给定 x_2:采用 $a_1, r''= 0.3061$;采用 $a_2: r''= 0.27$。

∴给定 x_2,应选择行动 a_2。

∴贝叶斯规则 δ^π 为:$a_1 = \delta^\pi(x_1) \quad a_2 = \delta^\pi(x_2)$。

(5) ∵只有当加入气象预报费用时 EVSI≥0,才应预报天气。

$\therefore \min\limits_{\delta\in\Delta} E^\pi[E_\theta^X l(\theta,\delta(x))] \leqslant \min\limits_{a\in A} E^\pi[l(\theta, a)]$

∴气象预报费用 $\leqslant l^{-1}(0.4328) - l^{-1}(0.448) = 33.731 - 32.457 = 1.274$

九、1. 设 A、B、C 三种状态分别为:$\theta_1, \theta_2, \theta_3$。

先验概率 $\pi(\theta_1) = 0.4, \pi(\theta_2) = 0.3, \pi(\theta_3) = 0.3$

$f(x_1|\theta_1) = 0.8, f(x_1|\theta_2) = 0.6, f(x_1|\theta_3) = 0.2$

$f(x_2|\theta_1) = 0.2, f(x_2|\theta_2) = 0.4, f(x_2|\theta_3) = 0.8$

由此算得预测概率:

$m(x_1) = f(x_1|\theta_1)\cdot\pi(\theta_1) + f(x_1|\theta_2)\cdot\pi(\theta_2) + f(x_1|\theta_3)\cdot\pi(\theta_3) = 0.56$

后验概率:$\pi(\theta_1|x_1) = 0.57, \pi(\theta_2|x_1) = 0.32, \pi(\theta_3|x_1) = 0.11$

如果按照验血结果来判断,得 A、B、C 三种病的概率分别为 0.57,0.32,0.11。

2. 当检验结果为[8350 8450],其条件概率为

$$P_1 = \int_{8350}^{8450} \frac{1}{10000-8000}\mathrm{d}x = 0.05, P_2 = \int_{8350}^{8450} \frac{1}{9000-7000}\mathrm{d}x = 0.05$$

$P_3 = 0.04$

后验概率:$\pi_1 = \dfrac{p_1\pi(\theta_1)}{p_1\pi(\theta_1) + p_2\pi(\theta_2) + p_3\pi(\theta_3)} = 0.4255$

同理算得:$\pi_2 = 0.3191, \pi_3 = 0.2553$

即病人患 A、B、C 三种病的可能性分别是 0.4255,0.3191,0.2553。

十、1. 由题意:先验概率 $\pi(\theta_1) = 0.2, \pi(\theta_2) = 0.3, \pi(\theta_3) = 0.5$

$f(x_1|\theta_1) = 0.8, f(x_1|\theta_2) = 0.2, f(x_1|\theta_3) = 0$,

$f(x_2|\theta_1) = 0.2, f(x_2|\theta_2) = 0.4, f(x_2|\theta_3) = 0.1$,

$f(x_3|\theta_1) = 0, f(x_3|\theta_2) = 0.4, f(x_3|\theta_3) = 0.9$。

可得边际概率分布及后验概率如下表:

x_k	$m(x_k)$	$p(\theta_1|x_k)$	$p(\theta_2|x_k)$	$p(\theta_3|x_k)$	δ^*
x_1	0.22	0.727	0.273	0	a_2
x_2	0.21	0.1905	0.5714	0.2381	a_1
x_3	0.57	0	0.2105	0.7895	a_1

2. 试销结果为 $x_1: r_1(a_1) = 29.2; r_1(a_2) = 0 < r_1(a_1)$ 选择行动 a_2

试销结果为 $x_2: r_2(a_1) = -136.4; r_2(a_2) = 0 > r_2(a_1)$ 选择行动 a_1

试销结果为 x_3:$r_3(a_1) = -474$;$r_3(a_2) = 0 > r_3(a_1)$　　选择行动 a_1

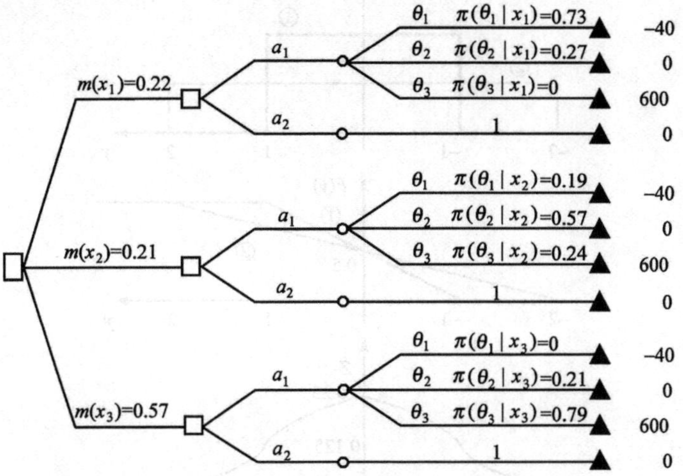

3. $l(b_1) = m(x_1)\cdot r(a_1) + m(x_2)\cdot r(a_2) + m(x_3)\cdot r(a_3) = -298.4$

$l(b_2) = -(-0.2\times 40 + 0.5\times 600) = -292$

∴试销费用大于 6.41 万元时不试销,试销费用小于 6.41 万元时试销。

十一、1. 对于除一个后果 θ_i 以外的每个后果都相同的多个行为,则与 θ_i 对应的后果越优,行动也就越优。如果要用某个函数的大小表示各个方案的优劣,则这个函数应该是所有后果的增函数。

3. 如果存在 p_i 和 u_x, u_y, u_z,则由已知得:$p_1 + p_2 + p_3 = 1, u_x > u_y > u_z$。由 $a_4 \sim a_5$ 得:$p_1u_z + (1-p_1)u_y = p_1u_y + (1-p_1)u_z$,即$(1-2p_1)(u_y - u_z) = 0$,∴$p_1 = 0.5$。

由 $a_2 \sim a_5$ 得:$p_1u_x + p_2u_z + p_3u_y = p_1u_z + p_2u_y + p_3u_x$,∵$p_1 = 0.5 = p_3 + p_2$,∴左式$= p_2(u_x + u_z) + p_3(u_x + u_y) > p_2(u_y + u_z) + p_3(u_x + u_z)$=右式,与上面的等式矛盾。

第五章

二、1. 有效方案集为:$\{1,2,3,6,7,8\}$

2. 方案 1 小于 0 的机会最小,为 0;方案 8 小于 3 的机会最小,为 $\frac{1}{\sqrt{2\pi}}\int_{-\infty}^{-\frac{14}{\sqrt{6}}} e^{-\frac{x^2}{2}}dx$。

3. $E_9 = 8.5, V_9 = 2$。有效方案集为$\{1,3,6,7,8,9\}$。方案 1 小于 0 的机会最小;方案 8 小于 3 的机会最小。

三、(1) 用 FSD 无法判断。因为 $u \in U_2$,用 SSD 判别:

其中:$Z = \int_{-\infty}^{z} [F_2(y) - F_1(y)]dy \geqslant 0$。

∴①对于②有第二等随机优势。

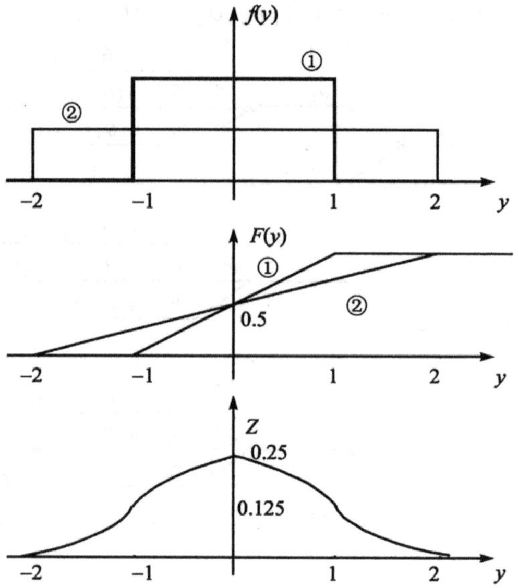

(2)$\because u\in U_1$,可用 FSD 判别，又$\because F_1$ 在 F_2 的左侧，即 $F_1(y)\geqslant F_2(y)$，$\therefore$②对于①有第一等随机优势。

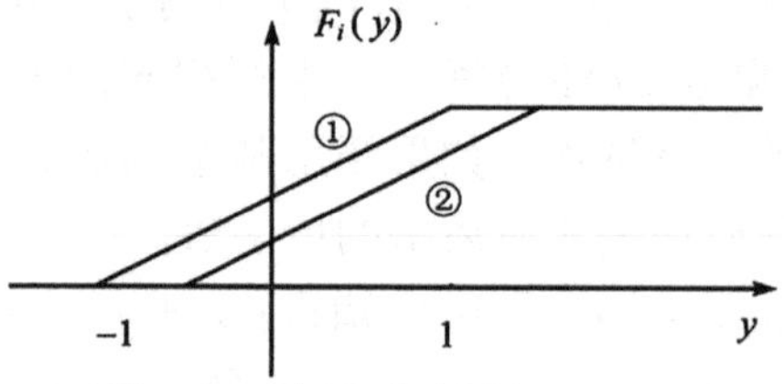

(3)如图无论用 FSD 还是 SSD 均无法判断。

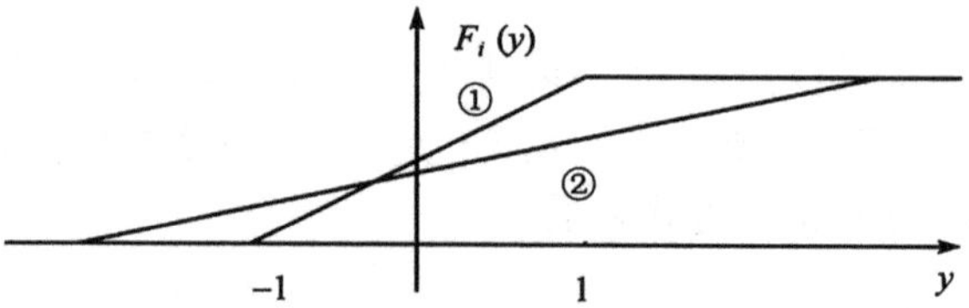

四、1. a_2 按状态优于 a_4，有第一等随机优势。

2. a_2 位于 a_1 左侧。a_1 对 a_2 有第一等随机优势。

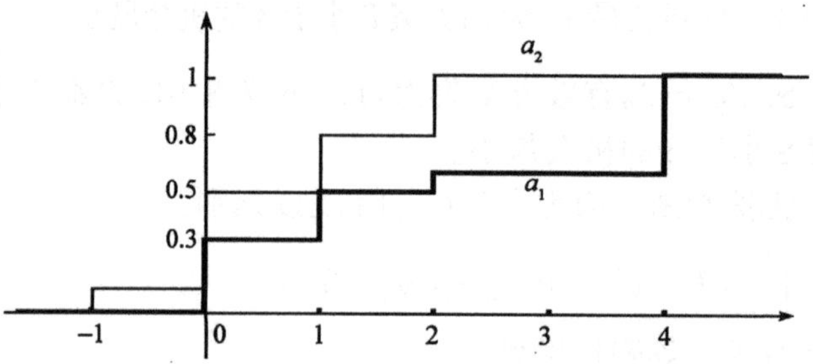

3. $\int_{-\infty}^{z}[F_1(y)-F_3(y)]\mathrm{d}y$ 不能定号，无法判断，筛选后，还剩下方案 a_1 和 a_3。

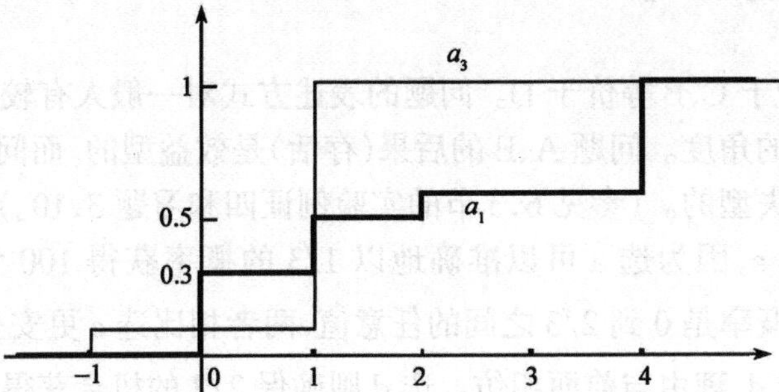

五、

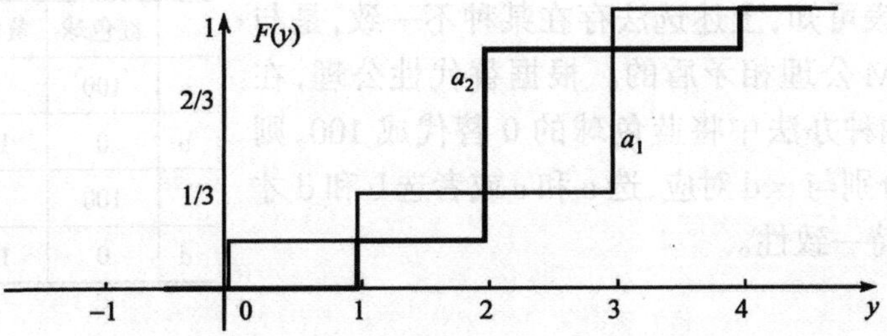

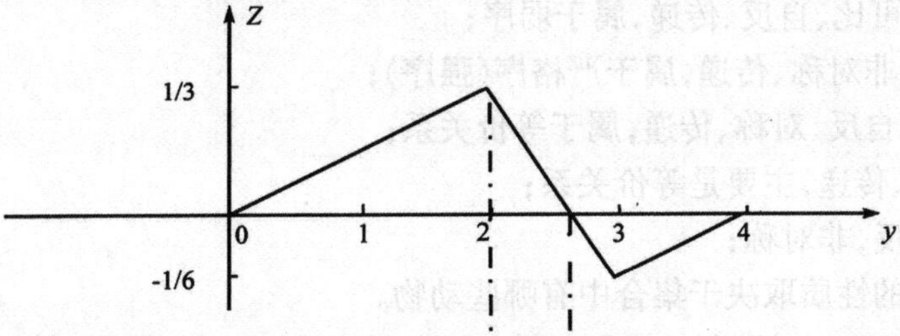

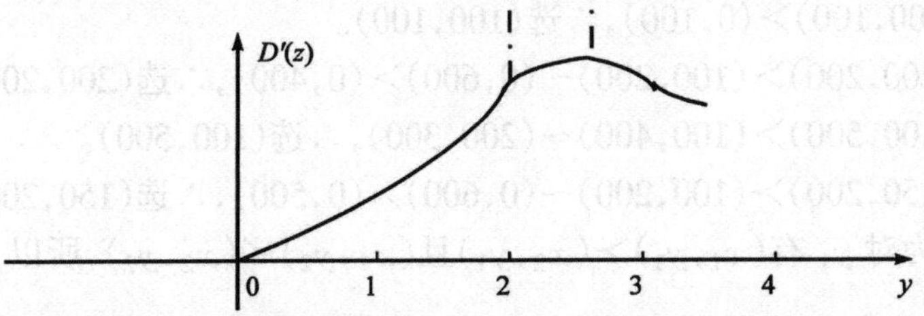

$\because E(a_1)=E(a_2)$，又有 $\int_{-\infty}^{z}\int_{-\infty}^{y}[F_1(y)-F_2(y)]\mathrm{d}y\mathrm{d}z\geqslant 0$，

$\therefore$ 方案 a_2 比 a_1 有第三等随机优势。

六、效用函数法：令 $u(0)=0, u(6)=1$，则

$$u(2)=0.5u(6)+0.5u(0)=0.5, u(4)=0.8$$

$\therefore u(a_1)=0.5, u(a_2)=0.575, u(a_3)=0.525$。选 a_2。

用 E-V 准则：$E(a_1)=E(a_2)=E(a_3)$

$$V(a_1)=4.75, V(a_2)=0.75, V(a_3)=2.75$$

$\therefore a_2 \succ a_3 \succ a_1$,选 a_2。

第六章

二、显然,A 等价于 C,B 等价于 D。问题的表述方式对一般人有较大的影响,会影响思考问题的角度。问题 A、B 的后果(存活)是效益型的,而问题 C、D 的后果(死亡)是损失型的。(参见 6.3 节的实验例证四和习题 3.10。)

三、1. 许多人选 a,因为选 a 可以准确地以 1/3 的概率获得 100 元;选 b 时获得 100 元的概率是 0 到 2/3 之间的任意值,两者相比选 a 更安全。

2. 许多人选 d,理由与前面相仿。选 d 则确保 2/3 的机会获得 100 元的奖;而选 c 不如选 d 保险。

3. 从右表可知,上述选法存在某种不一致,是与 V-N-M 公理相矛盾的。根据替代性公理,在 a、b 两种办法中将蓝色球的 0 替代成 100,则 a、b 分别与 c、d 对应,选 a 和 c 或者选 b 和 d 才能保持一致性。

	红色球	黄色球	蓝色球
a	100	0	0
b	0	100	0
c	100	0	100
d	0	100	100

第八章

二、1."≥":可比、自反、传递,属于弱序;

2.">":非对称、传递,属于严格序(强序);

3."=":自反、对称、传递,属于等价关系;

4. 对称、传递,主要是等价关系;

5. 非自反,非对称;

6. 关系的性质取决于集合中有哪些动物。

三、(1) $\because (100,100) \succ (0,100)$,$\therefore$ 选(100,100)。

(2) $\because (200,200) \succ (100,200) \sim (0,600) \succ (0,400)$,$\therefore$ 选(200,200)。

(3) $\because (100,500) \succ (100,400) \sim (200,300)$,$\therefore$ 选(100,500)。

(4) $\because (150,200) \succ (100,200) \sim (0,600) \succ (0,500)$,$\therefore$ 选(150,200)。

四、表 1: 因为对 y_1 有 $(x_1,y_1) \succ (x_2,y_1)$ 且 $(x_1,y_2) \prec (x_2,y_2)$,所以 X 不偏好独立于 Y。

表 2: 由表可以看出其每行元素的大小次序相同,且每列元素的大小次序相同,所以 X、Y 相互偏好独立。

六、假设其效用函数满足:$a+b+c=1$,则 $a+b+0.5c=1.4a+0.5b+0.5c$;$a+0.5b+c=0.75a+0.625b+1.25c$。$\therefore a=5/12, b=1/3, c=1/4$。

七、首先选 (x_0,y_0),对于 $(10,16)\sim(8,12)$,$x_0=8, y_0=16$,则 $x_1=10, y_1=12$,令 $u(8,16)=0, u(10,16)=1$,由 x 边际效用的线性性 $u(x,16)=(x-8)/2$。

同样，由 y 边际效用的线性性以及 $u(8,16)=0$，$u(8,12)=1$，可得：$u(8,y)=(16-y)/4$。由 $(15,16)\sim(12,8)$ 可得：$u(x,y)=(x-8)/2+(16-y)/4-(x-8)(16-y)/64$；$Eu'_a=1.4375$，$Eu'_b=-0.598$；∴应选择 A。

第九章

一、6. 同：都是依靠权重设定目标的重要性。

异：① 加权和法的权是事先设定的；层次分析法的权可以用本征向量法确定。

② 层次分析法可以用于网状结构的指标体系。

③ 属性值无法量化时只能用层次分析法。

二、1. 首先去掉劣解 1、5，将剩下的 2、3、4、6 进行标准 0-1 变换（成本型）：

序号	w_i	x_2	x_3	x_4	x_6
y_1	w_1	0	0.3	0.7	1
y_2	$1-w_1$	1	0.75	0.25	0

用加权和法，设 y_1 的权重为 w_1，y_2 的权重为 $1-w_1$，则

$u_2=1-w_1$；$u_3=0.3\times w_1+0.75\times(1-w_1)=-0.45w_1+0.75$

$u_4=0.45w_1+0.25$，显见 $x_3\succ x_4$，即 x_4 不可能优于 x_3；$u_6=w_1$。

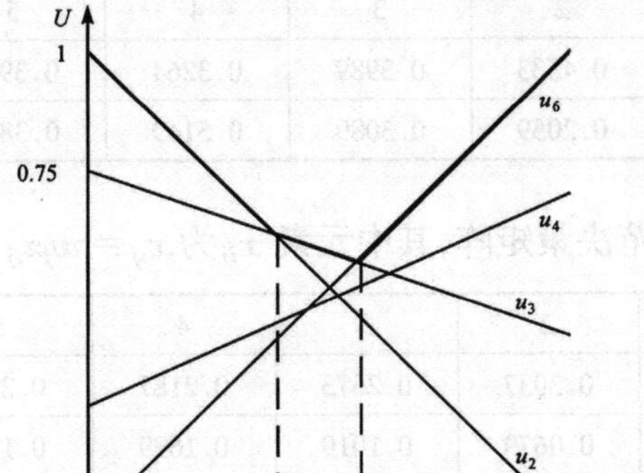

若 x_2 最优：$\begin{cases}u_2>u_3\\u_2>u_6\end{cases}$ 即 $\begin{cases}1-w_1>-0.45w_1+0.75\\w_1<0.5\end{cases}\Rightarrow w_1<\dfrac{0.25}{0.85}$，

即 $w_1\leqslant 0.4545$；

若 x_3 最优：$\begin{cases}u_3>u_2\\u_3>u_6\end{cases}$ 即 $\begin{cases}0.75-0.45w_1>1-w_1\\0.75-0.45w_1\geqslant w_1\end{cases}\Rightarrow 0.4545\leqslant w_1\leqslant 0.5172$；

若 x_6 最优：$w_1\geqslant 0.5172$。

向量规范化：

$w_1 \leqslant 0.61$ 时，x_2 最优；$0.61 \leqslant w_1 \leqslant 0.67$ 时，x_3 最优；$w_1 > 0.67$ 时，x_6 最优。x_4 不可能最优。

若用 $z_{ij} = 1 - \dfrac{y_{ij}}{y_j^*}$ 进行规范化：

$w_1 \leqslant 0.581$ 时，x_2 最优；$0.581 \leqslant w_1 \leqslant 0.641$ 时，x_3 最优；

$0.641 \leqslant w_1 \leqslant 0.676$ 时，x_4 最优；$w_1 > 0.676$ 时，x_6 最优。

如果先不删除方案，若用向量规范化：

$w_1 \leqslant 0.656$ 时，x_2 最优；

$0.656 \leqslant w_1 \leqslant 0.709$ 时，x_3 最优；

$w_1 > 0.709$ 时，x_6 最优。

由上可知，同一决策问题，1)即使用同一种方法（例如本题是加权和法）首先会因权重的不同而有不同的评价结果（各方案的优先序不同）；2)即使设定相同权重，例如 $w = 0.5$，在采用不同的数据规范化方法时，所得结果会有所不同。例用标准 0-1 变换时，x_3 最优，而用其他规范化方法时均为 x_2 最优。3)是否先筛选劣解对结果也会有着显著影响。

2.(1)构造规范决策矩阵：

z_{ij}	1	2	3	4	5	6
y_1	0.5439	0.4533	0.3989	0.3264	0.3989	0.272
y_2	0.2574	0.2059	0.3089	0.5149	0.3861	0.6178

(2)构造加权的规范决策矩阵，其中元素 x_{ij} 为 $x_{ij} = w_j z_{ij}$

j \ i	1	2	3	4	5	6
y_1	0.3644	0.3037	0.2673	0.2187	0.2673	0.1822
y_2	0.0849	0.0679	0.1019	0.1699	0.1274	0.2039
S_i^*	0.1830	0.1215	0.0916	0.1083	0.1038	0.136
S_i^-	0.119	0.1489	0.1408	0.1496	0.1236	0.1822
C_i^*	0.394	0.5507	0.6957	0.5801	0.5435	0.5726

(3)确定理想解和负理想解：本题为成本型，故

$$x^* = \{0.1822, 0.0679\}, \quad x\ = \{0.3644, 0.2039\}$$

(4)计算距离：见上表。方案排序为 $x_3 \succ x_4 \succ x_6 \succ x_2 \succ x_5 \succ x_1$；

若先筛选方案去掉 x_1 与 x_5，则得各方案优先序为 $x_6 \succ x_3 \succ x_4 \succ x_2$。

三、用基于相对位置的方案排队法求解：

目标 1:费用

	1	2	3	4	5	6
1	1	0	0	0	0	0
2	1	1	0	0	0	0
3	1	1	1	0	0	0
4	1	1	1	1	1	0
5	1	1	0	0	1	0
6	1	1	1	1	1	1

目标 2:距离

	1	2	3	4	5	6
1	1	0	1	1	1	1
2	1	1	1	1	1	1
3	0	0	1	1	1	1
4	0	0	0	1	0	1
5	0	0	0	1	1	1
6	0	0	0	0	0	1

目标 3:教学质量

	1	2	3	4	5	6
1	1	1	0	1	1	1
2	0	1	0	0	0	1
3	1	1	1	1	1	1
4	1	1	0	1	1	1
5	0	0	0	0	1	0
6	0	0	0	0	1	1

集结的优先关系

	1	2	3	4	5	6
1	1	0	0	1	1	1
2	1	1	0	0	0	1
3	1	1	1	1	1	1
4	1	1	0	1	1	1
5	0	0	0	0	1	0
6	0	0	0	0	1	1

$$w_1=w_2=w_3=\frac{1}{3},\quad A=1.2,\quad \sigma=0,\quad A'=0.833$$

由本题的特殊性:各指标权重相等,则根据上列三表第 i 行 j 列元素中 1 的个数大于 1,即第四表元素为 1,否则为 0。

计算每个方案的排队指示值:

$$V(x_1)=3-2=1, V(x_2)=-1, V(x_3)=5, V(x_4)=2$$

$$V(x_5)=-4, V(x_6)=-3。$$

则方案的排列次序为:$x_3 \succ x_4 \succ x_1 \succ x_2 \succ x_6 \succ x_5$。

四、1. 提示:根据决策矩阵,先规范化再求解。

2. 参考答案:作标准 0-1 变换,再用加权和法,得

$$C_2 \succ C_1 \succ C_4 \succ C_3 \succ C_5 \succ C_6$$

用向量规范化法($z_{ij}=\frac{y_{ij}}{y_j^*}$),再用加权和法,得

$$C_2 \succ C_4 \succ C_1 \succ C_3 \succ C_5 \succ C_6$$

五、通过和谐性检验和不和谐性检验,得到如下级别高于关系的示意图:

得到最小优势子集$\{x_4, x_5\}$。

修改 d_1 为 20,其他不变,可得级别高于关系 $x_5 S x_4$。

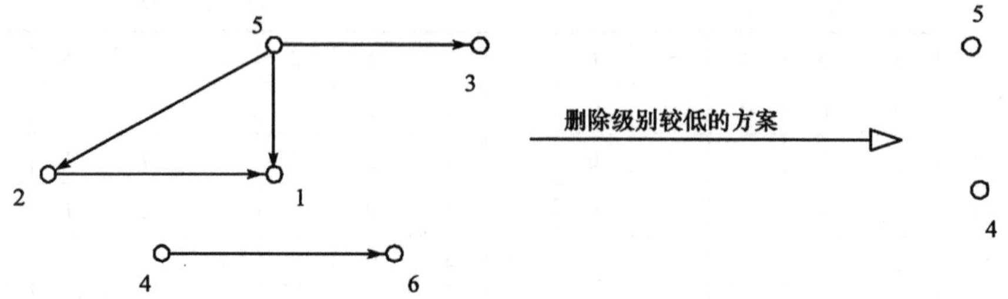

第十章

二、a_1(26.7　4.7　350)　　a_2(36.7　6.3　566.7)

　a_3(36.7　3.3　433.3)　　a_4(35　7.3　500)

由属性 x，选择 a_2、a_3。

再对 a_2、a_3 进行分析。$u(y)$是 y 的减函数，∴选择方案 a_3。

三、1. 目的规划模型：$\min\{P_1d_1^- + P_2d_2^+ + P_3(d_3^+ + d_3^-)\}$；

2. 最优解为点(3.25,2.25)到点(3.4,1.8)之间的线段；

3. 最佳调和解为 $x_1=19/6, x_2=7/3$($x_1+x_2=5.5$ 与 $f_1=4$ 的交点)。

四、

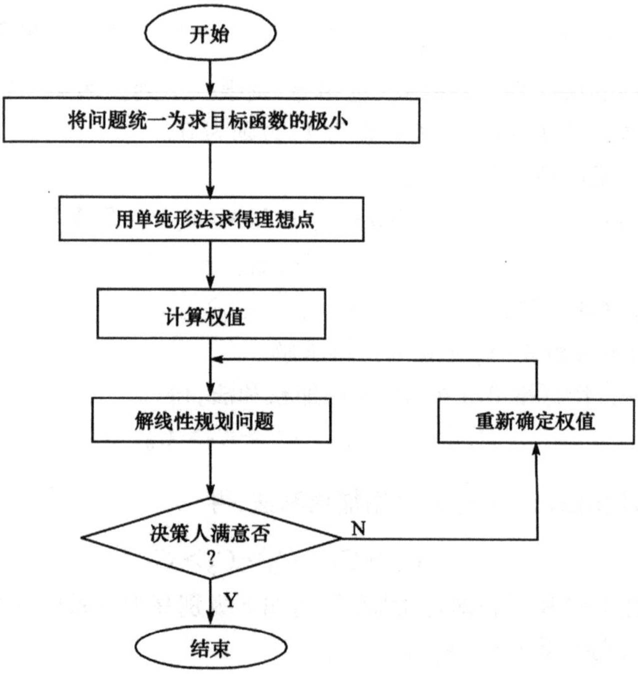

五、$f^0=(0,0)$，$f^*=(18,12)$。非劣解为从点(6,0)经点(5,2)到点(2,5)之间的折线。$x_\omega^\infty=(4,3)$，$x_\omega^2=(4.24,2.76)$，$x_\omega^1=(5,2)$。最佳调和解为(5,2)。

六、$f^0=(0,0,0)$，$f^*=(3000,66.7,270)$。最佳调和解集为$(20s,46.7s,45t,30r)$，s,t,r是参数变量，并有$s,t,r\geqslant 0$，$s+t+r=1$。其几何意义为以点(0,0,0,30)、点(20,46.7,0,0)和点(0,0,45,0)为顶点的四维空间中的三角形。

第十一章

二、1. 对于成员1和成员2，都应选a_1。

2. 作为群，$u_G(x_{11})=u_G(x_{12})=u_G(x_{21})=0.5$，$u_G(x_{22})=0.75$，

$\pi_G(\theta_1)=\dfrac{11}{24}$，所以应选$a_2$。

3. 在群决策中采用使基数效用期望值极大化的原则不满足Pareto原则。

三、1. 根据各方案成对比较结果列出如下表决矩阵：

	a	b	c	d	$f_c(\cdot)$	$f_b(\cdot)$	$f_{cp}(\cdot)$	$f_D(\cdot)$	$f_N(\cdot)$
a	—	18	19	8	8	45	+1	7	2
b	12	—	18	18	12	48	+1	3	4
c	11	12	—	17	11	40	−1	7	1
d	22	12	13	—	12	47	−1	5	3

Condorcet 函数：$b\sim_G d\succ_G c\succ_G a$

Borda 函数：$b\succ_G d\succ_G a\succ_G c$

Copeland 函数：$a\sim_G b\succ_G c\sim_G d$

Nanson 函数：第一次淘汰c，$f_N(c)=1$

	a	b	d	$f_b(\cdot)$
a	—	18	8	26
b	12	—	18	30
d	22	12	—	34

第二次淘汰a，$f_N(a)=2$。

	b	d	$f_b(\cdot)$
b	—	18	18
d	12	—	12

第三次淘汰d，$f_N(d)=3$；剩下b，故：$b\succ_G d\succ_G a\succ_G c$

Dodgson 函数：$b \succ_G d \succ_G a \sim_G c$。

2. 对于以上的方法，b 或者当选，或者与其他方案一起当选，显见 b 较合适。

四、1. 对于各种方法，其群体序都为三者平局。

2. 若原来成员的偏好序不变，成员 4、5 联合可控制委员会的排序结果，因为委员会一共五人，4、5 与任意一个原成员的偏好序相同都存在 Condorcet 候选人。

五、Condorcet 函数：$a \succ_G c \sim_G e \succ_G b \sim_G d$

Borda 函数：$a \succ_G c \succ_G d \succ_G b \succ_G e$

Copeland 函数：$c \succ_G a \sim_G b \sim_G d \succ_G e$

Nanson 函数：$c \succ_G a \succ_G b \sim_G d \succ_G e$

Dodgson 函数：$a \sim_G c \succ_G b \sim_G d \sim_G e$

六、(1) 作图可知两种个体偏好均满足单峰条件。

(2) $\because N(a \succ_i b) = N(b \succ_i a) = s$，$\therefore a \sim_G b$；同理，$c \sim_G a$。

$\because N(b \succ_i c) = 2s$ 而 $N(c \succ_i b) = 0$，$\therefore b \succ_G c$。

讨论：当群的成员为偶数时，个体偏好即使满足单峰条件，群体偏好仍不满足传递性。

七、1. Borda 法，群体 1：$a \sim_G b \sim_G c$；群体 2：$b \succ_G a \succ_G c$；合并后：$b \succ_G a \succ_G c$。

2. 过半数规则：群体 1：$a \sim_G b \sim_G c$（多数票循环）；

群体 2：$a \sim_G b, a \succ_G c, b \succ_G c$ 合并后：$a \succ_G b \succ_G c$。

3. ① Borda 法的子群与总体的一致性要比过半数规则强。

② 在过半数规则下，群体 1 传递的社会序能够打破群体 2 中 a 与 b 之间的无差异关系。

第十三章

二、1. Nash 谈判模型：$\max\{(x^* - 1)\cdot(y^* - 1)\}$

$\because$ 非劣前沿为直线方程 $x + y = 5$，

$\therefore \max\{(x-1)\cdot(y-1)\}$，受约束于：$x + y = 5, x \geqslant 1, y \geqslant 1$，

$\therefore$ 当 $x^* = y^*$ 时有 $(x^* - 1)(y^* - 1)$ 最大，$\therefore (x^*, y^*) = (2.5, 2.5)$。

2. K－S 模型：$x - 1 = \dfrac{2.8-1}{3-1}(y-1)$，$x + y = 5$。协议点为 $x = 2.421$，$y = 2.579$。

3. 中间－中间值法：$(x_0, y_0) = (1,1)$，$(x_1, y_1) = (1.9, 2)$，$(x_2, y_2) = (2.2, 2.45)$，$(x_3, y_3) = (2.4375, 2.5625)$，满足 $x_i + y_i = 5$，故为协议点。

三、Nash 谈判模型：$\max\{u_1^*, u_2^*\}$，$\therefore (u_1^*, u_2^*) = (0.707a, 0.707b)$。

K－S 模型：$(u_1^*, u_2^*) = (0.707a, 0.707b)$。

数学意义:双方获利的乘积最大。

物理意义:双方的最终获利与最大可能获利之比相同,即双方作出了同样多的让步。这说明谈判是由实力决定的。

四、当双方未达成协议,书籍一人一半,即现况点为(50,20);完全对甲有利的方案是乙将自己的一半书籍以20元卖给甲,即(80,20);完全对乙有利的方案是乙将书籍以50元卖给甲,即(50,50)。Nash谈判模型、K-S模型和中间-中间值法的协议点都为(65,35),即甲获得全部书籍,并给乙35元。

注:由于篇幅所限,这里给出的部分参考答案较为简略,可能有些读者不易理解。读者若需要较详细的习题解答可与作者联系。

参 考 文 献

陈珽.1987.决策分析.北京:科学出版社

陈珽.1989.大型水库预报的一种仲裁方法.水电能源科学,**7** (4):293～300

陈珽.1990.冲突的仲裁,见:科学决策与系统工程.北京:中国科学技术出版社:33～38

程明熙.1991.决策理论和方法.南京:东南大学出版社

郭文革.1995.不完全信息下的协商机制与仲裁机制若干理论与应用问题研究(博士学位论文).华中理工大学系统工程研究所

何毓琦.1982～1983.决策分析引论.信息与控制,**11** (2)～**12** (5)

蒋艳.2002.多属性决策的敏感性分析理论及应用研究(博士学位论文).华中科技大学系统工程研究所

蒋艳,岳超源.2001.PROMETH－Ⅱ法的权重稳定区间.系统工程理论与实践,**21** (6):73～78

蒋艳,岳超源. 2002. 方案排序对权重比例变化的敏感性分析.华中科技大学学报(自然科学版),**30** (8):24～26

廖冬初.1999.区域规划中的资源分配研究——随机也会问题的建模与解法(博士学位论文).华中科技大学系统工程研究所

罗云峰,岳超源.1995.合理字典序的构造及其在 R&D 项目选择中的应用.系统工程与电子技术,**17** (10):7～13

罗云峰,岳超源,陈珽.1995.决策过程中的次序效应研究.控制与决策,**10** (5):454～457

罗云峰,岳超源,肖人彬.1994.基于个人序的多目标群决策这种的探讨.控制与决策,**9** (6):467～470

罗云峰,岳超源,祝世京,陈珽.1996.一类二元表决程序的稳定性分析.华中理工大学学报,**24** (8):41～43

秋同,效一(译校).思考·计算·决策(决策与自动化).北京:战士出版社

杨新章.2000.多先验期望效用决策与对策理论及应用研究(博士学位论文).华中科技大学系统工程研究所

杨新章,岳超源.信念的修正递推与不确定性风险厌恶.系统工程理论与实践,**20** (10):68～73

杨新章,熊涛,岳超源.多先验决策者的打赌模型.华中理工大学学报,**27** (9):98～100

叶雅阁,刘涌康,岳超源.1989.决策科学手册.天津:天津科技翻译出版公司

岳超源,陈珽.1988.教育系统决策.贵阳:贵州人民出版社

岳超源,李浒.1998.环境、资源与可持续发展的多目标评价.环境保护

岳超源等.2002. 高等教育质量与效益评价体系:全国教育事业"十五"计划重点研究课题选编.教育部发展规划司编.北京:人民教育出版社:322～335

岳超源,罗云峰,陈珽.1994.使过半数规则具有传递性的偏好断面的规模.华中理工大学学报,**22** (8):18～21

赵勇,岳超源,陈珽.1996.模糊偏好下的社会选择研究.系统工程学报,**11** (3):55～61

小林良彰著,杨永超译.1989.公共选择.北京:经济日报出版社

现代科学技术词典.1980.上海:上海科学技术出版社

中国大百科全书:自动控制与系统工程卷.1991.北京:中国大百科全书出版社

Allais M. 1990. Allais paradox. In The New Palgrave: Utility and Probability, The Macmillan Press: 3～9

Armstrong R D, Cook W D and Seiford L M. 1982. Priority ranking and consensus formation: The case of ties. Management Science, **28** (6): 638～645

Arrow K J. 1963. Social Choice and Individual Values. 2nd edition. New Haven: Yale University Press

Arrow K J. 1986. Social Choice and Multicriterion Decision-making. USA: Halliday Lithograph

Bawa V S. 1982. Stochastic dominance: a research bibliography. Management Science, **28** :698~712

Berger J O. 1980. Statistical Decision Theory: Foundations, Concepts and Methods. New York: Springer-Verlay

Bernardo J J. 1977. An assignment approach to chosing R & D experiments. Decision Sciences, **8** (2):489~501

Black D. 1948. On the rationale of group decision making. Journal of Political Economy, **56** :23~34

Black D. 1952. Social welfare functions based on individual rankings. American Journal of Sociology, **58**

Black D . 1958. The Theory of Committees and Elections. Cambridge: Cambridge University Press

Blackwell D, Girshick M A. 1954. Theory of Games and Statistical Decisions. John Wiley

Brams S J, et al. 1986. Binding versus final-offer arbitration: A combination is best. Management Science, **32** : 1546~1555

Brans J P, , Mareschal B and Vincke Ph. 1984. Promethee: A new family of outranking methods in multicriteria analysis. In Brans J P ed. Operational Research'84, North-Holland: Elsevier Science Publishers, 408~421

Chamberlin J R, Cohen M D. 1978. Toward applicable social choice theory: a comparison of social choice functions under spatial Model assumptions. The American Political Science Review, **72** :1341~1356

Chankong V, Haimes Y Y. 1983. Multiobjective Decision Making: Theory and Methodology. New York: Elsevier Science publishing Co. , Inc

Charnes A, Cooper W W. 1961. Management Models and Industrial Applications of Linear Programming. John wiley & Sons

Charnes A, et al. 1968. A goal programming modal for media planning. Management Science, **14** :138

Charnes A, et al. 1981. Evaluation program and management efficiency. an Application of Data Envelopment Analysis to Program Follow Through. Management Science, **27** (6)

Chass M. 1984. Baseball arbitration is a success. New York Times, Feb. 26. S3

Chen T. 1988. Arbitrating a dispute about the capacity of large multipurpose reservoir. Beijing: Proceeding of international conference on systems science and engineering: 495~499

Chen T. 1990. An approach for arbitrating a dispute about large reservoir, In: Kulikowski R, J Stafanski, ed. Decision making models for management and manufacturing. Omnitech Press: 3~14

Chernoff H. 1954. Rational selection of decision functions. Econometrica, **22** :422~443

Cook W D, Seiford L M. 1982. R & D project selection in a multidimentional environment: a practical approach. Journal of the Operational Research Society, **33** (5): 397~405

Craven J. 1992. Social Choice: A Framework for Collective Decisions and Individual Judgements. Cambridge: Cambridge University Press

Dean B V, Nishry M J. 1965. Scoring and Profitability Models for Evaluating and Selecting Engineering Projects. Operations Research, **13** (4):550~569

De Finetti B. 1937. Foresight: its logical law, its subjective sources (in French), Translated in Kyburg, Jr., Kyburg, et al, ed. 1964. Studies in Subjective Probability, John Wiley: 93~158

DeGroot M H. 1970. Optimal Statistical Decision. McGraw-Hill

Driessen T S H, el al. 1985. The cost gap method and other cost allocation method for multipurpose water projects, Water Resources Research, **21** (10)

Duckstein L, Mark Gershon. 1983. Multi-criterion analysis of a vegetation management problem using ELCTRE II, Applied Mathematical Modelling, **7** :254~261

Dyer J S, Sarin R K. 1978. Cardinal Preference Aggregation Rules for the Case of Certainty. In Multiple Criteria Problem Solving Proceeding. New York : Buffalo, 1977; Springer-Verlag: 68～86

Edwards W. 1961. Behavioral decision theory. Annual Review of Psychology, **12** : 473～498

Ellsberg D. 1961. Risk ambiguity and the savage axioms. Quart. J. Econ. **75** : 643～649

Ericsson K A, Simon H A. 1984. Protocol Analysis: Verb Report as Data. MIT Press. Cambridge MA

Farquharson R. 1969. Theory of Voting. New Haven: Yale University Press

Fishburn P C. 1966. A Note On Recent Developments in Additive Utility Theories for Multiple-Factor Situations. Operations Research, **14**: 1143～1148

Fishburn P C. 1969. Preferences, Summation, and social Welfare Functions. Management Science, **16** (3): 179～186

Fishburn P C. 1971. The Theorem of the Alternative in Social Choice Theory. Operations Research, **19** : 1323～1330

Fishburn P C. 1974. Paradox of voting. The American Political Science Review, **68** : 537～546

Fishburn P C. 1977. Condorcet Social Choice Functions. SIAM. Joun., App., Math., **33** (3): 469～489

Fleming M. 1952. A Cardinal Concept of Welfare. Quarterly Journal of Economics, **66** (3): 366～384

French, Simon. 1986. Decision Theory: An Introduction to Mathematics of Rationality. John Wiley & Sons

Friedman M, Savage J. 1948. The utility analysis of choices involving risk. Journal of Political Economy, **56** (4): 279～304

Garman M B, Kamien M I. 1968. The Paradox of Voting: Probability Calculations. Behavioral Science, **13** : 306～316

Gibbard A. 1973. Manipulation of Voting Schemes: A General Result Econometrica, **41** : 587～601

Goodman L A, Markowitz H. 1952. Social Welfare Functions Based on Individual Rankings. American Journal of Sociology, **58** (3): 257～262

Haimes Y Y, Hall W A. 1974. Multiobjectives in water resources systems analysis: the surrogate worth trade-off method, Water Resources research, **10** : 614～624

Hanoch G, Levy H. 1969. The efficiency analysis of choices involving risk. Review of Economic Studies, **36** : 335～346

Harsanyi J C. 1955. Cardinal welfare, individualistic ethics and interpersonal comparison of utility. Journal of Political Economy, **63** : 309

Harsanyi J C. 1959. A bargaining Model for the Cooperative N-Person Game. Annals of Mathematics Studies. Princeton: Princeton University Press. **4** (40): 325～355

Harsanyi J C. Cardinal welfare, Bargaining and Conflict Situations in the Light of a New Approach to Game Theory, American Economic Review, **55** : 447～457

Harsanyi J C. 1977. Rational Behaviour and Bargaining Equilibrium in Games and Social Situation, Cambridge University Press

Hershey J C, Kunreuther C H and Shoemaker P J H. 1982. Sources of bias in assessment procedures for utility functions. Management Science **28** : 936～954

Hurwicz L. 1951. Optimality criteria for decision making under ignorance. Cowles Commission Discussion Paper. Statistics. (mimeographed)

Hwang C L, et al. 1979. Multiple Objective Decision Making: Methods and Applications, Berlin: Springer-Verlag

Hwang C L, et al. 1981. Multiple Attribute Decision Making, Berlin: Springer-Verlag

Hwang C L, et al. 1987. Group Decision under Multi-Criterion, Berlin: Springer-Verlag

Ijiri Y. 1965. Management Goals and Accounting for Control. Rand-McNally

Jaynes E T. 1968. Prior probabilities. IEEE Transactions on SSC **4**: 227

Kahneman D, Slovic P and Tversky A. 1982. Judgement Under Uncertainty: Heuristics and Bias. Cambridge University Press

Kahneman D, Tversky A. 1979. Prospect theory: an analysis of decision under risk. Econometrica **47**: 263~291

Kahneman D, Tversky A. 1982. The psychology of preferences. Scientific American **246** (1): 160~170

Kalai E, Smorodinsky M. 1975. Other Solutions to Nash's Bargaining Problem. Econometrica **45**: 513~518

Keeney P L. 1982. Decision analysis: an overview. Operations Research **30** (5): 803~836

Keeney R A, Kirkwood C W. 1975. Group Decision Making Using Cardinal Social Welfare Functions. Management Science, **22** (4): 430~437

Keeney R A. 1976a. A Group Preference Axiomatization with Cardinal Utility. Management Science, **23** (2): 140~145

Keeney R A, Raiffa H. 1976b. Decision with Multiple Objectives. New York: Wiley

Kemeney J G, Snell J L. 1972. Mathematical Models in the Social Sciences. Cambridge, Massachusetts: The MIT Press

Koopmans T C. 1972. Representation of preference orderings over time. In: McGuire C B, Radner R, ed. Decisions and Organisations. North Holland, 79~100.

Kraft C H, Pratt J W and Seidenberg A. 1959. Intuitive probability on finite set. Annual Mathematical Statistics, **30**: 408~419

Krantz D H, Luce R D, Suppes P and Tversky A. 1971. Foundations of measurement, Vol. I. New York: Academic

Krone R M. 1980. Systems Analysis and Policy Science. New York: Jone Wiley & Sons. 中译本:陈东威. 1985. 系统分析和政策科学. 北京:商务印书馆

Lee S M, 1972, Goal Programming for Decision Analysis, Philadelphia: Auerback

Leowenstein G, et al. 1992. Choice Over Time. New York: Russell Sage Foundation

Levenglick A. 1975. Fair and Reasonable Election System. Behavior Science, **20**: 34~46

Levy H. 1998. Stochastic dominance: investment decision making under uncertainty. Boston: Kluwer Academic Publishers

Lindblom C E. 1968. The Policy-making Process. New Jersey: Prentice-Hall Inc.

Little I M D. 1952. Social Choice and Individual Values. Journal of Political Economy, **60**: 422~432

Luce R D, Suppes P. 1965. Preference, utility, and subjective probability. In Luce R D et al ed. Handbook of Mathematical Psychlogy, Vol. II 249~410. New York: Wiley

Mackinnon W J. 1966a. Elements of the SPAN Technique for making Group Decision. Journal of Social Psychology, **70**: 149~164

Mackinnon W J. 1966b. Development of the SPAN technique for making decision in human groups. American Behavioral Scientist, **14**: 244~247

Markowitz H M. 1952. Portfolio selection. Journal of Finance, **7**: 77~91

Markowitz H M. 1959. Portfolio Selection. New York: John Wiley & Sons

May K Q. 1952. A Set of Independent Necessary and Sufficient Conditions for Simple Majority Decision. Econometrica, **20** (4): 680~684

May K Q. 1953. A Note on the Complete Independence of the Conditions for Simple Majority Decision. Econometrica, **21** :172～173

Milnor J. 1954. Games against nature. In Thrall R, et al, ed. Decision Processes. John Wiley: 49～59

Monarchi D E, Kisiel C C and Duckstein L. 1973. Interactive multiobjective programming in water resources: a case study. Water Resources Research, **9**: 837～850

Mullen J, Roth B. 1991. Decision-making: Its Logic and Practice. USA: Rowman & Littlefield Publishers Inc.

Muller D C. 1979. Public Choice. Cambridge: Cambridge University Press. 中译本：王诚. 1992. 公共选择. 北京：商务印书馆

Musselman K. and Talavage J. 1980. A trade-off cut approach to multiple objective optimization. Operations Research, **28** (6)

Nash J F. 1950. The Bargaining Problem. Econometrica. **18** :155～162

Navarrete Jr N, M Fukushima and H Mine. 1979. A new ranking method based on relative position estimate and its extensions. IEEE Transactions on SMC, **9** :681

Niemi R G, Weisberg H F. 1968. A Mathematical Solution for the Probability of the Paradox of Voting. Behavioral Science, **13** :317～323

Oppenheimer K R. 1978. A proxy approach to multi-attribute decision making. Management Science, **24** :675～689

Payne J W, Bettman R and Johnson J. 1993. The Adaptive Decision Maker. Cambridge. Cambridge University Press

Pratt J W, et al. 1965. Introduction to Statistical Decision Theory. McGraw-Hill

Pratt J W. 1964. Risk aversion in the small and the large. Econometrica. **32** :122～136

Quade E S. 1989. Analysis for Public Decisions. New York: Elsevier Science Publishing Co.

Ralph F Miles, ed. 1978. Systems Concepts-Lecture on Contemporary: Approaches to Systems. 中译本：系统思想：当代系统方法讲座. 1986. 走向未来丛书. 成都：四川人民出版社

Raiffa F P, Schlaifer R. 1961. Applied Statistical Decision Theory. Boston: Division of Research, Graduate School of Business Administration, Harvard University

Raiffa H. 1982. The arts and science of Negotiation. 中译本：兰东. 1986. 谈判的艺术与科学. 武汉：湖北科学技术出版社. 以及清华大学出版社, 1989

Ramsey F P. 1926. Truth and Probability. Reprinted in H E Kyburg Jr and Smokler H E, ed. Study in Subjective Probability. New York: Wiley, 1964: 62～92

Roy B. 1971. The problems and methods with multiple objective functions. Mathematical Programming, **1** :239

Roy B. 1973. How outranking relation help multiple criteria decision making. In Cochrane J L and M Zeleny, ed. Multiple Criteria Decision Making. University of South Carolina Press

Roy B, Hugonnard J. 1982. Ranking of suburban line extension projects on the Paris metro system by a multicriteria method. Transportation Research, **16A** :301～312

Roy B, Ph. Vincke. 1984. Relational systems of preference with one or more pseudo- criteria: some new concepts and results. Management Science, **31** :1323

Roy B, Slowinski R and Treichel W. 1992. Multicriteria Programming of water supply systems for rural areas. Water Resources Bulletin 28: 13～31

Russo J E, Dosher B A. 1983. Strategies for multi-attribute binary choice. Journal of Experimental Psychology: Learning, Memory, and Cognition, **9** (4): 302～305

Saaty T L. 1980. The Analytic Hierarchy Process. McGraw-Hill

Sage A P. 1981. Behavioral and organizational considerations in the design of information systems and processes for planning and support. IEEE Transactions on Systems, Man, and Cybernetics. **11** :640

Satterthwaite M A. 1975. Strategy-Proofness and Arrow's Conditions: Existence and Correspondence Theorems for Voting Procedures and Social Welfare Functions. Journal of Economic Theory, **10** :187～217

Sang M Lee. 宣家冀,卢开译.决策分析的目标规划.北京:清华大学出版社

Savage L J. 1951. The theory of statistical decision. Journal of Ame. Statist. Assoc, **46** :55～～67

Savage L J. 1954. The Foundations of Statistics. New York: John Wiley & Sons(1st edition). 1972. Dover(2nd edition)

Schlaifer R O. 1969. Analysis of Decision under Uncertainty. McGraw-Hill

Schmeidler D. 1969. The nucleolus of a characteristic function game. SIAM. Joun., App., Math., **17** :1163～1170

Sen A K. 1966. A possibility theorem on majority decisions. Econometrica, **34** (2):491～499

Sen A K. 1970. Collective Choice and Social Welfare. San Francisco: Holden-Day Inc.

Sen A K. 1977. Social choice theory: A re-examination. Econometrica, **45** (1):53～89

Shapley L S. 1953. A value for n-person games. In Contributions to the theory of games II. Annals Math. Stud., **28** :303～306, Princeton Univ. Press.

Simon H. 1991. 现代决策理论的基石. 北京:北京经济学院出版社

Simon H. 1988. 管理行为. 北京:北京经济学院出版社

Sounder W E. 1972. A scoring methodology for assessing the suitability of management science models. Management Science, **18** (10):B526～B543

Sounder W E. 1973a. Analytical effectiveness of mathematical models for R & D project selection. Management Science, **19** (8):907～923

Sounder W E. 1973b. Utility and perceived acceptability of R & D project selection models. Management Science, **19** (12):1384～1394

Srinivasan V, Shocker A D. 1973. Linear programming techniques for multidimensional analysis of preference. Psychmetrica, **38**

Steven C M. 1966. Is compulsory arbitration compatible with bargaining. Industrial Relations, **5** :38～52

Tversky A, Kahneman D. 1986. Rational choice and the framing of decision. Journal of Business, **59** (4～2): 251～278

Van den Bogaard, P J M and Versluis J. 1962. The Design of Optimal Committee Decisions. Statistica Neerlandica **16** (3):271～289

Vincke Ph. 1999. Outranking approach. in Gal T, Stewart T J and Hanne T ed. Multicriteria Decision Making: Advances in MCDM Models, Algorithms, Theory, and Applications. Netherlands: Kluwer Academic Publishers Group

Von Neumann J, Morgenstern O. 1944. Theory of Games and Economic Behavior. Princeton. NJ: Princeton Univ. Press.

Wald A. 1950. Statistical Decision Functions. John Wiley. 中译本:王福保.19 .统计决策函数. 上海: 上海科技出版社

Warfield J N. 1976a. Societal Systems: Planning, Policy and Complexity. New York: Wiley

Wilson R A, et al, ed. 1999. The MIT Encyclopedia of the Cognitive Sciences. Cambridge MA: The MIT Press.

上海:外语教育出版社

Whitmore G A, Findlay M C, ed. 1978. Stochastic Dominance: An Approach to Decision-Making under Risk. Toronto: Lexington Books

Whitmore G A. 1989. Stochastic dominance for the class of completely monotonic utility functions. In: Fomby T B, Seo T K, ed. Studies in the Economics of Uncertainty. New York: Springer Verlag: 77～88

Zeleny M. 1973. Compromise programming. In J L Cochran, M Zeleny, ed. Multiple Criteria Decision Making. University of South Carolina: 373～391

Zey M. 1992. Decision making: Alternatives to rational choice model. London: SADE Publications, Inc.

Zionts S, Wallenius J. 1976. An interactive programming method for solving the multiple criteria problem. Management Science, **22** :652～663

Zionts S, Wallenius J. 1980. An interactive multiple objective linear programming method for a class of underlying nonlinear utility functim. Working Paper No. 451, School of Management. State University of New York at Buffalo